Willi Votteler

Verzeichnis der Apfel- und Birnensorten

9 783875 960860

Obst- und Gartenbauverlag, München

Willi Votteler

Verzeichnis der Apfel- und Birnensorten

755 Farbbilder
1360 Sortenbeschreibungen
3340 Doppelnamen

BAYERISCHER LANDESVERBAND
für Gartenbau und Landespflege e. V.

Die auf vielen Bildern links oben anzutreffenden Buchstaben und Zahlen geben an, in welchem Monat und in welcher Woche die Zeichnung angefertigt wurde.

Ergänzende Darstellungen von Hans-Werner Pilhofer auf den Seiten 33, 35, 49, 50, 64, 101, 106, 125, 127, 154, 168, 230, 232, 237, 240, 242, 245, 255, 301, 303, 310, 311, 325, 360, 414, 448, 456, 467, 471.

Herausgeber:
Bayerischer Landesverband für Gartenbau
und Landespflege e. V.
Herzog-Heinrich-Str. 21, 80336 München,
Deutschland

E-Mail:
info@gartenbauvereine.org

Internet:
www.gartenratgeber.de

Auflage:
7. Auflage 2026

ISBN:
978-3-87596-086-0

Bearbeitung, Rechte:
Text: Willi Votteler

Druck:
Aufmüller Druck GmbH & Co. KG,
Weidener Straße 2, 93057 Regensburg

Vorwort zur 1. Auflage

Das neu erwachte und stetig wachsende Interesse an der Vielfalt der Obstsorten erklärt sich nicht nur aus der Bedeutung von Obstbäumen für den Naturhaushalt und die Sorge um die Erhaltung wertvoller Erbanlagen. Es dürfte vorrangig eine Reaktion auf die übermäßigen Sortenbereinigungen der letzten Jahrzehnte sein, durch die unsere Gärten verarmten und die Angebote in den Geschäften langweilig geworden sind. Viele der neueren, meist süßen und parfümierten Sorten, die schön aussehen und versandfest sind, erfüllen lediglich die Voraussetzungen für den Erwerbsanbau. Für den Garten und den bäuerlichen Obstbau sind sie jedoch nur ein unbefriedigender Ersatz, nicht zuletzt wegen der hohen Pflegeansprüche. Der Rückbesinnung auf robuste Tafel- und Wirtschaftssorten entsprechen bereits viele Baumschulen durch ein geändertes Angebot. Die Neuanlage von Reisermuttergärten und die gut besuchten Schnitt- und Veredlungskurse der Gartenbauvereine sind ebenfalls bezeichnend für die Situation.

Als empfindlicher Mangel erweist sich bei diesen Bestrebungen die unzureichende Fachliteratur. Die umfangreichen älteren Sortenwerke sind inzwischen wertvolle Antiquitäten und kaum noch zugänglich. Neuere Beschreibungen beschränken sich weitgehend auf die Hauptsorten des Erwerbsobstbaues. Das vorliegende Sortenverzeichnis soll diese Lücke ein wenig schließen helfen. Es entstand in der fast hundertjährigen Tradition unseres Verbandes, der in schwieriger Zeit zur Förderung des Obstbaues gegründet wurde. Darum wurde auch vorwiegend der Garten- und Gebrauchswert der Sorten hervorgehoben, denn vor allem der Obstfreund soll hier angesprochen sein. Darüber hinaus sind hier Informationen über Sorten zu finden, deren Namen immer noch bekannt sind. Vielleicht kann das Verzeichnis sogar dazu anregen, einen alten und noch immer unerfüllten Wunsch zu verwirklichen: Die Schaffung eines öffentlich zugänglichen, großzügig angelegten deutschen Mustergartens, in dem alle verfügbaren Sorten angepflanzt sind.

München, 1986

Bayerischer Landesverband
für Gartenbau und Landespflege

Vorwort zur 7. Auflage

Das »Verzeichnis der Apfel- und Birnensorten« ist inzwischen in der ganzen Welt verbreitet. Durch das unverminderte Interesse an nicht alltäglichen Apfel- und Birnensorten sowie am Lebenswerk von Pfarrer Korbinian Aigner ist dieses Verzeichnis zu einem wichtigen Standardwerk geworden, das nun in der 7. Auflage vorliegt.

Viele Organisationen und Vereine widmen dem Erhalt der Obstsortenvielfalt großes Engagement und bewahren damit ein reiches Kulturerbe, das über Jahrhunderte entstanden ist. Doch die Vielfalt der Sorten mit all ihren unterschiedlichen Eigenschaften bedeutet noch mehr: Sie ist ein wertvolles Genreservoir, das in Zeiten der sich verändernden Klimaverhältnisse eine wichtige Rolle spielt. Daher soll dieses Verzeichnis auch für die Zukunft ein fundierter Begleiter, ein Nachschlagewerk und eine Hilfestellung für alle sein, die sich für den Erhalt der Obstsortenvielfalt einsetzen.

München, 2026

Bayerischer Landesverband für Gartenbau und Landespflege e.V.

Pfarrer Korbinian Aigner

geb. am 11.5.1885 in Hohenpolding,
gest. am 5.10.1966
Wiedergründer des Landesverbandes
Vorsitzender vom 18.10.1945 bis 27.9.1950
Auszeichnungen:
unter anderem bayerischer Verdienstorden,
Staatsmedaille in Gold

Die Sortendarstellungen, ein Lebenswerk Pfarrer Aigners

Pfarrer Aigner war ein »Apfelpfarrer« alter Schule. Allerdings liebte er diese Bezeichnung nicht, denn er verstand sich als Pfarrer für Menschen und nicht für Äpfel.
Die Obstsortenbilder, die er während seines Lebens gemalt hat, sollten auch keine ästhtetischen Bedürfnisse, sondern vor allem einen praktischen Zweck erfüllen. Sie waren seine Kartei und dienten zur Sortenbestimmung. Gebrauchsspuren sind vor allem bei den niederen Nummern deutlich. Dazu kommt, dass die Bilder auf einfachen Karton, häufig auch auf die Rückseite von Aktendeckeln gemalt wurden. Es ist bemerkenswert, wie Pfarrer Aigner im Laufe der Jahre die Qualität seiner Bilder gesteigert hat. Leider sind etliche der letzten Nummern nicht mehr vollendet worden.

Die Bilder hat Pfarrer Aigner dem damaligen Lehrstuhl für Obstbau der Technischen Universität München-Weihenstephan testamentarisch vermacht – nicht zuletzt aus der persönlichen Verbundenheit zum damaligen Institutsleiter, Prof. Dr. Liebster. Sein Nachfolger, Prof. Dr. Feucht, ebenso wie Diplomgärtner E. Christ, der das Bildarchiv am Lehrstuhl betreut hat, zeigten sich dem Wunsch nach Veröffentlichung der Bilder für dieses Buch so aufgeschlossen, wie man es nur sein kann, wenn eine Bitte dem eigenen Anliegen entspricht. Für die wirklich hervorragende Unterstützung und Beratung sei ihnen an dieser Stelle von Herzen gedankt.
Heute werden die Aigner-Bilder im Historischen Archiv der Technischen Universität München (www.tum.de, E-Mail Historisches.Archiv@zv.tum.de) gelagert und dokumentiert. Im Archiv befinden sich 600 Apfelbilder und 278 Birnenbilder als Originale. Die Bilder können dort nach Voranmeldung besichtigt und für Ausstellungen - allerdings unter strengen Auflagen - auch ausgeliehen werden. Alle Rechte für die Verwendung der Bilder liegen beim Historischen Archiv und müssen dort angefragt werden.

»Der Obstbau ist die Poesie der Landwirtschaft«

Pfarrer Aigners Ausspruch kennzeichnet sein Verhältnis zum Obstbau

Korbinian Aigner stammte aus einem Bauernhof im Landkreis Erding, der Hausname war »Poldinger von Hohenpolding«. Schon als Bub zeigte er Liebe und Neigung zur Natur und besonders zum Obstbau. Sein Zeichentalent verwendete er in seiner Gymnasialzeit dazu, Früchte möglichst naturgetreu zu malen. Er legte damit den Grundstock für seinen späteren Ruf als einer der besten Sortenkenner Deutschlands. Im Laufe seines langen Lebens malte er rund 1000 Sorten.
1908 gründete Aigner in seinem Heimatort einen Obstbauverein und zwei Jahre später eine Vereinskelterei und -mosterei, die erste in Bayern überhaupt. Und er war noch Student, als er für diesen Zweck einen Staatszuschuss von 1000 Goldmark bekam. Als Kooperator in Haimhausen war er schon Vorsitzender des Dachauer Bezirksobstbauverbandes. Über verschiedene Stationen lässt sich Aigners Weg nach Ilmmünster verfolgen, wo er 1912 Kaplan und nicht viel später Vorsitzender eines neugegründeten Obstbauvereins war. Seine besondere Aufmerksamkeit galt stets der Jugend. Als Präses des Katholischen Burschenvereins interessierte er die Jugendlichen für den Obstbau, und 1925 finden wir im »Wegweiser« einen Aufsatz des »Apfelpfarrers«, wie er landauf, landab genannt wurde, in dem er seine praktische und theoretische Jugendarbeit zur Nachahmung empfahl.
1933 war Pfarrer Aigner Vorsitzender des oberbayerischen Kreisverbandes und trat nach der Machtergreifung durch die Nationalsozialisten notgedrungen von seinem Amt zurück.
Als Pfarrer im stillen Dorf Hohenbercha verbrachte er die folgenden Jahre, widmete sich seinem Beruf und seinen Obstbäumen. 1939 denunzierte man ihn, weil »er den Führer am laufenden Band beleidigte«. Er wurde verhaftet, nach 7 Monaten Gefängnis brachte man ihn zuerst ins KZ Sachsenhausen, dann nach Dachau. Ein Freund, der Schriftsteller Josef Martin Bauer, hat sich später gewundert, wie gleichmütig, ja gleichgültig Pfarrer Aigner dieses harte Schicksal hinnahm. In der Tat, bis in die letzten Lebensjahre erzählte er viel lieber heitere Geschichten aus diesen gewiss schlimmen fünfeinhalb Jahren. Alles andere schien er nicht vergessen, aber vergeben zu haben.
Für den Landesverband war Pfarrer Aigner ein Glücksfall, besaß er doch die für den Neubeginn unverzichtbare »weiße Weste«. Deshalb betraute ihn der damalige Landwirtschaftsminister Dr. Baumgartner schon am 18. 10. 1945 mit der kommissarischen Verbandsführung. Bis zum 27. 9. 1950 leistete er hier die wesentliche Aufbauarbeit.

KZ 1

KZ 4

Die beiden Sorten KZ 1 und KZ 4 entstanden ebenso wie KZ 2 aus Kernaussaaten. Sie wurden nach späterer Prüfung von Pfarrer Aigner wieder verworfen.

Züchtungsarbeit im Konzentrationslager

Im Jahr 1942 erlaubte die Lagerleitung vorübergehend den Empfang von Paketen. Korbinian Aigner interessierte sich nur für die Apfelkerne, die er aussäte und sorgsam hegte. Auf einem Grünstreifen zwischen den Baracken legte er 1944 eine winzige Baumschule an. Kurz vor Kriegsende gelang es, ein Bündel Sämlinge aus dem Lager zu schmuggeln. Das besorgte Josefa Mack, eine Postulantin der Klostergemeinschaft der Armen Schulschwestern in Freising. Unter dem Decknamen »Mädi« holte sie offiziell Gemüse, Obst und Pflanzgut für das zum Kloster gehörende Waisenhaus. In Wirklichkeit versorgte sie die dort inhaftierten Geistlichen mit Informationen, Medikamenten und, soweit möglich, auch mit Lebensmitteln. Das alles geschah unter ständiger Lebensgefahr, weshalb auch nur ganz wenige Personen von dieser Tätigkeit wussten. Unter dem Titel »Warum ich Azaleen liebe« hat Josefa Mack, als spätere Schwester Imma bei den Armen Schulschwestern in München, ihre Erlebnisse veröffentlicht.

Mit seinen Gefährten verließ Pfarrer Aigner 1945 in dem berüchtigten Leidenszug das Lager. Es gelang ihm, sich unterwegs abzusetzen und nach Hohenbercha heimzukehren, wo er seine Tätigkeit wieder aufnahm. Vier der geretteten Sämlinge entwickelten sich gut. Die KZ-Äpfel, wie Aigner sie nannte, also KZ-1, -2 und -4, erfüllten nicht die in sie gesetzten Hoffnungen. KZ-3 aber, bei dem sich viele positive Eigenschaften zeigten, setzte sich in den Gärten von Hohenbercha durch. Die Erhaltung dieser Sorte ist vor allem dem Landwirt Anton Bauer in Jarzt zu danken. Als ehemaliger Ministrant von Pfarrer Aigner, wurde er von dessen Liebe zum Obstbau angesteckt. Bei einer von ihm veranlassten Gedenkfeier zum hundertsten Geburtstag von Pfarrer Aigner konnte er den Bayerischen Landesverband für Gartenbau und Landespflege sowie das Institut für Obstbau der Versuchsanstalt Weihenstephan für diese Sorte interessieren. Der Landesverband entschloss sich, für die Verbreitung dieser von seinem ehemaligen Präsidenten selektierten Sorte zu sorgen und vergab Vermehrungsaufträge an mehrere Baumschulen. Als Hochstammerziehung kam die Sorte alsbald in jedem Landkreis Bayerns zur Verteilung. Sie findet sich inzwischen auch im Sortiment mancher Baumschule.

Der Korbiniansapfel

Pfarrer Korbinian Aigner zu Ehren und als Bezug zum Schutzpatron in seiner Heimatdiözese München-Freising, dem hl. Korbinian, stimmten alle mit seinen pomologischen Arbeiten vertraut gewordenen Personen dem Vorschlag zu, den bisherigen 'KZ-3' nunmehr 'Korbiniansapfel' zu nennen.

Korbiniansapfel (KZ 3)

Korbiniansapfel

Die Sorte entstand 1944 im Konzentrationslager in Dachau aus einer Sämlingsauslese von Pfarrer Aigner.
Arbeitstitel: KZ3

Frucht: Ein sehr guter Tafel- und Wirtschaftsapfel. Baumreife Ende Oktober. Genussreife ab Dezember. Haltbarkeit bis Mai und länger. Mittelgroßer, abgestumpft rundlicher Apfel mit 5 deutlich ausgebildeten Rippen. Fruchtschale glatt, gelb, später goldgelb. Zur Reifezeit ist die ganze Frucht kräftig gestreift. Schale leicht fettig, dadurch ist die Frucht lange haltbar und welkt nicht auf dem Lager. Fruchtfleisch grünlichweiß, fein, saftig, gewürzt. Harmonisches Zucker-Säure-Verhältnis.
Baum: Kräftiger Wuchs, mit breiter Krone. Erziehung vorwiegend als Halb- und Hochstamm. Ertrag mittelfrüh einsetzend und regelmäßig. Ansprüche an Boden und Klima gering. Auch noch für mittlere Höhenlagen geeignet. Sehr widerstandsfähig gegen Krankheiten und Schädlinge, vor allem gegen Schorf. Dadurch auch für Obstwiesen und die Feldflur empfehlenswert.

Die historische Einteilung der Apfel- und Birnensorten

Um die zunächst unüberschaubar erscheinende Sortenvielfalt in den Griff zu bekommen, schuf man verschiedene Systeme, von denen besonders das von Eduard Lucas (1816-1882) bekannt wurde. Sie werden zwar schon lange nicht mehr benutzt, weil Äpfel und Birnen in ihrem Erscheinungsbild so vielfältig sind, dass sie sich in kein System zwängen lassen. Dennoch werden die damals aufgestellten Bezeichnungen auch heute noch gebraucht und sind in manchen Sortennamen enthalten. Den Obstfreund wird deshalb diese ehemalige Einteilung interessieren, weil sie manche Bezeichnungen besser verstehen lässt.

Äpfel

I. Kalville

Mittelgroße Früchte von hochgebauter, nach dem Kelch hin abnehmender Form, mit mehreren über die Frucht laufenden rippenartigen Erhebungen. Zarte Schale, bei der Reife fettig werdend. Lockeres, aromatisches Fruchtfleisch, manchmal unter der Schale gerötet.
Sortenbeispiele: Roter Sommerkalvill, Gravensteiner, Roter Herbstkalvill, Winterhimbeerapfel

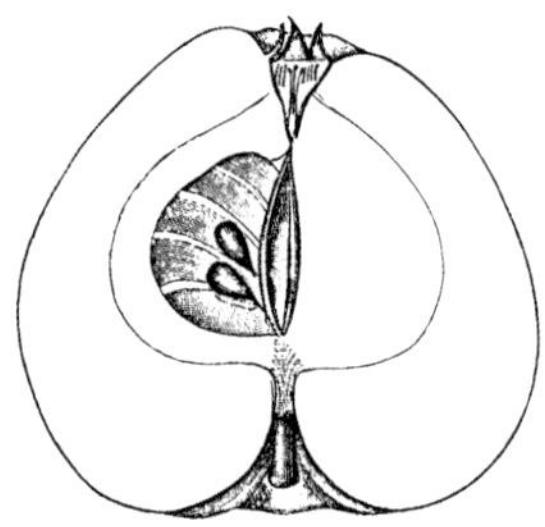

Kalvill: Roter Herbstkalvill

II. Schlotteräpfel

Mittelgroße bis sehr große Früchte von plattrundem Bau. Unterfamilie *Backäpfel* mit länglich kegelförmigem Bau. Unterfamilie *Schafsnasen* mit walzenförmiger Gestalt. Schale von eher derber Beschaffenheit, kaum einmal fettig werdend. Fruchtfleisch selten gewürzt, meistens säuerlich oder süßlich.
Sortenbeispiele: Prinzenapfel, Winterpostoph, Türkenapfel, Große Schafsnase, Roßkopf, Herbstbreitling, Roter Backapfel, Gestreifter Backapfel

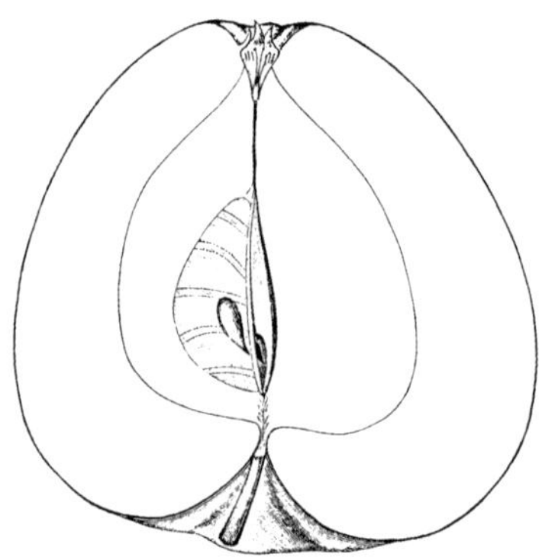

Schlotterapfel: Rheinische Schafsnase

III. Gulderlinge

Kleine bis mittelgroße Früchte, um den Kelch mehr oder weniger gerippt; plattrund, nach dem Kelch etwas zugespitzt. Die Schale ist häufig etwas rostspurig, meistens gelblichgrün, seltener gefärbt. Fruchtfleisch süß, weinsäuerlich oder süß und gewürzt.
Sortenbeispiele: Champagnerrenette, Winter-Quittenapfel, Roter Augustiner, Goldgulderling, Boikenapfel, Gelber Bellefleur

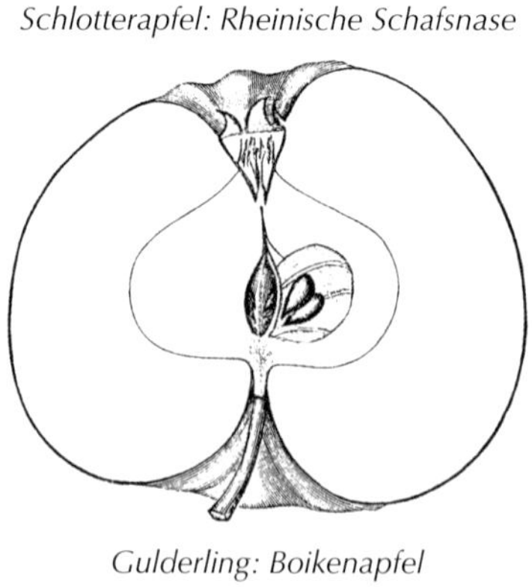

Gulderling: Boikenapfel

IV. Rosenäpfel

Kleine, mittelgroße und große Früchte von regel- mäßigem Bau, häufig hochgebaut und kugelförmig. Schale glatt und fein, duftend, abgerieben glänzend und beim Reiben würzig riechend, selten rostspurig. Fruchtfleisch weich, zum Teil druckempfindlich, von feinem, würzigem, fenchelartigem oder rosenähnlichem Geschmack.
Sortenbeispiele: Böhmischer Rosenapfel, Charlamowsky, Sommer-Rabau, Weißer Astrachan, Virginischer Rosenapfel, Geflammter Cousinot, Danziger Kantapfel

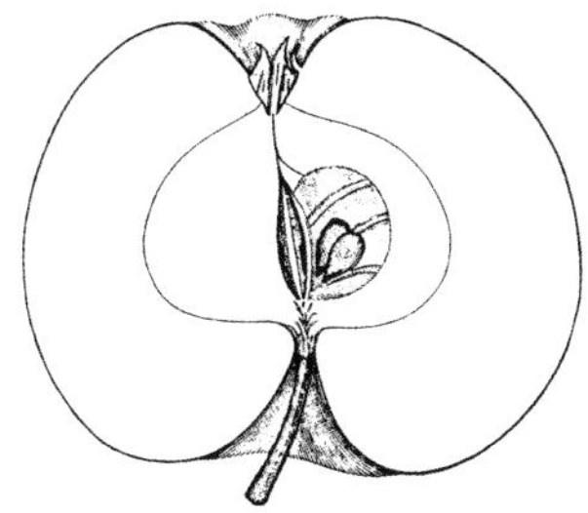

Rosenapfel: Danziger Kantapfel

V. Taubenäpfel

Kleine und mittelgroße, wenig gerippte Früchte von länglich-kegelförmigem Bau. Glatte, glänzende Schale, Feinkörniges Fruchtfleisch, saftig und würzig.
Sortenbeispiele: Roter Wintertaubenapfel, Alantapfel, Wettringer Taubenapfel

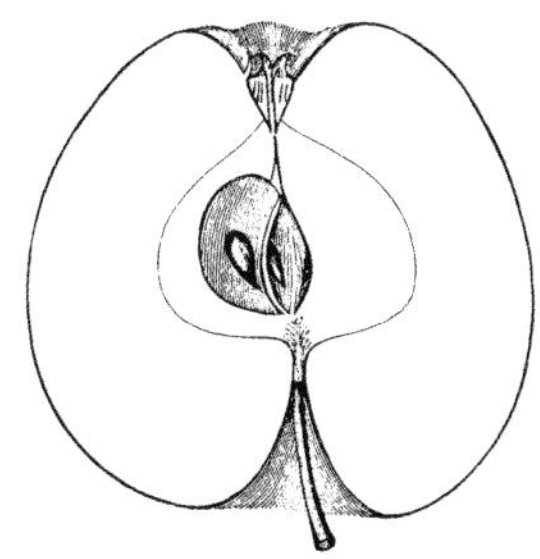

Taubenapfel: Rosmarinapfel

VI. Rambure (Pfundäpfel)

Große bis sehr große Früchte von unregelmäßigem Bau, teils plattrund, teils hoch gebaut, meist asymmetrisch. Derbe, oft zähe Schale, grobkörniges Fleisch, meist mit vorherrschender Säure und wenig Würze.
Sortenbeispiele: Lohrer Rambur, Kaiser Alexander, Hausmütterchen, Roter Winterrambur

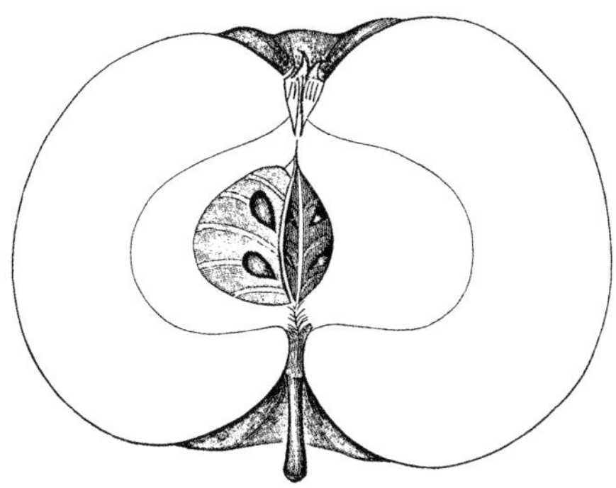

Rambur: Hausmütterchen

VII. Rambur-Renetten

Mittelgroße bis große Früchte, hoch gebaut oder unregelmäßig, mit breiten erhabenen Stellen um die Kelchwölbung oder auch über die ganze Frucht. Ziemlich derbe Schale, selten ganz glatt, meistens rostspurig, grundfarbig oder auf der Sonnenseite gerötet, nie gestreift. Fleisch abknackend, fein- bis grobkörnig von süß-weinsäuerlichem Geschmack.
Sortenbeispiele: Kanadarenette, Goldzeugapfel, Edelrenette, Grüne Lothringer Renette

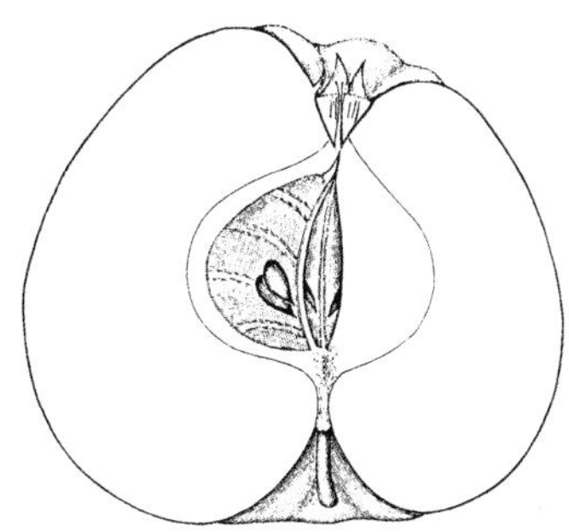

Ramburrenette: Lothringer Renette

VIII. Wachsrenetten

Kleine, mittelgroße und große Früchte von regelmäßiger runder oder plattrunder Form, selten hoch gebaut. Schale glatt und glänzend, bei einzelnen Sorten fettig werdend, ohne Röte oder mit nur wenig Färbung auf der Sonnenseite. Fruchtfleisch fest mit gutem Zucker-Säure-Verhältnis, meist vorzüglicher Geschmack.
Sortenbeispiele: Landsberger Renette, Ananasrenette, Weiße Wachsrenette

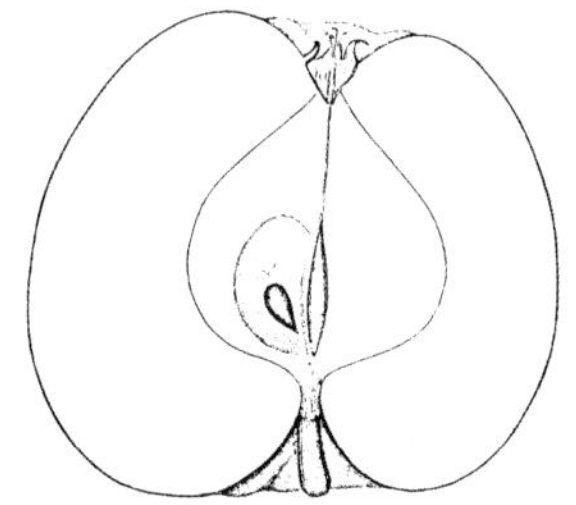

Wachsrenette: Weiße Wachsrenette

IX. Borsdorfer Renetten

Kleine, höchstens mittelgroße, sehr regelmäßige Früchte von runder oder plattrunder Form. Schale glatt, glänzend, mit einzelnen Warzen und Rostanflügen. Undeutlich oder auch kräftig gestreift. Fruchtfleisch feinkörnig, mit süßem bis weinsäuerlichem Geschmack.
Sortenbeispiele: Edelborsdorfer, Glanzrenette

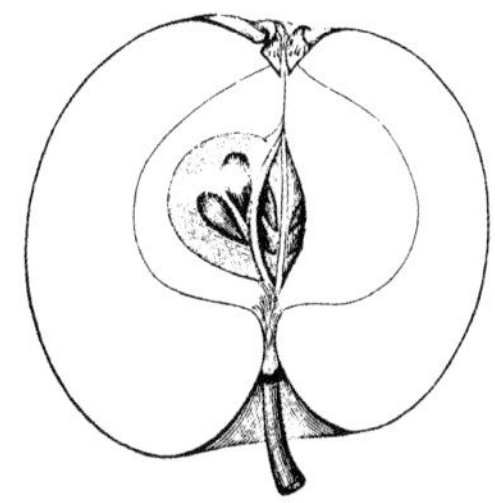

Borsdorfer Renette: Glanzrenette

X. Rote Renetten

Kleine, mittelgroße und auch große Früchte, unterschiedlich gebaut, teils kugelförmig und plattrund, teils hochgebaut mit meist ebener Kelchwölbung. Schale glatt, glänzend, gestreift auf grünlichgelber, hellgelber, aber nie vollkommen goldgelber Grundfarbe. Fruchtfleisch fein, abknackend und sehr würzig. Manchmal unter der Schale gerötet.
Sortenbeispiele: Sommerparmäne, Baumanns Renette, Karmeliterrenette, Muskatrenette

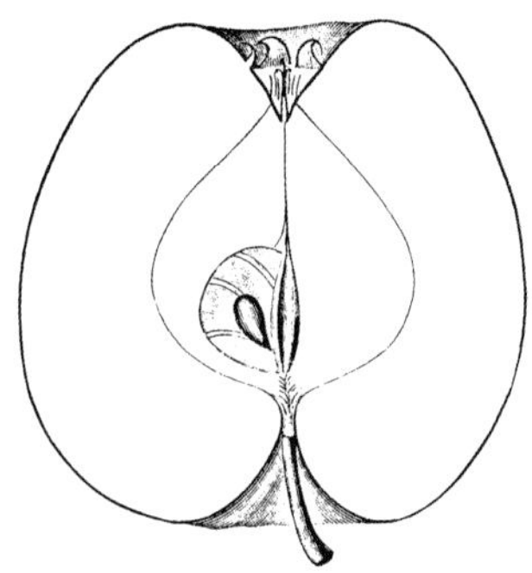

Rote Renette: Karmeliterrenette

XI. Graue Renetten (Lederäpfel)

Kleine, mittelgroße und auch große Früchte von kugelförmiger und plattrunder, seltener hochgebauter Form und meist völlig regelmäßig geformt. Schale durch Anflüge, Figuren und Überzüge von Rost rau. Die Grundfarbe ist grau-grünlich, gelb bis mattgelb; die Röte, wenn sie vorkommt, durch Rostspuren unrein. Fruchtfleisch fein, markig, weinsüßlich und würzig.
Sortenbeispiele: Graue Herbstrenette, Englische Spialrenette, Grauer Kurzstiel, Renette von Damason

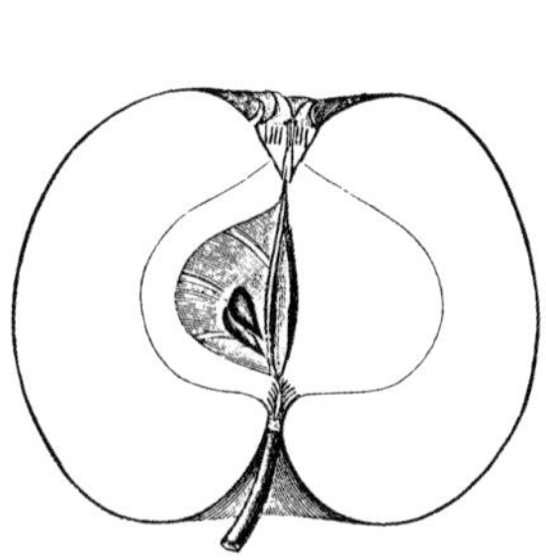

Graue Renette: Englische Spitalrenette

XII. Goldrenetten

Mittelgroße und große, plattrunde, kugelförmige und hochgebaute Früchte mit teils regelmäßiger, teils gerippter Kelchwölbung. Die Schale ist ziemlich glatt, manchmal rostspurig, besonders auf der Sonnenseite. Die Grundfarbe ist hochgelb und goldgelb, die Deckfarbe teils getuscht, teils gestreift. Fruchtfleisch sehr fein, saftig, häufig gelblich, sehr würzig und von weinigem Zuckergeschmack.
Sortenbeispiele: Wintergoldparmäne, Renette von Orleans, Königlicher Kurzstiel, Große Kasseler Renette, Ribston Pepping

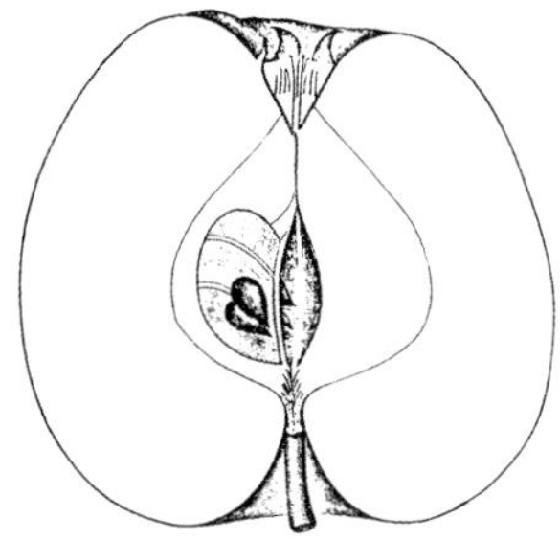

Goldrenette: Wintergoldparmäne

XIII. Streiflinge

Kleine, mittelgroße und große Früchte von verschiedenem Bau, vorherrschend rundlich, hochgewölbt, kegelförmig und gerippt. Schale glatt, glänzend, teils fein, teils derbhäutig, häufig bewachst, gestreift und getuscht gestreift, selten rostspurig. Fruchtfleisch teils fest und körnig, teils auch schwammig, meist weinsäuerlich, selten süßsauer und süß. Aroma fehlt in der Regel.
Sortenbeispiele: Luikenapfel, Weißer und Brauner Matapfel, Großer Rheinischer Bohnapfel, Roter Eiserapfel

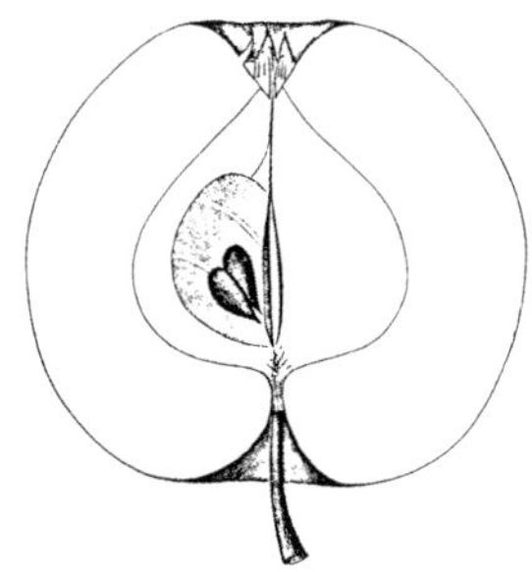

Streifling: Großer Rheinischer Bohnapfel

XIV. Spitzäpfel

Meist mittelgroße, selten sehr große Früchte von hochgebauter, länglich-kegelförmiger oder unregelmäßiger Gestalt. Schale glatt, glänzend, selten bewachst, nie gestreift. Fruchtfleisch süßlich und weinsäuerlich bis sauer.
Sortenbeispiele: Kleiner Fleiner, Deutscher Grünling

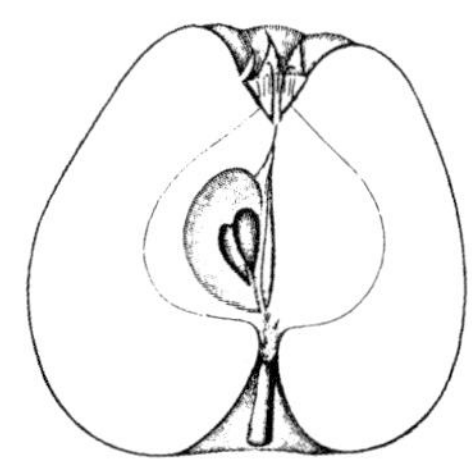

Spitzapfel: Kleiner Fleiner

XV. Plattäpfel

Kleine, mittelgroße und große Früchte von plattrunder oder flachkugeliger Gestalt, meist mehr breit als hoch. Schale ist glatt und glänzend, nie gestreift, häufig duftend. Fruchtfleisch weiß und grünlichweiß, meist fest und abknackend. Geschmack rein süß bis rein sauer, geringere Würze.
Sortenbeispiele: Kleiner Herrenapfel, Kleiner Langstiel, Weißer Wintertaffetapfel, Winterveilchenapfel, Kugelapfel, Winterzitronenapfel

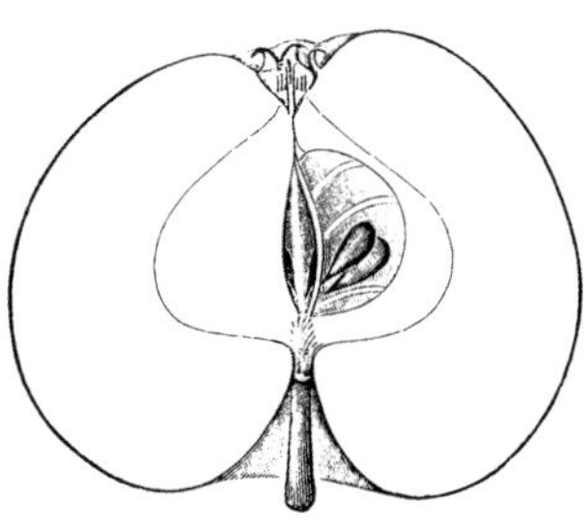

Plattapfel: Winterzitronenapfel

Butterbirne: Diels Butterbirne

Apothekerbirne: Eva Baltet

Birnen

I. Butterbirnen

Birnen mit völlig schmelzendem Fleisch, mit abgestumpfter Kegelform und regelmäßigem Bau
Sortenbeispiele: Köstliche von Charneu, Diel's Butterbirne, Winter-Dechantsbirne, Liegels Winterbutterbirne

II. Halbbutterbirnen

Form wie Butterbirne. Fleisch nur halb schmelzend
Sortenbeispiel: Runde Mundnetzbirne

III. Bergamotten

Birnen mit völlig schmelzendem Fleisch, von platter oder rundlicher Form, vor allem am Stiel abgeplattet
Sortenbeispiele: Rote Bergamotte, Esperens Bergamotte, Edelcrassane

IV. Halbbergamotten

Birnen mit plattrunder oder kugelförmiger Form, aber nur halbschmelzendem Fleisch
Sortenbeispiele: Gelbe Pomeranzenbirne, Deutsche Nationalbergamotte

V. Grüne Langbirnen

Birnen von schmelzendem und halbschmelzendem Fleisch, von länglicher und langer Form sowie grüner, nicht oder wenig berosteter, auch bei voller Reife nur grün oder grünlich-gelb erscheinender Schale
Sortenbeispiele: Englische Sommerbutterbirne, Lange Grüne Herbstbirne, Schweizerhose, Pastorenbirne

VI. Flaschenbirnen (Kalebassen)

Birnen von schmelzendem und halbschmelzendem Fleisch, von länglicher und langer Form

und grünlich-gelber oder gelber Schale, die ganz oder zum größten Teil von einem zimtfarbigen oder rotgrauen Rost überzogen sind
Sortenbeispiele: Bosc's Flaschenbirne, Clairgeau, Prinzessin Marianne

VII. Apothekerbirnen

Birnen von schmelzendem oder halbschmelzendem Fleisch, von unregelmäßiger, beuliger oder höckriger Form, symmetrisch oder asymmetrisch
Sortenbeispiele: Williams Christbirne, Napoleons Butterbirne, Hardenponts Winterbutterbirne, Sommer-Apothekerbirne

VIII. Russeletten

Kleine oder mittelgroße Birnen mit schmelzendem oder auch halbschmelzendem, zimtartig gewürztem Fleisch, von länglicher Gestalt. Ganz oder zumindest auf der Sonnenseite braunrot gefärbt. Schale meist berostet
Sortenbeispiele: Stuttgarter Geißhirtle, Kleine Pfalzgräfin, Forellenbirne, Gute Luise v. Avranches

IX. Muskatellerbirnen

Kleine und mittelgroße Sommer- oder frühe Herbstbirnen von verschiedener, meistens aber länglicher Form und ausgesprochenem Muskatgeschmack
Sortenbeispiel: Muskierte Zitronenbirne

X. Schmalzbirnen

Mittelgroße und große, aber noch zu den Tafelbirnen zählende Früchte von schmelzendem oder halbschmelzendem Fleisch, von langer und länglicher Form
Sortenbeispiele: Gelbe Sommerherrenbirne, Römische Schmalzbirne

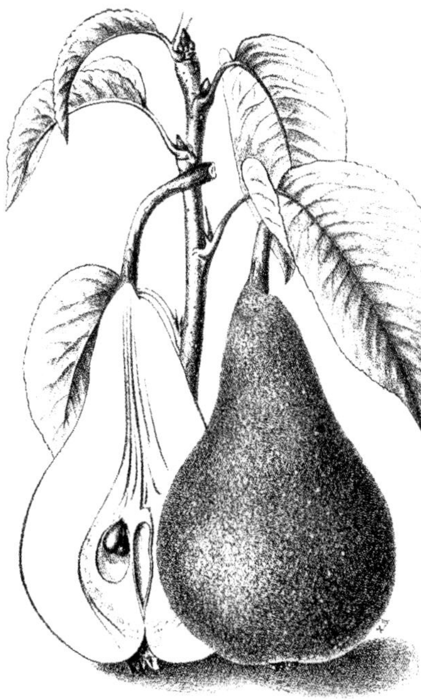

Flaschenbirne: Bosc's Flaschenbirne

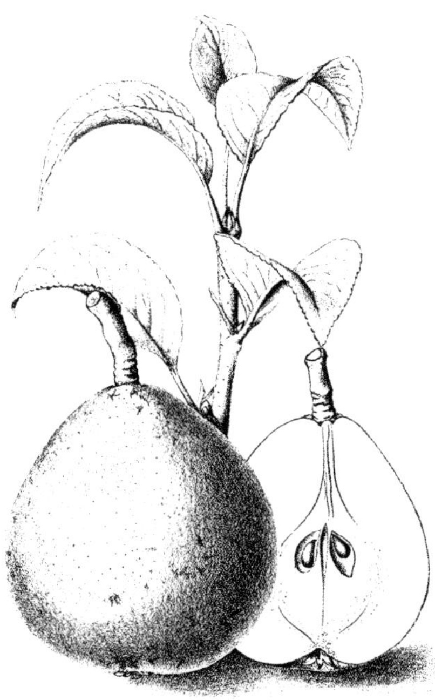

Bergamotte: Esperns Bergamotte

XI. Gewürzbirnen

Alle kleineren, länglichen und rundlichen Birnen von der gleichen inneren Beschaffenheit wie die Schmalzbirnen sowie großfrüchtige Birnen von runder Form
Sortenbeispiele: Salzburger Birne, Sommer-Eierbirne, Frankenbirne

XII. Längliche Kochbirnen

Birnen mit hartem oder rübenartigem Fleisch, welche sich meist nicht zum Rohgenuss eignen. Geschmack oft fad oder fadsüß. Mehr hoch als breit
Sortenbeispiele: Großer Roland, Grüne Pfundbirne, Trockener Martin, Winterfrankfurter

XIII. Rundliche Kochbirnen

Birnen von gleicher Qualität wie die länglichen Kochbirnen, aber mehr breit als rund
Sortenbeispiele: Graubirne, Olivenbirne

XIV. Längliche Weinbirnen

Birnen, die sich nicht zum Rohgenuß eignen, mit entweder brüchigem, rübenartigem oder auch halbschmelzendem Fleisch. Geschmack herb bis sauer, längliche Form
Sortenbeispiele: Gelbe Wadelbirne, Langstielerbirne

XV. Rundliche Weinbirnen

Birnen mit der gleichen inneren Beschaffenheit wie die länglichen Birnen, aber von rundlicher Form
Sortenbeispiele: Schweizer Wasserbirne, Kleiner Katzenkopf, Großer Katzenkopf

Begriffe der Obstsortenkunde

Bei einer Sortenbestimmung ist es längst nicht damit getan, eine vorliegende Frucht nach ihren äußeren Merkmalen und vielleicht dem Geschmack einer Sorte zuzuordnen. Gerade Apfelsorten können durch unterschiedliche Anbaubedingungen, Unterlagen, Bodenarten, Höhenlagen und Erziehungsmaßnahmen derart unterschiedlich ausfallen, dass eine einwandfreie Bestimmung nur anhand der Frucht in manchen Fällen kaum möglich ist. Das kann man schon auf einer Obstausstellung erkennen, wenn aus verschiedenen Orten eines Landkreises die gleiche Sorte angeliefert wird. Zur exakten Sortenbestimmung gehören deshalb weitere Merkmale, die am Beispiel des Apfels näher erläutert werden sollen.
Die beste Beschreibung findet sich in Lauche, Handbuch des Obstbaus, 1882. Sie soll hier deshalb hier wiedergegeben werden.

Stamm

Der Stamm ist einfach, verästelt, stark, mittelstark oder schwach. Er ist mehr oder weniger verzweigt, schlank oder dünn. Die Rinde ist entweder glatt, blättrig, rissig, rau oder in Schuppen ablösend. Die Farbe kann grünlich, bräunlich, hellgrau oder dunkelgrau sein.

Krone

Die Krone bildet sich entsprechend dem Winkel, welchen die Äste mit dem Stamm bilden. Bei über 45° wird sie hochwüchsig, unter 45° flachwüchsig oder flachkronig. Aus dieser

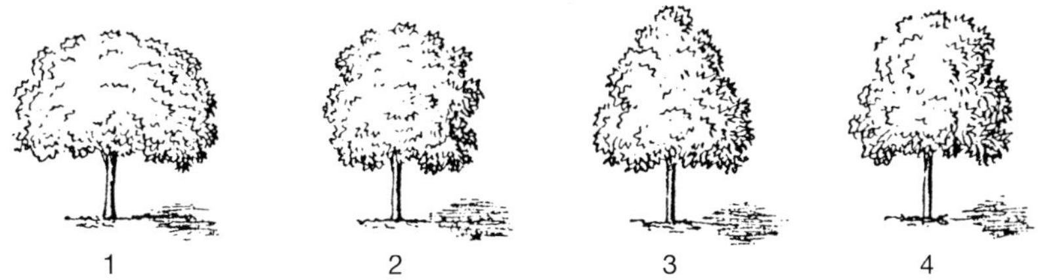

Die Baumform ist jeweils sortentypisch. ***1*** *flache Krone;* ***2*** *kugelförmige Krone;* ***3*** *breitpyramidale Krone;* ***4*** *hochgebaut kugelförmige Krone.*

Stellung der Äste lässt sich schon in der Baumschule auf die Kronenbildung des erwachsenen Baumes mit Sicherheit schließen. Diese Stellung der Äste wird als anliegend, spitzwinkelig abstehend, stark abstehend, ausgebreitet bezeichnet.

Man unterscheidet folgende Baumkronenformen: Die flache oder flachkugelförmige Krone (Roter Stettiner); die kugelkörmige Krone (Karmeliterrenette); die breitpyramidale Krone (Goldparmäne); die hochgebaute kugelförmige Krone (Gravensteiner).

Die Spitzen der Äste richten sich entweder aufwärts oder sie hängen abwärts, sie stehen locker (lichtkronig) oder dicht (dichtkronig).

Zweige

Die Zweige teilt man in Holz- und Fruchtzweige ein. An der Basis der Zweige befindet sich ein wulstiger Ring mit Adventiv-Augen, Astring genannt.

Holzzweige (Sommertriebe, Leitzweige) werden alle Verlängerungen genannt, welche dem Baum die Form geben. Sie sind stark (Rötliche Renette), mittelstark (Goldparmäne), dünn oder schwach (Muskatrenette), sie sind entweder gerade (Luikenapfel) oder gebogen und dann oft überhängend, sie sind dünn und schlank oder stark (Ananasrenette). Je nach Überzug sind die Zweige kahl, etwas behaart, wenig oder auch stark befilzt. Die Farbe ist bräunlich, rotbraun, gelblich-braun olivenfarbig oder gestreift. Sie sind stark oder schwach, länglich oder rundlich punktiert.

Die Fruchtzweige teilt man nach dem Grad ihrer Entwicklung und Ausbildung ein in Fruchtruten, Fruchtspieße und Ringelspieße.

Blatt

Beim Blatt betrachtet man die Größe, Form, Spitze, Färbung, den Überzug und Rand. Man unterscheidet kleine, mittelgroße, große und sehr große Blätter. Die Figur ist rundlich (a), ei-lanzettförmig (b), oval (c), eiförmig (d), eirund-oval (e), lanzettförmig (f).

Das Blatt ist entweder eben oder flach (Ananasrenette), schifförmig, wenn die Ränder nach oben gebogen sind (Königlicher Kurzstiel) oder wellenförmig, wenn sich die Ränder auf- und niederbiegen.

Die Färbung kann hellgrün, dunkelgrün, blaugrün, gerötet sein.

Die Fläche ist mattglänzend, glänzend, stark glänzend, kahl, schwach behaart, grau-gelb- oder weißfilzig.

Das Blatt ist kurz, mittellang, sehr lang. Es kann grün, gefärbt, glatt oder wollig, schwach oder stark sein. An seiner Basis befinden sich häufig früh abfallende Nebenblätter, die schmal, lanzettlich, zugespitzt oder pfriemenförmig sein können.

Der Rand des Blattes ist entweder ganz, gekerbt (e), gezähnt (d), gesägt (a), oder auch doppelt gesägt (f).
Das Blatt selbst wird als derb, krautartig und lederartig mit mehr oder weniger stark hervortretenden Nerven bezeichnet.

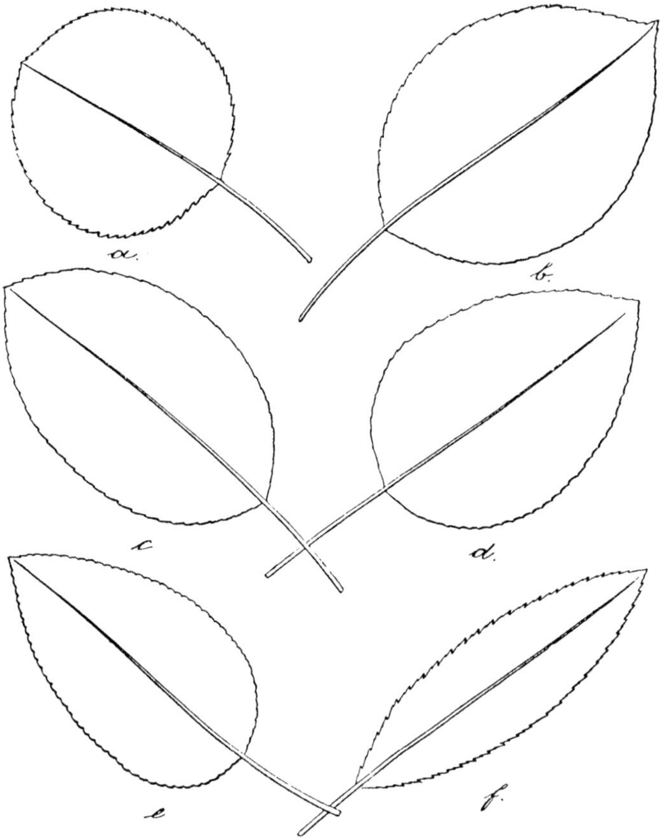

Blattformen

a *rundlich*
b *ei-lanzettförmig*
c *oval*
d *eiförmig*
e *eirund-oval*
f *lanzettförmig*

Blüte

Die Blüte ist durch ihr früheres oder späteres Erscheinen ausschlaggebend, auch nach ihrer Größe und Färbung der Blumenblätter. Zwischen der Blüte der ersten und der letztaufblühenden Sorte liegen etwa 3 Wochen. Man bezeichnet jene Obstsorten, die in der ersten Woche aufblühen, als frühblühend, die zuletzt blühenden als spätblühend.

Frucht

Der Apfel ist botanisch eine Scheinfrucht, gebildet aus der dickfleischigen Blütenachse (das Fruchtfleisch), die auf dem Scheitel die vertrockneten Kelchzipfel trägt und in der Mitte das pergamentartige Samengehäuse enthält. Dessen fünf Fächer entsprechen ebenso vielen Fruchtblättern oder Schließfrüchten.

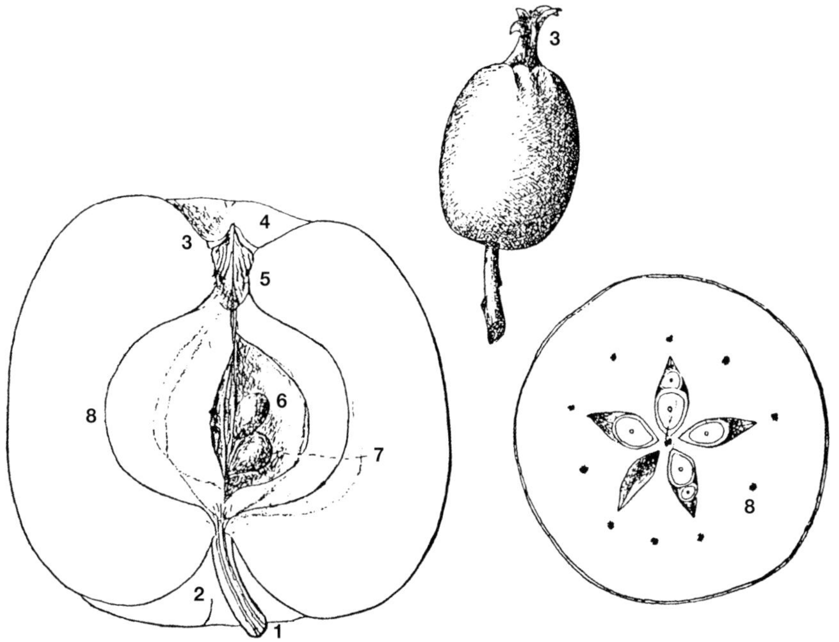

Die Apfelfrucht: **1** *Stiel* **2** *Stieleinsenkung* **3** *Kelchblättchen* **4** *Kelcheinsenkung* **5** *Kelchröhre* **6** *Kernhausfach* **7** *Samen* **8** *Gefäßbündel*

Äußere Merkmale

Als äußere Merkmale betrachtet man Gestalt, Größe, den Kelch, die Kelcheinsenkung, den Stiel, die Stielhöhle und die Schale. Die Reifezeit wird bei allen Früchten angegeben, ebenso die Haltbarkeit auf dem Lager. Bei spätreifenden Sorten ist es notwendig, die Baumreife, also die richtige Pflückzeit und die Genussreife zu unterscheiden. Nach der Reifezeit unterscheidet man Sommerfrüchte, die bis Ende September, Herbstfrüchte, die bis Ende November, und Winterfrüchte, die nach Ende November genussreif sind.

Die Farbe der Früchte wird mit grundfarbig bezeichnet, wenn sie überall gleichförmig, meist weiß, grün oder gelb gefärbt sind; auch solche, welche auf der Sonnenseite leicht gerötet sind. Deckfarbig nennt man sie, wenn die Grundfarbe verwaschen gerötet ist. Ist die Grundfarbe aber in schmäleren oder breiteren Streifen gerötet und sind noch dunklere Streifen vorhanden, so nennt man die Frucht gestreift. Marmoriert ist die Färbung, wenn die Deckfarbe wie getuscht ineinander übergeht und punktiert, wenn sie aus vielen Punkten besteht. Berostet nennt man eine Frucht, wenn sie mehr oder weniger mit trockenzelligen Schüppchen belegt ist, die entweder zimtfarbig, dunkelbraun oder rötlich sein können. Ist die Schale ganz damit bedeckt, so nennt man sie rostschalig (Boskoop).

Die Fruchtform

Bei der Beschreibung oder Abbildung einer Frucht muss immer von einer möglichst vollkommen ausgebildeten Normalfrucht ausgegangen werden.

Die verschiedenen Formen der Äpfel beruhen auf einer Abänderung der Kugelform. Man nimmt nach Flotow 12 Hauptformen an, welche ineinander übergehen können.

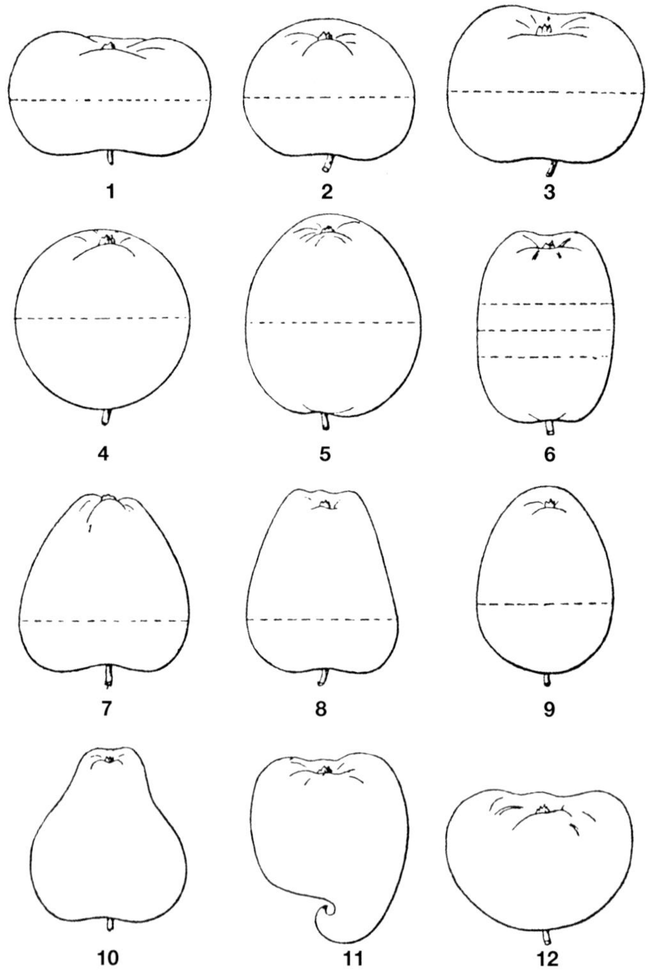

Fruchtformen: **1** *plattrund* **2** *halbkugelförmig* **3** *flachkugelförmig* **4** *kugelförmig* **5** *hochgebaut kegelförmig* **6** *walzenförmig* **7** *kegelförmig* **8** *stumpfkegelförmig* **9** *eiförmig* **10** *glockenförmig* **11** *quittenförmig* **12** *bergamottförmig*

1. Plattrunde Äpfel. Der Längsdurchmesser ist deutlich kleiner als der Querdurchmesser Kelch- und Stielfläche sind abgeplattet.
2. Halbkugelförmige Äpfel. Der Längsdurchmesser ist ebenfalls wesentlich kleiner als der Querdurchmesser. Die Kelchwölbung ist erhaben und nähert sich der Kugelform.
3. Flachkugelförmige Äpfel. Kelch- und stielwärts flachgedrückte, kugelförmige Früchte.
4. Kugelförmige Äpfel. Die Durchmesser der Höhe und Breite sind gleich, die größte Breite liegt in der Mitte und beide Wölbungen sind kugelig abgerundet.
5. Hochgebaut kegelförmige Äpfel. Der Höhendurchmesser ist etwas länger als der Querdurchmesser oder auch gleich. Die Frucht nimmt kelchwärts etwas mehr ab als stielwärts.

6. Walzenförmige Äpfel. Der Querdurchmesser ist auf einem größeren Teil der Frucht gleich, mit flachen Abrundungen am Kelch und Stiel.
7. Kegelförmige Äpfel. Sie nehmen vom größten Querdurchmesser an kelchwärts gleichmäßig ab und enden mit einer kleinen Kelchfläche.
8. Stumpfkegelförmige Äpfel. Wie kegelförmige Äpfel; die Kelchwölbung ist jedoch flach oder breit abgestumpft.
9. Eiförmige Äpfel. Der größte Breitendurchmesser liegt unter der Mitte, stielwärts ist die Frucht abgerundet, kelchwärts nimmt sie in sanfter Wölbung ab.
10. Glockenförmige Äpfel. Sie sind unterhalb der Kelchfläche mehr oder weniger eingezogen.
11. Quittenförmige Äpfel. Äpfel, deren Stieleinsenkung durch eine Fleischwulst verschoben erscheinen oder bei denen die Einsenkung fast fehlt.
12. Bergamottförmige Äpfel. Die Kelchwölbung ist breiter als die Stielwölbung.

Beschaffenheit der Schale

Die Schale des Apfels ist glatt, geschmeidig oder fettig, rau, fein oder stark, trocken, beduftet, stark beduftet.
Häufig tragen die Äpfel charakteristische Punkte (Lentizellen), ehemalige Atmungszellen.

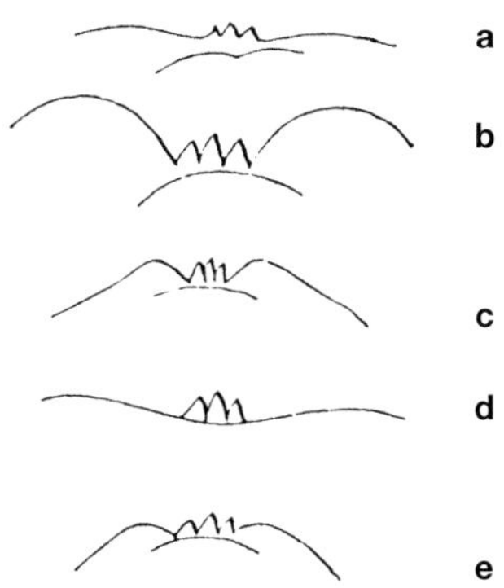

Kelcheinsenkung: **a** *flach* **b** *tief* **c** *eng* **d** *schüsselförmig* **e** *aufsitzend*

Der Kelch

Der Kelch besteht aus 5 Blättchen, die nach Form und Färbung sowie nach ihrer Stellung und Richtung verschieden sind. Die Blättchen sind lang oder kurz, breit oder schmal, stumpf oder spitz, hart oder weich und blattartig, aufrechtstehend oder zurückgeschlagen, glatt oder wollig, lange grünbleibend oder bald trockenwerdend, offen, halboffen oder geschlossen.
Die nächste Umgebung des Kelches ist selten eben, meist vertieft. Die Vertiefung nennt man Kelcheinsenkung. Sie ist entweder flach (a), tief (b), eng (c), weit und ausgeschweift oder schüsselförmig (d), oben aufsitzend (e), glatt oder rostig. Die Einsenkung ist entweder glatt oder mit Rippen und Falten umgeben.

Der Stiel und die Stieleinsenkung (Stielhöhle)

Der Stiel der Kernobstfrüchte ist holzig oder fleischig, oft, wie beim Rheinischen Bohnapfel, an seinem Ende verdickt. Er ist bald länger, bald kürzer, dünner, stärker, kahl oder wollig. Die Stiele einer Sorte sind von oft verschiedener Länge je nach Stellung der Frucht am Baum. In gutem Boden und in feuchten Jahren werden die Stiele in der Regel länger und dünner. Die Färbung ist meist grün oder braun in verschiedenen Schattierungen. Oft sind auch beide Farben vereinigt, seltener kommt gelb und rot vor.
Die Stiele stehen in der Stieleinsenkung, die entweder weit oder eng, tief oder flach, glatt oder berostet, regelmäßig oder durch einen Fleischwulst verengt ist.
Die Stelle, wo die Stielhöhle in die Wölbung übergeht, wird Stielwölbung genannt Sie ist entweder breit und flach abgerundet oder kugelförmig abgerundet, eben oder uneben, groß, mittelgroß oder nur klein.

Geruch

Der Geruch tritt erst in der vollen Reife ein und wird durch ätherische Öle verursacht, die in der Schale enthalten sind. Deshalb ist auch der Geschmack verschieden, je nachdem, ob man die Früchte mit oder ohne Schale genießt. Der Geruch lässt sich aber nur vergleichsweise als melonen-, himbeer-, zitronen-, wein- oder moschusartig bezeichnen.

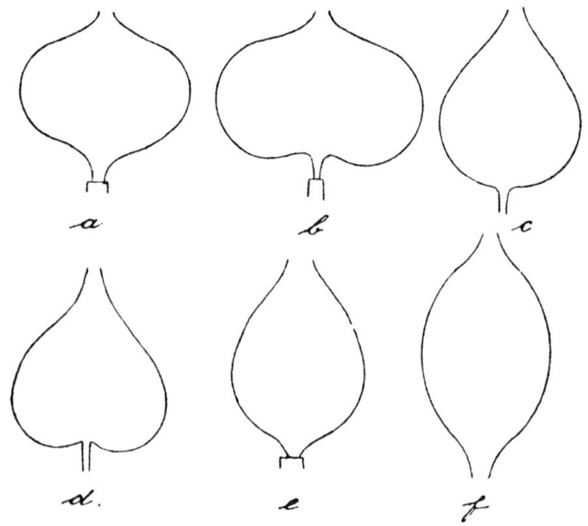

Verlauf der Gefäßbündel:
a *zwiebeiförmig*
b *herzzwiebelförmig*
c *rund*
d *spitz eiförmig*
e *oval*
f *melonenförmig*

Die Gefäßbündel

Durchschneidet man einen Apfel der Länge nach, so findet man außerhalb des Kernhauses in der fleischig gewordenen Blütenachse 10 aus dem Stiel entspringende Gefäßbündel, welche in regelmäßiger Entfernung voneinander stehen und zwar so, dass sich fünf den Fächern gegenüber und fünf dazwischen befinden. Der durch die Gefäßbündel umgrenzte Teil des Fruchtfleisches gibt durch seine Form ein recht zuverlässiges Merkmal der Frucht ab und wird bei exakten Beschreibungen und Durchschnittszeichnungen genau angegeben.
Ist der umgrenzte Teil kelchwärts spitzer als stielwärts, so nennt man die Gestalt zwiebelförmig (a), wenn sie sich stielwärts wenig erhebt herzzwiebelförmig (b). Mitunter ist ihre Gestalt auch rund (c), spitz eiförmig (d), oval (e) oder melonenförmig (f).

Das Kernhaus

Das Kernhaus liegt in der Achse des Apfels und besteht aus fünf Fächern oder Kammern, die in der Achse zusammenstoßen. Häufig zeigt sich darin eine rundliche oder eckige Höhlung. Das Kernhaus wird dann hohlachsig genannt, ansonsten vollachsig. Sehr häufig öffnen sich die Kammern des Kernhauses nach innen. Dann zeigt sich, im Querschnitt betrachtet, eine Öffnung; das Kernhaus ist offen. Verschiedene Grade der Öffnung des Kernhauses werden mit halboffen oder sehr weit offen bezeichnet. Das Offensein des Kernhauses ist die Ursache, dass sich in manchen Äpfeln (Rambure) die reifen Samen lösen, in der Höhlung frei liegen und beim Schütteln des Apfels klappern.
Bei der genauen Zeichnung und Beschreibung wird die Länge und Breite der Achsenhöhle und ihre Entfernung vom Stiel und der Mündung des Kelches angegeben. Die Fächer oder Kammern sind entweder eng, ziemlich eng, weit, ziemlich weit, sehr weit, geräumig, sehr groß oder sehr geräumig. Das Geschlossensein oder die Öffnung der Fächer, ebenso ihre Weite, ersieht man am besten aus dem Querschnitt der Frucht. Die Form der Achsenhöhle ist aber auch aus dem Längsschnitt ersichtlich.

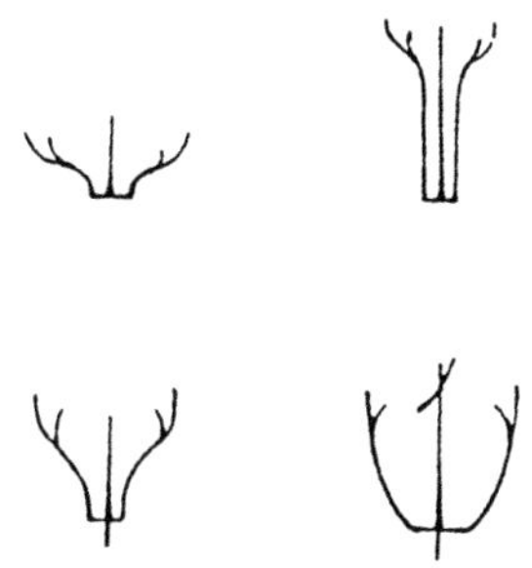

Kelchröhre: Trichterförmig (oben), umgekehrt kegelförmig (unten), jeweils mit kurzer und langer Röhre.

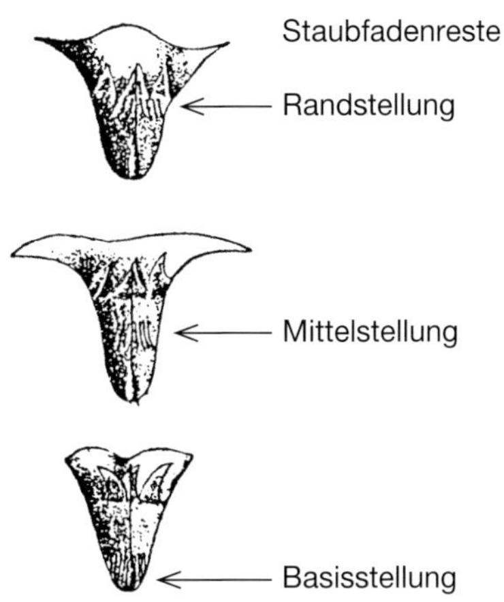

Die Kelchröhre

Oberhalb des Kernhauses befindet sich die Kelchröhre, welche die Reste des Stempels und der Staubgefäße einschließt. Sie besteht aus der Einmündung, dem Saum und der eigentlichen Röhre. Man bezeichnet die Kelchröhre als trichterförmig oder als umgekehrt kegelförmig.

Staubfadenreste

Sie finden sich charakteristisch in jeder Kelchhöhle. Man unterscheidet zwischen der Randstellung, wenn die Staubfäden hoch oben am Rande stehen; der Mittelstellung, wenn sie in der Mitte der Kelchhöhle angeheftet sind und der Basisstellung, wenn sie am unteren Teil der Kelchhöhle entspringen.

Samen

Die Samen oder die Kerne sitzen beim Apfel auf der einen Seite der Fächer übereinander und nicht wie bei den Birnen einander gegenüber. Ihre Anzahl hängt von der mehr oder weniger vollkommenen Entwicklung ab. In der Regel verkümmern die meisten, selten bilden sich alle aus. Meist sind nur zwei in jedem Fach vorhanden, es gibt aber auch eine Reihe von Äpfeln (Peppings), die in jedem Samenfach fünf Kerne enthalten können. Die Samen sind entweder eirund, eiförmig, spitzeiförmig, von graubrauner oder kastanienbrauner Farbe. Sie sind groß oder klein, zahlreich oder wenig vorhanden, gut ausgebildet oder verkrüppelt.

Das Fruchtfleisch

Beim Fruchtfleisch der Äpfel unterscheidet man weiches und festes, mürbes und brüchiges, lockeres und dichtes, feines und grobes, saftiges und trockenes. Weich nennt man dasjenige Fruchtfleisch, das dem Druck des Fingers leicht nachgibt und leicht zu kauen ist (Weißer Astrachan). Fest oder auch abknackend ist ein Fruchtfleisch, das den Fingern und Zähnen einen merklichen Widerstand entgegensetzt (Goldparmäne). Mit mürbe und markig bezeichnet man Zwischengrade zwischen weich und fest. Locker ist das Fruchtfleisch, wenn es ein leichtes, schwammiges Gewebe hat; dicht das entgegengesetzte.
Schwierig bleibt es immer, den Geschmack der Früchte richtig zu beschreiben. Man unterscheidet zunächst den sauren oder süßen Geschmack und beachtet, ob er zugleich gewürzt oder gewürzlos ist. Bei der Mischung von Säure und Zucker unterscheidet man, welcher Geschmack vorherrschend ist und bezeichnet danach den Geschmack als süßsäuerlich, säuerlichsüß oder süßweinig. Nach dem vorherrschenden Aroma bezeichnet man Äpfel als zimtartig, alantartig, erdbeer- oder himbeerartig. Weitere Geschmackskennzeichnungen sind fad, wässerig und mehlig.

Verwendungszweck

Je nach Verwendung bezeichnet man das Kernobst als Tafel-, Wirtschafts- oder Mostobst. Unter Tafelobst versteht man solche Früchte, die durch ihr feines Fleisch und den würzigen Geschmack zum Rohgenuss besonders geeignet sind. Wirtschaftsobst ist durch seinen Geschmack weniger gut zum Frischverzehr geeignet, dafür zum Kochen und Dörren.

Apfelsorten

Aargauer Jubiläumsapfel

Aargauer Jubiläumsapfel

Die Sorte entstand in der Schweiz und wurde 1934 zum ersten Mal beschrieben.
Doppelname: Jubilée d'Aargovie

Großer, abgestumpft rundlicher Apfel. Rippen über die ganze Frucht laufend. Fruchtschale hellgelb, zur Reifezeit manchmal etwas gerötet. Fruchtfleisch weiß, weich, säuerlich. Reifezeit mittelspät bis spät.

Abbondanza

Abbondanza (Abbildung Seite 28)

Die Sorte entstand 1896 in Italien
Doppelname: Belfort

Mittelgroßer, runder bis hochgebauter Apfel. Schwach ausgeprägte Rippen über die halbe Frucht laufend. Fruchtschale hell grünlichgelb, später orangefarben und rot gestreift. Schalenpunkte zahlreich, dick. Fruchtfleisch fest, cremefarben. Stark hervortretende Säure. Reifezeit sehr spät.

Abrahamsapfel

Doppelname: Drue Parmain
Alte Sorte, schon vor 1800 bekannt

Runde Frucht. Kelch ist tiefliegend, klein. Um den Kelch leicht gerippt. Schalenfarbe gelblichgrün, zur Reifezeit fast völlig gerötet. Fruchtfleisch grünlich, wohlschmeckend. Baum- und Genussreife ab September. Haltbarkeit bis Mai.
Der Baum trägt reich und ist für alle Erziehungsformen geeignet.

Achberg siehe Schöner von Boskoop
Achimer Goldrenette siehe Krügers Dickstiel

Adams Apfel

Adams Apfel

Frucht: Sehr guter Tafel-, guter Wirtschaftsapfel. Genussreife ab Dezember, Haltbarkeit bis März. Frucht groß, hochgebaut bis rundlich, etwas gerippt. Fruchtschale glatt, glänzend, geschmeidig, meist dunkelkarminrot gefärbt, dazwischen dunkelrote Streifen. Einzelne hellere Schalenpunkte. Fruchtfleisch weißgelb, unter der Schale gerötet, locker, saftreich, von angenehm süßweinigem, etwas gewürztem Geschmack.
Baum: Kugelkronig, mäßig wachsend. Triebe dick, kurz. Für tiefgründigen, nahrhaften, feuchten Boden und etwas geschützten Stand. Widerstandsfähig gegen Krankheiten und Frost.

Adams Parmäne

Adams Parmäne

Von dem Engländer Robert Adams aus Samen gezogen und unter dem Namen 'Norfolk Pippin' in den Handel gebracht. In Deutschland früher als Liebhabersorte weit verbreitet.
Doppelnamen: Adams Pearmain; Hanging Pearmain; Matchless; Norfolk Pippin; Norfolk Russet

Frucht: Ausgezeichneter Tafelapfel, sehr guter Wirtschaftsapfel. Pflückreife Anfang Oktober, Genussreife ab Dezember, Haltbarkeit bis März. Fruchtschale glatt, grünlich oder gelblichgrün, später lebhaft gelb. Sonnenseite gerötet, zuweilen dunkler gestreift. Zahlreiche Schalenpunkte, in der Rötung mit gelbem Hof. Manchmal Anflüge von Rost. Fleisch hellgelb, fein, mürbe, genügend saftig, zitronenartig gewürzt. Geruch sehr schwach. Gute Lagerfähigkeit.
Baum: Wachstum mittelstark, Sommertriebe lang. Krone mittelgroß, rundlich bis pyramidal Für alle Erziehungsformen. Anspruchslos, auch für trockenere Standorte und rauere Lagen noch geeignet. Widerstandsfähig gegen Schorf. Frucht sturmfest.

Adenaws Ramburrenette

Sehr gute Tafel- und Wirtschaftsfrucht. Genussreife ab Ende Dezember. Haltbarkeit bis April. Kleine, abgestumpft rundliche Frucht. Schale glatt bis leicht aufgerauht, mattglänzend, gelblichgrün, später kräftig gelb. Sonnenseite goldgelb, oft mit rötlichem Anflug. Schalenpunkte zahlreich, manchmal Anflüge von Rost. Fruchtfleisch hellgelb, fein, saftig, angenehm gewürzt, gute Lagerfähigkeit.

Adersleber Kalvill

Auf dem Klostergut Adersleben 1830 aus Samen gezogen und um 1900 in den Handel gebracht. Von der ursprünglichen Mischung des Sämlings Nr. III die eigentliche Sorte.
Geschwistersorten: Lichthardts Apfel, Amtsrat Meyer

Frucht: Ausgezeichneter Tafelapfel, wegen des sehr edlen Geschmacks begehrt. Pflückreife Oktober. Genussreife Dezember. Lagerfähigkeit bis März. Frucht groß, flachrund, gerippt.

Adersleber Kalvill

Lichthardts Apfel (Geschwistersorte des Adersleber Kalvill)

Schale ist matt gelb, sonnenwärts verwaschen rot. Braune Schalenpunkte. Fein berostet, vor allem am Kelch. Das Fruchtfleisch ist hellgelb, saftig, mürbe, fein gewürzt. Gute Haltbarkeit, aber Neigung zum Welken.
Baum: Kräftiges Wachstum im Jugendstadium. Ertrag früh einsetzend, sehr hoch und regelmäßig. Wertvolle Lokalsorte und Liebhabersorte für Hausgarten und bäuerlichen Obstbau. Für sämtliche Erziehungsformen geeignet. Auf guten Standorten wenig empfindlich. Schlechter Pollenspender.

Admirable *siehe* Kirkes Schöner Rambur
Admirable Blanche *siehe* Weißer Winterkalvill
Admirable de Kew *siehe* Köstlicher von Kew

Adventsapfel

Alte Sorte, schon um 1700 bekannt

Wirtschaftsapfel. Frucht mittelgroß, hochgebaut, ungleichmäßig, gerippt. Schalenfarbe intensiv grün, zur Reifezeit gelblichgrün, beduftet. Sonnenseite verwaschen blutrot, Schattenseite gestreift. Schalenpunkte gelblich, klein. Manchmal leichte dunkle Berostung. Fruchtfleisch grünlichweiß, feinzellig, saftig. Geschmack herbsäuerlich, später milder. Genussreife ab Dezember. Haltbarkeit bis März.
Der Baum wächst mittelstark und bildet eine flache Krone. Ertrag sehr hoch.

Aesopus Spitzenburgh *siehe* Esopus Spitzenburgh

Aga-Apfel

Aga-Apfel

Doppelname: Pomme Aga

Sehr guter Wirtschaftsapfel. Verwertbar ab Dezember. Haltbarkeit bis in den April. Früchte oft flachrund, sehr ungleichmäßig gebaut. Schale glatt, glänzend, grünlichgelb, später hellgelb. Die Sonnenseite ist punktiert gerötet, meist längsgestreift. Gute Haltbarkeit, aber anfällig für Lagerfäulen. Das Fruchtfleisch ist weißlich, ziemlich fein, fest, ausreichend saftig. Hervortretende Säure, wenig Würze und Zucker.

Agatapfel *siehe* Enkhuyser Agatapfel
Purpurroter Agatapfel
Purpur roter Winteragatapfel

Aich *siehe* Roter von Aich
Aiterbac *siehe* Sämling von Aiterbach

Akane

Kreuzung von 'Jonathan' x 'Worcester Pearmain'. In Morioka/Japan ausgelesen und seit 1970 im Handel.

Akane

Doppelnamen: Prime Red; Primerouge; Tohoku; Tokyo Rose

Frucht: Mittelgroß bis klein, kugelig und schwach gerippt. Die Schale ist glatt, bei Überreife fettig werdend. Fruchtfarbe leuchtend rot, verwaschen auf gelber Grundfarbe. Punkte klein und hell. Fruchtfleisch weiß, fest, saftreich, mild säuerlich. Große Früchte sind stippeanfällig. Pflückreife Mitte September, Genussreife ab Mitte November.
Baum: Schwacher Wuchs, mäßig verzweigt, neigt zum Auskahlen. Anfällig für Mehltau, widerstandsfähig gegen Schorf. Ertragsbeginn früh, Erträge mittelstark aber regelmäßig. Vorwiegend für den Erwerbsanbau geeignet.

Akerö *siehe* Apfel von Akerö

Alander

Guter Tafel- und Wirtschaftsapfel. Pflückreife ab Mitte September. Genussreife ab Oktober. Haltbarkeit bis Dezember. Die Frucht ist mittelgroß bis groß. Baum in der Jugend hochkugelig, später breiter Wuchs. Für guten Boden und geschätzte Lagen. Erziehung nur als höhere Baumformen. Widerstandsfähig gegen Krankheiten und Schädlinge. Neigung zur Alternanz. In Oldenburg eine der besten Lokalsorten, die aber bis Weihnachten verbraucht sein sollte.

Alantapfel (Abbildung Seite 34)

Doppelnamen: Großer, Edler Prinzessinapfel; Pomme d'Aunée; Princesse Noble

Frucht: Eine geschmacklich sehr gute Tafelfrucht, die von Kennern geschätzt wird. Pflückreife Mitte Oktober. Genussreife ab Ende Oktober. Haltbarkeit bis Februar. Fruchtschale grünlichgelb, später hellgelb. Sonnenseitig rötlich überlaufen und punktiert, einige flammenartige dunklere Streifen. Schalenpunkte sehr fein. Würziger Duft. Fruchtfleisch gelblichweiß, erst etwas fest, später zart, saftig, angenehm zimtartig gewürzt. Da die Früchte unscheinbar und häufig klein sind, nur für den Hausgarten geeignet.
Baum: Der schwache Wuchs erfordert häufiges Rückschneiden der Leittriebe. Für kräftigen Boden und maritimes Klima. Erziehungsform vorwiegend Halb- und Hochstamm.

Alantapfel

Alantapfel *siehe* Winteralantapfel
Albert *siehe* Lanes Prinz Albert
Albertin *siehe* Kaiser Alexander
Albrechtapfel *siehe* Prinz Albrecht von Preußen

Aldingers George Cave

Eine Neuzüchtung der Baumschule Aldinger in Stuttgart, seit 1962 im Handel.

Frucht: Einer der besten Frühäpfel. Frucht mittelgroß. Pflückreife ab Mitte Juli. Haltbarkeit drei bis vier Wochen. Fruchtschale rot gefärbt. Fruchtfleisch würzig, haltbarer als Klarapfel. Schlechter Pollenspender.
Baum: Sehr reiche und regelmäßige Erträge. Für Hausgarten und Obstwiese geeignet. Für alle Erziehungsformen. Schnittpflege wichtig. Sehr widerstandsfähig gegen Schädlinge.

Alëuten-Apfel

Die Sorte stammt aus Nordamerika.

Frucht: Nur zur Apfelweinbereitung geeignet. Ausgesprochener Winterapfel. Die Frucht ist klein bis mittelgroß. Von mehreren Rippen ist eine stark ausgebildet und lässt die Frucht unregelmäßig erscheinen. Schale zitronengelb, meist stark gerötet mit dunkelroten Streifen. Fruchtfleisch gelb, fest, sehr saftig, sauer.
Baum: Die Sorte wächst sehr kräftig, bildet hochpyramidale, schöne Kronen, reichtragend. Gedeiht noch auf schlechtem Boden. Benötigt fast keinen Rückschnitt. Als Zwischenveredlung geeignet. Früher als Straßenbaum verwendet.

Alexander *siehe* Kaiser Alexander

Alexandra-Apfel

Die Sorte stammt aus einer Kernaussaat. Sie entstand bei der Stadt Nyborg auf der Insel Fünen im Jahre 1843, dem Geburtsjahr der dänischen Prinzessin Alexandra.

Sehr guter Wirtschaftsapfel, auch zum Dörren geeignet. Pflückreife Oktober. Haltbarkeit bis Weihnachten. Frucht mittelgroß. Schale fein, glatt, glänzend wachsgelb. Auf der Sonnenseite dunkler gelb, bisweilen etwas karmesinrot. Einzelne größere oder kleinere Flecken. Fruchtfleisch weiß, fest, mürbe und saftig mit schwach weinartigem Geschmack. Gesunder kräftiger Wuchs, früh einsetzender Ertrag, Massenträger.

Alfriston

Alfriston

Guter Tafel-, sehr guter Wirtschaftsapfel. Genussreife ab Dezember. Haltbarkeit bis März. Frucht mittelgroß bis groß, stark abgestumpft bis flachrund. Hälften meist ungleich. Schale glatt, grün, später gelblichgrün, sonnenseitig zuweilen rötlicher Anflug. Punkte sparsam, Anflüge von Rost nicht häufig. Geruch schwach. Welkt nicht auf dem Lager. Fruchtfleisch grünlichgelb, fein, saftig, angenehm weinsäuerlich.

Alkmene

Alkmene (Abbildung Seite 35)

Züchtung des Instituts für Acker- und Pflanzenbau, Müncheberg, entstanden aus 'Geheimrat Dr. Oldenburg' x 'Cox' Orangenrenette'.

Frucht: Sehr guter, aromatischer Tafelapfel, noch brauchbarer Wirtschaftsapfel. Pflückreife Anfang September, Haltbarkeit bis November. Frucht klein bis mittelgroß, ebenmäßig, stumpfkegelig. Schale glatt, dünn, Grundfarbe gelbgrün bis goldgelb. Deckfarbe sonnenseits gestreift ziegelrot. Wenig druckempfindlich, nicht welkend. Fruchtfleisch gelblichweiß, mittelfest, feinzellig, zart säuerlich, edelaromatisch. Nur wenig anfällig für Stippe und Glasigkeit.
Baum: Wuchs in der Jugend stark, später schwächer, dicktriebig. Leitäste gut verzweigt, zu dichter Krone neigend. Blüte frostempfindlich. Widerstandsfähig gegen Schorf und Mehltau. Anbau bis 400 m Höhe. Für nährstoffreiche, auch trockenere Böden. Nur für Niederstammformen geeignet. Beliebt zum Aufveredeln auf unbefriedigende Sorten. Ertrag früh und regelmäßig.

Allemand *siehe* Deutscher Goldpepping

Allens Dauerapfel

Doppelnamen: Allens Everlasting; Eternelle d'Allen

Ausgezeichneter Tafel- und sehr guter Wirtschaftsapfel. Genussreife ab Februar. Haltbarkeit bis Juli. Sehr große, flachrunde Frucht mit ramburartigen Rippen. Schale etwas rau, grün, später gelblich. Sonnenseite hellrot bis trüb karmesin. Punkte zahlreich. Netzartige Anflüge grünlichbraunen Rostes bedecken einen großen Teil der Oberfläche. Fleisch gelblichweiß, fein, abknackend, später mürbe. Saftig, angenehm gewürzt.

Allens Everlasting *siehe* Allens Dauerapfel
Allerweltsapfel *siehe* Kaiser Alexander

Allington

Allington (Abbildung Seite 36)

Sämling von 'Cox' Orangenrenette'
Doppelnamen: Allington Pepping; Allington Pippin

Frucht: Sehr guter Tafel- und Wirtschaftsapfel. Genussreife ab November. Haltbarkeit bis Februar. Mittelgroße bis große, runde bis hochrunde Frucht. Geschmack ähnlich 'Cox' Orangenrenette'. In kühler Anbaulage leichte Güteminderung.
Baum: Anfangs stark, später mittelstark wachsend. Nicht so anspruchsvoll wie 'Cox' Orangenrenette'. Für alle Erziehungsformen geeignet. In feuchten Anbaulagen anfällig für Schorf, Blutlaus und Obstmade.

Allington Pepping *siehe* Allington
Allington Pippin *siehe* Allington
Alma *siehe* Leven Alma

Alsener Melonenapfel

Alsener Melonenapfel

Die Sorte entstand wahrscheinlich auf der dänischen Ostseeinsel Alsen als Sämling des 'Prinzenapfel'.

Frucht mit ansprechender Farbe und gutem Geschmack. Der Baum hat hängende Zweige. Widerstandsfähig gegen Krebs. Regelmäßige Erträge.

Alter Nonpareil

Doppelnamen: Grüne Renette; Old Nonpareil; Non Pareille Ancienne

Ausgezeichneter Tafel-, brauchbarer Wirtschaftsapfel. Genussreife ab Anfang Januar. Haltbarkeit bis Juni. Auf dem Lager etwas welkend. Kleine bis mittelgroße Früchte, abgestumpft rundlich, fast flachrund. Schale leicht rau bis fast glatt, grün, später grünlichgelb, sonnenseits roter Anflug. Punkte zahlreich. Leichte Berostung häufig. Fleisch gelblichweiß, fein, fest, später mürbe. Edel renettenartig gewürzt.

Altgelds Küchenapfel

Sehr guter Wirtschaftsapfel. Verwendungsfähig ab November. Lagerfähig bis März. Kleine, abgestumpft rundliche Frucht. Auf dem Lager nicht oder nur wenig welkend. Schale glatt, hellgrün, später zitronengelb. Sonnenseite punktiert gerötet, oft kurze dunkelrote Streifen. Punkte nicht zahlreich, bräunlich. Schwacher Geruch. Fruchtfleisch weißlich, fein, abknakkend, ziemlich saftig, vorherrschend süß.

Altländer Glockenapfel *siehe* Weißer Winterglockenapfel

Altländer Pfannkuchenapfel

Wahrscheinlich Zufallssämling aus dem Alten Land bei Hamburg. Vor 1840 gefunden.
Doppelname: Echter Pfannkuchenapfel

Frucht: Guter Tafel- und hervorragender Wirtschaftsapfel. Pflückreife Ende Oktober. Genussreife ab März. Haltbarkeit bis Juni. Ein ausgesprochener Winterapfel, der ab März auch zum Frischverzehr geeignet ist. Mittelgroße Frucht mit meist fünf flachen Wülsten bis zur Fruchtmitte. Guter Pollenspender. Schale glatt, ledrig. Grundfarbe grün, bei Reife trüb gelb. Unterschiedlich rot marmoriert und gestreift. Schalenpunkte mit hellem Hof. Fleisch grünlichweiß, grobzellig, säuerlich. Wenig anfällig für Schorf und Stippe. Schalenbräune bei zu feuchter Lagerung. Gut transportfähig, windfest. Welkt nicht auf dem Lager.
Baum: In der Jugend mittelstarker, später schwacher Wuchs. Dicht verzweigt, Krone breitkugelig. Regelmäßiges Auslichten und Verjüngen notwendig. Ertrag mittelfrüh bis mittelspät, nicht ganz regelmäßig. Für alle Erziehungsformen geeignet. Widerstandsfähig gegen Schorf und Mehltau. Anfällig für Frostschäden. Für feuchte, nährstoffreiche Böden. Bewährt in Küstengebieten. In Süddeutschland weniger befriedigend.

Amande *siehe* Mandelrenette
American Mother *siehe* Mutterapfel
Amerikaner *siehe* Neuer Amerikaner

Amerikanischer Gestreifter Süßapfel

Gute Tafel-, sehr gute Wirtschaftsfrucht. Genussreife ab Anfang Oktober. Haltbarkeit bis November. Eikegelförmige Frucht, stielbauchig. Schale glatt, glänzend, hellgrün, später hell grünlichgelb. Sonnenseite rot punktiert, breit und kurz gestreift. Welkt nicht auf dem Lager. Fruchtfleisch gelblich bis hell grünlichgelb, ziemlich fein, markig, saftig, ziemlich süß.

Amerikanischer Gewürzapfel *siehe* New Yorker Renette

Amerikanischer Melonenapfel

Doppelnamen: Melonenapfel; Pomme Norton

Sehr guter Tafel- und Wirtschaftsapfel. Genussreife Ende November. Haltbarkeit bis Februar. Rundlicher, etwas ungleicher, mittelgroßer Apfel. Leicht gerippt. Fruchtschale glatt, hellgrün, später grünlichgelb bis hellgelb. Sonnenseite leicht gerötet mit reichlichen dunklen Streifen. Manchmal Anflüge von Rost. Welkt nicht auf dem Lager. Fleisch gelblichweiß, fein, saftig, melonenartig gewürzt. Ausgewogenes Zucker-Säure-Verhältnis.

Amerikanischer Pfirsichapfel

Herbst- und Winterapfel für Tafel und Haushalt. Baum schwach wachsend, aber sehr ertragreich.

Amerikanischer Romanite *siehe* Kanadarenette
Amerikanische Staaten-Parmäne *siehe* Staatenparmäne

Amtmannsapfel

Frucht: Sehr guter Tafel- und Wirtschaftsapfel. Genussreife ab Mitte September. Haltbarkeit bis November. Frucht abgestumpft rundlich, etwas stielbauchig, oft etwas ungleich über die Frucht laufende Rippen. Schale glatt, mattglänzend, wachsartig hellgelb. Sonnenseite leicht gerötet mit dunklen Streifen. Punkte sparsam. Geruch nicht stark. Fruchtfleisch gelblichweiß, oft mit rötlichem Anflug. Ziemlich fein, etwas locker, kalvillartig gewürzt, weinig und süß. **Baum:** Etwas sparriger Wuchs, breitkronig. Widerstandsfähig gegen Krankheiten und Schädlinge. Ertrag früh einsetzend und hoch.

Amtsrat Meyer *siehe* Adersleber Kalvill
Ananasapfel *siehe* Belgischer Ananasapfel
Prinzenapfel
Roter Ananasapfel
Weißer Ananasapfel
Ananaskalvill *siehe* Lütticher Ananaskalvill

Ananasrenette

Ananasrenette

Die Sorte ist um 1820 in Holland entstanden.

Frucht: Ausgezeichneter Tafel-, sehr guter Wirtschaftsapfel. Pflückreife Mitte Oktober. Genussreife ab November. Haltbarkeit bis Februar. Die Früchte sind klein oder werden nur mittelgroß. Aus diesem Grund bleibt die Sorte trotz des ausgezeichneten Geschmacks auf den

Garten beschränkt. Die Fruchtschale ist meist glatt, etwas glänzend, hellgelb, später goldgelb. Schalenpunkte zahlreich und fühlbar. Gute Lagereigenschaften. Das feine, erst etwas abknakkende, später mürbe, recht saftige und aromatische Fruchtfleisch macht den Apfel zu einer Spitzentafelsorte. Die Blüte dauert lange an, ist aber etwas witterungsempfindlich. Guter Pollenspender.

Baum: Der Wuchs ist gedrungen, so dass ein Rückschnitt meist entbehrlich bleibt. Ein gelegentlicher Korrekturschnitt sollte dafür sorgen, daß nicht zu viele Früchte ausgebildet werden. Der Ertrag setzt früh ein und bleibt regelmäßig. Anbau nur auf guten Standorten mit kräftigem, nahrhaftem Boden, der ausreichend feucht ist. Bei zusagenden Standortverhältnissen auch noch für mittlere Höhenlagen geeignet. Unempfindlich gegen Schorf, anfällig für Obstmade und Krebs. Durch die besondere Wuchscharakteristik vor allem für schwach wachsende Unterlagen und als Niederstamm geeignet.

Ananasrenette *siehe* Neue Ananasrenette

Andenken an Palandt

Die Sorte wurde im Jahre 1897 vom Deutschen Pomologenverband anerkannt.

Frucht: Sehr guter und dekorativer Tafelapfel. Genussreife ab November. Haltbarkeit bis in den April. Die Frucht ist mittelgroß und ebenmäßig. Fruchtschale dünn und fein, glatt, glänzend, mit rötlichen oder rostfarbenen Punkten bedeckt. Grundfarbe weißgelb, auf der Sonnenseite glänzend rot gefärt. Fruchtfleisch mürbe, weiß, saftig. Weinsäuerlich, feingewürzt, sehr wohlschmeckend.

Baum: Gedrungener Wuchs, aufrechte Zweige. Ertrag reichlich und frühzeitig. Die Frucht sitzt fest am Baum. Widerstandsfähig gegen Krankheiten. Geeignet für Garten, Obstwiese und als Straßenobst.

Andilli *siehe* Kanadarenette
Anjou *siehe* Kalvill von Anjou
Annaberger *siehe* Roter Stettiner

Anisapfel

Anisapfel (Abbildung Seite 40)

Eine Lokalsorte des böhmischen Elbetales und der angrenzenden Mittelgebirge.

Frucht: Ein sehr guter Tafelapfel, der früher in großen Mengen angebaut wurde. Gute Eignung auch als Wirtschaftsfrucht, vor allem zum Keltern. Fruchtfleisch bleibt beim Kochen weiß. Pflückreife Ende September. Genussreife ab Mitte Oktober. Haltbarkeit bis März. Fruchtform rundlich, gleichmäßig, mittelgroß. Schale glatt, etwas fettig. Farbe grünlich-gelb, später zitronengelb, sonnenseits manchmal zartrosa verwaschen. Schalenpunkte zahlreich, vielfach mit rotem Hof. Fruchtfleisch weiß, zart, sehr saftig. Süß mit schwacher Säure, leichtes orangenartiges Aroma. Geruch kräftig und angenehm. Gute Lagersorte.
Baum: Starker Wuchs. Aufrechte, später mehr runde Krone. In der Jugend mehrmals zurückschneiden. Für alle Erziehungsformen geeignet. Für Hausgarten-, Obstwiese und Erwerbsanbau empfohlen. Für gute Anbaulagen. Hoher Nährstoffbedarf. Ertrag frühzeitig und reich, wenig Alternanz. Frucht windfest. Etwas schorfempfindlich. In schlechteren Anbaulagen unbefriedigende Fruchtausbildung.

Annie Elisabeth

Annie Elisabeth

Guter Tafel-, sehr guter Wirtschaftsapfel. Genussreife ab Dezember. Haltbarkeit bis April. Mittelgroßer bis großer Apfel, flachrund. Schale glatt, etwas glänzend, gelblich, später goldgelb. Sonnenseite gerötet und kräftig gestreift. Schalenpunkte sehr fein. Manchmal mit grünlichbraunem Rost. Geruch merklich. Fruchtfleisch grünlichweiß, ziemlich fein, fest, später markig, saftig. Schwach gewürzt, vorherrschend weinig, etwas süß. Der Baum wächst kräftig und gesund.

Anthézieux *siehe* Renette von Anthezieux
Antillenrenette *siehe* Kanadarenette
Anton *siehe* Erzherzog Anton

Eineinhalb-pfündiger Antonowka

Antonowka

Antonowka

Der Apfel stammt aus Litauen.
Doppelname: Possarts Nalivia

Frucht: Sehr guter Tafel- und Wirtschaftsapfel. Für Dörrobst ungeeignet, wird braun. Genussreife ab Oktober. Haltbarkeit bis Dezember. Frucht abgestumpft rundlich. Ausgeprägte, über die Frucht laufende Rippen. Schale glatt, glänzend hellgrün, später gelb. Schalenpunkte zahlreich und fein. Berostungen an Kelch und Stiel. Geruch merklich. Fruchtfleisch gelblichweiß, etwas locke, saftig, vorherrschend weinig, mäßig süß.
Baum: Mittelstark, gesund wachsend. Erziehung als Hochstamm, Halbstamm und auch als Buschbaum. Frosthärte ist sehr gut. Wuchsform breit, langes Fruchtholz, spät einsetzender Ertrag. Anspruchsloser Baum, auch für rauere Lagen.

Antillenrenette

Doppelnamen: Incomparable des Antilles; Weiße antillische Winterrenette
Alte Sorte, schon um 1800 bekannt

Sehr guter Tafelapfel. Frucht groß, plattrund. Um den Kelch stark, sonst schwach gerippt. Fruchtschale leicht fettig. Schalenfarbe gelblich hellgrün, später weißlich hellgelb, auf dem Lager intesives Gelb. Auf der Sonnenseite manchmal leicht gerötet. Zahlreiche braune, sternförmige Schalenpunkte. Berostungen häufig. Fruchtfleisch weiß, manchmal leicht gelblich, fein, fest, saftig. Geschmack angenehm süßweinig. Genussreife ab Dezember. Haltbarkeit bis Februar und länger.
Der Baum wächst stark und bildet eine flachkugelige Krone aus. Ertrag früh einsetzend und sehr reich.

Anurka (Keine Sortenbeschreibung)

Apfelmuser *siehe* Rheinische Schafsnase

Apfel von Akerö

Apfel von Akerö (Abbildung Seite 43)

Sehr guter Tafel- und Wirtschaftsapfel. Genussreife ab Ende Oktober. Haltbarkeit bis Ende Januar. Mittelgroßer, walzenförmiger Apfel. Rippen flach aber deutlich über die Frucht laufend. Fruchtschale glatt, matt glänzend, hellgelb. Zur Reifezeit ist der ganze Apfel gerötet und gestreift. Schalenpunkte selten. Geruch schwach. Fruchtfleisch gelblichweiß, ziemlich fein, saftig, angenehm gewürzt, etwas weinig und süß.

Apfel von Castell Glammys

Doppelnamen: Tour de Glammis; Tower of Glammis

Guter Tafel-, sehr guter Wirtschaftsapfel. Genussreife ab Dezember. Haltbarkeit bis März. Sehr großer, flachrunder Apfel, dessen Hälften etwas ungleich sind. Deutliche, oft unregelmäßig verlaufende Rippen. Schale geschmeidig, glänzend, grünlichgelb, später hellgelb. Sonnenseite etwas goldfarben oder rötlich. Wenig Punkte. Die Frucht welkt nicht. Ziemlich starker Geruch. Fruchtfleisch weiß, ziemlich fein, fest, später mürbe, saftig. Nicht merklich gewürzt, weinig und süß, etwas matt.

Apfel von Croncels

Apfel von Croncels

Die Sorte entstand 1869 bei Baltet in Troyes/Frankreich.

Doppelnamen: Durchsichtiger von Croncels; Eisapfel von Croncels; Glasapfel; Rosenapfel von Croncels; Transparent de Croncels; Weißer Transparentapfel; Yellow Transparent

Frucht: Frühapfel. Sehr guter Tafel- und Wirtschaftsapfel. Pflückreife Ende August bis Mitte September. Genussreife ab September. Haltbarkeit bis Oktober. Früchte mittelgroß bis sehr groß, kugelig. Fruchtschale grünlichweiß, später weißgelb, fein bereift. Schalenpunkte zahlreich, weiß. Fruchtfleisch gelblichrosa, locker und saftreich. Angenehm süßweiniges Aroma. Früchte etwas druckempfindlich, deshalb sorgfältig ernten. Unreif abgenommene Früchte reifen aber nicht nach und bleiben wertlos. Frucht windfest, sehr frosthart. Guter Pollenspender.

Baum: Für durchlässige, nährstoffreiche Böden. Wuchs anfangs stark, später mittelstark. Sorgsamer Aufbau- und Überwachungsschnitt ist notwendig. Für alle Stammlängen geeignet, besonders für Niederstamm. Kein Massenträger, deshalb nur für Hausgarten und bäuerlichen Obstbau. Anfällig für Mehltau. Widerstandsfähig gegen Blutlaus.

Apfel von Grignon

Apfel von Grignon

Guter Tafel-, sehr guter Wirtschaftsapfel. Genussreife ab Dezember. Haltbarkeit bis März. Große, eiförmige bis kegelförmige Frucht. Rippen flach, jedoch deutlich über die Frucht laufend. Schale glatt, hellgrün, später hellgelb. Sonnenseite punktiert gerötet mit einzelnen Streifen. Punkte zahlreich, braun. Anflüge von Rost selten. Welkt nicht. Geruch schwach. Fruchtfleisch hell grünlichgelb, halbfein, mürbe, saftig, angenehm weinig.

Apfel von Halder

Doppelname: Pomme du Halder

Sehr guter Tafel- und Wirtschaftsapfel. Genussreife ab Ende Dezember. Haltbarkeit bis Mai. Frucht groß, kegelförmig, etwas ungleich. Schale glatt, glänzend hellgrün, später grünlichgelb bis gelb. Sonnenseite etwas goldiger, manchmal mit leichtem rötlichen Anflug. Punkte mittelstark, manchmal mit grünem Hof. Geruch merklich. Fruchtfleisch grünlichgelb, fein, etwas abknackend, später mürbe, saftig, deutlich gewürzt. Vorherrschend weinig, süß.

Apfel von Hawthornden (Abbildung Seite 46)

Alte englische Sorte
Doppelnamen: Hagedornapfel; Lincolnshire Pippin; Lord Kingston; Old Hawthorndean

Frucht: Mittelgroßer bis großer, sehr guter Wirtschaftsapfel. Pflückreife Mitte bis Ende September. Verwendungsfähig von Oktober bis Dezember. Frucht plattrund, etwas kantig. Hälften oft etwas ungleich. Fruchtschale glatt, geschmeidig, auf dem Lager etwas fettig. Farbe gelblichgrün, später heller. Sonnenseite gerötet, manchmal etwas gestreift. Punkte sehr fein.

Apfel von Hawthornden

Kein Geruch. Fruchtfleisch weiß, ziemlich fein, saftig. Weinsäuerlich, etwas herb, Wirtschaftsapfel.
Baum: Wuchs anfangs kräftig, wegen des früh einsetzenden und reichen Ertrags bald schwächer werdend. Der Baum wird nicht alt. Bevorzugte Erziehungsform ist der Buschbaum. Anbau nur für den Hausgarten empfehlenswert. Verlangt nährstoffreichen Boden und reichliche Düngung.

Apfel von Lunow

Die Sorte wurde am Unterlauf der Oder in der Gegend von Lunow i. d. Mark gefunden.

Frucht: Tafel- und Wirtschaftsapfel. Pflückreife Mitte Oktober. Genussreife ab Dezember. Haltbarkeit bis April. Mittelgroße bis große, breitkegelförmige Frucht. Fruchtschale glatt, wachsartig. Farbe bei Pflückreife grün, später auffallend hellgelb. Manchmal stellenweise leicht gerötet mit dunkleren Streifen. Zahlreiche Schalenpunkte, anfangs grün, dann hellgrün, häufig mit rötlichem Hof. Fruchtfleisch weiß, fest, etwas markig, manchmal etwas mehlig. Wenig saftig, feine Säure, ausreichend süß. Die Frucht welkt auf dem Lager nur wenig.
Baum: Wuchs mittelstark, Endtriebe kräftig. Starke Quirlholzbildung. Krone mittelgroß, aufrecht, später breitpyramidal. Rückschnitt zur Erzielung dichterer Kronen in der Jugend erforderlich. Empfohlen für Niederstämme. Anbau nur auf kräftigen Böden. Für freie Lagen und Höhenlagen geeignet. Ertrag mittelfrüh, etwas unregelmäßig. Frucht windfest. Bei starker Düngung Neigung zur Stippe.

Apfel von Melsbroek

Sehr guter Wirtschaftsapfel. Verwendungsfähig von Dezember bis Februar. Sehr große Frucht, flachrund, gleichmäßig. Wenig ausgeprägte Rippen. Schale glatt, grünlichgelb, später gelb. Sonnenseite gerötet, Schattenfrüchte heller, marmoriert. Wenige braune Punkte. Der Geruch ist merklich. Fruchtfleisch grünlichgelb, halbfein und ziemlich saftig. Nicht gewürzt, etwas hervortretende Säure bei geringerem Zuckergehalt.

Apfel von Orba

Doppelname: Doucin von Bereczki

Frucht mittelgroß bis groß. Fruchtform zylindrisch. Kernhaus ungewöhnlich klein, Kerne fehlen häufig. Schalenfarbe gelblichgrün. Fruchtfleisch grünlich, mürbe. Geschmack säuerlich, wenig süß. Genussreife ab November. Haltbarkeit bis Februar.
Der Baum wächst stark. Der Ertrag setzt früh ein, ist hoch und regelmäßig. Die Ansprüche an den Boden sind gering. Die Sorte lässt sich leicht aus Stecklingen vermehren.

Apfel von St. Germain

Apfel von Saint Germain

Sehr guter Wirtschaftsapfel. Verwendungsfähig von Juli bis August. Eine Frühsorte mit kleiner bis mittelgroßer, rundlicher, ungleichmäßiger Frucht, schwach gerippt. Fruchtschale glatt, wenig geschmeidig, grün, später gelblichgrün, wachsartig. Sonnenseite manchmal leicht gerötet und gestreift. Zahlreiche feine Punkte. Manchmal kleine Anflüge von Rost. Geruch merklich. Fruchtfleisch grünlichgelb, halbfein, saftig, kaum gewürzt, weinsäuerlich.

Apfel von Sedan

Alte Sorte, schon um 1800 bekannt

Guter Tafel-, auch sehr guter Wirtschaftsapfel. Frucht groß, plattrund, ungleichmäßig gebaut. Rippen über die ganze Frucht laufend. Schalenfarbe hellgrün, später gelblich. Zur Reifezeit ist fast die ganze Frucht verwaschen gerötet. Schalenpunkte dunkelrot. Fruchtfleisch weiß, auch leicht grünlich, locker, sehr saftig. Geschmack angenehm weinsäuerlich und süß. Baumreife Mitte September. Genussreife Anfang Oktober. Haltbarkeit bis Dezember. Die Frucht welkt nicht auf dem Lager. Wegen der Druckempfindlichkeit muss sorgfältig geerntet werden.
Der Baum wächst stark, die unteren Äste sind oft sparrig. Ertrag früh einsetzend.

Apfel von Uelzen

Apfel von Uelzen

Guter Tafel-, sehr guter Wirtschaftsapfel. Genussreife ab Januar. Haltbarkeit bis Juni. Frucht klein bis mittelgroß, ziemlich abgestumpft, etwas unregelmäßig. Starke, jedoch flache Rippen, die bis zum Stiel laufen. Fruchtschale glatt, grünlichgelb bis zitronengelb. Wenige bräunliche Punkte, sehr fein. Gute Lagerfähigkeit. Geruch merklich. Fruchtfleisch gelblichweiß, fein, ausreichend saftig. Etwas quittenartig gewürzt, vorherrschend süß.

Api *siehe* Kleiner Api
Api Etoile *siehe* Sternapfel
Api Noir *siehe* Schwarzer Api

Aplerbecker Rambur

Guter Tafel-, sehr guter Wirtschaftsapfel. Genussreife ab November. Haltbarkeit bis Ende Februar. Großer bis sehr großer, flachrunder Apfel mit ungleichen Hälften. Flache, breit über die Frucht laufende Rippen. Fruchtschale grünlichgelb, später hellgelb. Auf der Sonnenseite gerötet, zuweilen gestreift. Feine braune Punkte. Gute Haltbarkeit. Starker Geruch. Fleisch fast weiß, mittelfein, saftig, wenig gewürzt. Vorherrschende Säure, geringer Zuckergehalt.

Apollo

Züchtung des Instituts Müncheberg aus 'Cox' Orangenrenette' x 'Geheimrat Dr. Oldenburg'.

Frucht: Aromatischer Tafelapfel für den Frischverzehr. Pflückreife Anfang bis Mitte September. Genussreife September bis Oktober. Auf dem Lager nur kurz haltbar. Mittelgroßer, rundlicher Apfel. Fruchtschale glatt, Grundfarbe gelb. Deckfarbe orangerot, gestreift oder gesprenkelt. Fruchtfleisch gelblich, fest, saftig. Süßsäuerlich mit viel Aroma.
Baum: Starker Wuchs, breite Krone, gut zur Heckenerziehung geeignet. Bei allen Erziehungsformen ist starker Schnittaufwand erforderlich. Blüte empflindlich gegen Spätfröste. Für

Apollo

nährstoffreiche, feuchte Böden. Neigung zur Glasigkeit. Im Hausgarten und im Feldobstbau wegen der kurzen Haltbarkeit etwas problematisch.

Apolloapfel *siehe* Roter Apolloapfel
Aporta Nalivia *siehe* Kaiser Alexander
Apple Juneating *siehe* Roter Margarethenapfel
Apple of Commerce *siehe* Champion

Aprilschöner

Doppelname: Belle d'Avril

Sehr guter Tafel- und Wirtschaftsapfel. Genussreife ab Dezember. Haltbarkeit bis in den April. Flachrunde Frucht. Schale glatt, glänzend, grünlichgelb, später hell goldgelb. Sonnenseite leicht braunrot. Schalenpunkte fein, braun. Manchmal Anflüge von Rost. Kein Geruch. Fruchtfleisch hellgelb, fein, markig, saftreich, angenehm gewürzt.

Archiduc Antoine *siehe* Erzherzog Johann
Archiduchesse Sophie *siehe* Erzherzogin Sophie
Archiduc Jean *siehe* Erzherzog Johann

Arlet (Abbildung Seite 50)

Züchtung der Eidgenössischen Forschungsanstalt Wädenswil (Schweiz), 1984 herausgegeben. Kreuzung von 'Golden Delicious' x 'Idared'.

Frucht: Sehr guter Tafel- und Wirtschaftsapfel. Pflückreife Ende September. Haltbarkeit bis Ende März, gut lagerfähig. Frucht mittelgroß bis groß, regelmäßig geformt. Fruchtschale glatt, fettig, mit leuchtend rot geflammter Deckfarbe. Fruchtfleisch fest, sehr saftig, harmonisches Zucker-Säure-Verhältnis. Fein gewürztes Aroma.
Baum: Anfangs stark, dann mittelstark wachsend. Ertrag früh einsetzend, regelmäßig und hoch. Fruchtausdünnung notwendig. Anfällig für Schorf.

Arlet

Arneth

Sehr guter Tafel- und Wirtschaftsapfel. Genussreife ab November. Haltbarkeit bis Januar. Mittelgroßer, flachrunder Apfel, unregelmäßig geformt. Rippen kaum merklilch. Fruchtschale fein, glatt, grünlichgelb, später fast gelb. Sonnenseite gerötet und gestreift. Schalenpunkte fein, braun, wenig hervortretend. Geruch deutlich. Fruchtfleisch gelblichweiß, fast weiß. Saftig, schwach gewürzt, angenehme Säure, ausreichend süß.

Arösund *siehe* Schöner von Boskoop
Arreskov *siehe* Gravensteiner von Arreskov
Ashmeads Kernel *siehe* Ashmeads Sämling

Ashmeads Sämling

Doppelname: Ashmeads Kernel

Guter Tafel-, sehr guter Wirtschaftsapfel. Genussreife Ende November. Haltbarkeit bis April. Mittelgroßer, etwas flachrunder, gleichmäßig gebauter Apfel. Fruchtschale glatt, glänzend, grünlichgelb, später gelb. Wenig gerötet, kurz gestreift. Wenige Schalenpunkte. Kein Geruch. Fruchtfleisch gelblichweiß, ziemlich fein, fest, sehr saftig, Wenig gewürzt, mäßig süß.

Astracan Blanche *siehe* Weißer Astrachan
Astracan d'Eté *siehe* Weißer Astrachan
Astrachan *siehe* Roter Astrachan
Weißer Astrachan
Astrakanischer Sommerapfel *siehe* Weißer Astrachan
Aubertin *siehe* Kaiser Alexander
Augustapfel *siehe* Charlamowsky
Christs Gelber Augustapfel
Roter Astrachan
Sibirischer Augustapfel
Uhlhorns Augustapfel

Assenhauser (Keine Sortenbeschreibung)

Augustbreitling *siehe* Backapfel
Auguste *siehe* Prinzessin Auguste
Geigers Prinzessin Auguste
Augustiner *siehe* Roter Augustiner

Aujäger

Lokalsorte des Kreises Emmendingen, Baden

Wirtschaftsapfel, geeignet vor allem zum Backen und Kochen. Verwertung ab Oktober. Haltbarkeit bis Dezember. Große, rotgestreifte Früchte. Fruchtfleisch säuerlich, mürbe. Der Baum wächst stark und bildet eine breite Krone. Die Sorte ist widerstandsfähig gegen Schädlinge und Krankheiten.

Aunée *siehe* Alantapfel
Auralia *siehe* Tumanga
Ausbacher Rotapfel *siehe* Roter Ausbacher
Autumn Pearmain *siehe* Herbstparmäne
Auvil Super *siehe* Goldenspur
Auvil Super Golden *siehe* Golden Delicious

Bachelor *siehe* Rambur von Buckingham

Backapfel

Backapfel

Die sehr alte Sorte stammt aus Frankreich und wurde schon 1535 erwähnt.
Doppelnamen: Augustbreitling; Frauenapfel; Früher Rambur; Fürstenapfel; Gestreifter Backapfel; Großer Breitling; Großer Kornapfel; Grüne Atlasrenette; Herbstbreitling; Hohenheimer Schmelzling; Kindskopfapfel; Lothringer Rambur; Mühlapfel; Paradiesapfel; Pfundapfel; Rosenthaler Apfel; Rotgestreifter Pfundapfel; Tellerapfel; Weifler Sommerrambur

Großer, flachrunder Apfel. Starke Rippen über die ganze Frucht laufend. Fruchtschale grünlichgelb, später gerötet und dunkler gestreift. Fruchtfleisch gelblich, fest, fein. Milde Säure bei geringerem Zuckergehalt, gewürzt. Reifezeit mittelfrüh.

Badener Renette *siehe* Muskatrenette
Badischer Brauner *siehe* Brauner Matapfel
Bakker *siehe* Schöner von Boskoop

Baldwin

Frucht: Ein sehr guter Tafel- und Wirtschaftsapfel. Genussreife ab Dezember. Haltbarkeit bis Aril. Mittelgroße, flachrunde, gleichmäßig ausgebildete Frucht. Schwach gerippt. Die Schale ist glatt, grünlichgelb, später heller. Sonnenseite stärker, Schattenseite weniger stark gerötet. Undeutlich gestreift. Schalenpunkte zahlreich, hellbraun. Geruch merklich. Das Fruchtfleisch ist gelblichweiß, fein, saftig, rosenapfelartig gewürzt, etwas süß.
Baum: Auf guten Standorten reich- und frühtragend.

Baldwin

Bildwins Roter Pepping

Doppelnamen: Butters; Pecker; Woodpecker
Die Sorte entstand Mitte des 18. Jahrhunderts in Massachusetts/USA.

Die Frucht ist mittelgroß bis groß, abgeflacht kugelig, leicht gerippt. Die Fruchtschale ist glatt, blassgelb. Zur Reifezeit verwaschen karmesinrot, auch gestreift. Nur wenige Schalenpunkte. Fruchtfleisch gelblich, feinkörnig, saftig. Geschmack süßsäuerlich, gewürzt. Baumreife Oktober. Genussreife ab November. Haltbarkeit bis März.
Der Baum wächst sehr stark und bildet eine breitpyramidale Krone aus. Die Sorte ist schorfanfällig.

Bamberger Wollerling (Lokalsorte in Oberfranken, keine Sortenbeschreibung)

Ballarat

Großfrüchtiger Wirtschaftsapfel aus Neuseeland. Schalenfarbe grünlich, zur Reifezeit dunkelrot gefleckt oder durchgefärbt, blau bereift. Spätreifend. Beim Anbau in Deutschland starke Qualitätsverluste in Ausfärbung und Geschmack.

Bamberger *siehe* Roter Eiserapfel
Bananenapfel *siehe* Lavanttaler Bananenapfel

Bankroft

Bankroft

Die Sorte entstand 1935 in Kanada aus einer Kreuzung von 'Forest' x 'McIntosh'.

Mittelgroßer, rundlicher Apfel. Fruchtschale grünlichgelb, mit roten Streifen. Zur Reifezeit ist fast die ganze Frucht dunkelrot gefärbt, häufig auch stark berostet. Fruchtfleisch grünlichweiß, fest, fein, milde Säure. Reifezeit spät. Baum breitwüchsig.

Baratte *siehe* Millets Schlotterapfel
Barceloner Parmäne *siehe* Diels Barceloner Parmäne
Baron de Berlepsch *siehe* Goldrenette Freiherr von Berlepsch

Bartliner

Eine Lokalsorte, die vor allem in Pommern viel angebaut wurde.

Frucht: Mittelgroßer, schön gefärbter Tafelapfel. Genussreife ab Dezember. Haltbarkeit bis Februar.
Baum: Mittelfrüher, guter und regelmäßiger Ertrag. Bei gutem Boden und ausreichender Ernährung auch für rauere Lagen geeignet. Mittelstarker Wuchs. Für Hochstamm, Halbstamm und Busch geeignet. Ausreichende Frosthärte. Widerstandsfähig gegen Krankheiten und Schädlinge, Dürre und Nässe. Die im allgemeinen schöne Frucht färbt sich in manchen Jahren schlecht.

Baschesapfel *siehe* Roter Baschesapfel
Basiner *siehe* Renette Basiner
Bastard-Kalvill *siehe* London Pepping
Bastard des Beerenapfels *siehe* Hohenheimer Rieslingapfel
Bastardkalvill *siehe* London Pepping
Bath *siehe* Schöner von Bath

Batullenapfel

Batullenapfel

Alte Sorte unbekannter Herkunft, die vor allem in Rumänien verbreitet ist.

Frucht: Guter Tafel-, sehr guter Wirtschaftsapfel. Pflückreife ab Ende September. Genussreife ab November. Haltbarkeit bis April. Mittelgroße, abgestumpft rundliche, gleichmäßig ausgebildete Frucht. Schale glatt, glänzend, hellgrün, später grünlichgelb. Sonnenseits mit goldigem, auch leicht rötlichem Anflug. Punkte zahlreich, bräunlich. Geruch fehlt. Fruchtfleisch hellgelb, halbfein, mürbe, saftig, etwas alantartig gewürzt. Manchmal leicht herb, stark weinig, später auch süß.
Baum: Breite Krone mit leicht hängenden Ästen. Anspruchslos, auch noch für raue Lagen geeignet. Kaum anfällig für Krankheiten und Schädlinge. Ausgeprägte Alternanz. Im Garten für alle Baumformen geeignet. Empfehlenswert für den Streuobstanbau.

Baumanns Renette

Die Sorte wurde um 1800 im Elsaß gezüchtet und hat sich rasch in Deutschland verbeitet.
Doppelname: Baumanns Rote Winterrenette

Frucht: Sehr guter Tafel- und Wirtschaftsapfel. Pflückreife Oktober. Genussreife ab Dezember. Haltbarkeit bis April. Stark abgestumpfte, rundliche Frucht. Schale glatt, grünlichgelb, später gelb. Sonnenseits dunkelrot gefärbt und gestreift. Punkte vereinzelt, braun. Manchmal Anflüge von Rost. Die Früchte eines Baumes variieren in Form und Farbe so stark, dass die Sorte für den erwerbsmäßigen Anbau ausscheidet. Empfehlenswert jedoch für den Anbau im Garten und auf der Obstwiese. Gute Haltbarkeit, die Früchte welken nicht. Die Äpfel lassen

Baumanns Renette

sich gut pflücken. Sie sind windfest und neigen nur auf trockenen Böden zum vorzeitigen Fallen. Fruchtfleisch fest, genügend saftig, süßsäuerlich und schwach aromatisch.
Baum: Frühzeitiger und regelmäßiger Ertrag. Da der Gipfeltrieb auf Kosten der Seitentriebe zu starkem Austrieb neigt, müssen die Leittriebe noch mehrere Jahre nach der Anpflanzung kräftig zurückgeschnitten werden. Wuchs mäßig stark. Geeignet für alle Erziehungsformen. Blüten mittelfrüh und ausreichend frostwiderstandsfähig. Guter Pollenspender. An die Bodenverhältnisse werden keine hohen Ansprüche gestellt. Ausreichende Feuchtigkeit ist für gut ausgebildete Früchte jedoch erforderlich. Auch in höheren Anbaulagen noch zufriedenstellende Erträge. Anfällig für Schorf und Neigung zu Stippe.

Baumanns Rote Winterrenette *siehe* Baumanns Renette

Bäumchens Apfel

Frucht: Sehr guter Tafel- und Wirtschaftsapfel. Genussreife ab Dezember. Haltbarkeit bis Februar. Frucht groß bis sehr groß, kegelförmig bis länglich-eiförmig. Hälften oft ungleich. Fruchtschale hellgrün, später grünlichgelb und gelb. Sonnenseits kräftig gerötet, auf der Schattenseite deutlich gestreift. Punkte vereinzelt. Geruch schwach. Fruchtfleisch grünlichgelb, fein, saftig, etwas gewürzt. Vorherrschende Säure, ausreichend süß.
Baum: Mäßig starker Wuchs. Auch in schlechten Obstjahren noch fruchtbar. Geringe Ansprüche an Boden und Lage.

Baur *siehe* Erwin Baur
Bea *siehe* Kardinal Bea
Bauzan *siehe* Königlicher Streifling
Beachamwell Seedling *siehe* Sämling von Beachamwell
Beaufin Strié *siehe* Gestreifter Beaufin
Beauté de Kent *siehe* Schöner von Kent
Beauty of Bath *siehe* Schöner von Bath
Beauty of Kent *siehe* Schöner von Kent

Beauty of Merrey

Mittelgroßer, etwas plattgeformter, gut aussehender, edler Tafelapfel. Genussreife ab November. Haltbarkeit bis März. Baum wuchskräftig, gesund, früh und regelmäßig fruchtend; trägt schon am einjährigen Holz.

Beauty of Queen *siehe* Kaiser Alexander
Beauty of the West *siehe* Schöner von Westland

Becherings Sämling

Die Sorte stammt aus Oldenburg

Guter Tafel-, sehr guter Wirtschaftsapfel. Genussreife ab Oktober. Haltbarkeit bis November. Kleiner bis mittelgroßer, stark abgestumpfter, etwas ungleich geformter Apfel. Schale glänzend, grünlichgelb, später gelb. Sonnenseite goldfarben, manchmal mit rotem, etwas streifigem Anflug. Punkte sparsam, braun. Geruch merklich. Fruchtfleisch gelblichweiß, erst fest, später markig, saftig, angenehm gewürzt. Vorherrschende Säure, mäßig süß.

Beck *siehe* Renette von Beck

Beckers Küchenapfel

Sehr guter Wirtschaftsapfel. Die Schale ist wachsartig weiß, sonnenseits blassrot. Mittelgroße, ansprechende Früchte. Baum mäßig stark wachsend. Früh und regelmäßig fruchtend.

Bedfordshire Forming *siehe* Findling von Bedfordshire
Beerenapfel *siehe* Hohenheimer Rieslingapfel

Belchard

Doppelname: Chantecler
Neuzüchtung aus 'Golden Delicious' x 'Reinette Clochard', am Obstbauinstitut Angers.

Die Früchte sind von sehr gutem Geschmack. Der Baum ist starkwüchsig, der Ertrag durchschnittlich hoch.

Belfort *siehe* Abbondanza

Belgischer Ananasapfel

Doppelname: Pomme Ananas

Sehr guter Tafel- und Wirtschaftsapfel. Genussreife ab Oktober. Haltbarkeit bis November. Große bis sehr große, flachrunde Frucht. Starke, etwas ungleich über die Frucht laufende Rippen. Schale glänzend, grünlichgelb, später gelb. Sonnenseite gerötet und gestreift. Punkte sehr fein, braun. Ausgeprägter Geruch. Fruchtfleisch hellgelb, erst abknackend, später mürbe. Ausreichend saftig, rosenapfelartig gewürzt, sanfte Säure, süß.

Belgischer Kurzstiel *siehe* Königlicher Kurzstiel

Belgischer Schneeapfel

Doppelname: Pomme Neige

Sehr guter früher Tafel- und Wirtschaftsapfel. Genussreife ab September. Frucht klein, langstielig, rundlich. Deutlich ausgeprägte Rippen. Fruchtschale mattglänzend, hellgrün, später grünlichgelb. Sonnenseits gelb, manchmal gerötet. Punkte sparsam, bräunlich. Schwacher Geruch. Fruchtfleisch grünlichgelb, locker, saftig, gewürzt.

Belgolden *siehe* Golden Delicious
Belle d'Angers *siehe* Goldrenette von Blenheim
Belle d'Avril *siehe* Aprilschöner
Belle de Boskoop *siehe* Schöner von Boskoop
Belle de Bruxelles *siehe* Kaiser Alexander
Belle de Senart *siehe* Königlicher Kurzstiel
Belle d'Orléans *siehe* Kaiser Alexander
Belle du Bois *siehe* Dubois Schöner Rambur
Belle du Havre *siehe* Schöner von Havre
Belle et Bonne de Huy *siehe* Schöner von Huy
Bellefleur *siehe* Gelber Bellefleur
Holländischer Bellefleur
Roter Bellefleur
Sommer-Bellefleur

Bellefleur Kitaika

Die Sorte stammt aus dem Zuchtprogramm Mitschurins, der bei der Kultursorte durch Einkreuzung mit *Malus prunifolia* die Frosthärte erhöhen wollte.

Frucht mittelgroß bis groß, konisch spitz gebaut, gerippt. Schalenfarbe weißlichgelb, zur Reifezeit kaum gerötet. Fruchtfleisch weiß, fest, saftig, geschmacklich unbefriedigend. Der Baum wächst stark. Der Ertrag setzt früh ein, ist sehr reich und regelmäßig.

Bellefleur Rekord

Bellefleur Rekord (Abbildung Seite 58)

Von Mitschurin gezüchtet aus Bellefleur Kitaika x (*Malus niedzwetzkyana* x 'Antonowka').

Frühwinterapfel. Früchte sind intensiv blaurot, Fruchtfleisch rötlich. Frucht in Aussehen und Geschmack unbefriedigend. Der Baum hat durch die rote Belaubung allenfalls Zierwert.

Belle Josephine *siehe* Josephines Schöner Rambur
Belle Flavoise *siehe* Gelber Bellefleur
Belmont *siehe* Manks Apfel
Beloborodowa *siehe* Weißer Astrachan

Belrene

Eine in Frankreich durch I.N.R.A. Angers entstandene strahleninduzierte Mutante von 'Goldparmäne'. Virusfrei. Gut gefärbte und wohlgeformte Früchte.

Bendetta

Sehr guter Tafel- und Wirtschaftsapfel. Genussreife ab Dezember. Haltbarkeit bis April. Mittelgroße, flachrunde, gleichmäßige Frucht. Flach verlaufende Falten. Stiel sehr kurz. Fruchtschale meist glatt, gelblichgrün, später hellgelb. Sonnenseite gerötet und gestreift. Punkte fein, bräunlich. Manchmal Anflüge von Rost. Geruch merklich. Fruchtfleisch gelblichweifl, erst abknackend, später markig bis mürbe, saftig, renettenartig gewürzt.

Benediktbeuren *siehe* Wachsrenette von Benediktbeuren

Benoni

Benoni

Um 1830 in Massachusetts/USA entstanden.

Frucht: Sehr guter, früher Tafelapfel. Genussreife ab Mitte August. Frucht rundlich abgeplattet, klein, bei geeigneten Schnittmaßnahmen auch mittelgroß. Guter Pollenspender, auch Selbst-

befruchtung ist möglich. Fruchtschale erst grüngelb, später hellgelb bis gelb. Sonnenseite gerötet und intensiv gestreift. Fruchtfleisch gelb, locker, saftreich, angenehm säuerlich, sehr schmackhaft.
Baum: Starker Wuchs, mit steil nach oben gerichteten Ästen und Zweigen. Nur für Niederstammformen geeignet. Für gute Obstlagen und nährstoffreiche, feuchte Böden. Blüte frostempfindlich. Neigung zur Alternanz. Starke Auslichtungsschnitte empfehlenswert. Neigung zur Krebsanfälligkeit.

Berberei *siehe* Großer Apfel aus der Berberei
Bergener Weinling *siehe* Limoniapfel
Berlepsch *siehe* Goldrenette Freiherr von Berlepsch
Berlin *siehe* Königlicher Kurzstiel
Berliner *siehe* Prinzenapfel
Berliner Apfel *siehe* Rheinische Schafsnase
Berliner Hasenkopf *siehe* Prinzenapfel

Berliner Schafsnase

Berliner Schafsnase

Sehr guter Wirtschaftsapfel. Verwendung ab Dezember. Haltbarkeit bis März. Frucht mittelgroß bis groß, walzenförmig. Flach über die Frucht laufende Rippen. Schale mattglänzend, grünlichgelb, später hellgelb. Zur Reifezeit gerötet und meistens gestreift. Punkte fein, bräunlich. Geruch ist ausgeprägt. Fruchtfleisch gelblichweiß, ziemlich fein, saftig. Vorherrschende Säure, wenig süß.

Berliner Schafsnase *siehe* Rheinische Schafsnase
Berner Rosenapfel *siehe* Neuer Berner Rosenapfel
Sauer Grauech
Bernhard *siehe* Herzog Bernhard
Beuren *siehe* Linsenhofener Sämling
Beutelsbach *siehe* Rambur von Beutelsbach
Beutlebener Rosenapfel *siehe* Danziger Kantapfel

Bielo Borodowka

Kräftiges, widerstandsfähiges, dunkelgrünes, großes Laub. Ertrag gut und regelmäßig, auch am Hochstamm. Frucht mittelgroß, gelb, von ansprechendem Aussehen. Reifezeit August.

Biesterfelder Renette

Biesterfelder Renette

Zufallssämling, auf Schloss Biesterfeld bei Bad Pyrmont entstanden. Seit 1905 im Anbau, vor allem in Westfalen und Sachsen.

Frucht: Sehr guter Tafelapfel. Pflückreife ab September. Genussreife ab Oktober. Haltbarkeit bis Dezember. Mittelgroßer bis großer, breitrunder Apfel. Schlechter Pollenspender. Fruchtschale grüngelb, rote Deckfarbe, gestreift. Fruchtfleisch gelblichweiß, saftig, angenehm weinig und gewürzt.
Baum: Mittelstarker Wuchs, breitausladende Krone. Für höhere Erziehungsformen. Gute Winterhärte. Widerstandsfähig gegen Krankheiten und Schädlinge. Für gute Anbaulagen, bei entsprechender Pflege auch noch für mittlere Höhenlagen geeignet.

Bietigheimer *siehe* Winterstettiner
Bihorel *siehe* Renette von Bihorel

Binsfelds Goldrenette

Edle, sehr ansprechende Frucht. Baum starkwüchsig mit auffallend großen Blättern. Ertrag mittelstark.

Birnapfel *siehe* Revalscher Birnapfel
Birnenkalvill *siehe* Gestreifter Birnenkalvill

Birnförmiger Apfel

Doppelnamen: Wahrer Birnförmiger Apfel; Pomme-Poire

Guter Tafel- und Wirtschaftsapfel. Genussreife ab Dezember. Haltbarkeit bis Anfang April.

Birnförmiger Apfel

Kleine bis mittelgroße Frucht, verkehrt eiförmig. Schale mattglänzend, grünlichgelb, sonnenseits gerötet, deutlich gestreift. Punkte fein, braun. Geruch kaum merklich. Fleisch gelblichweiß, fein, wenig saftig, schwach und nicht sehr edel gewürzt, mäßig süß.

Birnenrenette *siehe* Herbstparmäne
Bisamrenette *siehe* Muskatrenette
Bisbee Delicious *siehe* Starkrimson

Bischofsmütze

Bischofsmütze

Lokalsorte in Ostsachsen, vermutlich in der Lausitz entstanden.
Mittelgroßer bis großer Apfel. Fruchtschale grünlichgelb, zur Reifezeit intensiv gerötet und etwas gestreift. Fruchtschale fest, glatt, mattglänzend. Fruchtfleisch gelblichweiß, fein, mürbe, ausreichend saftig. Geschmack angenehm mildsäuerlich. Leicht gewürzt. Der Baum wächst anfangs stark, später nachlassend. Krone hochkugelig, mittelgroß. Für alle Erziehungs-

formen geeignet. Ertrag mittelhoch bis hoch und regelmäßig. Ansprüche an Boden und Lage mittel hoch.

Bischofsmütze *siehe* Geflammter Kardinal
Bismarck *siehe* Fürst Bismarck

Bismarckapfel

Bismarckapfel

Die Sorte entstand um 1870 in Neuseeland und kam 1888 nach Deutschland. Sie ist nicht identisch mit der Sorte 'Fürst Bismarck'.

Frucht: Guter Wirtschaftsapfel, noch brauchbarer Tafelapfel. Verarbeitung ab Oktober, Haltbarkeit bis März. Großer bis sehr großer, abgestumpft runder, leicht gerippter, gleichmäßig gebauter Apfel. Fruchtschale grünlichgelb, Sonnenseite gerötet und gestreift. Leicht bereift. Rost und Schalenpunkte selten. Fruchtfleisch weiß, etwas grob, saftig. Wenig gewürzt, säuerlich.
Baum: In der Jugend stark wachsend, später schwächer. Gelegentliche Verjüngungsschnitte notwendig. Gute Erträge nur bei zügig wachsendem Baum. Anbau nur auf guten Böden, dann auch noch in mittleren Höhenlagen. Erziehung vorwiegend als Buschbaum. Blüte unempfindlich. Die Sorte ist anfällig für Mehltau und Schorf.

Bittenfelder Sämling

Als Sämling bei Bittenfeld (Baden-Württemberg) gefunden.

Frucht: Einer der besten Mostäpfel. Pflückreife Ende Oktober. Verwertung ab November. Haltbarkeit bis März. Kleine bis mittelgroße, rundliche, leicht gerippte Früchte. Guter Pollenspender. Fruchtschale hart, hellgrün bis gelb, Punkte hell. Fruchtfleisch weiß, saftig, zuckerreich mit ausreichender Säure.
Baum: Für höhere Erziehungsformen. Ertrag erst sehr spät einsetzend. Für gute Anbaulagen. Widerstandsfähig gegen Krankheiten und Schädlinge. Geeignet für Obstwiesen.

Blackjon *siehe* Jonathan
Black Lady *siehe* Schwarzer Api
Blanche de Wurtembergeois *siehe* Weißer Winterkalvill
Blanche de Zürich *siehe* Weißer Winterkalvill
Blanche Geleé *siehe* Weißer Astrachan
Blanche Glacé d'Eté *siehe* Weißer Astrachan
Blandureau d'Auvergne *siehe* Weißer Winterkalvill

Blauacher Wädenswil

Blauacher Wädenswil

1968 in einer Mostapfelanlage in Thurgau, Schweiz, gefunden.

Frucht: Wertvoller Mostapfel. Verarbeitung ab Ende September. Mittelgroße bis große Früchte, unregelmäßig kugelig bis hoch gebaut. Breite Rippen. Fruchtschale glatt, fettig werdend. Grundfarbe gelblichgrün, Deckfarbe blaurot geflammt bis verwaschen. Punkte hell. Fruchtfleisch grünlichweiß, fest, saftig, mildes Aroma, viel Zucker und Säure.
Baum: Wuchs mittel bis stark. Trägt auch am einjährigen Holz. Schlechter Pollenspender. Ertragseintritt früh. Gute und regelmäßige Erträge. Widerstandsfähig gegen Schorf. Etwas anfällig für Mehltau.

Blauschwanz *siehe* Kleiner Langstiel
Blenheim *siehe* Goldrenette von Blenheim
Blenheimer Pepping *siehe* Goldrenette von Blenheim
Blenheim Orange *siehe* Goldrenette von Blenheim

Blumberger Langstiel

Lokalsorte im südlichen Baden-Württemberg

Ein vielseitig verwendbarer Apfel, vor allem sehr guter Küchenapfel. Genussreife ab Oktober. Haltbarkeit bis Dezember. Frucht flach kegelförmig, mittelgroß bis groß, am Kelch leicht gerippt. Fruchtschale fettig, auf der Sonnenseite rot gestreift. Fruchtfleisch mürbe, säuerlich.

Der Baum wächst stark und bildet eine breite Krone aus. Widerstandsfähig gegen Krankheiten, Schädlinge und ungünstige Witterungsverhältnisse. Empfehlenswert für Hausgärten und Obstwiesen.

Blenkens Goldrenette (Keine Sortenbeschreibung)

Blumenkalvill *siehe* Gelber Bellefleur
Gravensteiner

Blushing Golden

Die Sorte entstand in Illinois/USA aus 'Golden Delicious' x 'Jonathan'.
Doppelnamen: Grifer; Golden Griffith

Die Früchte ähneln der Sorte 'Golden Delicious'. Sie reifen einige Tage später. Sie sind etwas kleiner, haben rötliche Backen und besitzen mehr Säure. Wenig berostungsanfällig.

Blutapfel

Doppelname: Pomme Sanguinole

Weniger guter Tafel-, aber sehr guter Wirtschaftsapfel. Genussreife, Verwertung ab Dezember. Haltbarkeit bis Mai. Kleine, abgestumpft rundliche, regelmäßig gebaute Frucht. Schale grünlich, später gelb, Sonnenseits dunkle Deckfarbe. Schattenseite heller. Nur undeutlich gestreift. Wenige feine, braune Punkte. Hellbrauner Rost häufig. Kein Geruch. Fruchtfleisch gelblichweiß, unter der Schale häufig gerötet. Zuerst zäh, später ziemlich mürbe. Ausreichend saftig, vorherrschend weinig, wenig süß.

Blutapfel *siehe* Purpurroter Cousinot
Roter Herbstkalvill

Blutrote Rheinische Renette

Guter Tafel-, sehr guter Wirtschaftsapfel. Genussreife ab Dezember. Haltbarkeit bis in April.

Kleine bis mittelgroße, abgestumpfte, gleichmäßig gebaute Früchte. Fruchtschale geschmeidig und glänzend, durch Punkte stellenweise etwas rau. Farbe hellgrün, später hellgelb. Sonnenseite kräftig gerötet, auf der Schattenseite streifig. Punkte mitteldick bis dick, eckig, deutlich erhaben, hellbraun. Zuweilen Anflüge von Rost, auch Warzen. Kein Geruch. Fruchtfleisch gelblichweiß, fein, ziemlich saftig, leicht renettenartig gewürzt. Vorherrschende Säure, ausreichend süß.

Blutroter Kardinal

Doppelname: Blutroter Winter-Kardinal

Sehr guter Wirtschaftsapfel. Verwertung ab November. Haltbar bis März. Sehr große, flachrunde, ungleichmäßige Frucht. Breite, ungleich über die Frucht laufende Rippen. Fruchtschale grünlichgelb, später gelb, sonnenseits kräftig gerötet. Auf der Schattenseite heller und undeutlich gestreift. Punkte fein, hellbraun. Geruch merklich. Fruchtfleisch gelblich, ziemlich fein, saftig, nicht gewürzt, weinsäuerlich, kaum süß.

Blutroter Winter-Kardinal *siehe* Blutroter Kardinal
Blutstreifling *siehe* Öhringer Blutstreifling

Bodenfelder Renette

Sehr guter Tafel- und Wirtschaftsapfel. Genussreife ab Ende Oktober. Haltbarkeit bis Ende Dezember. Mittelgroße, abgestumpft rundliche, gleichmäßig gebaute Früchte. Fruchtschale glänzend, grünlichgelb, später hellgelb. Auf der Sonnenseite goldig, manchmal mit roter Deckfarbe. Punkte fein, mitteldick, braun. Manchmal Rostbildung um die Kelchwölbung. Geruch merklich. Fruchtfleisch gelblichweiß, fein, saftig, angenehm gewürzt, mit kräftiger Säure und viel Zucker.

Bödikers Goldrenette

Hervorragender Tafel- und sehr guter Wirtschaftsapfel. Genussreife ab November. Haltbarkeit bis Anfang Februar. Mittelgroße bis große Frucht, flachrund, gleichmäßig gebaut. Fruchtschale glatt, geschmeidig und glänzend, grünlichgelb, später lebhaft gelb bis goldgelb. Auf der Sonnenseite etwas gerötet und deutlich gestreift. Punkte fein bis mitteldick, etwas eckig. Manchmal Anflüge von Rost. Geruch schwach. Fruchtfleisch gelblichweiß, saftig, zimtartig gewürzt.

Bohémien *siehe* Brauner Matapfel

Böhmer

Doppelnamen: Edelböhmer; Pomme Basse-Böhmer

Sehr guter Tafel-, brauchbarer Wirtschaftsapfel. Genussreife ab Dezember. Haltbarkeit bis März. Mittelgroße, flachrunde, regelmäßig gebaute Früchte mit flachen Rippen. Fruchtschale grünlichgelb, später gelb. Sonnenseits goldig, meist stark gerötet. Punkte fein. Geruch ausgeprägt. Fruchtfleisch weißlich, ziemlich fein, etwas rosenapfelartig gewürzt.

Böhmer *siehe* Kälterer Böhmer

Böhmer *siehe* Köstlicher von Böhmen
Lanaer Böhmer
Böhmischer *siehe* Welschisner

Böhmischer Leckerbissen

Sämling aus 'Edelrotem' und 'Alantapfel'

Frucht mittelgroß, konisch. Fruchtschale hellgelb, Sonnenseite stark gerötet. Fruchtfleisch weiß, zart, mürbe, von süßlichem, rosmarin- und bittermandelartigem Geschmack. Sehr edel. Genussreife Dezember. Haltbarkeit bis Januar. Baum regelmäßig pyramidal wachsend, sehr fruchtbar.

Böhmischer Rosenapfel

Böhmischer Rosenapfel

Doppelname: Großer Böhmischer Sommerrosenapfel

Brauchbarer Tafel-, sehr guter Wirtschaftsapfel. Genussreife ab Ende August. Haltbarkeit bis September. Große, flachrunde, etwas unregelmäßig gebaute Früchte. Flache und breite Rippen. Fruchtschale glatt, bereift, grünlich, später grünlichgelb. Auf der Sonnenseite etwas gerötet und kräftig gestreift. Punkte fein. Geruch merklich. Fruchtfleisch weißlich, manchmal gerötet, mittelfein, saftig, wenig gewürzt. Vorherrschende Säure, mäßig süß. Baum nicht schönwüchsig. Ertrag früh und reich.

Bohnapfel *siehe* Großer Rheinischer Bohnapfel
Kleiner Rheinischer Bohnapfel

Boikenapfel

Die Sorte entstand im Umland von Bremen und wurde 1828 zum ersten Mal beschrieben. Sie ist vorwiegend in Norddeutschland verbreitet.

Frucht: Dauerapfel, sehr gute Tafel- und Wirtschaftsfrucht. Pflückreife ab Mitte Oktober. Zu

Boikenapfel

frühe Ernte bringt Qualitätsverluste. Genussreife ab Januar. Haltbarkeit bis Juni und länger. Mittelgroße bis große, flachrunde Früchte, etwas unregelmäßig gebaut. Fünf stark hervortretende Rippen ziehen sich über die ganze Frucht. Blüte witterungsunempfindlich. Guter Pollenspender. Neigung zur Alternanz. Fruchtschale etwas fettig, zuerst grasgrün, später grünlichgelb. Sonnenseite mit freundlichem Rot überzogen. Punkte weiß. Fast ohne Duft. Fruchtfleisch fast reinweiß, saftig, von erfrischendem, weinsäuerlichem Geschmack.
Baum: In der Jugend aufrechter, später mehr breiter Wuchs. Mehrere Jahre Rückschnitt der Kronentriebe erforderlich. Ertragsbeginn mittelfrüh. Erträge nicht übermäßig stark. Dadurch erschöpft sich der Baum nicht und kann sehr alt werden. Unempfindlich gegen die meisten Krankheiten und Schädlinge. Manchmal etwas schorfanfällig. Keine großen Ansprüche an Boden und Lage, jedoch nicht für trockene Böden geeignet. Empfehlenswert für Höhenlagen bis an die Grenze apfelanbaufähiger Standorte. Für alle Stammlängen geeignet.

Boikenapfel *siehe* Riesenboiken

Boisbunels Kalvill

Doppelname: Calleville Boisbunel

Guter Tafel-, sehr guter Wirtschaftsapfel. Genussreife ist ab Ende November. Haltbarkeit bis Ende Februar. Frucht mittelgroß bis groß, etwas abgestumpft, Hälften nicht ganz gleichmäßig. Starke, bis zum Stiel laufende Rippen. Fruchtschale geschmeidig, grün, später grünlichgelb. Auf der Sonnenseite goldiger und lebhaft gerötet. Punkte fein, bräunlich. Manchmal Anflüge von Rost. Geruch merklich. Fruchtfleisch grüngelblich, ziemlich fein, saftig, wenig gewürzt. Kräftige Säure, wenig süß. Baum mittelstark wachsend, etwas dünnholzig, sehr fruchtbar.

Bolero

1960 in Kanada von Wijcik entdeckt. Zufallsmutante der Sorte 'McIntosh'. Ballerina-Apfel mit säulenförmigem Wuchs für Engpflanzung und Topf.

Die Frucht ist glänzend grün, saftig-frisch. Geschmack aromatisch süß. Baum- und Genussreife Anfang September. Wenig haltbar.

Boller *siehe* McIntosh
Bonne de Mai *siehe* Schöner Maiapfel
Bonnet Carré *siehe* Weißer Winterkalvill

Bonum

Sehr guter Tafel-, brauchbarer Wirtschaftsapfel. Genussreife ab Januar. Haltbarkeit bis Mai. Frucht ziemlich klein, rundlich, fast gleichmäßig gebaut. Fruchtschale grünlichgelb, später hellgelb. Meist ist die ganze Frucht blutrot überzogen und deutlich dunkler gestreift. Punkte fein, braun. Geruch schwach. Fleisch grünlichgelb, fein, saftig, gewürzt, ziemlich süß.

Bonza

Die Sorte wurde 1950 in Australien gezüchtet, sie entstand aus der Sorte 'Jonathan'.

Sehr guter Tafelapfel. Baumreife Mitte Oktober, Genussreife ab November, Haltbarkeit bis Februar. Mittelgroße Frucht, flachkugelig, am Kelch gerippt. Fruchtschale kaminrot, intensiv rot ausfärbend, leicht berostet. Auch in ungünstigen Jahren attraktive Schalenfarbe. Fruchtfleisch weiß, saftig, von süß-säuerlichem Geschmack. Druckfest, wenig anfällig für Stippe und Fleischbräune.
Der Baum wächst schwach bis mittelstark. Guter Blütenansatz, auch an jungem Holz. Regelmäßiger Überwachungsschnitt erforderlich. Guter Pollenspender. Etwas anfällig für Mehltau, sehr widerstandsfähig gegen Schorf. Sowohl für den Obstgarten als auch für den Erwerbsobstbau geeignet.

Borowinka

Borowinka

Die Sorte entstand in Rußland und ist seit fast 100 Jahren im Alpenvorland verbreitet.

Frucht: Guter Tafelapfel. Baumreife Ende Oktober. Genussreife ab November. Haltbarkeit bis Ende Dezember. Früchte ziemlich groß. Fruchtschale verwaschen gerötet, mit dunklen Streifen. Fruchtfleisch sehr saftig, aromatisch, schmelzend.
Baum: Starker, gesunder Wuchs, Krone groß und breit werdend. Früh und reichtragend.

Wenig schorfanfällig. Für Hochstamm und Halbstamm geeignet. Später Auslichtungsschnitte notwendig. Anspruchslos, für raues Klima gut geeignet. Empfehlenswert für Hausgarten und Obstwiese.

Borovitzky *siehe* Charlamowsky
Borsdorfer *siehe* Brauner Matapfel
Cludius Borsdorfer
Doppelter Borsdorfer
Edelborsdorfer
Roter Borsdorfer
Vollbrechts Borsdorfer
Weißer Borsdorfer
Weißer Wintertaffetapfel
Zwiebelborsdorfer
Borsdorfer Renette *siehe* Doberaner Renette
Neue Borsdorfer Renette

Börtlinger Weinapfel

Vor etwa 150 Jahren in Börtlingen/Württemberg als Zufallssämling gefunden.

Frucht: Sehr guter Mostapfel. Pflückreife Anfang bis Mitte Oktober. Verwertung bis Ende November möglich. Kleine bis mittelgroße, runde Früchte. Fruchtschale glatt, gelblichgrün bis gelblich. Auf der Sonnenseite bräunlich bis dunkelrot gestreift. Fruchtfleisch grünlichweiß, saftig, knackend, süß. Säure mittel bis gering.

Braddicks Sondergleichen

Doppelname: Braddicks Nonpareil

Sehr guter Tafel- und Wirtschaftsapfel. Genussreife ab Ende Dezember. Haltbarkeit bis April. Kleine bis mittelgroße, flachrunde, gleichmäßig gebaute Frucht. Schale etwas glänzend, stellenweise rau. Farbe hellgrün, später gelb, auf der Sonnenseite goldiger, häufig gerötet. Punkte zahlreich, fein und bräunlich. Hellbrauner Rost deckt fast immer einen Teil der Frucht. Welkt auf dem Lager nur wenig. Kein Geruch. Fruchtfleisch hellgelblich, saftig, renettenartig gewürzt, weinig und süß.

Baum: Kräftiger bis starker Wuchs, in der Jugend aufrechte, später überhängende Kronenform. Geeignet für Hoch- und Halbstamm. Ansprüche an den Boden gering, ausreichende Feuchtigkeit erforderlich. Für warme Standorte. Blüte empfindlich gegen Spätfröste. Ertragsbeginn mittelfrüh, hohe und ziemlich regelmäßige Erträge. Widerstandsfähig gegen Krankheiten und Schädlinge. Etwas schorfanfällig.

Bosch *siehe* Ernst Bosch
Boskoop *siehe* Schöner von Boskoop
Boston Russet *siehe* Roxbury Russet
Böttner *siehe* Johannes Böttner
Boutigneapfel *siehe* Peickers Boutigneapfel
Brabant *siehe* Gaillys Herzogin von Brabant
Loisels Herzogin von Brabant
Braddicks Nonpareil *siehe* Braddicks Sondergleichen

Braeburn

Doppelname: Braeborn
Die Sorte entstand 1952 in Neuseeland, vermutlich als Sämling von 'Lady Hamilton'. Verbreitet durch Baumschule Williams in Braeborn.

Frucht: Sehr guter Tafelapfel. Pflückreife Anfang Oktober. Genussreife Ende Oktober. Haltbarkeit bis Februar. Großer, hochgebauter Apfel unterschiedlicher Form. Fruchtschale glatt, glänzend, goldgelb. Zur Reifezeit intensiv dunkelrot gestreift. Fruchtfleisch cremefarbig, fest, saftig und sehr aromatisch, angenehm süß. Keine Stippe.
Baum: Mittelstarker Wuchs, breite, gut verzweigte Krone. Für warme Lagen auf guten Böden. Gleichmäßiger Ertrag nur bei sorgfältigem Schnitt. Zusätzliches Ausdünnen nach dem Junifruchtfall empfehlenswert.

Brambacher (Schwäbische Lokalsorte, keine Sortenbeschreibung)

Bramleys Sämling

Bramleys Sämling (Abbildung Seite 71)

Die Sorte entstand um 1810 in England und wurde 1876 zum erstenmal der Öffentlichkeit vorgestellt.
Doppelnamen: Bramley's Seedling; Triomphe de Kiel

Großer, flachrunder, ungleichmäßig gebauter Apfel. Fruchtschale grünlichgelb, später gerötet und gestreift. Fruchfleisch gelblich, fest, säuerlich. Schlechter Pollenspender.

Bramley's Seedling *siehe* Bramleys Sämling
Brandy Apple *siehe* Harveys Goldapfel
Brasilienapfel *siehe* Roter Eiserapfel

Braunauer Rosmarinapfel

Doppelname: Winterrolling
Die Sorte stammt aus Oberösterreich und wurde 1851 zum ersten Mal beschrieben.

Wirtschaftsapfel. Mittelgroßer, hochgebauter Apfel von unregelmäßiger Form. Fruchtschale glatt, hellgelb. Zur Reifezeit verwaschen rot bis dunkelrot, dazu dunkler gestreift bis geflammt. Schalenpunkte zahlreich, braun, klein. Stielgrube strahlenförmig berostet. Fruchtfleisch gelblichweiß, weich bis mäßig hart, mürbe. Geschmack süßsäuerlich, keine Würze. Baumreife Ende Oktober. Genussreife ab Dezember. Haltbarkeit bis April.
Der Baum wächst schwach und bildet eine schirmförmige Krone aus. Die Sorte ist widerstandsfähig gegen Frost, anfällig für Mehltau.

Brauner Matapfel

Brauner Matapfel

Früher in ganz Westdeutschland im extensiven landwirtschaftlichen Anbau sehr verbreitet.
Doppelnamen: Badischer Brauner; Echter Kohlapfel; Kohlapfel; Maedapfel; Mate Brune; Mohrenapfel; Pomme de Bohemien; Pomme de Charbon; Pomme d'Enfer; Pomme de Dame; Pomme de Maure; Pomme Noire d'Hiver; Schwarzbrauner Matapfel; Schwarzer Matapfel; Unterländer Apfel

Frucht: Brauchbarer Tafelapfel, sehr guter Wirtschafts-, vor allem Kelterapfel. Baumreife Mitte Oktober. Genussreife ab Dezember. Haltbarkeit bis Mai. Die Frucht ist abgestumpft rundlich, mittelgroß, ungleichmäßig gebaut. Fruchtschale grünlich, später gelb. Sonnenseite dunkler, Schattenseite heller gerötet, vielfach in blaurot übergehend. Schwache Streifenbildung, besonders auf der Schattenseite. Häufig stark bereift. Schalenpunkte zahlreich, in der Rötung gelb hervortretend. Je älter der Baum, desto dunkler ist die Fruchtfärbung. Fruchtfleisch gelblichgrün bis gelblichweiß. Anfangs sehr fest, unempfindlich gegen Druck, später saftig, wenig gewürzt, süß. Geschmack mittelfein, in gutem Boden und bei später Ernte befriedigend.
Baum: Wuchs anfangs stark, später mittelstark. In den ersten Jahren ist ein Rückschnitt erforderlich. Erziehung vorwiegend als Hoch- und Halbstamm. Ertrag sehr spät, manchmal erst nach 20 Jahren voll einsetzend. Erträge reichlich und regelmäßig. Mißernten selten. Da sich der Baum nicht erschöpft, erreicht er ein sehr hohes Alter (100jährige Baumriesen). An den Boden wenig anspruchsvoll, vor allem bei genügender Düngung und Bodenfeuchtigkeit. Blüte spät, widerstandsfähig gegen Nässe und Frost. In ungünstigen Lagen etwas schorfgefährdet, sonst widerstandsfähig gegen Krankheiten und Schädlinge.

Braunschweiger Milchapfel

Sehr guter Wirtschaftsapfel. Reifezeit August. Mittelgroßer, abgestumpft rundlicher, ziemlich gleichmäßig gebauter Frühapfel. Flach verlaufende Rippen. Fruchtschale grünlichweiß, später wachsartig weiß. Sonnenseite gerötet. Punkte wenig auffällig. Geruch schwach. Fruchtfleisch weißlich, ziemlich fein, saftig, nicht gewürzt, weinsäuerlich, wenig süß.

Braunschweiger Tafelrambur

Sehr guter Tafel- und Wirtschaftsapfel. Genussreife ab Ende Oktober. Haltbarkeit bis Dezember. Großer, flachrunder, nicht ganz gleichmäßig gebauter Apfel. Feine, oft etwas ungleich über die Frucht laufende Rippen. Fruchtschale etwas fettig, grünlichgelb, später gelb. Sonnen seite kräftig gerötet und dunkler gestreift. Punkte sehr fein, bräunlich, in der Rötung mit gelblichem Hof. Geruch ausgeprägt. Fruchtfleisch gelblichweiß, fein, angenehm rosenapfelartig gewürzt, weinig und süß.

Brautapfel *siehe* Roter Herbstkalvill

Brautröke

Sehr guter Tafel- und Wirtschaftsapfel. Genussreife ab Ende November. Haltbar bis Anfang Februar. Mittelgroße bis große, flachrunde, gleichmäßig gebaute Frucht. Fruchtschale wenig geschmeidig, etwas glänzend, grünlichgelb, später gelb. Sonnenseits kräftig gerötet, auf der Schattenseite heller. Nicht gestreift. Punkte zahlreich, graubraun. Manchmal Anflüge von Rost. Geruch kaum merklich. Fruchtfleisch gelblichweiß, fein, ausreichend saftig, gewürzt, weinig und süß.

Breda *siehe* Renette von Breda

Breedons Pepping

Doppelname: Breedon Pippin

Hervorragender Tafelapfel, brauchbarer Wirtschaftsapfel. Genussreife ab Januar. Haltbarkeit bis Juni. Kleine, abgestumpft rundliche, gleichmäßig gebaute Frucht. Fruchtschale hellgrün, später grünlichgelb bis gelb. Auf der Sonnenseite zuweilen gerötet. Punkte mitteldick, hellbraun, manchmal mit rotem Hof. Nur selten Anflüge von Rost. Welkt kaum auf dem Lager. Geruch fehlt. Fruchtfleisch gelblich bis grünlichgelb. Etwas stippeanfällig, sehr saftig, edel gewürzt. Vorherrschende Säure, ausreichend süß.

Breitling *siehe* Winterstreifling
Bretagne *siehe* Graue Renette der Bretagne

Brettacher

Brettacher

Als Zufallssämling in Brettach bei Heilbronn gefunden und vorwiegend im süddeutschen Raum verbreitet. Eltern vermutlich ‘Champagner Renette‘ und ‘Jakob Lebel‘.

Frucht: Sehr guter Tafel- und Wirtschaftsapfel. Baumreife Mitte bis Ende Oktober. Genussreife ab Februar. Haltbarkeit bis Mai. Ein sehr großfrüchtiger, plattrunder, schwachgerippter Winterapfel. Schlechter Pollenspender. Fruchtschale gelblich- bis weißlichgrün. Deckfarbe hellrot bis braunrot. Glatt, fettig. Fruchtfleisch weiß, saftig, herb gewürzt mit erfrischender Säure. **Baum:** Starkwüchsig, mit breiter Krone. Holz frosthart. Erziehungsformen vorwiegend Hoch- und Halbstamm, aber auch Busch- und Viertelstamm. Ertrag mittelfrüh einsetzend, reich, ziemlich regelmäßig. Der Baum verlangt nur geringen Schnittaufwand. Gelegentlicher starker Rückschnitt wirkt der Verkahlung der unteren Astpartien entgegen. Für warme, nährstoffreiche Böden. Gedeiht weniger gut auf schweren und nassen Böden. Anbau vor allem im Weinbauklima. Nicht für Höhen über 500 m. Wenig anfällig für Krankheiten und Schädlinge.

Breuhahn *siehe* Geheimrat Breuhahn
Britannica *siehe* Kaiser Alexander

Britzer Dauerapfel

Lokalsorte aus der Umgebung Berlins.

Lagerapfel. Frucht groß bis sehr groß, länglich, kantig. Fruchtschale zur Reifezeit unterschiedlich stark rot gestreift. Geschmack nicht sehr ansprechend. Anfällig für Stippe.

Brödlauken *siehe* Apfel von Brödlauken

Broholms Rosenapfel

Sehr guter Tafel-, guter Wirtschaftsapfel. Genussreife ab Ende November. Haltbar bis Februar. Mittelgroße, eiförmige, gleichmäßig gebaute Frucht. Flach verlaufende Rippen. Fruchtschale etwas glänzend, grünlichgelb, später hellgelb, auf der Sonnenseite gerötet und etwas dunkler gestreift. Punkte sehr fein, hellbraun. Geruch fehlt. Fruchtfleisch weiß, fein, saftig, rosenapfelartig und etwas bittermandelartig gewürzt. Kräftig, doch angenehm weinig, ausreichend süß.

Broich *siehe* Peter Broich

Brownlees Russet

Brownlees Russet

Doppelname: Reinette Grise Brownlees

Sehr guter Tafel- und Wirtschaftsapfel. Genussreife ab Anfang Januar. Haltbarkeit bis Mai. Mittelgroße, abgestumpft rundliche, ziemlich gleichmäßig gebaute Frucht. Fruchtschale rau, grün, später etwas heller, doch kaum gelblichgrün. Sonnenseits zuweilen schwacher, bräunlichroter Anflug. Punkte zahlreich, doch meist durch den fast die ganze Frucht überziehenden graubraunen Rost bedeckt. Fruchtfleisch grünlichweiß, fein, etwas schwammig, ziemlich saftig, gewürzt. Angenehme Säure, ausreichend süß.

Brühler Kurzstiel

Doppelname: Brühler Grüner Kurzstiel

Brauchbarer Tafel-, sehr guter Wirtschaftsapfel. Genussreife ab Anfang Dezember. Haltbarkeit bis März. Mittelgroße, flachrunde, etwas ungleich gebaute Früchte. Breite, flachlaufende Falten. Fruchtschale teils glatt, teils fein rau. Schalenfarbe grün, später grünlichgelb bis gelb. Sonnenseite manchmal schwach, häufig stärker gerötet und deutlich dunkler gestreift. Punkte zahlreich. Anflüge von Rost häufig. Geruch sehr schwach. Fruchtfleisch gelblichweiß, fein, mäßig saftig, schwach gewürzt, vorherrschend süß.

Brünner *siehe* Oberösterreichischer Brünnerling
Brünnerling *siehe* Oberösterreichischer Brünnerling
Welschisner

Brüsseler Einfarbige Renette

Sehr guter Tafel- und Wirtschaftsapfel. Genussreife ab Dezember. Haltbarkeit bis Februar. Kleiner bis mittelgroßer, stark abgestumpft rundlicher, etwas ungleichmäßig gebauter Apfel. Schale durch die Punkte fein rau, grünlichgelb, später gelb. Sonnenseite goldiger. Punkte zahlreich, mitteldick, braun. Häufig leichte Anflüge von Rost um den Kelch. Manchmal Warzen. Frucht welkt auf dem Lager nur wenig. Kein Geruch. Fruchtfleisch gelblichweiß, abknackend, saftig gewürzt. Vorherrschende Säure bei ausreichendem Zuckergehalt.

Brunnenapfel (Keine Sortenbeschreibung)

Brustapfel

Recht guter Wirtschaftsapfel. Verwertungsmöglichkeit ab November. Lagerfähigkeit bis März. Mittelgroßer, abgestumpft rundlicher, etwas ungleichmäßig gebauter Apfel mit flachlaufenden Falten. Fruchtschale glatt, geschmeidig, fast fettig, grün, später gelblichgrün bis gelb. Sonnenseite kräftig gerötet, Schattenseite deutlich dunkler gestreift, Punkte zahlreich, mitteldick, graubraun. Geruch merklich. Das Fruchtfleisch istgrünlichgelb, ziemlich fein, saftig, nicht gewürzt. Vorherrschende Säure, wenig süß.

Bruxelles *siehe* Kaiser Alexander

Buchholzer Kalvill

Sehr guter Tafel-, brauchbarer Wirtschaftsapfel. Genussreife ab Ende Oktober. Haltbarkeit bis Anfang Dezember. Kleiner, abgestumpft rundlicher, nicht ganz gleichmäßig gebauter Apfel. Flache, doch deutlich über die Frucht laufende Rippen. Schale etwas geschmeidig, glänzend, grünlichgelb, später hellgelb. Sonnenseite gerötet und dunkelrot kurz und breit gestreift. Punkte zahlreich, fein, bräunlich. Geruch sehr schwach. Fruchtfleisch weißlich, ziemlich fein, saftig, beerenartig gewürzt, süß.

Buckingham *siehe* Rambur von Buckingham
Buckingham Queen *siehe* Rambur von Buckingham
Buits *siehe* Schöner von Buits

Bullocks Pepping

Doppelnamen: Pippin Bullock; American Golden Russet; Renette de Bullock

Brauchbarer Tafel-, sehr guter Wirtschaftsapfel. Genussreife ab Anfang November. Haltbarkeit bis März. Kleiner bis mittelgroßer, abgestumpft rundlicher, gleichmäßig gebauter Apfel. Schale teils glatt, teils fein aufgeraut. Grünlichgelb, später gelb. Sonnenseite goldiger, oft gelblichrot. Schalenpunkte zahlreich und fein. Der größte Teil der Frucht ist mit filigranartigem, zimtfarbigem Rost bedeckt. Geruch schwach. Fruchtfleisch gelblichweiß, fein, markig bis mürbe, ziemlich saftig. Sortentypisch stark gewürzt, sehr süß.

Buntzels Wachsrenette

Buntzels Wachsrenette

Gute Tafel- und Wirtschaftsfrucht. Genussreife ab Oktober, Haltbarkeit bis April. Mittelgroßer, abgestumpft rundlicher Apfel. Fruchtschale grüngelb, später goldgelb. Renettenartiges Fruchtfleisch, wohlschmeckend. Der Baum wächst mittelstark, er trägt reich und regelmäßig. Für schwere Böden weniger gut geeignet.

Burchardts Carolin

Doppelname: Burchardts Kleiner Gestreifter Carolin

Früher Tafel- und Wirtschaftsapfel mit mäßigen Qualitäten. Verbrauch im September. Mittelgroßer, rundlich-eikegelförmiger Apfel mit ungleichen Hälften. Rippen flach verlaufend. Fruchtschale fettig, grünlichgelb, später fast gelb. Sonnenseite gerötet und breit gestreift. Punkte sehr fein, bräunlich. Geruch ausgeprägt. Fruchtfleisch weißlich, ziemlich fein, saftig, schwach gewürzt. Vorherrschende Säure, ausreichend süß.

Burchardts Renette

Burchardts Renette

Doppelname: Netzrenette

Frucht: Sehr guter Tafel- und Wirtschaftsapfel. Genussreife ab Ende Oktober. Haltbarkeit bis Ende Dezember. Großer bis sehr großer, flachrunder, ziemlich gleichmäßig gebauter Apfel. Rippen sehr flach, oft ungleich. Fruchtschale teils fein rau, teils glatt, manchmal etwas geschmeidig und glänzend. Grünlich bis gelblichgrün, später gelb. Sonnenseite goldiger, auch leicht gerötet. Schalenpunkte ziemlich dick, braun. Zimtfarbiger, netzartiger Rost deckt einen großen Teil der Frucht. Welkt auf dem Lager nur wenig. Geruch schwach. Fruchtfleisch fast weiß, fein, recht saftig. Leicht renettenartig gewürzt, manchmal mit etwas herbem Geschmack. Kräftige Säure, ausreichend bis ziemlich süß.
Baum: Der Baum wächst mittelstark und blüht mittelfrüh. Ertrag früh einsetzend und ziemlich regelmäßig.

Bürgerherrnapfel

Guter Tafel- und sehr guter Wirtschaftsapfel. Genussreife ab November. Haltbarkeit bis Ende Februar. Mittelgroße bis große, abgestumpft rundliche, oft ungleichmäßig gebaute Frucht. Häufig größere Unterschiede in der Fruchthöhe. Deutlich über den Apfel laufende Rippen. Querschnitt bei hochgebauten Früchten oft annähernd dreikantig. Fruchtschale glänzend, erst matt, später lebhaft gelb. Sonnenseite gerötet und gestreift. Punkte sparsam, fein, hellbraun. Geruch schwach. Fruchtfleisch gelblichweiß, ziemlich fein, schwach gewürzt. Angenehm weinig, wenig süß.

Bürgerherrenapfel *siehe* Geflammter Kardinal
Büschelrenette *siehe* Englische Büschelrenette
Butterapfel *siehe* Kanadarenette

Büttners Renette

Doppelname: Büttners Schwärzlich Schillernde Goldrenette

Guter Tafel-, sehr guter Wirtschaftsapfel. Genussreife ab Ende Januar. Haltbarkeit bis in den Juni.

Mittelgroße, abgestumpft rundliche, etwas ungleichmäßig gebaute Frucht. Die Fruchtschale ist bereift, matt glänzend, grünlich, später grünlichgelb bis gelb. Sonnenseite kräftig rot, oft schwärzlich schimmernd überzogen. Schattenseite heller und gestreift. Schalenpunkte zahlreich, fein, bräunlich. Schwacher Geruch. Fruchtfleisch hell gelblich bis grünlichgelb, fein, fest, später etwas mürbe, doch oft auch zäh. Ziemlich saftig, etwas gewürzt, vorherrschende Säure, ausreichend süß.

C

Caen *siehe* Kanadarenette
Calville Aromatique *siehe* Gewürzkalvill
Calville Blanc à Cotes *siehe* Weißer Winterkalvill
Calville Blanche d'Hiver *siehe* Weißer Winterkalvill
Calville d'Angleterre *siehe* Cornwalliser Nelkenapfel
Calville d'Automne Raye *siehe* Gestreifter Herbstkalvill
Calville de Gravenstein *siehe* Gravensteiner
Calville des Femmes *siehe* Frauenkalvill
Calville Etoilée *siehe* Rote Sternrenette
Calville Madame Lesans *siehe* Lesans Kalvill
Calville Rouge d'Automne *siehe* Roter Herbstkalvill
Calville Rouge d'Hiver *siehe* Roter Winterkalvill
Calviner *siehe* Danziger Kantapfel
Cambridge Pippin *siehe* Findling von Bedfordshire
Campaner *siehe* Isnyer Jahrapfel
Canada Blanc *siehe* Kanadarenette
Canada Reinette *siehe* Pariser Ramburrenette
Canterbury Renette *siehe* Renette von Canterbury
Capucine de Tournay *siehe* Kapuzinerapfel von Tournay
Cardinal Blanc Flamme *siehe* Geflammter Kardinal
Cardinal Red *siehe* Roter Kardinal
Cardinal Rouge *siehe* Roter Kardinal

Carins Kalvill

Guter Tafel-, sehr guter Wirtschaftsapfel. Genussreife ab August. Haltbarkeit bis September. Mittelgroße, abgestumpft eiförmige, meist nicht ganz gleichmäßig gebaute Frucht. Flache aber deutlich ausgeprägte Rippen, die bis zum Stiel laufen. Fruchtschale glänzend, gelblichweiß, wachsartig. Sonnenseite manchmal leicht gerötet. Schalenpunkte zahlreich, fein. Geruch ausgeprägt. Fruchtfleisch weiß, fein, ziemlich saftig, angenehm, aber nicht stark gewürzt. Vorherrschende Säure, ausreichend süß.

Carminetchen

Guter Wirtschafts-, sehr guter Tafelapfel. Genussreife ab Oktober. Haltbarkeit bis Dezember. Mittelgroße, länglich bis rundlich-eiförmige, gleichmäßig gebaute Frucht. Kleine, flache und breite Rippen, die etwas ungleich über die Frucht laufen. Die Fruchtschale ist matt glänzend, hellgrün, später grünlichgelb. Sonnenseite häufig gerötet. Schalenpunkte zahlreich, fein bis mitteldick, bräunlich. Geruch merklich. Fruchtfleisch gelblichweiß, ziemlich fest, brüchig, saftig, schwach gewürzt. Kräftige Säure, ausreichend süß.

Carmes Apfel

Guter Tafel-, sehr guter Wirtschaftsapfel. Genussreife ab Anfang Dezember. Haltbarkeit bis März. Großer, flachrunder, ziemlich gleichmäßig gebauter Apfel. Breite, flach verlaufende Falten. Fruchtschale grün, später gelb. Sonnenseite kräftig gerötet. Auf der Schattenseite deutlich gestreift. Punkte sparsam, sehr fein, bräunlich. Welkt auf dem Lager nur wenig. Geruch fehlt. Fruchtfleisch hellgelb, auch grünlichgelb, fein, saftig, nicht stark gewürzt. Etwas vorherrschende Säure, ausreichend süß.

Carmes Apfel *siehe* Winterstreifling
Carola *siehe* Kalco
Carolin *siehe* Burchardts Carolin

Caroline Auguste

Sehr guter Tafel-, brauchbarer Wirtschaftsapfel. Genussreife ab Anfang September. Haltbarkeit bis Anfang Oktober. Mittelgroße, flachrunde, ziemlich ungleichmäßig gebaute Frucht. Gut entwickelte, flachlaufende Rippen. Fruchtschale glatt, etwas fettig, glänzend, hellgrün, später gelblichgrün. Sonnenseite etwas gerötet, deutlich gestreift und geflammt. Punkte nicht zahlreich, fein, braun. Geruch merklich. Fruchtfleisch meist weiß, etwas locker, ziemlich saftig, beerenartig gewürzt. Vorherrschende, doch milde Säure, ausreichend süß.

Carpentin

Carpentin

Doppelname: Carpentin Renette

Guter Tafel-, sehr guter Wirtschaftsapfel. Genussreife ist ab Dezember. Haltbarkeit bis März. Kleiner, flachrunder, meist gleichmäßig gebauter Apfel. Schale dick, fast überall rau. Sonnenseite rot gestreift. Zimtfarbiger, schuppiger Rost deckt fast die ganze Frucht. Schalenpunkte mitteldick, bräunlichgelb. Fruchtfleisch weiß, fein, markig bis mürbe, saftig, schwach gewürzt. Kräftig, doch angenehm sauer, ausreichend süß.

Castell Clammys *siehe* Apfel von Castell Clammys
Caux *siehe* Große Kasseler Renette
Renette von Caux
Cave *siehe* Aldingers Georg Cave
Celler Dickstiel *siehe* Krügers Dickstiel

Cellini

Cellini

Die Sorte entstand um 1850 in Vauxhall bei London.

Frucht: Brauchbarer Tafel- aber sehr guter Wirtschaftsapfel. Baumreife ab Ende September. Genussreife ab Oktober. Haltbarkeit bis November. Großer, abgestumpft rundlicher, etwas ungleichmäßig gebauter Apfel. Fruchtschale glatt, glänzend, gelblichgrün, später mehr gelb. Sonnenseite rot gestreift und geflammt, manchmal auch völlig rot. Schalenpunkte fein, bräunlich. Geruch ausgeprägt. Fruchtfleisch gelblichweiß mit grünem Schimmer, locker, mürbe, ziemlich saftig. Kräftige Säure, wenig Zucker und Würze. Die Früchte eines Baumes können in Größe und Ausfärbung sehr unterschiedlich sein. Die besten Qualitäten werden in Höhenlagen erreicht. Die Ernte muß frühzeitig erfolgen, weil die Früchte bei wechselnder Witterung leicht aufplatzen und faulen.
Baum: Kräftiger Wuchs, für alle Erziehungsformen geeignet. Geringe Ansprüche an den Boden. Erträge früh, regelmäßig und hoch. Blüte unempfindlich gegen Witterungseinflüsse. Im Alter muß der Baum durch Schnittmaßnahmen verjüngt werden. Empfehlenswert für raue Gebirgslagen und als sicherer Träger auch für kleine Gärten.

Ceres

Die Sorte entstand in Holland aus 'Cox' Orangenenette' x 'Jonathan'.
Mittelgroßer Tafelapfel von sehr gleichmäßiger Form. Genussreife ab Ende Oktober. Haltbarkeit bis März. Fruchtschale glatt, grünlichgelb, später rot geflammt. Geschmack aromatisch, etwas säuerlich. Anbau in guten Lagen.

Chailleux

Sehr guter Tafel- und Wirtschaftsapfel. Genussreife ab Anfang November. Haltbarkeit bis Ende Januar. Mittelgroße, abgestumpft rundliche, ziemlich gleichmäßig gebaute Frucht. Fruchtschale teils glatt, teils fein rau. Farbe grünlich, später gelb bis goldgelb. Auf der Sonnenseite goldiger, gerötet, dunkelrot gestreift. Punkte fein bis mitteldick, bräunlich. Schuppiger Rost deckt oft einen großen Teil der Frucht. Geruch fehlt. Fruchtfleisch gelblichweiß, fein, fest, später mürbe, saftig, renettenartig gewürzt. Säure vorherrschend, aber ausreichend süß.

Champagner-renette

Champagnerrenette

Alte französische Sorte aus der Champagne. Schon 1799 beschrieben und 1857 zum Anbau empfohlen.
Doppelnamen: Drei Jahre dauernder Mutterapfel; Glattapfel (Elsaß); Goldgranater (Bodensee); Herrenapfel; Jahrapfel; Käsapfel (Hessen und Württemberg); Loskrieger (Württemberg); Mutterapfel; Räbenapfel; Reinette Blanche de Champagne; Schätzler; Silberapfel; Wachsrenette (Baden); Weißer Zwiebelapfel; Zweijährling; Zwiebelapfel

Frucht: Guter Tafel-, sehr guter Wirtschaftsapfel. Pflückreife ab Mitte Oktober. Genussreife ab Dezember. Haltbar bis in die Sommermonate. Großer, flachrunder, gleichmäßig gebauter Apfel. Flach verlaufende Rippen, eine Rippe ist manchmal wie eine Naht verstärkt. Schale glatt, geschmeidig, zuerst grüngelb, später wachsgelb. Sonnenseite manchmal rosa getönt. Schalenpunkte fein, bräunlich. Rostflecken nicht häufig. Fruchtfleisch ziemlich fest, saftig, weißlich, wenig gewürzt, erfrischende Säure. Die Säure wird während des Lagerns abgebaut.
Baum: Mittelstarker Wuchs, zweimaliger Rückschnitt genügt meist zum Kronenaufbau. Für nährstoffreiche, ausreichend feuchte, lockere Böden. Nicht für kalte, nasse und trockene Lagen. Bei ausreichender Wärme auch noch für mittlere Höhenlagen geeignet. Ertrag früh einsetzend und regelmäßig. Ertragsmenge durchschnittlich. Gute Dauersorte für Hausgärten und Obstwiesen.

Champagnerrenette *siehe* Uhlhorns Champagnerrenette

Champion

Champion

Die Sorte entstand 1865 in Arkansas/USA.
Doppelnamen: Apple of Commerce; Collins

Mittelgroßer bis großer, manchmal unterschiedlich gebauter, rundlicher Apfel. Fruchtschale goldgelb. Sonnenseite rot gestreift. Fruchtfleisch sehr fest, grünlich- oder gelblichweiß. Harmonisches Zucker-Säure-Verhältnis. Reifezeit mittelfrüh.

Charakter-Renette

Doppelname: Reinette Marbree

Sehr guter Tafel- und Wirtschaftsapfel. Genussreife ist ab Anfang Dezember. Haltbarkeit bis in den März. Mittelgroßer, abgestumpft rundlicher, etwas ungleichmäßig gebauter Apfel. Rippen flach, etwas ungleich verlaufend. Fruchtschale teils fein rau, teils glatt. Farbe grünlichgelb, später gelb. Sonnenseite oft goldiger, auch bräunlichrot. Hellbrauner Rost bedeckt einen Teil der Frucht. Schalenpunkte sehr fein, braun. Neigt auf dem Lager zum Welken. Geruch schwach. Fruchtfleisch gelblichweiß, fein, mürbe, auch etwas schwammig, ziemlich saftig. Renettenartig und etwas alantartig gewürzt. Wenig ausgeprägte Säure, ausreichend süß.

Charden

Die Sorte entstand aus 'Golden Delicious' x 'Reinette Clochard'. Gezüchtet im Obstbauinstitut Angers, Frankreich.

Sehr guter Tafel- und Wirtschaftsapfel, der vielseitig verwertbar ist. Baumreife Ende Oktober. Genussreife ab November. Haltbarkeit bis März. Sehr große, gleichmäßig runde, mäßig hochgebaute Frucht. Fruchtschale grün, später gelb, zur Reifezeit auf der Sonnenseite leicht gerötet. Fruchtfleisch saftig, süßsäuerlich. Problemlos lagerfähig.
Die Sorte eignet sich vor allem für die Erziehung auf schwach wachsenden Unterlagen. Anbau nur auf warmen Standorten empfehlenswert. Schlechter Pollenspender.

Charlamowsky

Charlamowsky

Die Sorte stammt aus Rußland.
Doppelnamen: Augustapfel; Borowitzky; Charlamowsky d'Automne; Duchess of Oldenburg; Early Joe; Ernteapfel

Frucht: Guter Tafel-, sehr guter Wirtschaftsapfel. Pflück- und Genussreife ab Ende August. Haltbarkeit bis September. Mittelgroßer, abgestumpft rundlicher, fast gleichmäßig gebauter Apfel. Flache, schwach ausgebildete Rippen. Fruchtschale grünlichgelb, später weißgelb mit unterschiedlich starken, roten Streifen, die sich manchmal über die ganze Frucht ziehen. Fruchtschale bereift, geschmeidig. Schalenpunkte sehr fein. Geruch schwach. Fruchtfleisch weiß, fest, saftig, vorherrschend weinsäuerlich. Wenig Würze und Süße, Qualität für einen Frühapfel jedoch ausreichend. Bei der Verwertung bleibt das Fruchtfleisch weiß.
Baum: In der Jugend stark, später schwächer wachsend. Ertragseintritt früh und oft überreich. Dadurch vergreist der Baum rasch. Verjüngungsschnitte deshalb empfehlenswert. Holz etwas brüchig, darum vollhängende Zweige sorgfältig abstützen. Für alle Erziehungsformen geeignet. Anspruchslos an Boden und Klima. In schwerem Boden anfällig für Krebs und Schorf. Trockener Boden fördert Mehltaubefall.

Charles Ross

Die Sorte entstand um 1890 in England aus einer Kreuzung von 'Peasgoods Nonsuch' x 'Cox' Orangenrenette'.
Doppelname: Thomas Andrew Knight

Großer, abgestumpft rundlicher Apfel mit kräftigen Rippen. Fruchtschale hell grünlichgelb.

Charles Ross

Später kräftig gerötet und dunkler gestreift. Fruchtfleisch zart, gerötet. Harmonisches Zucker-Säure-Verhältnis. Reifezeit mittelspät bis spät.

Chemise de Soie Blanche *siehe* Weißes Seidenhemdchen
Chemisette Blanche *siehe* Weißes Seidenhemdchen

Cherry Cox

Cherry Cox

Die Sorte entstand in Dänemark als Knospenmutation von 'Cox' Orangenrenette'.
Die Sorte entspricht der 'Cox' Orangenrenette', von der sie sich nur durch die dunkelrote Fruchtschale unterscheidet.

Chieftain

Die Sorte entstand aus 'Jonathan' x 'Red Delicious' und wurde in Iowa, USA gezüchtet.

Die Früchte ähneln der Sorte 'Jonathan'. Der Baum zeichnet sich vor allem durch seine Widerstandsfähigkeit gegen Schorf und Mehltau aus. Anbauerfahrungen liegen noch nicht vor.

Chesterparmäne

Doppelname: Englische Chesterparmäne; Chester Pearmain

Ausgezeichneter Tafelapfel, brauchbarer Wirtschaftsapfel. Genussreife ab Oktober. Haltbarkeit bis November. Mittelgroßer, abgestumpft rundlicher, gleichmäßig gebauter Apfel. Deutliche, aber flach verlaufende Rippen. Fruchtschale teils glatt, teils rau. Brauner, schuppiger Rost bedeckt oft einen Teil der Frucht. Fruchtfarbe grünlichgelb, Sonnenseite meist etwas gerötet und gestreift. Schalenpunkte fein, bräunlich. Geruch schwach. Fruchtfleisch gelblichweiß, fein, mürbe, etwas locker, ziemlich saftig, gewürzt. Angenehme Säure, ausreichend süß.

Chester Pearmain *siehe* Chesterparmäne
Chrisofsker Pannensky *siehe* Roter Jungfernapfel
Christapfel *siehe* Marienburger Christapfel
Roter Eiserapfel
Christs Deutsche Goldrenette *siehe* Deutsche Goldrenette

Christs Gelber Augustapfel

Guter Tafel-, sehr guter Wirtschaftsapfel. Genussreife ist ab Mitte August. Haltbarkeit nur bis Anfang September. Mittelgroßer, abgestumpft rundlicher, gleichmäßig gebauter Apfel. Rippen schwach ausgeprägt. Fruchtschale glatt, glänzend, gelblichgrün, später fast wachsartig weiß. Sonnenseite häufig gelb, manchmal mit roten Streifen. Berostungen selten. Geruch sehr schwach. Fruchtfleisch weiß, markig, ziemlich saftig, schwach rosenapfelartig gewürzt. Ziemlich kräftige, doch angenehme Säure. Ausreichend süß.

Christs Goldrenette *siehe* Deutsche Goldrenette
Große Kasseler Renette
Hildesheimer Goldrenette
Cicadapfel *siehe* Weißer Astrachan
Citron d'Hiver *siehe* Winterzitronenapfel

Claygate Parmäne

Doppelname: Claygate Pearmain

Sehr gute Tafel-, gute Wirtschaftsfrucht. Genussreife ab Anfang Dezember. Haltbarkeit bis März. Mittelgroßer, rundlich-kegelförmiger, nicht ganz gleichmäßig gebauter Apfel. Einsenkungen ziemlich tief. Fruchtschale teils glatt, teils fein rau. Schalenfarbe grünlich, später grünlichgelb bis fast goldgelb. Sonnenseite leicht gerötet und wenig auffällig gestreift. Punkte mitteldick, oft eckig, bräunlich. Anflüge von Rost häufig. Geruch schwach. Fruchtfleisch gelblichweiß, fein, saftig, renettenartig gewürzt. Etwas vorherrschende Säure, ziemlich süß.

Cleopatra

Die Sorte entstand 1817 in Nordamerika.
Doppelname: Ortley, Handelsbezeichnung: Cleo

Winterapfel. Die Frucht ist mittelgroß, druckempfindlich. Schalenfarbe weißlichgrün bis hellgelb. Geschmack unharmonisch, ohne Aroma.

Clivia

Müncheberger Züchtung aus 'Geheimrat Dr. Oldenburg' und 'Cox' Orangenrenette'.

Frucht: Sehr guter Tafel-, brauchbarer Wirtschaftsapfel. Pflückreife ist ab Mitte Oktober. Genussreife ab Dezember. Lagerfähigkeit bis April. Kleine bis mittelgroße, rundliche Frucht mit breiten, aber flachen Wülsten. Fruchtschale glatt, fettig bis schmierig. Farbe grünlichgelb. Sonnenseite gelblichrot bis rotbraun, teilweise gestreift. Netzartiger Rost häufig. Fruchtfleisch gelblichweiß, fein, saftig, süß, schwache Säure, edelaromatisch.
Baum: Wuchs sehr schwach. Nur für niedere Erziehungsformen geeignet. Krone klein, rund. Trieb muß durch jährlich starke Rückschnitte gefördert werden. Ertrag mittelspät einsetzend, dann regelmäßig. Je nach Standort unterschiedliche Erntemengen und Qualitäten. Anbau nur auf guten, nährstoffreichen Böden. Zu nasse und zu trockene Standorte sind ungeeignet.

Clochard *siehe* Renette von Clochard

Close

Die Sorte entstand als Zufallssämling in Arlington, USA.

Ein Frühapfel für den sofortigen Verzehr. Reifezeit Anfang Juli, also 1-2 Wochen vor dem 'Klarapfel'. Haltbarkeit gering. Die Frucht ist groß, walzenförmig und ziemlich unregelmäßig gebaut. Typisch ist die starke Neigung zur Nasenbildung am Stiel. Die Fruchtschale färbt sich kurz vor der Reife auf der Sonnenseite leuchtend rot aus. Fruchtfleisch ziemlich weich. Ausgereifte Früchte fallen alsbald ab. Deshalb ist der Anbau nur im Hausgarten empfehlenswert.

Cludius Borsdorfer

Doppelname: Cludius Grüner Borsdorfer

Sehr guter Tafel- und Wirtschaftsapfel. Genussreife ab Januar. Haltbarkeit bis Juni. Mittelgroßer, abgestumpft kegelförmiger bis rundlicher, nicht ganz gleichmäßig gebauter Apfel. Einsenkungen mitteltief zwischen flachen Falten. Fruchtschale glatt, glänzend, hellgrün, später grünlichgelb bis hellgelb. Sonnenseits oft gerötet mit undeutlichen Streifen. Schalenpunkte fein, braun. Manchmal kleine Anflüge von Rost, in seltenen Fällen Warzen. Geruch ausgeprägt. Fruchtfleisch gelblichweiß, fest, später ziemlich mürbe. Ausreichend saftig, gewürzt, wenig Säure und Zucker.

Cludius d'Automne *siehe* Cludius Herbstapfel
Cludius Früher Weißer Spitzapfel *siehe* Cludius Herbstapfel
Cludius Grüner Borsdorfer *siehe* Cludius Borsdorfer

Cludius Herbstapfel

Cludius Herbstapfel

Doppelnamen: Cludius Früher Weißer Spitzapfel; Cludius d'Automne

Frucht: Großer, flachrunder, meist ziemlich unregelmäßig gebauter Apfel. Flach verlaufende, ungleiche Rippen. Fruchtschale glatt, fast geschmeidig, hellgrün, später hell gelblichgrün. Schalenpunkte sind häufig, fein, braun. Geruch schwach. Fruchtfleisch weiß, ziemlich fein, mürbe, saftig, angenehm rosenapfelartig gewürzt. Milde Säure.
Baum: Wachstum mittelstark. Erträge regelmäßig. Etwas anfällig für Mehltau.

Cludius Sommerapfel

Doppelname: Cludius Sommer-Quittenapfel

Mittelgroße, abgestumpft rundliche, gleichmäßig gebaute Frucht. Fruchtschale glatt, etwas geschmeidig, glänzend, hellgelb, später lebhaft gelb. Sonnenseite goldiger, manchmal leicht gerötet. Schalenpunkte fein, bräunlich. Manchmal Anflüge von Rost. Geruch schwach. Fruchtfleisch gelblichweiß, fein, mürbe, saftig, renettenartig gewürzt. Etwas vorherrschende, aber angenehme Säure.

Coastress *siehe* Luxemburger Renette
Cockle-Pippin *siehe* Hahnenpepping
Codlin de Mank *siehe* Manks Apfel
Codlin Hollandais *siehe* Holländischer Küchenapfel
Coing de Credé *siehe* Credes Quittenrenette

Coinskys Gestreifter Rambur

Guter Tafel-, sehr guter Wirtschaftsapfel. Genussreife ab Ende November. Haltbarkeit bis Anfang Februar. Großer, flachrunder, meist etwas ungleichmäßig gebauter Apfel. Rippen flach und ungleich. Fruchtschale glatt, geschmeidig, etwas fettig, gelblichgrün bis hellgelb. Sonnenseite rot gestreift. Punkte zahlreich, mitteldick, braun. Der Geruch fehlt oder ist sehr schwach. Das Fruchtfleisch ist fast weiß, ziemlich fein, saftig, nicht merklich gewürzt. Vorherrschende, jedoch milde und angenehme Säure, wenig süß.

Collins *siehe* Champion
Comptoirapfel *siehe* Geflammter Kardinal

Conell Red Fireside

Die Mutation der amerikanischen Sorte 'Fireside' wurde 1949 entdeckt.

Frucht mittelgroß bis groß. Fruchtschale grün, Deckfarbe wenig ausgeprägt. Das Fruchtfleisch bleibt geschmacklich unbefriedigend. Die in den USA günstig beurteilte Sorte kann hier nicht überzeugen, da die klimatischen Voraussetzungen die volle Entwicklung nicht zuzulassen scheinen.

Corail *siehe* Kaiser Alexander

Cornelis Hausapfel

Doppelname: Cornelis Gestreifter Hausapfel

Noch brauchbarer Tafelapfel, sehr guter Wirtschaftsapfel. Genussreife ab Ende Dezember. Haltbarkeit bis Juni. Kleine bis mittelgroße, abgestumpft eiförmige, gleichmäßig gebaute Frucht. Fruchtschale mattglänzend, hellgrün, später grünlichgelb bis gelb. Sonnenseite leicht gerötet. Deutlich dunkelrot gestreift, oft über die ganze Frucht. Schalenpunkte fein bis mitteldick, bräunlich. Bei einzelnen Früchten leichter Anflug von Rost. Geruch kaum merklich. Fruchtfleisch fast weiß, ziemlich fein, erst etwas fest, später markig bis mürbe. Mäßig saftig, nicht deutlich gewürzt. Wenig Säure, etwas vorherrschend süß.

Cornish Gilliflower *siehe* Cornwalliser Nelkenapfel

Cornish Aromatic

Sehr alte englische Sorte

Lagerfähiger Wirtschaftsapfel. Frucht mittelgroß bis groß, kalvillartig gerippt. Fruchtschale gelblichgrün, zur Reifezeit braunrot geflammt. Starke Berostung. Fruchtfleisch hart, frisch säuerlich.

Cornish Gilliflower

Die Sorte wurde um 1800 in England entdeckt.

Lagerfähiger Wirtschaftsapfel. Frucht länglich, stark gerippt. Schalenfarbe grün, zur Reifezeit auf der Sonnenseite bräunlich gerötet. Neigung zu starker Berostung. Fruchtfleisch sehr säurereich.

Cornwalliser Nelkenapfel

Doppelnamen: Cornish Gilliflower; Calville d'Angleterre

Sehr guter Tafel- und guter Wirtschaftsapfel. Genussreife ab Dezember. Haltbarkeit bis März. Großer bis sehr großer, glockenförmiger, gleichmäßig gebauter Apfel. Deutliche, sich abfla-

Cornwalliser Nelkenapfel

chende, bis zum Stiel laufende Rippen. Querschnitt etwas kantig. Fruchtschale glatt, grün, später gelblichgrün, selten gelb. Sonnenseite gerötet, auch auf der Schattenseite deutlich gestreift. Punkte fein, mitteldick, bräunlich. Manchmal Anflüge von Rost. Geruch schwach. Fruchtfleisch gelblichgrün bis gelblichweiß, fein, erst ziemlich fest, später mürbe, fast locker. Saftig, kalvillartig gewürzt, vorherrschende, doch milde Säure, ausreichend süß.

Coronation

Coronation

Die Sorte entstand 1902 in England.

Unterschiedlich großer, abgestumpft rundlicher Apfel ohne Rippen. Fruchtschale gelb, später orangerot gefärbt, dunkelrot gefleckt und gestreift. Berostungen häufig, Rest der Fruchtschale fettig.

Cortland

Cortland

Die Sorte entstand 1898 in der Versuchsstation Geneva, New York/USA, aus einer Kreuzung von 'Ben Davis' x 'McIntosh'.

Großer, flachrunder Apfel. Schwache Rippen flach über die Frucht laufend. Fruchtschale hell gelblichgrün, später gerötet und gestreift. Schalenpunkte zahlreich. Fruchtfleisch weiß, fest, von erfrischendem Geschmack. An der Luft rasch braun werdend. Reifezeit mittelspät bis sehr spät.

Cosenza Gentile *siehe* Der Köstlichste
Cotogna *siehe* Weißer Winterkalvill

Coulons Renette

Coulons Renette (Abbildung Seite 91)

Die Sorte entstand um 1850 bei Lüttich.
Doppelname: Renette Coulon

Frucht: Sehr guter Tafel- und Wirtschaftsapfel. Baumreife ab Mitte Oktober. Genussreife ab Dezember. Haltbarkeit bis März. Großer bis sehr großer, flachrunder, ungleichmäßig gebauter Apfel mit ziemlich starken, ungleich verlaufenden Rippen. Schlechter Pollenspender. Blüte wenig frostempfindlich. Fruchtschale glatt, zum Teil fein rau, gelblichgrün. In der Reife gelb, sonnenseits goldgelb mit verwaschener Rötung und gelegentlichen Streifen. Insgesamt entsteht eine etwas düstere Farbe. Oft feine Rostanflüge. Schalenpunkte klein, braun. Geruch merklich. Fruchtfleisch gelblichweiß, ziemlich fein, erst abknackend, später mürbe. Saftig, nicht sehr stark gewürzt. Säuerlich mit ausreichender Süße, manchmal ausgesprochen süß.
Baum: Wachstum anfangs stark, dann mittelstark. Krone zunächst kugelig, dann breiter, manchmal sparrig. Zum Aufbau auf wenige Tragäste schneiden, damit die Krone licht bleibt. Vorwiegend für höhere Baumformen geeignet. Ertragsbeginn mittelfrüh, Erträge ziemlich regelmäßig. Mittlere Ansprüche an Boden und Klima. Widerstandsfähig gegen Krankheiten und Schädlinge. Auf nassen Böden krebsanfällig.

Court of Wick *siehe* Pepping von Court of Wick
Court Pendu *siehe* Königlicher Kurzstiel
Court Pendu Sanguin *siehe* Roter Kurzstiel
Courte Queue *siehe* Königlicher Kurzstiel
Cousinot *siehe* Geflammter Kardinal
Gestreifter Cousinot
Purpurroter Cousinot
Cousinotte *siehe* Gestreifte Sommercousinotte
Cousinotte Rouge Pourpre *siehe* Purpurroter Cousinot
Cox *siehe* Holsteiner Cox

Cox' Orangenrenette

Die Sorte entstand um 1830 bei London.
Doppelnamen: Cox's Orangen Pippin, Renette Orange de Cox, Russet Pippin, Verbesserte Muskatrenette
Typen: Cox' Orange, Blangstedt; Cox' Orange, Cherry; Cox' Orange, Crimson; Cox' Orange, Ottensen; Cox' Orange, Queen; Rote Cox' Orange

Frucht: Einer der besten Tafeläpfel überhaupt, der auch für die Verwertung sehr gut geeignet ist. Baumreife Anfang September bis Mitte Oktober. Genussreife ab Ende Oktober. Haltbarkeit bis März. Mittelgroße, ebenmäßig geformte Früchte mit flachen, kurzen Falten. Fruchtschale glatt, mattglänzend, grünlichgelb, später goldgelb. Sonnenseite gerötet und gestreift. Schalenpunkte fein, bräunlich. Geruch schwach.
Die Fruchtschale fühlt sich etwas rau an. Fruchtfleisch gelblichweiß, fein, abknackend, später mürbe, saftig, von sehr edlem Aroma. Bei ungünstiger, stark wechselnder Witterung werden die Früchte leicht rissig. Vor allem die größeren Früchte sind stippeempfindlich. Blüte mittelfrüh bis spät und lang anhaltend. Guter Pollenspender.
Baum: Der Baum ist sehr anspruchsvoll und benötigt für befriedigende Ertragsleistungen nährstoff- und humusreiche, ausreichend feuchte Böden in nicht frostgefährdeter Lage. Der Wuchs mittelstark bis schwach. Besonders im Hauptertragsstadium ist ein regelmäßiger

Cox' Orangenrenette

Überwachungsschnitt empfehlenswert. Vorwiegend für kleinere Baumformen geeignet. Der Ertrag setzt früh ein, ist regelmäßig, wenn auch nicht besonders hoch. Das Holz ist frostempfindlich. Daher Standorte mit schlechter Holzausreife vermeiden. Empfindlich für Kali- und Magnesiummangel. Frucht und Baum sind anfällig für Krankheiten und Schädlinge, was umfangreichen Pflegeaufwand erfordert. Die Sorte wird von Wühlmäusen bevorzugt.

Cox' Orange Pippin *siehe* Cox' Orangenrenette

Cox' Pomona

Cox' Pomona

Die Sorte wurde von Cox in England aus Samen gezogen.
Doppelnamen: Falscher Roter Gravensteiner; Fearn's Apple; Hills Seedling; Red Ingestrie; Redleaf Russet

Frucht: Brauchbarer Tafel-, aber sehr guter Wirtschaftsapfel. Baumreife ab Ende September. Genussreife ab Oktober. Haltbarkeit bis Januar und länger. Sehr großer, flachrunder, etwas ungleichmäßig gebauter Apfel. Starke Rippen laufen breit und ungleich über die Frucht. Blüte mittelfrüh und wenig empfindlich. Fruchtschale grünlich, später grünlichgelb. Sonnenseite gerötet und gestreift. Sehr schöne Fruchtfärbung, jedoch von den Standortverhältnissen abhängig. Schalenpunkte zahlreich und fein. Geruch wenig ausgeprägt. Fruchtfleisch grünlich bis gelblichweiß, halbfein, sehr saftig, wenig gewürzt. Vorherrschende, milde Säure, ausreichend süß. Geschmack wenig edel, bei guten Standortverhältnissen aber befriedigend.
Baum: Wuchs mittelstark bis stark. Für alle Stammformen geeignet. Ertrag mittelfrüh, reichlich und regelmäßig. Anbau nur auf warmen, guten Böden empfehlenswert bei genügend Feuchtigkeit. Für schwere und sehr feuchte Böden nicht geeignet. In sonnigen und etwas windgeschützten Lagen in Höhen bis 900 m anbaufähig. Widerstandsfähig gegen Krankheiten und Schädlinge.

Crab *siehe* Sibirischer Holzapfel

Crandall

Die Sorte entstand 1914 aus einer Kreuzung von 'Rome Beauty' x 'Jonathan' in Illinois, USA. Sie kam aber erst 1952 in den Handel.

Frucht mittelgroß, Schalenfarbe grünlichgelb, zur Reifezeit braunrot geflammt. Anbauerfahrungen liegen kaum vor.

Credes Blutroter Wintertäubling *siehe* Credes Taubenapfel

Credes Qittenerenette

Credes Quittenrenette

Sehr guter Tafel- und Wirtschaftsapfel. Genussreife ab Anfang Dezember. Haltbarkeit bis Ende Februar. Mittelgroßer, rundlicher, gleichmäßig gebauter Apfel. Schale glatt, mattglänzend, hellgrün, später grünlichgelb bis gelb. Schalenpunkte fein bis mitteldick, bräunlich. Anflüge von Rost selten. Der Geruch ist ziemlich kräftig. Fruchtfleisch gelblichweiß, fein, erst etwas fest, später markig bis mürbe und saftig. Angenehm, an Quitten erinnernd gewürzt. Kräftige Säure, aber auch ziemlich süß.

Credes Taubenapfel

Doppelnamen: Credes Blutroter Wintertäubling; Pigeonnet Credé

Guter Tafel-, sehr guter Wirtschaftsapfel. Genussreife ab Januar. Haltbarkeit bis Juni. Kleiner, abgestumpft eiförmiger, gleichmäßig gebauter Apfel. Flach verlaufende Rippen. Schale etwas fettig, glänzend, hellgrün, später hellgelb. Sonnenseite kräftig gerötet. Punkte zahlreich, sehr fein, gelblich. Geruch fehlt. Das Fruchtfleisch ist weiß, fein, erst fest, später markig und ziemlich zart, saftig. Etwas rosenapfelartig oder bittermandelartig gewürzt. Vorherrschende milde Säure, ausreichend süß.

Creo (Keine Sortenbeschreibung)

Crimson Beauty

Crimson Beauty

Doppelname: Early Red Bird

Ein Frühapfel, der Anfang Juli, also noch vor dem 'Klarapfel' reift. Sobald sich die Früchte ausfärben, beginnen sie auch schon zu fallen. Grundfarbe grün, zur Reifezeit gestreift, bei intensiver Sonneneinstrahlung auch gerötet. Fruchtfleisch weich, säuerlich, ohne nennenswertes Aroma. Erträge gering bis mittelhoch, jedoch regelmäßig. Nur für den Hausgarten geeignet.

Crispin *siehe* Mutsu
Croncels *siehe* Apfel von Croncels

Crossener Rosenstreifling

Frucht: Sehr guter Tafel- und Wirtschaftsapfel. Genussreife ist ab November. Haltbarkeit bis März. Mittelgroßer, abgestumpft rundlicher, regelmäßig gebauter Apfel. Fruchtschale fein, geschmeidig, erst hellgrün, später hellgelb. Fast die ganze Frucht ist gerötet und gestreift. Schalenpunkte fein, nur in der Rötung deutlich, ebenso kleine Rostflecken. Der Geruch ist angenehm und stark. Fruchtfleisch weiß, mit grünlicher Kernhausader, fein, etwas gewürzt, angenehm säuerlichsüß.
Baum: Kräftiger Wuchs, breitkronig. Für alle Erziehungsformen geeignet. Ertrag früh und reich. Nur geringe Ansprüche an die Bodenqualität.

D

Damason *siehe* Renette von Damason

Dame de Fauquemont

Sehr anspruchsvolle, große Wintertafelsorte. Geschmack gut gewürzt. Haltbarkeit bis März. Der Baum wächst sparrig und schwach. Er leidet sehr unter Schorf.

Dänemark *siehe* Golden Delicious

Danziger Kantapfel

Eine sehr alte Sorte, die aus Deutschland oder Holland stammt.
Doppelnamen: Beutlebener Rosenapfel; Calviner; Erdbeerapfel; Florentinerapfel; Himbeerapfel (Baden, Hessen, Bayern); Kantapfel; Lorenzapfel; Mainapfel; Paradiesapfel (Elsaß); Rosenapfel; Rosenhäger; Roter Apolloapfel; Roter Kantapfel; Roter Kardinal; Roter Liebesapfel; Schwäbischer Rosenapfel (Württemberg); Tiefbutz

Frucht: Hervorragender Tafel- und Wirtschaftsapfel. Baum- und Genussreife Mitte Oktober. Haltbarkeit bis Januar. Mittelgroßer, runder, nicht ganz gleichmäßig gebauter Apfel mit ausgeprägten, jedoch flach verlaufenden Rippen. Querschnitt mehr oder weniger kantig. Typisch ist eine scharfe Naht auf der einen Fruchthälfte. Fruchtschale wie mit einer glänzenden Fettschicht überzogen, dadurch sehr gut lagerfähig. Wegen der Druckempfindlichkeit ist jedoch eine sorgfältige Ernte notwendig. Grundfarbe hellgrün, später grünlichgelb. Zur Reifezeit kräftig gerötet und nicht oder nur undeutlich gestreift. Wenige feine, bräunliche Punkte. Geruch ausgeprägt. Das Fruchtfleisch ist grünlichgelb bis gelblichweiß, fein, markig bis mürbe,

Danziger Kantapfel

saftig und angenehm rosenapfelartig gewürzt. Milde Säure bei ausreichender Süße. Die Blüte beginnt spät und ist von langer Dauer. Durch die großen, rosagefärbten Blüten sehr zierend. Gegen Kälte und Nässe unempfindlich. Guter Pollenspender.
Baum: Der Danziger Kantapfel gehört zu den anspruchslosen Sorten. Für raue Höhenlagen noch gut geeignet. Gedeiht auf allen Böden. Unbefriedigende Ergebnisse nur auf trockenem Sandboden. Im Jugendstadium nicht sehr kräftig wachsend, später Ausbildung großer Kronen. Erziehungsformen vorwiegend Halbstamm und Hochstamm. Ertrag spät einsetzend, dann regelmäßig. Da die oft unterschiedlich großen Früchte beim Selbstversorgeranbau nicht stören, eine vor allem wegen ihrer langen Genussreife empfehlenswerte Sorte.

Darnapfel *siehe* Daruapfel
Daru-Alma *siehe* Daruapfel

Daruapfel

Daruapfel (Abbildung Seite 97)

Doppelnamen: Daru-Alma; Darnapfel

Sehr guter Tafel- und Wirtschaftsapfel. Genussreife ab November. Haltbarkeit bis Februar. Mittelgroßer, flachrunder bis rundlicher, gleichmäßig gebauter Apfel. Fruchtschale geschmeidig, grünlich, später grünlichgelb bis gelb. Zur Reifezeit dunkelrote Deckfarbe, auf der Schattenseite manchmal leicht gestreift. Wenige feine, hellbraune Punkte. Anflüge von Rost nur selten. Geruch schwach. Fruchtfleisch gelblichweiß, fein, saftig, etwas gewürzt, milde Säure, ausreichend süß.

Dauerapfel *siehe* Vaduzer Dauerapfel

Dauerapfel aus Brödlauken

Ausgezeichneter Wirtschaftsapfel, für den Frischverzehr jedoch nur bedingt brauchbar. Genussreife ab Anfang April. Haltbarkeit bis August. Mittelgroßer, eiwalzenförmiger, gleichmäßig gebauter Apfel. Fruchtschale matt glänzend, grün, später zitronengelb. Sonnenseite etwas gerötet und leicht gestreift. Punkte fein, braun, in der Rötung oft hell umflossen. Kein Geruch. Fruchtfleisch gelblichweiß, ziemlich fein, fest bis markig, wenig saftig, nur undeutlich gewürzt. Vorherrschende, aber nicht scharfe Säure, wenig Zucker.

Deaks Graue Renette

Sehr gute Tafel- und Wirtschaftsfrucht. Genussreife ab Januar. Haltbarkeit bis März. Die Frucht ist mittelgroß bis groß. Grundfarbe grünlichgelb, Kelchhälfte mit feinem Rost überzogen. Fruchtfleisch fein, saftig, mürbe, von süßweinigem Geschmack. Baum stark und gesund wachsend, ziemlich ertragreich.

Deans Codlin *siehe* Cox' Pomona
Deans Küchenapfel

Deans Küchenapfel

Deans Küchenapfel (Abbildung Seite 98)

Die Sorte entstand um 1870 in England.
Doppelname: Deans Codlin

Frucht: Sehr guter Wirtschaftsapfel. Verwertung ab Dezember. Haltbarkeit bis in den März. Sehr großer, rundlicher bis flachrunder, ziemlich gleichmäßig gebauter Apfel. Fruchtschale geschmeidig, grün, später gelblichgrün. Wenige, bräunliche Punkte. Nur selten Andeutungen von Rost. Geruch ausgeprägt. Fruchtfleisch grünlichweiß, etwas grob, ziemlich mürbe, saftig, nicht gewürzt. Ausgeprägte Säure, wenig süß.
Baum: Die Sorte stellt an den Boden keine Ansprüche und gedeiht auch noch in raueren Lagen. Wuchs in der Jugend schwächer, später stärker werdend. Regelmäßige Auslichtungsschnitte werden notwendig, damit die Krone nicht zu dicht wird. Der Ertrag setzt früh ein, ist sehr hoch und regelmäßig, deshalb ist der Baum auch nicht langlebig. Vorwiegend für höhere Erziehungsformen. Etwas anfällig für Fruchtfäule und Spitzendürre. Dennoch eine empfehlenswerte, wichtige Wirtschaftssorte, besonders für den Hausgarten. Gebietsweise eine der wertvollsten Wirtschaftsäpfel.

Dechant Giesbergs Goldpepping

Dechant Giesbergs Goldpepping

Frucht: Sehr guter Tafel-, brauchbarer Wirtschaftsapfel. Genussreife ab Dezember. Haltbarkeit bis März. Kleiner bis mittelgroßer, abgestumpft rundlicher, gleichmäßig gebauter Apfel. Fruchtschale meistens glatt, glänzend, grünlichgelb, später lebhaft gelb bis goldgelb. Punkte zahlreich, fein bis mitteldick, zum Teil eckig, hellbraun. Manchmal leichte Anflüge von Rost. Geruch schwach. Fruchtfleisch gelblichweiß, fein, abknackend, ziemlich saftig. Renettenartig, an Ananas erinnernd gewürzt, mit vorherrschender Säure und ausreichender Süße. Neigt auf dem Lager zum Welken.
Baum: Kräftiger, gleichmäßiger Wuchs. Ertrag sehr reich. Anspruchslos gegenüber Boden und Lage. Unempfindlich für Krankheiten und Schädlinge.

Degeers Renette

Degeers Renette

Doppelname: Reinette de Geer

Sehr guter Tafel- und Wirtschaftsapfel. Genussreife ab Ende November. Haltbarkeit bis Anfang März. Großer, stark abgestumpft rundlicher, gleichmäßig gebauter Apfel. Einsenkungen und Falten schwach ausgebildet. Fruchtschale glatt, gelblichgrün, später gelb. Wenige feine, bräunliche Punkte. Häufig feine Roststreifen. Kein Geruch. Fruchtfleisch gelblichweiß, fein, etwas abknackend bis mürbe, saftig, gewürzt. Etwas vorherrschende Säure, ausreichend süß.

Deggendorfer Frauenapfel (Lokalsorte in Niederbayern, keine Sortenbeschreibung)

De Jonghes Rosenapfel

Sehr guter Tafel- und Wirtschaftsapfel. Genussreife ist ab Dezember. Haltbarkeit bis März. Kleiner bis mittelgroßer, stark abgestumpft rundlicher, gleichmäßig gebauter Apfel. Fruchtrippen nur wenig ausgeprägt. Fruchtschale etwas fettig und glänzend, grünlichgelb, später gelb. Sonnenseite kräftig gerötet und undeutlich gestreift. Nur wenige feine, gelblichbraune Punkte, die in der Rötung als gelbliche Tupfen erscheinen. Geruch ausgeprägt. Fruchtfleisch weiß, fein, erst etwas abknackend, später mürbe. Saftig, rosenapfelartig gewürzt. Ausgeprägte Säure bei hohem Zuckergehalt.

Delaage

Sehr guter Tafel- und Wirtschaftsapfel. Genussreife ab Dezember. Haltbarkeit bis März. Mittelgroßer bis großer, abgestumpft rundlicher, fast gleichmäßig gebauter Apfel. Tiefe Einsenkungen zwischen flach über die Frucht laufenden Rippen. Fruchtschale glatt, grünlichgelb, später gelb. Sonnenseite häufig goldiger mit rötlichem Anflug. Punkte ziemlich groß, auch eckig, braun. Geruch schwach. Fruchtfleisch gelblichweiß, fein, markig bis mürbe, saftreich, quittenartig, aber nicht stark gewürzt. Ausgewogenes Verhältnis zwischen Säure und Zucker.

Delbard Jubilé

Neuzüchtung aus Frankreich

Tafelapfel der neuen Aromagruppe. Genussreife ab Ende Oktober, Haltbarkeit reicht bis Ende Januar. Früchte groß, konisch. Fruchtschale zur Reifezeit leuchtend rot gefärbt. Fruchtfleisch aromatisch, knackig. Der Baum wächst stark und verzweigt sich gut. Blühwillig, Fruchtansatz reich und regelmäßig. Sehr widerstandsfähig gegen Schorf. Vorwiegend empfohlen für den Intensivanbau.

Delbarestivale

Delbarestivale

Französische Sorte, Züchter G. Delbard, Malicorne. Die Sorte entstand aus 'Stark Jon Grimes Golden' x 'Golden Delicious'.

Einer der besten Frühäpfel. Die Frucht ist mittelgroß bis groß, hochrund, mit kräftigen Rippen und Kanten. Schalenpunkte ausgeprägt. Grundfarbe grünlichgelb, zur Reifezeit auf der Sonnenseite kräftig gerötet und gestreift. Eine ausgesprochene Frühsorte aus der Aromagruppe. Reifezeit ab Mitte August. Die Haltbarkeit ist für eine Frühsorte ungewöhnlich lang, sie beträgt etwa 2 Monate. Sehr guter Tafelapfel mit frischem Geschmack. Als Wirtschaftsapfel ungeeignet. Nur für niedrige Erziehungsformen. Der Baum trägt frühzeitig und reich.

Delicious *siehe* Golden Delicious
Der Ausgezeichnetste *siehe* Der Köstlichste

Der Köstlichste

Der Köstlichste

Die Sorte stammt aus Italien.
Doppelnamen: Cosenza Gentile; Der Ausgezeichnetste; Köstlicher; Köstlichster von Zallinger, Napoleon Carla Cosenza; Zallinger Apfel

Frucht: Ausgezeichneter Tafel-, noch brauchbarer Wirtschaftsapfel. Baumreife Mitte September. Genussreife ab Oktober. Haltbarkeit bis März. Mittelgroßer, abgestumpft rundlicher, fast gleichmäßig gebauter Apfel. Fruchtschale glatt und glänzend, aber nicht fettig. Grundfarbe grünlich, später strohgelb, zur Reifezeit intensiv gerötet. Punkte zahlreich, klein, gelblich. Keine Rostbildung. Geruch sehr schwach. Fruchtfleisch weiß, fein, erst etwas fest, später sehr zart und mürbe, saftig. Sehr edel gewürzt, sortentypisches Aroma. Vorherrschende, sehr angenehme Säure, die für manchen Geschmack noch ausgeprägter sein dürfte.
Baum: Mittelstarker Wuchs, aufrechter Kronenbau. In der Jugend nur wenig Rückschnitt erforderlich. Für alle Erziehungsformen geeignet. Die Sorte stellt an den Boden nur geringe Ansprüche, muss aber gut ernährt werden. Für warme und wegen der geringen Windfestigkeit der Früchte geschützte Lagen. Die frühe Blüte ist gegen Nässe und Frost empfindlich. Der Ertrag setzt mittelfrüh bis spät ein und ist dann regelmäßig und ziemlich hoch. In feuchterem Klima schorfempfindlich. Die Früchte werden von der Obstmade bevorzugt.

Der Leckerbissen

Doppelnamen: Leckerbeetje; Friandise

Sehr guter Tafel-, guter Wirtschaftsapfel. Genussreife ab Dezember. Haltbarkeit bis in den April. Kleiner bis mittelgroßer, lang-eiförmiger, etwas ungleich gebauter Apfel. Fruchtschale fast immer von zimtfarbigem Rost bedeckt. Freie Stellen sind glatt und etwas glänzend. Schalenfarbe hellgrün, später hellgelb. Sonnenseite dunkler, Schattenseite heller gerötet. Nicht oder nur undeutlich gestreift. Wenige feine, gelblichbraune Punkte. Auf dem Lager Neigung zum Welken. Geruch schwach. Das Fruchtfleisch ist gelblich, fein, fest, später markig, saftig, etwas zimtartig gewürzt. Vorherrschende kräftige Säure bei hohem Zuckergehalt.

Der Schwere Apfel

Doppelname: Swaar

Sehr guter Tafel- und Wirtschaftsapfel. Genussreife ab Ende Dezember. Haltbarkeit bis März. Mittelgroßer bis großer, flachrunder, meist gleichmäßig gebauter Apfel. Rippen nur schwach ausgeprägt. Fruchtschale glatt, wenig glänzend, gelblichgrün, später grünlichgelb bis hellgelb. Sonnenseite goldig, manchmal mit leichter Rötung. Punkte fein bis mitteldick, graubraun. Manchmal Anflüge von Rost. Geruch ziemlich schwach. Fruchtfleisch gelblichweiß, markig bis mürbe, saftig, merklich, aber nicht stark gewürzt. Etwas vorherrschende Säure bei ausreichend hohem Zuckergehalt. Fruchtfleisch mit ausgeprägtem Geruch.

Deutsche Goldrenette

Doppelnamen: Christs Deutsche Goldrenette; Christs Goldrenette

Sehr guter Tafel- und Wirtschaftsapfel. Genussreife ab Dezember. Haltbarkeit bis in den April. Kleiner bis mittelgroßer, abgestumpft rundlicher, ziemlich gleichmäßig gebauter Apfel. Fruchtschale glatt, glänzend, grünlichgelb, später goldgelb. Sonnenseite gelblichrot bis kräftig rot. Punkte zahlreich, mitteldick, oft eckig, hellbraun. Feiner schuppiger Rost deckt einen unterschiedlich großen Teil der Frucht. Auf dem Lager nur wenig welkend. Geruch sehr schwach. Fruchtfleisch gelblichweiß, fein, fest, später zart und mürbe, genügend saftig. Starke und angenehme Würze, feine Säure, etwas vorherrschender Zuckeranteil.

Deutsche Goldrenette *siehe* Große Kasseler Renette
Deutsche Mignonne *siehe* Große Kasseler Renette

Deutscher Goldpepping (Abbildung Seite 104)

Die Sorte ist vermutlich nicht in Deutschland entstanden, war jedoch schon um 1850 weit verbreitet und gut bekannt.
Doppelnamen: Allemand; Herrenhäuser Deutscher Pepping; Hoyaischer Goldpepping; Pepin d'Or Allemand; Pomme d'Or d'Allemagne; Von Duvens Nonpareil

Frucht: Ausgezeichneter Tafel- und sehr guter Wirtschaftsapfel. Baumreife ab Mitte Oktober. Genussreife ab Anfang Januar. Haltbarkeit bis April. Kleiner, höchstens mittelgroßer, abgestumpft rundlicher, gleichmäßig gebauter Apfel. Fruchtschale teils glatt, teils fein aufgeraut. Mattglänzend, grünlichgelb, später lebhaft gelb. Sonnenseits goldiger, manchmal leicht gerötet. Punkte zahlreich, fein bis mitteldick, braun. Häufig Anflüge von hellem Rost, vor allem um die Stiel- und Kelchwölbung. Bei später Ernte welkt die Frucht auf dem Lager nicht. Geruch sehr schwach. Fruchtfleisch hellgelb, ziemlich fest, später zart, saftig. Edel renettenartig gewürzt. Deutliche Säure, aber vorherrschend süß.

Deutscher Goldpepping

Baum: Der Baum wächst mittelstark und aufrecht, wird aber nicht sehr groß. Die Zweige erfordern nur wenig Rückschnitt. Erziehung als Busch, Halb- und Hochstamm. Der Baum verlangt einen guten Apfelboden in geschützter Lage bei guter Ernährung. Die Erträge sind sehr gut, sie setzen früh bis mittelfrüh ein und sind regelmäßig. Die Frucht sitzt fest am Baum. Sehr widerstandsfähig gegen Krankheiten und Schädlinge. Da die edle Frucht ziemlich klein bleibt, nur für den privaten Anbau empfehlenswert.

Deutscher Grünling

Deutscher Grünling

Brauchbarer Tafel-, sehr guter Wirtschaftsapfel. Genussreife ab November. Haltbarkeit bis Ende Januar. Großer bis sehr großer, hochgebauter bis glockenförmiger, etwas ungleich gebauter Apfel. Fruchtschale glatt, etwas geschmeidig, mattglänzend, dunkel, später heller gelblichgrün. An der Sonnenseite manchmal mit leicht rötlichem Anflug. Punkte zahlreich, fein, braun. Geruch schwach. Fruchtfleisch grünlich bis grüngelblich, ziemlich fein, mürbe, saftig, ohne Würze. Vorherrschende, angenehme Säure, nur wenig süß.

Deutscher Kalvill *siehe* London Pepping
Deutsche Schafsnase *siehe* Rheinische Schafsnase
Devonshire *siehe* Herzog von Devonshire
Dickstiel *siehe* Krügers Dickstiel

Diels Barceloner Parmäne

Doppelname: Barceloner Parmäne

Recht guter Tafel-, sehr guter Wirtschaftsapfel. Genussreife ab Januar. Haltbarkeit bis Juni. Kleiner bis mittelgroßer, abgestumpft rundlicher, ziemlich gleichmäßig gebauter Apfel. Fruchtschale glatt, wenig geschmeidig, mattglänzend, hellgrün, später grünlichgelb bis hellgelb. Sonnenseite unerschiedlich stark gerötet. Punkte fein, in der Rötung hell erscheinend. Häufig Anflüge von Rost, auch Warzen. Welkt auf dem Lager nur wenig. Geruch fehlt. Fruchtfleisch hellgelb bis grünlichgelb, fein, fest, später fast mürbe, saftig. Schwach renettenartig gewürzt, vorherrschende Säure, nicht sehr süß.

Diels Große Englische Renette

Doppelname: Große Englische Renette

Brauchbarer Tafel-, aber sehr guter Wirtschaftsapfel. Genussreife ab Dezember, Haltbarkeit bis in den April. Mittelgroßer, unterschiedlich stark abgestumpfter, eiförmiger, ziemlich ungleich gebauter Apfel. Rippen flach ausgebildet. Fruchtschale glatt, etwas glänzend, grünlichgelb, später gelb. Sonnenseite goldig, manchmal bräunlichrot. Punkte sind fein, braun. Manchmal Anflüge von Rost. Geruch ist schwach. Fruchtfleisch gelblichweiß, fein, mürbe, fast etwas locker, saftig, schwach gewürzt. Vorherrschende angenehme Säure, nur wenig süß.

Diels Renette

Doppelname: Downing Renette

Brauchbarer Tafel-, sehr guter Wirtschaftsapfel. Genussreife ab Dezember. Haltbarkeit bis März. Mittelgroßer, flachrunder, ziemlich ungleichmäßig gebauter Apfel. Fruchtschale durch die Punkte fein rau. Hellgrün, später grünlichgelb bis gelb. Sonnenseite goldiger, manchmal leicht gerötet. Punkte zahlreich, mitteldick bis dick, auch eckig, graubraun. Geruch schwach. Fruchtfleisch deutlich gelb bis gelblichweiß, fein, etwas fest, später markig. Renettenartig gewürzt, weinig, ausreichend süß.

Diels Sommerkönig *siehe* Gravensteiner

Dietzer Goldrenette

Doppelnamen: Dietzer Wintergoldrenette; Reinette de Dietz

Hervorragender Tafel-, sehr guter Wirtschaftsapfel. Genussreife ab Anfang Januar. Haltbarkeit bis April. Kleiner bis mittelgroßer, flachrunder, fast gleichmäßig gebauter Apfel. Fruchtschale teils glatt, teils fein rau durch leichte Anflüge von Rost, manchmal auch Warzen. Grundfarbe ist hellgelb, später goldgelb. Sonnenseite gerötet und wenig, aber deutlich gestreift. Punkte zahlreich, fein bis mitteldick, auch eckig, braun. Geruch kaum merklich. Das Fruchtfleisch ist gelblich, sehr fein, erst etwas fest, später ziemlich mürbe, saftig. Edel zimtartig gewürzt. Etwas vorherrschende, sehr angenehme Säure bei hohem Zuckergehalt.

Dietzer Mandelrenette *siehe* Mandelrenette
Dietzer Rote Mandelrenette *siehe* Mandelrenette
Dietzer Wintergoldrenette *siehe* Dietzer Goldrenette
Dippedalle *siehe* Renette von Dippedalle

Discovery

Discovery

Englische Sorte, entstanden aus 'Schöner von Bath' x 'Worcester Pearmain'. Seit 1964 verbreitet.

Frucht: Ausgezeichneter Sommerapfel für den Frischverzehr. Genussreife ab Mitte August. Haltbar bis Mitte Oktober. Kleine bis mittelgroße, flachrunde Frucht. Fruchtschale gelblichgrün mit orangeroter Deckfarbe. Fruchtfleisch weiß, fest, mäßig saftig, säuerlich mit reichlich Zucker und kräftiger Würze, reich an Vitamin C. Die Früchte neigen zum Aufreißen.
Baum: Wuchs schwach bis mittelstark. Für alle Erziehungsformen geeignet. Bodenansprüche durchschnittlich. Für nährstoffreiche, durchlässige Böden, nicht für raue Frostlagen. Ertrag nur mittelstark, manchmal gering. Geringe Neigung zur Stippe. Junge Triebe müssen regelmäßig zurückgeschnitten werden. Eine empfehlenswerte Frühsorte für den Hausgarten.

Dithmarscher Paradiesapfel

Eine alte Sorte, die wahrscheinlich vom 'Prinzenapfel' abstammt.

Frucht: Sehr guter Tafel- und Wirtschaftsapfel. Genussreife ab Ende September, Haltbarkeit bis Dezember. Frucht mittelgroß bis groß, abgestumpft rund. Fruchtschale grünlichweiß, auf der Sonnenseite kräftig, auf der Schattenseite weniger ausgeprägt rot gestreift. Fruchtfleisch weiß, sehr saftig, mäßig süß, von angenehm würzigem Geschmack.
Baum: Der Baum wächst kräftig und bildet eine schöne, breite Krone. Widerstandsfähig gegen raueres Klima, aber nur bei guten Bodenverhältnissen. Ertragsbeginn sehr früh, hoch und regelmäßig.

Doberaner Borsdorfer Renette

Doberaner Borsdorfer Renette

In Doberan/Mecklenburg als Sämling entstanden und seit 1898 im Handel.

Frucht: Sehr guter Tafel-, brauchbarer Wirtschaftsapfel. Genussreife ab November. Haltbarkeit bis Februar. Mittelgroßer, abgestumpft rundlicher, gleichmäßig gebauter Apfel. Fruchtschale glatt, schwach glänzend, gelblichgrün, später grünlichgelb. Zur Reifezeit kräftig gerötet. Punkte zahlreich, groß, eckig oder sternförmig, graubraun. Rostanflüge selten. Die Frucht welkt auf dem Lager nur wenig. Geruch fehlt. Fruchtfleisch grünlichweiß, später gelblichgrün, nicht bräunend, fein, fest, abknackend, genügend saftig. Edel renettenartig gewürzt, feine Säure und vorherrschend süß.

Baum: Wuchs mittelkräftig. Infolge der großen Fruchtbarkeit wird eine mehr flache Krone mit hängenden Zweigen gebildet. Die Erträge sind hoch und ziemlich regelmäßig. Da die Früchte fest sitzen, auch für windige Lagen geeignet. Widerstandsfähig gegen Schorf.

Doktor Seeligs Orangenpepping

Doktor Seeligs Orangenpepping (Abbildung Seite 107)

Ein schöner und delikater Apfel von gleichmäßigem Bau und prachtvoller goldgelber Farbe. Baum sehr gleichmäßig gebaut, Früchte wie Pomeranzen wirkend.

Dominesti *siehe* Domneschti
Dominiska *siehe* Götterapfel
Domnesc *siehe* Moldauer Taubenapfel

Domneschti

Die Sorte stammt wahrscheinlich aus Kleinasien.
Doppelname: Dominesti

Ausgesprochener Kochapfel. Verwertbarkeit erst ab Januar. Haltbarkeit bis Juni. Frucht mittelgroß. Baum breitkronig, später hängend, sehr groß werdend. In warmen Lagen neigen die Früchte zur Stippe. Trieb und Blüte wahrscheinlich nicht sehr frosthart.

Donauers Renette

Doppelname: Donauers Herbstrenette; Reinette Donauer

Recht guter Tafel-, brauchbarer Wirtschaftsapfel. Genussreife ab Anfang November. Haltbarkeit bis Januar. Kleiner bis mittelgroßer, stark abgestumpft rundlicher, ziemlich gleichmäßig gebauter Apfel. Fruchtschale glatt, etwas geschmeidig, mattglänzend, grünlichgelb, später gelblich. Sonnenseite kräftig gerötet und dunkler gestreift. Punkte fein, hell. Geruch kaum merklich. Fruchtfleisch gelblichweiß, fein, markig, ziemlich saftig. Renettenartig, aber nicht allzu stark gewürzt, vorherrschende angenehme Säure, mäßig süß.

Donnerhorster *siehe* Krügers Dickstiel

Doodapfel

Sehr guter Tafel- und Wirtschaftsapfel. Genussreife ab Dezember. Haltbarkeit bis April, großer, stark abgestumpft rundlicher bis flachrunder, oft etwas ungleichmäßig gebauter Apfel. Rippen flach über die Frucht laufend. Querschnitt nicht ganz rund. Fruchtschale glatt, etwas fettig, grünlich, später grünlichgelb. Sonnenseite häufig intensiv gelb und auch leicht gerötet. Schalenpunkte zahlreich, fein bis mitteldick, braun. Manchmal kleine Anflüge von Rost. Geruch merklich. Fruchtfleisch gelblich bis gelblichgrün, fein, saftig, fein renettenartig gewürzt. Etwas vorherrschende angenehme Säure bei hohem Zuckergehalt.

Doppelte Kasseler Renette *siehe* Große Kasseler Renette

Doppelter Boikenapfel

Sehr guter Tafel- und Wirtschaftsapfel. Haltbarkeit bis ins Frühjahr. Mittelgroßer, kalvillartiger Apfel. Fruchtschale grüngelb. Sonnenseite gerötet. Erfrischender Geschmack, saftig. Der Baum wächst kräftig. Krone breit. Ertrag mittelhoch und ziemlich regelmäßig. Widerstandsfähig gegen Krankheiten und Schädlinge.

Doppelter Borsdorfer

Sehr guter Tafel- und Wirtschaftsapfel. Genussreife ist ab Anfang November. Haltbarkeit bis

Doppelter Borsdorfer

Januar. Mittelgroßer, flachrunder, oft etwas ungleichmäßig gebauter Apfel. Fruchtschale teils glatt, teils fein rau durch kleine Überzüge von Rost. Schalenfarbe gelb bis goldgelb. Sonnenseite nicht sehr stark gerötet, manchmal von gelblichroter Farbe. Schalenpunkte fein, braun. Kleine Warzen häufig. Geruch schwach. Fruchtfleisch gelblichweiß, sehr fein, genügend saftig, edel und kräftig gewürzt. Etwas vorherrschende, sehr angenehme Säure bei hohem Zuckergehalt.

Doppelter Goldpepping

Sehr guter Tafel- und Wirtschaftsapfel. Genussreife ab Ende November. Haltbarkeit bis Anfang März. Mittelgroßer bis großer, flachrunder, gleichmäßig gebauter Apfel. Fruchtschale teils glatt, teils fein rau. Schalenfarbe gelblichgrün, später lebhaft gelb. Sonnenseite intensiver gelb, manchmal gerötet. Schalenpunkte fein bis mitteldick, graubraun. Geruch merklich. Fruchtfleisch gelblichweiß, fein, genügend saftig, nicht sehr stark gewürzt. Etwas vorherrschende Säure bei hohem Zuckergehalt.

Doppelter Härtling

Doppelter Härtling (Abbildung Seite 109)

Sehr guter Wirtschaftsapfel, der vorwiegend für die Herstellung von Apfelkraut verwendet wird. Verarbeitung ab Anfang Dezember. Haltbarkeit bis März. Mittelgroßer, abgestumpft eiförmiger, gleichmäßig gebauter Apfel. Fruchtschale glatt, etwas fettig, mattglänzend, hellgrün, später grünlichgelb bis hellgelb. Sonnenseite kräftig gerötet, Schattenseite etwas heller gefärbt und reichlich gestreift. Schalenpunkte fein, braun, auf der Sonnenseite zahlreicher, hellgelb. Kein Geruch. Fruchtfleisch gelblich bis gelblichgrün, ziemlich fein, etwas zäh, nicht sehr saftig. Wenig gewürzt, kaum Säure, hoher Zuckergehalt.

Doppelter Holländer

Doppelter Holländer

Sehr guter Tafel- und Wirtschaftsapfel. Genussreife ab Mitte November. Haltbarkeit bis Ende Januar. Mittelgroßer, abgestumpft eikegelförmiger, fast gleichmäßig gebauter Apfel. Querschnitt fast rund. Fruchtschale glatt, mattglänzend, hellgrün, später zitronengelb. Sonnenseite kaum gerötet. Schalenpunkte zahlreich, sehr fein, bräunlich. Geruch schwach. Fruchtfleisch gelblichweiß, fein, ziemlich mürbe, etwas locker, saftig, schwach gewürzt. Etwas vorherrschende, doch milde Säure bei geringerem Zuckergehalt.

Doppelter Melonenapfel

Sehr guter Wirtschaftsapfel, noch brauchbarer Tafelapfel. Verarbeitung ab Ende Oktober. Haltbarkeit bis Januar. Großer bis sehr großer, kegelwalzenförmiger, etwas ungleichmäßig gebauter Apfel. Rippen ziemlich stark und breit über die Frucht laufend. Querschnitt flachkantig. Fruchtschale glatt, hellgrün, später grünlichgelb bis hellgelb. Sonnenseite leicht gerötet und etwas gestreift. Schalenpunkte fein, braun. Geruch schwach. Fruchtfleisch weiß, grob bis halbfein, etwas locker, saftig, nicht gewürzt. Vorherrschende angenehme Säure bei geringem Zuckergehalt.

Doppelter Prinzenapfel

Doppelter Prinzenapfel

Sehr guter Wirtschaftsapfel, für die Tafel noch nutzbar. Genussreife ab November. Haltbarkeit bis März. Eine schwachwachsende Sorte, die aber gute Erträge liefert.

Doppelter Winterparadiesapfel

Sehr guter Wirtschaftsapfel. Für die Tafel wenig brauchbar. Verarbeitung ab Januar. Haltbarkeit bis Mai. Großer, abgestumpft eiförmiger, gleichmäßig gebauter Apfel. Rippen flach und wenig auffällig über die Frucht laufend. Querschnitt fast rund. Fruchtschale glatt, mattglänzend, hellgrün, später hellgelb. Zur Reifezeit meist nur um die Kelchwölbung gerötet. Schalenpunkte fein, bräunlich. Geruch ausgeprägt. Fruchtfleisch gelblichweiß, ziemlich grob und saftig, nicht gewürzt. Etwas vorherrschende Säure bei ausreichendem Zuckergehalt.

Doppelter Zwiebelapfel

Guter Tafel-, hervorragender Wirtschaftsapfel. Genussreife ab Ende Dezember. Haltbarkeit bis April. Mittelgroßer, flachrunder, fast gleichmäßig gebauter Apfel. Fruchtschale glatt, etwas fettig, hellgrün, später gelb. Sonnenseite unterschiedlich stark gerötet und meist etwas gestreift. Schalenpunkte zahlreich, mitteldick, auch eckig. Manchmal Anflüge von braunem Rost. Warzen selten. Welkt auf dem Lager nur wenig. Geruch schwach. Fruchtfleisch gelblichweiß, fein, saftig, schwach gewürzt. Vorherrschende kräftige Säure. Zuerst geringer, später ansteigender Zuckergehalt.

Dorée de Grimes *siehe* Grimes Golden
Dorée de Kew *siehe* Goldapfel von Kew

Dorpater Erdbeerapfel

Reifezeit August. Ein hervorragender Sommerapfel. Frucht mittelgroß, Wuchs stark, reichtragend.

Dörroden *siehe* Roter Herbstkalvill

Dorstadter Renette

Die Sorte wurde in Dorstadt bei Wolfenbüttel gefunden.

Hervorragender Tafel-, sehr guter Wirtschaftsapfel. Genussreife ist ab Dezember. Haltbarkeit bis März. Kleiner, abgestumpft eiförmiger, gleichmäßig gebauter Apfel. Fruchtschale fein rau durch teils schuppigen, teils feinmaschigen, zimtfarbigen, oft etwas silbern schimmernden Rost, der meist die ganze Frucht bedeckt. Grundfarbe grünlichgelb, später gelb. Sonnenseite intensiv gelb, häufig mit gelblichrotem Anflug. Schalenpunkte fein, braun. Die Frucht welkt auf dem Lager nur wenig. Geruch fehlt. Fruchtfleisch gelblichgrün, sehr fein, erst ziemlich fest, später mürbe und auch etwas schwammig werdend. Ziemlich saftig, von starker, edel renettenartiger Würze. Milde Säure bei hohem Zuckergehalt.

Double McIntosh *siehe* McIntosh, Rogers
Double Red Starking *siehe* Starking
Douce des Dames *siehe* Ladies Sweet
Douciné *siehe* Rambur von Buckingham
Doué *siehe* Renette von Doué
Downing Renette *siehe* Diels Renette

Downton Pepping

Doppelname: Pomme de Downton

Sehr guter Tafel- und Wirtschaftsapfel. Genussreife ab Dezember. Haltbarkeit bis März. Kleiner bis mittelgroßer, abgestumpft eiförmiger, gleichmäßig gebauter Apfel. Fruchtschale teils glatt, teils durch Anflüge von zartem Rost fein rau. Schalenfarbe gelb, Sonnenseite etwas goldiger, manchmal mit leicht rötlichem Anflug. Schalenpunkte fein bis mitteldick, oft etwas eckig, zimtfarben. Die Frucht welkt auf dem Lager nur wenig. Geruch schwach.Fruchtfleisch gelblichweiß, fein, saftig, renettenartig gewürzt. Vorherrschende kräftige, angenehme Säure, Zuckergehalt etwas geringer.

Drap d'Or *siehe* Goldzeugapfel

Dreers Apfel

Sehr guter Wirtschaftsapfel. Verarbeitung ab Dezember. Haltbarkeit bis April. Mittelgroßer, abgestumpft rundlich-eiförmiger, gleichmäßig gebauter Apfel. Die Fruchtschale ist glatt, hellgrün, später gelb. Sonnenseite gerötet und fein gestreift. Schalenpunkte zahlreich, fein, braun, in der Rötung mit hellem Hof. Geruch schwach. Fruchtfleisch gelblichweiß, ziemlich fein, mäßig saftig, wenig gewürzt, hoher Zuckergehalt.

Drei Jahre dauernder Mutterapfel

Sehr guter Wirtschaftsapfel. Verarbeitung ab März. Haltbarkeit ein bis zwei Jahre. Kleiner, abgestumpft rundlicher, oft nicht ganz gleichmäßig gebauter Apfel. Fruchtschale glatt, etwas fettig, grünlichgelb, später hellgelb. Sonnenseite zuweilen mit leichtem rötlichem Anflug. Schalenpunkte fein, hellbraun. Manchmal Rostflecke. Geruch fehlt. Welkt auf dem Lager nicht oder erst sehr spät. Fruchtfleisch gelblichweiß bis weiß, fein, fest, später markig, ziemlich saftig, vorherrschende kräftige Säure. Zuerst geringer, später höherer Zuckergehalt.

Drei Jahre dauernder Mutterapfel *siehe* Champagner-Renette
Drei Jahre dauernder Streifling *siehe* Roter Eiserapfel

Drüwken

Die Sorte stammt aus Deutschland.
Doppelnamen: Kleiner Herrenapfel; Träubchen; Traubenapfel

Frucht: Früher Tafelapfel. Genussreife ab September. Haltbarkeit bis Dezember. Kleine bis mittelgroße, schön geformte und gefärbte Frucht. Die Namengebung erfolgte aufgrund der büschelweise hängenden Früchte.
Baum: Wuchs eher schwach. Krone kugelförmig mit überhängenden Zweigen, mittelgroß werdend. Gesunder Wuchs. Geringe Ansprüche an Boden und Klima. Die reife Frucht wird leicht mehlig und platzt häufig.

Dubois' Schöner Rambur

Doppelname: Belle du Bois

Sehr guter Wirtschaftsapfel. Verarbeitung ab Dezember. Haltbarkeit bis März. Großer bis sehr großer, stark abgestumpft rundlicher, nicht ganz gleichmäßig gebauter Apfel. Rippen flach und oft unregelmäßig über die Frucht laufend. Querschnitt flachkantig. Fruchtschale etwas fettig, mattglänzend, grün, später grünlichgelb. Sonnenseite häufig gerötet. Schalenpunkte fein, meist bräunlich. Geruch merklich. Fruchtfleisch gelblichgrün, ziemlich grob, etwas locker, sehr saftig, nicht gewürzt. Vorherrschende kräftige Säure, geringer Zuckergehalt.

Duc Bernhard *siehe* Herzog Bernhard
Duc de Devonshire *siehe* Herzog von Devonshire
Duchesse de Brabant *siehe* Gaillys Herzogin von Brabant
Duchess of Oldenburg *siehe* Charlamowsky

Dürnbacher Glasapfel (Oberbayerische Lokalsorte, keine Sortenbeschreibung)

Duhamels Goldrenette

Doppelname: Reinette Dorée de M. Duhamel

Sehr guter Tafelapfel. Frucht mittelgroß, plattrund. Schalenfarbe gelb, später goldgelb, um den Stiel gelbgrau. Sonnenseite fleckig oder strichförmig gerötet. Schalenpunkte gelbgrau. Das Fruchtfleisch ist weiß, zart, fest. Mäßig saftig, angenehmes Aroma, ausgewogenes Zucker-Säure-Verhältnis. Genussreife ab Dezember. Haltbarkeit bis April. Baum wächst mittelstark.

Duke of Devonshire *siehe* Herzog von Devonshire

Dülmener Herbstrosenapfel

Dülmener Herbstrosenapfel

Im Jahre 1870 als Sämling von 'Gravensteiner' in Dülmen/Westfalen entstanden.
Doppelname: Dülmener Rosenapfel

Frucht: Guter Tafel- und Wirtschaftsapfel. Baum- und Genussreife ab Mitte September. Haltbarkeit bis Dezember. Mittelgroßer bis großer, breitrunder Apfel mit kräftigen Rippen. Fruchtschale glatt, fettig, gelblichgrün bis rötlichgelb. Zur Reifezeit dunkelrote Streifen. Geruch ausgeprägt. Fruchtfleisch weißlichgelb, saftig, fein gewürzt, ausgewogenes Zucker-Säure-Verhältnis.
Baum: Mittelstarker Wuchs. Krone breitrund. Für alle Erziehungsformen geeignet. Für gute Böden in windgeschützten Lagen, dann auch noch für Höhenlagen geeignet. Blüte witterungsunempfindlich. Guter Pollenspender. Der Ertrag ist alle zwei Jahre mittelhoch. Der Baum ist widerstandsfähig gegen Krankheiten und Schädlinge. Er braucht eine regelmäßige Schnittüberwachung. Die Frucht ist etwas stippeanfällig.

Dumelows Sämling *siehe* Wellingtons Renette

Dunchapfel

Ausgezeichneter Wirtschaftsapfel. Verarbeitung ab Ende November. Haltbarkeit bis März. Sehr großer, flachrunder, ungleichmäßig gebauter Apfel. Rippen flach und etwas ungleich über die Frucht laufend. Querschnitt nicht ganz rund. Fruchtschale glatt, etwas fettig, mattglänzend, gelblichgrün, später grünlichgelb bis hellgelb. Die Sonnenseite ist gerötet und breit gestreift. Geruch schwach. Fruchtfleisch gelblichweiß, halbfein, saftig, nicht gewürzt. Herbe Säure bei geringem Zuckergehalt.

Dundenheimer Schätzler

Wichtige Lokalsorte in Mittelbaden.

Vielseitig verwendbarer Apfel. Genussreife ab Mitte Dezember, Haltbarkeit bis April. Die mittelgroßen, flachrunden Früchte erinnern an 'Champagnerrenette'. Fruchtschale gelbgrün, stark bewachst und deshalb auch sehr gut lagerfähig. Fruchtfleisch saftig,,säuerlich.

Dunning

Die Sorte entstand in Geneva, USA, aus den Sorten 'Early McIntosh' x 'Cox' Orangenrenette'.

Mittelgroßer Tafelapfel, unregelmäßig geformt, nicht oder nur leicht gerippt. Fruchtschale hellgelb, zur Reifezeit dunkelrot gestreift. Fruchtfleisch cremeweiß, fest, sehr süß, fast ohne Säure, etwas parfümiert. Reifezeit Oktober. Haltbarkeit gering.

Duquesnes Pepping

Doppelname: Pomme Duquesne

Ausgezeichneter Tafel-, sehr guter Wirtschaftsapfel. Genussreife ab Dezember. Haltbarkeit bis April. Mittelgroßer, abgestumpft rundlicher, gleichmäßig gebauter Apfel. Fruchtschale ziemlich glatt, stellenweise fein aufgeraut durch leichte Anflüge von Rost. Schalenfarbe grünlichgelb, später goldgelb. Zur Reifezeit gerötet, Schattenseite heller gefärbt und etwas gestreift. Schalenpunkte zahlreich, fein bis mitteldick, bräunlich. Welkt auf dem Lager nur wenig. Geruch deutlich. Fruchtfleisch gelblichweiß, fein, saftig, edel zimtartig gewürzt. Milde Säure bei hohem Zuckergehalt. Der Baum wächst mittelstark und trägt sehr gut.

Durchsichtiger von Croncels *siehe* Apfel von Croncels
Dürener Rambur *siehe* Eifeler Rambur
Dutch Codlin *siehe* Holländischer Küchenapfel

E

Early *siehe* Emmethy Early

Early Harvest

Mittelgroße, goldgelbe, angenehme Tafelfrucht. Baum- und Genussreife August. Der Baum ist reichtragend.

Early Joe *siehe* Charlamowsky
Early Nonpareil *siehe* Früher Nonpareil

Early Margaret *siehe* Roter Margarethenapfel

Early McIntosh

Keine Mutation, sondern eine Kreuzung von 'McIntosh' x 'Weißer Klarapfel'. Die Sorte entstand bereits 1909, wurde aber erst um 1950 überprüft.

Frucht mittelgroß, rundlich bis flach, unregelmäßig geformt, leichte Rippen. Hoher Anteil von kleinen Früchten. Fruchtschale gelb, zur Reifezeit mit intensiv orangeroten Streifen. Fruchtfleisch knackig, weiß, in Schalennähe häufig rosa gefärbt. Geschmack süßsäuerlich. Reifezeit September. Ertrag nur in jedem zweiten Jahr hoch.

Early Victoria *siehe* Früher Victoria
Early Yellow Reinette *siehe* Goldgelbe Sommerrenette

Eberfinger Magdalenenapfel (Südbadische Lokalsorte, keine Sortenbeschreibung)

Ebners Taffetapfel *siehe* Spätblühender Taffetapfel
Ecarlate d'Eté *siehe* Scharlachrote Parmäne
Echte Graue Französische Renette *siehe* Graue Französische Renette
Echter Pfannkuchenapfel *siehe* Altländer Pfannkuchenapfel
Echter Roter Winterkalvill *siehe* Roter Winterkalvill

Echter Winterstreifling

Doppelname: Pomme Rayée d'Hiver

Sehr guter Wirtschaftsapfel, noch brauchbarer Tafelapfel. Verarbeitung ab Anfang Dezember. Haltbarkeit bis April. Kleiner bis mittelgroßer, abgestumpft eiförmiger bis fast flachrunder, nicht ganz gleichmäßig gebauter Apfel. Fruchtschale glatt, etwas fettig, hellgrün, später grünlichgelb bis hellgelb. Sonnenseite meist nur punktiert gerötet, intensiv gestreift. Schalenpunkte fein, hellbraun. Geruch schwach. Fruchtfleisch grünlichweiß, fein, saftig, nicht gewürzt. Vorherrschende angenehme Säure bei geringem Zuckergehalt.

Eckapfel *siehe* Roter Eckapfel
Weißer Winterkalvill
Eckenhagener *siehe* Wellers Eckenhagener
Ecklinville Pippin *siehe* Sämling von Ecklinville
Ecklinville Seedling *siehe* Sämling von Ecklinville
Edelapfel *siehe* Gelber Edelapfel
Königlicher Kurzstiel
Edelböhmer *siehe* Böhmer Edelroter

Edelborsdorfer

Edelborsdorfer

Die sehr alte Sorte stammt aus Sachsen und war früher in Süddeutschland und in Österreich in den Bauerngärten weit verbreitet.
Doppelnamen: Borsdorfer; Edler Winterborsdorfer; Leipziger Renette; Pomme de Borsdorf; Wiener Marschanzker

Frucht: Sehr guter Tafel- und Wirtschaftsapfel. Baumreife ab Mitte Oktober. Genussreife ab November. Haltbarkeit bis März und länger. Kleiner bis mittelgroßer, flachrunder bis runder, gleichmäßig gebauter Apfel. Fruchtschale glatt, glänzend, hell gelblichgrün, später hellgelb. Sonnenseite goldig mit oft lebhaft roter Backe. Schalenpunkte fein bis mitteldick, in der Rötung mit dunklem Hof. Häufig Anflüge von Rost und Warzen. Geruch schwach. Fruchtfleisch gelblichweiß, fein, mäßig saftig, edel zimtartig gewürzt. Harmonisches Zucker-Säure-Verhältnis.
Baum: Mittelstarker Wuchs. Krone kugelig. Der Baum kann sehr alt werden. Erziehung vorwiegend als Halb- und Hochstamm. Ertrag je nach Anbaulage und Pflege gering bis sehr hoch. Der Baum verlangt guten Boden und ausreichende Ernährung, er ist humusbedürftig und spricht gut auf Mulch an. Bei zusagenden Anbauverhältnissen noch bis 500 m Höhe geeignet. Blüte sehr spät und widerstandsfähig. Ertragsbeginn sehr spät, dann alternierend.

Edelkönig *siehe* Roter Herbstkalvill

Edelrambur von Winnitza

Edelrambur von Winnitza

Die Sorte stammt aus der Ukraine und ist seit 1899 bekannt.
Doppelname: Rambour Podolskii

Mittelgroßer, unregelmäßig gebauter und deutlich gerippter Apfel. Fruchtschale stark fettig, gelb, später hellrot. Berostungen in der Stielgegend häufig. Fruchtfleisch grünlichweiß, ziemlich fest, grob. Angenehme Säure bei ausreichendem Zuckergehalt. Reifezeit mittelspät bis spät.

Edelrenette

Doppelnamen: Französische Edelrenette; French Reinette; Reinette Franche

Ausgezeichneter Tafel-, sehr guter Wirtschaftsapfel. Genussreife ab Anfang Januar. Haltbarkeit bis April. Mittelgroßer, abgestumpft rundlicher bis eiförmiger, ziemlich gleichmäßig gebauter Apfel. Fruchtschale glatt, etwas fettig, durch Schalenpunkte fein rau. Schalenfarbe grünlichgelb, später lebhaft gelb. Sonnenseite goldig. Schalenpunkte zahlreich, fein bis mitteldick, auch etwas eckig. Geruch schwach. Die Frucht neigt auf dem Lager zum Welken. Fruchtfleisch gelblichweiß, fein, saftig, edel gewürzt. Feine Säure bei hohem Zuckergehalt.

Edelrenette *siehe* Neue Edelrenette

Edelroter

Die Sorte scheint bei Lana/Südtirol entstanden zu sein.
Doppelnamen: Edelböhmer; Noble Rouge; Triangelapfel

Frucht: Sehr guter Tafel-, guter Wirtschaftsapfel. Baumreife ab Ende September. Genussreife ab Oktober. Haltbarkeit bis Januar. Mittelgroßer, abgestumpft rundlich-eiförmiger, gleichmäßig gebauter Apfel. Rippen unbedeutend, kurz. Querschnitt ziemlich rund. Fruchtschale glatt, glänzend, grünlichgelb, später wachsartig gelblichweiß. Sonnenseite intensiv gerötet, in weniger zusagenden Anbaugebieten nur leicht gerötet. Schalenpunkte fein, bräunlich.

Edelroter

Geruch merklich. Fruchtfleisch weiß, fein, zart, saftig, edel bittermandelartig gewürzt. Wenig Säure bei hohem Zuckergehalt.

Baum: Anfangs starker, später mittelstarker, dann schwacher Wuchs. Erziehung vorwiegend als Halbstamm. Ideale Standorte sind warme, nährstoffreiche Schotterböden, die durchlässig, aber zu bewässern sind. Die ungewöhnlich hohen Erträge stellen auch hohe Ansprüche an die Bodengüte und die Düngung. Bei Trockenheit mehltauanfällig. In geschützten Lagen und auf guten Böden Anbau noch bis 700 m Höhe möglich. Blüte mittelfrüh, etwas frostempfindlich, widerstandsfähig gegen Nässe. Der Ertrag setzt spät ein, kann dann aber sehr reich und regelmäßig sein. Die Frucht ist schorfanfällig.

Edler Prinzessinapfel

Sehr guter Tafel- und Wirtschaftsapfel. Genussreife ist ab November. Haltbarkeit bis Februar.

Edler Rosenstreifling

Mittelgroßer, abgestumpft walzenförmiger, nicht ganz gleichmäßig gebauter Apfel. Rippen deutlich, aber flach über die Frucht laufend. Querschnitt flachkantig. Fruchtschale glatt, fettig, hellgrün, später grünlichgelb bis hellgelb. Sonnenseite schwach gerötet und deutlich gestreift. Schalenpunkte undeutlich. Geruch schwach. Fruchtfleisch gelblichweiß, fein, saftig, etwas alantartig gewürzt. Ausgewogenes Zucker-Säure-Verhältnis.

Edler Rosenstreifling (Abbildung Seite 119)

Doppelnamen: Rose Striée; Pomme Passe

Sehr guter Tafel- und Wirtschaftsapfel. Genussreife ab Oktober. Haltbarkeit bis November. Mittelgroßer bis großer, flachrunder, etwas ungleichmäßig gebauter Apfel. Rippen flach über die halbe Frucht laufend. Querschnitt fast rund. Fruchtschale glatt, etwas fettig, grünlich, später gelb. Sonnenseite ist weitflächig gerötet. Die ganze Frucht ist zur Reifezeit gestreift. Schalenpunkte fein, bräunlich. Geruch schwach. Fruchtfleisch gelblichweiß, ziemlich fein, etwas rosenapfelartig gewürzt. Harmonisches Zucker-Säure-Verhältnis.

Edler Szercsika

Die Sorte stammt wahrscheinlich aus Ungarn.

Guter Tafel-, sehr guter Wirtschaftsapfel. Genussreife ab Ende Februar. Haltbarkeit bis Juli, bei gutem Lager bis September. Mittelgroßer bis großer, flachrunder, fast gleichmäßig gebauter Apfel. Rippen breit und flach über die Frucht laufend. Querschnitt kantig. Fruchtschale glatt, etwas fettig, glänzend, grün, später grünlichgelb. Sonnenseite oft leicht und trübe gerötet. Schalenpunkte fein, braun. Fruchtfleisch grünlichgelb bis gelblich, ziemlich fein, saftig, wenig gewürzt. Geringer Säure- und Zuckergehalt, später steigt der Zuckergehalt an. Die Frucht neigt zur Stippe.

Edler Winterborsdorfer *siehe* Edelborsdorfer

Eduard VII

Die Sorte entstand um 1900 in England aus einer Kreuzung von 'Blenheim Orange' x 'Golden Noble'.

Eduard VII

Doppelname: King Edward VII

Mittelgroßer bis großer, abgestumpft rundlicher Apfel ohne Rippen. Fruchtschale gelblichgrün, später gerötet und gestreift. Schale ist glatt, leicht bewachst. Fruchtfleisch fest, fein, grünlichweiß, säuerlich. Reifezeit sehr spät. Der Baum blüht spät.

Egers Rote Renette

Sehr guter Tafel- und Wirtschaftsapfel. Genussreife ab Januar. Haltbarkeit bis Mai. Großer, flachrund-kegelförmiger, ungleichmäßig gebauter Apfel. Falten flach über die halbe Frucht laufend. Querschnitt nicht ganz rund. Fruchtschale dick, glatt, etwas fettig, glänzend, gelblichgrün, später hellgelb. Zur Reifezeit trüb gerötet. Schattenseite gestreift. Schalenpunkte hell in der Rötung erkennbar. Geruch schwach. Fruchtfleisch grünlichgelb, ziemlich fein, nicht sehr stark gewürzt. Etwas vorherrschende, angenehme Säure bei ausreichendem Zuckergehalt.

Eggerling *siehe* Weißer Winterkalvill

Egremont Russet

Die Sorte entstand um 1807 als Zufallssämling in England. Sie wurde ab 1960 wieder in den Versuchsanbau aufgenommen.

Mittelgroße, gleichmäßig geformte, runde Frucht, nicht oder nur wenig gerippt. Fruchtschale gelb, zur Reifezeit braungelb, fast vollständig berostet. Fruchtfleisch fest, grünlichweiß, von angenehm würzigem, birnenartigem Geschmack. Genussreife ab Dezember, Haltbarkeit bis Februar. Wegen der berosteten Schale neigt die Frucht auf dem Lager zum Welken. Der Ertrag setzt früh ein und ist mittelhoch. Guter Pollenspender.

Eifeler Rambur

Eifeler Rambur

Doppelnamen: Dürener Rambur; Ochsenkopf (Holland)

Sehr guter Tafel- und Wirtschaftsapfel. Genussreife ab Dezember. Haltbarkeit bis in den März.

Mittelgroßer, abgestumpft rundlicher Apfel. Ertrag spät einsetzend, dann alle zwei Jahre regelmäßig und gut. Für feuchte Böden, auch noch für Höhenlagen geeignet. Die Sorte wird in Norddeutschland und Holland häufig auf Viehweiden angepflanzt. Erziehung vorwiegend als Hochstamm. Großer Baum mit breiter Krone.

Eisapfel *siehe* Roter Eiserapfel
Steirischer Maschanzker
Weißer Astrachan
Eisapfel von Croncels *siehe* Apfel von Croncels
Eisen *siehe* Roter Tiefbutzer
Eisenacher *siehe* Roter Bellefleur
Eisenapfel *siehe* Purpurroter Cousinot
Eiserapfel *siehe* Roter Bellefleur
Roter Eiserapfel

Elan

Im Jahre 1967 in der Versuchsstation Elst/Holland entstanden aus 'Golden Delicious' x 'James Grieve'.

Frucht: Meist große Früchte, bauchig rund, weite Kelchgrube. Fruchtschale glatt. Schalenfarbe goldgelb, Sonnenseite rot gestreift. Fruchtfleisch cremeweiß, saftig, aromatisch. Sehr guter Tafel- und Wirtschaftsapfel. Baum- und Genussreife Mitte bis Ende September. Haltbarkeit bis Ende Oktober.
Baum: Der Baum bildet eine breitrunde Krone mit leicht überhängenden Zweigen. Wuchs anfangs stark, bei Vollertrag schwächer. Ertrag früh einsetzend. Durch sorgsamen Überwachungsschnitt kann das vorzeitige Vergreisen verhindert werden. Anbau nur auf guten Böden in guten Apfellagen. Für höhere Lagen ungeeignet. Anfällig für Schorf und Mehltau. Guter Pollenspender. Ertrag hoch und fast regelmäßig.

Elektra

Eine Züchtung des Instituts Müncheberg aus 'Cox' Orangenrenette' x 'Geheimrat Dr. Oldenburg'.

Frucht: Sehr guter Tafelapfel. Baumreife ab Mitte August. Genussreife ab November. Haltbarkeit bis Dezember. Kleiner bis mittelgroßer, kugeliger bis hochkugeliger Apfel. Fruchtschale trocken bis rau, dick, grünlichgelb. Zur Reifezeit bräunlichrot, kurzstreifig und netzartig berostet. Fruchtfleisch gelblichweiß, fest, saftig. Wenig Säure bei hohem Zuckergehalt, edles Aroma. Die Frucht neigt auf dem Lager zum Welken.
Baum: Mittelstarker Wuchs, Leitäste schräg aufrecht wachsend. Krone klein und breitkegelig. Nur für Niederstammformen empfehlenswert. Für Obsthecken gut geeignet. Anbau vor allem auf schweren, ausreichend feuchten Böden. Ansprüche an Standort und Klima gering. Breit anbaufähig, ausgenommen Küstengebiete. Blüte etwas frostempfindlich. Guter Pollenspender. Ertrag hoch. Schnittaufwand mittelhoch. Die Kronenbildung muss durch etliche Aufbauschnitte gefördert werden. Der Baum ist anfällig für Krebs.

Elisabeth *siehe* Kaiserin Elisabeth

Elisabethinum-apfel

Elisabethinumapfel

Die Sorte stammt aus Böhmen.

Reifezeit Dezember. Haltbarkeit bis in den April. Große Frucht. Fruchtschale gelb, zur Reifezeit gerötet und gestreift. Sehr gute Tafelfrucht.

Elise Rathke

Elise Rathke

Der Baum wurde in der Nähe von Danzig um 1880 aus Samen gezogen.

Frucht: Kleiner bis mittelgroßer, abgestumpft eiförmiger, gleichmäßig gebauter Apfel. Fruchtschale glatt, grünlichgelb bis gelb. Sonnenseite unterschiedlich stark gerötet und fein gestreift. Schalenpunkte fein, braun. Geruch ausgeprägt. Fruchtfleisch gelblichweiß, fein, saftig, etwas

gewürzt. Vorherrschende, kräftige und angenehme Säure bei geringerem Zuckergehalt.
Baum: Auffällige Wuchsform mit herabhängenden Ästen. Der Baum blüht rötlich. Er setzt reichlich Früchte an und ist im Garten sehr zierend. Wuchs eher schwach. Sehr fruchtbar.

Ellicot *siehe* Wintergoldparmäne

Ellisons Orangenpepping

Ellisons Orangenpepping

Die Sorte entstand 1904 in England aus einer Kreuzung von 'Cox' Orangenrenette' x 'Weißer Sommerkalvill'.
Doppelname: Ellisons Orange

Der Baum bildet eine mittelgroße, fast kugelige Krone. Wuchs bei Vollertrag mittelstark mit dünnen, gut verzweigten Trieben. Anbau nur auf guten Böden in warmen Lagen. Anfällig für Schorf, Mehltau und Krebs. Ertrag mittelhoch. Guter Pollenspender.

Elsässer Rote Renette

Doppelname: Elsässer Rote Winterrenette

Guter Tafel-, sehr guter Wirtschaftsapfel. Genussreife ab Januar. Haltbarkeit bis Juni. Mittelgroßer bis großer, abgestumpft rundlicher, ziemlich gleichmäßig gebauter Apfel. Fruchtschale glatt, etwas glänzend, grün, später grünlichgelb bis hellgelb. Sonnenseite erst etwas trüb, später lebhaft gerötet und undeutlich gestreift. Schalenpunkte fein, braun. Geruch fehlt. Fruchtfleisch hellgelblich oder grünlichgelb, fein, saftig, gewürzt. Wenig vorherrschende Säure bei ausgewogenem Zuckergehalt.

Elseners Pigeonartige Renette

Eine längliche, schöne, mittelgroße, süßweinige, sehr gute Winterfrucht von hoher Qualität. Der Baum trägt in Büscheln und sehr reichlich. Der Wuchs ist schlank und hochgehend.

Eisner *siehe* Wilhelm von Eisners Sämling

Elstar

Elstar

Die Sorte wurde in Wageningen/Holland gezüchtet. Sie ist eine Kreuzung aus 'Golden Delicious' x Ingrid Marie'. Der Apfel ist seit 1972 im Handel.

<u>Mutanten:</u>
Red Elstar: intensiver und gleichmäßiger gerötet, keine Streifung. Mutation weitgehend stabil
Eishof: Früchte intensiver rot, schwache Streifung. Mutante nicht völlig stabil
Elstar PFW: hellrote Mutante mit einzelnen Streifen
Van der Zahl: hellrote Farbe, weniger stabil
Van Vliet: hellrote Mutante, zahlreiche normal gefärbte Früchte
Rietveld, keine Verbesserung der Grundform
De Belders: dunkelrote Mutante mit zahlreichen langen, dunklen Streifen
Van Kempen I: Früchte hellrot, die weniger intensiv gefärbten Früchte erscheinen fleckig
Van Kempen II: ansprechende hellrote Mutante; auch normal gefärbte Früchte können auftreten.
Hermens: Früchte hellrot mit gelblichem Schimmer
Van der Bliek: hellrot, weniger intensiv gefärbte Früchte erscheinen fleckig
Elshoff II: dunkelrote Früchte, hellere erscheinen fleckig
Van der Borgen: hellrote Fruchtfarbe
Meisen I: einheitlich gefärbte, gleichmäßig hellrote, ansprechende Frucht
Meisen II: ansprechende, hellrote Frucht mit einzelnen Streifenchimären
Van der Griff: dunkelrot, Schattenfrüchte gelb
Leegwater: hellrote Früchte, wenig einheitlich

Frucht: Ein sehr guter Tafelapfel. Baumreife ab Ende September. Genussreife ab Oktober. Haltbarkeit bis Mitte Januar. Mittelgroßer Apfel. Fruchtschale gelb, Sonnenseite intensiv gerötet. Fruchtfleisch wohlschmeckend, weißlichgelb, saftig.
Baum: Mittelstarker bis starker Wuchs. Für alle Niederstammformen geeignet. Anbau auf guten Apfelböden und geschützten, warmen Lagen. Blüte spät. Guter Pollenspender. Ertrag mittelhoch bis hoch und regelmäßig. Die Sorte verlangt einen regelmäßigen Schnitt, auch Sommerschnitt.

Emans Renette

Sehr guter Wirtschaftsapfel. Verarbeitung ab Dezember. Haltbarkeit bis Anfang März. Mittelgroßer bis großer, abgestumpft rundlicher, gleichmäßig gebauter Apfel. Fruchtschale glatt, mattglänzend, grün, später grünlichgelb. Zur Reifezeit gerötet und etwas gestreift. Schalenpunkte sehr fein, hellbraun. Geruch fehlt. Fruchtfleisch gelblichweiß, ziemlich fein, saftig, nicht gewürzt. Wenig Säure, etwas bitter schmeckend, hoher Zuckergehalt.

Embroidered Apple *siehe* Goldstückapfel

Emilie Müller

Emilie Müller

Sehr guter Tafel- und Wirtschaftsapfel. Genussreife ab November. Haltbarkeit bis März. Kleiner bis mittelgroßer, abgestumpft rundlicher, ziemlich gleichmäßig gebauter Apfel. Fruchtschale glatt, etwas fettig, grünlichgelb, später gelb. Sonnenseite meist nur schwach gerötet. Schalenpunkte fein, graubraun, auf der Sonnenseite etwas dicker, meist mit braunrotem Hof. Kelch fast immer berostet. Geruch fehlt. Fruchtfleisch gelblichweiß, fein, saftig, renettenartig gewürzt. Vorherrschende angenehme Säure bei ausgewogenem Zuckergehalt.

Emmethy Early *siehe* Früher Viktoria
Emperor Alexander *siehe* Kaiser Alexander

Empire

Auf der Versuchsstation Geneva, New York/USA, entstanden aus einer Kreuzung zwischen 'McIntosh' x 'Red Delicious'. Seit 1966 im Handel.

Frucht: Sehr guter Tafel und Wirtschaftsapfel. Baumreife ab Ende September. Genussreife ab November. Haltbarkeit bis Dezember. Kleiner bis mittelgroßer, kugeliger, meist ungleichmäßig gebauter Apfel. Kräftige Rippen um den Kelch. Fruchtschale glatt, teilweise berostet, hellgrün. Zur Reifezeit intensiv gerötet und gestreift, mit bläulicher Bereifung. Schalenpunkte hell. Fruchtfleisch grünlichweiß, fest, saftig, etwas parfümiert, mild süßsäuerlich.

Empire

Baum: Wuchs schwach. Krone ausgebreitet, licht. Blüte mittelfrüh. Guter Pollenspender. Anfällig für Schorf. Widerstandsfähig gegen Mehltau und vor allem gegen Feuerbrand. Ertrag sehr früh einsetzend, mittelhoch bis hoch und regelmäßig.

Engelsapfel *siehe* Rheinische Schafsnase

Engelsberger Renette

Die Sorte wurde als Zufallssämling im Raum Öhringen/Baden-Württemberg gefunden.

Sehr guter Mostapfel. Baum- und Verwertungsreife ab Ende September. Haltbarkeit bis Oktober. Kleiner bis mittelgroßer, flachrunder, gleichmäßig gebauter Apfel. Fruchtschale grüngelb, später gelb. Schalenpunkte grün oder braun, häufig rot werdend. Manchmal schwache netzartige Berostung. Fruchtfleisch gelblichweiß, saftig, grobzellig, locker. Wenig Aroma, angenehme Säure. Der Baum wächst mittelstark. Ertrag früh beginnend, regelmäßig und hoch. Ansprüche an Boden und Lage gering. Blüte spät, frosthart.

Engelskopf *siehe* Rheinische Schafsnase
Englische Birnenrenette *siehe* Herbstparmäne
Englische Büschelrenette *siehe* Purpurroter Cousinot
Englische Chesterparmäne *siehe* Chesterparmäne
Englische Granatrenette *siehe* Ribston Pepping
Englische Graue Herbstrenette *siehe* Englische Herbstrenette

Englische Herbstrenette

Doppelname: Englische graue Herbstrenette

Sehr guter Tafel- und Wirtschaftsapfel. Genussreife ab November. Haltbarkeit bis Januar. Mittelgroßer, abgestumpft eiförmiger, gleichmäßig gebauter Apfel. Fruchtschale teils glatt, teils fein rau durch graubraunen, schuppigen oder feinmaschigen Rost, der meist nur einen unterschiedlich großen Teil der Frucht bedeckt. Schalenfarbe hellgrün, später grünlichgelb. Sonnenseite häufig leicht gerötet. Schalenpunkte fein, graubraun. Die Frucht welkt auf dem

Lager nur wenig. Geruch schwach. Fruchtfleisch gelblichgrün oder gelblichweiß, fein, saftig, gewürzt. Vorherrschende kräftige, jedoch angenehme Säure bei ausreichendem Zuckergehalt.

Englische Königsparmäne *siehe* Herbstparmäne
Englische Renette *siehe* Diels Große Englische Renette
Kanadarenette
Weiße Englische Renette

Englischer Erdbeerapfel

Doppelname: Winter Strawberry

Brauchbarer Tafel-, sehr guter Wirtschaftsapfel. Genussreife ab November. Haltbarkeit bis Januar. Mittelgroßer, abgestumpft rundlicher, gleichmäßig gebauter Apfel. Rippen merklich aber flach über die Frucht laufend. Querschnitt nicht ganz rund. Fruchtschale etwas fettig, mattglänzend, gelblichgrün, später grünlichgelb. Sonnenseite etwas gerötet und kräftig gestreift. Schalenpunkte zahlreich, fein, mit hellem Hof. Geruch deutlich. Fruchtfleisch gelblichgrün bis gelblichweiß, fein, saftig, rosenapfelartig gewürzt. Etwas vorherrschende Säure bei hohem Zuckergehalt.

Englischer Gewürzapfel

Doppelnamen: Pomme Spicée; Smalley; Weißer Englischer Gewürzapfel

Sehr guter Wirtschafts-, brauchbarer Tafelapfel. Verarbeitung ab Anfang November. Haltbarkeit bis Ende Januar. Großer, abgestumpft rundlich-eiförmiger, fast gleichmäßig gebauter Apfel. Rippen klein und flach über die halbe Frucht laufend. Querschnitt nicht ganz rund. Fruchtschale glatt, grünlichgelb, später hellgelb. Sonnenseite nur wenig goldiger. Schalenpunkte fein, bräunlich. Manchmal leichte Anflüge von Rost. Geruch stark. Fruchtfleisch weiß, ziemlich fein, saftig, schwach gewürzt. Wenig Säure bei hohem Zuckergehalt. Intensiver Geruch.

Englischer Goldpepping

Doppelnamen: Golden Pippin; Goldpepping; Pomme d'Or d'Angleterre

Ausgezeichneter Tafel-, sehr guter Wirtschaftsapfel. Genussreife ab November. Haltbarkeit bis März. Kleiner, abgestumpft rundlicher, gleichmäßig gebauter Apfel. Fruchtschale stellenweise fein rau durch kleine Anflüge von Rost. Schalenfarbe grünlichgelb, später goldgelb. Sonnenseite goldiger, manchmal etwas orangerot. Schalenpunkte zahlreich, ziemlich dick, auch eckig, hellbraun. Fruchtfleisch hellgelb, sehr fein, erst fest, später zart und mürbe, saftig, edel renettenartig gewürzt. Etwas vorherrschende, angenehme Säure bei hohem Zuckergehalt.

Englischer Kalvill *siehe* London Pepping
Englischer Kleiner Steinpepping *siehe* Kleiner Steinpepping

Englischer Königsapfel

Doppelnamen: Grosse Bretagne; Pomme Royale d'Angleterre; Winterkönigin; Winter Queen
Sehr guter Tafel- und Wirtschaftsapfel. Frucht sehr groß, gut geformt und gefärbt, glockenför-

mig. Fruchtschale dünn, zitronengelb. Schalenpunkte zahlreich, schwarzbraun. Sonnenseite leicht gerötet. Fruchtfleisch weiß, zart, fest, von angenehm weinsäuerlich-süßem Geschmack. Keine Würze. Genussreife ab Dezember. Haltbarkeit im guten Keller bis zu einem Jahr. Der Baum ist starkwüchsig.

Englischer Kurzstiel *siehe* Kanadarenette
Englische Rote Limonenrenette *siehe* Limonenrenette
Englische Rote Winterparmäne *siehe* Rote Winterparmäne

Englischer Prahlrambur

Doppelname: Glory of the West

Sehr guter Wirtschaftsapfel. Für die Tafel weniger brauchbar. Verarbeitung ab Ende Oktober. Haltbarkeit bis Januar. Großer, abgestumpft länglichrunder, ungleichmäßig gebauter Apfel. Rippen stark und breit, ungleichmäßig über die Frucht laufend. Querschnitt flachkantig. Fruchtschale glatt, mattglänzend, hell grünlichgelb, später hellgelb. Sonnenseite manchmal leicht gerötet. Schalenpunkte teils graubraun, teils grünlich. Geruch deutlich. Fruchtfleisch grünlichgelb bis weiß, ziemlich grob, saftig, wenig Würze. Vorherrschende Säure bei geringem Zuckergehalt.

Englischer Scharlachpepping

Englischer Scharlachpepping

Doppelname: Englischer Scharlachroter Sommerpepping

Guter Tafel-, sehr guter Wirtschaftsapfel. Genussreife ab August. Haltbarkeit bis September. Mittelgroßer, runder, ziemlich gleichmäßig gebauter Apfel. Fruchtschale etwas fettig, glänzend, grün, später hellgelb. Sonnenseite dunkelrot, Schattenseite heller gerötet. Schalenpunkte fein, bräunlichgelb oder rötlich. Geruch deutlich. Fruchtfleisch weiß, zuweilen leicht rötlich, fein, locker, saftig, rosenapfelartig gewürzt. Wenig Säure bei höherem Zuckergehalt.

Englischer Scharlachroter Sommerpepping *siehe* Englischer Scharlachpepping
Englischer Winterquittenapfel *siehe* Winterquittenapfel
Englische Scharlachrote Parmäne *siehe* Scharlachrote Parmäne

Englische Spitalrenette

Englische Spitalrenette

Ausgezeichneter Tafel-, sehr guter Wirtschaftsapfel. Genussreife ab Dezember. Haltbarkeit bis März. Mittelgroßer, stark abgestumpft rundlicher, gleichmäßig gebauter Apfel. Fruchtschale ist teils glatt, teils fein rau durch Anflüge und Überzüge von zimtfarbigem, meist feinschuppigem Rost, der einen großen Teil der Frucht bedeckt. Die Schalenfarbe ist hellgrün, später gelb. Sonnenseite oft gelblichrot. Schalenpunkte mitteldick, graubraun. Die Frucht welkt auf dem Lager nur wenig. Kein Geruch. Fruchtfleisch gelblichweiß, fein, erst etwas fest, später mürbe, manchmal etwas schwammig werdend. Saftreich, sehr edel gewürzt, feine Säure bei hohem Zuckergehalt. Der Baum wächst schwach bis mittelstark.

Englische Wintergoldparmäne *siehe* Wintergoldparmäne
English King *siehe* Kaiser Alexander
English Wintergold Pearmain *siehe* Wintergoldparmäne

Enkhuyser Agatapfel

Guter Tafel-, sehr guter Wirtschaftsapfel. Genussreife ab Dezember. Haltbarkeit bis April. Mittelgroße Frucht. Schalenfarbe zitronengelb. Der Baum wächst gesund und ist sehr fruchtbar.

Erbachhofer Weinapfel

Die Sorte stammt aus dem Sauerland.

Frucht: Ein ausgesprochener Mostapfel. Baumreife ab Ende September. Verarbeitung bis Oktober. Fruchtschale glatt, gelb. Zur Reifezeit kräftig gerötet und gestreift. Fruchtfleisch fest, würzig.

Erbachhofer Weinapfel

Baum: Mittelstarker Wuchs. Für Hoch- und Halbstamm geeignet. Ansprüche an den Boden gering, auch noch für schlechte Böden geeignet, wenn der Standort ausreichend warm ist. Blüte mittelfrüh. Guter Pollenspender. Ertrag mittelhoch bis hoch. Widerstandsfähig gegen Krankheiten und Schädlinge. Wenig pflegebedürftig.

Erdbeerapfel *siehe* Danziger Kantapfel
Dorpater Erdbeerapfel
Englischer Erdbeerapfel
Grenssemanns Erdbeerapfel
Herbstparmäne
Nitschners Erdbeerapfel
Roter Astrachan
Roter Herbstkalvill
Roter Winterkronenapfel

Erdinger Süßmostapfel ('Erdmannsdorfer' Lokalsorte in Oberbayern, keine Sortenbeschreibung)

Erdbeerapfel von Washington

Doppelnamen: Fraise de Washington; Washington Strawberry

Sehr guter Tafel- und Wirtschaftsapfel. Genussreife ab Anfang September. Haltbarkeit bis Oktober. Großer, abgestumpft kegelförmiger, ziemlich gleichmäßig gebauter Apfel. Rippen breit, über die halbe Frucht laufend. Querschnitt fast rund. Fruchtschale glatt, glänzend, grünlichgelb, später hellgelb. Sonnenseite leicht gerötet und etwas gestreift. Schalenpunkte fein. Geruch deutlich. Fruchtfleisch gelblichweiß, ziemlich fein, etwas locker, saftig, rosenapfelartig gewürzt. Etwas vorherrschende angenehme Säure bei ausreichendem Zuckergehalt.

Ernst Bosch

Ernst Bosch

Die Sorte entstand um 1900 durch eine Kreuzung von 'Manks Apfel' x 'Ananasrenette'.

Frucht: Sehr guter Tafel-, guter Wirtschaftsapfel. Genussreife ab Oktober. Haltbarkeit bis Ende November. Mittelgroßer, kugelförmiger Apfel. Rippen flach und regelmäßig über die Frucht laufend. Fruchtschale fein, glatt, glänzend, zur Reifezeit goldgelb. Schalenpunkte fein, braun. Häufig Roststernchen und einzelne Rostfiguren. Fruchtfleisch gelblichweiß, fein, von angenehm süßweinsäuerlichem Geschmack, Ansprechender Duft.
Baum: Kräftiger gesunder Wuchs, üppiges Blattwerk. Widerstandsfähig gegen Schorf.

Ernteapfel *siehe* Charlamowsky
Gravensteiner
Roter Astrachan
Erpftinger *siehe* Roter Erpftinger

Erpolzheimer Wildling

Guter Tafel-, sehr guter Wirtschaftsapfel. Genussreife ab Januar. Haltbarkeit bis Mai. Kleiner bis mittelgroßer, stark abgestumpft rundlicher, gleichmäßig gebauter Apfel. Rippen flach und ungleichmäßig über die Frucht laufend. Querschnitt nicht ganz rund. Fruchtschale glatt, etwas fettig, grünlichgelb, später fast goldgelb. Sonnenseite leuchtend gerötet. Schalenpunkte sehr fein, in der Rötung gelblichbraun. Manchmal Anflüge von Rost. Kein Geruch. Fruchtfleisch, weiß, fein, ziemlich saftig, etwas gewürzt. Ausgeglichenes Zucker-Säure-Verhältnis.

Erwin Baur

Züchtung des Instituts Müncheberg aus Samen von 'Geheimrat Dr. Oldenburg'. 'Roba' soll eine bessere Ersatzmutante sein.

Frucht: Sehr guter Tafel- und Wirtschaftsapfel. Frucht mittelgroß, kugelig. Fruchtschale glatt, später fettig, grüngelb. Zur Reifezeit rotbraun, gestreift und gesprenkelt. Fruchtfleisch weißlichgelb, mittelfest, saftig. Aroma je nach Standort gering bis edel. Harmonisches Zucker-Säure-Verhältnis. Baumreife ab Anfang Oktober. Genussreife ab Dezember. Haltbarkeit bis März.
Baum: Wuchs zuerst stark, später mittelstark. Krone breitkugelig. Nur für Niederstammformen empfehlenswert. Ansprüche mittelhoch, für nährstoffreiche, ausreichend feuchte Böden und wärmere Lagen. Blüte etwas frostempfindlich. Guter Pollenspender. Der Ertrag setzt früh ein und ist etwas wechselnd. Die Sorte ist sehr widerstandsfähig gegen Schorf und ziemlich widerstandsfähig gegen Mehltau.

Erzgebirgler (Keine Sortenbeschreibung)

Erzherzog Anton

Doppelname: Archiduc Antoine

Sehr guter Tafel- und Wirtschaftsapfel. Genussreife ab Anfang Januar. Haltbarkeit bis Anfang Mai. Mittelgroßer, abgestumpft eiförmiger, gleichmäßig gebauter Apfel. Fruchtschale glatt, etwas fettig, glänzend, gelblichgrün. Später wachsartig gelb. Sonnenseite goldgelb, etwas gerötet und gestreift. Schalenpunkte fein, bräunlich. Geruch deutlich. Fruchtfleisch gelblichweiß, fein, saftig, mäßig gewürzt. Etwas vorherrschende milde Säure bei ausreichendem Zuckergehalt.

Erzherzogin Sophie

Doppelname: Archiduchesse Sophie

Sehr guter Tafel- und Wirtschaftsapfel. Die Genussreife ist ab Dezember. Haltbarkeit bis Anfang

Erzherzogin Sophie

April. Mittelgroßer, rundlicher, gleichmäßig gebauter Apfel. Der Querschnitt ist ziemlich rund. Fruchtschale glatt, etwas fettig, grünlichgelb, später hellgelb. Sonnenseite gerötet. Zur Reifezeit ist die ganze Frucht gestreift. Schalenpunkte sehr fein, bräunlich. Geruch schwach. Fruchtfleisch gelblichweiß, fein, saftig, rosenapfelartig gewürzt. Harmonisches Zucker-Säure-Verhältnis.

Erzherzog Johann

Doppelname: Arichiduc Jean

Guter Tafel-, sehr guter Wirtschaftsapfel. Genussreife ist ab Ende November. Haltbarkeit nur bis Januar. Mittelgroßer bis großer, flachrunder, gleichmäßig gebauter Apfel. Rippen wenig deutlich über die halbe Frucht laufend. Querschnitt ziemlich rund. Fruchtschale glatt, etwas fettig, grünlich, später grünlichgelb bis hellgelb. Zur Reifezeit etwas gerötet und kräftig

Esopus Spitzenburgh

gestreift. Schalenpunkte fein, graubraun. Kein Geruch. Fruchtfleisch gelblichweiß bis weiß, ziemlich fein, etwas locker, saftig, schwach gewürzt, vorherrschende kräftige, aber nicht scharfe Säure bei geringem Zuckergehalt.

Esopus Spitzenburgh (Abbildung Seite 134)

Doppelname: Aesopus Spitzenburgh

Großer bis sehr großer, abgestumpft kegelförmiger, etwas unregelmäßig gebauter Apfel. Fruchtschale glatt, etwas glänzend, grünlichgelb, später lebhaft gelb. Zur Reifezeit intensiv gerötet und etwas gestreift. Schalenpunkte auf der Sonnenseite fein bis mitteldick, braun. Geruch schwach. Fruchtfleisch gelblichweiß, manchmal unter der Schale leicht gerötet. Fein, etwas locker, saftig. Nicht sehr stark kalvillartig gewürzt. Harmonisches Zucker-Säure-Verhältnis.

Essex Pippin *siehe* Ribston Pepping
Eßlinger *siehe* Fränkischer Eßlinger
Eternelle d'Allen *siehe* Allens Dauerapfel

Etlins Renette

Sehr guter Tafel- und Wirtschaftsapfel. Genussreife ab Januar. Haltbarkeit bis Mai. Mittelgroßer, unterschiedlich stark abgestumpfter, eiförmiger, ziemlich gleichmäßig gebauter Apfel. Querschnitt flachkantig. Fruchtschale ziemlich glatt, grün, später gelb bis goldgelb. Sonnenseite leicht gerötet und undeutlich gestreift. Schalenpunkte teilweise ziemlich dick, braun. Goldbrauner, zarter, feinschuppiger Rost deckt oft einen großen Teil der Frucht. Der Apfel welkt auf dem Lager nur wenig. Geruch wenig deutlich. Fruchtfleisch gelblichweiß, fein, oft etwas locker, ausreichend saftig, edel renettenartig gewürzt. Wenig vorherrschende Säure bei ausgeglichenem Zuckergehalt.

Eugénie *siehe* Goldrenette von Blenheim
Eutiner Gelber Richard *siehe* Gelber Richard
Evaapfel *siehe* Manks Apfel
Evagil *siehe* Renette Evagil

Eva

Eine Neuzüchtung aus Ungarn

Frühapfel mit kleinen bis mittelgroßen, plattrunden Früchten. Baum- und Genussreife ab Mitte August, Haltbarkeit bis Mitte September. Fruchtschale zur Reifezeit auf der Sonnenseite rot gefärbt. Geschmack angenehm süßsäuerlich. Der Baum wächst mittelstark und steil aufrecht.

Evas Apfel

Doppelname: Evas Kalvill; Pomme d'Eve

Sehr guter Tafel- und Wirtschaftsapfel. Genussreife ab Ende Dezember. Haltbarkeit bis Anfang April. Großer, fast rundlicher, ziemlich gleichmäßig gebauter Apfel. Rippen flach, aber deutlich über die Frucht laufend. Querschnitt etwas flachkantig. Fruchtschale glatt, etwas fettig, grün, später hellgrün bis gelblichgrün. Sonnenseite leicht gerötet und etwas gestreift. Schalenpunkte zahlreich, fein bis mitteldick, grünlichbraun. Manchmal leichte Anflüge von

Rost. Geruch deutlich. Fruchtfleisch gelblich bis grünlichgelb, fein, saftreich, angenehm himbeerartig gewürzt. Etwas vorherrschende Säure bei ausreichendem Zuckergehalt.

Evas Kalvill *siehe* Evas Apfel
Eve Apfel *siehe* Manks Apfel
Eve Apple of Scotland *siehe* Manks Apfel

F

Fairs Nonpareil *siehe* Fairs Vortrefflicher

Fairs Vortrefflicher

Doppelnamen: Fairs Nonpareil; Nonpareille de Fair

Sehr guter Tafel-, guter Wirtschaftsapfel. Genussreife ab Anfang Dezember. Haltbarkeit bis Anfang März. Kleiner, abgestumpft länglichrunder, gleichmäßig gebauter Apfel. Fruchtschale glatt, hellgrün, später hellgelb. Sonnenseite etwas goldiger. Schalenpunkte zahlreich, fein, auf der Sonnenseite mitteldick, bräunlich. Die Frucht welkt auf dem Lager nur wenig. Geruch schwach. Fruchtfleisch gelblichweiß, fein, saftig, mild renettenartig gewürzt. Vorherrschende kräftige, angenehme Säure bei ausreichendem Zuckergehalt.

Falscher Gravensteiner *siehe* Geflammter Kardinal
Falscher Roter Gravensteiner *siehe* Cox' Pomona

Fameuse

Doppelnamen: Chimney Apple; Du Maréchal; Pomme Fameuse; Sangineuse; Schneeapfel; Snow Chimney

Frucht: Die Sorte entstand aus Samen, den die ersten Siedler von Frankreich nach Amerika gebracht hatten. Pflanzjahr 1730 am Chimney Point bei Vermont.
Guter Tafel- und Wirtschaftsapfel. Frucht mittelgroß, gleichmäßig kugelig rund, flache Kelchgrube. Fruchtschale glatt, glänzend. Schalenfarbe wachsgelb mit kurzen roten Streifen. Fruchtfleisch weiß mit rötlichen Spuren, weich, saftig. Geschmack süßsäuerlich, aromatisch. Baumreife ab Anfang Oktober. Haltbarkeit bis Dezember.
Baum: Der Baum bildet eine große, flachkugelige Krone. Äste dicht, nach außen überhängend. Wuchs mittelstark. Sommerschnitt fördert die Fruchtausfärbung. Anbau vorwiegend in kühlen Höhenlagen. Blüte spät, frostsicher. Widerstandsfähig gegen Krankheiten und Schädlinge. Neigung zur Alternanz. Empfehlenswert für Obstwiesen und Gärten in Grenzlagen.

Fanarika *siehe* Weißer Astrachan

Faßapfel

Brauchbarer Wirtschaftsapfel. Verarbeitung ab Anfang November. Haltbarkeit nur bis Januar.

Großer, abgestumpft walzenförmiger, meist ziemlich gleichmäßig gebauter Apfel. Rippen flach über die Frucht laufend. Querschnitt nicht ganz rund. Fruchtschale fein, glatt, fettig, hellgrünlichgelb, später hellgelb. Sonnenseite etwas goldiger. Manchmal schwach gerötet, leicht gestreift. Schalenpunkte zahlreich, sehr fein, bräunlich. Kein Geruch. Fruchtfleisch gelblichweiß, grob, locker, saftig, ohne Würze. Kräftige Säure bei geringem Zuckergehalt. Der Baum ist sehr ertragreich.

Fäßlesapfel *siehe* Langer Grüner Gulderling
Fauquemont *siehe* Dame de Fauquemont
Favorite *siehe* Munroes Favorite
Fays *siehe* Präsident de Fays
Fearn's Apple *siehe* Cox' Pomona
Federal Pearmain *siehe* Staatenparmäne

Fedorowka (Russische Züchtung, keine Sortenbeschreibung)

Feldkirchner Renette *siehe* Krügers Dickstiel
Fertile de Frogmore *siehe* Fruchtbarer von Frogmore

Fettapfel

Guter Tafel- und Wirtschaftsapfel. Genussreife ab September. Haltbarkeit nur bis November. Großer, plattrunder Apfel. Baum mittelgroß, gesund. Für alle Erziehungsformen geeignet. Der Ertrag ist gut und regelmäßig. Wegen des zufriedenstellenden Ertrags, der Frosthärte und der Gesundheit vor allem an der Niederelbe häufiger angebaut.

Fette Goldrenette

Sehr guter Tafel- und Wirtschaftsapfel. Genussreife ist ab Ende November. Haltbarkeit bis Februar. Mittelgroßer bis großer, abgestumpft flachrunder, ziemlich gleichmäßig gebauter Apfel. Fruchtschale glatt, fettig, hellgrün, später grünlichgelb bis lebhaft gelb. Sonnenseite goldiger, leicht gerötet und intensiv gestreift. Schalenpunkte fein, bräunlich. Geruch schwach. Fruchtfleisch hellgelb, fein, saftig, mittelstark gewürzt. Etwas vorherrschende Säure bei ausreichendem Zuckergehalt.

Feuerroter Taubenapfel *siehe* Ildröd Taubenapfel

Feys Rekord (Züchtung der Baumschule Fey, Rheinland. Keine Sortenbeschreibung)

Fiesta

Die Sorte entstand 1971 in England aus 'Cox' Orangenrenette' x 'Idared'. Sie kam 1985 in den Handel.

Mittelgroße, runde Frucht, regelmäßig geformt. Baumreife Mitte September, Genussreife ab Ende Oktober, Haltbarkeit bis Februar. Fruchtschale gelb, zur Reifezeit von leuchtend roter Farbe fast vollständig bedeckt, teilweise auch leicht gestreift. Nur wenig berostet. Fruchtfleisch saftig, abknackend, edel gewürzt. Gute Befruchtersorte, teilweise selbstfruchtbar.
Der Baum wächst mittelstark bis stark. Durch den flachwinkligen Ansatz der Seitentriebe ist die Spindelerziehung gut möglich. Der Ertrag setzt früh ein, ist regelmäßig und hoch. Ausreichend widerstandsfähig gegen Krankheiten und Lagerschäden.

Fießers Erstling

Fießers Erstling (Abbildung Seite 139)

Die Sorte entstand 1896 bei Baden-Baden.
Doppelname: Rotfranche

Ausgesprochener Mostapfel. Sehr große, rundliche, regelmäßig gebaute Frucht. Fruchtschale gelb, auf der Sonnenseite gerötet und unregelmäßig gestreift. Fruchtfleisch weiß, saftig, mit erfrischendem, weinsäuerlichem Aroma. Verarbeitung ab November. Haltbarkeit bis Februar. Der Baum wächst ungewöhnlich stark und gesund. Ertrag früh einsetzend und sehr hoch. Die Sorte ist weitgehend rauchgasfest.

Filippas Apfel

Filippas Apfel

Die Sorte entstand 1877 bei Hunstrup/Fünen.

Guter Tafel- und Wirtschaftsapfel. Genussreife ab Oktober. Haltbarkeit bis Dezember. Frucht mittelgroß bis groß. Der Baum wächst mittelstark und erfordert wenig Rückschnitt. Für Hochstamm, Halbstamm und Busch geeignet. Ertrag mittelfrüh einsetzend, mittelhoch und alle zwei Jahre regelmäßig. Für gute, feuchte Böden bei ausreichender Ernährung. Werden die Bodenansprüche berücksichtigt, ist die Sorte auch noch für raue Lagen geeignet. Der Apfel wird in Norddeutschland stärker angebaut. Nachteilig ist der schwache Stiel, der zu stärkerem Vorerntefruchtfall führen kann.

Fin d'Automne *siehe* Kaiser Alexander

Findling von Bedfordshire

Doppelnamen: Bedfordshire Forming; Bedfordshire Foundling; Cambridge Pippin; Mignon de Bedford; Trouvée dans le Comté de Bedford

Ein ausgezeichneter Tafel- und Wirtschaftsapfel. Die Genussreife ist ab Dezember. Haltbarkeit bis März. Großer bis sehr großer, flachkugelförmiger, etwas ungleichmäßig gebauter Apfel. Rippen flach über die Frucht laufend. Im Querschnitt nicht ganz rund. Fruchtschale glatt,

gelblichgrün, später gelb. Sonnenseite etwas goldiger, manchmal orangegelb. Fruchtfleisch gelblich, ziemlich fein, sehr saftig, etwas gewürzt. Vorherrschende kräftige Säure bei ausreichendem Zuckergehalt.
Baum: Kräftiger Wuchs. Wegen der Frostempfindlichkeit und der großen Früchte nicht für Frostlagen und dem Wind ausgesetzten Standorten. Für alle Erziehungsformen geeignet. Ertrag gut. Die Sorte wird nur wenig von der Obstmade befallen.

Finkenwerder *siehe* Große Kasseler Renette

Finkenwerder Prinzenapfel

Finkenwerder Prinzenapfel

Eine Lokalsorte von der Niederelbe
Doppelname: Hasenkopf

Frucht: Guter Wirtschafts- und Tafelapfel für den Frischverzehr. Baumreife ab Anfang Oktober. Genussreife ab Januar. Haltbarkeit bis Februar. Große, spitzkegelförmige Frucht. Fruchtschale gelb, Sonnenseite rot gestreift. Fruchtfleisch weißlichgelb, gewürzt, harmonisches Säure-Zucker-Verhältnis. Die Frucht neigt vor allem in trockenen Lagern zum Welken.
Baum: Mittelstarker Wuchs, Zweige hängend. Für Hoch- und Halbstamm empfehlenswert. Die Sorte verlangt kräftigen Boden und feuchtes Klima. Deshalb vor allem für das Küstengebiet geeignet. Blüte widerstandsfähig. Guter Pollenspender. Ertrag früh einsetzend, reich und regelmäßig. Die Sorte braucht einen sorgfältigen Erziehungsschnitt. Bei guten Wuchsbedingungen ist sie widerstandsfähig gegen Krankheiten und Schädlinge.

Fischer *siehe* Jakob Fischer

Fish's Rambur

Guter Tafel-, sehr guter Wirtschaftsapfel. Genussreife ab November. Haltbarkeit bis Dezember. Sehr großer, flachrunder, ungleichmäßig gebauter Apfel. Rippen breit und flach über die Frucht laufend. Querschnitt nicht ganz rund. Fruchtschale meist glatt, manchmal etwas fettig. Die Schalenfarbe ist grün, später hellgrün bis grünlichgelb. Sonnenseite meist intensiver gelb,

Fish's Rambur

manchmal bräunlichrot. Schalenpunkte fein, braun. Häufig leichte Anflüge von Rost. Geruch schwach. Fruchtfleisch grünlichweiß, etwas grob, sehr saftig, nicht merklich gewürzt. Vorherrschende kräftige Säure bei geringem Zuckergehalt.

Five Crowned Pepping *siehe* London Pepping
Flambaux *siehe* Roter Herbstkalvill

Flandrischer Rambur

Doppelname: Rambour de Flandre

Sehr guter Wirtschaftsapfel. Verarbeitung ab Anfang November. Haltbarkeit bis Ende Januar. Sehr großer, flachrunder, etwas ungleichmäßig gebauter Apfel. Rippen flach und unregelmäßig über die Frucht laufend. Fruchtschale etwas fettig, grünlichgelb, später gelb. Sonnenseite trüb rot, Schattenseite heller rot überzogen und kräftig gestreift. Schalenpunkte zahlreich, fein, braun, in der Rötung hell. Geruch deutlich. Fruchtfleisch grünlich bis gelblichgrün, halbfein, zur Stippe neigend. Saftreich, wenig gewürzt, vorherrschende kräftige, angenehme Säure bei geringem Zuckergehalt.

Flaschenapfel *siehe* Prinzenapfel
Flavoise *siehe* Gelber Bellefleur
Fleiner *siehe* Kleiner Fleiner
Fleiner du Roi *siehe* Königs Fleiner
Fleur en Cloche *siehe* Laternenapfel
Florentinerapfel *siehe* Danziger Kantapfel

Florianer Rosenapfel

Doppelname: Rose de St. Florian

Sehr guter Tafel- und Wirtschaftsapfel. Die Genussreife ist ab Oktober. Haltbarkeit bis Dezember. Mittelgroßer, abgestumpft eiwalzenförmiger, meist etwas ungleichmäßig gebauter Apfel.

Flentinsky (Keine Sortenbeschreibung)

Florianer Rosenapfel

Rippen flach und unregelmäßig über die halbe Frucht laufend. Querschnitt nicht ganz rund. Fruchtschale fein, etwas fettig, bereift. Schalenfarbe grünlichgelb, später gelb. Sonnenseite punktiert gerötet. Die ganze Frucht ist zur Reifezeit gestreift. Schalenpunkte fein, hellbraun. Geruch deutlich. Fruchtfleisch gelblichweiß, fein, saftig, gewürzt. Etwas vorherrschende Säure bei geringerem Zuckergehalt.

Florina

Doppelname: Querina

In Frankreich gezüchtete, schorfresistente Lagersorte. Frucht mittelgroß, hochgebaut. Fruchtschale rot bis violett. Fruchtfleisch saftig, süßlich, etwas parfümiert, wenig Aroma. Der Baum wächst stark. Zahlreiche Langtriebe, wenig Seitentriebbildung. Kronenaufbau dadurch etwas schwierig. Neigung zur Alternanz. In Ertragsjahren ist eine Fruchtausdünnung empfehlenswert. Die Ansprüche an Boden und Klima sind mittelhoch. Die Sorte eignet sich vor allem für den Hausgarten.

Flory of Winter Banana *siehe* Winterbananenapfel
Forellenrenette *siehe* Getüpfelte Renette

Forfar Pepping

Sehr guter Tafel- und Wirtschaftsapfel. Genussreife ab Januar. Haltbarkeit bis Mai. Kleiner bis mittelgroßer, walzenförmiger, gleichmäßig gebauter Apfel. Fruchtschale dick, fein aufgeraut durch Anflüge von braunem Rost, von dem die ganze Frucht bedeckt sein kann. Schalenfarbe grün, später gelblichgrün. Schalenpunkte zahlreich, dick, sternförmig. Die Frucht neigt auf dem Lager zum Welken. Kein Geruch. Fruchtfleisch grünlichweiß, fein, etwas schwammig, ausreichend saftig, milde Würze. Harmonisches Zucker-Säure-Verhältnis.

Forge *siehe* Schmiedeapfel
Formosa Pippin *siehe* Ribston Pepping
Forsteck *siehe* Kalvill von Forsteck
Fouquet *siehe* Kalvill Fouquet
Fourniere *siehe* Renette Fourniére

Fraas Sommerkalvill

Fraas Sommerkalvill

Die Sorte entstand um 1850 bei Balingen/Württemberg.

Sehr guter Tafel-, guter Wirtschaftsapfel. Genussreife ab Anfang September. Haltbarkeit bis Oktober. Mittelgroße bis große, unterschiedlich stark abgestumpfte, rundlich-kegelförmige Frucht, meist regelmäßig gebaut. Rippen flach über die ganze Frucht laufend. Querschnitt flachkantig. Fruchtschale etwas fettig, glänzend, hellgrün, später grünlichgelb. Sonnenseite häufig leicht gerötet. Schalenpunkte zahlreich, fein, bräunlich. Geruch schwach. Fruchtfleisch weiß, ziemlich fein, etwas locker, saftig. Etwas balsamartig gewürzt. Vorherrschende angenehme und milde Säure bei ausreichendem Zuckergehalt. Der Baum wächst stark und gesund. Der Ertrag ist reich und in jedem zweiten Jahr regelmäßig. Ansprüche an den Boden gering. Bei guter Ernährung auch für trockene und raue Standorte.

Fränkischer Eßlinger

Fränkischer Eßlinger

Tafel- und Wirtschaftsapfel. Frucht groß bis sehr groß, kugelförmig bis stumpf zugespitzt. Rippen deutlich über die ganze Frucht laufend. Fruchtschale fettig. Schalenfarbe hellgrün, zur Reifezeit hellgelb mit grünen Flecken. Sonnenseite meist nur um die Stielwölbung leicht gestreift oder verwaschen gerötet. Wenige Schalenpunkte, sehr fein. Angenehmer, intensiver Geruch. Fruchtfleisch grünlich, sehr saftig, angenehm süßsäuerlich. Reifezeit Oktober. Haltbarkeit bis Dezember.
Der Baum wächst sehr stark. Die Sorte ist anfällig für Stippe.

Französische Goldrenette

Fraise de Washington *siehe* Erdbeerapfel von Washington
Framboise d'Hiver *siehe* Weißer Winterkalkvill
France Saure *siehe* Nimmermür
Französische Edelrenette *siehe* Edelrenette

Französische Goldrenette (Abbildung Seite 144)

Doppelname: Reinette Dorée

Sehr guter Tafel- und Wirtschaftsapfel. Genussreife ab Ende Dezember. Haltbarkeit bis April. Mittelgroßer, abgestumpft rundlicher, ziemlich gleichmäßig gebauter Apfel. Die Fruchtschale ist glatt und etwas fettig, manchmal fein aufgeraut durch zimtfarbigen, schuppigen Rost und zahlreiche, feine bis mitteldicke, grünbraune, fühlbare Schalenpunkte. Schalenfarbe grünlichgelb, später grünlich goldgelb. Sonnenseite unterschiedlich stark gerötet und gestreift. Die Frucht welkt auf dem Lager nur wenig. Geruch schwach. Fruchtfleisch gelblichweiß, fein, saftig. Renettenartig gewürzt, wenig vorherrschende Säure bei ausgeglichenem Zuckergehalt. Der Baum wächst mäßig stark. Er braucht guten Boden und gute Ernährung. Bei ungeeigneten Wuchsbedingungen bleibt die Sorte kleinfrüchtig. Erziehung vorwiegend als Halbstamm und Busch.

Französischer Edler Prinzessinapfel *siehe* Französischer Prinzessinapfel
Französische Renette *siehe* Edelrenette
Graue Französische Renette
Französischer Königlicher Edelapfel *siehe* Königlicher Edelapfel

Französischer Prinzessinapfel

Doppelnamen: Französischer Edler Prinzessinapfel; Princesse Noble des Chartreux

Guter Tafel-, sehr guter Wirtschaftsapfel. Genussreife ab Ende Dezember. Haltbarkeit bis Juni. Mittelgroßer, stark abgestumpft rundlicher, ziemlich gleichmäßig gebauter Apfel. Die Fruchtschale ist glatt, etwas fettig, hellgrün, später grünlichgelb bis fast gelb. Sonnenseite dunkel gerötet und fein gestreift. Schalenpunkte fein, bräunlich. Geruch merklich. Fruchtfleisch gelblichgrün, fein, saftig. Aroma wenig ausgeprägt. Geringer Säure-, hoher Zuckergehalt.

Französischer Quittenapfel *siehe* Weißer Winterkalvill

Fraschdorfer Streifling

Sehr guter Wirtschaftsapfel. Verarbeitung ab Anfang Januar. Haltbarkeit bis Mai. Großer bis sehr großer, abgestumpft eiförmiger, ziemlich gleichmäßig gebauter Apfel. Querschnitt nicht ganz rund. Fruchtschale glatt, grün, später grünlichgelb. Sonnenseite gerötet und intensiv gestreift. Schalenpunkte fein bis mitteldick, graubraun. Geruch schwach. Fruchtfleisch grünlichgelb, halbfein, saftig, wenig Würze. Vorherrschende Säure bei hohem Zuckergehalt. Geruch deutlich.

Frauenapfel *siehe* Backapfel
Deggendorfer Frauenapfel
Ladies Sweet

Frau Margarete von Stosch (Keine Sortenbeschreibung)

Frauenkalvill

Doppelname: Calville des Femmes

Sehr guter Tafel- und Wirtschaftsapfel. Genussreife ab Ende Januar. Haltbarkeit bis Mai. Mittelgroßer bis großer, abgestumpft flachrunder, gleichmäßig gebauter Apfel. Rippen flach über die Frucht laufend. Querschnitt nicht ganz rund. Fruchtschale glatt, hellgrün, später zitronengelb. Sonnenseite meist gerötet und gestreift. Schalenpunkte fein, hellbraun. Manchmal leichte Anflüge von Rost. Die Frucht welkt auf dem Lager nur wenig. Geruch schwach. Fruchtfleisch grünlichgelb, fein, saftig, schwach gewürzt. Harmonisches Zucker-Säure-Verhältnis.

Frauenrothacher

Die Sorte ist vorwiegend in der Schweiz verbreitet.
Doppelname: Pomme de Chataignier

Guter bis sehr guter Tafel- und Wirtschaftsapfel. Genussreife ab November. Haltbarkeit bis Juli und länger. Mittelgroßer, abgestumpft rundlicher, ziemlich gleichmäßig gebauter Apfel. Fruchtschale glatt, grünlichgelb, später kräftig gelb. Sonnenseite intensiv gerötet und gestreift. Schalenpunkte zahlreich, fein, braun. Kein Geruch. Fruchtfleisch gelblichweiß, unter der Schale meist etwas gerötet. Fein, fest, ziemlich saftig, etwas renettenartig gewürzt. Vorherrschende Säure bei hohem Zuckergehalt.

Freiburger Prinz

Lokalsorte von der Niederelbe

Winterapfel. Fruchtform hoch, etwas unregelmäßig. Fruchtschale grünlichgelb, ohne Deckfarbe, zahlreiche Schalenpunkte.
Fruchtfleisch mit ausgeprägter Säure. Erträge regelmäßig. Sehr widerstandsfähig gegen Krankheiten und Schädlinge.

Freiburger Renette

Lokalsorte aus Südbaden

Sehr guter Wirtschafts-, guter Tafelapfel. Genussreife ab Ende September. Haltbarkeit bis Mitte Oktober. Früchte mittelgroß, flachrund. Zur Reifezeit auf der Sonnenseite rot geflammt. Geschmack süßsäuerlich. Der Baum wächst mittelstark und bildet eine breite Krone aus.

Freiherr von Berlepsch *siehe* Goldrenette Freiherr von Berlepsch

Freiherr von Trauttenberg

Doppelname: Tulpenapfel

Sehr guter Tafel- und Wirtschaftsapfel. Genussreife ab November. Haltbarkeit bis Februar. Mittelgroßer bis großer, abgestumpft eiwalzenförmiger, ziemlich gleichmäßig gebauter Apfel. Rippen flach über die Frucht laufend. Querschnitt nicht ganz rund. Fruchtschale glatt, etwas fettig, grünlichgelb, später gelb. Sonnenseite meist etwas goldiger und leicht gerötet. Schalenpunkte fein, bräunlich. Geruch schwach. Fruchtfleisch gelblichweiß, fein, saftig, angenehm, aber nicht stark gewürzt. Vorherrschende milde Säure bei ausreichendem Zuckergehalt. Der Baum wächst mittelstark, gesund und gedeiht noch auf trockenem Boden. Der Ertrag setzt früh ein, ist hoch und ziemlich regelmäßig.

Freiherr von Ulmenstein (Keine Sortenbeschreibung)

French Reinette *siehe* Edelrenette

Freyberg

Eine international geschützte Neueinführung

Frucht: Großer Winterapfel. Baum- und Genussreife ab Oktober. Haltbarkeit bis in den Februar. Fruchtschale goldgelb. Das Fruchtfleisch ist gelblichweiß, saftig, süßsäuerlich, bemerkenswertes Aroma.
Baum: Mittelstarker Wuchs. Für alle Erziehungsformen geeignet. Die Ansprüche an den Boden

sind mittelhoch. Der Standort sollte aber geschützt sein. Blüte mittelfrüh. Guter Pollenspender. Selbstbefruchter. Der Ertrag setzt früh ein, ist hoch und regelmäßig. Die Sorte ist sehr widerstandsfähig gegen Krankheiten.

Friandise *siehe* Der Leckerbissen
Friedrichsdragoner *siehe* Roter Winterkronenapfel
Friedrich von Baden *siehe* Großherzog Friedrich von Baden
Friesland *siehe* Wintergoldparmäne
Frimely Beauty *siehe* Morgenduft
Frith Pippin *siehe* Manks Apfel
Frith Pitcher *siehe* Manks Apfel
Frogmore Prolifique *siehe* Fruchtbarer von Frogmore

Fromms Renette

Fromms Renette

Lokalsorte aus dem Lallinger Winkel/Niederbayern

Frucht: Sehr guter Tafel- und Wirtschaftsapfel. Genussreife ab Ende November. Haltbarkeit bis März. Kleiner bis mittelgroßer, abgestumpft rundlicher bis flachrunder, gleichmäßig gebauter Apfel. Fruchtschale glatt, grünlichgelb, später lebhaft gelb. Sonnenseite etwas goldiger und manchmal leicht gerötet. Schalenpunkte klein, braun. Manchmal feine Rostanflüge. Geruch deutlich. Fruchtfleisch hellgelb, fein, ziemlich saftig, gewürzt. Etwas vorherrschende Säure bei ausreichendem Zuckergehalt.
Baum: Starker Wuchs, weit ausladende Krone. Für alle Erziehungsformen geeignet. Ansprüche an den Boden mittelhoch. Bei guten Klimabedingungen noch für höhere Lagen geeignet. Blüte mittelfrüh. Schlechter Pollenspender. Der Ertrag ist ziemlich hoch. Sehr frostwiderstandsfähig. Die Sorte war früher in Bayern amtlich empfohlen.

Fruchtbarer Norfolker

Doppelname: Norfolk Bearer

Ein sehr guter Tafel- und Wirtschaftsapfel. Genussreife ab Januar. Haltbarkeit bis Ende April.

Mittelgroßer, stark abgestumpft rundlicher, meist gleichmäßig gebauter Apfel. Starke breite Falten laufen deutlich über die Frucht. Fruchtschale glatt, etwas fettig, grün, später grünlichgelb. Sonnenseite meist nur wenig gerötet. Schalenpunkte zahlreich, fein, bräunlich. Geruch fehlt. Fruchtfleisch gelblichgrün, fein, sehr saftig, wenig gewürzt. Vorherrschende milde Säure bei ausreichendem Zuckergehalt.

Fruchtbarer von Frogmore

Fruchtbarer von Frogmore

Doppelnamen: Fertile de Frogmore; Frogmore Prolifique

Mittelgroßer, wenig abgestumpft rundlicher bis flachrunder, gleichmäßig gebauter Apfel. Fruchtschale glatt, matt glänzend, grünlichgelb, später gelb. Schalenpunkte fein, braun. Nur selten Anflüge von Rost. Geruch fehlt. Fruchtfleisch weiß, fein, saftig, gewürzt. Schwache Säure bei geringem Zuckergehalt.

Frühapfel von Rouen

Frühapfel von Rouen (Abbildung Seite 149)

Doppelname: Pomme Rouenaise Hätive

Mittelgroßer bis großer, abgestumpft kegelwalzenförmiger, gleichmäßig gebauter Apfel. Querschnitt nicht ganz rund. Fruchtschale glatt, etwas fettig, hellgrün, später hellgelb. Sonnenseite punktiert gerötet und kräftig gestreift. Schalenpunkte fein. Geruch fehlt. Fruchtfleisch weiß, fein, ausreichend saftig, etwas gewürzt. Vorherrschende angenehme Säure bei ausreichendem Zuckergehalt.

Frühe Cox' Orangenrenette *siehe* James Grieve

Früher Nonpareil

Früher Nonpareil

Doppelnamen: Early Nonpareil; Hicks Fancy; Hicks Liebling; Nonpareille Nouvelle; Wieks Liebling

Sehr guter Tafel-, guter Wirtschaftsapfel. Genussreife ab November. Haltbarkeit bis Februar. Kleiner bis mittelgroßer, rundlicher bis flachrunder, gleichmäßig gebauter Apfel. Fruchtschale zum Teil fein aufgeraut. Schalenfarbe gelblichgrün, später lebhaft gelb. Sonnenseite manchmal etwas gerötet. Schalenpunkte zahlreich, mitteldick, braun, auf der Sonnenseite dicker und oft etwas rötlich. Um die Stielwölbung häufig Anflüge von feinem Rost. Die Frucht welkt auf dem Lager nur wenig. Der Geruch ist sehr schwach. Fruchtfleisch gelblichweiß, fein, saftig, renettenartig gewürzt. Vorherrschende angenehme Säure bei geringerem Zuckergehalt.

Früher Rambur *siehe* Backapfel

Früher Sperberapfel

Sehr guter Tafel- und Wirtschaftsapfel. Genussreife ist ab Mitte September. Haltbarkeit bis Oktober. Kleiner bis mittelgroßer, abgestumpft rundlich-kegelförmiger, meist ziemlich gleichmäßig gebauter Apfel. Rippen flach über die Frucht laufend. Querschnitt nicht ganz rund. Schale glatt, etwas fettig, matt glänzend. Schalenfarbe grünlichgelb, später hellgelb. Schalenpunkte unterschiedlich häufig, meist fein, braun, manchmal grün. Der Geruch ist ziemlich stark. Fruchtfleisch weiß, fein, saftig, etwas rosenapfelartig gewürzt. Vorherrschende Säure bei ausreichendem Zuckergehalt.

Früher Victoria

Früher Victoria

Die Sorte stammt aus Deutschland oder England.
Doppelnamen: Early Victoria; Emmethy Early

Frucht: Guter früher Tafel- und Wirtschaftsapfel. Baum- und Genussreife Anfang August. Haltbarkeit gering. Frucht mittelgroß. Schalenfarbe hellgelb. Fruchtfleisch geschmacklich zufriedenstellend.
Baum: Der Baum wächst schwach. Erziehungsformen Halbstamm, Busch und Spindelbusch. Anbau nur auf guten, nahrhaften Apfelböden. Ansprüche an Standort und Klima mittelhoch. Guter Pollenspender. Der Ertrag setzt sehr früh ein. Die Sorte trägt schon am einjährigen Holz. Ein Massenträger, der zur Qualitätsverbesserung ausgedünnt werden sollte.

Früher Welschisner *siehe* Welschisner

Fuji

Doppelname: Tohoku 7
Entstanden 1962 in der Versuchsstation Morioka/Japan aus 'Ralls Janet' und 'Red Delicious'.

Mutanten:
Aki-Fu 1: leicht gestreift, ein Drittel der Oberfläche ist ausgefärbt
Aki-Fu 7: deutlich gestreift, die Hälfte der Frucht ist ausgefärbt
Fuji Redspot 1: bräunlich-rot
Ivate 10: dunkelrot mit ausgeprägten Streifen
Moriho-Fu 1: bräunlich-rot
Naga-Fu 1: intensiv gefärbt, Fruchtschale kräftig rot, später auch gestreift
Naga-Fu 2: deutlich gestreift
Naga-Fu 6: stark gestreift, wichtige Selektion
Naga-Fu 12: kräftig rot, deutlich gestreift

Spur Fuji (= Iwamatsu): frühe Ausfärbung, deutlich gestreift
Sun Fuji: kirschrot mit starker Streifung
Yataka-Fuji: reift früher als die Standardsorte
Red-Fuji: spätreifend, Frucht rund bis länglich, stark ausgefärbt, nur für milde Anbaugebiete
Early Fuji: in China verbreitet, früh ausreifend

Frucht: Wichtiger Tafelapfel, der vor allem auf der Südhalbkugel verbreitet ist. Frucht groß, gleichmäßig rund. Fruchtschale fest, etwas zäh, Schalenpunkte sternförmig. Schalenfarbe rosa bis rot, gestreift. Fruchtfleisch cremeweiß, feinkörnig, saftig, abknackend. Geschmack sehr süß, leicht parfümiert. Die Früchte sind empfindlich gegen Sonnenbrand.
Baum: Mittelstarker Wuchs, Äste dünn, verhältnismäßig flach: Die Sorte neigt zur Alternanz. Sehr anfällig für Feuerbrand. Ansprüche an Boden und Klima ziemlich hoch.

Fürst Bismarck

Guter Tafel-, sehr guter Wirtschaftsapfel. Genussreife ab Dezember. Haltbarkeit bis April. Kleiner, rundlich-eiförmiger, gleichmäßig gebauter Apfel. Fruchtschale glatt, grünlichgelb, später gelb bis goldgelb. Zur Reifezeit intensiv gerötet und etwas gestreift. Schalenpunkte zahlreich, fein bis mitteldick, braun, oft mit hellem Hof. Geruch fehlt. Fruchtfleisch gelblich-weiß, fein, oft etwas zäh, saftig. Etwas renettenartig gewürzt. Unterschiedlich starke Säure bei entsprechendem Zuckergehalt.

Fürstenapfel *siehe* Backapfel
Gestreifter Fürstenapfel
Grüner Fürstenapfel
Moldauer Taubenapfel
Fürstenblut *siehe* Roter Herbstkalvill

Fürst Lippe

Doppelname: Prince de Lippe

Guter Tafel-, sehr guter Wirtschaftsapfel. Genussreife ab Dezember. Haltbarkeit bis März. Mittelgroßer bis großer, abgestumpft eiförmiger, ziemlich gleichmäßig gebauter Apfel. Rippen flach über die halbe Frucht laufend. Querschnitt meist rund. Fruchtschale etwas fettig, glänzend, hellgrün, später grünlichgelb bis gelb. Sonnenseite und Stielbereich punktiert oder geflammt gerötet, oft auch deutlich gestreift. Schalenpunkte fein, bräunlich, oft mit hellrotem Hof. Geruch schwach. Fruchtfleisch grünlichgelb, ziemlich fein, etwas locker, saftig, wenig gewürzt. Vorherrschende Säure bei geringerem Zuckergehalt.

G

Gacksapfel

Findling im Wald von Berghausen, Kreis Wetzlar

Gute Wirtschafts- und Keltersorte. Baumreife Ende September. Verwendung bis Februar. Mittelgroßer bis großer, walzenförmiger Apfel. Fruchtschale glatt, bewachst. Schale leicht lila, auf der Sonnenseite karmesinrote, dünne Streifen. Fruchtfleisch gelblichweiß, fein, saftig, manchmal glasig.
Der Baum bildet eine große, anfangs aufrechte, später überhängende Krone. Wuchs stark, bei Vollertrag mittelstark. Ansprüche an Boden und Klima gering, bis in mittlere Höhenlagen anbaufähig. Krebsanfällig. Neigung zur Alternanz. Nur für den Streuobstanbau empfehlenswert.

Gaesdonker Renette

Gaesdonker Renette

Doppelname: Geasdonker Goldrenette

Sehr guter Tafel- und Wirtschaftsapfel. Genussreife ab Anfang Januar. Haltbarkeit bis Mai. Mittelgroßer, stark abgestumpft rundlicher, etwas ungleichmäßig gebauter Apfel. Schale glatt, nur stellenweise fein rau. Matt glänzend, hellgrün, später grünlichgelb bis hellgelb. Sonnenseite zuweilen trüb gerötet. Punkte zahlreich, mitteldick, auch eckig, graubraun, oft hellumflossen. Leichte Berostungen häufig. Die Frucht welkt auf dem Lager nur wenig. Geruch kaum merklich. Fruchtfleisch gelblichweiß, fein, abknackend bis markig. Saftig, renettenartig gewürzt. Vorherrschende kräftige Säure bei ausreichendem Zuckergehalt.

Gaillys Herzogin von Brabant

Von Gailly in Laeken/Belgien gezogen
Doppelname: Duchesse de Brabant

Guter Tafel-, sehr guter Wirtschaftsapfel. Genussreife ab November. Haltbarkeit bis Februar.

Großer, walzenförmiger, ziemlich gleichmäßig gebauter Apfel. Rippen ungleichmäßig und flach, aber deutlich ausgeprägt. Fruchtschale grünlichgelb, später gelb. Sonnenseite leicht gerötet mit einzelnen roten Streifen. Punkte fein, braun. Geruch kräftig. Fruchtfleisch gelblichgrün, halbfein, saftig, nicht gewürzt. Vorherrschende angenehme Säure, nur wenig süß.

Gala

Gala

Eine Kreuzung von 'Kidds Orange' x 'Golden Delicious'. Züchter Kidd in Geytown/Neuseeland. Seit 1960 im Handel.
Doppelname: Galla Delicious
Typen: Tenroy (= Royal Gala); Imperial Gala

Frucht: Sehr guter Tafelapfel. Pflückreife ab Mitte September. Haltbarkeit bis Januar. Kleiner bis mittelgroßer Apfel, etwas hochgebaut mit breiten, mittelstarken Rippen. Fruchtschale glatt, leicht berostet oder leicht wachsig. Gelb mit leuchtend rot gestreifter bis marmorierter Deckfarbe. Sehr dekoratives Aussehen. Fruchtfleisch gelblich, fest, abknackend, saftig. Sehr süß, wenig Säure. Die Frucht welkt auf dem Lager nicht, verliert jedoch das Aroma.
Baum: Mittelstarker, aufrechter Wuchs. Für alle Niederstammformen und für Obsthecken geeignet. Ansprüche an Boden und Klima mittelhoch. Blüte mittelspät, guter Pollenspender. Ertragseintritt früh, Ertrag reich und regelmäßig. Fruchtausdünnung ist empfehlenswert, um große Früchte zu erhalten. Wenig anfällig für Schorf und Mehltau. Krebsanfällig, manchmal nekrotische Blattflecken.

Galla Delicious *siehe* Gala
Galen *siehe* Kardinal Graf Galen
Gallia Beauty *siehe* Morgenduft

Galloway Pepping

Die Sorte stammt aus Galloway/Schottland.
Doppelname: Galloway Pippin

Sehr guter Tafel- und Wirtschaftsapfel. Genussreife ab Ende Dezember. Haltbarkeit bis April. Kleiner bis mittelgroßer, flachrunder, nicht ganz gleichmäßig gebauter Apfel. Fruchtschale fast glatt, manchmal Anflüge von Rost. Grünlichgelb, später gelb. Sonnenseite goldiger mit leichter Rötung. Punkte zahlreich, mitteldick, hellbraun, etwas eckig und hervorstehend. Kleine Warzen häufig. Geruch deutlich. Fruchtfleisch gelblichweiß, fein, ziemlich saftig, angenehm gewürzt. Vorherrschende Säure aber ausreichend süß. Baum gesund und stark wachsend. Erträge frühzeitig und reich.

Gammel Kjögegaards Rosenapfel

Sehr guter Tafel- und Wirtschaftsapfel. Genussreife ab September. Haltbarkeit bis Oktober. Mittelgroßer, abgestumpft kegelförmiger, etwas ungleichmäßig gebauter Apfel. Rippen flach auf der oberen Fruchthälfte verlaufend. Fruchtschale glatt, etwas fettig, matt glänzend, grünlichgelb, später kräftig gelb. Schalenpunkte ziemlich fein, rostfarben. Geruch deutlich. Fruchtfleisch gelblichweiß, fein, markig bis mürbe, saftig, rosenapfelartig gewürzt. Säure nicht hervortretend, süß.

Campirl Herbstapfel (Keine Sortenbeschreibung)

Garibaldis Kalvill

Sehr guter Tafel- und Wirtschaftsapfel. Genussreife ist ab Dezember. Haltbarkeit bis März. Großer, abgestumpft rundlicher, ziemlich ungleichmäßig gebauter Apfel. Rippen breit über die ganze Frucht laufend. Querschnitt etwas kantig. Fruchtschale glatt, etwas fettig, hellgrün, später grünlichgelb bis gelb. Sonnenseite leicht gerötet. Punkte fein, bräunlich. Geruch sehr deutlich. Fruchtfleisch gelblichweiß oder grünlichgelb, ziemlich fein bis fein, etwas locker,- mürbe, saftig, kalvillartig aber nicht sehr stark gewürzt, angenehmes Zucker-Säure-Verhältnis.

Gartenmeister Simon

Die Sorte wurde 1939 von der Baumschule Simon in Karlsruhe entdeckt.

Sehr guter Wirtschafts-, guter Tafelapfel. Genussreife ab Mitte Oktober. Haltbarkeit bis Anfang Januar. Frucht groß, kugelförmig. Fruchtschale zur Reifezeit auf der Sonnenseite gerötet. Fruchtfleisch fest, säuerlichsüß. Der Baum zeichnet sich durch seine Gesundheit aus. Er bildete eine lockere, pyramidenförmige Krone.

Gascoynes Scharlachroter

Gascoynes Scharlachroter

Um 1870 in England gezüchtet.
Doppelnamen: Gascoignes Sämling; Gascoynes Scarlett Seedling

Frucht: Sehr guter Tafel- und Wirtschaftsapfel. Mittelgroßer bis großer, breitrunder, oft ungleichmäßig gebauter Apfel. Pflückreife Ende September. Genussreife ab Oktober. Haltbarkeit bis Dezember. Fruchtschale glatt, fettig, gelblichgrün. Zur Reifezeit purpurrot geflammt. Zimtfarbige Rostfiguren ziehen sich über die ganze Frucht. Schalenpunkte grün mit rotem Hof. Fruchtfleisch grünlichweiß, nahe der Schale auch gerötet, fest, feinzellig, leicht erdbeerartig gewürzt, angenehm süß bei leichter Säure. Früchte welken bei Überlagerung.
Baum: Mittelstarker Wuchs, Krone breitrund. Für alle Erziehungsformen geeignet. Regelmäßige Überwachsungsschnitte empfehlenswert. Ertrag mittelfrüh, mittelhoch und unregelmäßig. Für gute Böden und Klimabereiche, bei intensiver Pflege bis 400 m Höhe. Anfällig für Mehltau und Schorf.

Gäsdonker Renette *siehe* Gaesdonker Renette
Gays Herbstrenette *siehe* Gays Renette

Gays Renette

Doppelnamen: Gays Herbstrenette; Reinette de Gay

Sehr guter Tafel- und Wirtschaftsapfel. Genussreife ist ab November. Haltbarkeit bis Februar. Großer, flachrunder, fast gleichmäßig gebauter Apfel. Breite, flachverlaufende Rippen. Fruchtschale glatt, etwas fettig, hellgrün, später grünlichgelb bis gelb. Sonnenseite leicht gerötet. Punkte fein, bräunlich. Manchmal kleine Anflüge von Rost. Geruch kaum merklich. Fruchtfleisch gelblichweiß, fein, erst etwas fest, später markig bis mürbe, saftig und renettenartig gewürzt. Vorherrschende Säure bei ausreichendem Zuckergehalt.

Geflammter Butterapfel *siehe* Herbstparmäne

Geflammter Cousinot

Geflammter Cousinot

Doppelname: Geflammter Früher Sommercousinot

Brauchbarer Tafel- aber ein sehr guter Wirtschaftsapfel. Genussreife ab September. Haltbarkeit bis Oktober. Mittelgroßer, flachrunder, gleichmäßig gebauter Apfel. Kleine, flache Rippen. Fruchtschale leicht fettig, glänzend, grünlichgelb, später hellgelb. Sonnenseite leicht gerötet und deutlich gestreift. Punkte fein, braun. Geruch ausgeprägt. Fruchtfleisch gelblich-weiß, fein, saftig, rosenapfelartig gewürzt. Vorherrschende Säure bei ausreichendem Zuckergehalt.

Geflammter Kardinal

Geflammter Kardinal

Eine früher weitverbreitete, sehr alte Apfelsorte, die wahrscheinlich aus Deutschland stammt. Doppelnamen: Bischofsmütze; Bürgerherrenapfel; Cardinal Blanc Flamme; Comptoirapfel (Hamburg); Falscher Gravensteiner (Braunschweig); Geflammter Weißer Kardinal; Gestreifter

Pfundapfel; Großer Schlotterapfel; Herrenapfel (Holstein, Hannover); Himbeerapfel; Himmelhahn; Hohlgacker (Bodensee); Hohlhäuschen (Pommern); Kaiserapfel; Kontorapfel (Holstein, Hannover); Meißner Gerstenapfel; Pleissener Sommerrambur (Norddeutschland); Rasselapfel; Schwerer Gravensteiner; Semmelapfel; Strudelapfel; Tortenapfel (Eifel); Weißer Kardinal

Frucht: Guter Tafel-, sehr guter Wirtschaftsapfel. Baumreife Mitte September. Genussreife ab Oktober. Haltbarkeit bis Februar. Mittelgroßer bis großer, sehr unterschiedlich und unregelmäßig hochgebauter bis platter Apfel. Fruchtschale glatt, glänzend, erst grünlichgelb, später strohgelb. Unterschiedlich kräftig gestreift. Die etwas fettige Fruchtschale deutet die sehr gute Lagerfähigkeit an. Fruchtfleisch weiß mit grünlichem oder gelblichem Schimmer. Grobfaserig, saftig, von erfrischendem Geschmack, aber ohne Gewürz und Geruch.
Baum: In der Jugend kräftig wachsend. Aufrechte Krone, die mit zunehmenden Alter breit wird. Junges Laub und junge Triebe stark wollig. Frühe Blüte, widerstandsfähig gegen Witterungseinflüsse, dadurch regelmäßige Erträge. Sehr anspruchslos gegenüber Boden und Lage. Trotz reicher Erträge und gelegentlicher Krebsanfälligkeit sehr alt werdend. Widerstandsfähig gegen Krankheiten und Schädlinge. Vorwiegend für höhere Erziehungsformen.

Gefleckter Goldapfel

Sehr guter Tafel- und Wirtschaftsapfel. Genussreife ab Ende Oktober. Haltbarkeit bis Anfang Januar. Mittelgroßer, flachrunder, gleichmäßig gebauter Apfel. Fruchtschale meist glatt, etwas fettig, häufig leichte Anflüge von Rost. Schalenfarbe grünlichgelb, später hellgelb. Sonnenseite goldiger, manchmal hell gerötet. Schalenpunkte zahlreich, unterschiedlich groß, auch eckig, hellbraun, sonnenseits häufig mit rotem Hof. Geruch kaum merklich. Fruchtfleisch gelblichweiß, fein, locker, saftig, kräftig alantartig gewürzt. Etwas Säure, vorherrschend süß.

Geheimrat Breuhahn

Geheimrat Breuhahn

1895 in Geisenheim als Sämling des 'Halberstädter Jungfernapfel' entstanden und 1934 in den Handel gebracht.

Frucht: Sehr guter Tafel- und Wirtschaftsapfel. Pflückreife ab Ende September. Genussreife ab

Oktober. Haltbarkeit bis April. Mittelgroßer bis großer, hochgebauter, etwas unregelmäßig geformter Apfel. Fruchtschale glatt, zuerst wenig, später stark fettig. Schalenfarbe gelbgrün bis rötlichgelb. Zur Reifezeit kräftig gerötet und gestreift. Fruchtfleisch gelblichweiß, fein, saftig, feine Würze, angenehmes Zucker-Säure-Verhältnis.
Baum: Wuchs mittelstark. Verzweigung muss durch Schnittmaßnahmen gefördert werden. Blüte witterungsunempfindlich. Ertrag früh einsetzend und hoch, aber nicht ganz regelmäßig. Widerstandsfähig gegen Krankheiten und Schädlinge. Frucht etwas anfällig für Stippe. Anbau auf guten Böden bis zu mittleren Höhenlagen. Vorwiegend für Niederstammformen geeignet.

Geheimrat Dr. Oldenburg

Geheimrat Dr. Oldenburg

Im Jahre 1897 in Geisenheim aus 'Minister von Hammerstein' und 'Baumanns Renette' entstanden.

Frucht: Sehr gute Tafel- und Wirtschaftsfrucht. Pflückreife ab Mitte September. Nicht zu spät ernten, da mit der Pflückreife auch der Fruchtfall einsetzt. Genussreife ab Oktober. Haltbarkeit bis Januar. Mittelgroßer, hochgebauter, manchmal etwas ungleichmäßiger Apfel. Fruchtschale dünn, später fettig werdend. Schalenfarbe grünlichgelb, später hochgelb. Sonnenseite kräftig gerötet, marmoriert und gestreift. Schalenpunkte vereinzelt, braun, bei Schattenfrüchten weiß. Feine Berostungen manchmal in der Kelchgegend. Geruch schwach. Fruchtfleisch weißlichgelb bis hell orangegelb. Ausreichend fest, saftig, etwas parfümiert. Säure schwach, deshalb manchmal etwas fad schemckend. Geruch angenehm.
Baum: Anfangs stark, später mittelstark wachsend. Kronenbau in der Jugend aufrecht, später breit werdend. Bis zu mittleren Höhenlagen für gute, nicht zu feuchte Böden und warme, geschützte Standorte geeignet. Der Ertrag setzt früh ein, bleibt stetig und hoch. Durch regelmäßigen Überwachungsschnitt und gelegentliche Verjüngung muss der vorzeitigen Vergreisung vorgebeugt werden. Auf zu trockenen Standorten ist die Sorte mehltauanfällig, in zu feuchten Lagen anfällig für Schorf und Krebs. Wegen des hohen und regelmäßigen Ertrages eine beachtenswerte Sorte für den Selbstversorgeranbau in nicht frostgefährdeten Lagen. Erziehungsformen vorwiegend Busch, Spalier und Viertelstamm.

Gehrers Rambur

Alte deutsche Sorte mit lokal begrenztem Anbau.

Frucht: Mostapfel. Pflückreife Mitte bis Ende Oktober. Verwendung sofort nach der Ernte zum Keltern. Große Frucht mit grüner Fruchtschale, hohem Säuregehalt und mittlerem Zuckergehalt.
Baum: Mittelstarker Wuchs, Ansprüche an Boden und Klima sind gering. Verträgt auch raue Lagen. Blüte spät. Erträge früh einsetzend, hoch und ziemlich regelmäßig. Zur Erziehung sind Auslichtungsschnitte empfehlenswert. Erziehungsformen ausschließlich Halb- und Hochstamm. Widerstandsfähig gegen Krankheiten und Schädlinge. Etwas schorfanfällig.

Geisenheimer Augustapfel

Sehr guter Frühapfel für den Sofortverzehr. Reifezeit ab Ende August. Frucht mittelgroß, plattrund, fast gleichmäßig gebaut. Fruchtschale schwefelgelb, Sonnenseite goldgelb, oft auch verwaschen gerötet oder gestreift. Fruchtfleisch weißlich, angenehm duftend, saftig, angenehme Säure und reiche Würze. Baum kräftig und gedrungen wachsend.

Gelbe Kasseler Renette

Sehr guter Tafel- und Wirtschaftsapfel. Genussreife ab Dezember. Haltbarkeit bis Mai. Mittelgroßer, abgestumpft rundlicher, meist ungleichmäßig gebauter Apfel. Fruchtschale teils glatt, teils fein aufgeraut. Schalenfarbe hellgelb, später intensiver gelb. Schalenpunkte sparsam, fein, auf der Sonnenseite dicker, hellbraun. Manchmal Anflüge von Rost. Geruch schwach. Fruchtfleisch hellgelb, fein, zart, saftig, edel renettenartig gewürzt, nur wenig vorherrschende Säure bei hohem Zuckergehalt.

Gelber Bellefleur

Gelber Bellefleur

In New Jersey/USA Ende des 18. Jahrhunderts entstanden.
Doppelnamen: Belle Flavoise; Blumenkalvill; Gelber Englischer Schönblühender; Lady Washington; Lincoln Pippin; Linnoeus Pepping; Linnoeus Pippin; Metzgerapfel; Metzgers Kal-

vill; Schafsnase; Thüringer Gravensteiner; Weidenapfel; Yellow Bellefleur; Yellow Bellflower; Warren Pippin; Weißer Metzgerapfel

Frucht: Edler Tafelapfel, auch zur Verwertung geeignet. Baumreife Ende Oktober. Genussreife ab November. Haltbarkeit bis März. Mittelgroßer bis großer, ei kegelförmiger, ungleichmäßig gebauter Apfel. Fruchtschale glatt, glänzend, etwas fettig. Schalenfarbe grünlichgelb, später hell zitronengelb. Oft leicht gerötet. Schalenpunkte sind zahlreich, hellbraun und weißlich. Anflüge von Rost nur selten. Kein Geruch. Fruchtfleisch gelblichweiß, oft mit grünen Adern durchzogen, fein, mürbe, angenehm renettenartig und an Bananen erinnernd gewürzt.
Baum: Wuchs schwach bis mittelstark, auffallend dünntriebig. Rückschnitt mehrere Jahre hindurch zur Erziehung einer kräftigen Krone erforderlich. Später regelmäßig die dünnen Ruten im Bauminnern auslichten. Beansprucht feuchten Standort. Bei zusagendem Boden auch noch für höhere Lagen geeignet. Ertrag regelmäßig, aber nicht sehr hoch. Etwas anfällig für Schorf, Mehltau und Krebs. Für alle Erziehungsformen geeignet.

Gelber Eckapfel

Sehr guter Wirtschaftsapfel. Verarbeitung ab Ende Dezember. Haltbarkeit bis Ende März. Mittelgroßer, walzenförmiger, fast gleichmäßig gebauter Apfel. Breite, ungleichmäßig über die Frucht laufende Rippen. Querschnitt flachkantig, oft auch dreikantig. Fruchtschale leicht fettig, glänzend, grünlichgelb, später hellgelb. Die Sonnenseite ist goldiger und leicht gerötet. Dunkle aber oft nur schwache Streifen. Schalenpunkte sehr fein, braun. Geruch deutlich. Fruchtfleisch weiß, grob, fest bis brüchig, ziemlich saftig, nicht gewürzt, ausgeprägte Säure, kaum süß.

Gelber Edelapfel

Gelber Edelapfel

Der Apfel wurde um 1800 in einem Garten in Downham/England gefunden.
Doppelnamen: Gelber Scheibenapfel; Glasapfel; Glasrenette (Baden); Plattapfel (Bayern); Golden Noble (ursprünglicher Name); Wachsapfel; Zitronenapfel (Oldenburg)

Frucht: Wertvoller Tafel- und Wirtschaftsapfel. Pflückreife ab Mitte September. Genussreife ab September/Oktober. Haltbarkeit bis Januar. Mittelgroße bis große Früchte, die sich durch ein

außergewöhnliches Ebenmaß auszeichnen. Fruchtschale dünn, glatt, leicht abziehbar. Schalenfarbe gelbgrün bis zitronengelb, bei der Reife nur etwas goldiger. Wenige feine, braune Schalenpunkte. Nur selten kleine Anflüge von Rost. Geruch schwach. Fruchtfleisch hellgelb, fein, saftig, zart aromatisch. Erfrischende Säure, hoher Gehalt an Vitamin C.
Baum: Die Sorte kann bis in Höhenlagen angebaut werden. Es eignen sich alle mit ausreichend Nährstoffen versorgten, durchlüfteten Böden, auch in kühleren Lagen. Die Frostempfindlichkeit ist gering, nur an ungeeigneten Standorten ist der Baum etwas schorf- und krebsanfällig. Der Wuchs ist mittelstark. Typisch sind die zahlreichen schlafenden Augen der starken Triebe. Nach dem Aufbauschnitt ist nur gelegentlich auszulichten. Verjüngungsschnitte werden erst später notwendig, da der Baum nicht zur Vergreisung neigt. Wegen der Starktriebigkeit weniger für Obsthecken, sonst aber für alle Stammlängen geeignet. Der Baum kann ein hohes Alter erreichen. Ertrag mittelfrüh bis mittelspät einsetzend, dann hoch und regelmäßig. Widerstandsfähig gegen Krankheiten und Schädlinge. Auf ungeeigneten Standorten etwas anfällig für Schorf und Krebs.

Gelbe Renette *siehe* Späte Gelbe Renette
Gelber Englischer Gulderling *siehe* Goldgulderling
Gelber Englischer Schönblühender *siehe* Gelber Bellefleur

Gelber Gulderling

Gelber Gulderling

Guter Tafel-, sehr guter Wirtschaftsapfel. Genussreife ab Dezember. Haltbarkeit bis April. Mittelgroßer, eikegelförmiger, fast gleichmäßig gebauter Apfel. Einige der Rippen laufen kantig über die Frucht. Fruchtschale glatt, etwas fettig und glänzend, hellgrün, später hellgelb. Punkte fein, bräunlich. Welkt auf dem Lager nur wenig. Geruch schwach. Fruchtfleisch hellgelb bis grünlichgelb, fein, mürbe, saftig, etwas gewürzt. Vorherrschende Säure, wenig Zucker.

Gelber Herbstkalvill (Abbildung Seite 163)

Guter Tafel- und sehr guter Wirtschaftsapfel. Genussreife ab Mitte September. Haltbarkeit bis Ende Oktober. Großer, abgestumpft rundlicher, ungleichmäßig gebauter Apfel. Flache, über

Gelber Herbstkalvill

die halbe Frucht laufende Rippen. Fruchtschale fein, fettig, gelblichgrün, später grünlichgelb. Sonnenseite goldiger, manchmal leicht gerötet. Geruch sehr schwach. Fruchtfleisch weiß, fein, mürbe, saftreich, etwas kalvillartig gewürzt. Vorherrschende, aber nicht scharfe Säure, ausreichend süß.

Gelber Herbststettiner

Gelber Herbststettiner

Guter Tafel-, sehr guter Wirtschaftsapfel. Genussreife ab Anfang Oktober. Haltbarkeit bis Ende Dezember. Mittelgroßer, abgestumpft rundlicher, gleichmäßig gebauter Apfel. Fruchtschale glatt, etwas fettig, glänzend, grünlichgelb, später gelb. Sonnenseite gerötet. Schalenpunkte fein, hell graubraun. Geruch ist schwach. Fruchtfleisch gelblichweiß bis weiß, fein, markig, saftig, nicht gewürzt. Vorherrschende Säure bei ausreichendem Zuckergehalt.

Gelber Lavendelpepping

Sehr guter Tafel- und Wirtschaftsapfel. Genussreife September, nur kurz lagerfähig. Kleiner bis mittelgroßer, rundlicher, etwas ungleichmäßig gebauter Apfel. Fruchtschale glatt, sehr geschmeidig, glänzend, hellgelb, später lebhafter gelb. Sonnenseite goldig. Schalenpunkte fein, manchmal bräunlich umflossen. Geruch ausgeprägt. Fruchtfleisch gelblichweiß, fein, saftig, renettenartig gewürzt, harmonisches Zucker-Säure-Verhältnis.

Gelber Pepping *siehe* Neustadts Gelber Pepping

Gelber Pepping von Ingestrie

Doppelnamen: Pippin d'Ingestrie Jaune; Yellow Ingestrie

Guter Tafel-, sehr guter Wirtschaftsapfel. Genussreife ab Oktober. Haltbarkeit bis November. Kleiner, abgestumpft rundlicher, gleichmäßig gebauter Apfel. Fruchtschale glatt, etwas fettig, grünlichgelb, später gelb. Sonnenseite goldiger, nur selten gerötet. Punkte zahlreich, sehr fein, braun, sonnenseits mit rotem Hof. Geruch schwach. Fruchtfleisch hellgelb, fein, etwas fest, später mürbe, saftig, etwas gewürzt. Angenehme Säure, ausreichend süß.

Gelber Richard

Gelber Richard

Eine sehr alte Apfelsorte, die wahrscheinlich in Norddeutschland entstanden ist.
Doppelnamen: Eutiner Gelber Richard; Grand Richard; Richard Jaune

Frucht: Sehr edler Tafelapfel. Pflückreife Anfang Oktober. Genussreife ab Oktober. Haltbarkeit bis Januar. Mittelgroßer, hochgebauter, fast gleichmäßig geformter Apfel. Fünf Rippen ziehen sich über die Frucht. Querschnitt etwas eckig. Fruchtschale grünlichweiß, später zitronengelb, zart, mit bläulich bewachstem Überzug. Reife Früchte gestrichelt gerötet mit violettem Ton. Punkte zahlreich, groß, weiß. Fruchtfleisch weiß, zart, sehr aromatisch, saftig.
Baum: Die Sorte ist sehr anspruchsvoll und verlangt guten Boden in warmer, geschützter Lage. Wachstum eher schwach, Krone hochkugelig. Ertrag spät einsetzend und wenig stark. Reifende Früchte sind sehr windempfindlich. Erziehung als Buschbaum, Halb- und Hochstamm. Anfällig für Mehltau, Schorf, Krebs und Spitzendürre. Wegen des hohen Pflegeaufwands nur eine Liebhabersorte.

Gelber Scheibenapfel *siehe* Gelber Edelapfel

Gelber Trierer Weinapfel

Gelber Trierer Weinapfel

Hervorragende Wirtschafts- und Mostsorte. Reifezeit September. Haltbarkeit bis zum Frühjahr. Kleiner bis mittelgroßer Apfel (siehe auch: Roter Trierer Weinapfel).

Gelber Winterkalvill *siehe* Weißer Winterkalvill

Gelber Winterstettiner

Doppelname: Wahrer Gelber Winterstettiner

Guter Tafel- und sehr guter Wirtschaftsapfel. Genussreife ab Januar. Haltbarkeit bis Juni. Großer, flachrunder, gleichmäßig gebauter Apfel. Fruchtschale glatt, etwas fettig, hellgrün, später

Gelbe Sächsische Renette

grünlichgelb bis gelb. Sonnenseite oft etwas trüb gerötet. Geruch merklich. Fruchtfleisch ist weiß, ziemlich fein oder halbfein, fest, saftig, wenig gewürzt. Vorherrschende Säure bei ausreichendem Zuckergehalt.

Gelbe Sächsische Renette (Abbildung Seite 165)

Guter Tafel-, sehr guter Wirtschaftsapfel. Genussreife ab Anfang Januar. Haltbarkeit bis Ende April. Kleiner, abgestumpft rundlicher, manchmal flachrunder, sehr gleichmäßig gebauter Apfel. Fruchtschale glatt, glänzend, grünlichgelb, später lebhaft gelb bis goldgelb. Sonnenseits häufig orangeroter Anflug. Punkte, sehr fein, braun. Geruch schwach. Fruchtfleisch gelblichweiß, fein, ziemlich fest, später markig, saftig, wenig gewürzt. Vorherrschende angenehme Säure, geringerer Zuckergehalt.

Gelbe Spanische Renette

Doppelnamen: Kalvillartige Renette; Renette Calville

Ausgezeichneter Tafel-, sehr guter Wirtschaftsapfel. Genussreife ab Dezember. Haltbarkeit bis März. Mittelgroßer, abgestumpft flachrunder, ungleichmäßig gebauter Apfel. Flache, etwas ungleichmäßig über die Frucht laufende Rippen. Fruchtschale teils glatt, teils fein aufgeraut. Schalenfarbe grünlichgelb, später lebhaft gelb. Sonnenseite oft goldig, aber nur manchmal gerötet. Schalenpunkte zahlreich, fein bis dick, auch eckig. Nur geringe Anflüge von Rost. Die Frucht welkt auf dem Lager nur wenig. Geruch schwach. Fruchtfleisch gelblichweiß, fein, ziemlich mürbe, saftig, edel renettenartig gewürzt. Angenehme Säure bei hohem Zuckergehalt.

Gelbe Spanische Renette *siehe* Weiße Spanische Renette
Gelée d'Eté *siehe* Weißer Astrachan
Gemeine Renette *siehe* Purpurroter Cousinot

General Henzen

Von Oberpfarrer Henzen gezüchtet

Ausgezeichneter Tafel-, sehr guter Wirtschaftsapfel. Genussreife ab Dezember. Haltbarkeit bis März. Kleiner bis mittelgroßer, abgestumpft rundlicher, gleichmäßig gebauter Apfel. Fruchtschale meist glatt, mattglänzend, grünlichgelb, später gelb. Sonnenseite goldiger, manchmal leicht gerötet, mit undeutlichen Streifen. Schalenpunkte zahlreich, meist fein, braun. Zuweilen Anflüge von Rost. Geruch schwach. Fruchtfleisch gelblichweiß, fein, markig, später mürbe, saftig. Edel gewürzt, kräftige und angenehme Säure bei entsprechend hohem Zuckergehalt.

Generalgeschenk (Abbildung Seite 167)

Die Sorte stammt aus Frankreich und kam 1862 nach Deutschland.

Die Früchte sind groß bis sehr groß. Fruchtschale auf der Sonnenseite karminrot gestreift und punktiert. Fruchtfleisch gelblich, mürbe, von angenehmem Geschmack. Genussreife ab Dezember. Haltbarkeit bis März.
Der Baum bildet eine starke, breite Krone aus. Äste dicht mit Fruchtholz besetzt.

Generalgeschenk

General von Hammerstein (Keine Sortenbeschreibung)

Geneting *siehe* Roter Margaretenapfel
Gentleman *siehe* Kaiser Alexander

George Cave (Abbildung Seite 168)

Eine Einführung der Baumschule Aldinger in Stuttgart, seit 1962 im Handel.

Frucht: Einer der besten Frühäpfel. Frucht mittelgroß. Pflückreife ab Mitte Juli. Haltbarkeit drei bis vier Wochen. Fruchtschale rot gefärbt. Fruchtfleisch würzig, haltbarer als 'Klarapfel'. Schlechter Pollenspender.
Baum: Sehr reiche und regelmäßige Erträge. Für Hausgarten und Obstwiese geeignet. Für alle Erziehungsformen. Schnittpflege wichtig. Sehr widerstandsfähig gegen Schädlinge.

George Cave *siehe* Aldingers Georg Cave

George Cave

Gereutapfel *siehe* Heslacher Gereutapfel
Germain *siehe* Apfel von St. Germain
Gerstenapfel *siehe* Geflammter Kardinal
Gestreifte Goldrenette *siehe* Ribston Pepping
Gestreifter Backapfel *siehe* Backapfel

Gestreifter Beaufin

Doppelnamen: Striped Beaufin; Beaufin Strié

Guter Tafel-, sehr guter Wirtschaftsapfel. Genussreife ab November. Haltbarkeit bis Februar. Großer bis sehr großer, abgestumpft rundlicher, oft sehr ungleichmäßig gebauter Apfel. Rippen breit, flach und ungleichmäßig über die Frucht laufend. Fruchtschale glatt, mattglänzend, grün, später grünlichgelb. Sonnenseite leicht gerötet und nicht sehr auffallend gestreift. Punkte fein, braun. Geruch schwach. Fruchtfleisch gelblichweiß, etwas grob bis halbfein, markig bis mürbe, saftig, nicht gewürzt. Vorherrschende, aber nicht scharfe Säure, wenig Zucker. Der Baum ist starkwachsend und sehr fruchtbar.

Gestreifter Birnenkalvill

Alte, schon im 18. Jahrhundert bekannte Sorte.

Frucht: Guter Tafel-, sehr guter Wirtschaftsapfel. Genussreife ab Anfang November. Haltbarkeit bis März. Mittelgroßer, birnenförmiger, ungleichmäßig gebauter Apfel. Fruchtschale glatt, dünn. Schalenpunkte weiß. Grundfarbe wachsgelb mit kräftig roten, unterschiedlich langen und dicken Streifen. Fruchtfleisch zart, locker, weiß, unter der Schale auch gerötet. Angenehme Würze, wenig Säure, viel Zucker.
Baum: Wuchs sehr stark. Sommertriebe stark und kurz. Krone halbkugelförmig.

Gestreifter Böhmischer Borsdorfer

Guter Tafel- und sehr guter Wirtschaftsapfel. Genussreife ab Dezember. Haltbarkeit bis in den Juni. Mittelgroßer, abgestumpft rundlicher, gleichmäßig gebauter Apfel. Fruchtschale glatt, hellgrün, später hellgelb. Sonnenseite kräftig gerötet, ringsrum dunkelrot kräftig gestreift. Punkte sehr fein, in der Rötung gelb mit hellem Hof. Geruch schwach. Fruchtfleisch gelblichweiß, fein, erst etwas fest, später markig. Ausreichend saftig, gewürzt, milde Säure, vorherrschend süß.

Gestreifter Cousinot

Gestreifter Cousinot

Doppelname: Gestreifter Sommer-Cousinot

Guter Tafel-, sehr guter Wirtschaftsapfel. Genussreife ab Ende September. Haltbarkeit bis Ende Oktober. Mittelgroßer, abgestumpft rundlicher, ziemlich gleichmäßig gebauter Apfel. Rippen flach. Fruchtschale glatt, mattglänzend, gelblichgrün, später gelb. Sonnenseite besonders am Stiel leicht gerötet, mit dunklen, kräftigen Streifen. Punkte sehr fein, braun. Rostanflüge nur selten. Geruch ausgeprägt. Fruchtfleisch gelblichweiß, fein, mürbe, locker, saftig, schwach rosenapfelartig gewürzt. Vorherrschende Säure, wenig Zucker.

Gestreifter Fürstenapfel

Gestreifter Fürstenapfel (Abbildung Seite 169)

Guter Tafel-, sehr guter Wirtschaftsapfel. Genussreife ab Januar. Haltbarkeit bis April. Mittelgroßer, abgestumpft rundlicher, ziemlich gleichmäßig gebauter Apfel. Rippen flach über die Frucht laufend. Fruchtschale glatt, glänzend, grünlich, später hellgelb. Sonnenseite goldiger, leicht gerötet und dunkler gestreift. Punkte sehr fein, braun. Geruch fehlt. Fruchtfleisch gelblichweiß, fein, saftig, etwas gewürzt. Feine Säure, hoher Zuckergehalt.

Gestreifter Herbstkalvill

Doppelname: Calville d'Automne Rayé

Ausgezeichneter Tafel-, sehr guter Wirtschaftsapfel. Genussreife ab November. Haltbarkeit bis Januar. Mittelgroßer bis großer, abgestumpft länglichrunder, etwas ungleichmäßig gebauter Apfel. Rippen oft kantig über die Frucht laufend. Fruchtschale glatt, grünlichgelb, später gelb. Zur Reife gerötet und reichlich gestreift. Schalenpunkte zahlreich, braun. Geruch schwach. Fruchtfleisch grünlichgelb bis gelblichweiß, manchmal etwas gerötet. Fein, etwas locker, genügend saftig, edel beerenartig gewürzt. Angenehmes Zucker-Säure-Verhältnis.

Gestreifter Pfundapfel *siehe* Geflammter Kardinal
Gestreifter Rambur *siehe* Großer Gestreifter Rambur

Gestreifter Römerapfel

Guter Tafel-, sehr guter Wirtschaftsapfel. Genussreife ab Mitte November. Haltbarkeit bis Anfang Januar. Mittelgroßer, abgestumpft eiförmiger, ungleichmäßig gebauter Apfel. Rippen flach über die ganze Frucht laufend. Querschnitt flachkantig. Fruchtschale glatt, geschmeidig, glänzend, hellgrün, später grünlichgelb bis gelb. Sonnenseite gerötet und kräftig gestreift. Schalenpunkte sehr fein, graubraun. Geruch ausgeprägt. Fruchtfleisch weiß, ziemlich fein, saftig, nicht gewürzt. Vorherrschende milde Säure, wenig Zucker.

Gestreifter Römerapfel *siehe* auch Pommerscher Krummstiel

Gestreifter Rosenapfel

Gestreifter Rosenapfel (Abbildung Seite 170)

Sommerapfel. Frucht mittelgroß, hochgebaut. Deutliche Rippen um die Kelchgrube. Schalenfarbe gelb, zur Reifezeit ist fast die ganze Frucht intensiv gerötet und gestreift. Schalenpunkte deutlich, gelblichweiß. Schale leicht beduftet, Geruch deutlich. Fruchtfleisch locker, mild, wohlschmeckend, etwas parfümiert. Reifezeit Mitte August.

Gestreifter Roter Osterkalvill *siehe* Roter Osterkalvill
Gestreifter Sommer-Cousinot *siehe* Gestreifter Cousinot
Gestreifter Sommer-Zimtapfel *siehe* Sommer-Zimtapfel
Gestreifter Süßapfel *siehe* Amerikanischer Gestreifter Süßapfel

Gestreifter Taffetapfel (Keine Sortenbeschreibung)

Gestreifter Titowka

Frucht: Guter Tafel-, sehr guter Wirtschaftsapfel. Genussreife ab Ende August. Haltbarkeit bis Ende September. Großer, abgestumpft rundlicher, gleichmäßig gebauter Apfel. Rippen flach über die halbe Frucht laufend. Fruchtschale glatt, geschmeidig, etwas fettig, glänzend, grünlichgelb, später hellgelb. Sonnenseits hellrote Grundfarbe. Die ganze Frucht ist kräftig gestreift. Schalenpunkte fein, bräunlichgelb. Geruch merklich. Fruchtfleisch gelblichweiß, unter der Fruchtschale auch gerötet, ziemlich fein, saftig, schwach gewürzt. Vorherrschende kräftige, jedoch angenehme Säure. Nur wenig süß.
Baum: Kräftiger Wuchs und sehr groß werdend. Neigung zur Alternanz. Erträge mittelhoch.

Gestreifter Winterkalvill

Guter Tafel- und sehr guter Wirtschaftsapfel. Genussreife ab Ende Dezember. Haltbarkeit bis Februar. Großer, flachrunder, ungleichmäßig gebauter Apfel. Breite, bis zum Stiel laufende Rippen. Querschnitt kantig. Fruchtschale glatt, etwas fettig, glänzend. Schalenfarbe grünlichgelb, später gelb. Sonnenseite goldiger mit roter Deckfarbe. Die ganze Frucht ist kräftig gestreift. Schalenpunkte kaum zu erkennen. Fruchtfleisch gelblichgrün, ziemlich fein, saftig, leicht kalvillartig gewürzt. Säure wenig vorherrschend.

Gestreifter Winterparadiesapfel

Guter Tafel- und sehr guter Wirtschaftsapfel. Genussreife ab Dezember. Haltbarkeit bis März. Mittelgroßer bis großer, flachrunder, etwas ungleichmäßig gebauter Apfel. Flache, über die halbe Frucht laufende Rippen. Fruchtschale geschmeidig, mattglänzend, gelblichgrün, später gelb. Sonnenseits blutrot überzogen, auf der Schattenseite kräftig gestreift. Schalenpunkte fein, bräunlich, in der Rötung gelb erscheinend. Geruch ziemlich stark. Fruchtfleisch gelblichweiß, fein, fest, später markig. Saftig, rosenapfelartig gewürzt. Der Zuckergehalt übersteigt den Säureanteil.

Gestreifter Winterrambur *siehe* Rheinischer Winterrambur
Gestreifte Sommerparmäne *siehe* Herbstparmäne

Getüpfelte Renette

Doppelnamen: Forellenrenette; Reinette Picotée

Frucht: Ausgezeichneter Tafel-, sehr guter Wirtschaftsapfel. Genussreife ab Dezember. Haltbarkeit bis Mai. Ein abgestumpft kegelförmiger Apfel. Fruchtschale gelb. Sonnenseite gerötet, mit kräftigen, dunkelroten Streifen. Schalenpunkte hell, auf der Schattenseite mit grünem Hof. Fruchtfleisch gelb, zart, fest, saftig. Ausgewogenes Zucker-Säure-Verhältnis.
Baum: Kräftiger Wuchs, Krone hochrund. Die kräftige Verzweigung erfordert gelegentlichen Auslichtungsschnitt.

Gewürzapfel *siehe* Englischer Gewürzapfel
New Yorker Renette
Sommer-Gewürzapfel

Gewürzapfel von Missouri

Sehr guter Tafel- und Wirtschaftsapfel. Genussreife ist ab Anfang Dezember. Haltbarkeit bis Februar. Mittelgroßer, abgestumpft rundlicher, ungleichmäßig gebauter Apfel. Rippen flach und ungleich über die ganze Frucht laufend. Fruchtschale glatt, glänzend, grünlichgelb, später hellgelb. Sonnenseite gerötet, geflammt, manchmal auch undeutlich gestreift. Schalenpunkte sind fein und braun. Geruch ausgeprägt. Fruchtfleisch gelblichweiß, fein, erst ziemlich fest, später mürbe. Saftig, stark gewürzt. Säure nicht vorherrschend, hoher Zuckergehalt.

Gewürzkalvill

Doppelname: Calville Aromatique

Sehr guter Tafel- und guter Wirtschaftsapfel. Genussreife ab Anfang Oktober. Haltbarkeit bis Anfang Dezember. Großer, abgestumpft eiförmiger, nicht ganz gleichmäßig gebauter Apfel. Rippen kantig und ungleichmäßig über die Frucht laufend. Fruchtschale etwas fettig, grünlichgelb, später trüb goldgelb. Sonnenseite gerötet und kräftig gestreift. Schalenpunkte fein, gelblichbraun. Geruch deutlich. Fruchtfleisch gelblichweiß, unter der Schale und an den Gefäßbündeln manchmal leicht gerötet, ziemlich fein, balsamartig gewürzt. Milde Säure bei stärkerem Zuckergehalt.

Gewürzluikenapfel

Eine alte Sorte, die in Württemberg seit langem bekannt ist.

Gewürzluiken-apfel

Frucht: Beliebter Tafel-, ausgezeichneter Wirtschaftsapfel, der sich für alle Verarbeitungsverfahren, insbesondere für die Saftherstellung sehr gut eignet. Baumreife Mitte bis Ende Oktober. Genussreife ab Dezember. Haltbarkeit bis März. Die mittelgroßen bis großen Früchte sind meist breit gebaut und haben nur wenige Erhebungen und Kanten. Fruchtschale glatt, fest, zur Zeit der Baumreife gelblichgrün, später strohgelb und lebhaft rot marmoriert. Schalenpunkte zahlreich, dunkelgraubraun, ziemlich groß und unregelmäßig geformt. Geruch kräftig. Fruchtfleisch weiß, saftig, von säuerlichem Geschmack mit ausreichender Süße und ausgeprägtem Aroma.
Baum: Der stark wachsende, langlebige Baum benötigt nur in den ersten Jahren Schnittmaßnahmen. Die Jungtriebe verästeln sich außergewöhnlich stark. Die Sorte ist sonst ziemlich anspruchslos, sollte aber wegen der hohen Ertragsleistung auf gutem Boden stehen. DerAnbau ist noch bis in mittlere Höhenlagen möglich. Ertrag mittelfrüh einsetzend, dann mittelhoch bis sehr hoch und regelmäßig. Blüte mittelfrüh, lange anhaltend und wenig empfindlich. Guter Pollenspender. Vorwiegend für höhere Stammformen. Gut geeignet zum Anbau auf Grünland und in der Feldflur.

Gewürzrenette *siehe* Muskatrenette
Gezuckerte Bisamrenette *siehe* Muskatrenette
Gich *siehe* Graf Gich
Giesberg *siehe* Dechant Giesbergs Goldpepping
Dechant Giesbergs Goldrenette
Gillets Seedling *siehe* Morgenduft
Ginetting *siehe* Roter Margarethenapfel
Glace d'Eté *siehe* Weißer Astrachan
Glace de Zélande *siehe* Weißer Astrachan
Glammys *siehe* Apfel von Castell Glammys
Glanzapfel *siehe* Seedings Glanzapfel

Glanzrenette

Doppelname: Reinette Brillante

Ein guter Tafel- und sehr guter Wirtschaftsapfel. Genussreife ab Dezember. Haltbarkeit bis April.

Kleiner bis mittelgroßer, abgestumpft rundlicher, ziemlich gleichmäßig gebauter Apfel. Schale geschmeidig, glänzend, hellgelb. Sonnenseite lebhafter gelb, häufig gerötet. Schalenpunkte fein, braun. Manchmal Anflüge von Rost, auch Warzen. Geruch schwach. Fruchtfleisch gelblichweiß, fein, saftig, gewürzt, etwas vorherrschende Säure bei ausreichendem Zuckergehalt.

Glanzrenette *siehe* Oberrieder Glanzrenette
Glasapfel *siehe* Apfel von Croncels
Dürnbacher Glasapfel
Gelber Edelapfel
Nimmermür
Virginischer Rosenapfel
Weißer Wintertaffetapfel

Glasrenette

Glasrenette

Eine Lokalsorte aus dem Bodenseegebiet.

Frucht: Sehr guter Wirtschaftsapfel. Baumreife ist ab Ende Oktober. Genussreife ab November. Haltbarkeit bis Juni. Mittelgroßer Apfel. Fruchtschale grünlichgelb, sonnenseits etwas gerötet. Schalenpunkte hellgelb, Geschmack süß-säuerlich.
Baum: Starker, gesunder Wuchs. Die Krone ist breit ausladend. Sehr anspruchslos an Standort und Klima. Vorwiegend für Hoch- und Halbstamm. Blüte unempfindlich. Guter Pollenspender. Ertrag hoch, aber starke Neigung zur Alternanz. Regelmäßige Düngergaben und Schnittpflege notwendig. Unempfindlich gegen Krankheiten und Schädlinge.

Glasrenette *siehe* Gelber Edelapfel
Glattapfel *siehe* Champagnerrenette
Glengyle Red *siehe* Morgenduft
Glockenapfel *siehe* Ladecoper Glockenapfel
Prinzenapfel
Weißer Winterglockenapfel

Glogierowka

Die vorwiegend im Osten angebaute Sorte stammt vom 'Tiroler Rosmarinapfel' oder vom 'Weißen Taubenapfel' ab.
Doppelnamen: Litauer Pepping; Rigaer Taubenapfel

Frucht: Guter Tafel- und Wirtschaftsapfel. Frucht ist klein bis mittelgroß, plattrund. Baumreife Anfang Oktober. Genussreife ab Oktober. Haltbarkeit bis Dezember.
Baum: Die Sorte ist für raues Klima gut geeignet und vererbt ihre Frosthärte. Regelmäßiger Ausdünnungsschnitt erforderlich. Der Baum braucht reichlich Düngung, da er sich ohne gute Ernährung leicht erschöpft. Erziehungsformen vorwiegend Halb- und Hochstamm. Auf nassen und schlecht gedüngten Böden anfällig für Schorf.

Gloria Mundi

Gloria Mundi

Die Sorte entstand um 1800.
Doppelnamen: Herrenapfel; Josephinenapfel; Pfundapfel (Oldenburg); Ruhm der Welt; Stiefmütterchen (Bodenseegebiet). Häufig verwechselt mit Hausmütterchen

Frucht: Weniger guter Tafel-, sehr guter Wirtschaftsapfel. Verwertung ab Dezember. Haltbarkeit bis März, in guten Lagern auch bis Juni. Sehr großer, rundlicher, ziemlich gleichmäßig gebauter Apfel. Rippen flach und ungleichmäßig über die Frucht verlaufend. Fruchtschale geschmeidig, grünlichgelb, später gelb. Schalenpunkte weiß. Geruch deutlich. Fruchtfleisch gelblichweiß, grob bis halbfein, ziemlich saftig, ohne Würze. Geschmack säuerlich, ausreichend süß. Die Frucht ist vor allem wegen ihrer ungewöhnlichen Größe bemerkenswert, sie zerfällt nicht beim Kochen.
Baum: Eine der am stärksten wachsenden Apfelsorten. Erziehung vorwiegend als Hoch- und Halbstamm. Erträge gering. Da die Blüte empfindlich ist, werden nur wenige Früchte angesetzt, die aber übermäßig groß werden. Die Sorte gedeiht noch in rauer Lage und ist sturm- und wetterfest. Die Ansprüche an den Boden sind hoch.

Glory of the West *siehe* Englischer Prahlrambur
Glory of York *siehe* Ribston Pepping

Gloster 69

Kreuzung von 'Glockenapfel' x 'Richared Delicious', entstanden in der Obstbaumversuchsanstalt Jork. Seit 1969 im Handel.
Mutante Piglos: (= Pillnitzer Gloster) Baum mit geringerer Triebkraft und niedriger Wuchshöhe, um die Bearbeitung und Ernte zu erleichtern.

Frucht: Ausgezeichneter Tafel-, sehr guter Wirtschaftsapfel. Baumreife ab Anfang Oktober. Genussreife ab November. Haltbarkeit bis Mai. Mittelgroßer bis großer, hochgebauter, stumpf kegelförmiger, nicht ganz gleichmäßiger Apfel mit kräftigen Rippen. Fruchtschale glatt zäh, gelblichgrün. Deckfarbe bläulichrot, bereift. Schalenpunkte hell hervortretend. Fruchtfleisch grünlichweiß, fest, saftig. Sortentypisches Aroma, feinsäuerlich.
Baum: Starker, etwas sparriger Wuchs. Ertrag früh, hoch und regelmäßig. Ansprüche an den Boden und das Klima mittelhoch bis hoch. Für alle Erziehungsformen geeignet. Etwas anfällig für Schorf, Krebs und Kernhausinfektionen. Frucht neigt zur Glasigkeit.

Göhrings Renette

Doppelname: Göhrings Gelbe Renette

Sehr guter Tafel- und Wirtschaftsapfel. Genussreife ab Dezember. Haltbarkeit bis April. Mittelgroßer, flachrunder, gleichmäßig gebauter Apfel mit sehr flach verlaufenden Rippen.Fruchtschale glatt, nur wenig geschmeidig, mattglänzend, grünlichgelb bis hellgelb. Sonnenseite manchmal gerötet. Punkte sparsam, fein, bräunlich. Geruch schwach. Fruchtfleisch gelblichweiß, fein, erst etwas fest, später markig, saftig, gewürzt. Vorherrschende Säure bei ausreichendem Zuckergehalt.

Göttschlag *siehe* Sämling von Göttschlag
Goldapfel *siehe* Gefleckter Goldapfel
Harveys Goldapfel

Goldapfel von Kew

Doppelnamen: Dorée de Kew; Köstlicher von Kew

Ausgezeichneter Tafel-, guter Wirtschaftsapfel. Genussreife ab Ende November. Haltbarkeit bis Ende Februar. Mittelgroßer, abgestumpft rundlicher bis flachrunder, gleichmäßig gebauter Apfel. Fruchtschale glatt, stellenweise fein rau durch leichte Anflüge von Rost. Schalenfarbe hellgrün, später hellgelb. Sonnenseite goldiger, manchmal leicht gerötet. Schalenpunkte fein bis mitteldick, bräunlich. Geruch sehr schwach. Fruchtfleisch gelblichweiß, fein, saftig, renettenartig gewürzt. Vorherrschende Säure bei hohem Zuckergehalt.

Golden Delicious

Doppelname: Gelber Köstlicher

Als Zufallssämling um 1890 in Westvirginia/USA entstanden und seit 1914 im Handel. Sehr viele Typen, z. B. Auvil Super Golden; Belgolden; Dänemark; Delicious; Goldenir; Goldensheen; Klon 85; Klon 88; Lysgolden; Missouri; Oregon; Rugginosa; Russet Golden; Schweiz; Shay; Smoothee; Starkspur; Weinsberg; Yellowspur.

Frucht: Beliebter Tafel-, guter Wirtschaftsapfel. Baumreife ab Ende September. Genussreife ab Mitte Oktober. Haltbarkeit bis Mitte März. Mittelgroßer bis großer, hochgebauter, sehr gleichmäßiger Apfel. In Kelchnähe gerippt. Fruchtschale ziemlich glatt, manchmal leicht

Golden Delicious

berostet. Schalenfarbe gelbgrün, später goldgelb, manchmal leicht gerötet. Schalenpunkte groß, bräunlich, mit grünem oder hellem Hof. Furchtfleisch gelblich, feinzellig, saftig, fenchelartig gewürzt, edelaromatisch. Süß mit wenig Säure.

Baum: Mittelstarker Wuchs. Gute Verzweigung. Trägt auch am einjährigen Holz. Ertragseintritt früh. Gute und regelmäßige Erträge. Ansprüche an Boden, Klima und Pflege hoch. Sehr schorfanfällig. Als Pollenspender geeignet. Nur für Niederstammformen empfehlenswert.

Golden Delicious, Typ Delicious

Golden Four

Die Sorte entstand in den USA als ein Zufallssämling von 'Golden Delicious'. Sie wurde von Frankreich aus verbreitet.

Die Frucht ähnelt der Ausgangssorte, hat eine zitronengelbe Fruchtfarbe und eine um 2 bis 3 Wochen frühere Reifezeit.

Goldener Spirl

Sehr guter Wirtschaftsapfel. Genussreife ab November. Haltbarkeit bis Januar. Großer, eikegelförmiger, ungleichmäßig gebauter Apfel. Rippen flach bis zum Stiel laufend. Fruchtschale geschmeidig, grünlich bis gelb. Schalenpunkte fein, bräunlich. Kein Geruch. Fruchtfleisch gelblichweiß, halbfein, saftig, wenig gewürzt. Vorherrschende Säure, nicht sehr süß.

Golden Harvey *siehe* Harveys Goldapfel
Goldenir *siehe* Golden Delicious
Golden Noble *siehe* Gelber Edelapfel
Golden Pippin *siehe* Englischer Goldpepping
Golden Russet *siehe* Vergoldeter Russet
Goldensheen *siehe* Golden Delicous

Goldenspur

Doppelname: Auvil Super

Ein kurztriebig wachsender Abkömmling von 'Golden Delicious'. Ähnlich sind 'Starkspur Golden Delicious' und 'Yellow Spur Golden Delicious'.

Frucht: Ausgesprochene Tafelfrucht. Baumreife Oktober. Genussreife ab Dezember. Haltbarkeit bis März. Ein großer, hochgebauter Apfel. Fruchtschale grünlichgelb, später goldgelb. Schalenpunkte deutlich. Fruchtfleisch mittelfest, saftig, süß, würzig.
Baum: Schwach wachsend, aufrecht, kurztriebig. Für alle Erziehungsformen außer Hochstamm geeignet. Ansprüche an Boden, Klima und Pflege hoch. Ertrag früh einsetzend und hoch. Braucht nur wenig Schnittpflege

Golden Stanger *siehe* Gelber Edelapfel

Goldgelbe Sommerrenette

Goldgelbe Sommerrenette

Doppelnamen: Reinette Jaune Hâtive; Early Yellow Reinette.

Ein guter Tafel- und sehr guter Wirtschaftsapfel. Genussreife ab Oktober. Haltbarkeit bis Januar.

Mittelgroßer, rundlich-eiförmiger, ziemlich gleichmäßig gebauter Apfel. Fruchtschale glatt, etwas geschmeidig, hellgelb, später lebhaft gelb. Sonnenseite goldig, häufig mit rötlichem Anflug. Schalenpunkte fein, braun. Manchmal Anflüge von Rost. Geruch schwach. Fruchtfleisch gelblichweiß, fein, markig bis mürbe, nicht sehr saftig, schwach gewürzt. Vorherrschende angenehme Säure, ausreichend süß.

Goldgranater *siehe* Champagnerrenette

Goldgulderling

Goldgulderling

Doppelnamen: Gelber Englischer Gulderling, Gulderling Doré

Sehr guter Tafel-, guter Wirtschaftsapfel. Genussreife ab Ende November. Haltbarkeit bis März. Mittelgroßer bis großer, rundlich kegelförmiger, ziemlich gleichmäßig gebauter Apfel. Mäßig starke, aber deutlich über die Frucht laufende Rippen. Querschnitt flachkantig. Fruchtschale glatt, geschmeidig, hellgrün, später grünlichgelb, manchmal goldgelb. Sonnenseite manchmal mit leichtem rötlichen Anflug. Schalenpunkte sparsam, fein bis mitteldick, bräunlich. Selten etwas berostet. Geruch deutlich. Fruchtfleisch grünlichgelb, fein, ziemlich saftig, deutlich gewürzt. Vorherrschende Säure bei hohem Zuckergehalt.

Goldjon

Die Sorte entstand in Italien aus 'Golden Delicious' x 'Jonathan'.

Die Frucht ist mittelgroß, hochgebaut und hat zur Reifezeit kräftig gerötete Backen. Die Fruchtreife liegt 10 bis 12 Tage vor 'Golden Delicious'. Der Baum ist sehr ertragreich.

Goldmohr

Guter Tafel-, sehr guter Wirtschaftsapfel. Genussreife ab Dezember. Haltbarkeit bis März. Kleiner, stark abgestumpft rundlicher, oft ungleichmäßig gebauter Apfel. Fruchtschale rau, gelblichgrün, später grünlichgelb bis gelb. Sonnenseite zuweilen trüb gerötet. Schalenpunkte mitteldick, wenig deutlich wegen des meist netzartig auftretenden Rostes, der die ganze Frucht bedecken kann. Auf dem Lager Neigung zur Welke. Kein Geruch. Fruchtfleisch gelblichweiß, fein, erst fest, später markig, manchmal auch schwammig werdend. Wenig saftig. Renettenartig, jedoch nicht stark gewürzt. Vorherrschende kräftige Säure bei etwas schwächerem Zuckergehalt.

Goldmohr *siehe* Ribston Pepping
Goldparmäne *siehe* Neue Goldparmäne
Sommergoldparmäne
Wintergoldparmäne
Goldpepping *siehe* Deutscher Goldpepping
Doppelter Goldpepping
Englischer Goldpepping
Henzens Goldpepping
Hughes Goldpepping
Langes Goldpepping
Sommer-Goldpepping

Goldprinz

Ein Sämling des Prinzenapfels

Frühapfel für den Frischverzehr. Genussreife ist ab Anfang September. Haltbarkeit aber nur wenige Wochen. Kleine bis mittelgroße, hochrunde Früchte. Schöner gefärbt als der Prinzenapfel, jedoch weniger wohlschmeckend. Wuchs kräftig, versagt nicht auf trockenem Boden. Anfällig für Krebs und Spitzendürre.

Goldpurpur

Die Sorte ist eine rote Mutation von 'Jonagold'. Sie wurde 1977 im Obstbaubetrieb Müller, Överich, entdeckt und selektiert.

Sehr guter Tafelapfel für den Intensivanbau. Er gilt als eine deutliche Verbesserung der Sorte 'Jonagold'. Baumreife ab Anfang Oktober, Genussreife ab Ende Oktober, Haltbarkeit bis April. Die Frucht ist groß bis sehr groß, hoch gebaut und gleichmäßig ausgeformt. Fruchtschale grünlichgelb, zur Reifezeit fast völlig und intensiv gerötet. Auch Schattenfrüchte färben sich gut aus. Fruchtfleisch fest, saftig, süß-aromatisch.
Der Baum wächst mittelstark und baut sich locker auf. Keine ausgeprägte Mittelachse. Fruchtäste hängend, Blüten an Kurz- und Langtrieben. Der Ertrag ist hoch und regelmäßig.

Goldrabau *siehe* Ribston Pepping
Goldrenette *siehe* Dietzer Goldrenette
Fette Goldrenette
Französische Goldrenette
Fromms Goldrenette
Gaesdonker Renette
Große Kasseler Renette
Harberts Renette
Hildesheimer Goldrenette
Hoyaische Goldrenette
Ibachs Goldrenette

Goldrenette *siehe* Kaivenbachs Goldrenette
Limperts Goldrenette
Livländische Goldrenette
Peter Heusgens Goldrenette
Reeders Goldrenette
Ribston Pepping
Trennfurter Goldrenette
Van der Laans Goldrenette
Weidners Goldrenette
Wintergoldparmäne

Goldrenette Freiherr von Berlepsch

Goldrenette Freiherr von Berlepsch

Die Sorte entstand in Grevenbroich im Rheinland aus einer Kreuzung von 'Ananasrenette' x 'Ribston Pepping'.
Doppelnamen: Baron de Berlepsch; Berlepschs Goldrenette
Mutante: Roter Berlepsch (Abbildung Seite 182)

Frucht: Hervorragender Tafelapfel. Pflückreife ab Ende Oktober. Genussreife ab November. Haltbarkeit bis Ende März. Mittelgroße, flachkugelige Frucht mit 5 typischen Rippen oder Höckern. Fruchtschale trocken, fein rau. Schalenfarbe gelb bis goldgelb. Sonnenseite rötlich marmoriert und leicht gestreift. Fruchtfleisch gelblichweiß, fest, sehr saftig. Edles Aroma und hoher Vitamin-C-Gehalt. Die Frucht neigt zum Schrumpfen, vor allem, wenn sie zu früh geerntet wurde. Sie bleibt aber trotzdem saftig. Ein Teil des Behanges neigt ab September, besonders auf trockenen Böden, zum Vorerntefruchtfall und verleitet zu verfrühter Ernte. Im Hausgarten sollte die Sorte deshalb mehrmals durchgepflückt werden. Auf dem Lager schrumpfende Früchte sind immer noch aromatisch. Die Aufbewahrung in Folienbeuteln hat sich bewährt.
Baum: Mittelstarker Wuchs. Die Fruchtbarkeit beginnt früh und ist bei guter Pflege regelmäßig und hoch. Mittelspäte, lang anhaltende Blüte, etwas frostempfindlich. Guter Pollenspender. Nur für gute Anbaulagen, die geschützt und wenig frostgefährdet sind. Etwas anfällig für Schorf. Kaum anfällig für Mehltau. Erziehung nur als Busch- und Spalier empfehlenswert.

Roter Berlepsch

Goldrenette von Blenheim

Goldrenette von Blenheim

Die Sorte wurde um 1800 in der Nähe von Schloss Blenheim in England gefunden.
Doppelnamen: Belle d'Angers; Blenheim Orange; Blenheimer Pepping; Blenheim Pippin; Impératrice Eugénie; Pomme de Blenheim; Woodstock Pippin

Frucht: Sehr guter Tafel- und Wirtschaftsapfel. Baumreife ab Mitte Oktober. Genussreife ab November. Haltbarkeit bis März. Großer bis sehr großer, flachrunder, gleichmäßig gebauter Apfel. Fruchtschale glatt, glänzend. Schalenfarbe grünlichgelb, später goldgelb. Sonnenseite meist gerötet und wenig auffällig gestreift. Schalenpunkte zahlreich, fein bis mitteldick, bräunlich. Manchmal Anflüge von feinem Rost. Kein Geruch. Fruchtfleisch gelblichweiß, fein, saftig, süßsauer, von edlem, nussartigem Geschmack.
Baum: Die Sorte liebt nährstoffreichen, kräftigen Boden in geschützter Lage. Starkes Wachs-

tum führt zu breit ausladenden, großen Kronen. Der Baum benötigt viel Platz. Er verzweigt sich sehr gut und braucht deshalb keine allzu häufigen Schnittmaßnahmen. Gutes Auslichten und Freistellen der Äste ist jedoch notwendig. Die Fruchtbarkeit beginnt spät, der Baum bringt dann aber hohe Erträge sehr gleichmäßig entwickelter Früchte. Zu große Früchte sind stippeanfällig. Die Sorte ist ziemlich schorffest. Blüte mittelfrüh, gegen Witterungseinflüsse wenig empfindlich, Windschutz vorteilhaft. Schlechter Pollenspender. Erziehungsformen Buschbaum, Viertel- und Halbstamm.

Goldrenette von Peasgood

Goldrenette von Peasgood

Die Sorte entstand um 1870 in England.
Doppelnamen: Peasgoods Nonsuch; Peasgoods Unvergleichlicher; Sanspareille de Peasgood

Frucht: Hervorragende Schaufrucht. Guter Tafel-, sehr guter Wirtschaftsapfel. Genussreife ab Anfang November. Haltbarkeit bis Februar. Sehr großer, abgestumpft rundlicher, sehr regelmäßig gebauter Apfel. Fruchtschale grünlichgelb, später lebhafter gelb. Sonnenseite gestreift und punktiert. Schalenpunkte groß, rostartig. Berostungen vorwiegend am Stiel. Geruch deutlich. Fruchtfleisch gelblichweiß mit grünlichen Adern, saftig, würzig, weinsäuerlich. Die sehr großen Früchte sind windempfindlich und müssen deshalb rechtzeitig geerntet werden. Bei Wetterumschlag können die Früchte rissig werden, sie neigen zur Stippe.
Baum: Eine der am stärksten wachsenden Apfelsorten. Jahrestriebe oft 1,5 m lang. Vorwiegend für niedere Erziehungsformen wegen der windanfälligen Früchte. Krone breit und stark. Ansprüche an Boden und Klima gering. Bei windgeschütztem Standort auch noch für raue Lagen geeignet. Der Baum ist widerstandsfähig gegen Krankheiten.

Goldspur *siehe* Goldenspur
Goldstückapfel *siehe* Goldzeugapfel

Goldzeugapfel

Goldzeugapfel

Doppelnamen: Drap d'Or; Goldstückapfel; Vrai Drap d'Or

Sehr guter Tafel- und Wirtschaftsapfel. Genussreife ab Dezember. Haltbarkeit bis März. Mittelgroßer, rundlicher, ziemlich gleichmäßig gebauter Apfel. Rippen wenig ausgeprägt über die Frucht laufend. Fruchtschale glatt, grünlich, später grünlichgelb bis lebhaft gelb. Sonnenseite oft etwas goldig. Schalenpunkte zahlreich, fein bis mitteldick, braun. Häufig Anflüge und kleine Überzüge von Rost. Geruch kaum merklich. Fruchtfleisch hellgelb, fein, saftig, etwas zitronatartig gewürzt. Ausgeglichenes Zucker-Säure-Verhältnis.

Gomont *siehe* Renette von Gomont

Görges Apfel

Sehr guter Tafel- und Wirtschaftsapfel. Genussreife ab Januar. Haltbarkeit bis April. Kleiner bis mittelgroßer, fast flachrunder, sehr gleichmäßig gebauter Apfel. Rippen flach über die Frucht laufend. Fruchtschale etwas fettig, hellgrün, später grünlichgelb. Sonnenseite goldiger, manchmal leicht gerötet. Schalenpunkte fein, kaum bemerkbar, etwas bräunlich. Geruch deutlich. Fruchtfleisch grünlichgelb, fein, saftig, etwas kalvillartig gewürzt. Vorherrschende angenehme Säure bei ausreichendem Zuckergehalt.

Görlitzer Nelkenapfel

Sehr guter Wirtschaftsapfel. Verwertung ab Anfang Januar. Haltbarkeit bis in den Juni. Großer, flachrunder, etwas ungleichmäßig gebauter Apfel. Fruchtschale geschmeidig, glänzend, hellgrün, später hellgelb. Sonnenseite ist leuchtend rot. Schalenpunkte sind fein, braun. Geruch schwach. Fruchtfleisch weiß, sehr fein, ausreichend saftig, sortentypisch, aber nicht sehr stark gewürzt. Wenig Säure, sehr hoher Zuckergehalt.

Goro

Eine Kreuzung der Schweizerischen Eidgenössischen Forschungsanstalt Wädenswil aus 'Golden Delicious' x 'Schweizer Orangenapfel'. Seit 1973 im Handel.

Frucht: Sehr guter Tafel- und Wirtschaftsapfel. Baumreife ab Mitte September. Genussreife ab Oktober. Haltbarkeit bis November. Mittelgroße, gleichmäßig gebaute Frucht. Fruchtschale glatt, wenig fettig, hellgelb. Sonnenseite hellrot geflammt. Fruchtfleisch gelblich, mittelfest, rasch weich werdend, sehr saftig, mit angenehmer Säure und kräftiger Würze. Reich an Vitamin C.
Baum: Kräftiger Wuchs. Ansprüche an Boden und Klima gering. Blüte mittelfrüh bis spät. Guter Pollenspender. Normale Schnittpflege reicht aus. Erziehung als Busch- und Halbstamm, in milden Lagen auch als Hochstamm. Nur wenig anfällig für Schorf und Mehltau.

Götterapfel

Doppelname: Dominiska

Guter Tafel-, sehr guter Wirtschaftsapfel. Genussreife ab Januar. Haltbarkeit bis Juni. Mittelgroßer, flachrunder, ziemlich gleichmäßig gebauter Apfel. Rippen ziemlich stark und breit über die Frucht laufend. Querschnitt flachkantig. Fruchtschale etwas fettig, grün, später gelblichgrün bis hellgelb. Sonnenseite häufig gerötet und deutlich gestreift. Schalenpunkte fein, hellbraun. Geruch ausgeprägt. Fruchtfleisch hellgrün bis gelblichweiß, halbfein, saftig, wenig Würze. Hoher Säuregehalt, jedoch nicht scharf, geringer Zuckergehalt. Anbau nur in warmen Lagen empfehlenswert.

Göttinger Graue Renette

Sehr guter Tafel- und Wirtschaftsapfel. Genussreife ab Januar. Haltbarkeit bis April. Großer, abgestumpft rundlicher, gleichmäßig gebauter Apfel. Rippen flach verlaufend. Fruchtschale teils glatt, teils berostet, vorwiegend um die Kelchwölbung. Schalenfarbe grünlichgelb, später zitronengelb. Sonnenseite meist goldiger, manchmal leicht gerötet. Schalenpunkte zahlreich, fein bis mitteldick, braun. Die Frucht welkt auf dem Lager nur wenig. Geruch fehlt. Fruchtfleisch gelblichweiß, fein, erst fest, später locker und auch etwas schwammig werdend. Saftig, renettenartig, aber nicht stark gewürzt. Vorherrschende milde Säure bei ausreichendem Zuckergehalt.

Goudrenet *siehe* Schöner von Boskoop
Graasten *siehe* Gravensteiner
Grafenapfel *siehe* Gravensteiner

Graf Gich

Sehr guter Tafel- und Wirtschaftsapfel. Genussreife ist ab Dezember. Haltbarkeit geht bis Ende Februar. Kleiner, flachrunder, gleichmäßig gebauter Apfel. Rippen flach bis zur Fruchtmitte laufend. Fruchtschale glatt, grünlich, später grünlichgelb bis gelb. Sonnenseite etwas gerötet und mäßig gestreift. Schalenpunkte fein, nur in der Rötung als gelbliche Tupfen bemerkbar. Geruch ausgeprägt. Das Fruchtfleisch ist grünlichgelb, fein, saftig, angenehm rosenapfelartig gewürzt, ausgeglichenes Zucker-Säure-Verhältnis.

Graf Hallers Wintertäubling

Sehr guter Tafel-, brauchbarer Wirtschaftsapfel. Genussreife ab Januar. Haltbarkeit bis April. Kleiner, abgestumpft eikegelförmiger, gleichmäßig gebauter Apfel. Rippen wenig ausgeprägt bis zur Fruchtmitte verlaufend. Fruchtschale glatt, glänzend, hellgrün, später gelb. Sonnenseite häufig leicht gerötet. Schalenpunkte sehr fein, bräunlich oder gelblich. Geruch kaum merklich. Fruchtfleisch gelblichweiß, fein, erst etwas fest, später zart, saftig, gewürzt. Feine Säure bei ausreichendem Zuckergehalt.

Graf Luxburg Parmäne (Keine Sortenbeschreibung)

Graf Nostitz

Graf Nostitz

Recht guter Tafel-, sehr guter Wirtschaftsapfel. Genussreife ab Oktober. Haltbarkeit bis Januar. Kleiner, rundlicher, gleichmäßig gebauter Apfel. Die Fruchtschale, ist glatt, etwas glänzend, gelblichgrün, später gelb. Sonnenseite gerötet. Schalenpunkte deutlich, braun. Häufig leichte Anflüge von Rost um den Kelch, auch Warzenbildung. Geruch kaum merklich. Fruchtfleisch gelblichweiß, fein, fest, später ziemlich mürbe, ausreichend saftig, gewürzt. Vorherrschender Zuckergehalt bei etwas Säure. Der Baum wächst kräftig und gesund. Der Ertrag ist nur in jedem zweiten Jahr hoch.

Grahams Jubiläumsapfel

Grahams Jubiläumsapfel

Die Sorte entstand in England und ist seit 1893 im Handel.
Doppelnamen: Grahams Königin-Jubiläumsapfel; Royal Jubilée

Frucht: Ein guter Tafel- und hervorragender Wirtschaftsapfel. Pflückreife ab Mitte September. Genussreife ab Ende September. Haltbarkeit bis Januar. Mittelgroßer bis großer, hochgebauter Apfel mit breiten Rippen, die über die ganze Frucht laufen. Fruchtschale geschmeidig, gelbgrün bis hellgelb. Sonnenseite manchmal leicht gerötet. Schalenpunkte rot. Fruchtfleisch hellgelb, locker, grobzellig, saftig, schwaches Aroma. Feine Säure, weniger süß. Auf nasskaltem Boden Neigung zur Stippe.
Baum: Die Sorte liebt zwar einen nährstoffhaltigen, leicht feuchten und durchlässigen Boden, gedeiht aber auch im Grasland. Mittelstarker Wuchs, die Krone wird mittelgroß. Da sich die Sorte vorwiegend an den Triebspitzen verzweigt, ist ein sorgfältiger Aufbauschnitt notwendig. Der Ertrag beginnt früh, ist ziemlich regelmäßig und mittelhoch. Mittelfrühe, lang anhaltende Blüte, die gegen Witterungseinflüsse unempfindlich ist und auch Spätfrösten widerstehen kann. Guter Pollenspender. Neben der Eignung zum Frischverzehr vor allem ein wertvoller Koch- und Kuchenapfel, der wegen seiner Widerstandsfähigkeit gegen Frost und Schorf für den Selbstversorgeranbau auch in ungünstigeren und niederschalgsreicheren Gebieten sowie in frostgefährdeten Lagen empfohlen werden kann. Erziehungsformen vorwiegend als Viertel- und Halbstamm.

Grahams Königin-Jubiläumsapfel *siehe* Grahams Jubiläumsapfel
Graham's Royal Jubilée *siehe* Grahams Jubiläumsapfel

Granatapfel von Triblice

Die Sorte entstand um 1890 in Böhmen als Sämling von 'Roter Stettiner'.

Ein Tafel- und Wirtschaftsapfel, der durch seine Größe sehr repräsentativ wirkt. Fruchtform flachrund, regelmäßig. Fruchtschale dick, fest, fettig, manchmal rostfarbige Warzen. Schalenfarbe leuchtend rot. Fruchtfleisch weiß, manchmal leicht gerötet, Kernhausadern grün oder ebenfalls gerötet. Geruch merklich, himbeerartig. Lagerfähig bis Juni ohne zu welken. Fruchtfleisch fest, saftig, gewürzt. Bei ausreichendem Zuckergehalt etwas vorherrschende, angenehm erfrischende Säure. Der Baum wächst kräftig. Der Ertrag setzt früh ein und ist hoch.

Granatrenette *siehe* Ribston Pepping
Grand Alexander *siehe* Kaiser Alexander
Grand Richard *siehe* Gelber Richard
Grand Sultan *siehe* Weißer Klarapfel
Weißer Transparentapfel
Grange *siehe* Parmäne de Grange

Cranny Smith (am Baum gereifte Früchte)

Granny Smith

Zufallssämling, der 1868 in der Nähe von Sydney/Australien gefunden wurde. Seit etwa 1950 auf dem europäischen Markt.

Frucht: Vorwiegend Importapfel, der als Tafelapfel Verwendung findet. Pflückreife ab Ende Oktober. Genussreife ab Januar. Haltbarkeit bis April. Die Frucht verlangt eine lange Vegetationsperiode. Der Anbau ist deshalb nur in Weinbaugebieten anzuraten. Mittelgroße bis große, runde, gleichmäßig gebaute Frucht. Fruchtschale glatt, leicht fettig, intensiv grün, später gelblichgrün. Fruchtfleisch grünlichweiß, fest, ohne Aroma, feinsäuerlich. Sehr gute Lagerfähigkeit, nur wenig anfällig für Stippe.

Baum: Mittelstarker bis starker Wuchs. Lockere Krone. Für alle Erziehungsformen geeignet. Ansprüche an den Boden durchschnittlich. Wärmeanspruch sehr hoch. Blüte ziemlich unempfindlich. Guter Pollenspender. Der Ertrag beginnt spät, ist dann gut und fast regelmäßig. Kräftiger Sommerschnitt empfehlenswert. Wenig anfällig für Schorf, empfindlich für Krebs.

Grauapfel *siehe* Graue Französische Renette
Grauech *siehe* Sauergrauech

Graue Französische Renette

Graue Französische Renette

Eine sehr alte französische Sorte, die bereits im 15. Jahrhundert bekannt war.
Doppelnamen: Echte Graue Französische Renette; Französische Renette; Grauapfel; Graue Herbstrenette; Graue Renette; Grauer Kurzstiel; Grauer Rabau (Rheinland); Herrengast; Lederapfel (Württemberg); Lederrenette; Pelzapfel; Rauapfel; Reinette Grise Ancienne; Reinette Grise d'Hiver; Richters Graue Renette; Winter-Gray-Reinette; Winter-Rabau

Frucht: Sehr gute Tafel- und Wirtschaftsfrucht. Genussreife ab Januar. Haltbarkeit bis Mai. Mittelgroßer, flachrunder, ziemlich gleichmäßig gebauter Apfel. Fruchtschale fein rau, grün, später gelblichgrün. Sonnenseite oft trübrot gefärbt. Schalenpunkte zahlreich, hell, häufig verdeckt durch den bräunlichen, meist schuppigen, fast die ganze Frucht überziehenden Rost. Geruch schwach. Neigt auf dem Lager sehr stark zum Welken. Fruchtfleisch grünlichgelb. Schnell braun anlaufend, fein, locker, oft etwas mehlig, saftreich, renettenartig gewürzt. Sehr gutes Zucker-Säure-Verhältnis. Geruch etwas moschusartig.
Baum: Verlangt tiefgründigen, stets etwas feuchten Boden. Auf zusagenden Standorten kräftiger, gesunder Wuchs. Geeignet noch für raue Höhenlagen bis 900 m. Ertrag regelmäßig und hoch. Widerstandsfähigkeit vom Standort abhängig. Erziehungsformen vorwiegend Halb- und Hochstamm. Blüte mittelfrüh, kurz. Da die Erntezeit unterschiedlich ist, nur für den Liebhaberanbau empfehlenswert.

Graue Herbstrenette

Die Sorte stammt aus Holland oder Frankreich und war schon Mitte des 17. Jahrhunderts bekannt.
Doppelnamen: Goldrenette; Graue Renette; Grüne Renette; Herbstrabau; Lederapfel; Lederrenette, Reinette Grise d'Automne; Sommerrabau

Graue Herbstrenette

Frucht: Sehr guter Tafel- und Wirtschaftsapfel, der besonders in Westfalen verbreitet angebaut wird. Pflückreife ab Ende September. Genussreife ab Oktober. Haltbarkeit bis Ende Dezember. Mittelgroßer bis großer, stark abgestumpft rundlicher, nicht ganz gleichmäßig gebauter Apfel. Manchmal treten fünf Rippen deutlich hervor. Sie verlaufen nicht ganz gleichmäßig und lassen die Frucht im Querschnitt dreikantig erscheinen. Fruchtschale zäh, lederartig, zum größten Teil fein rau durch graubraunen, schuppigen Rost. Grundfarbe gelblichgrün, vorwiegend an der Schattenseite hervortretend. Schalenpunkte graubraun bis grünlich, deutlich fühlbar. Fruchtfleisch grünlichgelb, fein, sehr saftreich, angenehm weinsäuerlich. Gefäßbündel heben sich durch grüne Zeichnung deutlich ab. Die Frucht neigt auf dem Lager zum Welken.
Baum: Wuchs auf zusagendem Boden kräftig und gesund. Für gute, vor allem feuchte Apfelböden. Empfehlenswert für Höhenlagen und Obstwiesen. Ertrag sehr hoch, so dass sich der Baum erschöpfen kann. Erziehungsform vorwiegend Hochstamm, aber auch für niedere Baumformen geeignet. Blüte mittelfrüh, gegen Witterungseinflüsse etwas empfindlich. Bei Trockenheit fallen die Früchte vorzeitig ab.

Graue Herbstrenette *siehe* Graue Französische Renette
Graue Kanadarenette *siehe* Kanadarenette

Graue Meißner Renette

Doppelname: Meißner graugrüne, sehr haltbare Renette

Guter Tafel- und sehr guter Wirtschaftsapfel. Genussreife ab Ende Dezember. Haltbarkeit bis Ende März. Kleiner bis mittelgroßer, eiförmiger bis rundlicher, ziemlich gleichmäßig gebauter Apfel. Fruchtschale teils glatt, teils rau durch braunen, feinmaschigen oder schuppigen Rost, der einen großen Teil der Frucht bedeckt. Schalenfarbe grün, später mattgelb. An der Sonnenseite leicht gerötet und etwas gestreift. Schalenpunkte mitteldick, braun. Geruch schwach. Fruchtfleisch gelblich bis grünlichgelb, fein, zuerst fest, später aber etwas schwammig. Saftig, schwach renettenartig gewürzt. Vorherrschende kräftige Säure, wenig Zucker.

Graue Osnabrücker Renette *siehe* Osnabrücker Renette

Graue Portugiesische Renette

Guter Tafel-, sehr guter Wirtschaftsapfel. Genussreife ab Dezember. Haltbarkeit bis Anfang April. Mittelgroßer, flachrunder, etwas ungleichmäßig gebauter Apfel. Fruchtschale durch braunen, schuppigen oder engmaschigen Rost fein rau. Zuerst dunkel, später etwas heller grün, manchmal gelblichgrün. Fruchtfleisch grünlichweiß, fein, etwas schwammig, saftig, etwas renettenartig gewürzt. Vorherrschende Säure bei geringerem Zuckergehalt.

Graue Renette *siehe* Deaks Graue Renette
Göttinger Graue Renette
Graue Französiche Renette
Hunts Russet
Parkers Pepping
Süße Graue Renette

Graue Renette der Bretagne

Doppelname: Reinette de Bretagne

Sehr guter Tafel- und Wirtschaftsapfel. Genussreife ab November. Haltbarkeit bis Februar. Mittelgroßer, flachrunder, ungleichmäßig gebauter Apfel. Fruchtschale dick und rau, grün, später grünlichgelb bis gelb. Sonnenseite häufig gerötet. Schalenpunkte ziemlich dick, braun. Schalenfarbe häufig überdeckt durch bräunlichen, stellenweise silbern schillernden Rost. Geruch schwach. Fruchtfleisch gelblich bis gelblichgrün, fein, etwas schwammig. Ausreichend saftig, renettenartig gewürzt. Vorherrschende Säure bei ausreichendem Zuckergehalt.

Graue Renette vom Zabergäu *siehe* Zabergäu-Renette

Grauer Hordapfel

Frucht: Ein Mostapfel, der in der Schweiz lokal begrenzt angebaut wird. Baumreife ab Ende Oktober. Verarbeitung von November bis Dezember. Ein kleiner, kegelförmiger, schwach

Grauer Kurzstiel

gerippter Apfel. Fruchtschale glatt, gelbgrün. Sonnenseite gerötet. Fruchtfleisch grünlich, fest, grob, saftig, kräftige Säure. Blüte mittelspät. Schlechter Pollenspender.
Baum: Mittelstark wachsend, kleines Laub. Anspruchslos an Boden und Klima, auch für höhere und raue Lagen geeignet. Erziehungsformen vorwiegend Halb- und Hochstamm.

Grauer Kurzstiel (Abbildung Seite 191)

Sehr guter Tafel- und Wirtschaftsapfel. Genussreife ab Ende Dezember. Haltbarkeit bis April. Mittelgroßer bis großer, fast flachrunder, nicht ganz gleichmäßig gebauter Apfel. Fruchtschale teils glatt, teils fein rau durch zimtbraunen, feinmaschigen bis schuppigen Rost, der einen großen Teil der Frucht bedeckt. Schalenfarbe hellgrün, später grünlichgelb. Sonnenseite manchmal trüb gerötet. Schalenpunkte zahlreich, dick, eckig, braun. Kein Geruch. Fruchtfleisch hellgelb bis gelblichgrün, fein, saftig, angenehm renettenartig gewürzt. Etwas vorherrschende, edle Säure bei ausreichendem Zuckergehalt.

Grauer Kurzstiel *siehe* Graue Französische Renette
Grauer Rabau *siehe* Graue Französische Renette
Graue Winterrenette *siehe* Schöner von Boskoop

Graugrüne Renette

Doppelname: Reinette Grise Dorée

Sehr guter Tafel- und Wirtschaftsapfel. Genussreife ab Ende Dezember. Haltbarkeit bis Ende März. Mittelgroßer bis großer, abgestumpft rundlicher, gleichmäßig gebauter Apfel. Fruchtschale fein rau durch grünlichbraunen Rost, der den größten Teil der Frucht bedeckt. Schalenfarbe grün, später gelblichgrün, an der Sonnenseite etwas gerötet. Schalenpunkte mitteldick, grau. Geruch schwach. Fruchtfleisch gelblichgrün, bräunt stark. Fruchtfleisch fein, etwas schwammig, renettenartig gewürzt. Kräftige Säure bei ausreichendem Zuckergehalt.

Gravensteiner

Eine sehr alte Sorte, die schon im 18. Jahrhundert beschrieben wurde. Verbreitung vom Ort Gravenstein in Schleswig-Holstein ausgehend, vielleicht auch dort entstanden.

Gravensteiner (Gelber Gravensteiner)

Cravensteiner von Gunstrup

Gravensteiner von Saebygard

Doppelnamen: Blumenkalvill (Bayern); Diels Sommerkönig; Ernteapfel (Elsaß); Graasten; Grafenapfel (Württemberg); Haferapfel; Marbapfel; Pomme de Gravenstein; Sommer-Blumenkalvill; Sommerkalvill (Baden); Stroemling; Tom Harryman
Zahlreiche Typen, z. B. Gravensteiner von Gunstrup; Gravensteiner von Saebygard; Martens Gravensteiner

Frucht: Ausgezeichneter Tafel-, sehr guter Wirtschaftsapfel. Pflückreife ab Anfang September. Genussreife ab Anfang Oktober. Haltbarkeit bis Ende Dezember. Mittelgroßer bis großer, breitkugeliger bis hochrunder, ungleichmäßig gebauter Apfel. Ausgeprägte Rippen über die ganze Frucht laufend. Fruchtschale glatt, fettig, grünlichgelb bis gelb, später lebhaft gelb. Zur Reifezeit ist oft die ganze Frucht rötlich geflammt. Geruch sehr angenehm und kräftig. Fruchtfleisch gelblichweiß, fein, etwas locker, sehr saftig. Sortentypisch edel gewürzt.
Baum: Sehr kräftiger Wuchs, auch noch im Alter. Nur mäßiger Aufbauschnitt erforderlich. Nebentriebe zur Fruchtholzbildung stets unbeschnitten lassen. Ertragseintritt spät bis sehr

Martens Roter Gravensteiner Sämling

spät. Ertragshöhe mittel und sehr unregelmäßig. Die Früchte reifen nicht gleichzeitig. Starker Vorerntefruchtfall, der aber gut verwertet werden kann. An den Standort stellt die Sorte hohe Ansprüche. Der Boden muss auch im Sommer ausreichend feucht sein. Ebenso gedeiht die Sorte nur bei ausreichender Luftfeuchtigkeit gut. Der Anbau sollte deshalb auf günstige Standorte beschränkt bleiben. Die großen, schneeweißen Blüten sind gegen Witterungseinflüsse empfindlich. Schlechter Pollenspender. Die Sorte gilt als schorf- und mehltauanfällig. Erziehungsformen vorwiegend Busch und höhere Baumformen.

Gravensteiner *siehe* Gelber Bellefleur
Henzens Gravensteiner
Wintergravensteiner
Gravenstein Rouge *siehe* Roter Gravensteiner

Gravensteiner von Arreskov

Doppelname: Grafensteiner von Avreskor

Ausgezeichneter Tafel-, sehr guter Wirtschaftsapfel. Genussreife ab Ende Oktober. Haltbarkeit bis Dezember. Großer, abgestumpft rundlich-kegelförmiger, etwas ungleichmäßig gebauter Apfel. Rippen flach über die Frucht laufend. Querschnitt flachkantig. Fruchtschale glatt, etwas fettig, grünlichgelb, später gelb. Schalenpunkte fein, hellbraun. Manchmal leichter Anflug von Rost. Geruch ausgeprägt, jedoch nicht so stark wie beim Gravensteiner. Fruchtfleisch gelblichweiß, fein, sehr saftig, balsamartig und etwas melonenartig gewürzt. Vorherrschende, angenehme Säure bei hohem Zuckergehalt.

Grazer Maschansker *siehe* Steirischer Maschanzker
Greedes Wilhelmsapfel *siehe* Rheinische Schafsnase
Green Newton Pippin *siehe* Köstliche Renette von Newton

Greensleeves

Doppelname: Mailing Greensleeves
Entstanden 1971 in der Versuchsstation East Mailing aus 'Golden Delicious' x 'James Grieve'.

Frucht: Guter Tafelapfel, auch als Wirtschaftsapfel verwendbar. Frucht mittelgroß, flachrund, manchmal auch höher gebaut. Fruchtschale glatt, glänzend aber nicht fettig. Schalenfarbe gelbgrün ohne Rötung. Schalenpunkte fein. Fruchtfleisch gelblich-weiß, fest, saftig, süßaromatisch. Baumreife Mitte September. Genussreife Ende September. Haltbarkeit bis Dezember.
Baum: Der Baum bildet eine hochkugelige, gut verzweigte Krone aus. Wuchs ist mittelstark. Guter Überwachungsschnitt verhindert die vorzeitige Vergreisung. Anbau vorwiegend in guten Apfellagen. Wenig anfällig für Mehltau. Etwas anfällig für Schorf und Krebs. Ertrag früh, hoch und regelmäßig. Für alle Erziehungsformen geeignet.

Greenups Apfel

Die Sorte entstand in England und ist dort seit etwa 1800 bekannt.
Doppelname: Greenups Pippin

Frucht: Sehr guter Tafel- und Wirtschaftsapfel. Genussreife ab Ende Oktober. Haltbarkeit bis Dezember. Kleiner bis mittelgroßer, abgestumpft rundlicher, ziemlich gleichmäßig gebauter Apfel. Rippen flach über die Frucht laufend. Manchmal tritt eine Rippe hervor. Fruchtschale geschmeidig, glänzend, grünlichgelb, später hellgelb. Sonnenseite mehr oder weniger gelblich-braunrot gefärbt. Die Schalenpunkte sind sehr fein, bräunlich, oft mit rotem Hof. Manchmal kleine Rostflecken. Geruch schwach. Das Fruchtfleisch ist weiß, fein, etwas fest, später mürbe, saftreich, gewürzt. Vorherrschende kräftige Säure bei ausreichendem Zuckergehalt.
Baum: Der Baum wächst kräftig, wird jedoch nicht allzu groß. Erträge hoch. Ansprüche an den Boden gering.

Greedes Wilhelmsapfel *siehe* Rheinische Schafsnase
Greenups Pippin *siehe* Greenups Apfel

Greifenberger Weinapfel (Lokalsorte in bayerisch Schwaben. Keine Sortenbeschreibung)

Grenadier

Die Frucht stammt aus England und ist in Deutschland seit 1886 bekannt.

Frucht: Ein Herbstapfel, der gleichermaßen gut als Tafel- und Wirtschaftsfrucht zu verwenden

ist. Baum- und Genussreife Anfang September. Haltbarkeit bis Anfang Oktober. Großer bis sehr großer, flachkugelförmiger, unregelmäßig gebauter Apfel. Fruchtschale glatt, glänzend, grüngelb, in der Reife strohgelb. Sonnenseite bisweilen orangegelb gefärbt, manchmal auch gerötet. Schalenpunkte braun, weiß umrandet. Häufig Warzenbildung. Fruchtfleisch weiß, grobkörnig, saftig. Von erfrischend säuerlichem Geschmack, wenig gewürzt.
Baum: Kräftiger und gedrungener Wuchs. Ertrag sehr früh und reich. Für alle Erziehungsformen geeignet.

Grenadier *siehe* Rheinische Schafsnase

Grenssemanns Erdbeerapfel

Sehr guter Tafel-, guter Wirtschaftsapfel. Genussreife ab Dezember. Haltbarkeit bis März. Kleiner bis mittelgroßer, abgestumpft kegelförmiger, nicht ganz gleichmäßig gebauter Apfel. Fünf flach über die Frucht verlaufende Rippen. Querschnitt flachkantig. Fruchtschale glatt, etwas fettig, mattglänzend, grün, später grünlichgelb bis hellgelb. Sonnenseite häufig gerötet. Streifen nicht sehr auffällig. Manchmal leichte Anflüge von Rost. Geruch ausgeprägt. Fruchtfleisch weiß bis grünlichweiß, fein, etwas locker, saftig. Leicht kalvillartig gewürzt, vorherrschende milde Säure, wenig Zucker.

Grieve *siehe* James Grieve
Grignon *siehe* Apfel von Grignon
Grimes Goldapfel *siehe* Grimes Golden

Grimes Golden

Grimes Golden

Die Sorte entstand um 1800 in West Virginia/USA.
Doppelnamen: Dorée de Grimes; Grimes Goldapfel; Grimes Yellow Pippin; Zolotoe Graima

Mittelgroßer, rundlicher, leicht gerippter Apfel. Fruchtschale goldgelb, leicht berostet. Fruchtfleisch weich, grob, cremefarben. Kräftig gewürzt, säuerlich. Reifezeit spät bis sehr spät.

Grimes Yellow Pippin *siehe* Grimes Golden
Gröbenzell *siehe* Kalvill von Gröbenzell
Gros Barbarie Blanc *siehe* Großer Apfel aus der Berberei
Gros Rambour à Cotes *siehe* Weißer Winterkalvill
Grosse Bretagne *siehe* Englischer Königsapfel
Große Englische Renette *siehe* Diels Große Englische Renette
Kanadarenette
Große Gestreifte Schafsnase *siehe* Rheinische Schafsnase
Große Goldrenette *siehe* Kanadarenette

Große Kasseler Renette

Große Kasseler Renette

Wahrscheinlich eine alte deutsche Sorte, die von hier aus nach Holland und Frankreich kam und von dort als 'Holländische Renette' und 'Reinette de Caux' zurückkehrte.
Doppelnamen: Christs Goldrenette; Deutsche Goldrenette (Westfalen); Deutsche Mignonne; Doppelte Kasseler Renette; Finkenwerder (Hannover); Grüne Renette (Schleswig-Holstein); Holländische Goldrenette; Holländische Renette, Reinette de Caux; Reinette Dorée de Hollande.
Frucht: Sehr guter Tafel- und Wirtschaftsapfel. Pflückreife ab Mitte Oktober. Genussreife ab Februar. Haltbarkeit bis Juni. Mittelgroßer bis großer, abgestumpft rundlicher, ziemlich gleichmäßig gebauter Apfel. Fruchtschale glatt, glänzend, zur Zeit der Pflückreife unansehnlich grün bis grünlichgelb. Auf dem Lager goldgelb werdend, oft gestreift, auch punktiert und marmoriert. Häufig Rostpunkte und Rostfiguren. Schalenfärbung nach Standort sehr variabel. Fruchtfleisch gelblichweiß, anfangs fest, später markig, fein, saftig, renettenartig gewürzt. Etwas vorherrschende Säure bei hohem Zuckergehalt.
Baum: Mittelstarker Wuchs. In den ersten Jahren mehrmaliger Rückschnitt der Leittriebe erforderlich. Der Baum gedeiht zwar auf jedem Boden, befriedigende Ertragsqualitäten werden aber nur auf guten Apfelböden erzielt. Trockenheitsverträglich. Ertrag früh und sehr reich. Ältere Bäume neigen zum Vergreisen. Anfällig für Schorf und Krebs.

Grossener Rosenstreifling *siehe* Crossener Rosenstreifling
Grosse-Pomme de Zurich *siehe* Weißer Winterkalvill

Großer Apfel aus der Berberei

Doppelname: Gros Barbarie Blanc

Guter Tafel-, sehr guter Wirtschaftsapfel. Genussreife ab November. Haltbarkeit bis Februar. Mittelgroßer bis großer, flachrunder, manchmal sehr unterschiedlich gebauter Apfel. Rippen breit und ungleich über die Frucht laufend. Fruchtschale glatt, etwas fettig, glänzend, grünlichgelb, später hellgelb. Nicht merklich gerötet. Sonnenseite rot gestreift und punktiert. Schalenpunkte fein, braun. Geruch schwach. Fruchtfleisch grünlichgelb, ziemlich fein, saftig, ohne merkliche Würze. Vorherrschende angenehme Säure, hoher Zuckergehalt.

Großer Böhmischer Brünnerling *siehe* Welschisner
Großer Bohnapfel *siehe* Großer Rheinischer Bohnapfel
Großer Breitling *siehe* Backapfel
Großer Edler Prinzessinapfel *siehe* Alantapfel

Großer Gestreifter Rambur

Doppelname: Großer Rheinischer Gestreifter Rambur

Sehr guter Wirtschaftsapfel. Verwertung ab Ende Dezember. Haltbarkeit bis in April. Großer, flachrunder, ungleichmäßig gebauter Apfel. Rippen breit und ungleich über die Frucht laufend. Fruchtschale glatt, etwas fettig, hellgrün, später grünlichgelb bis hellgelb. Sonnenseite gerötet und deutlich gestreift. Schalenpunkte zahlreich, fein, braun. Geruch ausgeprägt. Fruchtfleisch gelblichweiß, fein, saftig, wenig gewürzt. Etwas vorherrschende Säure bei ausreichendem Zuckergehalt.

Großer Grüner Gulderling

Sehr guter Wirtschaftsapfel. Verarbeitung ab Ende November. Haltbarkeit bis März. Großer, abgestumpft kegelförmiger, gleichmäßig gebauter Apfel. Rippen kantig und breit über die Frucht laufend. Querschnitt flachkantig. Fruchtschale glatt, etwas fettig, glänzend, hellgrün, später grünlichgelb. Schalenpunkte zahlreich, fein, braun. Geruch merklich. Fruchtfleisch gelblichgrün, ziemlich fein, saftig, nicht gewürzt. Vorherrschende kräftige aber nicht scharfe Säure, geringer Zuckergehalt.

Großer Grüner Rambur

Sehr guter Wirtschaftsapfel, noch brauchbarer Tafelapfel. Genussreife ab Ende November. Haltbarkeit bis März. Sehr großer, flachrunder, ungleichmäßig gebauter Apfel. Rippen breit und ungleich über die Frucht laufend. Fruchtschale glatt, etwas fettig, grün, später gelblichgrün. Sonnenseite manchmal schwach gerötet. Schalenpunkte fein, braun. Geruch schwach. Fruchtfleisch grünlichweiß, halbfein, saftig, nicht gewürzt. Vorherrschende kräftige Säure, wenig Zucker.

Großer Isnyer Jahrapfel *siehe* Welschisner

Großer Jungfernapfel

Frucht groß bis sehr groß. Schalenfarbe gelblichgrün. Sonnenseite leuchtend rot verwaschen, schwach punktiert. Fruchtfleisch mürbe, weinsäuerlich. Die Frucht schrumpft nicht auf dem Lager.

Genussreife ab Oktober. Haltbarkeit bis März. Der Baum stellt keine Ansprüche an Boden und Klima. Er schließt erst spät im Jahr mit dem Trieb ab.

Großer Kornapfel *siehe* Backapfel
Großer Pepping *siehe* Neustadts Gelber Pepping

Großer Rheinischer Bohnapfel

Friedberger Bohnapfel

Großer Rheinischer Bohnapfel

Die Sorte ist im Rheinland entstanden und wird seit etwa 1800 angebaut.
Doppelnamen: Bohnapfel; Gros Bohn; Großer Bohnapfel; Jockerle (Schwarzwald)
Zahlreiche Typen, z. B. Friedberger Bohnapfel; Riesen-Bohnapfel

Frucht: Hervorragender Wirtschaftsapfel. Pflückreife ab Ende Oktober. Verarbeitung ab Januar. Haltbar bis in die Sommermonate. Mittelgroßer, eiförmiger bis eiwalzenförmiger, gleichmäßig

Riesen-Bohnapfel

gebauter Apfel. Fruchtschale glatt, mattglänzend, grün, später grünlichgelb. Die Sonnenseite ist schwach gerötet und deutlich gestreift. Schalenpunkte fein, bräunlich. Manchmal Anflüge von Rost. Geruch sehr schwach. Fruchtfleisch hellgelblich bis gelblichgrün, halbfein, fest, nicht gewürzt, saftig. Etwas herbe, zuerst starke, später mildere Säure. Zuerst geringer, später ausreichender Zuckergehalt. Hervorragend geeignet für die Süßmost- und Obstweinherstellung. Bei der Verarbeitung behält das Fruchtfleisch seine weiße Farbe.

Baum: Der starkwachsende Baum ist anspruchslos und reichtragend. Er eignet sich auch noch für rauere Gebiete, jedoch nicht für Nordhänge. Wegen der steil aufwärtswachsenden Kronen auch für Viehweiden geeignet. Bei älteren Bäumen ist eine zeitweise Verjüngung der Krone angebracht. Starke Neigung zum Alternieren. Eine empfehlenswerte Sorte für die Obstwiese, da sie mit wenig Pflegemaßnahmen auskommt. Erziehung vorwiegend als höhere Stammformen. Schlechter Pollenspender.

Großer Rheinischer Gestreifter Rambur *siehe* Großer Gestreifter Rambur

Großer Richard

Großer Rheinischer Winterrambur *siehe* Rheinischer Winterrambur

Großer Richard (Abbildung Seite 200)

Doppelname: Grand Richard

Sehr guter Tafel- und Wirtschaftsapfel. Genussreife ab Oktober. Haltbarkeit bis November. Großer, abgestumpft eiförmiger, meist ungleichmäßig gebauter Apfel. Hauptrippen fünfkantig über die Frucht laufend, dazwischen fünf Nebenrippen. Fruchtschale glatt, fettig, matt glänzend, hellgrün, später grünlichgelb. Sonnenseite gerötet und kräftig gestreift. Schalenpunkte fein, bräunlichgrau. Geruch ausgeprägt. Fruchtfleisch weiß, fein, markig bis mürbe, saftig, angenehm kalvillartig gewürzt. Etwas vorherrschende Säure bei geringerem Zuckergehalt.

Großer Schlotterapfel *siehe* Geflammter Kardinal

Großer Schmantapfel

Großer Weinapfel (Keine Sortenbeschreibung)

Großer Schmantapfel (Abbildung Seite 201)

Sehr guter Wirtschaftsapfel. Verarbeitung ab Anfang Dezember. Haltbarkeit bis Februar. Sehr großer, stark abgestumpft rundlicher bis flachrunder, ungleichmäßig gebauter Apfel. Rippen sehr flach über die Frucht laufend. Fruchtschale etwas fettig, gelblichgrün, später grünlichgelb. Sonnenseite rot angelaufen, gestreift, auch geflammt. Schalenpunkte fein, braun, oft mit hellem Hof. Geruch ausgeprägt. Fruchtfleisch grünlichgelb, etwas grob, markig, saftreich, wenig gewürzt. Vorherrschende aber nicht scharfe Säure, wenig süß.

Großer Roter Pilgrim *siehe* Purpurroter Cousinot

Großherzog Friedrich von Baden

Großherzog Friedrich von Baden

Im Jahre 1894 vom großherzoglichen Hofgärtner in Baden-Baden aus einem Kern des 'Bismarckapfel' gezogen.

Frucht: Sehr gute Wirtschafts- und Schaufrucht, als Tafelapfel weniger geeignet. Pflückreife ab Anfang September. Genussreife ab September. Haltbarkeit bis Oktober. Großer bis sehr großer, abgestumpft rundlicher Apfel. Deutliche Rippen laufen über die ganze Frucht. Querschnitt eckig. Fruchtschale hellgelb, in der Vollreife zitronengelb. Selten auf der Sonnenseite etwas gerötet. Fruchtschale sehr zart und empfindlich. Fruchtfleisch locker, mürbe, gelblichweiß, von angenehm säuerlichem Geschmack. Später fade und mehlig.
Baum: Starkwachsend, Ertragsbeginn sehr früh. Sehr lange Jahrestriebe. Für schwere Böden, dann auch noch in höheren Lagen geeignet. Nur für niedere Erziehungsformen, da die großen Früchte wenig sturmfest sind. Etwas anfällig für Mehltau, Stippe, Glasigkeit.

Grosvenor *siehe* Lord Grosvenor

Groths Melonenapfel

Noch guter Tafel- und Wirtschaftsapfel. Genussreife ab November. Haltbarkeit bis Dezember. Großer bis sehr großer, abgestumpft eiförmiger, etwas ungleichmäßig gebauter Apfel. Rippen über die halbe Frucht laufend. Fruchtschale meist glatt, grünlichgelb, später hellgelb. Sonnenseite etwas gerötet, kräftig und dicht gestreift. Schalenpunkte fein, braun. Manchmal kleine

Anflüge von schuppigem Rost. Geruch schwach. Fruchtfleisch gelblichweiß, fein, saftig, gewürzt. Wenig Säure, sehr viel Zucker.

Grünapfel

Frucht: Sehr guter Wirtschaftsapfel, weniger guter Tafelapfel. Genussreife ab Dezember. Haltbarkeit bis in den Mai. Mittelgroßer, abgestumpft eikegelförmiger, gleichmäßig gebauter Apfel. Fruchtschale glatt, etwas fettig, dunkelgrün, später gelblichgrün. Sonnenseite unterschiedlich stark gerötet, aber stets kräftig gestreift. Schalenpunkte fein, bräunlichgelb. Geruch schwach. Fruchtfleisch gelblichgrün, fein, ziemlich fest, saftig, keine Würze.
Baum: Der Baum wächst stark und gesund. Krone hochkugelförmig. Blüte spät, Ertrag früh und reich. Ansprüche an Boden und Lage gering. Auch noch für schlechte Böden und raues Klima geeignet. Verträgt kalte Lagen.

Grüne Atlasrenette *siehe* Backapfel
Grüneke *siehe* Sulinger Grünling
Grüne Renette *siehe* Alter Nonpareil
Graue Herbstrenette
Große Kasseler Renette
Lothringer Renette

Grüner Fürstenapfel

Grüner Fürstenapfel

Doppelname: Pomme de Prince Verte

Mittelgroßer bis großer, etwas flachrunder, gleichmäßig gebauter Apfel. Die Fruchtschale ist geschmeidig, glänzend, hellgrün, später grünlichgelb. An der Sonnenseite zuweilen gerötet. Schalenpunkte sehr fein, bräunlich. Geruch schwach. Fruchtfleisch weiß, fein, saftig, nicht gewürzt. Vorherrschende angenehme Säure, wenig Zucker.

Grüner Kalvill *siehe* London Pepping
Grüner Livländer Sommerapfel *siehe* Weißer Astrachan

Grüner Pauliner

Sehr guter Wirtschaftsapfel. Verarbeitung ab Januar. Haltbarkeit bis Juli. Mittelgroßer bis großer, flachrunder, nicht ganz gleichmäßig gebauter Apfel. Fruchtschale geschmeidig, hellgrün, später grünlichgelb, auch gelb. Sonnenseite manchmal leicht gerötet. Schalenpunkte zahlreich, fein, bräunlich. Geruch ausgeprägt. Fruchtfleisch grünlichweiß, fein, fest. Wenig saftig, keine Würze.

Grüner Rambur *siehe* Großer Grüner Rambur

Grüner Stettiner

Grüner Stettiner

Sehr guter Wirtschaftsapfel. Verarbeitung ab Anfang Januar. Haltbarkeit bis April. Großer, flachrunder, meist gleichmäßig gebauter Apfel. Fruchtschale glatt, hellgrün, später gelblichgrün. Sonnenseite gerötet. Schalenpunkte zahlreich, in der Rötung mit hellem Hof. Geruch merklich. Fruchtfleisch grünlichgelb, halbfein, saftig, nicht gewürzt. Vorherrschende Säure, wenig Zucker.

Grüner Stettiner *siehe* Winterstettiner
Grüner Winterstettiner *siehe* Winterstettiner

Grünfleischige Renette

Doppelname: Reinette á Chair Verte

Sehr guter Tafel- und Wirtschaftsapfel. Genussreife ab Ende Dezember. Haltbarkeit bis April. Sehr großer, flachrunder, ungleichmäßig gebauter Apfel. Rippen breit und ungleich über die Frucht laufend. Querschnitt kantig. Fruchtschale geschmeidig, etwas glänzend, bläulichgrün. Schalenpunkte fein bis mitteldick, bräunlich, oft mit hellem Hof. Geruch schwach. Fruchtfleisch grünlich, fein, mürbe, saftig, renettenartig gewürzt. Vorherrschende kräftige Säure, ausreichend süß.

Grünhofer Hasenkopf

Guter Tafel-, sehr guter Wirtschaftsapfel. Genussreife ab Ende November. Haltbarkeit bis Februar. Mittelgroßer, abgestumpft eiförmiger, gleichmäßig gebauter Apfel. Rippen klein, flach über die Frucht laufend. Fruchtschale geschmeidig, matt glänzend, hellgrün, später grünlichgelb bis hellgelb. Sonnenseite meist gerötet und kräftig gestreift. Schalenpunkte zahlreich, fein. Geruch wenig ausgeprägt. Fruchtfleisch weiß, fein, saftig, wenig Würze. Vorherrschende milde Säure bei ausreichendem Zuckergehalt.

Grünling *siehe* Schlössers Grünling
Woods Grünling

Grünling von Rhode Island

Grünling von Rhode-Island

Doppelnamen: Pomme Verte de Rhode-Island; Rhode-Island Greening

Ein sehr guter Tafel- und Wirtschaftsapfel. Genussreife ab Dezember. Haltbarkeit bis April. Mittelgroßer, abgestumpft rundlicher, gleichmäßig gebauter Apfel. Fruchtschale geschmeidig, dunkelgrün, später gelblichgrün. Sonnenseite häufig mit braunrotem Anflug. Schalenpunkte ziemlich fein, braun, oft mit hellem Hof. Manchmal kleine Anflüge von Rost. Geruch schwach. Fruchtfleisch grünlichgelb, fein, etwas locker, saftig, deutlich gewürzt. Etwas vorherrschende Säure bei ausreichendem Zuckergehalt.

Grünling von Yorkshire

Doppelname: Yorkshire Greening

Sehr guter Wirtschaftsapfel, weniger guter Tafelapfel. Verarbeitung ab Januar. Haltbarkeit bis Juni. Großer, flachrunder, ungleichmäßig gebauter Apfel. Rippen breit und ungleichmäßig über die Frucht laufend. Fruchtschale etwas geschmeidig, matt glänzend, grün, später heller grün bis gelblichgrün. Sonnenseits schwache Rötung und zahlreiche dunkle Streifen. Schalenpunkte fein, bräunlich. Geruch schwach. Fruchtfleisch gelblichgrün, halbfein, saftig. Neigung zur Stippe. Wenig gewürzt, kräftige doch nicht scharfe Säure, geringer Zuckergehalt.

Gubener Warraschke

Doppelname: Warraschke de Guben

Sehr guter Wirtschaftsapfel. Verwertung ab Anfang Januar. Haltbarkeit bis Anfang Juni. Mittelgroßer bis großer, flachrunder, ungleichmäßig gebauter Apfel. Rippen flach über die Frucht laufend. Fruchtschale geschmeidig, hellgrün, später gelb. Sonnenseite etwas gerötet, auch geflammt. Schalenpunkte sehr fein, bräunlich. Geruch wenig ausgeprägt. Fruchtfleisch grünlichgelb, sehr fein. Würze wenig ausgeprägt, geringer Säure- und Zuckergehalt.

Gulderling *siehe* Goldgulderling
Großer Grüner Gulderling
Henzens Gulderling
Hossfelds Gulderling
Langer Grüner Gulderling
Mährisch-Walachischer Gulderling
Marienwerder Gulderling
Quittenförmiger Gulderling
Roter Gulderling
Süßer Gulderling
Virginischer Rosenapfel

Gulderling Doré *siehe* Goldgulderling
Gulderling Long Vert *siehe* Langer Grüner Gulderling

Gundelsdorfer (Lokalsorte in Bayern. Keine Sortenbeschreibung)

Gustavs Dauerapfel

Die Sorte hat in der Schweiz nur lokale Bedeutung.

Sehr guter Tafel- und Wirtschaftsapfel. Genussreife ab Dezember. Haltbarkeit bis Mai. Mittelgroßer bis großer, abgestumpft eiförmiger, etwas ungleichmäßig gebauter Apfel. Rippen flach verlaufend. Fruchtschale gelb. Deckfarbe leuchtend rot, marmoriert und gestreift. Schalenpunkte fein, in der Rötung gelb hervortretend. Fruchtfleisch gelblich, fest, fein, saftig. Sehr angenehm süßweinig.

H

Haccourter Gulderling

Doppelname: L'Abondante

Ein guter Tafel-, sehr guter Wirtschaftsapfel. Genussreife ab Ende Dezember. Haltbarkeit bis April. Mittelgroßer, flachrunder, etwas ungleichmäßig gebauter Apfel. Rippen deutlich und über die ganze Frucht laufend. Fruchtschale geschmeidig, grün, später grünlichgelb. Sonnenseite zuweilen etwas gerötet. Schalenpunkte sehr fein, bräunlich. Um die Stielhöhle manchmal leicht berostet. Geruch schwach. Fruchtfleisch gelblichweiß, fein, sehr saftig, etwas gewürzt. Vorherrschende angenehme Säure, wenig süß.

Haferapfel *siehe* Gravensteiner
Prinzenapfel
Hagedornapfel *siehe* Apfel von Hawthornden
Hähnchen *siehe* Roter Jungfernapfel

Hahnenpepping

Doppelname: Cockle-Pippin

Ausgezeichneter Tafel-, brauchbarer Wirtschaftsapfel. Genussreife ab Ende Dezember. Haltbarkeit bis März. Kleiner bis mittelgroßer, abgestumpft eiförmiger, regelmäßig gebauter Apfel. Fruchtschale teils glatt, teils durch kleine Anfänge von Rost aufgeraut. Schalenfarbe grünlichgelb, später gelb. Sonnenseite etwas goldiger. Schalenpunkte fein bis mitteldick, oft etwas eckig, bräunlich. Neigt auf dem Lager zum Welken. Geruch merklich. Fruchtfleisch gelblichweiß, fein, fest, später zart und mürbe. Saftig, zitronatartige, edle Würze. Wenig vorherrschende Säure bei hohem Zuckergehalt.

Halberstädter Jungfernapfel

Halberstädter Jungfernapfel

Eine im Harz stark verbreitete Lokalsorte.
Doppelnamen: Ziemerling; Prinzenapfel

Frucht: Ausgezeichneter Wirtschaftsapfel, für die Tafel wenig brauchbar. Pflückreife ab Mitte September. Verarbeitung ab November. Haltbarkeit bis März und länger. Mittelgroßer bis großer, abgestumpft eikegelförmiger, oft sehr unterschiedlich gebauter Apfel. Rippen flach aber deutlich über die Frucht laufend. Fruchtschale fettig, glänzend, grünlichgelb, später gelb. Sonenseite leuchtend gerötet mit deutlichen dunkleren Streifen. Fruchtfleisch gelblich- weiß, mit grünlichen Adern durchzogen. Etwas grob, locker, sehr saftig, wenig Würze. Vorherrschende angenehme Säure, kaum süß.
Baum: Bereits in der Jugend sehr kräftiger Wuchs. Ältere Bäume können außerordentlich groß werden. Schnittmaßnahmen müssen die geringe Neigung zur Bildung von Seitentrieben ausgleichen. Der Ertrag beginnt spät, ist dann reich und regelmäßig. Gegenüber Boden und Klima anspruchslos. Erziehung vorwiegend als höhere Baumformen. Blüte gegenüber Witterungseinflüssen unempfindlich. Der Baum gedeiht in kühleren Anbaulagen besser als in warmen.

Halbweißer Rosmarinapfel

Ein sehr guter Tafel- und guter Wirtschaftsapfel. Genussreife ab Anfang Januar. Haltbarkeit bis April. Mittelgroßer, abgestumpft eiförmiger, ziemlich gleichmäßig gebauter Apfel. Fruchtschale glatt, etwas fettig, glänzend, grünlichgelb, später hellgelb. Sonnenseite etwas gerötet. Schalenpunkte fein, bräunlich. Geruch deutlich. Fruchtfleisch weiß, fein, erst etwas fest, später zart, mürbe bis locker. Saftig, angenehm, aber nicht stark gewürzt. Wenig vorherrschende milde Säure bei hohem Zuckergehalt.

Halder *siehe* Apfel von Halder
Hallischer Gestreifter Herrenapfel *siehe* Hallischer Herrenapfel

Hallischer Herrenapfel

Doppelname: Hallischer Gestreifter Herrenapfel

Sehr guter Wirtschaftsapfel. Verwertung ab Dezember. Haltbarkeit bis Anfang April. Mittelgroßer bis großer, abgestumpft rundlich-eiförmiger, gleichmäßig gebauter Apfel. Fruchtschale glatt, trocken, glänzend, hellgrün, später grünlichgelb bis hellgelb. Sonnenseite oft kräftig gerötet und deutlich gestreift. Schalenpunkte fein, hellgraubraun. Geruch deutlich. Fruchtfleisch gelblichweiß, ziemlich fein, fest, später fast markig. Wenig gewürzt, etwas vorherrschende Säure bei ausreichendem Zuckergehalt.

Hammerstein *siehe* Minister von Hammerstein

Hampers

Sehr guter Tafel- und Wirtschaftsapfel. Genussreife ab Anfang September. Haltbarkeit bis Oktober. Kleiner bis mittelgroßer, etwas flachrunder, fast gleichmäßig gebauter Apfel. Rippen flach über die halbe Frucht laufend. Fruchtschale glatt, etwas fettig, grünlichgelb, später hellgelb. Sonnenseite kräftig gerötet und etwas undeutlich gestreift. Schalenpunkte zahlreich, sehr fein, braun. Geruch deutlich. Fruchtfleisch gelblichweiß, fein, saftig, rosenapfelartig gewürzt. Vorherrschende angenehme Säure bei ausreichendem Zuckergehalt.

Hampshire Yellow *siehe* Wintergoldparmäne
Hanging Pearmain *siehe* Adams Parmäne
Harberts Rambur *siehe* Harberts Parmäne

Harberts Renette

Harberts Renette

Eine alte Sorte, die um 1830 von Soest/Westfalen aus verbreitet wurde.
Doppelnamen: Goldrenette (Bayern); Harberts Ramburrenette; Harberts Renettenartiger Rambur; Imm-Apfel; Königsapfel

Frucht: Ein sehr guter Tafel- und Wirtschaftsapfel. Pflückreife Mitte Oktober. Genussreife ab Anfang Dezember. Haltbarkeit bis Februar und länger. Großer, abgestumpft flachrunder, sehr gleichmäßig gebauter Apfel. Fruchtschale glatt, grünlichgelb, später lebhaft gelb. Sonnenseite goldiger, zart gestreift. Schalenpunkte zahlreich, fein, bräunlich. Anflüge von Rost nur in der Stielgrube. Geruch schwach. Fruchtfleisch gelblichweiß, fein, saftig, renettenartig gewürzt. Kräftige Säure bei hohem Zuckergehalt. Die großen Früchte werden auf dem Lager leicht stippig.
Baum: Eine der am stärksten wachsenden Sorten. Erziehungsschnitt zur guten Kronenbildung mehrere Jahre hindurch erforderlich. Nur für Hochstamm empfehlenswert. Die Sorte stellt keine Ansprüche an den Boden, gedeiht jedoch auf schweren, mineralstoffreichen Böden besser. Noch für Gebirgslagen geeignet. Der Ertrag setzt sehr spät ein, ist dann regelmäßig und sehr hoch. Unempfindlich gegen Blutlaus und Pilzkrankheiten. Schlechter Pollenspender.

Hardy *siehe* Jeanne Hardy
Harlemer Renette *siehe* Kanadarenette
Harryman *siehe* Gravensteiner
Harter Roter Stettiner *siehe* Winterstettiner
Härtling *siehe* Doppelter Härtling
Römischer Härtling

Hartwigs Herbstapfel

Sehr guter Tafel- und Wirtschaftsapfel. Die Genussreife ist ab Anfang Oktober. Haltbarkeit bis Dezember. Mittelgroßer, abgestumpft rundlich-kegelförmiger, ziemlich gleichmäßig gebauter Apfel. Fruchtschale glatt, etwas fettig und glänzend, hellgrün, später hellgelb. Sonnenseite teilweise gerötet und kräftig gestreift. Schalenpunkte sehr fein, nur in der Rötung als helle Punkte erkennbar. Geruch deutlich. Fruchtfleisch gelblichweiß, fein, saftig, schwach gewürzt. Vorherrschende angenehme Säure bei ausreichendem Zuckergehalt.

Harvest *siehe* Early Harvest

Harveys Goldapfel

Doppelnamen: Brandy Apple, Golden Harvey

Kleiner, stark abgestumpft länglichrunder, gleichmäßig gebauter Apfel. Schale teilweise glatt, teilweise durch bräunlichgelben Rost fein aufgeraut. Zur Reifezeit goldgelb, sonnenseits kräftig gerötet. Keine oder nur undeutliche Streifen. Schalenpunkte zahlreich, mitteldick bis dick, auch eckig, braun. Die Frucht neigt auf dem Lager zum Welken. Kein Geruch. Fruchtfleisch gelblichweiß, fein, saftig, edel renettenartig gewürzt. Etwas vorherrschende, sehr angenehme Säure bei ausreichendem Zuckergehalt.

Haseldorfer Prinz

Doppelnamen: Schöner von Haseldorf, Fesefeldapfel, Köllns Renette
Eine Lokalsorte aus der Haseldorfer Marsch in Holstein.

Verwendung als Tafel- und Wirtschaftsapfel. Die Früchte sind vor allem im unreifem Zustand blau-bereift. Fruchtfleisch mürbe, neigt auf dem Lager zu Fleischbräune. Dicke Fruchtschale. Der Baum wächst kräftig und bildet eine breitausladende Krone. Regelmäßige Erträge nur in jedem zweiten Jahr. Schlechter Pollenspender.

Hasenkopf *siehe* Finkenwerder Prinzenapfel
Grünhofer Hasenkopf
Prinzenapfel
Hasenschnäuzchen *siehe* Prinzenapfel
Haslinger *siehe* Rheinischer Winterrambur

Hauptmannsapfel

Hatsuaki

Eine japanische Neuzüchtung aus 'Jonathan' x 'Golden Delicious'.

Baum- und Genussreife Anfang Oktober. Haltbarkeit bis Ende Dezember. Ertrag hoch. Keine Anbauerfahrungen in Deutschland.

Hauptmannsapfel (Abbildung Seite 210)

Doppelname: Roter Hauptmannsapfel

Ein guter Tafelapfel, großfrüchtig. Genussreife ab Oktober. Haltbarkeit bis Dezember. Baum starkwüchsig. Außergewöhnlich widerstandsfähig gegen Frost.

Hausapfel *siehe* Cornelis Hausapfel

Hausmütterchen

Hausmütterchen

Doppelname: Menagére; Pomme de Livre

Ausgezeichneter Wirtschaftsapfel. Verwertung ab Anfang Oktober. Haltbarkeit bis Anfang Dezember. Sehr großer, flachrunder, ungleichmäßig gebauter Apfel. Rippen breit, flach und ungleichmäßig über die Frucht laufend. Fruchtschale glatt, etwas fettig, glänzend, gelblichgrün, später hellgelb. Sonnenseite goldig mit manchmal rötlichem Anflug. Schalenpunkte fein, braun. Geruch merklich. Fruchtfleisch weiß, halbfein, ziemlich saftig, nicht gewürzt. Mäßig sauer, meist vorherrschender Zuckergehalt.

Hauxapfel

Um 1920 bei Göppingen als Zufallssämling entdeckt. Muttersorte war 'Roter Trierer Weinapfel'.

Frucht: Ausgezeichneter Wirtschaftsapfel. Baumreife ist ab Mitte Oktober. Verarbeitung ab November. Haltbarkeit bis März. Großer, unterschiedlich flach- oder hochgebauter, schwach gerippter Apfel. Fruchtschale glatt, etwas fettig, gelblichgrün, sonnenseits gerötet und gestreift. Schalenpunkte heben sich nur in der Rötung hell ab. Fruchtfleisch grünlichweiß, grob, wenig saftig. Aroma nicht ausgeprägt. Vorherrschende angenehme Säure, Zuckergehalt mittel hoch.

Baum: Wuchs anfangs sehr stark, später schwächer. Widerstandsfähig gegen Krankheiten und Schädlinge. Ansprüche an Boden und Klima gering. Wenig frostempfindlich. Früchte windempfindlich. Ertrag früh einsetzend, regelmäßig und reich.

Havier de Bavay (Keine Sortenbeschreibung)

Havre *siehe* Schöner von Havre
Hawley *siehe* Apfel von Hawthornden
Hawthornden *siehe* Apfel von Hawthornden
Roter Apfel von Hawthornden
Winterhawthornden
Hayez *siehe* Madame Hayez

Heinemanns Schlotterapfel (Keine Sortenbeschreibung)

Heines *siehe* Jonathan
Heinsberg *siehe* Von Heinsbergs Nonpareil
Helena *siehe* Kanadarenette

Helios

Die Sorte entstand in Müncheberg. Ein Elternteil war 'Geheimrat Dr. Oldenburg'.

Frucht: Ausgezeichneter Frühapfel für Tafel und Verwertung. Baumreife Anfang August. Haltbarkeit wenige Wochen. Mittelgroßer, rundlicher Apfel. Fruchtschale glatt, leuchtend gelb. Sonnenseite meist gerötet und gestreift. Fruchtfleisch gelblichweiß, mittelfest, grobzellig. Feinaromatisch, schwache Säure bei hohem Zuckergehalt.
Baum: Wuchs zuerst stark, später mittelstark. Erziehungsschnitt muss die Kronenverzweigung anregen. Ansprüche an Standort und Klima gering. Noch für mittlere Höhenlagen geeignet. Ertrag früh einsetzend und hoch. Neigung zur Alternanz. Erziehung vorwiegend als Niederstammformen. Widerstandsfähig gegen Schorf. Etwas anfällig für Glasigkeit.

Hemerichsapfel (Keine Sortenbeschreibung)

Henniker *siehe* Lady Henniker
Henscher *siehe* Purpurroter Cousinot
Henzen *siehe* General Henzen
Henzens Gulderling
Henzens Parmäne

Henzens Gulderling (Abbildung Seite 214)

Mittelgroßer, rundlicher, deutlich gerippter, goldgelber Tafel- und Kelterapfel. Die Sorte ist außerordentlich reichtragend.

Henzens Parmäne

Frucht: Sehr guter Tafel- und Wirtschaftsapfel. Genussreife ab Anfang Dezember. Haltbarkeit bis März. Kleiner bis mittelgroßer, abgestumpft eiförmiger, gleichmäßig gebauter Apfel. Fruchtschale glatt, gelblichgrün, später zitronengelb. Sonnenseite leicht gerötet und schwach

Henzens Parmäne

gestreift. Schalenpunkte fein bis mitteldick, auch eckig, hellbraun. Kein Geruch. Fruchtfleisch gelblichweiß, fein, saftig, etwas mandelartig gewürzt. Vorherrschende kräftige Säure bei ausreichendem Zuckergehalt.
Baum: Der Baum wächst gesund und baut sich gut auf. Anforderungen an Boden und Klima gering. Erträge regelmäßig und hoch.

Henzens Gulderling

Herbstapfel *siehe* Ruhm von Kirchwerder
Herbstbreitling *siehe* Backapfel
Herbstkalvill *siehe* Gelber Herbstkalvill
Gestreifter Herbstkalvill
Roter Herbstkalvill

Herbstparmäne

Herbstparmäne

Die Sorte ist seit 1500 bekannt.
Doppelnamen: Autumn Pearmain; Englische Birnenrenette; Englische Königsparmäne; Geflammter Butterapfel; Gestreifte Sommerparmäne; Judenrenette; Pearmain d'Automne; Schleswiger Erdbeerapfel; Sommerparmäne

Mittelgroßer bis großer, abgestumpft runder, deutlich gerippter Apfel. Die Fruchtschale ist rau, trocken, dick. Schalenfarbe gelb, später leicht gerötet, stellenweise berostet. Fruchtfleisch fest, gelblich, süßsäuerlich. Reifezeit mittelfrüh.

Herbstrabau *siehe* Graue Herbstrenette
Herbstrambur *siehe* Roter Herbstrambur
Herbstrenette *siehe* Englische Herbstrenette
Graue Herbstrenette
Rote Sternrenette
Spanische Herbstrenette
Süße Herbstrenette
Herbstrosenapfel *siehe* Dülmener Herbstrosenapfel
Herbststettiner *siehe* Gelber Herbststettiner
Weißer Herbststettiner
Herbststreifling *siehe* Nikitaer Streifling
Herbsttäubling *siehe* Rheinische Schafsnase

Herbstveilchenapfel

Eine sehr alte Sorte, die schon um 1750 beschrieben wurde.
Doppelname: Pomme Violette d'Automne

Frucht: Sehr guter Herbstapfel für die Tafel. Genussreife ab Anfang Oktober. Haltbarkeit bis Dezember. Mittelgroßer, plattrunder Apfel. Fruchtschale weißgelb, Sonnenseite stark gerötet und gestreift. Am Rande mit bläulichem Schimmer, verstärkt durch die Bereifung. Schalenpunkte in der Rötung weißgelb erkennbar. Fruchtfleisch zart, weiß, leicht gerötet, ausreichend saftig, angenehm süßsäuerlich.

Baum: Wuchs mittelstark. Der Baum baut sich gut auf. Krone kugelförmig. Ertrag mittelhoch und regelmäßig.

Herbstzitronenapfel

Sehr guter Tafel- und auch Wirtschaftsapfel. Genussreife ab Mitte September. Haltbarkeit bis November. Mittelgroßer, flachrunder, etwas ungleichmäßig gebauter Apfel. Fruchtschale glatt, fast trocken, matt glänzend, gerippt, goldgelb. Schalenpunkte zahlreich, fein. Geruch schwach. Fruchtfleisch hellgelb, fein, fest, saftig, gewürzt. Etwas vorherrschende Säure bei ausreichendem Zuckergehalt.

Herefordshire Parmäne

Herefordshire Parmäne

Doppelnamen: Herefordshire Pearmain; Pomme de Hereford

Mittelgroßer, abgestumpft eiförmiger, oft auch flach gebauter, ziemlich regelmäßiger Apfel. Fruchtschale meist glatt, etwas glänzend, grün, später grünlichgelb. Sonnenseite gerötet und deutlich gestreift. Schalenpunkte fein, hellbraun. Häufig leichte Anflüge von Rost. Der Apfel welkt auf dem Lager nur wenig. Geruch schwach. Fruchtfleisch hellgelb bis grünlichgelb, fein, saftig. Renettenartig gewürzt, hoher Zuckergehalt.

Herma

Müncheberger Züchtung aus Samen des 'Jonathan'.

Frucht: Sehr guter Tafel- und Wirtschaftsapfel. Baumreife ab Mitte Oktober. Genussreife ab Dezember. Haltbarkeit bis März. Mittelgroßer bis großer, kugelförmiger Apfel. Fünf ausgeprägte Wülste laufen über die ganze Frucht. Fruchtschale glatt, geschmeidig, dick. Schalenfarbe grüngelb, zur Reifezeit unterschiedlich starke Rötung und kurze Streifen. Bläulich bereift. Schalenpunkte hellgelb. Fruchtfleisch gelblichweiß, fest, fein, sehr saftig. Zart parfümiert, angenehm süßsäuerlich.
Baum: Wuchs zuerst mittelstark, dann schwach. Ertrag mittelspät und mittelhoch. Neigung zur Alternanz. Anbau auf nährstoffreichen, feuchten Böden in windgeschützter Lage. Erfor-

dert intensive Pflegemaßnahmen. Nur für niedere Erziehungsformen empfehlenswert. Etwas anfällig für Stippe. Widerstandsfähig gegen Mehltau und Schorf.

Herrenapfel *siehe* Champagnerrenette
Geflammter Kardinal
Gloria Mundi
Hallischer Herrenapfel
Kleiner Herrenapfel
Moldauer Taubenapfel
Rheinische Schafsnase
Roter Stettiner
Herrengast *siehe* Graue Französische Renette
Herrenhäuser Deutscher Pepping *siehe* Deutscher Goldpepping

Herrenhäuser Weißer Herbststrichapfel

Guter Tafel-, sehr guter Wirtschaftsapfel. Genussreife ab Anfang Oktober. Haltbarkeit bis November. Kleiner bis mittelgroßer, abgestumpft walzenförmiger, ziemlich gleichmäßig gebauter Apfel. Rippen flach über die halbe Frucht laufend. Fruchtschale geschmeidig, glänzend, gelblichweiß, später gelb. Sonnenseite unterschiedlich stark gerötet und wenig deutlich gestreift. Schalenpunkte fein, bräunlich, auf der Sonnenseite mit rotem Hof. Geruch schwach. Fruchtfleisch gelblichweiß, fein, saftig, etwas rosenapfelartig gewürzt. Wenig vorherrschende, angenehme Säure, ausreichender Zuckergehalt.

Herrnhut *siehe* Schöner von Herrnhut

Herwegs Renette

Doppelname: Herwegs Weiße Renette

Sehr guter Tafel-, brauchbarer Wirtschaftsapfel. Genussreife ab Anfang Januar. Haltbarkeit bis Mai. Mittelgroßer, abgestumpft rundlicher, gleichmäßig gebauter Apfel. Fruchtschale teils glatt, teils durch zimtfarbigen Rost fein aufgeraut. Schalenfarbe grünlichgelb, später gelb. Schalenpunkte zahlreich, fein, braun. Der Apfel neigt auf dem Lager zum Welken. Geruch schwach. Fruchtfleisch gelblich oder grünlichgelb, fein, oft etwas schwammig, saftig. Edel renettenartig gewürzt, gutes Zucker-Säure-Verhältnis.

Herzapfel *siehe* Rote Sternrenette
Roter Eiserapfel

Herzog Bernhard

Doppelname: Duc Bernhard

Ein guter Tafel- und sehr guter Wirtschaftsapfel. Genussreife ab Ende Dezember. Haltbarkeit bis Anfang April. Großer, eiförmiger, ziemlich gleichmäßig gebauter Apfel. Je nach Anbaulage aber auch stark abgestumpft und unregelmäßig. Rippen breit und ungleichmäßig über die ganze Frucht laufend. Querschnitt kantig. Fruchtschale mäßig fein, glatt, wenig geschmeidig. Schalenfarbe grünlich, später grünlichgelb bis hellgelb. Sonnenseite etwas gerötet und kräftig gestreift. Schalenpunkte fein, wenig bemerkbar. Geruch schwach. Fruchtfleisch weiß, sehr fein, brüchig, mäßig saftig, etwas beerenartig gewürzt. Vorherrschende Säure bei ausreichendem Zuckergehalt.

Herzogin Olga

Herzogin Olga

Guter Tafel-, sehr guter Wirtschaftsapfel. Genussreife ab Ende August. Haltbarkeit bis September. Großer, rundlicher, manchmal flachrunder, ziemlich gleichmäßig gebauter Apfel. Rippen flach über die halbe Frucht laufend. Fruchtschale glatt, bereift, glänzend. Schalenfarbe grün, später gelblichgrün. Sonnenseite manchmal gelblichrot. Schalenpunkte zahlreich, fein, hell. Geruch deutlich. Fruchtfleisch grünlichweiß, ziemlich fein, saftig, wenig Würze. Kräftige aber angenehme Säure, nicht süß.

Herzogin von Brabant *siehe* Gaillys Herzogin von Brabant
Loisels Herzogin von Brabant
Herzogs Renette *siehe* Wintergoldparmäne

Herzog von Devonshire

Doppelnamen: Duc de Devonshire; Duke of Devonshire

Sehr guter Tafel- und Wirtschaftsapfel. Genussreife ab Februar. Haltbarkeit bis Mai. Kleiner bis mittelgroßer, abgestumpft rundlicher, gleichmäßig gebauter Apfel. Fruchtschale teils glatt, teils durch leichte Anflüge von Rost fein rau. Schalenfarbe grünlich, später grünlichgelb. Sonnenseits lebhaft gerötet. Schalenpunkte zahlreich, deutlich, oft etwas erhaben, braun. Kein Geruch. Fruchtfleisch grünlichgelb, fein, saftig, gewürzt. Vorherrschende angenehme Säure bei ausreichendem Zuckergehalt.

Heslacher Gereutapfel

Frucht: Sehr guter Tafel- und auch Wirtschaftsapfel. Genussreife ab Oktober. Haltbarkeit bis Dezember. Kleine, flachrunde Frucht. Beliebter Weihnachtsapfel. Bevorzugte Keltersorte. **Baum:** Wuchs mittelstark. Regelmäßige Auslichtungsschnitte erforderlich. Ertrag mittelfrüh einsetzend, hoch und regelmäßig. Widerstandsfähig gegen Krankheiten und Schädlinge. Geringe Ansprüche an Boden und Klima. Geeignet für feuchte Tal- und Spätfrostlagen. Früchte windfest.

Hesselbacher

Lokalsorte aus dem Renchtal/Baden.

Sehr guter Wirtschaftsapfel. Verarbeitung ab November, Haltbarkeit bis Februar. Mittelgroßer bis großer Apfel mit starken Rippen. Früchte rotbackig. Fruchtfleisch fest, säuerlich. Der Baum wächst sehr stark und aufrecht. Er bildet eine kompakte Krone.

Hesselmanns Schlotterapfel

Lokalsorte vor allem um Solingen

Frucht: Sehr guter Wirtschaftsapfel. Für die Tafel aber nur bedingt brauchbar. Verarbeitung ab Januar. Haltbarkeit bis April und länger. Sehr großer, eiwalzenförmiger, ungleichmäßig gebauter Apfel. Rippen breit und flach. Fruchtschale glatt, grün, später grünlichgelb. Sonnenseite kräftig gerötet. Streifen weniger ausgeprägt. Schalenpunkte fein, braun. Geruch stark. Fruchtfleisch gelblichweiß, halbfein, mäßig saftig, wenig Würze. Gutes Zucker-Säure-Verhältnis.
Baum: Starker Wuchs, mittelgroß werdend. Erträge früh und reich. Ansprüche an Boden und Lage gering.

Heyders Liebling

Sehr guter Tafel- und Wirtschaftsapfel. Genussreife ab November. Haltbarkeit bis Februar. Mittelgroßer, stark abgestumpft rundlicher, gleichmäßig gebauter Apfel. Fruchtschale fein, glatt, geschmeidig, glänzend. Die Schalenfarbe ist gelb bis goldgelb. Sonnenseits häufig leicht gerötet. Schalenpunkte sparsam, fein bis mitteldick, braun, auf der Sonnenseite manchmal mit rotem Hof. Rost- und Warzenbildung ziemlich häufig. Geruch wenig ausgeprägt. Fruchtfleisch gelblichweiß, fein, ausreichend saftig und etwas gewürzt. Vorherrschende Säure bei hohem Zuckergehalt.

Hibernal

Die Sorte stammt aus Rußland

Wirtschaftsapfel. Verarbeitung ab September möglich. Haltbarkeit bis Januar. Große, stark abgestumpft rundliche Früchte. Baum stark wachsend. Anspruchslos gegenüber Boden und Klima. Widerstandsfähig gegen Krankheiten und Schädlinge. Zeichnet sich im kontinentalen Klima durch große Frosthärte als Stamm- und Gerüstbildner aus, vererbt die Frosthärte aber nicht.

Hicks Fancy *siehe* Früher Nonpareil
Hicks Liebling *siehe* Früher Nonpareil

Hildesheimer Goldrenette

Eine Lokalsorte vor allem im Raum Hannover und Braunschweig.
Doppelname: Christs Goldrenette

Frucht: Ein sehr guter Tafel- und Wirtschaftsapfel. Flachrunder bis eikegelförmiger, großer Apfel. Fruchtschale glatt, etwas geschmeidig, glänzend, grünlichgelb, später goldgelb. Sonnenseite leuchtend gerötet, weniger deutlich gestreift. Schalenpunkte zahlreich, fein bis mitteldick, braun. Geruch schwach. Fruchtfleisch gelblichweiß, fest, saftreich. Etwas renettenartig gewürzt. Vorherrschende kräftige Säure bei weniger starkem Zuckergehalt.

Baum: Kräftiger Wuchs und guter Kronenbau. Als junger Baum etwas frostempfindlich. Für durchschnittliche Böden. Empfindlich gegen Staunässe und übermäßige Ernährung. Vorwiegend für milde Lagen. Blüte mittelfrüh und unempfindlich gegen Witterungseinflüsse. Erträge setzen mittelfrüh ein. Sie sind regelmäßig und mittelhoch. Früchte sturmfest. Etwas anfällig für Stippe.

Hiflinger (Keine Sortenbeschreibung)

Hildesheimer Saftrenette

Guter Tafel-, sehr guter Wirtschaftsapfel. Genussreife ab Oktober. Haltbarkeit bis November. Mittelgroßer, rundlicher, gleichmäßig gebauter Apfel. Fruchtschale glatt, etwas geschmeidig und glänzend, grünlichgelb, später hellgelb. Sonnenseite etwas gerötet. Schalenpunkte zahlreich, sehr fein, braun. Geruch schwach. Fruchtfleisch gelblichweiß, fein, saftig, schwach gewürzt. Etwas vorherrschende, doch keine scharfe Säure bei ausreichendem Zuckergehalt.

Hilliards Rosmarinapfel

Sehr guter Tafel- und Wirtschaftsapfel. Genussreife ab Anfang Dezember. Haltbarkeit bis Ende Februar. Mittelgroßer, abgestumpft eiförmiger, etwas ungleichmäßig gebauter Apfel. Rippen flach und wenig ausgeprägt. Fruchtschale glatt, etwas geschmeidig, hellgelb, später lebhafter gelb. Sonnenseite manchmal leicht gerötet. Schalenpunkte fein, bräunlich. Geruch schwach. Fruchtfleisch gelblichweiß, fein, saftig, gewürzt. Vorherrschende milde Säure bei ausreichendem Zuckergehalt.

Hill's Seedling *siehe* Cox' Pomona

Himbacher Grüner

Im Jahre 1890 in Himbach, Kreis Büdingen/Hessen gefunden.

Sehr gute Keltersorte, als Tafelapfel nur bedingt brauchbar. Mittelgroße Frucht, ungleich flachrund mit leichten Wülsten und weiter Kelchgrube. Fruchtschale glatt. Schalenfarbe grüngelb, Sonnenseite leicht gerötet. Schalenpunkte hell, zahlreich. Fruchtfleisch grünlichweiß,

sehr fest und saftig. Baumreife ab Anfang Oktober, windfest. Verarbeitung ab Ende November. Haltbarkeit bis März.
Baum mit breiter, verzweigter Krone. Wuchs anfangs stark, später mittelstark. Die Ansprüche an Boden und Klima sind gering. Widerstandsfähig gegen Krebs und Schorf. Neigung zur Alternanz. Anbau bevorzugt als Streuobst.

Himbeerapfel *siehe* Danziger Kantapfel
Geflammter Kardinal
Langer Himbeerapfel
Oberländer Himbeerapfel
Palandts Himbeerapfel
Roter Astrachan
Roter Herbstkalvill
Roter Winterhimbeerapfel
Weißer Winterkalvill

Himbeerapfel von Holowaus

Himbeerapfel von Holowaus

Sehr guter Tafel- und Wirtschaftsapfel. Genussreife ab Anfang November. Haltbarkeit bis Ende Februar. Mittelgroßer, flachrunder, gleichmäßig gebauter Apfel. Rippen ausgeprägt. Fruchtschale glatt, matt glänzend, grünlichgelb, später hellgelb. Sonnenseite gerötet. Zur Reifezeit ist die ganze Frucht intensiv gestreift. Schalenpunkte sehr fein, bräunlich. Geruch merklich. Fruchtfleisch fein, saftig, weiß, Gefäßbündel rötlich. Rosenapfelartige Würze, wenig vorherrschende Säure bei ausreichendem Zuckergehalt.

Himbsels Rambur (Abbildung Seite 222)

Doppelname: Rambour de Himbsel

Sehr guter Wirtschaftsapfel. Verwertung ab Dezember. Haltbarkeit bis in den April. Sehr großer, stark abgestumpft rundlicher bis flachrunder, manchmal sehr ungleichmäßig gebauter Apfel. Rippen breit und ungleich über die Frucht laufend. Querschnitt flachkantig. Fruchtschale

Himbsels Rambur

fettig, glänzend, grünlichgelb, später hellgelb. Zur Reifezeit intensiv gerötet, auch etwas geflammt. Die Schalenpunkte sind meist fein, braun. Geruch schwach. Fruchtfleisch hellgelb oder grünlichgelb, etwas grob, nicht gewürzt. Vorherrschende Säure, zuerst geringer, dann hoher Zuckergehalt. Der Baum wächst gesund und mittelstark. Erträge befriedigend.

Himmelhahn *siehe* Geflammter Kardinal
Hindenburg *siehe* Schöner von Nordhausen

Hindenburgapfel (Keine Sortenbeschreibung)

Hoary Morning *siehe* Morgenduftapfel
Hoed Orange *siehe* Ingrid Marie

Dr. Hoggs Kalvill

Die Sorte entstand in England um 1880 als Sämling von ‘Weißer Winterkalvill‘.

Sehr guter Tafel- und Wirtschaftsapfel. Genussreife ab Ende September. Haltbarkeit bis März. Die Frucht ist saftreich, säuerlichsüß und hat ein ausgezeichnetes Aroma. Der Baum ist sehr hart, gesund und ertragreich.

Hoheitsapfel

Guter Tafel-, auch sehr guter Wirtschaftsapfel. Genussreife ab Ende Dezember. Haltbarkeit bis Mai. Mittelgroßer, abgestumpft eiförmiger bis flachrunder, meist gleichmäßig gebauter Apfel. Fruchtschale glatt, grünlichgelb, später gelb. Sonnenseite kräftig gerötet. Zur Reifezeit intensiv gestreift. Schalenpunkte mitteldick, bräunlich. Geruch sehr schwach. Fruchtfleisch grünlichgelb, fein, saftig, nicht gewürzt. Feine Säure bei hohem Zuckergehalt.

Hohenheim *siehe* Schöner von Boskoop

Hohenheimer Rieslingapfel

Hohenheimer Rieslingapfel

Die Sorte entstand als Zufallssämling um 1870 in der Akademie Hohenheim.
Doppelname: Bastard des Beerenapfels

Frucht: Ausgezeichneter Wirtschaftsapfel. Verarbeitung ab Ende September. Haltbarkeit nur bis November. Kleiner, kugelförmiger, nicht ganz gleichmäßig gebauter Apfel. Fruchtschale ziemlich derb, weißgelb bis strohgelb, auf dem Lager hochgelb. Sonnenseite leicht gerötet. Schalenpunkte weiß, in der Rötung mit Hof. Gelegentliche Berostung. Fruchtfleisch intensiv gelb, fein, fest, ziemlich saftig, auf dem Lager etwas mehlig, sehr zuckerreich. Wegen des hohen Säureanteils bevorzugte Kelterfrucht.
Baum: Kräftiger, hochpyramidaler Wuchs, mittelgroß werdend. Ertrag sehr hoch, auch in schlechten Apfeljahren. Widerstandsfähig gegen Krankheiten, Schädlinge und Witterungseinflüsse. Anspruchslos an Klima und Lage.

Hohenheimer Schmelzling *siehe* Backapfel
Hohlgacker *siehe* Geflammter Kardinal
Hohlhäuschen *siehe* Geflammter Kardinal

Hohms Renette

Sehr guter Tafel- und Wirtschaftsapfel. Genussreife ab Ende November. Haltbarkeit bis in den Februar. Mittelgroßer, flachrunder, gleichmäßig gebauter Apfel. Fruchtschale glatt, etwas geschmeidig, glänzend, grünlichgelb, später goldgelb. Sonnenseite etwas gerötet und wenig merklich gestreift. Schalenpunkte fein, braun. Manchmal leichte Anflüge von Rost. Geruch stark. Fruchtfleisch gelblichweiß, sehr fein, saftig, etwas zitronatartig gewürzt. Vorherrschende Säure bei hohem Zuckergehalt.

Holaart Doux *siehe* Süßer Holaart
Holländer *siehe* Doppelter Holländer
Holländische Goldrenette *siehe* Große Kasseler Renette

Holländischer Bellefleur

Doppelname: Roter Holländischer Bellefleur

Sehr guter Tafel- und Wirtschaftsapfel. Genussreife ist ab Ende November. Haltbarkeit bis Anfang April. Mittelgroßer, abgestumpft rundlicher bis flachrunder, meist ziemlich gleichmäßig gebauter Apfel. Fruchtschale glatt, etwas fettig, glänzend, gelblichgrün, später zitronengelb. Sonnenseite kräftig gerötet und intensiv gestreift. Schalenpunkte sehr fein, braun. Geruch schwach. Fruchtfleisch gelblichweiß, fein, saftig, etwas himbeerartig gewürzt. Vorherrschende doch nicht scharfe Säure bei ausreichendem Zuckergehalt.

Holländischer Bellefleur *siehe* Roter Bellefleur
Holländischer Eiserapfel *siehe* Roter Bellefleur
Holländische Renette *siehe* Große Kasseler Renette
Kanadarenette

Holländischer Grauer Rabau

Sehr guter Tafel- und Wirtschaftsapfel. Genussreife ab Anfang Dezember. Haltbarkeit bis Ende März. Mittelgroßer, flachrunder, gleichmäßig gebauter Apfel. Fruchtschale rau durch maschig oder schuppig aufliegenden Rost, der fast die ganze Frucht bedeckt. Grundfarbe grün, später gelblichgrün. Sonnenseite häufig gerötet. Die Frucht neigt auf dem Lager zum Welken. Kein Geruch. Fruchtfleisch ist grünlichgelb, rasch braun werdend. Fein, erst ziemlich fest, dann markig, später schwammig. Ausreichend saftig, angenehm gewürzt, vorherrschende kräftige Säure bei hohem Zuckergehalt.

Holländischer Küchenapfel

Doppelnamen: Codlin Hollandais; Dutch Codlin

Großer, kegelwalzenförmiger, ziemlich gleichmäßig gebauter Apfel. Rippen ungleichmäßig über die Frucht laufend. Querschnitt flachkantig. Fruchtschale glatt, etwas fettig, hell gelblichgrün, später gelblich. Schalenpunkte fein. Geruch sehr schwach. Fruchtfleisch grünlichweiß, mittelfein, saftig, keine Würze. Vorherrschende Säure bei ausreichendem Zuckergehalt.

Hollendale *siehe* Lady Hollendale
Holowaus *siehe* Himbeerapfel von Holowaus

Holsteiner Cox' Orangenrenette

Um 1900 in Eutin/Schleswig-Holstein als Sämling von 'Cox' Orangenrenette' entstanden. Doppelname: Vahldicks Sämling Nr. 3

Frucht: Ausgezeichneter Tafelapfel. Baumreife ab Mitte September. Genussreife ab Oktober. Haltbarkeit bis Dezember. Mittelgroßer, runder, gleichmäßig gebauter Apfel. Fruchtschale grünlichgelb bis goldgelb. Sonnenseite leuchtend gerötet und teilweise gestreift. Fruchtoberfläche durch netzartige Berostung und zahlreiche erhabene Schalenpunkte angeraut. Fruchtfleisch gelb bis rötlichgelb, saftig, grobzellig. Aromatisch, feinsäuerlich gewürzt.
Baum: Starker Wuchs. Da der Mitteltrieb im Wachstum gerne zurückbleibt, entstehen niedrige, breit ausladende Kronen. Holz anfällig für Obstbaumkrebs. Ertrag mittelfrüh, hoch und ziemlich gleichmäßig. Früchte anfällig für Glasigkeit. Schlechter Pollenspender.

Holsteinischer Rosenhäger

Holsteinischer Rosenhäger

Die Sorte entstand in Holstein, wahrscheinlich als Sämling des 'Prinzenapfel'.

Sehr guter Tafelapfel. Genussreife ab Anfang Oktober. Haltbarkeit bis Anfang Januar. Mittelgroßer, hochgebauter Apfel. Fruchtschale grün, Sonnenseite bräunlichrot. Zur Reifezeit ist die ganze Frucht kräftig gestreift und marmoriert. Schalenpunkte fein, bräunlich, mit hellem Hof. Warzenbildung häufig. Fruchtfleisch weiß, unter der Schale gelblich. Geschmack süßweinig, rosenähnlich gewürzt.

Holsteinischer Zitronenapfel

Der Apfel hat seine größte Verbreitung in Schleswig Holstein.

Guter Tafel-, sehr guter Wirtschaftsapfel. Genussreife ab November. Haltbarkeit bis Anfang Januar. Mittelgroßer, zugespitzt eikegelförmiger, ziemlich gleichmäßig gebauter Apfel. Fruchtschale glatt, hellgrün, später zitronengelb. Schalenpunkte zahlreich, fein. Geruch wenig ausgeprägt. Fruchtfleisch gelblichweiß, ziemlich fein, sehr saftig, wenig Würze. Geringer Säure- und Zuckergehalt.

Holzapfel *siehe* Roter Holzapfel

Holzapfel *siehe* Roter Trierer Weinapfel
Sibirischer Holzapfel

Holzgruber Sämling (Niederbayerische Lokalsorte, keine Sortenbeschreibung)

Holzollinger Rambur (Oberbayerische Lokalsorte, keine Sortenbeschreibung)

Hongrie *siehe* Königlicher Kurzstiel

Hörbijgaards Novemberapfel

Sehr guter Wirtschaftsapfel. Verwertung ab Anfang November. Haltbarkeit bis Dezember. Großer, abgestumpft walzen kegelförmiger, etwas ungleichmäßig gebauter Apfel. Rippen ausgeprägt. Querschnitt kantig. Fruchtschale glatt, etwas fettig, grünlichgelb, später hellgelb. Sonnenseite goldig, manchmal schwach gerötet. Schalenpunkte zahlreich, sehr fein, braun. Geruch schwach. Fruchtfleisch gelblichweiß, etwas grob, ziemlich locker, saftig, keine Würze. Vorherrschend aber nicht scharf sauer, geringer Zuckergehalt.

Hordapfel *siehe* Grauer Hordapfel

Horei

Eine japanische Züchtung aus 'Ralls Janer/ x 'Golden Delicious'.

Die Frucht ist hochgebaut, etwas kantig. Fruchtschale hellgelb mit roten Streifen. Fruchtfleisch ziemlich fest, süß. Keine Anbauerfahrungen.

Hörlins Pepping

Doppelname: Hörlins Winterpepping

Sehr guter Tafel- und Wirtschaftsapfel. Genussreife ab Januar. Haltbarkeit bis Mai. Kleiner, flachrunder, gleichmäßig gebauter Apfel. Fruchtschale teils glatt, teils durch Rostüberzug fein rau. Schalenfarbe grünlichgelb, später lebhaft gelb. Sonnenseite meist gerötet. Schalenpunkte fein, graubraun. Welkt auf dem Lager nur wenig. Geruch fehlt. Fruchtfleisch gelblich-weiß, rasch bräunlich anlaufend, fein, saftig, edel gewürzt. Vorherrschende kräftige Säure bei hohem Zuckergehalt.

Horneburger Pfannkuchenapfel

Horneburger Pfannkuchenapfel

Eine Lokalsorte, die in Horneburg gefunden wurde.

Frucht: Ein ausgezeichneter Wirtschaftsapfel. Baumreife ab Ende September. Verwertung ab Januar. Haltbarkeit bis März. Großer bis sehr großer Apfel. Fruchtschale grüngelb. Sonnenseite geflammt und punktiert gerötet. Fruchtfleisch grünlichweiß mit hohem Säuregehalt und mittelhohem Zuckergehalt.

Baum: Zuerst starker, dann mittelstarker Wuchs. Krone kegelförmig, weit ausladend. Erziehung vorwiegend als Hoch- und Halbstamm. Für schweren, feuchten Boden. Empfehlenswert für warme, geschützte Lagen mit hoher Luftfeuchtigkeit. Ertrag beginnt spät, ist dann hoch und gleichmäßig. Bei trockenem Klima mehltauanfällig.

Horsets Schlotterapfel *siehe* Weißes Seidenhemdchen

Hossfelds Gulderling

Guter Tafel-, auch sehr guter Wirtschaftsapfel. Genussreife ab Ende November. Haltbarkeit bis April. Mittelgroßer, abgestumpft rundlicher, meist ungleich gebauter Apfel. Rippen ungleichmäßig verlaufend. Fruchtschale glatt, etwas fettig, grünlichgelb, später lebhaft gelb. Sonnenseite gerötet. Zur Reifezeit ist fast die ganze Frucht gestreift. Schalenpunkte sehr fein, bräunlich. Geruch schwach. Fruchtfleisch gelblichweiß, fein, ziemlich saftig, wenig Würze. Vorherrschende angenehme Säure bei geringem Zuckergehalt.

Hoverbecks Kalvill *siehe* Von Hoverbecks Kalvill

Hoyaische Goldrenette

Hoyaische Goldrenette

Doppelname: Reinette Dorée de Hoya

Ausgezeichneter Tafel-, sehr guter Wirtschaftsapfel. Genussreife ab Dezember. Haltbarkeit bis Anfang April. Mittelgroßer, abgestumpft eiförmiger, nicht ganz gleichmäßig gebauter Apfel. Fruchtschale glatt, teilweise durch Schalenpunkte und bräunlichen Rost fein rau. Schalenfarbe grünlichgelb, später goldgelb. Sonnenseite gerötet und kräftig gestreift. Schalenpunkte fein bis mitteldick, auch eckig, hellbraun. Welkt auf dem Lager nur wenig. Geruch schwach. Fruchtfleisch gelblichweiß, fein, edel renettenartig und an Zitronat erinnernd gewürzt. Feine Säure bei hohem Zuckergehalt.

Hoyaischer Goldpepping *siehe* Deutscher Goldpepping
Hubbardston *siehe* Sondergleichen von Hubbardston

Hughes Goldpepping

Doppelnamen: Hughes Neuer Goldpepping; Hughes New Golden Pippin; Pomme Hughes

Sehr guter Tafel-, guter Wirtschaftsapfel. Genussreife ab Dezember. Haltbarkeit bis Februar. Kleiner, abgestumpft rundlicher, gleichmäßig gebauter Apfel. Fruchtschale meist glatt, etwas fettig, mattglänzend, grünlichgelb, später gelb. Schalenpunkte fein, braun, auf der Sonnenseite dicker und mit rotem Hof. Die Frucht welkt auf dem Lager nur wenig. Geruch schwach. Fruchtfleisch gelblichweiß, fein, saftig, renettenartig gewürzt. Vorherrschende starke Säure, geringer Zuckergehalt.

Hughes Goldpepping

Hunts Russetapfel

Hunts Russetapfel

Die Sorte kam um 1860 aus Amerika.
Doppelname: Hunts Graue Renette

Sehr guter Tafel- und auch Wirtschaftsapfel. Genussreife ab Dezember. Haltbarkeit bis April. Mittelgroßer, plattrunder bis runder Apfel. Fruchtschale hellgrün, später gelblich. Oberfläche ist fein rau durch den zarten, zimtfarbenen Rost. Sonnenseite lebhaft marmoriert oder gestreift.

Fruchtfleisch gelblich, feinkörnig, zart, saftreich, gewürzt, angenehm süßsäuerlich. Der Baum wächst mittelstark und bildet fast kugelförmige Kronen. Blüte auffallend rosenrot und reich. Ertrag mittelhoch.

Huy *siehe* Schöner von Huy

I

Idared

Idared

Die Sorte entstand um 1930 in Idaho/USA aus 'Jonathan' x 'Wagenerapfel'.

Frucht: Ausgezeichneter Tafelapfel. Pflückreife ab Mitte Oktober. Genussreife ab Januar. Haltbarkeit bis April. Mittelgroßer bis großer, runder, fast gleichmäßig gebauter Apfel, sehr fein gerippt. Fruchtschale gelblichgrün bis weißlichgelb. Zur Reifezeit ist ein Großteil der Frucht intensiv gerötet. Schalenoberfläche glatt. Manchmal Warzenbildung. Schalenpunkte fein, hell. Fruchtfleisch weiß, manchmal rötlich, saftig, fest. Wenig ausgeprägtes Aroma, feinsäuerlich.
Baum: Wuchs schwach bis mittelstark, kleinkronig. Häufig hängende Fruchtäste. Der Ertrag setzt früh ein, ist hoch und regelmäßig. Etwas anfällig für Mehltau. Guter Pollenspender.

Idas Liebling

Sehr guter Tafel- und Wirtschaftsapfel. Genussreife ab Ende Oktober. Haltbarkeit bis Ende Dezember. Großer, flachrunder, ungleichmäßig gebauter Apfel. Rippen breit und ungleich über die Frucht laufend. Querschnitt flachkantig. Fruchtschale glatt, etwas fettig, grünlichgelb, später gelb. Schalenpunkte fein, bräunlich. Geruch sehr schwach. Fruchtfleisch gelblichweiß, fein, saftig, renettenartig gewürzt. Vorherrschende Säure bei hohem Zuckergehalt.

Ildröd Taubenapfel

Die Sorte stammt von der Insel Fünen/Dänemark und ist seit 1840 bekannt.
Doppelnamen: Feuerroter Taubenapfel; Ildröd Pigeon; Pigeon Rouge Feu

Ildröd
Taubenapfel

Mittelgroßer, hochgebauter Apfel. Rippen über die halbe Frucht laufend. Fruchtschale gelb, später fast völlig gerötet und braunrot gestreift. Fruchtfleisch fest, fein, weiß. Leichte Säure bei ausreichendem Zuckergehalt, gewürzt. Reifezeit spät.

Ilzer Rosenapfel

Doppelname: Ilzer Weinapfel
Die Sorte stammt aus Ilz in der Oststeiermark.

Wirtschaftsapfel. Frucht mittelgroß, auch klein. Etwas ungleichmäßige Form, kugelig, ohne Wülste und Rippen. Fruchtschale glatt, goldgelb. Zur Reifezeit verwaschen dunkelrot und gestreift. Manchmal netzartig berostet und warzig. Fruchtfleisch weiß, in der Nähe der Schale auch rosa, feinkörnig, mittelhart. Geschmack süßsäuerlich, weinartig gewürzt. Baumreife Mitte Oktober. Genussreife ab November. Haltbarkeit bis März.
Der Baum wächst stark und bildet eine hochkugelige Krone aus. Er ist ziemlich widerstandsfähig gegen Frost.

Immapfel

Sehr guter Tafel- und Wirtschaftsapfel. Genussreife ist ab Ende Oktober. Haltbarkeit bis Ende Dezember. Kleiner bis mittelgroßer, abgestumpft rundlicher bis flachrunder, oft etwas ungleich gebauter Apfel. Rippen sind klein, flach verlaufend. Fruchtschale ist glatt, etwas fettig, glänzend, grünlichgelb, später gelb. Sonnenseite gerötet. Zur Reifezeit ist die ganze Frucht gestreift. Schalenpunkte sind zahlreich, sehr fein, braun. Geruch deutlich. Fruchtfleisch gelblich-weiß, fein, saftig, gewürzt. Ausgeglichenes Zucker-Säure-Verhältnis.

Immapfel *siehe* Harberts Renette
Immergrüner *siehe* Prinzenapfel
Immerträger *siehe* Prinzenapfel
Imperatore *siehe* Morgenduft
Impératrice Eugéni *siehe* Goldrenette von Blenheim
Imperia *siehe* Lord Suffield
Imperial Gala *siehe* Gala

Incomparable *siehe* Kanadarenette
Ingestrie *siehe* Cox'Pomona
Gelber Pepping von Ingestrie

Ingol

Ingol

Die Sorte entstand aus Ingrid Marie' x 'Golden Delicious'. Sie wurde 1955 von der Obstbauversuchsanstalt Jork vorgestellt. Im Handel ist die Sorte seit 1975.

Frucht: Sehr guter Tafel-, hervorragender Wirtschaftsapfel. Große bis sehr große, flachrunde Frucht mit ausgeprägten Rippen. Pflückreife Ende September. Genussreife ab Anfang Oktober. Haltbarkeit bis Februar. Fruchtschale dünn und fest, leicht aufgeraut, wenig berostet. Fruchtfarbe grünlichgelb, zur Reifezeit auf der Sonnenseite intensiv gerötet und gestreift. Schalenpunkte hell. Fruchtfleisch grünlichweiß bis gelblichweiß, unter der Schale grünlich; locker, mit angenehmer Säure, später mürbe werdend.

Ingolstädter Straßenapfel (Hirtapfel; Lokalsorte in Oberbayern. Keine Sortenbeschreibung)

Baum: Kräftiger Wuchs, leicht zu erziehen. Im Hausgarten für alle Baumformen empfehlenswert. Ertrag setzt früh ein, ist regelmäßig und hoch. Etwas anfällig für Schorf und Mehltau. Obwohl die Früchte sehr groß sind, bleiben sie windfest und frei von Stippe.

Ingrid Marie

Ingrid Marie

Die Sorte entstand 1910 auf der Insel Fünen in Dänemark als Zufallssämling von 'Cox'Orangenrenette'. Ab 1936 im Handel.
Doppelname: Hoed Orange
Typ: Karin Schneider

Frucht: Ausgezeichneter Tafelapfel. Baumreife ab Mitte September. Genussreife ab Oktober. Haltbarkeit bis März. Kleiner bis mittelgroßer, runder bis abgeplatteter, gleichmäßig gebauter Apfel. Fruchtschale gelblichgrün, später hellgelb. Zur Reifezeit kräftig rote, bläulich schimmernde Deckfarbe. Schalenoberfläche etwas angeraut. Berostungen häufig. Schalenpunkte gelb. Fruchtfleisch cremefarben bis grünlich, unter der Schale gerötet. Zunächst saftig, später weich und mehlig, grobzellig. Wenig Aroma, feinsäuerlich.
Baum: Zuerst mittelstark, dann schwächer wachsend. Der Baum neigt zu starker Verzweigung, was dichte Kronen ergibt. Ertrag früh und reich, aber stark alternierend. Auf dem Lager neigen die Früchte zum Welken. Dennoch ein begehrter roter Weihnachtsapfel. Gedeiht am besten im kühlen, luftfeuchten Klima Norddeutschlands. Widerstandsfähig gegen Krankheiten, etwas anfällig für Obstbaumkrebs. Nur für niedere Erziehungsformen empfehlenswert.

Irischer Pfirsichapfel

Doppelnamen: Irischer Pfirschenapfel; Irish Peach Apple

Sehr guter Tafel-, guter Wirtschaftsapfel. Genussreife ab Ende August. Haltbarkeit bis September. Kleiner bis mittelgroßer, flachrunder, fast gleichmäßig gebauter Apfel. Rippen flach über die obere Fruchthälfte verlaufend. Fruchtschale glatt, etwas fettig, grünlichgelb, später lebhaft gelb. Sonnenseite leicht gerötet. Schalenpunkte zahlreich, mitteldick, braun. Geruch deutlich. Fruchtfleisch ist gelblichweiß, fein, saftig und angenehm gewürzt. Wenig vorherrschende Säure bei hohem Zuckergehalt. Der Baum wächst kräftig, trägt früh und reich.

Isnyer Jahrapfel

Eine im württembergischen Oberland, vor allem um die Stadt Isny verbreitete Sorte.

Frucht: Gute Tafel-, sehr gute Wirtschaftsfrucht. Genussreife ab Dezember. Haltbarkeit bis Juni. Mittelgroßer, hochgebaut kugelförmiger, nicht ganz gleichmäßig gebauter Apfel. Fruchtschale glatt, glänzend, später goldgelb. Sonnenseite kräftig gerötet, fein punktiert. Fruchtfleisch grünlichweiß, anfangs fest, später mürbe, halbfein. Von weinsäuerlich erfrischendem Geschmack.
Baum: Bis ins Alter kräftiger Wuchs, Krone hochgewölbt und starkästig. Ertrag spät einsetzend, dann sehr fruchtbar.

Irish Codlin *siehe* Manks Apfel
Irish Peach Apple *siehe* Irischer Pfirsichapfel
Irish Pitcher *siehe* Manks Apfel
Isnyer Jahrapfel *siehe* Oberösterreichischer Brünnerling
Welschisner
Ivaneting *siehe* Roter Margarethenapfel

Ivette

Sämling aus 'Golden Delicious' x 'Cox Orangenrenette', 1958 in Holland entstanden.

Frucht: Sehr guter Tafel- und Wirtschaftsapfel. Die Frucht ist mittelgroß bis groß, gleichmäßig hochrund. Baumreife Ende September. Genussreife ab Dezember. Haltbarkeit bis Februar, dann fade schmeckend. Fruchtschale fest, geringe Berostungen. Schalenfarbe bei Reife goldgelb, sonnenseits schwach gerötet. Fruchtfleisch gelblichweiß, fest, saftig, süßsäuerlich mit zartem Aroma.
Baum: Der Baum bildet eine breitkugelige, mittelgroße Krone. Der Wuchs ist mittelstark, gute Verzweigung. Anbau auf guten Apfelböden bis in mittlere Höhenlagen. Anfällig für Schorf und Mehltau. Guter Pollenspender. Ertrag hoch und regelmäßig. Empfehlenswert für den Anbau im Garten.

J

Jacques Lehel *siehe* Jakob Lebel

Jacquins Apfel (Abbildung Seite 235)

Frucht: Guter Tafel- sehr guter Wirtschaftsapfel. Genussreife ab März. Haltbarkeit bis August und länger. Mittelgroßer, abgestumpft länglicher bis rundlich-eiförmiger, gleichmäßig gebauter Apfel. Fruchtschale glatt, glänzend, grünlichgelb, später zitronengelb. Sonnenseite zuweilen intensiv gelb, auch leicht gerötet. Schalenpunkte fein, bräunlich. Geruch sehr schwach. Das Fruchtfleisch ist gelblichweiß, fein, fest, wenig saftig, etwas gewürzt. Geringer Säureanteil, hoher Zuckergehalt.
Baum: Kräftiger Wuchs. Krone hochkugelförmig. Blüte spät, Ertrag reich. Für guten, kräftigen Boden und warmen Standort.

Jadernicky *siehe* Kuhländer Gulderling
Jagdapfel *siehe* Purpurroter Cousinot

Jacquins Apfel

Jägerapfel *siehe* Menzenauer Jägerapfel
Rheinischer Winterrambur

Jägers Renette

Jägers Renette

Doppelname: Reinette de Jaeger

Sehr guter Tafel- und Wirtschaftsapfel. Genussreife ab Dezember. Haltbarkeit bis April. Großer, abgestumpft rundlicher, auch flachrunder, meist etwas ungleichmäßig gebauter Apfel. Rippen breit, flach und wenig ausgeprägt über die Frucht laufend. Fruchtschale glatt, grün, später grünlichgelb bis gelb. Sonnenseite zuweilen gerötet. Schalenpunkte zahlreich, fein bis mitteldick, braun. Manchmal Anflüge von Rost und Warzen. Geruch schwach. Fruchtfleisch gelblich bis grünlichgelb, fein, saftig, edel renettenartig, jedoch schwach gewürzt. Etwas vorherrschende Säure bei ausreichendem Zuckergehalt.

Jahrapfel *siehe* Champagnerrenette
Oberösterreichischer Brünnerling

Jakob Fischer

Jakob Fischer

Die Sorte stammt aus Deutschland.
Doppelname: Schöner vom Oberland

Frucht: Sehr guter Tafel- und Wirtschaftsapfel. Baumreife ab Anfang September. Genussreife ab September. Haltbarkeit bis November. Großer bis sehr großer, flachrunder Apfel. Fruchtschale hellgelb. Zur Reifezeit weithin leuchtend rot gefärbt. Fruchtfleisch saftig, mit weinsäuerlichem Geschmack.
Baum: Sehr starker und gesunder Wuchs, große breitpyramidale Krone. Holz sehr frosthart. Geeignet für Hoch- und Halbstamm. Häufig als Stammbildner verwendet. Ansprüche an Boden und Klima gering. Auch noch für Höhen bis 600 m mit rauem Klima geeignet. Nicht für schwere und kalte Böden, hier krebsanfällig. Blüte früh und lang anhaltend. Etwas spätfrostempfindlich. Schlechter Pollenspender. Ertrag ab dem sechsten Standjahr, aber nur in jedem zweiten Jahr hoch. Wegen des starken Wuchses ist ein gelegentlicher Auslichtungsschnitt erforderlich. Bevorzugte Sorte für den Anbau auf Obstwiesen.

Jakobiapfel *siehe* Roter Astrachan

Jakob Lebel

Die Sorte entstand um 1825 in Frankreich und wurde 1849 in den Handel gebracht.
Doppelname: Jacques Lebel.

Frucht: Ausgezeichneter Tafel- und Wirtschaftsapfel. Pflückreife ab September. Genussreife ab Oktober. Haltbarkeit bis Januar. Mittelgroße bis sehr große, breitkugelige Früchte. Rippen breit und ungleichmäßig über die Frucht laufend. Querschnitt nicht ganz rund. Fruchtschale sehr fettig, gelblichgrün, später hellgelb. Sonnenseite goldiger oder auch schwach gerötet. Streifen unterschiedlich ausgeprägt, meist schwach. Manchmal Anflüge von Rost. Geruch deutlich. Fruchtfleisch gelblichweiß, sehr fein, saftig, wenig gewürzt. Etwas vorherrschende, angenehme Säure.

Jakob Lebel

Baum: Starker bis sehr starker Wuchs. Krone flach schirmartig. Vorwiegend für Hoch- und Halbstamm, aber auch als Busch- und Viertelstamm. Ansprüche an Boden und Klima nicht sehr hoch. Die Sorte bevorzugt durchlässige, nicht zu schwere Böden und windgeschützte Lagen. Noch für raues Klima geeignet. Schlechter Pollenspender. Ertrag reich, jedoch nur in jedem zweiten Jahr voll befriedigend. Eine Universalsorte für den Hausgarten und die Obstwiese.

Jallaisapfel

Sehr guter Wirtschaftsapfel. Verarbeitung ab Dezember. Haltbarkeit bis Februar. Sehr großer, meist flachrunder, ziemlich gleichmäßig gebauter Apfel. Rippen sehr flach verlaufend. Fruchtschale fettig, grün, später grünlichgelb. Sonnenseite leicht gerötet. Geruch ausgeprägt. Fruchtfleisch grünlichweiß, grob, saftig, wenig Würze. Vorherrschende aber nicht starke Säure, geringer Zuckergehalt.

Jamba 69

Jamba 69 (Abbildung Seite 237)

Eine Züchtung der Obstbauversuchsanstalt Jork/Altes Land aus 'Melba' x 'James Grieve'.

Frucht: Ausgezeichneter früher Tafelapfel. Baumreife und Genussreife ab Mitte August. Lagerfähigkeit bis Ende Oktober. Mittelgroßer bis großer, walzenförmiger, schwach kantiger, sehr schön gestalteter Apfel. Fruchtschale gelblichgrün. Sonnenseite gestreift, auch verwaschen gerötet mit bläulichem Schimmer. Oberfläche glatt, wachsartig, bereift. Fruchtfleisch grünlichweiß bis weiß, anfangs fest, später locker bis weich. Sehr saftig. Neigung zur Stippe. Fruchtfleisch mit erfrischender Säure, kräftiges Aroma.
Baum: Mittelstarker bis starker Wuchs. Kugelige Krone mit hängenden Seitenästen. Dadurch wenig Schnittaufwand. Geeignet vor allem für Niederstammformen. Der Boden soll nicht allzu schwer sein. Die Sorte gedeiht vorwiegend im ausgeglichenen Klima des Küstenbereichs und in warmen Lagen. Blüte mittelfrüh. Guter Pollenspender. Ertrag mittelfrüh beginnend, sehr hoch und regelmäßig. Große Früchte etwas stippeanfällig.

James Grieve

James Grieve

Doppelnamen: Frühe Cox'Orangenrenette; Jems Griev
Die Sorte entstand um 1880 bei Edinburgh/Schottland als Sämling von 'Potts Seedling'.

Frucht: Ausgezeichneter früher Tafelapfel, auch für die Verwertung geeignet. Baumreife ab Ende August. Genussreife ab September. Haltbarkeit bis Mitte November. Mittelgroßer bis großer, hochgebauter bis kugeliger, häufig schwach gerippter Apfel. Fruchtschale grünlichgelb, später zitronengelb. Sonnenseite kräftig gestreift. Schalenoberfläche glatt, etwas fettig. Fruchtfleisch gelblichweiß, saftig, angenehme Würze. Milde Säure bei hohem Zuckergehalt. Bei Überreife mehlig werdend.
Baum: Wuchs schwach bis mittelstark, breitpyramidale Krone. Holz sehr frosthart. Die Sorte benötigt nährstoffreichen, nicht zu trockenen Boden und windgeschützte Lagen. Auch für mittlere Höhenlagen geeignet. Die Fruchtbarkeit beginnt sehr früh und ist regelmäßig. Nur bei schlechter Ernährung Neigung zur Alternanz. Die Sorte ist wenig schorfempfindlich, jedoch etwas anfällig für Rote Spinne, Blattläuse und Kragenfäule. Blüte mittelfrüh, gegen Witterungseinflüsse nicht sehr empfindlich. Guter Pollenspender.

Roter James Grieve

Jansen von Welten

Jansen von Welten

Sehr guter Tafel- und Wirtschaftsapfel. Genussreife ab Dezember. Haltbarkeit bis Mai. Mittelgroßer bis großer, abgestumpft eikegelförmiger, ziemlich gleichmäßig gebauter Apfel. Rippen deutlich aber nicht über die ganze Frucht laufend. Querschnitt nicht ganz rund. Fruchtschale glatt, grünlichgelb, später gelb. Sonnenseite leicht gerötet und kräftig gestreift. Schalenpunkte mitteldick, bräunlich. Geruch deutlich. Fruchtfleisch gelblichweiß, fein, saftig, etwas zimtartig gewürzt. Milde Säure bei hohem Zuckergehalt.

Jeanne Hardy

Die Sorte entstand 1878 als Sämling des 'Kaiser Alexander' in der Gartenbauschule von Versailles.

Jeanne Hardy

Frucht: Sehr guter Tafel- und Wirtschaftsapfel. Genussreife ab Dezember. Haltbarkeit bis Januar. Großer bis sehr großer, deutlich gerippter Apfel. Fruchtschale fein, glatt, glänzend, etwas fettig. Schalenfarbe hellgelb, Sonnenseite lebhaft gerötet und gestreift. Angenehmer Duft. Fruchtfleisch gelblich, locker, sehr gutes Aroma, angenehmer, süßweiniger Geschmack.
Baum: Kräftiger Wuchs, sehr fruchtbar, für alle Erziehungsformen geeignet.

Jems Griev *siehe* James Grieve
Jenaer Rosenapfel *siehe* Pfirsichroter Sommerapfel
Jersey *siehe* Königsapfel von Jersey

Jerseymac

Jerseymac

Die Sorte entstand 1970 in New Jersey/USA.

Frucht: Guter Tafelapfel. Großer bis mittelgroßer, kugeliger, nicht ganz gleichmäßig gebauter Apfel. Pflückreife und Genussreife ab Mitte August. Haltbarkeit bis Mitte September. Fruchtschale glatt, gelbgrün. Sonnenseite bläulichrot. Fruchtfleisch gelblichweiß, weich, feinzellig, saftig, feinsäuerlich.
Baum: Wuchs mittelstark bis stark. Bildet gut verzweigte Kronen. Blüte mittelfrüh. Guter Pollenspender. Muss mehrmals durchgeerntet werden. Etwas anfällig für Mehltau und Schorf.

Jerusalemapfel *siehe* Prinzenapfel
Jestetter Rambur *siehe* Rheinischer Winterrambur
Jockerle *siehe* Großer Rheinischer Bohnapfel
Joe *siehe* Early Joe
Johaneating *siehe* Roter Margarethenapfel
Johann *siehe* Erzherzog Johann

Johannes Böttner

Johannes Böttner

Die Sorte entstand um 1910 aus 'Ontario' x 'Charlamowsky'.

Sehr guter Tafelapfel. Genussreife ab November. Haltbarkeit bis März. Mittelgroße, abgestumpft rundliche Frucht. Der Baum wächst mittelstark. Er verlangt gute Ernährung und gedeiht auch noch in rauen Lagen. Für alle Erziehungsformen geeignet. Ertragsbeginn mittelfrüh. Der Baum ist ein Massenträger, der sich bei schlechter Ernährung aber bald erschöpft. Auch große Früchte werden nicht stippig.

Johannsens Roter Herbstapfel *siehe* Ruhm von Kirchwerder
Jolly Gentleman *siehe* Kaiser Alexander

Jonadel

Entstanden aus 'Jonathan' x 'Golden Delicious'.

Tafelapfel. Frucht mittelgroß bis groß, gleichmäßig hochrund. Fruchtschale gelbgrün, auf der Sonnenseite verwaschen rot. Fruchtfleisch gelblichweiß, fest, saftig, kaum Aroma. Baumreife

Anfang Oktober. Genussreife ab Mitte Oktober. Haltbarkeit bis März, dann schnell mürbe werdend.
Der Baum bildet eine hohe und breite Krone. Wuchs anfangs stark, dann mittelstark. Anbau nur in warmen Lagen. Auf schweren Böden leidet die Fruchtqualität. Anfällig für Schorf, sehr anfällig für Mehltau. Ertrag hoch und regelmäßig.

Jonagold

Jonagold

Im Jahre 1953 an der Versuchsstation Geneva, New York/USA, aus 'Golden Delicious' x 'Jonathan' entstanden. Seit 1968 im Handel.

<u>Mutanten:</u>
Crowngold: ansprechende hellrote Farbe mit leichter Streifung
Jomured: mäßig dunkelrot
Jonabel: einheitlich hellrot, stabil
Jonagold Dacosta: ansprechende, schöne Frucht von mittlerer Rotfärbung
Jonagold Highwood: leuchtend hellrote Farbe, manchmal hellere Streifenchimären
Jonakap: hellrot, stabil
Jonaveld: gleichmäßig dunkelrot, keine Streifung
Jonica: sehr schöne hellrote Fruchtfärbung, stabil
King Jonagold: hellroter Typ, Ausfärbung erfolgt sehr langsam
New Jonagold: hellrot mit breiten Chimärenstreifen, weniger ansprechend
Novaja: gleichmäßig dunkelrot

Frucht: Hervorragender Tafelapfel. Baumreife ab September, Genussreife ab November, Haltbarkeit bis März. Großer, hochgebauter, meist ungleichmäßig gestalteter Apfel. Fruchtschale glatt, später fettig, gelbgrün. Sonnenseite orangerot marmoriert. Schalenpunkte deutlich. Fruchtfleisch gelb bis cremefarben, saftig, grobzellig und locker, später weich werdend. Sehr gutes Aroma, milde Säure bei hohem Zuckergehalt.
Baum: Zuerst starker, später mittelstarker Wuchs. Krone breit und gut belichtet. Vorwiegend für Niederstämme geeignet. Die Sorte verlangt nährstoffreiche, tiefgründige Böden in warmen Anbaulagen. Bei Trockenheit Neigung zur Stippe. Schlechter Pollenspender. Der Ertrag setzt früh ein, ist sehr hoch und regelmäßig.

Jonared *siehe* Jonathan

Jonathan

Jonathan

Die Sorte entstand um 1820 im Staate New York/USA als Sämling der Sorte 'Esopus Spitzenburg' und wurde um 1880 in Europa eingeführt.
Doppelnamen: King Philipp; New Esopus Spitzenburg; Ulster Seedling
Typen: 'Watson' (Britisch Kolumbien); 'Heines' (Holland)

Frucht: Häufig angebauter Tafel- und Wirtschaftsapfel, der wegen der leuchtend roten Deckfarbe vor allem um die Weihnachtszeit begehrt ist. Baumreife ab Ende September. Genussreife ab Dezember. Haltbarkeit bis März. Mittelgroßer, schwach hochgebauter, leicht gerippter Apfel. Fruchtschale grünlichgelb bis zitronengelb. Zur Reifezeit intensiv gerötet und dunkler gestreift. Oberfläche glatt, leicht wachsig, Schalenpunkte deutlich, Berostungen häufig. Fruchtfleisch rötlichweiß, mäßig saftig, fein, wenig Aroma. Feinsäuerlich bei hohem Zuckergehalt.
Baum: Wuchs schwach bis mittelstark. Kugelförmige, mittelgroße Krone. Zur Erziehung ist hoher Schnittaufwand erforderlich. Sehr anfällig für Mehltau. Die Erträge setzen früh ein, sind reich und regelmäßig.

Jonathan Heines *siehe* Jonathan
Jonathan Watson *siehe* Jonathan
Jone's Southampton Pippin *siehe* Wintergoldparmäne

Jongrimes

Doppelnamen: Hoosier Seedling; Stark Jongrimes
Die Sorte entstand aus 'Jonathan' x 'Grimes Golden' in Indiana/USA und ist seit 1920 im Handel.

Frucht: Sehr guter Tafelapfel, auch guter Wirtschaftsapfel. Frucht mittelgroß, gleichmäßig rund,

hochgebaut, fast walzenförmig. Fruchtschale glatt, zuerst leicht, auf dem Lager allmählich stärker fettig. Fruchtfarbe gelbgrün, auf der Sonnenseite rotbraun gestreift. Fruchtfleisch weiß, saftig, wenig Aroma. Baumreife Ende September. Haltbarkeit bis Dezember.
Baum: Der Baum ist hochgebaut, Krone etwas überhängend. Wuchs mittelstark mit gut verzweigten Trieben. Anbau vor allem in wärmeren Lagen. Anfällig für Schorf und Mehltau. Ertrag hoch und fast regelmäßig. Für alle Baumformen, auch als Spalier geeignet.

Josef Musch

Josef Musch

Frucht: Guter Tafel- und Wirtschaftsapfel. Baumreife ab Mitte September. Genussreife ab November. Haltbarkeit bis Januar. Großer bis sehr großer, unterschiedlich hoch- oder flachgebauter, stark gerippter Apfel. Fruchtschale kräftig gelb, Sonnenseite intensiv gestreift. Schalenpunkte rostbraun. Fruchtfleisch weißlichgelb, wenig saftig, grob. Gutes Zucker-Säure-Verhältnis.
Baum: Mittelstarker Wuchs. Krone pyramidal. Holz ziemlich frosthart. Geeignet als Nieder-, Halb- und Hochstamm. Ansprüche an Boden und Klima gering. Noch für raue Gegenden. In warmen Klimaten ungeeignet. Blüte früh, widerstandsfähig gegen Witterungseinflüsse. Schlechter Pollenspender. Ertrag früh einsetzend, reich und regelmäßig. Widerstandsfähig gegen Schorf.

Joseph *siehe* Kaiser Franz Josef
Josephine *siehe* Weiße Spanische Renette

Josephine Kräuter

Sehr guter Tafel- und Wirtschaftsapfel. Genussreife ab Anfang Dezember. Haltbarkeit bis April. Mittelgroßer, abgestumpft eirunder, meist gleichmäßig gebauter Apfel. Fruchtschale glatt, etwas fettig, grünlichgelb, später hellgelb. Sonnenseite kräftig gerötet und am Rande der Rötung deutlich gestreift. Schalenpunkte zahlreich, fein, braun. Auf der Sonnenseite dicker. Geruch schwach. Fruchtfleisch gelblichweiß, fein, mürbe, saftreich, gewürzt. Etwas vorherrschende Säure bei hohem Zuckergehalt.

Josephinenapfel *siehe* Gloria Mundi

Josephines Schöner Rambur

Doppelname: Belle Joséphine

Sehr guter Wirtschaftsapfel. Verwertung ab Dezember. Haltbarkeit bis März. Sehr großer, abgestumpft rundlicher, meist ungleichmäßig gebauter Apfel. Rippen breit und ungleichmäßig über die Frucht laufend. Querschnitt nicht ganz rund. Fruchtschale glatt, etwas fettig, hellgrün, später grünlichgelb. Sonnenseite zuweilen gelblich rot. Schalenpunkte fein, bräunlich. Geruch merklich. Fruchtfleisch hellgelb bis grünlichgelb, ziemlich grob, sehr saftig, keine Würze. Vorherrschende Säure bei geringem Zuckergehalt.

Joyce

Die Sorte entstand in Kanada als Sämling von 'McIntosh'.

Die Früchte ähneln der Muttersorte. Sie sind hochgebaut, oft ungleichmäßig geformt und kräftig gerippt. Fruchtschale grün mit schwach blauroten Streifen.

Jubiläumsapfel *siehe* Grahams Jubiläumsapfel
Jubilée d'Argovie *siehe* Aargauer Jubiläumsapfel
Judenrenette *siehe* Herbstparmäne

Julyred

Julyred

Die Sorte ist in New Jersey/USA entstanden und seit 1962 im Handel.

Frucht: Sehr guter früher Tafelapfel. Baum- und Genussreife ab Mitte Juli. Haltbarkeit bis August. Mittelgroßer bis großer, kugelförmiger Apfel mit schwachen Rippen. Fruchtschale glatt, gelbgrün mit blauroter Deckfarbe, gestreift und bereift. Schalenpunkte klein. Fruchtfleisch grünlichweiß, locker, fein, saftig, angenehme Säure bei hohem Zuckergehalt, leicht parfümiertes Aroma.
Baum: Starker, etwas sparriger Wuchs. Trägt auch am einjährigen Holz. Blütezeit mittelfrüh. Guter Pollenspender. Ertrag früh einsetzend, gut und regelmäßig. Sehr anfällig für Mehltau. Wegen des hohen Pflegeaufwandes für den Hausgarten weniger geeignet.

Juneting *siehe* Roter Margarethenapfel
Jungfernapfel *siehe* Halberstädter Jungfernapfel
Roter Herbstkalvill
Roter Jungfernapfel

Jungfernschönchen

Sehr guter Tafel- und Wirtschaftsapfel. Genussreife ab Ende Oktober. Haltbarkeit bis Anfang Februar. Mittelgroßer, rundlicher, gleichmäßig gebauter Apfel. Fruchtschale glatt, etwas fettig, gelblichgrün, später gelb. Sonnenseite gerötet und unauffällig gestreift. Schalenpunkte fein bis mitteldick, auch etwas eckig, braun, häufig mit rotem Hof. Manchmal Anflüge von Rost und in seltenen Fällen Warzen. Geruch schwach. Fruchtfleisch gelblichweiß, fein, saftig, gewürzt. Wenig vorherrschende milde Säure bei hohem Zuckergehalt.

Juno

Züchtung der Versuchsanstalt Müncheberg aus 'Ontario' x 'London Pepping'.

Frucht: Ausgezeichneter Wintertafelapfel. Baumreife beginnt ab Mitte Oktober. Genussreife ab Januar. Haltbarkeit bis Mai. Mittelgroßer bis sehr großer, breitrunder Apfel. Fruchtschale glatt, grünlichgelb. Zur Reifezeit bräunlichrot gesprenkelt. Fruchtfleisch gelblichweiß bis cremefarben, sehr saftig, feines Aroma, etwas parfümiert, säuerlichsüß.
Baum: Mittelstarker Wuchs, Krone breitpyramidal. Widerstandsfähig gegen Holzfrost. Nur für Niederstammformen geeignet. Für gute Böden und Lagen bis 400 m Höhe. Guter Pollenspender. Ertrag früh, mittelhoch, regelmäßig. Etwas anfällig für Schorf und Rote Spinne.

Junkerapfel *siehe* Weißer Junkerapfel

K

Kaiser Alexander

Kaiser Alexander

Eine aus Rußland stammende Sorte, die vor 1850 in Deutschland eingeführt wurde.

Doppelnamen: Albertin; Alexander; Allerweltsapfel (Bayern); Aporta Nalivia; Aubertin Beauty of Queen; Belle de Bruxelles; Belle d'Orléans; Comte Woronzoff; Corail; Empereur Alexandre I; Empereur Alexandre de Russie, English King; Fin d'Automne; Grand Alexandre; Gros Alexandre; Jolly Gentleman; Korallenapfel; Napoleon; Pfundapfel; Phoenix; Pomona Britannica; President Napoleon; Russian Emperor; Stoke Tulip; Wunderapfel

Frucht: Brauchbarer Tafelapfel, vorwiegend als Schaufrucht. Sehr gute Verwertungsfrucht. Genussreife ab September. Haltbarkeit bis Dezember. Sehr großer, flachrund bis kegelförmiger, meist sehr gleichmäßig gebauter Apfel. Rippen flach aber merklich über die Frucht laufend. Fruchtschale glatt, etwas fettig und glänzend, hellgrün, später grünlichgelb bis hellgelb. Sonnenseite punktiert gerötet, dunkler gestreift und geflammt. Schalenpunkte fein, braun. Geruch sehr deutlich. Fruchtfleisch ist weiß, halbfein, locker, saftig, schwach gewürzt, wenig vorherrschende Säure bei ebenso hohem Zuckergehalt.
Baum: Stark wachsend, auch ohne umfangreiche Schnittmaßnahmen bilden sich gut verzweigte Kronen. Ansprüche an Boden und Klima gering. Windige Lage zum Schutz der großen Früchte meiden. Erziehung vorwiegend als höhere Baumformen. Ertrag mittelhoch. Früchte neigen auf dem Baum zum Faulen.

Kaiserapfel *siehe* Geflammter Kardinal
Kaiser Alexander

Kaiser Franz Joseph

Ausgezeichneter Tafel-, sehr guter Wirtschaftsapfel. Genussreife ab Dezember. Haltbarkeit bis März. Mittelgroßer, abgestumpft flachrunder, ziemlich gleichmäßig gebauter Apfel. Rippen stark und regelmäßig über die ganze Frucht laufend. Querschnitt kantig. Fruchtschale glatt, etwas fettig, hellgrün, später gelb. Sonnenseite intensiv gelb und manchmal leicht gerötet. Schalenpunkte fein, Geruch sehr schwach. Fruchtfleisch weiß, fein, zart, saftig, edel renettenartig gewürzt. Harmonisches Zucker-Säure-Verhältnis.

Kaiserin Elisabeth

Sehr guter Tafel-, brauchbarer Wirtschaftsapfel. Genussreife ab Dezember. Haltbarkeit bis Februar. Mittelgroßer, rundlicher, meist gleichmäßig gebauter Apfel. Fruchtschale glatt, fettig, hellgrün, später hellgelb. Sonnenseite blassrot, zuweilen stärker gerötet. Schalenpunkte hell, zahlreich, fein. Geruch unmerklich. Fruchtfleisch gelblichweiß, fein, sehr saftig, stark quittenartig gewürzt, wenig Säure, hoher Zuckergehalt.

Kaiserkalvill

Sehr guter Tafel-, brauchbarer Wirtschaftsapfel. Genussreife ab November. Haltbarkeit bis Januar. Mittelgroßer, abgestumpft eiförmiger, ungleichmäßig gebauter Apfel. Rippen deutlich über die Frucht laufend. Fruchtschale ist fettig, hellgrün, später gelb. Sonnenseite intensiv gerötet und manchmal gestreift. Schalenpunkte fein, bräunlich, nur in der Rötung erkennbar. Geruch schwach. Das Fruchtfleisch ist gelblichweiß, fein, markig bis mürbe, saftig, angenehm gewürzt, harmonisches Zucker-Säure-Verhältnis.

Kaiserlicher Kalvill *siehe* Roter Astrachan
Kaiserrenette *siehe* Kanadarenette
Ribston Pepping

Kaiser Wilhelm

Kaiser Wilhelm

Im Jahre 1864 in einem Garten bei Solingen gefunden. Vermutlich ein Sämling von 'Harberts Renette'. Seit 1877 im Handel.
Doppelname: Wilhelmapfel

Frucht: Sehr guter Tafel- und Wirtschaftsapfel. Baumreife Mitte Oktober. Genussreife ist ab Anfang Dezember. Haltbarkeit bis März. Großer, rundlicher, nicht immer gleichmäßig gebauter Apfel. Fruchtschale meist glatt und glänzend, grünlichgelb, später lebhaft gelb bis goldgelb. Zur Reifezeit intensiv gerötet und etwas gestreift. Schalenpunkte zahlreich, dünn bis mitteldick, braun, oft mit gelbem Hof. Manchmal Anflüge von Rost. Kein Geruch. Fruchtfleisch gelblichweiß, fein, saftig, gewürzt, etwas vorherrschende Säure bei hohem Zuckergehalt.
Baum: Starker bis sehr starker Wuchs. Krone groß, breit. Holz frosthart. Vorwiegend für höhere Erziehungsformen. Bei ausreichender Bodenfeuchtigkeit für alle Böden geeignet. Geringe Ansprüche an Standort und Klima. In windgeschützten Lagen noch bis 600 m Höhe anbaufähig. Sehr schöne, rosafarbene und frostunempfindliche Blüte. Schlechter Pollenspender. Ertrag beginnt sehr spät, ist dann sehr hoch und regelmäßig. Etwas anfällig für Schorf und Stippe.

Kalco

Die Sorte ist um 1930 als Sämling von 'Cox' Orangenrenette' in Müncheberg entstanden. Seit etwa 1975 im Handel.
Doppelname: Carola

Frucht: Sehr guter Tafel- und Wirtschaftsapfel. Baumreife ab Mitte September. Genussreife ab Oktober. Haltbarkeit bis Dezember. Mittelgroßer bis großer, rundlicher bis flacher Apfel mit deutlichen Rippen. Fruchtschale gelblichgrün, später zitronengelb. Sonnenseite verwaschen gerötet, bereift, mit blauem Farbeinschlag, fettig. Schalenpunkte groß, rostfarben. Streifenartige Berostungen häufig. Fruchtfleisch weiß bis leicht rötlich, locker, grobzellig, sehr saftig. Wenig Aroma, fein süßsauer.
Baum: Mittelstarker Wuchs, lichte Krone. Verzweigung muss durch Überwachungsschnitte

angeregt werden. Ertrag sehr früh einsetzend, hoch, manchmal unregelmäßig. Etwas anfällig für Schorf. Widerstandsfähig gegen Mehltau. Geringe Ansprüche an Boden und Klima. Bis zu mittleren Höhenlagen anbaufähig.

Kalfs *siehe* Schöner von Boskoop
Kalmar Glasäpple *siehe* Weiße Spanische Renette

Kalterer Böhmer

Kalterer Böhmer

Die Sorte ist wahrscheinlich als Sämling im südtiroler Obstbaugebiet schon vor 1900 entstanden.
Doppelnamen: Mantuaner; Mela Rosa Mantovana; Rosa die Caldaro

Frucht: Sehr guter Tafel- und Wirtschaftsapfel. Baumreife ist ab Anfang Oktober. Genussreife ab Ende November. Haltbarkeit bis Februar. Flachrunder, mittelgroßer, ziemlich gleichmäßig gebauter Apfel. Querschnitt flachkantig. Fruchtschale glatt, glänzend, etwas fettig, fest. Die Schalenfarbe ist weißlichgelb, später strohgelb. Zur Reifezeit vor allem auf der Sonnenseite intensiv gerötet. Schalenpunkte zahlreich, groß, gelbgrau, in der Rötung weiß. Fruchtfleisch weiß, fein, saftig. Typischer Rosenapfelgeschmack, angenehme Würze, wenig Säure, hoher Zuckergehalt.
Baum: In der Jugend schwach, später mittelstark wachsend. Krone rund, dann breit werdend. Erziehung vorwiegend als Hoch- und Halbstamm. Für guten Kulturboden. Bei sonniger Lage bis 700 m Höhe anbaufähig. Blüte mittelfrüh, wenig empfindlich. Blütenfarbe rötlich. Ertrag setzt spät ein, ist dann reich und regelmäßig. Widerstandsfähig gegen Mehltau, etwas anfällig für Schorf.

Kalvillartige Renette *siehe* Gelbe Spanische Renette
Kalvill Madame Lesans *siehe* Lesans Kalvill

Kalvill von Anjou

Doppelname: Calvill Rouge d'Anjou

Sehr guter Tafel- und auch Wirtschaftsapfel. Genussreife ab Dezember. Haltbarkeit bis in April.

Großer, unterschiedlich hoch gebauter, meist abgestumpft rundlich-eiförmiger, etwas ungleichmäßig gebauter Apfel. Rippen deutlich, manchmal auch kantig bis zum Stiel laufend. Querschnitt kantig. Fruchtschale glatt, etwas fettig, grün, später grünlichgelb. Sonnenseite großflächig gerötet und etwas gestreift. Schalenpunkte sehr fein, braun. Geruch schwach. Fruchtfleisch grünlichweiß bis gelblichweiß, manchmal etwas gerötet, sehr fein, etwas locker, ausreichend saftig. Nicht sehr intensiv kalvillartig gewürzt, etwas vorherrschende milde Säure bei nicht ganz so hohem Zuckergehalt.

Kalvill von Forsteck

Kalvill von Forsteck

Tafelapfel. Frucht mittelgroß, hochgebaut. Leichte Rippen um den Kelch. Fruchtschale dunkelrot. Fruchtfleisch weiß, unter der Schale gerötet, saftig, fein gewürzt. Baumreife Anfang September. Genussreife ab November. Haltbarkeit bis Anfang Januar. Der Baum wächst schwach bis mittelstark. Nur für niedrige Erziehungsformen. Widerstandsfähig gegen Krankheiten.

Kalvill von Gröbenzell (Oberbayerische Lokalsorte, keine Sortenbeschreibung)

Kalvill von Ouillins

Kalvill von Ouillins

Die Sorte wurde um 1850 in Frankreich gefunden.

Sehr guter Tafel- und Wirtschaftsapfel. Genussreife ab Oktober. Haltbarkeit bis Januar. Großer, stumpf kegelförmiger Apfel. Fruchtschale glatt, grünlichgelb. Sonnenseite dunkelrot. Schalenpunkte zahlreich, gelblich. Berostungen häufig. Fruchtfleisch weiß, saftig, weinsäuerlich. Der Baum wächst kräftig und bildet eine runde Krone. Für alle Erziehungsformen geeignet.

Kanadarenette

Kanadarenette

Die Sorte ist englischen Ursprungs und kam schon vor 1800 nach Deutschland.
Doppelnamen: Amerikanischer Romanite; Butterapfel; Canada Blanc; Canadian Reinette; Dittrichs Prachtrenette; Englischer Kurzstiel; Harlemer Renette; Große Englische Renette

(Württemberg); Große Goldrenette; Grosse Reinette d'Angleterre; Holländische Renette (Bayern); Januarea; Lederapfel; Mela Januarea; Murner Renette; Pariser Ramburrenette; Pomme de Bretagne; Pomme de Caen; Portugal Russet; Prachtrenette; Rabau (Elsaß); Reinette d'Andilly; Reinette du Canada Blanche; Reinette du Canada à Côtes, Reinette Grosse du Canada, Reinette Incomparable; Rostapfel; Rumelins Renette; Reinette Virginale; Saint Helena Russet; Schmalzapfel; Sternrenette; Weiberrenette; Weiße Antillische Renette, Windsorrenette, Unvergleichliche Renette

Frucht: Ausgezeichneter Tafel- und Wirtschaftsapfel. Baumreife ab Mitte Oktober, Genussreife ab Dezember. Haltbarkeit bis Mai. Großer bis sehr großer, abgestumpft rundlicher, manchmal flachrunder, ungleichmäßig gebauter Apfel. Fruchtschale durch grünlichbraunen, schuppigen Rost fast auf der ganzen Oberfläche fein rau. Grundfarbe grün, später grünlichgelb bis gelb. Sonnenseite meist etwas gerötet. Schalenpunkte zahlreich, dick, manchmal eckig, braun. Geruch schwach. Fruchtfleisch grünlichgelb, fein, markig bis mürbe, etwas schwammig, saftig, gewürzt. Vorherrschende kräftige, angenehme Säure bei ausreichendem Zuckergehalt.
Baum: Kräftiger Wuchs, Krone breitkugelig. Für alle Erziehungsformen geeignet. Ansprüche an den Boden mittelhoch. Die Sorte gedeiht auf nährstoffreichen, ausreichend feuchten und gut durchlüfteten Böden. Bei warmen Standorten auch noch für Höhenlagen geeignet. Blüte etwas frostempfindlich. Schlechter Pollenspender. Ertrag spät einsetzend, mittelhoch und regelmäßig. Etwas anfällig für Stippe und Krebs.

Kanadarenette *siehe* Rote Kanadarenette

Kandil Kitajka

Frucht mittelgroß, oval-konisch. Genussreife ab Dezember. Haltbarkeit bis April. Fruchtschale strohgelb mit karminroter Backe. Fruchtfleisch weiß, fein, sehr saftig, wohlschmeckend. Der Baum wächst mittelstark. Ruten lang und dünn. Ertrag hoch.

Kansas Queen

Kansas Queen

Zufallssämling aus den USA. Frucht groß, kantig, unregelmäßig geformt. Zur Reifezeit oft nur schwach rot gestreift, auch geflammt. Das Fruchtfleisch enthält in der Regel zuviel Säure.

Kantapfel *siehe* Danziger Kantapfel
Mecklenburger Kantapfel

Kantil Sinap

Kantil Sinap

Die Sorte stammt von der Halbinsel Krim.
Doppelname: Kandil Sinap

Sehr guter Tafelapfel. Genussreife ab Dezember. Haltbarkeit bis März. Großer, walzenförmiger, regelmäßig gebauter Apfel. Fruchtschale dünn, glatt, glänzend. Schalenfarbe strohweiß, zur Reifezeit weitflächig gerötet. Schalenpunkte nur in der Rötung erkennbar, weißgrau, oft mit dunklerem Hof. Fruchtfleisch weiß, fein, sehr saftig, von angenehm süßsäuerlichem, feingewürztem Geschmack. Der Baum wächst langsam und bildet eine pyramidale Krone. Ertrag früh einsetzend, hoch.

Kantjesapfel *siehe* Zwiebelborsdorfer

Kapuzinerapfel von Tournay

Doppelname: Capucine de Tournay

Weniger guter Tafel-, sehr guter Wirtschaftsapfel. Genussreife ab Dezember. Haltbarkeit bis April. Großer, flachrunder, ziemlich gleichmäßig gebauter Apfel. Rippen breit über die Frucht laufend. Querschnitt etwas kantig. Fruchtschale glatt, etwas fettig, grünlichgelb, später hellgelb. Sonnenseite unterschiedlich stark gerötet, manchmal gestreift. Schalenpunkte sehr fein. Anflüge von Rost nicht häufig. Geruch deutlich. Fruchtfleisch gelblichweiß, ziemlich fein, locker, saftig, nicht gewürzt, vorherrschende angenehme Säure bei geringem Zuckergehalt.

Kapuzinerrenette

Sehr guter Tafel- und Wirtschaftsapfel. Genussreife ab Januar. Haltbarkeit bis Mai. Mittelgroßer, abgestumpft flachrunder, ziemlich gleichmäßig gebauter Apfel. Fruchtschale fein aufgeraut durch braunen, meist schuppigen, oft weißlich schimmernden Rost, der die ganze Frucht bedeckt. Grundfarbe grün, später grünlichgelb. Sonnenseite manchmal etwas gerötet.

Welkt auf dem Lager nur wenig. Geruch schwach. Fruchtfleisch grünlichgelb, fein, nur wenig schwammig, saftig, etwas gewürzt, vorherrschende angenehme Säure bei hohem Zuckergehalt.

Kardinal *siehe* Blutroter Kardinal
Geflammter Kardinal
Roter Kardinal
Weißer Winterkalvill

Kardinal Bea

Zufallssämling, der bei Esslingen/Baden-Württemberg gefunden wurde.

Frucht: Ausgezeichneter Tafel- und Wirtschaftsapfel. Baumreife ab Anfang Oktober. Verwertung bis November. Mittelgroßer bis großer, flachgebauter Apfel. Fruchtschale grünlichgelb, zur Reifezeit intensiv gestreift. Oberfläche glatt, etwas wachsig, netzartige Berostungen häufig. Das Fruchtfleisch ist grünlichweiß, saftig, schwaches Aroma, ausgewogenes Zucker-Säure-Verhältnis.
Baum: Schwacher bis mittelstarker Wuchs. Fruchtäste später hängend. Vorwiegend für Hoch- und Halbstamm geeignet. Die Sorte beansprucht gute Böden und warme Lagen. Blüte unempfindlich gegen Witterungseinflüsse. Guter Pollenspender. Der Ertrag setzt früh ein, ist regelmäßig und hoch. Der Baum verlangt nur wenig Pflege und ist widerstandsfähig gegen Krankheiten und Schädlinge.

Kardinal Graf Galen (Wirtschaftsapfel, keine Sortenbeschreibung)

Karin Schneider *siehe* Ingrid Marie
Karins Kalvill *siehe* Carins Kalvill

Karmeliterrenette

Eine sehr alte französische Sorte, die 1667 erstmals beschrieben wurde.
Doppelnamen: Reinette des Carmes; Reinette Truite

Sehr guter Tafel- und auch Wirtschaftsapfel. Genussreife ab Dezember. Haltbarkeit bis März.

Karmeliterrenette

Mittelgroßer, abgestumpft eiwalzenförmiger oder länglichrunder, gleichmäßig gebauter Apfel. Fruchtschale glatt, etwas fettig, grün, später grünlichgelb. Zur Reifezeit gerötet und gestreift. Schalenpunkte zahlreich, fein bis mitteldick, bräunlich, in der Rötung mit hellem Hof. Kein Geruch. Fruchtfleisch hellgelb bis grünlichgelb, fein, saftig, angenehme Würze, etwas vorherrschende Säure bei hohem Zuckergehalt. Der Baum wächst kräftig. Für höhere Erziehungsformen aber auch für Busch geeignet. Krone kugelförmig. Für gute und ausreichend feuchte Böden in warmen Lagen. Früchte etwas windempfindlich. Anfällig für Schorf und Blutlaus.

Karmijn de Sonnaville

Karmijn de Sonnaville

Die Sorte stammt aus Holland und wurde aus einer Kreuzung von 'Cox' Orangenrenette' x 'Jonathan' gewonnen. Seit 1971 im Handel.

Frucht: Sehr guter Tafel- und Wirtschaftsapfel. Pflückreife ab Ende September. Genussreife ab November. Haltbarkeit bis Januar. Mittelgroßer bis großer, etwas unregelmäßig gebauter Apfel. Fruchtschale grünlichgelb, später gelb. Sonnenseite braun bis leuchtend rot gefärbt. Schalenpunkte deutlich, braun oder grün. Die Schale ist in der Regel kräftig netzartig berostet. Fruchtfleisch gelblich, saftig, mürbe. Edles Aroma bei gutem Säure-Zucker-Verhältnis. Etwas anfällig für Stippe.
Baum: Starkwüchsig, für alle Erziehungsformen geeignet. Die Ansprüche an Boden und Klima sind hoch. Die Sorte braucht guten, nahrhaften Boden in warmen Lagen. Blüte spät, sehr frostempfindlich. Schlechter Pollenspender. Der Ertrag beginnt mittelfrüh, ist sehr hoch aber nicht immer regelmäßig. Die Ansprüche an die Schnittpflege sind durchschnittlich. Anfällig für Mehltau und Krebs.

Karminkalvill

Karminkalvill

Ausgezeichneter Tafel-, brauchbarer Wirtschaftsapfel. Genussreife ab November. Haltbarkeit bis Ende Januar. Mittelgroßer, abgestumpft länglichrunder, ungleichmäßig gebauter Apfel. Rippen flach aber deutlich über die Frucht laufend. Fruchtschale glatt, bereift, hellgrün, später gelb. Zur Reifezeit intensiv rot, auf der Schattenseite heller gefärbt und etwas gestreift. Schalenpunkte zahlreich, sehr fein, gelblich. Geruch schwach. Fruchtfleisch gelblichweiß, unter der Schale und an den Gefäßbündeln leicht gerötet, fein, erst etwas fest, später locker. Nicht allzu saftig, angenehm beerenartig gewürzt, feine Säure bei hohem Zuckergehalt.

Karminrenette *siehe* Multhaupts Renette
Karthäuser *siehe* Weißer Wintertaffetapfel
Käsapfel *siehe* Champagnerrenette
Königlicher Kurzstiel
Weißer Holländischer Käsapfel
Käske siehe Königlicher Kurzstiel
Kasseler Renette *siehe* Gelbe Kasseler Renette
Kastanienapfel *siehe* Purpurroter Cousinot

Katja

Die Sorte entstand aus 'James Grieve' x 'Worcester Pearmain'.

Kleinfrüchtiger Apfel mit attraktiver Färbung. Als Frühapfel wenig lagerfähig. Empfehlenswert für den Hausgarten.

Katzenkopf *siehe* Prinzenapfel
Rheinische Schafsnase
Kent *siehe* Schöner von Kent

Kentischer Korbfüller

Kentischer Korbfüller

Die Sorte stammt aus England und war schon um 1800 bekannt.
Doppelnamen: Kentish Fillbasket; Lady de Grey; Potters Large Grey Seedling; Weißer Kentischer Pepping

Großer, flachrunder, leicht gerippter Apfel. Fruchtschale hellgelb. Rostflecken häufig. Fruchtfleisch cremefarben, fest, angenehm süß. Reifezeit mittelspät.

Kentischer Küchenapfel

Doppelname: Kentish Codlin

Guter Wirtschaftsapfel. Verarbeitungsfähig von Mitte August bis Anfang September. Kleiner bis mittelgroßer, abgestumpft rundlicher, meist ungleichmäßig gebauter Apfel. Rippen nicht ganz gleichmäßig über die ganze Frucht laufend. Fruchtschale glatt, schwach glänzend, grün, später grünlichgelb. Zur Reifezeit intensiv gelb, auch leicht gerötet. Schalenpunkte zahlreich, sehr fein. Geruch schwach. Fruchtfleisch hellgelb bis grünlich-gelb, ziemlich fein, saftig, keine Würze, kräftige Säure, geringer Zuckergehalt. Der Baum wächst kräftig und gesund, trägt sehr reich, oft schon am einjährigen Holz.

Kentischer Pepping *siehe* Roter Kentischer Pepping
Weißer Kentischer Pepping

Kentish Codlin *siehe* Kentischer Küchenapfel
Kentish Fillbasket *siehe* Kentischer Korbfüller
Kentish Pippin *siehe* Roter Kentischer Pepping
Kernapfel *siehe* Longvilles Sämling
Kernel *siehe* Apfel von Hawthornden
Longvilles Sämling

Kesseltaler Streifling (Lokalsorte, keine Sortenbeschreibung)

Keswicker Küchenapfel

Keswicker Küchenapfel

Doppelname: Keswick Codlin

Sehr guter Wirtschaftsapfel. Verarbeitung ab Ende August. Haltbarkeit bis Anfang Oktober. Mittelgroßer, abgestumpft rundlicher Apfel. Rippen etwas kantig über die ganze Frucht laufend. Fruchtschale glatt, mattglänzend, hellgrün, später grünlichgelb. Zur Reifezeit intensiv gelb, nur manchmal leicht gerötet. Schalenpunkte zahlreich, fein bis mitteldick, hellbraun. Geruch fehlt. Fruchtfleisch gelblichweiß, etwas grob und locker, saftig. Keine Würze, vorherrschende milde Säure bei nicht sehr hohem Zuckergehalt. Der Baum bringt bei guter Ernährung hohe Erträge. Er altert jedoch rasch, ist etwas schädlingsanfällig und empfindlich für Spitzendürre.

Kew *siehe* Goldapfel von Kew

Kidds Orange

In Greytown/Neuseeland im Jahre 1924 aus einer Kreuzung von 'Red Delicious' x 'Cox' Orangenrenette' gewonnen.
Doppelname: Kidd's Orange Red

Frucht: Sehr gute, süßfruchtige Tafelsorte. Baum- und Genussreife ab Mitte September. Haltbarkeit bis Ende November. Mittelgroßer, stumpf kegelförmiger, ziemlich regelmäßig gebauter Apfel. Rippen mittelbreit. Die Fruchtschale ist leicht rau, gelbgrün, zur Reifezeit braunrot geflammt. Netzartige Berostung überzieht einen Großteil der Frucht. Schalenpunkte mittelgroß mit hellem Hof. Fruchtfleisch cremefarbig, fest, sehr saftig, intensives Aroma. Wenig Säure bei hohem Zuckergehalt. Ein Nachteil ist das wenig attraktive Aussehen.
Baum: Kräftiger, aufrechter Wuchs. Die Krone bleibt licht. Neigung zu Astbruch. Blüte spät, guter Pollenspender. Ertrag mittelfrüh einsetzend und mittelhoch. Sehr anfällig für Krebs, etwas anfällig für Schorf und Mehltau.

Kiel *siehe* Bramleys Sämling
Kiew *siehe* Köstlicher von Kiew
Kikker *siehe* Romersche Kikker

Kinds Pepping (keine Sortenbeschreibung)

Kindskopfapfel *siehe* Backapfel
King *siehe* Gipsei King
Tompkins King

King of Kingsworth (keine Sorten-beschreibung)

King Edward VII *siehe* Eduard VII
King of the Pippins *siehe* Wintergoldparmäne
King Philip *siehe* Jonathan
Kingston *siehe* Lord Kingston

Kirchmeßapfel

Guter Tafel-, sehr guter Wirtschaftsapfel. Genussreife ist ab Ende Oktober. Haltbarkeit bis Dezember. Großer, flachrunder, etwas ungleichmäßig gebauter Apfel. Fruchtschale glatt, etwas fettig, grünlichgelb, später hellgelb. Zur Reifezeit zum Großteil trübrot überzogen und bandartig gestreift. Schalenpunkte fein, bräunlich. Geruch merklich. Fruchtfleisch weiß, sehr fein, saftreich, wenig ausgeprägt gewürzt. Vorherrschende kräftige Säure bei ausreichendem Zuckergehalt.

Kirchwerder *siehe* Ruhm von Kirchwerder
Kirkes Scarlet Admirable *siehe* Kirkes Schöner Rambur

Kirkes Schöner Rambur

Doppelnamen: Kirke's Scarlet Admirable; Hollandbury

Sehr guter Wirtschaftsapfel. Verarbeitung ab November. Haltbarkeit bis Februar. Sehr großer, flachrunder, meist sehr ungleichmäßig gebauter Apfel. Rippen stark, breit und ungleichmäßig über die Frucht laufend. Querschnitt kantig. Fruchtschale glatt, geschmeidig, etwas fettig, grünlichgelb, später hellgelb. Zur Reifezeit vor allem zum Stiel hin kräftig gerötet und etwas gestreift. Schalenpunkte braun. Geruch deutlich. Fruchtfleisch ziemlich weiß, halbfein, saftig, ohne Würze. Kräftige, angenehme Säure bei nicht sehr hohem Zuckergehalt.

Kirschapfel *siehe* Roter Herbstkalvill
Kitaika *siehe* Koulon Kitaika
Kjögegaard *siehe* Gammel Kjögegaards Rosenapfel
Klapperapfel *siehe* Prinzenapfel

Kitzinger Taubenapfel (Unterfränkische Lokalsorte, keine Sortenbeschreibung)

Klarapfel *siehe* Weißer Klarapfel

Kleiner Api

Doppelnamen: Api; Lady Apple; Pomme d'Api

Guter Tafel- und Wirtschaftsapfel. Genussreife ab Januar. Haltbarkeit bis Juni. Kleiner, flachrunder, ziemlich gleichmäßig gebauter Apfel. Fruchtschale glatt, glänzend, hellgrün, später hellgelb. Zur Reifezeit intensiv gerötet. Schalenpunkte zahlreich, sehr fein, bräunlich. Geruch sehr schwach. Fruchtfleisch gelblichweiß, fein, saftreich, Würze wenig ausgeprägt. Wenig Säure bei hohem Zuckergehalt.

Kleiner Fleiner

Kleiner Fleiner

Doppelname: Petit Fleiner

Guter Tafel-, sehr guter Wirtschaftsapfel. Genussreife ab Ende November. Haltbarkeit bis etwa Anfang März. Kleiner bis mittelgroßer, abgestumpft kegelförmiger, meist ungleichmäßig gebauter Apfel. Fruchtschale glatt, hellgrün, später grünlichgelb bis hellgelb. Sonnenseite etwas goldiger und meist nur leicht gerötet. Schalenpunkte sehr fein, braun. Zuweilen braune Warzen. Kein Geruch. Fruchtfleisch weiß, sehr fein, saftig, Aroma wenig ausgeprägt, milde Säure, hoher Zuckergehalt.

Kleiner Herrenapfel

Kleiner Herrenapfel

Sehr guter Wirtschaftsapfel, als Tafelapfel noch brauchbar. Reife ab Ende September. Haltbarkeit bis Anfang November. Kleiner, stark abgestumpft rundlicher, gleichmäßig gebauter Apfel. Fruchtschale glatt, glänzend, grünlichweiß, wachsartig. Zur Reifezeit hellgelb, Sonnenseite etwas gerötet. Schalenpunkte sehr fein, hellbraun. Geruch sehr schwach. Frucht-

Kleiner Margarethenapfel (keine Sortenbeschreibung)

fleisch gelblichweiß, fein, ziemlich fest bis markig, saftig, keine Würze. Säure unmerklich, hoher Zuckergehalt.

Kleiner Herrenapfel *siehe* Drüwken

Kleiner Langstiel

Doppelnamen: Blauschwanz; Queue Bleue

Guter Tafel-, sehr guter Wirtschaftsapfel. Genussreife ab Dezember. Haltbarkeit bis Mai. Kleiner bis mittelgroßer, stark abgestumpft rundlicher, oft etwas ungleichmäßig gebauter Apfel. Fruchtschale glatt, etwas glänzend, hellgrün, später intensiv gelb. Zur Reifezeit hell gerötet, bereift, mit bläulichem Anflug. Schalenpunkte zahlreich, fein, braun. Geruch schwach. Fruchtfleisch weiß, fein, saftig, wenig Würze, etwas vorherrschende Säure bei ausreichendem Zuckergehalt. Der Baum ist sehr anspruchslos und auch noch für raue Lagen geeignet.

Kleiner Rheinischer Bohnapfel

Kleiner Rheinischer Bohnapfel

Doppelnamen: Petit Bohn; Kleiner Bohnapfel

Sehr guter Wirtschaftsapfel. Verwertung ab Januar. Haltbarkeit bis Juli. Kleiner, walzenförmiger, gleichmäßig gebauter Apfel. Fruchtschale glatt, grün, später grünlichgelb. Sonnenseite gerötet und etwas gestreift. Schalenpunkte zahlreich, sehr fein, hell. Welkt auf dem Lager nur wenig. Kein Geruch. Fruchtfleisch grünlichgelb, halbfein, fest, später zäh, sehr saftig, keine Würze. Etwas herbe Säure bei hohem Zuckergehalt.

Kleiner Steinpepping

Doppelnamen: Englischer Kleiner Steinpepping; Stone Pippin

Sehr guter Tafel- und Wirtschaftsapfel. Genussreife ab Januar. Haltbarkeit bis Mai. Kleiner bis mittelgroßer, abgestumpft länglichrunder, gleichmäßig gebauter Apfel. Fruchtschale glatt, gelblichgrün, später gelb. Sonnenseite unterschiedlich stark gerötet und etwas gestreift.

Schalenpunkte zahlreich, fein, bräunlichgelb, oft mit hellem Hof. Geruch schwach. Fruchtfleisch grünlichgelb, zart, saftig, angenehme Würze. Wenig vorherrschende milde Säure bei hohem Zuckergehalt.

Kleiner Weinapfel *siehe* Thurgauer Weinapfel

Kleine Zartschalige Renette

Sehr guter Tafel-, brauchbarer Wirtschaftsapfel. Genussreife ab Dezember. Haltbarkeit bis März. Mittelgroßer, flachrunder, ziemlich gleichmäßig gebauter Apfel. Fruchtschale glatt, etwas fettig, grünlichgelb, später gelb. Sonnenseite häufig gerötet. Schalenpunkte mittelzahlreich, fein, bräunlich, oft etwas eingesenkt, manchmal auch mit rotem Hof. Anflüge von Rost selten. Welkt auf dem Lager nur wenig. Kein Geruch. Fruchtfleisch gelblichweiß, fein, saftig, renettenartig gewürzt. Ausgewogenes Zucker-Säure-Verhältnis.

Klon 85 *siehe* Golden Delicious
Klon 88 *siehe* Golden Delicious

Kloppenheimer Streifling

Sehr guter Wirtschaftsapfel. Verarbeitung ab Dezember. Haltbarkeit bis April. Mittelgroßer, abgestumpft rundlicher, meist ziemlich gleichmäßig gebauter Apfel. Fruchtschale glatt, etwas fettig und bereift, grünlich, später grünlichgelb. Sonnenseite etwas gerötet und kräftig gestreift. Schalenpunkte mitteldick, bräunlich, in der Rötung mit hellem Hof. Um den Kelch zuweilen Anflüge von Rost. Geruch schwach. Fruchtfleisch grünlichgelb, ziemlich fein, ausreichend saftig, ohne Würze, von süßlich herbem Geschmack. Erst bei der Vollreife milde Säure bei hohem Zuckergehalt.

Klosterapfel *siehe* Pollinger Klosterapfel
Roter Eiserapfel
Salemer Klosterapfel
Klosterrambur *siehe* Schwaikheimer Rambur
Knackpepping *siehe* Punktierter Knackpepping
Kohlapfel *siehe* Brauner Matapfel
Roter Eiserapfel
Schwarzschillernder Kohlapfel

Kohlenbacher

Lokalsorte des Elztales, Baden

Sehr guter Most- und Wirtschaftsapfel. Frucht klein bis mittelgroß, flachrund. Verarbeitung ab November, Haltbarkeit bis März. Fruchtschale auf der Sonnenseite intensiv gerötet. Der Baum wächst stark und bildet eine große Krone aus. Er ist sehr widerstandsfähig gegen Krankheiten.

Kolbes Ramburrenette

Sehr guter Tafel- und Wirtschaftsapfel. Genussreife ab Dezember. Haltbarkeit bis April. Großer, abgestumpft kegelwalzenförmiger, meist gleichmäßig gebauter Apfel. Rippen breit und regelmäßig über die Frucht laufend. Querschnitt nicht ganz rund. Fruchtschale glatt bis fein aufgeraut durch feinschuppigen, zimtbraunen Rost, der häufig fast die ganze Frucht bedeckt. Schalenfarbe grünlichgelb, später gelb. Sonnenseite häufig gerötet. Schalenpunkte mittelgroß, braun. Geruch wenig ausgeprägt. Fruchtfleisch grünlichgelb, fein, ziemlich fest, später markig, etwas schwammig, saftig, renettenartig gewürzt. Vorherrschende angenehme Säure bei ausreichendem Zuckergehalt.

Kollerapfel *siehe* Purpurroter Cousinot

Kolvenbachs Goldrenette

Mittelgroßer, flachkugelförmiger, später Winterapfel von großer Güte und Haltbarkeit. Der Baum bildet eine hochgehende luftige Krone.

Königinapfel

Königinapfel

Eine englische Züchtung, die um 1900 in den Handel kam.
Doppelname: The Queen

Frucht: Noch brauchbarer Tafel-, sehr guter Wirtschaftsapfel, der durch prachtvolle Färbung und enorme Größe als Schaufrucht dienen kann. Pflückreife ab Ende September. Genussreife ab Oktober. Haltbarkeit bis November. Frucht groß bis sehr groß, plattrund, meist gleichmäßig gebaut. Mäßig starke Rippen ziehen sich über die halbe Frucht. Fruchtschale grünlichgelb, später hellgelb, glatt und glänzend, mit fettigem Überzug. Zur Reifezeit kräftig gerötet. Fruchtfleisch gelblichweiß, sehr locker und mürbe, saftig, weinsäuerlich, ohne Würze.
Baum: Wuchs mäßig stark, hochstrebend. Gute Krone mit reicher Verzweigung. Der Ertrag beginnt zwar früh, kann aber sehr unregelmäßig sein und auch für mehrere Jahre aussetzen. Der Hochstamm braucht wegen der großen Früchte eine windgeschützte Lage. Genügend Nährstoffe vorausgesetzt, sind die Ansprüche an den Boden gering. Während der Baum widerstandsfähig gegen Krankheiten und Schädlinge ist, neigt die Frucht zur Stippe und zum Platzen. Sie ist schorfanfällig.

Königin der Renetten *siehe* Wintergoldparmäne

Königin Luisens Apfel

Königin Luisens Apfel

Doppelname: Pomme Reine Louise

Guter Tafel-, sehr guter Wirtschaftsapfel. Genussreife ab Anfang November. Haltbarkeit bis Ende Dezember. Mittelgroßer, abgestumpft eiförmiger, gleichmäßig gebauter Apfel. Fruchtschale glatt, etwas fettig, gelblichgrün, später hellgelb. Sonnenseite gerötet und gestreift. Schalenpunkte zahlreich, sehr fein, braun. Geruch ziemlich stark. Fruchtfleisch gelblichweiß, fein, erst ziemlich fest und brüchig, später markig. Sehr saftig, wenig gewürzt, vorherrschende kräftige Säure bei hohem Zuckergehalt.

Königin Olga-Apfel

Doppelname: Olga Nicolajewna

Guter Tafel-, sehr guter Wirtschaftsapfel. Genussreife ab Anfang März. Haltbarkeit bis Juni. Mittelgroßer, abgestumpft rundlicher, meist gleichmäßig gebauter Apfel. Fruchtschale glatt, bereift, etwas fettig, grün, später gelb. Sonnenseite leicht gerötet und etwas gestreift. Schalenpunkte fein, braun, in der Rötung mit hellem Hof. Geruch schwach. Fruchtfleisch hellgelb, fein, saftig, etwas gewürzt, merkliche Säure bei hohem Zuckergehalt.

Königin Sophienapfel (Abbildung Seite 267)

Doppelname: Reine Sophie

Sehr guter Tafel- und auch Wirtschaftsapfel. Genussreife ab Dezember. Haltbarkeit bis April. Mittelgroßer, eiförmiger, fast gleichmäßig gebauter Apfel. Fruchtschale meist glatt, manchmal stellenweise aufgeraut durch Anflüge von Rost. Schalenfarbe gelblichgrün, später grünlichgelb bis gelb. Sonnenseite manchmal leicht gerötet. Schalenpunkte ziemlich dick, braun. Geruch sehr schwach. Fruchtfleisch gelblichweiß, fein, saftig, etwas renettenartig gewürzt, vorherrschende Säure bei hohem Zuckergehalt.

Königin Sophienapfel

Königlicher Edelapfel

Doppelname: Französischer Königlicher Edelapfel

Sehr guter Wirtschaftsapfel, noch brauchbarer Tafelapfel. Verarbeitung ab Februar. Haltbarkeit bis Juli. Großer, flachrunder, etwas ungleichmäßig gebauter Apfel. Rippen kräftig und breit über die Frucht laufend. Querschnitt nicht ganz rund. Fruchtschale glatt, etwas fettig, grünlich, später grünlichgelb bis hellgelb. Sonnenseite zuweilen leicht gerötet. Schalenpunkte kaum bemerkbar. Geruch sehr schwach. Fruchtfleisch grünlichgelb, ziemlich fein, saftreich, wenig Würze. Vorherrschende scharfe Säure bei geringem Zuckergehalt.

Königlicher Kurzstiel

Königlicher Kurzstiel

Eine mehrere hundert Jahre alte Sorte, die wahrscheinlich aus Holland stammt.

Doppelnamen: Belgischer Kurzstiel; Belle de Senart; Court Pendu; Court Pendu Dur; Court Pendu Musqué; Court Pendu Plat; Court Pendu Rouge Royal; Court Pendu Sanguin; Court Pendu Vermeil; Courte Queue; Käsapfel (Baden); Käske (Ostfriesland); Königlicher Roter Kurzstiel; Kurzstiel; Pomme de Berlin; Pomme de Garnon; Princesse Noble Zoete; Reinette de Hongrie; Reinette de Portugal; Reinette des Beiges; Ringapfel (Baden); Russian; Wise Apple; Wollaton Pippin

Frucht: Ausgezeichneter Tafel- und sehr guter Wirtschaftsapfel. Baumreife ab Ende Oktober. Genussreife ab Dezember. Haltbarkeit bis April. Mittelgroßer, flachrunder, gleichmäßig gebauter Apfel. Fruchtschale rau, mattglänzend. Schalenfarbe zuerst ein düsteres Grün, später tief gelb. Sonnenseite kräftig gerötet und gestreift. In der Rötung große, hellbraune Schalenpunkte. Manchmal Anflüge von Rost. Geruch sehr schwach. Die Frucht neigt auf dem Lager zum Welken und braucht deshalb einen sehr luftfeuchten Keller. Fruchtfleisch gelblich, sortentypisch gewürzt. Angenehme Säure bei hohem Zuckergehalt, nicht sehr saftreich.
Baum: Der Baum wächst schwach. Krone klein, aufrecht. Die Triebe verzweigen sich weitgehend von selbst und brauchen nur wenig Unterstützung durch Schnittmaßnahmen. Blüte sehr spät, deshalb für Frostlagen geeignet. Anforderung an den Boden gering. Zur vollen Ausreife der Früchte wird aber eine warme Lage benötigt. Der Ertrag setzt früh ein, ist hoch, aber nicht ganz regelmäßig.

Königlicher Roter Kurzstiel *siehe* Königlicher Kurzstiel

Königlicher Russet

Doppelnamen: Reinette Grise Royale; Royal Russet

Sehr guter Tafel- und Wirtschaftsapfel. Genussreife ab Ende Dezember. Haltbarkeit bis Mai. Mittelgroßer, abgestumpft eiförmiger, meist nicht ganz gleichmäßig gebauter Apfel. Fruchtschale meist fein rau durch unterschiedlich starken, schuppigen Rost, der den größten Teil der Frucht überzieht. Schalenfarbe grünlich, später grünlichgelb bis gelb. Sonnenseite unterschiedlich stark bräunlichrot. Schalenpunkte wenig deutlich. Geruch schwach. Die Frucht welkt etwas auf dem Lager. Fruchtfleisch grünlichgelb, fein, ziemlich saftig, angenehm und kräftig gewürzt. Merkliche aber nicht vorherrschende Säure bei hohem Zuckergehalt.

Königlicher Streifling

Doppelname: Saint Bauzan

Sehr guter Wirtschaftsapfel. Verwertung ab Januar. Haltbarkeit bis Juli. Mittelgroßer, flachrunder, gleichmäßig gebauter Apfel. Falten deutlich über die halbe Frucht laufend. Fruchtschale glatt, etwas fettig, grün, später grünlichgelb. Sonnenseite zart gerötet und nicht sehr kräftig gestreift. Schalenpunkte sehr fein. Geruch merklich. Fruchtfleisch weiß, fein, saftig, wenig gewürzt. Angenehme Säure bei sehr geringem Zuckergehalt.

Königsapfel *siehe* Englischer Königsapfel
Harberts Renette
Kunzes Königsapfel
Mecklenburger Königsapfel
Warners Königsapfel

Königsapfel von Jersey

Doppelname: Pomme Royale de Jersey

Königsapfel von Jersey

Guter Tafel-, sehr guter Wirtschaftsapfel. Genussreife ab Anfang November. Haltbarkeit bis Januar. Mittelgroßer, flachrunder, ungleichmäßig gebauter Apfel. Rippen flach über die ganze Frucht laufend. Querschnitt flachkantig. Die Schale ist meist glatt, etwas glänzend, hellgelb, später lebhaft gelb. Schalenpunkte sind fein und braun. Fast immer Rostfiguren. Geruch schwach. Fruchtfleisch gelblichweiß, fein, ziemlich saftig, etwas gewürzt. Zuerst ausgewogenes Säure-Zucker-Verhältnis, später überwiegend süß.

Königs Fleiner

Königs Fleiner

Doppelname: Fleiner du Roi

Guter Tafel-, sehr guter Wirtschaftsapfel. Genussreife ab Oktober. Haltbarkeit bis Dezember. Großer, kegelwalzenförmiger, ziemlich gleichmäßig gebauter Apfel. Querschnitt nicht ganz rund. Fruchtschale glatt, etwas fettig und glänzend, hellgrün, später grünlichgelb. Sonnenseite unterschiedlich stark gerötet. Schalenpunkte mittelbraun bis hellgraubraun, etwas emporgewölbt. Geruch schwach. Fruchtfleisch gelblichweiß bis weiß, fein, saftig, wenig gewürzt. Etwas Säure bei hohem Zuckergehalt.

Königs Renette *siehe* Winter-Zitronenrenette
Konstantinopelapfel *siehe* Weißer Astrachan
Kontorapfel *siehe* Geflammter Kardinal
Korallenapfel *siehe* Kaiser Alexander
Korbiniansapfel *siehe* Beschreibung Seite 10
Körchower Grand Richard *siehe* Gelber Richard

Korei

Die Sorte entstand in Japan aus 'Golden Delicious' x 'Indo'. Obwohl die Kreuzung 1935 erfolgte, wurde sie erst um 1960 bekannt.

Mittelgroßer bis großer Apfel, vor allem um die Kelchgrube starke Rippen. Fruchtschale gelb, manchmal bräunlichrot. Rostpunkte auf der ganzen Frucht. Fruchtfleisch mittelfest, leicht cremefarben. Geschmack sehr süß mit wenig Säure. Winterapfel.

Kornapfel *siehe* Roter Astrachan
Köstlicher *siehe* Der Köstlichste

Köstlicher aus Böhmen

Die Sorte stammt aus Böhmen und gilt als außerordentlich edle Tafelfrucht. Der Apfel ist mittelgroß, wachsgelb, sonnenseits intensiv gerötet und von gutem Geruch. Fruchtfleisch weiß, fein, mürbe, mäßig saftig, alantartig gewürzt bei ausgewogenem Säure-Zucker-Verhältnis. Genussreife ab Oktober. Haltbarkeit bis Dezember. Der Baum wächst kräftig, ist früh- und reichtragend.

Köstliche Renette von Newton

Doppelnamen: Green Newton Pippin; Newton Pippin

Sehr guter Tafel- und Wirtschaftsapfel. Genussreife ab Januar. Haltbarkeit bis April. Großer, abgestumpft rundlicher, nicht ganz gleichmäßig gebauter Apfel. Falten flach über die Frucht laufend. Querschnitt nicht ganz rund. Fruchtschale glatt, etwas fettig, matt glänzend, grün, später grünlichgelb bis gelb. Sonnenseite etwas gerötet und gestreift. Schalenpunkte fein, braun. Geruch merklich. Fruchtfleisch gelblichweiß, fein, saftig, angenehm gewürzt. Ausgewogenes Zucker-Säure-Verhältnis.

Köstlicher von Kew (Abbildung Seite 271)

Doppelname: Admirable de Kew

Sehr guter Tafel- und Wirtschaftsapfel. Genussreife ab Anfang Januar. Haltbarkeit bis April. Kleiner bis mittelgroßer, abgestumpft rundlicher, gleichmäßig gebauter Apfel. Fruchtschale glatt, etwas fettig, grünlichgelb, später lebhaft gelb. Schalenpunkte sind fein, bräunlich. Welkt auf dem Lager nur wenig. Kein Geruch. Das Fruchtfleisch ist gelblichweiß, fein, zart, saftig, edel gewürzt. Etwas vorherrschende Säure bei hohem Zuckergehalt.

Köstlicher von Kew

Köstlicher von Kew *siehe* Goldapfel von Kew
Köstlicher von Zallinger *siehe* Der Köstlichste
Koulmännekes *siehe* Roter Bellefleur

Koulon Kitaika (Frostharte russische Züchtung, keine Sortenbeschreibung)

Kräuter *siehe* Josephine Kräuter

Kräuterrenette

Doppelname: Reinette Aromatisee Allemande

Sehr guter Tafel- und Wirtschaftsapfel. Genussreife ab Ende Dezember. Haltbarkeit bis Juni. Kleiner bis mittelgroßer, abgestumpft eiförmiger bis rundlicher, oft etwas ungleichmäßig gebauter Apfel. Fruchtschale glatt, hellgrün, später grünlichgelb bis hellgelb. Sonnenseite meist schwach gerötet und etwas gestreift. Schalenpunkte zahlreich, fein, bräunlich. Geruch schwach. Fruchtfleisch gelblichweiß bis grünlichgelb, etwas renettenartig gewürzt. Vorherrschende kräftige Säure bei hohem Zuckergehalt.

Krieger *siehe* Roter Eiserapfel
Kronenapfel *siehe* Multhaupts Kronenapfel
Roter Kronenapfel
Zimtartiger Kronenapfel
Kronenbaum *siehe* Roter Bellefleur
Kronenrenette *siehe* Ungarische Kronenrenette

Kronprinzessinapfel

Guter Tafel-, sehr guter Wirtschaftsapfel. Genussreife ab Dezember. Haltbarkeit bis April. Mittelgroßer bis großer, flachrunder, etwas ungleichmäßig gebauter Apfel. Fruchtschale glatt, etwas fettig, grünlichgelb bis hellgelb. Sonnenseite kräftig, Schattenseite weniger stark gerötet und etwas gestreift. Schalenpunkte zahlreich, fein, in der Rötung hellgelb. Geruch deutlich. Fruchtfleisch weiß mit grünen Gefäßbündeln, fein, zuerst fest, später locker, saftreich, wenig gewürzt. Etwas vorherrschende milde Säure bei ausgeglichenem Zuckergehalt. Später hoher Zuckergehalt.

Kronprinz Rudolf

Kronprinz Rudolf

Frucht: Sehr guter Tafel- und Wirtschaftsapfel. Genussreife ist ab Dezember. Haltbarkeit bis März. Kleiner bis mittelgroßer, abgestumpft rundlicher bis flachrunder, gleichmäßig gebauter Apfel. Fruchtschale glatt, etwas fettig, hellgrün, später grünlichgelb bis gelb. Sonnenseite unterschiedlich stark gerötet. Schalenpunkte sehr fein. Geruch merklich. Fruchtfleisch gelblichweiß, fein, rosenapfelartig gewürzt. Feine Säure bei hohem Zuckergehalt.
Baum: Kräftiger Wuchs, mittelgroße Krone. Aufrecht wachsende Triebe. Für Nieder-, Halb- und Hochstamm. Der Baum wünscht nahrhafte, ausreichend feuchte Böden. Ansprüche an Standort und Klima gering. Noch für raue Lagen geeignet. Blüte früh, etwas spätfrostgefährdet. Guter Pollenspender. Ertragsbeginn mittelfrüh, alternierend. Schorfanfällig.

Krügers Dickstiel

Krügers Dickstiel

Doppelnamen: Feldkirchner Renette; Sulzbacher Liebling; Waltmann Renette

Frucht: Guter Tafel-, sehr guter Wirtschaftsapfel. Baumreife ab Anfang Oktober. Genussreife ab Dezember. Haltbarkeit bis Januar. Mittelgroße, rundliche Frucht. Fruchtschale grüngelb bis silbergrau, marmoriert. Sonnenseite gestreift. Fruchtfleisch weiß, locker, angenehmes Aroma, erfrischende Säure.
Baum: Wuchs schwach. Typische Fruchtbogen. Geeignet für Halb- und Hochstamm. Die Sorte stellt an Boden und Lage keine Ansprüche. Auch für leichtere Böden und frostgefährdete Lagen geeignet. Späte, unempfindliche Blüte. Schlechter Pollenspender. Ertrag spät einsetzend, dann hoch und regelmäßig.

Krügers Goldrenette *siehe* Krügers Dickstiel
Krumme Lore *siehe* Schwaikheimer Rambur
Krummstengel *siehe* Pommerscher Krummstiel
Krummstiel *siehe* Pommerscher Krummstiel
Rheinischer Krummstiel
Küchenapfel *siehe* Keswicker Küchenapfel
Manks Küchenapfel
Thyrrestrups Küchenapfel

Kugelapfel

Doppelname: Pomme Boule

Sehr guter Wirtschaftsapfel. Verwertung ab Dezember. Haltbarkeit bis Juni. Mittelgroßer, abgestumpft rundlicher, gleichmäßig gebauter Apfel. Falten flach über die Frucht laufend. Querschnitt nicht ganz rund. Fruchtschale glatt, etwas fettig, grün, später hellgrün bis grünlichgelb. Sonnenseite oft bräunlichrot gefärbt. Schalenpunkte fein, braun. Auf der Kelchwölbung zuweilen leichte Anflüge und Figuren von Rost. Geruch merklich. Fruchtfleisch grünlichweiß, halbfein, saftig, nicht gewürzt. Vorherrschende milde Säure, etwas süß.

Kuhländer Gulderling

Kuhländer Gulderling

Die Sorte stammt aus der Tschechoslowakei und ist seit etwa 1820 bekannt.
Doppelnamen: Mährisch-Walachischer Gulderling; Jadernicky; Rosmarinapfel

Frucht: Guter Tafel-, sehr guter Wirtschaftsapfel. Baumreife ab Mitte Oktober. Genussreife ab Dezember. Haltbarkeit bis April. Spitzkegelförmiger, meist sehr regelmäßig gebauter, mittelgroßer Apfel. Fruchtschale glatt, glänzend, etwas fettig, grünlichgelb, später intensiv gelb. Sonnenseite leicht gerötet. Manchmal Rostbildung. Fruchtfleisch weiß, fest, saftig, schwach gewürzt. Milde Säure bei ausreichendem Zuckergehalt, Geruch schwach.
Baum: Schwacher bis mittelstarker Wuchs, dennoch im Alter eine große Krone bildend. Fruchtholz kurz und schwach. Mehrmalige Erziehungsschnitte notwendig. Erziehung vorwiegend als Hoch- und Halbstamm. Für kräftigen, tiefgründigen, frischen und nährstoffreichen Boden. Gedeiht noch in Höhenlagen bis 500 m. Blüte mittelfrüh, verträgt keine Nässe, wenig frostempfindlich. Fruchtbarkeit mittelfrüh einsetzend, etwas schwankend. In feuchten Lagen etwas schorfanfällig.

Kunzes Königsapfel

Doppelnamen: Königsapfel; Pigeon de Kunze

Sehr guter Tafel- und Wirtschaftsapfel. Genussreife ab Ende November. Haltbarkeit bis Anfang April. Kleiner bis mittelgroßer, lang eiförmiger, ziemlich gleichmäßig gebauter Apfel. Rippen unbedeutend und flach bis zur Fruchtmitte laufend. Fruchtschale glatt, etwas fettig und glänzend, hellgrün bis gelblichgrün, später hellgelb. Sonnenseite leicht gerötet und intensiv gestreift. Schalenpunkte fein, bräunlich. Geruch schwach. Fruchtfleisch weiß, zart, saftig, schwach aber sehr angenehm gewürzt. Vorherrschende kräftige Säure bei ausreichendem Zuckergehalt.

Kurzstiel *siehe* Brühler Kurzstiel
Englischer Kurzstiel
Grauer Kurzstiel
Königlicher Kurzstiel

Kursky Renette (keine Sortenbeschreibung)

Kurzstiel *siehe* Ostpreußischer Herbstkurzstiel
Ostpreußischer Winterkurzstiel
Schwarzer Kurzstiel

Küsterapfel

Frucht mittelgroß. Zur Reifezeit weißlichgelb. Sonnenseite zart gestreift. Fruchtfleisch mürbe, saftig, von angenehmem, etwas weinartigem Zuckergeschmack. Sehr guter Tafel- und Wirtschaftsapfel.

L

L'Abondante *siehe* Haccourter Gulderling

Ladecoper Glockenapfel

Eine Lokalsorte aus dem Alten Land.

Die Frucht entspricht dem Glockenapfel. Der Baum ist gesund, trägt früh, reich und meist regelmäßig. Die Sorte ist für leichte, sandige Böden geeignet.

Ladies Sweet

Doppelnamen: Douce des Dames; Süßer Frauenapfel

Sehr guter Tafel- und Wirtschaftsapfel. Genussreife ist ab Dezember. Haltbarkeit bis in den März. Großer, abgestumpft rundlich-eiförmiger, meist ungleichmäßig gebauter Apfel. Rippen breit,flach und unregelmäßig über die Frucht laufend. Querschnitt nicht ganz rund. Fruchtschale glatt, etwas fettig, grünlichgelb, später zitronengelb. Sonnenseite zuweilen leicht gerötet.

Schalenpunkte fein, bräunlich. Geruch schwach. Fruchtfleisch gelblichweiß, fein, saftig, nicht stark aber deutlich gewürzt. Milde Säure bei ausgeglichenem Zuckergehalt.

Lady Apple *siehe* Kleiner Api
Lady de Grey *siehe* Kentischer Korbfüller

Lady Henniker

Lady Henniker

Die Sorte wurde um 1840 in England aus Samen gezogen.

Sehr guter Wirtschaftsapfel. Verarbeitung ab November. Haltbarkeit nur bis zum Dezember. Großer bis sehr großer, abgestumpft rundlich-eiförmiger, nicht ganz gleichmäßig gebauter Apfel. Rippen stark und breit über die Frucht laufend. Querschnitt etwas kantig. Fruchtschale glatt, grünlichgelb, später gelb. Sonnenseite leicht gerötet. Zur Reifezeit ist die ganze Frucht

Lady Hollendale (Keine Sortenbeschreibung)

gestreift. Schalenpunkte sehr fein, braun. Geruch sehr schwach. Fruchtfleisch grünlichgelb, etwas grob, ausreichend saftig, wenig gewürzt. Vorherrschende, nicht sehr scharfe Säure bei geringem Zuckergehalt.

Lady Sandwick

Sehr guter Tafel- und Wirtschaftsapfel. Genussreife ab Januar. Haltbarkeit bis Mai. Mittelgroßer, abgestumpft rundlicher, nicht ganz gleichmäßig gebauter Apfel. Fruchtschale glatt, etwas fettig, grün, später grünlichgelb bis hellgelb. Sonnenseite etwas gerötet und intensiver gestreift. Schalenpunkte zahlreich, sehr fein, bräunlich. Manchmal leichte Anflüge von Rost. Kein Geruch. Fruchtfleisch gelblichweiß, fein, saftig, gewürzt. Etwas vorherrschende Säure bei ausgewogenem Zuckergehalt.

Lady Suffield *siehe* Lord Suffield
Lady Sutherland *siehe* Lord Suffield
Lady Washington *siehe* Gelber Bellefleur

Lallinger Rambur (Niederbayerische Lokalsorte, keine Sortenbeschreibung)

Lambert *siehe* Rote Sternrenette
Lambrechts *siehe* Schöner von Boskoop

Lammwirtsapfel

Mostapfel. Die Frucht ist mittelgroß, breitgebaut. Die Fruchtschale ist weißgelb, kräftig gerötet. Fruchtfleisch weiß, saftig, mit vorherrschender Säure. Reifezeit Oktober. Haltbarkeit bis März. Der Baum wächst sehr stark und bildet eine ausladende Krone. Ertrag jedes zweite Jahr hoch.

Lanaer Böhmer

Eine Lokalsorte in Südtirol

Sehr guter Tafel- und Wirtschaftsapfel. Genussreife ab Ende Oktober. Haltbarkeit bis Januar und noch länger. Mittelgroßer, abgestumpft-rundlicher bis flachrunder, gleichmäßig gebauter

Apfel. Fruchtschale glatt, etwas fettig, grünlichgelb, später hellgelb, manchmal auch wachsartig weiß. Sonnenseite leuchtend gerötet und etwas gestreift. Schalenpunkte fein, bräunlich, in der Rötung hell erscheinend. Geruch deutlich. Fruchtfleisch gelblichweiß, fein, saftig, rosenapfelartig gewürzt. Feine Säure bei hohem Zuckergehalt.

Lanarck

Die Sorte entstand in Lanarck-Illinois/USA.

Sehr guter Tafel- und Wirtschaftsapfel. Genussreife ab Dezember. Haltbarkeit bis April. Frucht mittelgroß, ähnlich der Champagnerrenette. Der Baum trägt sehr reich. Wuchs kräftig und gesund. Ertrag früh einsetzend.

Landapfel *siehe* Schicks Rheinischer Landapfel

Landlerapfel

Die Sorte ist seit fast 200 Jahren bekannt.

Frucht mittelgroß bis groß. Schalenfarbe grün, später gelb. Sonnenseite verwaschen rot mit zahlreichen braunen Schalenpunkten. Fruchtfleisch anfangs saftig, später etwas trocken. Geschmack süß, gewürzt. Die Frucht welkt nicht auf dem Lager. Genussreife ab Oktober. Haltbarkeit bis März. Der Baum ist widerstandsfähig gegen Schädlinge und frosthart. Ertrag hoch.

Landsberger Renette

Landsberger Renette

Die Sorte entstand Mitte des letzten Jahrhunderts in Landsberg an der Warthe.

Frucht: Gute Tafel-, sehr gute Wirtschaftsfrucht. Pflückreife ab Mitte Oktober. Genussreife ab Ende Oktober. Haltbarkeit bis Februar. Unterschiedlich große, meist mittelgroße Früchte. Abgestumpft rundlich, ziemlich gleichmäßig gebaut. Fruchtschale glatt, mäßig fett. Auf dem Lager verstärkt sich die Fettschicht und kann auch klebrig werden. Schalenfarbe hellgrün, später hellgelb. Sonnenseite meist leicht gerötet. Schalenpunkte zahlreich, sehr fein, bräunlich, häufig mit hellem Hof. Geruch schwach. Fruchtfleisch gelblichweiß, locker bis mittel-

fest. Säuerlich-süß mit feinem, zarten Aroma. Die Sorte ist kaum anfällig für Stippe, jedoch etwas schorfgefährdet. Die Früchte hängen sehr windfest. Meist wird zu früh geerntet. Bei späterer Oktoberernte gewinnen die Früchte an Zucker und Größe. Die Ernte muss vorsichtig erfolgen, da die Früchte druckempfindlich sind.
Baum: Die widerstandsfähige Sorte ist breit anbaufähig. Bevorzugt wird sie für Höhenlagen und für Windlagen verwendet, da hier kaum Schorf auftritt. Keine besonderen Bodenansprüche. Der Anbau der früher weitverbreiteten Apfelsorte bleibt heute auf Gärten und vor allem Obstwiesen beschränkt. Die Früchte eignen sich sehr gut zur häuslichen Süßmost- und Apfelweinbereitung. Guter Pollenspender. Sehr blühwillige Sorte mit langanhaltender und unempfindlicher Blüte. Für alle Erziehungsformen geeignet. Der Wuchs des Baumes ist stark bis mittelstark. Krone breitkugelig. Der Ertrag setzt mittelfrüh ein und ist in jedem zweiten Jahr hoch.

Lanes Prinz Albert

Lanes Prinz Albert

Die Sorte wurde 1857 in England in den Handel gebracht.
Doppelname: Prinz Albert

Frucht: Sehr guter Tafel- und Wirtschaftsapfel. Baumreife ab Mitte Oktober. Genussreife ab Dezember. Haltbarkeit bis März. Großer bis sehr großer, rundlicher bis flachkugeliger Apfel. Fruchtschale fest, glatt, grün, später weißlichgelb. Zur Reifezeit etwas gerötet und kurz gestreift. Fruchtfleisch weiß bis grünlichgelb, saftig, schwach gewürzt, mit angenehmer Säure.
Baum: Wuchs zuerst mittelstark, später schwach. Krone breitkugelig. Nur für Niederstammformen empfehlenswert. Für gute, nährstoffreiche und ausreichend feuchte Böden. Bei windgeschützter Lage noch in größeren Höhen anbaufähig. Blüte mittelfrüh, widerstandsfähig gegen Witterungseinflüsse. Guter Pollenspender. Der Ertrag setzt früh ein, ist hoch und regelmäßig. Die Sorte ist widerstandsfähig gegen Schorf und etwas anfällig für Mehltau.

Langapfel *siehe* Prinzenapfel

Langelandsapfel

Sehr guter Tafel- und Wirtschaftsapfel. Genussreife ab Ende Oktober. Haltbarkeit bis Januar.

Großer, abgestumpft eiwalzenförmiger, ziemlich gleichmäßig gebauter Apfel. Rippen flach über die Frucht verlaufend. Querschnitt nicht ganz rund. Fruchtschale glatt, etwas fettig, grünlichgelb, später hellgelb. Sonnenseite schwach gerötet und deutlich gestreift. Schalenpunkte sehr fein, braun. Geruch deutlich. Fruchtfleisch gelblichweiß, ziemlich fein, etwas locker, saftig, angenehm gewürzt. Etwas vorherrschende Säure bei hohem Zuckergehalt.

Langer Grüner Gulderling

Langer Grüner Gulderling

Die Sorte war früher in Bauerngärten weit verbreitet.
Doppelnamen: Fäßlesapfel; Grönartiger Gulderling; Gulderling Long Vert; Lauchsenapfel; Weinapfel

Frucht: Sehr guter Wirtschaftsapfel. Für die Tafel kaum brauchbar. Verarbeitung ab Januar. Haltbarkeit bis Juni. Großer, abgestumpft walzenförmiger, gleichmäßig gebauter Apfel. Rippen flach über die Frucht laufend. Querschnitt ziemlich rund. Fruchtschale glatt, etwas fettig, grün, später gelblichgrün bis fast gelb. Sonnenseite manchmal etwas gestreift. Schalenpunkte sind fein. Geruch ist schwach. Fruchtfleisch hellgelblich bis grünlichgelb, fein, saftig, schwach gewürzt. Vorherrschende Säure bei anfangs geringem, später höherem Zuckergehalt.
Baum: Wuchs anfangs stark, später mittelstark. Krone rund, später breiter werdend. Rückschnitt nur in den ersten Jahren erforderlich. Erziehung nur als Halb- und Hochstamm. Sehr gut für Obstwiesen geeignet. Ansprüche an Boden und Lage sehr gering. Noch für Höhenlagen und für Frostlagen in der Ebene geeignet. Blüte mittelfrüh bis spät, wenig empfindlich. Der Ertrag setzt erst spät ein, ist dann befriedigend hoch und alle zwei Jahre regelmäßig. Die Sorte ist ungewöhnlich widerstandsfähig gegen Krankheiten und Schädlinge.

Langer Himbeerapfel

Sehr guter Tafel- und auch Wirtschaftsapfel. Genussreife ab November. Haltbarkeit bis Januar. Mittelgroßer bis großer, abgestumpft eiförmiger, ungleichmäßig gebauter Apfel. Rippen flach über die Frucht laufend. Querschnitt flachkantig. Fruchtschale glatt, etwas fettig, grün, später grünlichgelb bis gelb. Sonnenseite unterschiedlich stark gerötet und deutlich gestreift. Geruch schwach. Fruchtfleisch gelblichweiß, ziemlich fein, etwas locker, mürbe, mäßig saftig. Etwas himbeerartig gewürzt. Ausgewogenes Zucker-Säure-Verhältnis.

Langes Goldpepping

Ausgezeichneter Tafel-, sehr guter Wirtschaftsapfel. Genussreife ab Dezember. Haltbarkeit bis April. Sehr kleiner, abgestumpft eikegelförmiger, meist gleichmäßig gebauter Apfel. Fruchtschale glatt, gelb, später lebhaft gelb. Sonnenseite manchmal leicht gerötet. Die Schalenpunkte sind zahlreich, fein, bräunlich, auf der Sonnenseite manchmal mit rotem Hof. Häufig leichte Berostung. Bei ausreichend später Ernte welkt der Apfel auf dem Lager nicht. Geruch schwach. Fruchtfleisch gelblichweiß, fein, saftig, edel gewürzt. Etwas vorherrschende Säure bei hohem Zuckergehalt.

Langstiel *siehe* Kleiner Langstiel

Langsüßer

Eine Lokalsorte aus Pommern.
Doppelnamen: Pommerscher Langsüßer; Süßer Prinzenapfel

Sehr guter Tafel- und Wirtschaftsapfel. Baum- und Genussreife ab September. Haltbarkeit bis November. Großer bis sehr großer, sehr schön geformter und gefärbter Apfel. Ertrag je nach Lage früh bis spät einsetzend, hoch und alle zwei Jahre regelmäßig. Ansprüche an den Boden mittelhoch, wenn ausreichende Feuchtigkeit gewährleistet ist. Anbau möglichst in warmen Lagen.

Langtons Sondergleichen

Langtons Sondergleichen

Doppelnamen: Nonpareille de Langton; Nonsuch

Guter Tafel-, sehr guter Wirtschaftsapfel. Genussreife ab Oktober. Haltbarkeit bis November. Mittelgroßer bis großer, flachrunder bis stark abgestumpft rundlicher, gleichmäßig gebauter Apfel. Fruchtschale glatt, grünlichgelb, später hellgelb. Zur Reifezeit gerötet und intensiv gestreift. Schalenpunkte fein, bräunlich. Kein Geruch. Fruchtfleisch gelblichweiß, manchmal unter der Schale etwas gerötet. Ziemlich fein, saftig, wenig gewürzt. Vorherrschende kräftige aber angenehme Säure bei unterschiedlichem, meist geringem Zuckergehalt.

Laternenapfel

Doppelnamen: Fleur en Cloche; Pomme Lanterne

Guter Tafel-, sehr guter Wirtschaftsapfel. Genussreife ab Ende November. Haltbarkeit bis Februar. Großer, abgestumpft kegelförmiger, meist ziemlich gleichmäßig gebauter Apfel. Fruchtschale glatt, etwas fettig, glänzend, hellgrün, später grünlichgelb. Sonnenseite häufig gerötet. Schalenpunkte fein, braun. Geruch deutlich. Fruchtfleisch gelblichgrün, ziemlich fein, kaum gewürzt. Vorherrschende jedoch nicht scharfe Säure bei ausreichendem Zuckergehalt.

Lauchsenapfel *siehe* Langer Grüner Gulderling

Laufener Kalvill (Niederbayerische Lokalsorte, keine Sortenbeschreibung)

Laurenziapfel *siehe* Danziger Kantapfel

Lausitzer Nelkenapfel

Lokalsorte aus Ostdeutschland

Sehr guter Tafel- und Gebrauchsapfel. Frucht mittelgroß, flachrund, mit leichten Rippen.Die Fruchtschale ist sehr dünn, deshalb im Lager leicht welkend. Schalenfarbe zur Reifezeit rot gestreift und geflammt. Fruchtfleisch fest, süß, mit feiner Säure, würzig. Genussreife ist ab Dezember. Haltbarkeit ab Februar. Erziehung ausschließlich als Halb- und Hochstamm.

Lavanttaler Bananenapfel *siehe* Mutterapfel
Lavendelpepping *siehe* Gelber Lavendelpepping

Lawfam

Eine kanadische Züchtung aus 'Lawfer' x 'Fameuse'. Sie wurde bei uns um 1950 bekannt.

Die Frucht ist groß, leicht gerippt. Fruchtschale hellgrün, zur Reifezeit dunkelblaurot gestreift und geflammt. Fruchtfleisch fest, weiß, süß und aromatisch. Fruchtstiel etwas brüchig. Winterapfel.

Lawver

Sehr guter Tafel- und Wirtschaftsapfel. Genussreife ab Ende Januar. Haltbarkeit reicht bis in den Mai. Kleiner bis mittelgroßer, abgestumpft rundlicher bis flachrunder, fast gleichmäßig gebauter Apfel. Fruchtschale glatt, mattglänzend, grün, später grünlichgelb bis gelb. Sonnenseite trüb gerötet. Zur Reifezeit ringsum intensiv gestreift. Schalenpunkte zahlreich, mitteldick, oft eckig, braun. Kein Geruch. Fruchtfleisch ist gelblich bis gelblichgrün, manchmal mit rötlichem Anflug. Fein, fest, saftig, renettenartig gewürzt. Etwas vorherrschende Säure bei ausreichend hohem Zuckergehalt.

Laxtons Epicure

Eine englische Züchtung aus 'Cox Orangenrenette' x 'Wealthy'.
Die Sorte entstand 1909 und wurde bei uns um 1950 bekannt.

Mittelgroße, glatte Frucht. Fruchtschale grünlichgelb, zur Reifezeit dunkelbraunrot geflammt mit roten Streifen. Fruchtfleisch fest, saftig, aromatisch. Fruchtstiele abnorm lang. Frühapfel, Haltbarkeit gering. Ertrag regelmäßig und reich.

Laxtons Fortune

Eine englische Züchtung aus 'Cox' Orange Pippin' x 'Wealthy'. Die Sorte entstand 1904, wurde aber erst um 1960 bekannt.

Frucht: Sehr guter Tafel- und Wirtschaftsapfel. Frucht mittelgroß, plattrund, mit flacher Kelchgrube. Fruchtschale glatt, hellgelb, zur Reifezeit flächig rot mit hellen Schalenpunkten. Roststerne sind über die ganze Frucht verteilt. Fruchtfleisch cremeweiß, von süßem aromatischem Geschmack. Baumreife Ende August. Haltbarkeit bis Oktober.
Baum: Der Baum bildet eine große, gleichmäßig verzweigte Krone. Auslichtungsschnitte zur besseren Fruchtfärbung und gelegentlicher Verjüngungsschnitt empfehlenswert. Anbau auf guten Apfelböden in warmen Lagen. Etwas anfällig für Schorf, Mehltau, Krebs und Rotpustelkrankheit. Hohe und regelmäßige Erträge können zu früher Vergreisung führen.

Laxtons Superb

Laxtons Superb (Abbildung Seite 283)

Die Sorte entstand in England aus einer Kreuzung von 'Wyken Pepping' x 'Cox' Orangenrenette' und wurde 1918 in den Handel gebracht.

Frucht: Sehr gute Tafel- und Wirtschaftsfrucht. Baumreife ab Anfang Oktober. Genussreife ab Ende Oktober. Haltbarkeit bis März. Mittelgroßer, rundlicher bis flachrunder Apfel. Fruchtschale glatt, trocken. Schalenfarbe gelbgrün. Sonnenseite trüb orange bis bläulichrot gefärbt. Schalenpunkte sind hell. Fruchtfleisch grünlich bis gelblichweiß, saftig, angenehmes Aroma, süßsäuerlich.
Baum: Mittelstarker Wuchs. Krone ist breitpyramidal. Vorwiegend für Niederstammformen geeignet. Die Sorte ist anspruchsvoll. Sie verlangt nährstoffreiche, ausreichend feuchte, kräftige Böden und eine warme, geschützte Lage. Guter Pollenspender. Ertrag setzt mittelfrüh ein, unterschiedlich hoch und unregelmäßig. Die Sorte ist ziemlich anfällig für Krankheiten und Schädlinge. Sie verlangt einen hohen Pflegeaufwand.

Lebel *siehe* Jakob Lebel
Leckerbeetje *siehe* Der Leckerbissen
Leckerbissen *siehe* Der Leckerbissen
Lederapfel *siehe* Graue Französische Renette
Graue Herbstrenette
Kanadarenette
Parkers Pepping
Ribston Pepping
Tiroler Spitzlederer
Lederrenette *siehe* Graue Französische Renette
Graue Herbstrenette
Leger *siehe* Weißer Klarapfel
Weißer Transparentapfel
Lehmapfel *siehe* Schlesischer Lehmapfel
Leichter Maatapfel *siehe* Rheinische Schafsnase
Leipziger Renette *siehe* Edelborsdorfer

Leitheimer Streifling

Guter Tafel-, sehr guter Wirtschaftsapfel. Genussreife ist ab Dezember. Haltbarkeit bis April. Mittelgroßer, abgestumpft eiförmiger, oft etwas ungleichmäßig gebauter Apfel. Fruchtschale glatt, hellgrün, später grünlichgelb. Zur Reifezeit unterschiedlich stark gerötet und deutlich gestreift. Schalenpunkte sehr fein, oft nur in der Rötung durch den gelblichen Hof erkennbar. Geruch sehr schwach. Fruchtfleisch weiß, unter der Schale und an den Gefäßbündeln oft leicht gerötet, fein, wenig saftig, etwas gewürzt. Vorherrschende Säure bei ausreichendem Zuckergehalt.

Lellan *siehe* Mac Lellan

Lesans Kalvill

Doppelname: Calville Madame Lesans

Sehr guter Tafel-, brauchbarer Wirtschaftsapfel. Genussreife ist ab Dezember. Haltbarkeit bis März. Mittelgroßer, kugelförmiger, flachrippiger Apfel. Fruchtschale ist glatt, grüngelb, später

Lesans Kalvill

goldgelb. Schalenpunkte sind teils grün, teils hellbraun. Fruchtfleisch gelblichweiß, sehr fein, saftreich. Angenehme Würze und süßsäuerlicher Geschmack. Der Baum wächst kräftig und gesund. Der Ertrag setzt früh ein, ist reich und ziemlich regelmäßig. Widerstandsfähig gegen Schorf.

Lichthardts Apfel *siehe* Adersleber Kalvill
Liebesapfel *siehe* Danziger Kantapfel
Liebling *siehe* Heyders Liebling
Hicks Liebling
Idas Liebling
Krügers Dickstiel
Williams Liebling

Limonenrenette

Doppelnamen: Englische Rote Limonenrenette; Reinette Limon

Sehr guter Tafel- und Wirtschaftsapfel. Genussreife ab Dezember. Haltbarkeit bis Juni. Mittelgroßer, rundlicher, nicht ganz gleichmäßig gebauter Apfel. Fruchtschale glatt, grün, später grünlichgelb bis hellgelb. Sonnenseite meist nur leicht gerötet, jedoch deutlich gestreift. Schalenpunkte zahlreich, meist fein, bräunlich. Manchmal Anflüge von Rost. Kein Geruch. Fruchtfleisch grünlichgelb bis gelb, fein, saftig, etwas renettenartig gewürzt. Vorherrschende kräftige Säure bei geringerem Zuckergehalt.

Limoniapfel

Eine Lokalsorte in Tirol, Südtirol und Südostbayern.
Doppelnamen: Bergener Weinling; Brixener Tafelapfel; Limonienapfel; Rosmarinapfel; Sommerköniger

Frucht: Beliebter Tafel- und Wirtschaftsapfel. Baumreife ab Anfang Oktober. Genussreife ab Mitte Oktober. Haltbarkeit bis Januar. Kleiner bis mittelgroßer, abgestumpft eirunder, gleichmäßig gebauter Apfel. Fruchtschale glatt, grünlichgelb, später zitronengelb. Die Sonnenseite ist manchmal etwas gerötet. Schalenpunkte sind zahlreich, fein, braun. Manchmal Anflüge von

zimtfarbigem Rost und Rostwarzen. Kein Geruch. Fruchtfleisch gelblichweiß, ziemlich fein, ausreichend saftig. Wenig gewürzt, vorherrschende Säure bei geringerem Zuckergehalt.
Baum: Starker Wuchs, große, kugelige Krone. Erziehung als Hoch- und Halbstamm. Die Ansprüche an Boden und Klima sind sehr gering. Der Anbau ist noch in rauen Lagen bis 600 m möglich. Blüte mittelfrüh. Der Ertrag ist hoch und regelmäßig.

Lincoln Pippin *siehe* Gelber Bellefleur
Lincolnshire Pippin *siehe* Apfel von Hawthornden

Linda

Linda

Die Sorte entstand 1908 in Ottawa/Kanada.

Mittelgroßer bis großer, abgestumpft rundlicher Apfel. Fruchtschale hellgelb, später gerötet und gestreift. Fruchtfleisch weiß, fein, zart, säuerlich-süß und aromatisch. Reifezeit mittelfrüh.

Linnoeus Pepping *siehe* Gelber Bellefleur
Linnoeus Pippin *siehe* Gelber Bellefleur
Linsenhofener Renette *siehe* Linsenhofener Sämling

Linsenhofener Sämling (Abbildung Seite 287)

Ein Zufallssämling, der im Landkreis Esslingen/Baden-Württemberg gefunden wurde.
Doppelnamen: Linsenhofer Renette; Schöner von Beuren

Frucht: Sehr guter Mostapfel. Baumreife ab Mitte Oktober. Verwertung ab Ende Oktober. Haltbarkeit bis März. Kleiner bis mittelgroßer, flachgebauter Apfel. Fruchtschale grünlichgelb. Zur Reifezeit gerötet und gestreift. Schalenpunkte klein. Manchmal schwache, netzartige Berostung. Fruchtfleisch gelblichweiß, saftig, dicht. Wenig gewürzt, kräftige Säure bei geringerem Zuckergehalt.
Baum: Mittelstarker Wuchs. Anbau vorwiegend auf guten Böden und in warmen Lagen. Blüte weitgehend frosthart. Sehr widerstandsfähig gegen Schorf. Ertrag mittelhoch.

Linsenhofener Sämling

Lipaer Wildling

Guter Tafel-, sehr guter Wirtschaftsapfel. Genussreife ab Oktober. Haltbarkeit bis Dezember. Mittelgroßer, abgestumpft rundlich-kegelförmiger, meist ziemlich ungleichmäßig gebauter Apfel. Rippen flach über die halbe Frucht laufend. Querschnitt nicht ganz rund. Fruchtschale etwas fettig, gelblichgrün, später gelb. Sonnenseite kräftig gerötet. Zur Reifezeit ist die ganze Frucht gestreift. Schalenpunkte fein, bräunlich. Geruch ist schwach. Fruchtfleisch hellgelb, manchmal etwas rötlich, ziemlich fein, saftig, wenig gewürzt. Vorherrschende starke Säure bei geringerem Zuckergehalt.

Lippe *siehe* Fürst Lippe
Litauer Pepping *siehe* Glogierowka
Livesley's Imperial *siehe* Lord Suffield
Livländer Liebling *siehe* Virginischer Rosenapfel

Livländische Renette (Keine Sortenbeschreibung)

Livländer Sommerapfel *siehe* Weißer Astrachan
Livländischer Klarapfel *siehe* Weißer Klarapfel

Lobo

Lobo

Als Sämling der Sorte 'McIntosh' 1906 in Ottawa/Kanada selektiert und seit 1930 im Handel.

Frucht: Sehr guter Tafelapfel. Baumreife ab Anfang September. Genussreife ab Mitte September. Haltbarkeit bis November. Mittelgroßer, ovalrunder, druckempfindlicher Apfel. Fruchtschale grün bis grünlichgelb. Zur Reifezeit dunkelblaurot, leicht bewachst, mit zahlreichen Roststernen. Fruchtfleisch weiß, wenig Aroma, mild, süß.
Baum: Zuerst mittelstarker, später schwächerer Wuchs. Krone locker. Für Niederstammformen geeignet. Die Ansprüche an den Boden sind mittelhoch. Anbau in nahrhaften, ausreichend feuchten Apfelböden, vor allem in kühleren Klimabereichen. Guter Pollenspender. Ertrag früh einsetzend, hoch, ziemlich regelmäßig. Etwas anfällig für Schorf und Krebs.

Lodi

Lodi (Abbildung Seite 288)

Sommerapfel. Genussreife August. Haltbarkeit gering.

Mittelgroße bis große, hochgebaute Frucht. Fruchtschale weißlichgrün, zur Reifezeit leicht gerötet. Schalenpunkte zahlreich, grün, mit hellem Hof. Fruchtfleisch grünlichweiß, leicht und angenehm säuerlich, bald fade und mehlig werdend.

Logens

Logens

Sehr guter Tafel- und Wirtschaftsapfel. Genussreife ab Dezember. Haltbarkeit bis Februar. Großer, abgestumpft rundlicher, ziemlich gleichmäßig gebauter Apfel. Falten mitteltief, über die halbe Frucht laufend. Querschnitt nicht ganz rund. Fruchtschale glatt, grünlichgelb, später gelb. Sonnenseite leicht gerötet und gestreift. Schalenpunkte fein, hellbraun. Kein Geruch. Fruchtfleisch gelblichweiß, fein, ausreichend saftig, etwas renettenartig gewürzt. Vorherrschende angenehme Säure bei ausreichendem Zuckergehalt.

Lohmann *siehe* Stina Lohmann

Lohrer Rambur

Die Sorte ist in Württemberg stark verbreitet.
Doppelnamen: Klosterrambur; Krumme Lore; Schwaikheimer Rambur, Sternwirtsapfel
Es wird vermutet, dass die Sorte identisch sein könnte mit dem ungarischen 'Sikula-Apfel', auch 'Sikula-Alma' genannt.

Frucht: Guter Tafel- und Wirtschaftsapfel. Baumreife ab Ende Oktober. Genussreife ab Januar. Haltbarkeit bis Mai. Großer bis sehr großer, hochgebauter, ungleichmäßiger Apfel. Breite Kanten überziehen häufig die Frucht. Fruchtschale glatt, hellgrün, später gelb. Sonnenseite gerötet und gestreift. Schalenpunkte vereinzelt, braun. Geruch schwach. Fruchtfleisch gelblichweiß, sehr fest, saftig, wenig gewürzt. Schwache Säure bei ebenfalls nicht hohem Zuckergehalt. Geruch schwach.

Lohrer Rambur
(Das obere Bild wurde als 'Lohrer Rambur' gemalt, das untere als 'Sternwirtsapfel'. In Wirklichkeit handelt es sich um die gleiche Sorte.)

Baum: Wuchs anfangs stark, später schwächer. Krone breit, weit ausladend. Erziehung nur als Halb- und Hochstamm. Ansprüche an Boden und Klima gering, bis 600 m Höhe anbaufähig. Der Ertrag setzt mittelfrüh ein und ist sehr reich. Etwas Alternanz. Blüte mittelfrüh. Schlechter Pollenspender. Der Baum braucht nur wenig Pflegeaufwand. Er wächst gesund und robust.

Loisels Herzogin von Brabant

Doppelname: Reinette Duchesse de Brabant

Sehr guter Tafel- und Wirtschaftsapfel. Genussreife ab Anfang Januar. Haltbarkeit bis in den April.

Mittelgroßer, abgestumpft rundlich-eiförmiger, gleichmäßig gebauter Apfel. Querschnitt oft nicht ganz rund. Fruchtschale glatt, etwas fettig, grünlichgelb, später hellgelb. Sonnenseite häufig leicht gerötet. Schalenpunkte fein bis mitteldick, manchmal etwas eckig, hellbraun. Anflüge von Rost selten. Geruch sehr schwach. Fruchtfleisch gelblichweiß und fein, ziemlich saftig, renettenartig gewürzt. Ausgeglichenes Zucker-Säure-Verhältnis.

Lombarts Kalvill

Die Sorte entstand in den Niederlanden und wurde 1911 in den Handel gebracht.

Frucht: Ausgezeichneter Tafelapfel. Pflück- und Genussreife ab Anfang September. Haltbarkeit bis Februar. Mittelgroße Frucht. Fruchtschale gelbgrün, später gelb, fettig. Fruchtfleisch weich, süßsauer, mit hohem Vitamin-C-Gehalt.
Baum: Wuchs je nach Veredlungsunterlage schwach bis stark. Nur für Niederstämme geeignet. Anbau in warmen geschützten Lagen auf sehr guten Apfelböden. Blüte mittelfrüh bis spät. Guter Pollenspender. Ertrag unregelmäßig. Die Sorte ist krebs- und mehltauanfällig. Sie verlangt einen höheren Pflegeaufwand.

London Pepping

London Pepping

Eine sehr alte englische Sorte, die schon um 1600 bekannt war.
Doppelnamen: Bastardkalvill; Deutscher Kalvill; Englischer Kalvill; Five Crowned Pepping; Grüner Kalvill; London Pippin; Pomme des Londres; Werderscher Kalvill

Frucht: Sehr guter Tafel- und Wirtschaftsapfel. Genussreife ist ab Dezember. Haltbarkeit bis April. Mittelgroßer, deutlich gerippter Apfel. Querschnitt flachkantig. Fruchtschale glatt, fettig, hellgrün, später intensiv gelb. Sonnenseite häufig gerötet. Schalenpunkte fein, braun. Der Geruch ist schwach. Fruchtfleisch grünlichweiß, fein, saftreich, angenehme Würze. Wenig vorherrschende milde Säure bei ausgewogenem Zuckergehalt.
Baum: Langsam wachsend, jedoch kräftige Stämme bildend. Guter Kronenaufbau, der nicht viel Schnittarbeit benötigt. Ansprüche an Boden und Klima ziemlich hoch. Blüte früh und lang anhaltend, gegen Nässe und Frost unempfindlich. Die Sorte leidet häufig unter Schorf, Krebs und Mehltau.

Londres *siehe* London Pepping
Longvilles Kernapfel *siehe* Longvilles Sämling
Longvilles Kernel *siehe* Longvilles Sämling

Longvilles Sämling

Doppelnamen: Longvilles Kernapfel; Longvilles Kernel

Guter Tafel- und sehr guter Wirtschaftsapfel. Genussreife ab Mitte September. Haltbarkeit bis Oktober. Kleiner bis mittelgroßer, rundlich kegelförmiger, nicht ganz gleichmäßig gebauter Apfel. Rippen wenig ausgeprägt. Querschnitt meist rund. Fruchtschale glatt, grünlichgelb, später gelb. Sonnenseite leicht gerötet und intensiv gestreift. Schalenpunkte sehr fein, bräunlich. Schwacher Geruch. Fruchtfleisch gelblichweiß, fein, etwas locker, saftig, zitronatähnlich gewürzt. Vorherrschende Säure bei geringerem Zuckergehalt.

Lord Derby

Lord Derby

Guter Tafel-, sehr guter Wirtschaftsapfel. Genussreife ab September. Haltbarkeit bis Dezember. Großer bis sehr großer, plattrunder, ungleichmäßig geformter Apfel. Fruchtschale glatt, fettig, grüngelb, später hellgelb. Schalenpunkte gelb. Ausgeprägter Geruch. Fruchtfleisch gelblichweiß, locker, etwas grobfaserig. Nicht sehr ausgeprägtes Aroma, leicht hervortretende Säure. Der Baum wächst kräftig. Ertrag früh und regelmäßig.

Lord Grosvenor

Die Sorte entstand um 1900 in England.

Frucht: Guter Tafel-, sehr guter Wirtschaftsapfel. Genussreife ab August. Haltbarkeit bis September. Sehr großer, hochgebauter, ungleichhälftiger Apfel. Rippen breit und deutlich über die Frucht laufend. Querschnitt flachkantig. Fruchtschale fettig, glänzend, grünlichgelb, später hellgelb. Schalenpunkte sehr fein. Geruch schwach. Fruchtfleisch grünlichgelb, manchmal

Lord Grosvenor

fast weiß. Ziemlich fein, locker, saftreich, später mehlig werdend. Schwach kalvillartig gewürzt. Vorherrschende Säure bei geringerem Zuckergehalt.
Baum: Wuchs sehr kräftig. Erziehung vorwiegend als Buschbaum. Die Ansprüche an Standort und Boden sind gering. Blüte früh und lange anhaltend, unempfindlich gegen Frost und Nässe. Die großen Früchte neigen manchmal zur Stippigkeit.

Lord Kingston *siehe* Apfel von Hawthornden

Lord Lambourne

Die Sorte entstand 1907 in England aus einer Kreuzung von 'James Grieve' x 'Worcesterparmäne'.

Mittelgroßer, rundlicher bis flacher Apfel ohne Rippen. Fruchtschale grünlichgelb, später gerötet und gestreift. Fruchtfleisch cremefarben, fest, fein, süß und gewürzt. Reifezeit mittelspät bis spät.

Lord Suffield (Abbildung Seite 294)

Die Sorte entstand um 1875 in England.
Doppelnamen: Lady Suffield; Lady Sutherland; Livesleys Imperial

Frucht: Sehr guter Wirtschaftsapfel. Verwertung ab Anfang September. Haltbarkeit bis Oktober. Großer bis sehr großer, rundlich eiförmiger, nicht ganz gleichmäßig gebauter Apfel. Rippen flach aber deutlich über die Frucht laufend. Querschnitt nicht ganz rund. Fruchtschale fettig, hellgrün, später grünlichgelb. Sonnenseite manchmal wachsartig weiß. Schalenpunkte fein, hellbraun. Geruch sehr schwach. Fruchtfleisch weiß, halbfein bis grob, locker, saftig, keine Würze. Vorherrschende ziemlich kräftige Säure bei geringem Zuckergehalt.
Baum: In der Jugend kräftiger und aufrechter Wuchs. Ertrag früh einsetzend und sehr hoch. Erziehung vorwiegend als Buschbaum. Ansprüche an Boden und Klima gering. Blüte spät, unempfindlich. In trockenen Lagen leidet die Sorte unter Mehltau.

Lord Suffield

Lord Wolseley

Guter Tafelapfel. Sehr großer, ansprechender Apfel. Fruchtschale hellgelb mit grünlichem Schimmer. Fruchtfleisch weiß, um das Kernhaus grün. Saftreich, sehr erfrischend.

Lore *siehe* Schwaikheimer Rambur
Lorenzapfel *siehe* Danziger Kantapfel
Loskrieger *siehe* Champagnerrenette
Lothringer Grüne Renette *siehe* Lothringer Renette

Lothringer Rambur

Doppelname: Rambour d'Eté; Rambour Franc; Summer Rambo

Sehr guter Wirtschaftsapfel. Verarbeitung ab Ende September. Haltbarkeit nur bis November. Großer bis sehr großer, flachrunder, etwas ungleichmäßig gebauter Apfel. Rippen breit und unregelmäßig über die Frucht laufend. Querschnitt nicht ganz rund. Fruchtschale fein, etwas fettig, grünlichgelb. Zur Reifezeit intensiv gerötet und gestreift. Schalenpunkte fein, gelblichbraun. Geruch deutlich. Fruchtfleisch weiß, etwas grob, locker, saftig, wenig gewürzt. Vorherrschende milde Säure bei geringem Zuckergehalt.

Lothringer Rambur *siehe* Backapfel

Lothringer Renette

Doppelname: Lothringer Grüne Renette

Guter Tafel- und sehr guter Wirtschaftsapfel. Genussreife ab Dezember. Haltbarkeit bis April. Großer, abgestumpft rundlicher, ungleichmäßig gebauter Apfel. Rippen breit und unregelmäßig über die Frucht laufend. Querschnitt etwas kantig. Fruchtschale glatt, etwas fettig, grün, später grünlichgelb. Schalenpunkte zahlreich, fein bis mitteldick, braun, häufig mit hellem Hof. Manchmal Anflüge von Rost. Geruch sehr schwach. Fruchtfleisch grünlichgelb, mittelfein, saftig, schwach renettenartig gewürzt. Vorherrschende kräftige, jedoch angenehme Säure bei geringem Zuckergehalt.

Lothringer Winterrambur *siehe* Rheinischer Winterrambur

Lucas' Taubenapfel

Lucas' Taubenapfel

Doppelnamen: Pigeon de Lucas; Pigeonnet Lucas

Sehr guter Tafel-, guter Wirtschaftsapfel. Genussreife ab September. Haltbarkeit bis Oktober. Mittelgroßer, spitz-eiförmiger, ziemlich gleichmäßig gebauter Apfel. Rippen flach über die halbe Frucht laufend. Querschnitt häufig nicht ganz rund. Fruchtschale glatt, bereift, hell grünlichgelb, später wachsartig weiß. Schalenpunkte zahlreich, fein, bräunlich. Geruch schwach. Fruchtfleisch gelblichweiß, fein, zart, saftig. Aroma rosenapfelartig bis bittermandelartig. Wenig vorherrschende Säure bei ausgewogenem Zuckergehalt.

Ludwigsapfel *siehe* Luikenapfel
Luiken *siehe* Gewürzluiken

Luikenapfel (Abbildung Seite 296)

Doppelname: Ludwigsapfel
Eine Sorte, die vorwiegend in Württemberg angebaut wird.

Frucht: Guter Tafel-, und ausgezeichneter Wirtschaftsapfel. Baumreife ab Ende September. Genussreife ab Oktober. Haltbarkeit bis Januar. Mittelgroßer, abgestumpft flachrunder, meist nicht ganz gleichmäßig gebauter Apfel. Fruchtschale glatt, hellgrün, später hellgelb. Sonnenseite gerötet. Zur Reifezeit ist der ganze Apfel kräftig gestreift. Schalenpunkte fein, hellbraun. Geruch schwach. Fruchtfleisch gelblichweiß, manchmal etwas gerötet, mittelfein. Saftreich, wenig gewürzt, vorherrschende Säure bei geringerem Zuckergehalt.
Baum: Kräftiger Wuchs, langlebig. Krone zuerst aufrecht, dann breit, später hängend. Anzucht vorwiegend als Hochstamm. Anbau nur auf kräftigem Mineralboden. Nährstoffbedürftig. Bei guten Standorten bis in Höhen von 600 m anbauwürdig. Der Ertrag setzt sehr spät ein, ist dann hoch bis sehr hoch und ziemlich regelmäßig. Auf nicht zusagenden Standorten schorf- und krebsanfällig.

Luikenapfel

Luisenapfel *siehe* Königin Luisens Apfel
Luneville *siehe* Renette von Luneville
Lunow *siehe* Apfel von Lunow

Lütticher Ananaskalvill

Lütticher Ananaskalvill

Sehr guter Tafel- und Wirtschaftsapfel. Genussreife ab Dezember. Haltbarkeit bis März. Großer, manchmal sehr großer, meist unregelmäßig gebauter Apfel. Rippen breit und flach über die Frucht laufend. Querschnitt flachkantig. Fruchtschale glatt, etwas fettig, hellgrün, später grünlichgelb bis hellgelb. Sonnenseite manchmal leicht gerötet. Schalenpunkte fein, braun. Geruch schwach. Fruchtfleisch gelblichweiß bis weiß, fein, saftig, etwas kalvillartig gewürzt. Vorherrschende angenehme Säure bei ausreichendem Zuckergehalt.

Lütticher Rambur

Sehr guter Wirtschaftsapfel. Verarbeitung ab Ende Dezember. Haltbarkeit bis Mai. Großer, abgestumpft rundlicher, ungleichmäßig gebauter Apfel. Rippen flach über die Frucht laufend. Querschnitt nicht ganz rund. Fruchtschale glatt, etwas fettig, grünlich, später grünlichgelb bis gelb. Zur Reifezeit trüb gerötet und etwas gestreift. Schalenpunkte fein, braun. Manchmal leichte Anflüge oder Figuren von Rost. Geruch ist schwach. Fruchtfleisch grünlichgelb, fast weiß, ziemlich fein, saftig, ohne Würze. Etwas vorherrschende Säure bei geringerem Zuckergehalt. Die Früchte neigen zur Stippe.

Luxburg *siehe* Graf Luxburg Parmäne

Luxemburger Renette

Luxemburger Renette

Die Sorte entstand vor 1860 in Luxemburg.
Doppelname: Reinette des Vergers

Guter Tafel-, sehr guter Wirtschaftsapfel. Genussreife ab Februar. Haltbarkeit bis in den Juli. Mittelgroßer, abgestumpft rundlicher, nicht ganz gleichmäßig gebauter Apfel. Rippen flach und ungleichmäßig über die Frucht laufend. Querschnitt oft deutlich kantig. Fruchtschale glatt, gelblichgrün, später gelb. Sonnenseite etwas goldiger. Schalenpunkte fein, bräunlich. Manchmal kleine Anflüge von Rost. Geruch schwach. Fruchtfleisch gelblich bis weiß, fein, saftig, etwas renettenartig gewürzt. Wenig vorherrschende Säure bei ausgewogenem Zuckergehalt. Der Baum wächst kräftig, wird sehr groß und bildet lange, herabhängende Zweige. Blüte spät, unempfindlich gegen Frost. Der Ertrag setzt erst spät ein, ist dann aber sehr hoch. Ansprüche an Boden und Klima gering. Die Sorte gedeiht noch in ungünstigen Lagen. Für Höhenlagen geeignet.

Lysgolden *siehe* Golden Delicious

M

Maatapfel *siehe* Rheinische Schafsnase
Mabbot *siehe* Parmäne von Mabbot

Mac Lellan

Sehr guter Tafel- und Wirtschaftsapfel. Genussreife ab Ende Dezember. Haltbarkeit bis März. Mittelgroßer bis großer, abgestumpft rundlicher, ziemlich gleichmäßig gebauter Apfel. Fruchtschale glatt, etwas fettig, grünlichgelb, später gelb. Sonnenseite manchmal leicht streifig gerötet. Schalenpunkte fein, braun. Auf der Sonnenseite manchmal mit rotem Hof. Geruch schwach. Fruchtfleisch gelblichweiß, fein, saftig, gewürzt. Feine Säure bei vorherrschendem Zuckergehalt.

Macon *siehe* Renette von Damason

Macoun

Macoun

Im Jahr 1909 in Geneva, New York/USA aus 'Mc Intosh' x 'Jersey Black' entstanden.

Frucht: Sehr guter Tafel- und Wirtschaftsapfel. Mittelgroßer, breitrunder Apfel mit deutlichen Kanten. Fruchtschale glatt, bewachst, bläulichgrün. Zur Reifezeit intensiv rot gestreift und bläulich bereift. Fruchtfleisch weiß, saftig, gewürzt. Feine Säure bei vorwiegendem Zuckergehalt. Baumreife Ende September. Genussreife ab Dezember. Haltbarkeit bis März.
Baum: Mittelstarker Wuchs, kugelige Krone. Nur für niedere Erziehungsformen geeignet. Anbau auf sehr guten Apfelböden erforderlich. Bei zusagenden Standorten bis zu mittleren Höhenlagen geeignet. Blüte widerstandsfähig. Guter Pollenspender. Ertrag früh einsetzend und meist regelmäßig. Die Sorte ist sehr mehltauanfällig und braucht regelmäßige Schnittüberwachung.

Macross

Die Sorte entstand 1927 in Kanada und wurde bei uns um 1950 bekannt.

Mittelgroße bis große, leicht gerippte und unregelmäßig geformte Frucht. Reifezeit Spätsommer. Schalenfarbe hellgrün, zur Reifezeit blaurot gestreift. Fruchtfleisch locker, würzig.

Madame Hayez

Guter Tafel-, sehr guter Wirtschaftsapfel. Genussreife ab Dezember. Haltbarkeit bis Februar. Mittelgroßer, abgestumpft eikegelförmiger, meist ungleichmäßig gebauter Apfel. Fruchtschale glatt, grünlichgelb, später gelb. Sonnenseite manchmal gerötet. Schalenpunkte fein, bräunlich. Geruch deutlich. Fruchtfleisch gelblichweiß, fein, saftig, wenig gewürzt. Etwas vorherrschende milde Säure bei ausreichendem Zuckergehalt.

Madeira *siehe* Renette von Madeira

Maders Taubenapfel

Sehr guter Tafel-, guter Wirtschaftsapfel. Genussreife ab Ende November. Haltbarkeit bis Ende Februar. Mittelgroßer, abgestumpft walzenförmiger, nicht ganz gleichmäßig gebauter Apfel. Rippen deutlich über die halbe Frucht laufend. Fruchtschale glatt, etwas fettig, grünlichgelb, später wachsartig gelblichweiß. Sonnenseite leuchtend gerötet. Schalenpunkte zahlreich, sehr fein, in der Rötung an der gelblichen Farbe bemerkbar. Geruch schwach. Fruchtfleisch gelblichweiß bis weiß, fein, saftig, angenehm gewürzt. Wenig vorherrschende Säure bei hohem Zuckergehalt.

Maedapfel *siehe* Brauner Matapfel
Magdalenenapfel *siehe* Eberfinger Magdalenenapfel

Maglemer Streifling

Maglemer Streifling

Sehr guter Tafel- und Wirtschaftsapfel. Genussreife ab Oktober. Haltbarkeit bis Dezember.

Mittelgroßer, abgestumpft eikegelförmiger, manchmal sehr ungleichmäßig gebauter Apfel. Rippen unterschiedlich stark und teilweise über die Frucht laufend. Querschnitt nicht ganz rund. Fruchtschale glatt, etwas fettig, grünlichgelb, später hellgelb. Sonnenseite punktiert gerötet und gestreift. Schalenpunkte fein, wenig auffallend. Geruch deutlich. Fruchtfleisch gelblichweiß, fein, etwas locker, saftig, rosenapfelartig gewürzt. Etwas vorherrschende angenehme Säure bei hohem Zuckergehalt.

Magny *siehe* Schöner von Magny
Mahrenholz *siehe* Roter Eiserapfel
Mährisch-Walachischer Gulderling *siehe* Kuhländer Gulderling
Maiapfel *siehe* Schöner Maiapfel

Maibiers Parmäne

Maibiers Parmäne

Sehr guter Tafel- und Wirtschaftsapfel. Genussreife ab Ende Oktober. Haltbarkeit bis Dezember. Großer bis sehr großer, abgestumpft kegelförmiger, meist ziemlich gleichmäßig gebauter Apfel. Fruchtschale glatt, etwas fettig, gelblichgrün, später hellgelb. Sonnenseite punktiert gerötet und etwas gestreift und geflammt. Schalenpunkte zahlreich, fein bis mitteldick, braun. Geruch schwach. Fruchtfleisch gelblichweiß, ziemlich fein, saftig, sanft gewürzt. Etwas vorherrschende milde Säure bei ausreichendem Zuckergehalt.

Maigold

Im Jahre 1944 an der Eidgenössischen Versuchsanstalt Wädenswil/Schweiz aus 'Frauenrothacher' x 'Golden Delicious' gezogen und 1964 in den Handel gebracht.

Frucht: Wertvoller später Winterapfel. Mittelgroße bis große, hochgebaute, häufig ungleichmäßig geformte Frucht. Fruchtschale grünlichgelb. Sonnenseite marmoriert geflammt bis flächig gerötet. Fruchtfleisch grünlichgelb, saftig, feinsäuerlich, von birnenähnlichem, süßem Geschmack. Baumreife ab Ende Oktober. Genussreife ab Februar. Haltbarkeit bis Juni.

Baum: Wuchs mittelstark, Krone dicht. Für alle Niederstammformen geeignet. Anbau nur in guten Apfelböden und in warmen, geschützten Lagen. Guter Pollenspender. Ertrag mittelhoch, nicht regelmäßig. Die Sorte ist anfällig für Stippe und benötigt sorgfältige Schnittarbeit.

Mainapfel *siehe* Danziger Kantapfel

Majda

Die Sorte entstand 1947 in Jugoslawien als Kreuzungsprodukt von 'Jonathan' x 'Golden Noble'. Sie kam 1986 in den Handel.

Frucht groß, flachkugelig. Baumreife ab Oktober, Genussreife ab Mitte Dezember, Haltbarkeit bis März. Fruchtschale bis zur Baumreife grün, auf dem Lager gelblich werdend. Zur Reifezeit unterschiedlich stark dunkelrot gestreift. Fruchtfleisch fest, saftig, erfrischend säuerlich, bei der Verarbeitung nicht braun werdend.
Der Baum liefert anfangs durchschnittliche, später sehr hohe Erträge. Wenig empfindlich für Schorf und Mehltau. Breite Wuchsform mit guter Garnierung. Ausgezeichnete Bestäubersorte.

Majetin *siehe* Winter-Majetin
Malerapfel *siehe* Winterstettiner

Mailing Kent

Mailing Kent

Die Sorte entstand in England aus 'Cox' Orangenrenette' x 'Jonathan'.

Früchte mittelgroß bis groß, hoch gebaut und breitbauchig, keine Rippen. Schalenfarbe grün, zur Reifezeit ist fast die ganze Frucht bräunlich-dunkelrot gefärbt. Reifezeit ab Mitte Oktober, Haltbarkeit bis April.
Der Baum wächst mittelstark und bildet eine breite, gut verzweigte Krone mit gesundem Laub aus. Durch die lockere Kronenform sind nur wenig Schnittarbeiten erforderlich. Hohe und regelmäßige Erträge, Ausdünnen kann erforderlich werden. Etwas anfällig für Schorf und Krebs.

Mailing Suntan

Die Sorte entstand in England aus 'Cox' Orangenrenette' x 'Court Pendu Plat'.

Die Frucht ist mittelgroß bis groß, flach geformt. Früchte sind häufig streifig berostet. Der Geschmack ähnelt der 'Cox' Orangenrenette'. Etwas anfällig für Stippe. Das Holz ist etwas frostgefährdet. Schlechter Pollenspender.

Malmedyer *siehe* Rheinischer Winterrambur
Malmedyer Bellefleur *siehe* Roter Bellefleur

Mandelrenette

Doppelnamen: Dietzer Rote Mandelrenette; Reinette Amande

Mittelgroßer, abgestumpft rundlicher, gleichmäßig gebauter Apfel. Fruchtschale glatt, hellgrün, später lebhaft gelb. Zur Reifezeit unterschiedlich stark gerötet und undeutlich gestreift. Schalenpunkte zahlreich, fein, braun. Geruch schwach. Fruchtfleisch hellgelb, fein, saftig, etwas zimtartig gewürzt. Schwache Säure bei überwiegendem Zuckergehalt.

Manks Apfel *siehe* Eveapfel
Manks Codlin *siehe* Manks Küchenapfel

Manks Küchenapfel

Manks Küchenapfel

Die Sorte stammt wahrscheinlich aus Irland.
Doppelnamen: Belmont; Codlin de Mank; Evaapfel; Eve Apple of Scotland; Frith Pippin; Frith Pitcher; Manks Codlin; Orme; Schottischer Evaapfel

Frucht: Sehr guter Wirtschaftsapfel, manchmal noch für die Tafel benutzt. Verarbeitung ab September. Haltbarkeit bis Dezember. Mittelgroßer, abgestumpft eiförmiger, meist ungleichmäßig gebauter Apfel. Rippen flach über die halbe Frucht laufend. Querschnitt flachkantig. Fruchtschale glatt, etwas fettig, hellgrün, später fast wachsartig gelb. Sonnenseite manchmal leicht gerötet. Schalenpunkte zahlreich, fein. Geruch schwach. Fruchtfleisch gelblichweiß, halbfein, sehr saftig, nicht gewürzt. Vorherrschende milde Säure bei geringerem Zuckergehalt.

Baum: Wachstum schwach, kleine Krone. Gut geeignet für kleine Hausgärten. Anbau nur auf guten Apfelböden, dann auch in rauen Lagen. Blüte früh bis mittelfrüh. Guter Pollenspender. Ertrag früh einsetzend, reich und regelmäßig. Die Sorte ist anspruchslos und wenig anfällig für Krankheiten und Schädlinge.

Manningtons Parmäne

Doppelnamen: Manningtons Pearmain; Pearmain de Mannington

Ausgezeichneter Tafel-, sehr guter Wirtschaftsapfel. Genussreife ab Ende November. Haltbarkeit bis Februar. Mittelgroßer, abgestumpft rundlich-eiförmiger, meist nicht ganz gleichmäßig gebauter Apfel. Fruchtschale glatt, etwas fettig, stellenweise fein aufgeraut, grünlichgelb, später gelb. Sonnenseite etwas gerötet und deutlich gestreift. Schalenpunkte zahlreich, fein bis mitteldick, bräunlich. Häufig Anflüge von bräunlichgrünem Rost. Kein Geruch. Fruchtfleisch gelblichweiß, fein, saftig, renettenartig gewürzt. Sehr angenehme Säure bei ausgeglichenem Zuckergehalt.

Mantet

Mantet

Im Jahre 1928 in Manitoba/Kanada als Sämling von 'Tetofsky' entstanden.
Typ: Roda Mantet

Frucht: Ansprechender Sommerapfel für den Frischverzehr. Baumreife und Genussreife ab Ende Juli. Wenig haltbar. Kleiner bis mittelgroßer, hochgebauter Apfel mit schwachen Kanten. Fruchtschale gelblichgrün bis wachsartig gelb. Sonnenseite geflammt gerötet. Fruchtfleisch gelblichweiß, sehr saftig, aromatisch, feine Säure.
Baum: Schwacher bis mittelstarker Wuchs. Krone hochoval. Für alle Niederstammformen geeignet. Anbau nur auf guten Böden und in günstigen Lagen. Blüte mittelfrüh, nicht frostempfindlich. Guter Pollenspender. Ertrag spät einsetzend, nicht sehr hoch, unregelmäßig. Auslichtungsschnitt muss sofort nach der Ernte erfolgen. Die Sorte ist anfällig für Mehltau und Krebs.

Marbapfel *siehe* Gravensteiner

Margaret *siehe* Roter Margarethenapfel
Margil *siehe* Muskatrenette

Marglemer Apfel

Die Sorte ist auf der Insel Lalland entstanden.

Ausgezeichneter Tafelapfel. Genussreife ab Oktober. Haltbarkeit bis Januar. Mittelgroßer, länglich zugespitzter Apfel. Die Fruchtschale ist dünn, hellgelb, zur Reifezeit intensiv gestreift. Fruchtfleisch gelblichweiß, fein, sehr saftig, von angenehm süßlichem Weingeschmack. Ansprechender Geruch. Der Baum bleibt klein und hat dünne Zweige, ist aber ziemlich hart.

Marguerite *siehe* Roter Margarethenapfel
Marie *siehe* Ingrid Marie

Marienburger Christapfel

Marienburger Christapfel

Sehr guter Wirtschaftsapfel. Verarbeitung ab Anfang November. Haltbarkeit bis Januar. Kleiner, manchmal mittelgroßer, abgestumpft länglichrunder, gleichmäßig gebauter Apfel. Fruchtschale glatt, etwas fettig, grün, später gelblichgrün. Zur Reifezeit trüb gerötet und vor allem auf der Schattenseite deutlich gestreift. Schalenpunkte zahlreich, hell. Geruch schwach. Fruchtfleisch gelblichgrün, fein, weniger fest, saftig, nicht gewürzt. Vorherrschende Säure bei geringem Zuckergehalt. Der Baum wächst mäßig stark, Krone flachkugelig. Anbau vor allem auf schwerem Niederungsboden. Sehr widerstandsfähig gegen Frost und Krankheiten. Hohe Erträge.

Marientaler Apfel *siehe* Winterstreifling

Marienwerder Gulderling

Die Frucht wurde vor allem in den Weichselniederungen angebaut.
Doppelname: Weißer Winterstettiner

Marienburger Christapfel

Sehr guter Tafel-, guter Wirtschaftsapfel. Genussreife ist ab Dezember. Haltbarkeit bis Mai. Mittelgroßer, plattrunder bis rundlicher, regelmäßig gebauter Apfel. Fruchtschale glatt, glänzend, intensiv gelb. Sonnenseite manchmal zart gerötet. Fruchtfleisch gelb, kalvillartig gewürzt, süßweinig. Der Baum wächst schwach, Krone hochkugelig. Nur für schweren Niederungsboden. Sehr fruchtbar. Der Baum ist widerstandsfähig gegen Krankheiten.

Marmorierter Sommerpepping

Marmorierter Sommerpepping

Doppelname: Pépin Marbré d'Eté

Sehr guter Tafel- und Wirtschaftsapfel. Genussreife ab Ende September. Haltbarkeit nur bis November. Kleiner, abgestumpft rundlich-kegelförmiger, oft etwas unregelmäßig gebauter Apfel. Fruchtschale ist fein, glatt, fettig, hellgrün, später gelblichgrün, an der Sonnenseite trübrot,

Schattenseite punktiert gerötet und marmoriert, etwas gestreift. Schalenpunkte fein, hellbraun. Geruch fehlt. Fruchtfleisch grünlichgelb, fein, saftig, etwas gewürzt. Vorherrschende kräftige Säure bei geringerem Zuckergehalt.

Marschansker *siehe* Edelborsdorfer
Steirischer Maschanzker

Martini

Martini

Die Sorte ist in Holstein entstanden. Möglicherweise ein Abkömmling von 'Cox' Orangenrenette'.

Frucht: Sehr guter Tafel- und Wirtschaftsapfel. Baumreife ab Anfang Oktober. Genussreife ab Januar. Haltbarkeit bis April. Mittelgroßer, kegelförmiger Apfel. Fruchtschale grünlichgelb. Sonnenseite rot gestreift. Fruchtfleisch fest, angenehm weinsäuerlich.
Baum: Mittelstarker Wuchs, kugelförmige Krone. Geeignet für Halbstamm und Niederstämme. Anbau auf guten Apfelböden mit ausreichender Wasserführung. Die Ansprüche an Standort und Klima sind gering. Der Ertrag ist hoch und regelmäßig. Die Sorte ist widerstandsfähig gegen Krebs.

Martins Nonpareil *siehe* Nonpareil von Martin

Marzipanrenette

Guter Tafel-, auch sehr guter Wirtschaftsapfel. Genussreife ab Anfang Oktober. Haltbarkeit bis Dezember. Großer, abgestumpft rundlicher, gleichmäßig gebauter Apfel. Rippen flach über die halbe Frucht laufend. Querschnitt ziemlich rund. Fruchtschale etwas fettig, hellgrün, später gelblichgrün. Sonnenseite kräftig gerötet. Geruch ausgeprägt. Fruchtfleisch grünlichweiß, mürbe, etwas locker, ziemlich saftig, rosenapfelartig gewürzt. Vorherrschende milde Säure bei ausreichendem Zuckergehalt.

Maschanzker *siehe* Steirischer Maschanzker

Matapfel *siehe* Brauner Matapfel
Weißer Matapfel
Winterstettin er
Matchless *siehe* Adams Parmäne
Mate Brune *siehe Brauner Matapfel*
Maudapfel *siehe* Mautapfel
Mauks Codlin *siehe* Manks Apfel

Maunzenapfel

Maunzenapfel

Die Sorte wurde bei Göppingen/Württemberg gefunden.

Frucht: Ausgezeichneter Mostapfel. Häufig als Unterlage und Stammbildner verwendet. Baumreife ab Mitte Oktober. Verarbeitung ab November. Haltbarkeit bis März. Kleiner bis mittelgroßer, kegelförmiger Apfel. Fruchtschale glatt, etwas fettig, gelblichgrün. Zur Reifezeit großflächig gerötet und gestreift. Fruchtfleisch saftig, hervortretende Säure bei ausreichendem Zuckergehalt.
Baum: Starker Wuchs, gut gebaute, kugelige Krone. Sehr gesund und frosthart. Erziehung vorwiegend als Halb- und Hochstamm. Ansprüche an Klima und Boden gering. Gedeiht noch in rauen Höhenlagen und im Vorgebirge. Blüte spät, unempfindlich. Guter Pollenspender. Ertrag gut. Der Baum braucht nur wenig Pflegeaufwand.

Maussions Kalvill

Sehr guter Tafel-, guter Wirtschaftsapfel. Genussreife ab Januar. Haltbarkeit bis Anfang Mai. Mittelgroßer, flachrund-kegelförmiger, gleichmäßig gebauter Apfel. Rippen flach über die Frucht laufend. Querschnitt etwas kantig. Fruchtschale glatt, etwas fettig, mattglänzend, hellgrün, später hellgelb. Sonnenseite manchmal gerötet. Schalenpunkte zahlreich, fein, bräunlich, in der Rötung mit hellem Hof. Geruch schwach. Fruchtfleisch grünlich bis grünlichgelb, fein, etwas locker, saftig, edel kalvillartig gewürzt. Feine Säure bei hohem Zuckergehalt.

Mauss' Renette

Sehr guter Tafel- und Wirtschaftsapfel. Genussreife ab Ende November. Haltbarkeit bis Anfang Februar. Mittelgroßer, rundlich-kegelförmiger, gleichmäßig gebauter Apfel. Fruchtschale glatt, grünlichgelb, später lebhaft gelb. Zur Reifezeit unterschiedlich kräftig gerötet und etwas gestreift. Schalenpunkte fein bis mitteldick, bräunlichgelb, in der Rötung hell erscheinend. Geruch deutlich. Das Fruchtfleisch ist gelblichweiß, saftig, alantartig gewürzt. Harmonisches Zucker-Säure-Verhältnis.

Mautapfel

Mautapfel

Die Sorte ist im Rheinland seit fast 200 Jahren bekannt.
Doppelname: Maudapfel

Frucht: Guter Tafel-, sehr guter Wirtschaftsapfel. Baumreife ab Ende September. Genussreife ab November. Haltbarkeit bis Januar. Hochgebauter, gleichmäßig geformter Apfel. Querschnitt nicht ganz rund. Fruchtschale grüngelb, später rötlichgelb. Sonnenseite trüb gerötet und marmoriert. Zur Reifezeit gestreift. Manchmal leichte Anflüge von Rost. Schalenpunkte sind dunkelbraun, klein, in der Rötung häufig mit gelbem Hof. Geruch schwach. Fruchtfleisch ist hellgelb bis weißlichgelb, fest, saftig, mit wenig Würze, schwacher Geruch. Harmonisches Zucker-Säure-Verhältnis.
Baum: Kräftiger Wuchs, hochkugelige Krone, später weit ausladend. Erziehung vor allem als Halb- und Hochstamm. Sehr gut für Obstwiesen geeignet. Ertrag mittelspät einsetzend, dann hoch, manchmal sehr hoch. Die Sorte ist widerstandsfähig gegen Krankheiten und Schädlinge.

Mayers Taubenapfel

Doppelname: Mayers Weißer Wintertaubenapfel

Guter Tafel- und sehr guter Wirtschaftsapfel. Genussreife ab Dezember. Haltbarkeit bis Mai. Kleiner bis mittelgroßer, abgestumpft länglich-eiförmiger, gleichmäßig gebauter Apfel. Quer-

Mayers Taubenapfel

schnitt ist nicht ganz rund. Fruchtschale glatt, etwas fettig, grünlichgelb, später zitronengelb. Sonnenseite manchmal gerötet oder rot punktiert. Schalenpunkte fein. Geruch fehlt. Fruchtfleisch weiß, fein, saftig, schwach gewürzt. Vorherrschende, wenig scharfe Säure bei geringerem Zuckergehalt.

Mayers Taubenapfel *siehe* Rheinische Schafsnase
Mayers Weißer Wintertaubenapfel *siehe* Mayers Taubenapfel

Maypole

1960 von Wijcik in Kanada entdeckt. Zufallsmutante der Sorte 'McIntosh'. Ballerina-Apfel mit säulenförmigem Wuchs für Engpflanzung und Topf.

Vorwiegend Zierapfel. Blüte karminrot, Blätter bronzefarben. Die kleinen Früchte sind purpurrot und reifen im September. Für Marmeladen verwertbar.

McIntosh (Ausgangssorte für viele Typen)

McIntosh, Rogers

McIntosh, Rogers (siehe auch Abbildung Seite 309)

Die Sorte 'McIntosh' entstand 1811 als Zufallssämling in Ontario/Kanada. Sie ist dort seit 1900 die wichtigste Sorte. Es entstanden zahlreiche Typen, von denen hier 'McIntosh, Rogers' beschrieben wird.
Doppelnamen: Red McIntosh; Double McIntosh; Rogers Red
Typen: McIntosh, Boller; McSpur; Black McIntosh und viele andere

Frucht: Beliebter Herbstapfel zum Frischverzehr. Baum- und Genussreife ab Mitte September. Haltbarkeit bis Dezember. Mittelgroßer, hochgebauter, unregelmäßig gerippter Apfel. Fruchtschale grün, zur Reifezeit dunkelblaurot. Fruchtfleisch grünlichweiß, sehr saftig, ausgeprägtes Aroma, harmonisches Zucker-Säure-Verhältnis.
Baum: Mittelstarker bis starker Wuchs. Krone kugelig. Für alle Niederstammformen geeignet. Anbau auf guten Apfelböden. Die Ansprüche an Standort und Klima sind gering. Blüte wenig frostempfindlich. Guter Pollenspender. Ertrag früh einsetzend, sehr hoch und meist regelmäßig. Die Sorte ist widerstandsfähig gegen Krankheiten.

McSpur *siehe* McIntosh

Mecklenburger Kantapfel

Guter Tafel-, sehr guter Wirtschaftsapfel. Genussreife ab Anfang Dezember. Haltbarkeit bis Februar. Großer bis sehr großer, flachrunder, nicht ganz gleichmäßig gebauter Apfel. Rippen stark und breit über die Frucht laufend. Querschnitt kantig. Fruchtschale derb, glatt, etwas fettig, grünlich, später grünlichgelb bis gelb. Zur Reifezeit intensiv gerötet und auf der Schattenseite deutlich gestreift. Schalenpunkte fein, bräunlichgelb. Geruch schwach. Fruchtfleisch gelblichweiß, ziemlich fein, saftig, etwas parfümiert. Vorherrschende angenehme Säure bei ausreichendem Zuckergehalt.

Mecklenburger Königsapfel

Guter Tafel-, sehr guter Wirtschaftsapfei. Genussreife ab Dezember. Haltbarkeit bis Februar. Großer, abgestumpft rundlicher, ziemlich gleichmäßig gebauter Apfel. Rippen stark und breit über die Frucht laufend. Querschnitt kantig. Fruchtschale ist dick, glatt, grünlichgelb, später gelb. Sonnenseite intensiv, Schattenseite weniger stark gerötet. Zur Reifezeit ist die ganze Frucht kräftig gestreift. Schalenpunkte zahlreich, fein, auf der Sonnenseite mit hellem Hof. Geruch deutlich. Fruchtfleisch grünlichweiß, ziemlich grob, locker, ausreichend saftig, wenig Würze. Vorherrschende Säure bei geringerem Zuckergehalt.

Meißener Gerstenapfel *siehe* Geflammter Kardinal
Meißener graugrüne, sehr haltbare Renette *siehe* Graue Meißener Renette
Mela d'Astrakan *siehe* Weißer Astrachan
Mela di Rosmario *siehe* Weißer Rosmarinapfel
Mela Rosa Mantovana *siehe* Kälterer Böhmer
Melonenapfel *siehe* Amerikanischer Melonenapfel
Alsener Melonenapfel
Doppelter Melonenapfel
Groths Melonenapfel
Prinzenapfel
Roter Melonenapfel
Mélonne à Côtes *siehe* Weißer Winterkalvill
Melrouge *siehe* Melrose

Melrose

Melrose

Die Sorte entstand 1932 in Ohio/USA aus einer Kreuzung von 'Jonathan' x 'Red Delicious'. Typ: Melrouge

Frucht: Sehr guter Tafel- und Wirtschaftsapfel. Baumreife ab Ende September. Genussreife ab November. Haltbarkeit bis März. Mittelgroßer bis großer, etwas kantiger Apfel. Fruchtschale ist gelblichgrün bis gelb. Zur Reifezeit intensiv bläulichrot, manchmal auch leicht gestreiftes Orange-rot. Roststerne häufig. Schalenpunkte grün. Fruchtfleisch gelblichweiß, saftig, aromatisch, ausgewogenes Zucker-Säure-Verhältnis.
Baum: Wuchs mittelstark bis stark. Krone rund, locker. Für alle Erziehungsformen geeignet. Anbau nur auf guten, fruchtbaren Lehmböden, vor allem im Weinbauklima. Blüte mittelspät, nicht frostempfindlich. Ertrag früh einsetzend, sehr hoch und fast regelmäßig.

Melsbroek *siehe* Apfel von Melsbroek
Menagére *siehe* Hausmütterchen
Menzenauer Jägerapfel *siehe* Rheinischer Winterrambur

Meran

Die Sorte wurde 1976 in Südtirol als Zufallssämling entdeckt.

Frucht mittelgroß, etwas kantig. Schalenfarbe gelb, zur Reifezeit ist die halbe Frucht gerötet und leicht gestreift. Fruchtfleisch fest, saftig, mit mittlerem Zucker- und Säuregehalt. Baumreife Anfang Oktober, Genussreife ab Mitte Oktober, Haltbarkeit bis Mitte März.
Der Baum wächst mittelstark und baut sich gut auf. Kaum anfällig für Schorf, Mehltau und Lagerschäden. Sehr guter Pollenspender.

Meri Cretesti

Meri Cretesti

Die Sorte entstand 1951 in Rumänien.

Mittelgroßer, flachrunder Apfel. Fruchtschale grünlichgelb, später verwaschen orangerot und gestreift. Gelegentliche Berostungen. Schalenoberfläche etwas fettig. Fruchtfleisch weich und grob, grünlichweiß, säuerlich. Reifezeit mittelfrüh.

Meroder Renette

Sehr guter Tafel- und Wirtschaftsapfel. Genussreife ab Januar. Haltbarkeit bis Mai. Mittelgroßer, abgestumpft flachrunder, gleichmäßig gebauter Apfel. Fruchtschale glatt, wenig fettig, grünlich, später grünlichgelb bis gelb. Sonnenseite meist leicht gerötet und etwas gestreift. Schalenpunkte zahlreich, fein bis mitteldick, bräunlich, oft mit hellem Hof. Geruch fehlt. Das Fruchtfleisch ist grünlichgelb, fein, saftig, mild renettenartig gewürzt. Etwas vorherrschende Säure bei hohem Zuckergehalt.

Merrey *siehe* Beauty of Merrey

Meri Ril (Rumänische Sorte, keine Sortenbeschreibung)

Merton Worcester

Merton Worcester

Die Sorte entstand 1914 in England und wurde 1947 benannt. Kreuzung aus 'Cox' Orangenrenette' x 'Worcesterparmäne'.

Mittelgroßer, rundlicher Apfel. Fruchtschale grünlichgelb, später kräftig gerötet und etwas gestreift. Rostpunkte häufig, manchmal feine Berostungen am Stiel. Schalenoberfläche fettig. Fruchtfleisch grünlich, unter der Schale gelblich. Süß mit leichter Säure. Reifezeit mittelfrüh.

Metzgerapfel *siehe* Gelber Bellefleur
Metzgers Kalvill *siehe* Gelber Bellefleur

Mettener Rosenapfel (Lokalsorte in Niederbayern, keine Sortenbeschreibung)

Metz' Renette

Metz' Renette

Reifezeit Dezember. Haltbarkeit bis Mai. Große, schön gefärbte Tafelfrucht.

Meusers Rote Herbstrenette *siehe* Rote Sternrenette
Middelburg *siehe* Renette von Middelburg
Middlebourg Reinette *siehe* Renette von Middelburg
Mignon de Bedford *siehe* Findling von Bedfordshire
Mignonne *siehe* Große Kasseler Renette
Milchapfel *siehe* Braunschweiger Milchapfel

Metzgerapfel (Keine Sortenbeschreibung)

Millets Schlotterapfel

Millets Schlotterapfel

Doppelname: Pomme de Baratte (Belgien)

Sehr guter Wirtschaftsapfel. Verarbeitung ab November. Haltbarkeit bis Januar. Großer, abgestumpft eiförmiger, ziemlich gleichmäßig gebauter Apfel. Rippen stark, bis zur Fruchtmitte abflachend. Fruchtschale glatt, grünlich, später gelblich. Zur Reifezeit unterschiedlich stark gerötet und deutlich gestreift. Schalenpunkte fein bis mitteldick, gelblichgrau. Geruch merklich. Das Fruchtfleisch ist grünlichgelb, fast weiß, etwas grob, saftig, wenig gewürzt. Geringer Zucker- und Säuregehalt, sodass die Frucht etwas fade schmeckt.

Miltenberg *siehe* Schöner von Miltenberg

Milton

Milton

Die Sorte entstand 1909 in Geneva, New York/USA. Kreuzung aus 'Apfel von Croncels' x 'McIntosh'.

Mittelgroßer, rundlicher, schwach gerippter Apfel. Fruchtschale hellgelb und später gestreift. Schalenpunkte zahlreich. Fruchtfleisch weiß, weich, süß mit leichter Säure. Reifezeit früh bis mittelfrüh.

Minister von Hammerstein

Minister von Hammerstein

Die Sorte entstand im Jahre 1882 in Geisenheim als Sämling der 'Landsberger Renette'.

Frucht: Ausgezeichneter Tafelapfel, sehr guter Wirtschaftsapfel. Baumreife ab Mitte Oktober.

Genussreife ab Dezember. Haltbarkeit bis März. Großer, platt gebauter Apfel. Fünf breite Rippen überziehen die Frucht. Fruchtschale grünlichgelb, später heller. Sonnenseite verwaschen hell bräunlichrot gefärbt. Schalenpunkte zahlreich, weiß. Fruchtfleisch gelblichweiß mit lachsfarbenem Anflug. Locker, sehr saftreich, wohlschmeckend, gewürzt.
Baum: Mittelstarker Wuchs. Ausreichend frosthart. Erziehung vorwiegend als Buschbaum und Viertelstamm. Für gute Böden an warmen Standorten. Für Höhenlagen nicht geeignet. Guter Pollenspender. Ertrag früh einsetzend, hoch bis sehr hoch und regelmäßig. Die Sorte verlangt sorgfältige Schnittbetreuung. Sie ist etwas anfällig für Schorf, Mehltau, Monilia und Krebs.

Minjon

Die Sorte entstand in USA im Jahre 1923 aus 'Wealthy' x 'Jonathan'. Sie kam 1942 in den Handel.

Frucht klein bis mittelgroß, Frühherbstapfel. Fruchtschale gelblichgrün, zur Reifezeit flächig, auch geflammt gerötet. Fruchtschale etwa fettig. Fruchtfleisch weich, oft rötlich, mit feiner Säure. Frühherbstapfel.

Minnas Bunter Streifling

Minnas Bunter Streifling

Guter Tafel-, sehr guter Wirtschaftsapfel. Reifezeit Oktober. Haltbarkeit bis Januar. Fruchtschale glatt, glänzend, grünlichgelb, später zitronengelb. Zur Reifezeit rot gestreift und getuscht. Schalenpunkte sind nur in der Rötung deutlich. Manchmal Warzenbildung und Rostflecken. Fruchtfleisch weiß, fein, etwas derb, saftig. Harmonisches Zucker-Säure-Verhältnis. Der Baum wächst stark und ist sehr fruchtbar.

Mio

Die Sorte entstand 1932 in Schweden aus 'Worcester Pearmain' x 'Oranie'. Sie wurde bei uns um 1965 bekannt.

Mittelgroße Frucht, vom Kelch bis über die halbe Frucht gerippt. Reifezeit im Spätsommer. Fruchtschale hellgrün, zur Reifezeit rosarot gefärbt. Fruchtfleisch weich, grobzellig.

Missouri *siehe* Gewürzapfel von Missouri
Golden Delicious

Missouri Pepping

Die Sorte stammt aus den USA.

Sehr guter Tafel- und Wirtschaftsapfel. Genussreife ab Januar. Haltbarkeit bis April. Großer, rundlicher, manchmal plattrunder, gleichmäßig gebauter Apfel. Fruchtschale glatt, glänzend, weißlichgelb, zur Reifezeit intensiv rot gestreift. Schalenpunkte fein, deutlich. Fruchtfleisch weißlichgelb, saftreich, angenehm gewürzt, weinsäuerlich. Der Baum wächst kräftig, etwas dünnholzig und hat leicht abstehende Äste. Für alle Erziehungsformen geeignet. Sehr ertragreich.

Modele *siehe* Musterrenette
Mohr *siehe* Goldmohr
Mohrenapfel *siehe* Brauner Matapfel
Mohrenborsdorfer *siehe* Roter Eiserapfel
Mohrenkopf *siehe* Roter Eiserapfel
Mohrenstettiner *siehe* Roter Eiserapfel
Mohringer Rosenapfel *siehe* Moringer Rosenapfel
Moldauer Fürstenapfel *siehe* Moldauer Taubenapfel

Moldauer Taubenapfel

Moldauer Taubenapfel

Die Sorte stammt aus Rumänien und wurde 1831 zum ersten Mal erwähnt.
Doppelnamen: Domnesc; Götterapfel; Herrenapfel; Moldauer Fürstenapfel

Großer, eiförmiger Apfel ohne Rippen. Fruchtschale gelb, Sonnenseite marmoriert gefärbt. Fruchtfleisch grünlichweiß, weich, locker, schwach säuerlich. Reifezeit sehr spät.

Mölleskovsapfel

Sehr guter Tafel-, guter Wirtschaftsapfel. Genussreife ab Ende November. Haltbarkeit bis April. Mittelgroßer bis großer, abgestumpft rundlicher, etwas ungleichmäßig gebauter Apfel. Rippen breit und flach über die halbe Frucht laufend. Fruchtschale glatt, glänzend, gelb. Sonnenseite zart gerötet und etwas gestreift. Schalenpunkte sehr fein, bräunlich. Geruch fehlt. Fruchtfleisch gelblichweiß, fein, saftig, rosenapfelartig gewürzt. Etwas vorherrschende edle Säure bei hohem Zuckergehalt.

Monarch

Die Sorte entstand 1888 in England.

Großer, flachgebauter Apfel. Fruchtschale hellgelb, später gerötet und gestreift. Schale etwas fettig. Fruchtfleisch weiß, locker, weich. Schwache Säure bei höherem Zuckergehalt. Reifezeit sehr spät.

Mönchsapfel

Guter Tafel- und Wirtschaftsapfel. Genussreife ab Anfang Dezember. Haltbarkeit bis März. Kleiner bis mittelgroßer, flachrunder, gleichmäßig gebauter Apfel. Fruchtschale glatt, etwas bereift, hellgrün, später grünlichgelb bis hellgelb. Sonnenseite leicht punktiert gerötet und deutlich gestreift. Schalenpunkte fein, graubraun. Geruch schwach. Fruchtfleisch grünlichgelb, fast weiß. Fein, saftig, wenig gewürzt. Etwas vorherrschende angenehme Säure bei ausreichendem Zuckergehalt.

Monstrueuse *siehe* Schöner von Boskoop
Montfortrenette *siehe* Schöner von Boskoop
Montmorency *siehe* Renette von Montmorency

Morgenduft

Morgenduft (Abbildung Seite 319)

Die Sorte wurde um 1820 in Ohio/USA gefunden und ist seit 1848 im Handel.
Dopplenamen: Gilletts Seedling; Imperatore; Rimskaia Krasvita; Rome Beauty
Typen: Frimely Beauty; Gallia Beauty; Glengyle Red; Summerland

Frucht: Verbreiteter Tafel- und Wirtschaftsapfel von hervorragendem Aussehen aber nicht so befriedigender Güte. Baumreife ab Ende Oktober. Genussreife ab Dezember. Haltbarkeit bis Juni. Mittelgroßer bis großer, kugeliger Apfel von gleichmäßigem Bau. Fruchtschale gelblichgrün, wird später heller. Zur Reifezeit gestreift und unterschiedlich stark gerötet. Schalenpunkte hell. Fruchtfleisch grünlich bis grünlichweiß, fest, grob, zuerst saftig, später mürbe bis trocken, leicht zäh werdend. Niedriger Vitamin-C-Gehalt. Kein Aroma. Fade bis leicht süß schmeckend.
Baum: Wuchs anfangs mittelstark, später nachlassend. Zuerst hochstehende lockere Kronen, später hängende Fruchtäste. Anbau nur im Weinbauklima empfehlenswert. Der Anspruch an den Boden ist gering. Blüte nicht frostempfindlich. Ertrag sehr hoch und regelmäßig.

Morgenduftapfel

Morgenduftapfel

Doppelname: Hoary Morning
Die Sorte darf nicht mit 'Morgenduft' verwechselt werden.

Guter Tafel-, sehr guter Wirtschaftsapfel. Genussreife ab Ende Dezember. Haltbarkeit bis Mai. Mittelgroßer bis großer, flachrunder, ziemlich gleichmäßig gebauter Apfel. Rippen flach über die halbe Frucht laufend. Querschnitt rund. Fruchtschale glatt, etwas fettig, stark bereift, gelblichgrün, später gelb. Sonnenseite punktiert gerötet. Zur Reifezeit ringsum intensiv gestreift. Schalenpunkte sehr fein, bräunlich. Geruch deutlich. Fruchtfleisch gelblichweiß, unter der Schale und an den Gefäßbündeln gerötet. Ziemlich fein, erst fest, später mürbe. Saftreich, etwas rosenapfelartig gewürzt, der Zuckergehalt überwiegt die Säure.

Moringer Rosenapfel

Die Sorte ist seit 1857 bekannt.

Moringer Rosenapfel

Sehr guter Tafel- und Wirtschaftsapfel. Genussreife ab Anfang Oktober. Haltbarkeit bis Ende November. Mittelgroßer bis großer, abgestumpft flachrunder, ziemlich gleichmäßig gebauter Apfel. Rippen flach über die Frucht laufend. Querschnitt nicht ganz rund. Fruchtschale etwas fettig, grünlichgelb, später zart hellgelb. Zur Reifezeit leuchtend gerötet und gestreift. Schalenpunkte fein, hellbraun. Geruch schwach, das Fruchtfleisch ist weiß, unter der Schale etwas gerötet, fein, saftig, rosenapfelartig gewürzt. Etwas vorherrschende angenehme Säure bei ausgewogenem Zuckergehalt. Baum mittelstark wachsend und sehr fruchtbar.

Moscovite Transparent Apple *siehe* Weißer Astrachan
Moskowiter Apfel *siehe* Weißer Astrachan
Mostapfel *siehe* Roter Trierer Weinapfel

Mr. Gladstone

Mr. Gladstone (Abbildung Seite 321)

Die Sorte ist seit 1885 bekannt.

Sehr guter Tafelapfel. Genussreife ab Mitte Juli. Haltbarkeit gering. Mittelgroßer, abgestumpft rundlicher Apfel. Fruchtschale glänzend, etwas fettig, bereift. Schalenfarbe hellgrün, später wachsgelb. Sonnenseite intensiv gerötet und gestreift. Schalenpunkte hellgelb. Fruchtfleisch grünlichweiß bis weiß, locker, saftig, gewürzt, angenehm süßsäuerlich. Der Baum wächst kräftig und breitkronig. Für alle Erziehungsformen geeignet. Ertrag früh einsetzend und sehr hoch.

Muckenheims Winterkronapfel

Sehr guter Tafel- und Wirtschaftsapfel. Genussreife ab Januar. Haltbarkeit bis Juni. Mittelgroßer bis großer, abgestumpft rundlicher, nicht ganz gleichmäßig gebauter Apfel. Rippen flach über die halbe Frucht laufend. Querschnitt fast rund. Fruchtschale glatt, etwas fettig, gelblich- grün, später gelb. Zur Reifezeit unterschiedlich stark gerötet und deutlich gestreift. Schalenpunkte fein, bräunlich. Geruch deutlich. Fruchtfleisch hellgelb, fein, ausreichend saftig, rosenapfelartig gewürzt, harmonisches Zucker-Säure-Verhältnis.

Mühlapfel *siehe* Backapfel
Müller *siehe* Emilie Müller

Müllerkleins Sämling

Guter Tafel-, sehr guter Wirtschaftsapfel. Genussreife ab November. Haltbarkeit bis Januar. Mittelgroßer, abgestumpft rundlich-kegelförmiger, gleichmäßig gebauter Apfel. Die Fruchtschale ist glatt, leicht fettig, gelblichgrün, später zitronengelb. Sonnenseite mit rötlichem Anflug und einzelnen breiten, dunkelroten Streifen. Schalenpunkte zahlreich, braun. Geruch fehlt. Fruchtfleisch gelblichweiß bis weiß, ziemlich fein, saftig, wenig gewürzt. Vorherrschende angenehme Säure bei geringerem Zuckergehalt.

Müllers Spitzapfel

Müllers Spitzapfel (Abbildung Seite 322)

Guter Tafel-, sehr guter Wirtschaftsapfel. Genussreife ab Dezember. Haltbarkeit bis in den April. Kleiner bis mittelgroßer, abgestumpft eikegelförmiger, gleichmäßig gebauter Apfel. Frucht- schale glatt, leicht fettig, hellgrün, später grünlichgelb. Sonnenseite unterschiedlich stark gerötet. Schalenpunkte fein, bräunlich, auf der Sonnenseite mit rotem Hof. Kein Geruch. Fruchtfleisch weiß, ziemlich fein, saftig, wenig gewürzt. Etwas vorherrschende Säure bei geringerem Zuckergehalt.

Müllheim *siehe* Schöner von Boskoop

Multhaupts Kronenapfel

Doppelname: Multhaupts Winterkronenapfel

Guter Tafel-, sehr guter Wirtschaftsapfel. Genussreife ab Ende Dezember. Haltbarkeit bis April. Mittelgroßer, abgestumpft rundlicher, ziemlich gleichmäßig gebauter Apfel. Rippen klein, flach über die halbe Frucht laufend. Querschnitt rund. Fruchtschale glatt, etwas fettig, hellgrün, später grünlichgelb bis hellgelb. Sonnenseite punktiert gerötet und intensiver gestreift. Schalenpunkte zahlreich, fein. Geruch stark. Fruchtfleisch grünlichweiß bis weiß, fein, saftig, schwach beerenartig gewürzt. Etwas vorherrschende angenehme Säure bei ausreichendem Zuckergehalt.

Multhaupts Karminrenette *siehe* Multhaupts Renette

Multhaupts Renette

Multhaupts Renette

Doppelnamen: Multhaupts Karminrenette; Reinette Multhaupt

Sehr guter Tafel- und Wirtschaftsapfel. Genussreife ab November. Haltbarkeit bis Anfang März. Mittelgroßer, abgestumpft eiförmiger, gleichmäßig gebauter Apfel. Fruchtschale glatt, etwas fettig, grünlichgelb, später hellgelb. Zur Reifezeit unterschiedlich stark gerötet und etwas gestreift und geflammt. Schalenpunkte zahlreich, fein, gelb. Geruch schwach. Fruchtfleisch gelblichweiß, fein, saftig, angenehm renettenartig gewürzt. Etwas vorherrschende milde Säure bei ausreichend hohem Zuckergehalt.

Multhaupts Winterkronenapfel *siehe* Multhaupts Kronenapfel

Munroes Favorite

Ein ansprechender Tafelapfel, der früher aus Australien importiert wurde. Großer Apfel mit intensiver Rötung. Das Fruchtfleisch ist weiß, saftig bis mehlig, angenehm süßsäuerlich. Ohne Würze.

Münsterländer *siehe* Roter Münsterländer Borsdorfer

Murasaki

Die Sorte entstand 1935 in Japan aus 'Jonathan' x 'Golden Delicious'. Sie kam 1949 in den Handel und wurde bei uns um 1965 bekannt.

Mittelgroße bis große Frucht, gerippt. Fruchtschale grünlichgelb, zur Reifezeit kräftig gerötet und gestreift. Fruchtfleisch fest, grünlichweiß, mit angenehmer Säure, etwas aromatisch. Winterapfel.

Murnauer Renette *siehe* Kanadarenette
Musch *siehe* Josef Musch

Müschens Rosenapfel

Sehr guter Tafel- und Wirtschaftsapfel. Genussreife ab Ende August. Haltbarkeit bis Anfang Oktober. Mittelgroßer bis großer, flachrunder, meist gleichmäßig gebauter Apfel. Rippen flach und unregelmäßig über die Frucht laufend. Querschnitt meist etwas flachkantig. Fruchtschale glatt, etwas fettig, hellgrün, später grünlichgelb. Sonnenseite unterschiedlich stark gerötet und intensiver gestreift. Schalenpunkte sind zahlreich, fein bis mitteldick, bräunlichgelb. Geruch schwach. Das Fruchtfleisch ist weiß, ziemlich fein, etwas locker, saftig, rosenapfelartig gewürzt. Vorherrschende kräftige, jedoch angenehme Säure bei ausreichendem Zuckergehalt. Der Baum wächst gesund, er gedeiht noch auf trockenem Boden. Der Ertrag setzt früh ein und ist hoch.

Muskateller Luiken *siehe* Roter Baschesapfel
Muskateller Renette *siehe* Muskatrenette

Muskatrenette

Die Muskatrenette ist eine der ältesten nach Deutschland eingeführten Sorten. Sie ist seit 1670 bekannt.
Doppelnamen: Gewürzrenette; Gezuckerte Bisamrenette; Margil; Muskatellerrenette; Muskierte Renette; Pfefferrenette; Reinette Musquée; Rote Badener Renette; Small Ribston; Würzapfel; Zimtapfel

Frucht: Sehr guter Tafel- und Wirtschaftsapfel. Genussreife ab Mitte November. Haltbarkeit bis März und noch länger. Mittelgroßer, abgestumpft rundlich-eiförmiger, manchmal etwas ungleichmäßig gebauter Apfel. Die Fruchtschale ist meist glatt, trocken, matt grünlichgelb, später lebhafter gelb. Sonnenseite punktiert gerötet und kräftiger gestreift. Schalenpunkte fein, bräunlich. Häufig Anflüge von grünlichbraunem Rost, vor allem auf der Kelchwölbung. Die Frucht welkt auf dem Lager nur wenig. Geruch schwach. Fruchtfleisch gelblichweiß, fein, saftig, stark muskatartig gewürzt. Feine Säure bei etwas vorherrschendem Zuckergehalt.

Baum: Der Wuchs ist schwach, Krone flachkugelig und klein. Anbau nur in kräftigem, ausreichend feuchtem Boden. Blüte mittelfrüh, unempfindlich. Erziehung vor allem als Nieder- und Halbstamm. Die Sorte ist krebsempfindlich.

Muskatrenette *siehe* Cox' Orangenrenette
Ribston Pepping
Muskierte Renette *siehe* Muskatrenette

Musterrenette

Doppelname: Reinette Modele

Sehr guter Tafel- und Wirtschaftsapfel. Genussreife ab Dezember. Haltbarkeit bis in den März. Mittelgroßer, abgestumpft rundlicher, gleichmäßig gebauter Apfel. Fruchtschale glatt, grün, später gelb. Sonnenseite meist nur leicht gerötet, keine Streifen. Schalenpunkte fein bis mitteldick, auch eckig, braun. Manchmal Anflüge von Rost. Die Frucht welkt auf dem Lager nur wenig. Geruch schwach. Fruchtfleisch gelblichweiß, fein, saftig, etwas gewürzt. Vorherrschende Säure bei geringerem Zuckergehalt.

Muths Sämling

Sehr gute Tafel- und Wirtschaftsfrucht. Genussreife ab November. Haltbarkeit bis Februar. Großer, flachrunder Apfel. Fruchtschale grünlichgelb mit schwacher bräunlicher Rötung und zahlreichen feinen Schalenpunkten. Fruchtfleisch gelblichweiß, mürbe, fast locker, ziemlich saftig, süß, fein gewürzt. Der Baum trägt sehr reich.

Mutsu

Mutsu

Die Sorte entstand 1930 in Japan aus einer Kreuzung von 'Golden Delicious' x 'Indo'.
Doppelname: Crispin (England)

Frucht: Sehr gute Tafel- und auch Wirtschaftsfrucht. Baumreife ab Mitte Oktober. Genussreife ab

November. Haltbarkeit bis Februar. Großer bis sehr großer, hochgebauter, etwas kantiger Apfel. Fruchtschale gelblichgrün. Sonnenseite rötlichbraun bis orange. Etwas bewachst. Rußsterne häufig. Fruchtfleisch grünlichweiß, sehr saftig, melonenartig gewürzt, erfrischend, harmonisches Zucker-Säure-Verhältnis.
Baum: Sehr starker Wuchs, breite Krone. Für alle Erziehungsformen geeignet. Bodenansprüche durchschnittlich, für gute Gartenböden geeignet. Ansprüche an Standort und Klima höher. Für warme, geschützte Lagen. Blüte mittelfrüh, etwas frostempfindlich. Schlechter Pollenspender. Ertrag früh einsetzend, sehr hoch, nicht ganz regelmäßig. Die Sorte ist schorf- und krebsanfällig.

Mutterapfel

Mutterapfel

Die Sorte entstand in Massachusetts/USA.
Doppelnamen: American Mother; Lavanttaler Bananenapfel (Österreich)

Frucht: Sehr guter Tafel- und Wirtschaftsapfel. Baumreife ab Ende Oktober. Genussreife ab November. Haltbarkeit bis Januar. Mittelgroßer bis großer Apfel. Fruchtschale goldgelb, rot gestreift. Fruchtfleisch sehr aromatisch, süß.
Baum: Mittelstarker, sehr gesunder Wuchs. Für alle Erziehungsformen geeignet. Ansprüche an Boden und Klima gering. Die genügsame Sorte ist auch noch in frostgefährdeten und rauen Lagen anbaufähig. Blüte mittelfrüh, frosthart. Guter Pollenspender. Ertrag sehr reich. Die Sorte ist nicht schorfanfällig.

Mutterapfel *siehe* Champagnerrenette
Drei Jahre dauernder Mutterapfel

N

Nägelesapfel *siehe* Roter Eiserapfel
Nalivi-Jabloky *siehe* Roter Eiserapfel
Nalivia *siehe* Possarts Nalivia
Naliwnoje Heloje *siehe* Weißer Klarapfel

Dr. Nansen

Dr. Nansen

Guter Tafel- und Wirtschaftsapfel. Reifezeit ab November. Haltbarkeit bis in April. Sehr große, flachrunde, kantige Frucht. Fruchtschale gelb, zur Reifezeit braunrot getuscht und gestreift. Fruchtfleisch mürbe, saftig, angenehm süß-säuerlich, wenig Würze. Der Baum wächst kräftig und bildet breite Kronen. Er ist widerstandsfähig gegen Krankheiten und Schädlinge. Erträge hoch. Erziehung vorwiegend als Halb- und Hochstamm. Die Blüte ist mittelfrüh.

Napoleon *siehe* Kaiser Alexander
Napoleon Carla Cosenza *siehe* Der Köstlichste
Napoleonsapfel *siehe* Der Köstlichste
Naranc Salma *siehe* Batullenapfel
Nassau *siehe* Prinz Nikolaus von Nassau

Nathusius' Taubenapfel

Die Sorte wurde 1824 aus Samen gezogen.

Frucht: Sehr guter Tafel- und Wirtschaftsapfel. Genussreife ab November. Haltbarkeit bis in März. Mittelgroßer, abgestumpft eiförmiger, oft unregelmäßig gebauter Apfel. Fruchtschale glatt, etwas fettig, grünlichgelb bis hellgelb, später lebhaft gelb. Zur Reifezeit intensiv gerötet und gestreift. Die Frucht sieht auffallend schön aus. Schalenpunkte fein, bräunlichgelb Geruch schwach. Fruchtfleisch weiß, fein, saftig. Vorherrschende Säure bei hohem Zuckergehalt. Starker bittermandelähnlicher Geschmack, der manchmal abgelehnt wird.

Nathusius' Taubenapfel

Baum: Mittelstark wachsend, Krone breitpyramidal. Die Krone muss durch regelmäßigen Aufbauschnitt formiert werden. Im Alter schwachwachsend. Ansprüche an den Boden mittelhoch. Der Ertrag setzt früh ein, ist gut und regelmäßig. Blüte spät, unempfindlich gegen Witterungseinflüsse.

Nationalrenette *siehe* Kanadarenette
Neckartal *siehe* Rheinischer Winterrambur
Nelkenapfel siehe Cornwalliser Nelkenapfel
Görlitzer Nelkenapfel
Nelson *siehe* Kirkes Nelson
Netzrenette *siehe* Burchardts Renette

Neue Ananasrenette

Neue Ananasrenette (Abbildung Seite 328)

Guter Tafel- und sehr guter Wirtschaftsapfel. Genussreife ist ab Dezember. Haltbarkeit bis März. Kleiner bis mittelgroßer, abgestumpft rundlicher, ziemlich gleichmäßig gebauter Apfel. Fruchtschale glatt bis fein rau. Schalenfarbe grünlich, später grünlichgelb bis lebhaft gelb. Schalenpunkte sind zahlreich, fein, braun, emporgewölbt. Geruch ist schwach. Fruchtfleisch gelblichweiß bis grünlichgelb, fein, saftig, etwas renettenartig gewürzt. Vorherrschende Säure bei geringerem Zuckergehalt. Der Baum wächst schwach und trägt sehr reich.

Neue Borsdorfer Renette

Sehr guter Tafel- und Wirtschaftsapfel. Genussreife ab Ende Dezember. Haltbarkeit bis Anfang April. Mittelgroßer, abgestumpft rundlicher bis flachrunder, ziemlich gleichmäßig gebauter Apfel. Fruchtschale glatt, hellgrün, später gelb. Sonnenseite manchmal etwas gerötet. Schalenpunkte fein bis mitteldick, braun. Häufig kleine Anflüge von Rost. Geruch schwach. Fruchtfleisch gelblichweiß, fein, nicht sehr saftig, gewürzt. Etwas Säure bei vorherrschendem Zuckergehalt.

Neue Edelrenette

Ausgezeichneter Tafel-, sehr guter Wirtschaftsapfel. Genussreife ab Januar. Haltbarkeit bis Mai. Mittelgroßer, abgestumpft rundlicher, ziemlich gleichmäßig gebauter Apfel. Fruchtschale teils glatt, teils fein rau. Schalenfarbe grün, wird später auch gelblichgrün. Sonnenseite leicht gerötet. Schalenpunkte zahlreich, fein bis mitteldick, auch eckig, graubraun. Manchmal Anflüge von Rost. Die Frucht welkt auf dem Lager nur wenig. Geruch schwach. Fruchtfleisch grünlichgelb, fein, saftig, angenehm gewürzt. Vorherrschende kräftige Säure bei nicht ganz so hohem Zuckergehalt.

Neue Goldparmäne

Neue Goldparmäne

Die Sorte entstand 1905 aus einer Kreuzung von 'Wintergoldparmäne' x 'Parkers Pepping'. Doppelname: Strauwaldts Neue Goldparmäne

Guter Tafelapfel. Genussreife ist ab November. Haltbarkeit bis März. Mittelgroßer, abgestumpft rundlicher Apfel. Grundfarbe gelb. Deckfarbe orange mit dunkleren Flecken. Berostungen häufig. Fruchtfleisch fein, fest, gelblichweiß. Geschmack angenehm süß. Der Baum wächst zuerst stark, später mittelstark. Krone steil. Gesunder Wuchs, nur wenig Schnittmaßnahmen erforderlich. Anbau jedoch nur auf ausreichend feuchten Standorten, dann auch für rauere Lagen geeignet. Für alle Erziehungsformen.

Neuer Amerikaner

Neuer Amerikaner

Sehr guter Tafel- und auch Wirtschaftsapfel. Genussreife ab Ende November. Haltbarkeit bis Februar. Mittelgroßer, flachrunder bis runder, ziemlich gleichmäßig gebauter Apfel. Fruchtschale meist glatt, manchmal etwas fettig. Schalenfarbe grünlich, später grünlichgelb. Sonnenseite etwas gerötet und deutlich gestreift. Schalenpunkte fein, graubraun. Manchmal Anflüge von Rost. Die Frucht neigt auf dem Lager zum Welken. Geruch schwach. Fruchtfleisch gelblichweiß, fein, saftig, etwas zitronenartig gewürzt. Vorherrschende kräftige Säure bei hohem Zuckergehalt.

Neuer Berner Rosenapfel

Neuer Berner Rosenapfel (Abbildung Seite 330)

Die Sorte wurde 1888 in der Schweiz als Waldsämling gefunden.

Frucht: Sehr guter Tafel- und Wirtschaftsapfel. Pflückreife ab Ende September. Genussreife ab November. Haltbarkeit bis Dezember und länger. Frucht mittelgroß, abgestumpft eiförmig, oft unregelmäßig gebaut. Fruchtschale glatt, fest, etwas fettig. Schalenfarbe grün bis gelbgrün. Zur Reifezeit rosa bis leuchtend karmin. Typisch ist die bläuliche Bereifung. Fruchtfleisch gelblich bis gelblichweiß, unter der Schale oft etwas rötlich. Mittelfest, saftig, schwach aromatisch, ausgewogenes Zucker-Säure-Verhältnis.
Baum: Wuchs zuerst stark, dann mittelstark. Krone hochkugelig. Bei ausreichend feuchten Böden kann die Sorte auch noch in mittleren und höheren Lagen angebaut werden. Der Ertrag setzt früh ein, ist hoch und regelmäßig. Damit die hohen Erträge nicht zur raschen Vergreisung führen, sind gelegentliche Überwachungsschnitte notwendig. Bei hohen Erträgen zeigt sich eine Neigung zur Kleinfrüchtigkeit. Für alle Erziehungsformen geeignet. Etwas schorfanfällig.

Neuer Englischer Nonpareil

Doppelname: Neuer Großer Englischer Nonpareil

Ausgezeichneter Tafel-, brauchbarer Wirtschaftsapfel. Genussreife ab Januar. Haltbarkeit bis Mai. Kleiner bis mittelgroßer, flachrunder, gleichmäßig gebauter Apfel. Fruchtschale glatt, grün, später grünlichgelb bis hellgelb. Sonnenseite häufig leicht gerötet. Schalenpunkte zahlreich, fein bis mitteldick, manchmal eckig, braun. Auf der Sonnenseite oft mit rotem Hof. Manchmal leichte Anflüge von Rost. Die Sorte neigt auf dem Lager zum Welken. Geruch schwach. Fruchtfleisch hellgelb bis grünlichgelb, fein, manchmal etwas schwammig, saftig, edel gewürzt. Etwas vorherrschende kräftige Säure bei hohem Zuckergehalt.

Neuer Englischer Taubenapfel

Neuer Englischer Taubenapfel

Doppelnamen: Neuer Englischer Pigeon; Pigeonnet Anglais

Guter Tafel- und sehr guter Wirtschaftsapfel. Genussreife ab Anfang Dezember. Haltbarkeit bis

Februar. Ein mittelgroßer, abgestumpft rundlich-eiförmiger, fast gleichmäßig gebauter Apfel. Querschnitt fast rund. Fruchtschale etwas fettig, gelb. Zur Reifezeit intensiv gerötet. Schalenpunkte fein, bräunlich. Geruch schwach. Fruchtfleisch weiß, ziemlich fein, ausreichend saftig, etwas zimtartig gewürzt. Geringe Säure bei vorherrschendem Zuckergehalt. Der Baum wächst schwach, der Ertrag setzt früh ein und ist hoch.

Neuer Steinpepping

Doppelname: New Rock Pippin

Sehr guter Tafel- und Wirtschaftsapfel. Genussreife ab Ende Januar. Haltbarkeit bis in den Juni. Kleiner, flachrunder, nicht ganz gleichmäßig gebauter Apfel. Fruchtschale glatt, grün, später grünlichgelb bis gelb. Sonnenseite unterschiedlich stark gerötet. Schalenpunkte zahlreich, fein bis mitteldick, auch eckig, bräunlich. Häufig leichte Anflüge von Rost. Die Frucht welkt auf dem Lager nur wenig. Geruch schwach. Fruchtfleisch grünlichgelb, fein, ausreichend saftig, kräftig und angenehm gewürzt. Geringe Säure bei vorherrschendem Zuckergehalt.

Neustadts Gelber Pepping

Neustadts Gelber Pepping

Doppelnamen: Neustadts Großer Pepping; Yellow Newton Pippin; Yopps Favorite

Guter Tafel-, sehr guter Wirtschaftsapfel. Genussreife ab Januar. Haltbarkeit bis Juni. Mittelgroßer, abgestumpft rundlicher bis flachrunder, ziemlich gleichmäßig gebauter Apfel. Rippen flach über die halbe Frucht laufend. Querschnitt fast rund. Fruchtschale glatt, hellgrün, später grünlichgelb bis gelb. Sonnenseite manchmal leicht gerötet. Schalenpunkte zahlreich, sehr fein. Geruch schwach. Fruchtfleisch hellgelb, ziemlich fein, saftig, gewürzt. Der Zuckergehalt überwiegt die Säure.

Neuzerling

Die Sorte ist über 200 Jahre alt.

Sehr guter Wirtschaftsapfel. Verarbeitung ab November. Haltbarkeit bis Mai. Kleiner, plattrunder Apfel. Die Fruchtschale ist grüngelb, zur Reifezeit intensiv gestreift. Berostungen häufig. Schalenpunkte klein, gelb. Fruchtfleisch gelblich, unter der Fruchtschale gerötet. Renettenähnlicher Geschmack. Der Baum wächst stark und gesund. Die Äste hängen leicht.

Newark *siehe* Charlamowsky
New Esopus Spitzenberg *siehe* Jonathan
New Hawthornden *siehe* Winter-Hawthornden

New Jonagold

Die Sorte entstand in Japan als Mutante aus 'Jonagold'.

Im Gegensatz zur Ausgangssorte ist die Ausfärbung etwas besser, neigt aber zur Streifigkeit.

New Rock Pippin *siehe* Neuer Steinpepping
Newton Pippin *siehe* Köstliche Renette von Newton
New Yorker Renette

New Yorker Renette

Doppelnamen: Amerikanischer Gewürzapfel; Newton Pippin; Pomme de New York

Sehr guter Tafelapfel. Genussreife ab Dezember. Haltbarkeit bis Juli. Mittelgroßer, plattrunder Apfel. Fruchtschale hellgelb. Sonnenseite verwaschen rot mit kräftigen Streifen. Schalenpunkte in der Rötung weißgrau, sonst schwarzbraun. Fruchtfleisch gelblichweiß, locker und zart, mit säuerlich-süßem Geschmack.

Nicolas Renette

Sehr guter Tafel-, guter Wirtschaftsapfel. Genussreife ab Januar. Haltbarkeit bis Mai. Mittelgroßer, flachrund kegelförmiger, gleichmäßig gebauter Apfel. Fruchtschale fein aufgeraut, grünlich, später grünlichgelb bis gelb. Sonnenseite manchmal gelblichrot. Schalenpunkte mitteldick, graubraun. Zimtfarbiger, stellenweise weißlich schillernder, feinschuppiger oder engmaschiger Rost deckt einen großen Teil der Frucht. Die Frucht welkt auf dem Lager nur wenig. Kein Geruch. Fruchtfleisch gelblichweiß, fein, saftig, renettenartig gewürzt. Vorherrschende kräftige Säure bei hohem Zuckergehalt.

Niedauer

Guter Tafel-, sehr guter Wirtschaftsapfel. Genussreife ab Oktober. Haltbarkeit bis Dezember. Mittelgroßer, abgestumpft rundlicher, gleichmäßig gebauter Apfel. Fruchtschale glatt, trokken, glänzend, gelb. Sonnenseite hellrot. Schalenpunkte ziemlich fein, braun. Geruch deutlich. Fruchtfleisch weiß, ziemlich fein, brüchig, wenig gewürzt. Wenig Zucker und Säure.

Nienburger Süße Herbstrenette *siehe* Süße Herbstrenette
Niger *siehe* Weißer Winterkalvill
Nikitaer Roter Herbststreifling *siehe* Nikitaer Streifling

Nikitaer Sommerrenette

Sehr guter Tafel- und Wirtschaftsapfel. Genussreife ab September. Haltbarkeit nur bis Oktober. Mittelgroßer, abgestumpft länglichrunder, gleichmäßig gebauter Apfel. Fruchtschale glatt, glänzend, grünlichgelb, später hellgelb. Schalenpunkte fein bis mitteldick, braun, manchmal mit rotem Hof. Kein Geruch. Fruchtfleisch gelblichweiß, fein, sehr saftig, wenig gewürzt. Etwas vorherrschende milde Säure bei geringerem Zuckergehalt.

Nikitaer Streifling

Doppelname: Nikitaer Roter Herbststreifling

Guter Tafel-, sehr guter Wirtschaftsapfel. Genussreife ab Oktober. Haltbarkeit bis November. Kleiner bis mittelgroßer, flachrunder, manchmal ungleichmäßig gebauter Apfel. Fruchtschale glatt, etwas fettig, hellgrün, später hellgelb. Sonnenseite leicht punktiert gerötet und intensiv gestreift. Schalenpunkte fein. Geruch deutlich. Fruchtfleisch gelblichweiß bis weiß, fein, saftig, wenig gewürzt. Etwas vorherrschende angenehme Säure bei geringerem Zuckergehalt.

Nimmermür

Sehr alte Sorte unbekannter Herkunft.
Doppelnamen: Glasapfel; France Saure (Belgien und Holland)

Guter Wirtschaftsapfel. Verarbeitung ab Januar. Haltbarkeit bis Mai. Großer bis sehr großer, flachrunder, etwas ungleichmäßig gebauter Apfel. Rippen breit und flach über die Frucht laufend. Querschnitt nicht ganz rund. Fruchtschale geschmeidig, grün, später gelblichgrün. Sonnenseite gerötet. Zur Reifezeit intensiv gestreift. Schalenpunkte fein bis mitteldick, bräunlich. Geruch schwach. Fruchtfleisch grünlichweiß, etwas grob, saftig, nicht gewürzt. Vorherr- schende starke Säure bei geringem Zuckergehalt. Der Baum wächst anfangs stark, dann mittelstark und sehr gesund. Geeignet für Halb- und Hochstamm. Die Sorte verlangt feuchten Boden und ist sonst anspruchslos.

Nitschners Erdbeerapfel

Die Sorte wurde vor allem an der russischen Seite der Ostsee angebaut.

Sehr guter Tafel- und Wirtschaftsapfel. Genussreife ab Ende Dezember. Haltbarkeit bis März. Mittelgroßer, flachrunder, etwas ungleichmäßig gebauter Apfel. Rippen flach über die halbe Frucht laufend. Querschnitt nicht ganz rund. Fruchtschale glatt, mattglänzend, grünlichgelb, später gelb. Sonnenseite kräftig gerötet und etwas undeutlich gestreift. Schalenpunkte fein. Geruch merklich. Fruchtfleisch gelblichweiß bis weiß, fein, saftig, rosenapfelartig gewürzt. Vorherrschende kräftige Säure bei ausreichendem Zuckergehalt. Der Baum wächst kräftig und eignet sich vor allem für schweren Boden und freie Lage.

Noble *siehe* Gelber Edelapfel
Noble Rouge *siehe* Edelroter
Nonpareil *siehe* Alter Nonpareil
Braddiks Nonpareil
Deutscher Geldpepping
Fairs Vortrefflicher
Früher Nonpareil
Neuer Englischer Nonpareil
Russet Nonpareil
Scharlachroter Nonpareil
Von Heinsbergs Nonpareil
Nonpareille *siehe* Ribston Pepping

Noire de Vitry (Keine Sortenbeschreibung)

Nonpareille Ancienne *siehe* Alter Nonpareil
Nonpareille de Fair *siehe* Fairs Vortrefflicher
Nonpareille de Hubbardston *siehe* Sondergleichen von Hubbardston
Nonpareille de Langton *siehe* Langtons Sondergleichen
Nonpareille Ecarlate *siehe* Scharlachroter Nonpareil
Nonpareille Nouvelle *siehe* Früher Nonpareil

Nonpareil von Martin

Doppelname: Martins Nonpareil

Sehr guter Tafel-, guter Wirtschaftsapfel. Genussreife ab Anfang Januar. Haltbarkeit bis Mai. Mittelgroßer, abgestumpft flachkegelförmiger, ziemlich gleichmäßig gebauter Apfel. Fruchtschale teils glatt, teils aufgeraut. Schalenfarbe grün, später grünlichgelb bis gelb. Schalenpunkte zahlreich, fein bis mitteldick, manchmal eckig, bräunlich, auf der Sonnenseite meist mit rotem Hof. Gelegentliche Anflüge von Rost. Die Frucht neigt auf dem Lager zum Welken. Geruch schwach. Fruchtfleisch gelblich bis grünlichgelb, fein, etwas schwammig, saftig, angenehm aber nicht stark gewürzt. Wenig vorherrschende Säure bei hohem Zuckergehalt.

Nonsuch *siehe* Langtons Sondergleichen
Nordhausen *siehe* Schöner von Nordhausen
Norfolk Bearer *siehe* Fruchtbarer Norfolker
Norfolker *siehe* Fruchtbarer Norfolker
Norfolk Pippin *siehe* Adams Parmäne
Norfolk Russet *siehe* Adams Parmäne
Northern Spy *siehe* Späher des Nordens
Norton *siehe* Amerikanischer Melonenapfel
Nostiz *siehe* Graf Nostiz

Nöthlichs Gulderling

Sehr guter Tafel- und auch Wirtschaftsapfel. Genussreife ab November. Haltbarkeit bis Januar.

Mittelgroßer, abgestumpft rundlich-eiförmiger, gleichmäßig gebauter Apfel. Rippen kurz und flach verlaufend. Querschnitt rund. Fruchtschale glatt, grünlichgelb, später gelb. Sonnenseite manchmal leicht gerötet. Schalenpunkte fein, braun. Geruch stark. Fruchtfleisch grünlichgelb, fein, sehr saftig, schwach aber angenehm gewürzt. Vorherrschende milde Säure bei ausreichendem Zuckergehalt.

Novemberapfel *siehe* Hörbigaards Novemberapfel

O

Oberdiecks Renette

Oberdiecks Renette

Die Sorte wurde um 1850 als Sämling bei Cannstadt gefunden.

Frucht: Sehr guter Tafel- und Wirtschaftsapfel. Baumreife ab Mitte Oktober. Genussreife ab Anfang Januar. Haltbarkeit bis April. Mittelgroßer bis großer, abgestumpft rundlicher, gleichmäßig gebauter Apfel. Fruchtschale durch kräftige Schalenpunkte fein aufgeraut. Schalenfarbe hellgrün, später gelb. Sonnenseite etwas goldiger. Schalenpunkte zahlreich, fein bis mitteldick, auch eckig, braun. Häufig leichte Anflüge von Rost. Geruch schwach. Fruchtfleisch gelblichweiß, fein, saftig, angenehm renettenartig gewürzt. Etwas vorherrschende Säure bei hohem Zuckergehalt.
Baum: Mittelstarker bis starker Wuchs. Krone rund. Erziehungsschnitt nur in den ersten Jahren erforderlich. Für alle Erziehungsformen außer Spalier geeignet. Anbau nur auf guten Apfelböden und in sonniger Lage. Bei guten Voraussetzungen auch in Höhenlagen geeignet. Blüte mittelfrüh, unempfindlich. Der Ertrag beginnt früh bis mittelfrüh, ist mittelhoch und regelmäßig. Die Sorte ist anfällig für Schorf, Mehltau und Krebs.

Oberdiecks Taubenapfel

Oberdiecks Taubenapfel

Doppelname: Pigeonnet Oberdieck

Sehr guter Tafel- und Wirtschaftsapfel. Genussreife ist ab Dezember. Haltbarkeit bis Februar. Kleiner bis mittelgroßer, glockenförmiger, gleichmäßig gebauter Apfel. Rippen schwach ausgeprägt und über die halbe Frucht laufend. Querschnitt ziemlich rund. Fruchtschale glatt, hellgrün, später hellgelb. Sonnenseite gestreift. Schalenpunkte zahlreich, fein, bräunlich. Geruch schwach. Fruchtfleisch weiß, sehr fein, saftig, angenehm bittermandelartig gewürzt. Milde Säure bei ausreichend hohem Zuckergehalt. Der Baum ist schwachwüchsig, gesund und äußerst fruchtbar.

Oberland *siehe* Jakob Fischer
Oberhasling *siehe* Rambur von Oberhasling

Oberländer Himbeerapfel

Sehr guter Tafel- und auch Wirtschaftsapfel. Genussreife ab November. Haltbarkeit bis März. Mittelgroßer, abgestumpft rundlicher, meist ziemlich gleichmäßig gebauter Apfel. Rippen flach über die Frucht laufend. Querschnitt flachkantig. Fruchtschale glatt, etwas fettig, hellgrün, später grünlichgelb bis gelb. Zur Reifezeit intensiv gerötet und deutlich gestreift. Schalenpunkte sehr fein, bräunlich. Geruch deutlich. Fruchtfleisch hellgrün bis grünlichgelb, ziemlich fein, etwas locker, saftig, nicht sehr stark kalvillartig gewürzt. Vorherrschende Säure bei geringerem Zuckergehalt.

Oberösterreichische Nationalrenette *siehe* Kanadarenette

Oberösterreichischer Brünnerling

Eine sehr alte österreichische Sorte, die auch im süddeutschen Raum weit verbreitet ist.
Doppelnamen: Brünner; Isnyer Jahrapfel

Frucht: Guter Tafelapfel und sehr guter Wirtschaftsapfel. Baumreife ab Mitte Oktober. Genuss-

Oberösterreichischer Brünnerling

reife ab Januar. Haltbarkeit bis Mai. Mittelgroßer, flachkegelförmiger, oft etwas unregelmäßig gebauter Apfel. Fruchtschale glatt, derb, fettig. Schalenfarbe grünlichgelb, später tief goldgelb. Sonnenseite bräunlichrot, wird auf dem Lager leuchtend karminrot. Fruchtfleisch fein, sehr fest. Wenig gewürzt. Schwache Säure bei ausreichendem Zuckergehalt. Nicht sehr saftig.
Baum: Sehr starker Wuchs. Krone hochkugelig. Erziehung nur als Halb- und Hochstamm. Vor allem für Obstwiesen geeignet. Ansprüche an den Boden gering. In flachgründigen Böden kurzlebig. Ertrag sehr von der Ernährung abhängig. Anbau bis 800 m Höhe möglich. Blüte sehr früh, unempfindlich. Ertrag mittelfrüh einsetzend, mittelhoch und regelmäßig. Die Sorte ist sehr widerstandsfähig gegen Krankheiten.

Oberrieder Glanzrenette

Die Sorte wird vor allem in der Schweiz angebaut.

Sehr guter Tafel- und Wirtschaftsapfel. Genussreife ab Januar. Etwa ein Jahr lang haltbar. Mittelgroßer bis großer Apfel. Fruchtschale zitronengelb, Sonnenseite goldig. Schalenpunkte eckig. Fruchtfleisch fein, gelblich, sehr guter Geschmack. Der Baum trägt früh, reich und regelmäßig. Blüte gegen Witterungseinflüsse unempfindlich. Für windige Lagen eher weniger geeignet, da der dünne Fruchtstiel brüchig ist. Sonst sehr anspruchslos an Boden und Klima. Gedeiht auch noch in schwerem, kalten Lehmboden.

Odin

Die Sorte entstand 1953 aus 'Golden Delicious' x 'Ingrid Marie' und ist seit 1966 im Anbau.

Frucht: Guter Tafel- und Wirtschaftsapfel. Frucht mittelgroß, regelmäßig hochrund, manchmal auch etwas flacher. Langer Stiel und flache Kelchgrube. Fruchtschale glatt, etwas bewachst. Schalenfarbe goldgelb, auf der Sonnenseite verwaschen rot. Schattenseite rotstreifig mit hellen Schalenpunkten. Fruchtfleisch cremeweiß, weich, sehr saftig, weinsäuerlich. Baumreife ab Mitte September, wenig windfest. Haltbarkeit bis November.
Baum: Der Baum bildet eine große und dichte Krone. Blätter ungewöhnlich groß. Wuchs anfangs stark, später schwächer. Anbau in guten Apfellagen, nicht für Höhenlagen. Etwas anfällig für Schorf und Mehltau, keine Stippe. Ertrag früh einsetzend und hoch.

Ochsenkopf *siehe* Eifeler Rambur

Oelkofer Pepping

Oelkofer Pepping

Doppelnamen: Oelkofer Jährler; Oelkofer Jährling

Sehr guter Tafel- und Wirtschaftsapfel. Reifezeit ab März. Haltbarkeit bis Juni des darauffolgenden Jahres. Kleiner bis mittelgroßer, abgestumpft rundlicher bis plattrunder Apfel. Fruchtschale glatt, glänzend, grünlichgelb, später goldgelb. Sonnenseite goldartig gerötet, mit zahlreichen Forellenpunkten. Manchmal blutrot verwaschen. Um den Kelch häufig leichte Anflüge von Rost. Fruchtfleisch weiß, unter der Schale gelblich, sehr saftig. Edel gewürzt, harmonisches Zucker-Säure-Verhältnis. Der Baum wächst schwach bis mittelstark und bildet eine kugelförmige Krone. Blüte mittelfrüh. Für alle Erziehungsformen geeignet. Noch für raue Lagen, bessere Ergebnisse jedoch in guten Anbaulagen.

Ohm Paul

Ohm Paul (Abbildung Seite 339)

Die Sorte entstand in Sachsen.
Doppelname: Schneeapfel

Frucht: Sehr guter Frühapfel. Baum- und Genussreife ab Ende Juli. Haltbarkeit bis Mitte August. Mittelgroßer, abgestumpft rundlicher, oft flachkantiger Apfel. Fruchtschale zuerst grüngelb, dann hellgelb, manchmal goldgelb. Nur in seltenen Fällen etwas gerötet. Angenehmer Geruch. Manchmal leichte Rostanflüge. Fruchtfleisch weiß, saftig, leicht gewürzt, weinsäuerlich.
Baum: Mittelstarker Wuchs. Krone hochgebaut. Erziehung vorwiegend als Halb- und Hochstamm. Ansprüche an Boden und Klima gering. Blüte früh bis mittelfrüh, etwas regenempfindlich. Ertrag je nach Anbaulage unterschiedlich einsetzend und unterschiedlich hoch. Der Baum kann sich schnell erschöpfen. Wenig anfällig für Schorf, anfällig für Krebs, Fruchtfäule und tierische Schädlinge.

Ohm Paul *siehe* Gestreifter Titowka

Öhringer Blutstreifling

Die Sorte stammt aus der Gegend von Öhringen/Württemberg.

Frucht: Guter Tafel-, sehr guter Wirtschaftsapfel. Baumreife ist ab Ende Oktober. Genussreife ab Januar. Haltbarkeit bis April. Kleiner bis mittelgroßer, rundlicher, etwas unregelmäßig gebau- ter Apfel. Fruchtschale glatt, wachsartig, anfangs hellgrün, später strohgelb. Zur Reifezeit leuchtend rot gestreift, auf der Schattenseite marmoriert. Schalenpunkte fein, unregelmäßig, braun. Geruch schwach. Fruchtfleisch weiß, fest, saftig, wenig Aroma. Geringer Säuregehalt bei stärkerem Zuckergehalt.
Baum: Wuchs zuerst mittelstark, später schwächer. Hohe Krone mit überhängenden Spitzen. Sorgfältiger Aufbauschnitt erforderlich. Erziehung nur als Hochstamm. Ansprüche an Boden und Lage gering. Der oft hohe Ertrag erfordert kräftige Düngung, damit sich der Baum nicht erschöpft. Auf nassem Boden Neigung zu Schorf. Anbau bis 600 m Höhe möglich. Blüte mittelfrüh, wenig empfindlich. Der Ertrag setzt früh ein, ist sehr gut und regelmäßig.

Ölands Kungsäpple (Keine Sortenbeschreibung)

Oldenburg *siehe* Charlamowsky
Geheimrat Dr. Oldenburg
Old Hawthornden *siehe* Apfel von Hawthornden
Old Nonpareil *siehe* Alter Nonpareil
Olga *siehe* Herzogin Olga
Königin Olga-Apfel
Olga Nicolajewna *siehe* Königin Olga-Apfel

Ontarioapfel

Ontarioapfel

Die Sorte entstand um 1820 aus einer Kreuzung von 'Northern Spy' x 'Wagenerapfel'. In Europa seit 1882 verbreitet.

Frucht: Ausgezeichneter Tafel- und Wirtschaftsapfel. Baumreife ab Mitte Oktober. Genussreife ab Januar. Haltbarkeit bis Mai. Die Frucht ist groß bis sehr groß und plattrund. Rippen laufen über die ganze Frucht. Fruchtschale gelblichgrün, dann gelb. Sonnenseite zuerst trübrot, später rot verwaschen und gestreift. Schalenpunkte hell. Fruchtfleisch weiß, zart, von erfrischender, angenehmer und feiner Säure. Nur gut belichtete, sonnenbeschienene Früchte färben sich gut aus. Grünbleibende Früchte befriedigen im Geschmack und Aussehen weniger. Beim Überwachungsschnitt deshalb für eine durchlichtete Baumkrone sorgen.
Baum: Die Sorte verlangt nährstoffreichen, offenen Boden, möglichst in geschützter Lage. Der Wuchs ist nicht allzu stark. Die Krone bleibt klein. Ein strenger Erziehungsschnitt und zeitweise Verjüngung sind erforderlich. Der Ertrag beginnt früh, ist sehr reich und regelmäßig. Wegen des frostempfindlichen Holzes Frostlagen unbedingt meiden. Für alle Erziehungsformen geeignet. Blüte mittelspät bis spät. Widerstandsfähig gegen Witterungseinflüsse. Guter Pollenspender.

Orangenapfel *siehe* Schweizer Orangenapfel

Orangenburg

Die Sorte entstand 1930 aus 'Cox Orangenrenette' x 'Geheimrat Dr. Oldenburg'.

Frucht: Guter Tafelapfel. Frucht mittelgroß, regelmäßig hochrund. Fruchtschale goldgelb, sonnenseits verwaschen rot oder deutlich gestreift. Auf dem Lager fettig werdend. Fruchtfleisch gelblichweiß, mittelfest, saftig und süß. Baumreife ab Mitte September. Mehrmaliges Durchpflücken erforderlich, nicht windfest. Haltbarkeit bis Dezember.
Baum: Der Baum bildet eine breitkugelige, gut verzweigte Krone. Wuchs anfangs stark, später schwach. Ansprüche an Boden und Klima hoch. Anbau nur in besten Lagen. Ertrag mittelhoch und regelmäßig. Der Sommerschnitt beugt vorzeitigem Vergreisen vor.

Orangenpepping *siehe* Dr. Seeligs Orangenpepping
Orangenrenette *siehe* Cox' Orangenrenette
Orange Suisse *siehe* Schweizer Orangenapfel
Oregon *siehe* Golden Delicious

Orei

Die Sorte entstand in Japan aus 'Golden Delicious' x 'Delicious'.

Tafelapfel. Baumreife ab Mitte September. Genussreife ab Ende Dezember. Haltbarkeit bis Mitte Februar. Frucht mittelgroß bis groß, hochgebaut und gerippt. Fruchtschale glatt, zäh, weißgrüne Grundfarbe, zur Reifezeit schwach mattrot gestreift. Fruchtfleisch grünlichweiß, fest, sehr saftig, durch den geringen Säureanteil übermäßig süß schmeckend. Der Baum wächst mittelstark und aufrecht. Erziehung vorwiegend als Niederstamm. Anbau auf guten Böden in warmem Klima.

Orléans (Nicht identisch mit Orléansrenette)

Orléansrenette

Doppelname: Reinette d' Orléans

Ausgezeichneter Tafel-, sehr guter Wirtschaftsapfel. Genussreife ab Ende Dezember. Haltbar- keit bis April. Mittelgroßer, abgestumpft rundlich-eiförmiger, gleichmäßig gebauter Apfel. Fruchtschale teils glatt, teils auch fein rau. Schalenfarbe grünlichgelb, später goldgelb. Sonnenseite unterschiedlich stark gerötet und etwas gestreift. Schalenpunkte zahlreich, mitteldick, eckig, braun. Häufig Figuren und Anflüge von Rost. Kein Geruch. Fruchtfleisch hellgelb, fein, ausreichend saftig, an Zitronat erinnernd gewürzt. Harmonisches Zucker-Säure-Verhältnis.

Orloff *siehe* Comte Orloff
Orme *siehe* Manks Apfel

Osnabrücker Renette

Doppelnamen: Graue Osnabrücker Renette; Reinette d' Osnabruck

Guter Tafel-, sehr guter Wirtschaftsapfel. Genussreife ab Dezember. Haltbarkeit bis März. Mittelgroßer, flach eiförmiger, ziemlich gleichmäßig gebauter Apfel. Fruchtschale fein aufgeraut, hellgrün, später grünlichgelb bis gelb. Sonnenseite gerötet und etwas gestreift. Brauner, feinmaschiger, manchmal schuppiger Rost bedeckt fast die ganze Frucht. Geruch fehlt. Fruchtfleisch hellgelb bis grünlichgelb, fein, sehr saftig, etwas renettenartig gewürzt. Vorherrschende kräftige Säure bei unterschiedlich hohem Zuckergehalt. Der Baum wächst stark und ist sehr fruchtbar.

Osterapfel *siehe* Weißer Winterkalvill
Osterkalvill *siehe* Roter Osterkalvill

Osterkamps Renette (Keine Sortenbeschreibung)

Ostpreußischer Herbstkurzstiel

Ausgezeichneter Tafel-, sehr guter Wirtschaftsapfel. Genussreife ab Ende Oktober, Haltbarkeit bis Januar. Mittelgroßer, flachrunder, ziemlich gleichmäßig gebauter Apfel. Fruchtschale glatt, gelbgrün, später grünlichgelb bis hellgelb. Sonnenseite manchmal mit gelblichrotem Anflug. Schalenpunkte fein, bräunlich. Manchmal feine Anflüge von hellbraunem Rost, gelegentlich auch Warzen. Geruch schwach. Fruchtfleisch gelblichweiß, fein, weniger saftig, angenehm gewürzt. Etwas vorherrschende kräftige Säure bei hohem Zuckergehalt.

Ostpreußischer Winter-Kurzstiel

Sehr guter Tafel- und Wirtschaftsapfel. Genussreife ab Ende Dezember. Haltbarkeit bis März.

Kleiner bis mittelgroßer, abgestumpft rundlicher, ziemlich gleichmäßig gebauter Apfel. Die Fruchtschale ist glatt, hellgrün, später mehr grünlichgelb bis hellgelb. Die Sonnenseite ist häufig etwas gerötet. Schalenpunkte zahlreich, fein, braun. Manchmal kleine Anflüge von hellbraunem Rost. Geruch schwach. Fruchtfleisch weiß, fein, saftig, gewürzt. Etwas vorherrschende kräftige Säure bei ausreichendem Zuckergehalt.

Ostpreußischer Zitronenapfel

Sehr guter Tafel- und guter Wirtschaftsapfel. Genussreife ab Ende September. Haltbarkeit bis Anfang November. Mittelgroßer, abgestumpft rundlicher, gleichmäßig gebauter Apfel. Rippen nicht sehr stark über die Frucht laufend. Fruchtschale glatt, etwas fettig, grünlichgelb, später gelb. Sonnenseite gerötet, manchmal gestreift. Schalenpunkte sind fein, bräunlich. Geruch schwach. Fruchtfleisch ist gelblichweiß, ziemlich fein, etwas locker, sehr saftig, beerenartig gewürzt. Etwas vorherrschende angenehme Säure bei ausreichendem Zuckergehalt.

Ottolanders Renette von Sorgvliet

Sehr guter Tafel- und Wirtschaftsapfel. Genussreife ist ab Anfang Januar. Haltbarkeit bis April. Mittelgroßer, abgestumpft rundlicher, etwas ungleichmäßig gebauter Apfel. Fruchtschale teils glatt, teils fein aufgeraut. Schalenfarbe ist grünlich, später grünlichgelb bis gelb. Sonnenseite manchmal leicht gerötet. Schalenpunkte zahlreich, mitteldick, braun. Manchmal Anflüge von Rost. Geruch schwach. Fruchtfleisch ist gelblichweiß, fein, saftig, renettenartig gewürzt. Vorherrschende kräftige und angenehme Säure. Noch ausreichender Zuckergehalt.

Ottowa 292

Die Sorte entstand in Kanada aus 'Melba' x 'Roter Astrachan'.

Ein Spätsommerapfel, der ungleichmäßig reift, und deshalb nur im Hausgarten angebaut werden kann. Grundfarbe hellgrün, zur Reifezeit etwas gerötet.

Ouillins *siehe* Kalvill von Ouillins

Owen Thomas

Die Sorte entstand in England aus 'Cox' Orangenrenette' x 'Gladstone'.

Spätsommerapfel. Früchte mittelgroß. Deckfarbe schwach ausgeprägt, braunrot geflammt auf grünem Grund. Geschmack durchschnittlich.

Owens Golden Beauty *siehe* Roter Margarethenapfel

Ozark Gold

Die Sorte entstand in Missouri, USA, aus 'Golden Delicious' x ('Conrad' x 'Red Delicious').

Die Sorte wird vorwiegend in Italien und nur für den dortigen Markt angebaut. Reifezeit Ende August. Ausreichende Fruchtgröße nur in guten Anbaulagen, sehr wärmebedürftig. Fruchtschale sehr hart. Die Schalenfarbe ist hellgelb, zur Reifezeit mit kräftig geröteter Backe, kaum Berostung. Im Geschmack werden die Ausgangssorten nicht erreicht. Ertrag niedrig bis mittelhoch, ausgeprägte Alternanz.

P

Paasch-Apfel *siehe* Weißer Winterkalvill

Padleys Pepping

Doppelname: Padleys Pippin

Guter Tafel-, sehr guter Wirtschaftsapfel. Genussreife ab Ende Oktober. Haltbarkeit bis Januar. Mittelgroßer bis großer, flachrunder, nicht ganz gleichmäßig gebauter Apfel. Fruchtschale glatt, etwas fettig, grünlichgelb, später lebhaft gelb. Sonnenseite gerötet. Schalenpunkte fein bis mitteldick, bräunlich. Manchmal kleine Anflüge von braunem Rost. Geruch fehlt. Fruchtfleisch gelblichweiß, ziemlich fein, saftig, keine Würze. Vorherrschende kräftige, angenehme Säure bei weit geringerem Zuckergehalt. Die Frucht neigt zur Stippe.

Palandt *siehe* Andenken an Palandt

Palandts Himbeerapfel

Guter Tafel-, sehr guter Wirtschaftsapfel. Genussreife ab September. Haltbarkeit bis Oktober. Mittelgroßer, flachrunder, gleichmäßig gebauter Apfel. Rippen flach über die halbe Frucht laufend. Querschnitt rund. Fruchtschale glatt, etwas fettig, grünlichgelb, später hellgelb. Zur Reifezeit intensiv gerötet und gestreift. Schalenpunkte fein, bräunlich, in der Rötung hell erscheinend. Geruch stark. Fruchtfleisch gelblichweiß, fein, nicht sehr saftig, rosenapfelartig gewürzt. Wenig Säure bei vorherrschendem Zuckergehalt.

Pannensk *siehe* Roter Jungfernapfel

Papageiapfel

Doppelnamen: Pomme Suisse Panachée; Suisse

Sehr guter Wirtschaftsapfel. Verarbeitung ab Oktober. Haltbarkeit bis Dezember. Großer, abgestumpft rundlicher, ein etwas ungleichmäßig gebauter Apfel. Die Rippen laufen flach über die Frucht. Querschnitt leicht kantig. Fruchtschale etwas fettig, grünlichgelb, später hellgelb. Sonnenseite sanft gerötet und gestreift. Schalenpunkte sehr fein, bräunlich, mit hellem Hof. Geruch deutlich. Fruchtfleisch weiß, ziemlich fein, saftig. Vorherrschende angenehme Säure bei geringem Zuckergehalt.

Papageiapfel *siehe* Roter Winterkronenapfel

Papeleus Rambur (Abbildung Seite 346)

Doppelname: Rambour Papeleu; Winterrambur

Guter Tafel- und sehr guter Wirtschaftsapfel. Genussreife ab Anfang November. Haltbarkeit bis Februar. Großer, abgestumpft rundlicher, etwas ungleichmäßig gebauter Apfel. Rippen flach und unregelmäßig über die Frucht laufend. Querschnitt etwas kantig. Fruchtschale glatt, leicht fettig, gelblichgrün, später hellgelb. Sonnenseite schwach gerötet und undeutlich gestreift. Schalenpunkte fein, bräunlich. Geruch schwach. Fruchtfleisch grünlichgelb, halbfein, saftig, wenig gewürzt. Vorherrschende angenehme Säure bei geringem Zuckergehalt.

Papeleus Rambur

Papierapfel *siehe* Polnischer Papierapfel
Paradiesapfel *siehe* Backapfel
Danziger Kantapfel
Dithmarscher Paradiesapfel
Doppelter Winterparadiesapfel
Gestreifter Winterparadiesapfel
Roter Eiserapfel
Roter Herbstkalvill
Weißer Winterkalvill
Pariser Rambur *siehe* Kanadarenette

Pariser Ramburrenette

Doppelname: Reinette du Canada

Sehr guter Tafel-, hervorragender Wirtschaftsapfel. Genussreife ab Januar. Haltbarkeit bis Mai. Großer bis ziemlich großer, abgestumpft rundlicher bis flachrunder, ungleichmäßig gebauter Apfel. Rippen flach und unregelmäßig über die Frucht laufend. Querschnitt kantig. Fruchtschale unterschiedlich stark, manchmal überall fein aufgeraut durch Anflüge und Überzüge von unterschiedlich starkem Rost. Schalenfarbe hellgrün, später grünlichgelb bis hellgelb. Sonnenseite manchmal bräunlich gerötet. Schalenpunkte zahlreich, groß, eckig, braun. Geruch schwach. Fruchtfleisch gelblich, oft grünlichgelb, fein, saftig, renettenartig gewürzt. Wenig vorherrschende, sehr angenehme Säure bei hohem Zuckergehalt.

Pariser Ramburrenette *siehe* Kanadarenette
Parkers Grauer Pepping *siehe* Parkers Pepping

Parkers Pepping

Eine sehr alte, englische Sorte.
Doppelnamen: Graue Renette; Lederapfel; Lederer; Pelzapfel; Parkers Grauer Pepping; Rabau

Parkers Pepping

Sehr guter Tafel- und Wirtschaftsapfel. Genussreife ab Ende Dezember. Haltbarkeit bis April. Mittelgroßer, rundlicher, gleichmäßig gebauter Apfel. Fruchtschale teils glatt, teils aufgeraut durch Anflöge und Überzüge von hellbraunem, schuppigen oder feinmaschigem Rost. Schalenfarbe hellgrün, später grünlichgelb bis gelb. Sonnenseite manchmal leicht gerötet. Schalenpunkte fein bis mitteldick. Die Frucht welkt auf dem Lager nur wenig. Kein Geruch. Fruchtfleisch gelblich bis grünlichgelb, fein, saftig, renettenartig gewürzt. Etwas vorherrschende kräftige und angenehme Säure bei ausreichend hohem Zuckergehalt. Der Baum wächst mittelstark und besitzt eine kugelige Krone. Der Ertrag setzt früh ein und ist sehr hoch. Der Baum gedeiht auch noch in raueren Lagen.

Parmäne von Mabbot

Doppelname: Pearmain de Mabbot

Sehr guter Tafel- und auch Wirtschaftsapfel. Genussreife ab November. Haltbarkeit bis Januar.

Parmäne von Mabbot

Mittelgroßer, abgestumpft rundlich-eiförmiger bis flachrunder, gleichmäßig gebauter Apfel. Die Fruchtschale ist ziemlich glatt, grünlichgelb, später goldgelb. Zur Reifezeit gerötet und gestreift. Die Schalenpunkte sind zahlreich, fein bis mitteldick, auch eckig, grünlichbraun. Geruch schwach. Fruchtfleisch gelblichweiß, fein, saftig, etwas renettenartig gewürzt. Vorherrschende angenehme Säure bei geringerem Zuckergehalt.

Parmentier *siehe* Renette Parmentier

Passamaner

Doppelname: Steirischer Passamaner

Wirtschaftsapfel. Mittelgroße Frucht, flachkugelig, nicht ganz gleichmäßig gebaut. Fruchtschale glatt, grünlichgelb. Zur Reifezeit verwaschen rot, dunkler marmoriert und gestreift. Berostungen im Bereich der Stielgrube. Fruchtfleisch ist grünlichweiß, auch weiß, saftig, hart, später mürbe. Geschmack süßsäuerlich, ohne Würze. Baumreife Mitte Oktober, Genussreife ab Dezember, Haltbarkeit bis April.
Der Baum wächst stark und bildet eine flachkugelige bis kugelige Krone aus.

Pawliner *siehe* Grüner Pawliner

Payette

Die Sorte entstand in Idaho, USA, aus 'Ben Davis' x 'Wagener Apfel'. Sie kam 1944 in den Handel.

Winterapfel. Frucht sehr groß, unregelmäßig geformt. Fruchtschale glatt, etwas fettig. Zur Reifezeit intensiv gerötet. Verwendung vorwiegend als Wirtschaftsapfel.

Pearmain d' Automne *siehe* Herbstparmäne
Pearmain de Mabbot *siehe* Parmäne von Mabbot
Pearmain de Mannington *siehe* Manningtons Parmäne
Pearmain de Schwarzenbach *siehe* Schwarzenbachs Parmäne
Pearmain d'Eté *siehe* Sommerparmäne
Pearmain Dorée d'Hiver *siehe* Wintergoldparmäne
Pearmain Rouge d'Hiver *siehe* Rote Winterparmäne
Pearsons Plate *siehe* Pearsons Renette

Pearsons Renette

Doppelname: Pearsons Plate

Sehr guter Tafel- und guter Wirtschaftsapfel. Genussreife ab Dezember. Haltbarkeit bis März. Kleiner, gleichmäßig gebauter Apfel. Fruchtschale glatt, teilweise fein aufgeraut durch Rostanflüge, vor allem um die Kelchwölbung. Schalenfarbe grün, später grünlichgelb. Sonnenseite leicht trüb gerötet und nicht oder nur schwach gestreift. Schalenpunkte zahlreich, sehr fein, grünlichbraun. Die Frucht neigt auf dem Lager zum Welken. Geruch schwach. Fruchtfleisch grünlichgelb, fein, saftig, angenehm gewürzt. Etwas vorherrschende Säure bei ausreichend hohem Zuckergehalt.

Peasgoods Goldrenette *siehe* Goldrenette von Peasgood
Peasgoods Nonsuch *siehe* Goldrenette von Peasgood

Peasgoods Sondergleichen *siehe* Goldrenette von Peasgood
Peasgoods Unvergleichlicher *siehe* Goldrenette von Peasgood

Peickers Boutigne-Apfel

Sehr guter Tafel- und Wirtschaftsapfel. Genussreife ab Januar. Haltbarkeit bis Mai. Mittelgroßer bis großer, abgestumpft rundlicher, manchmal flachrunder, gleichmäßig gebauter Apfel. Fruchtschale glatt, grün, später grünlichgelb bis gelb. Zur Reifezeit unterschiedlich stark gerötet und gestreift. Schalenpunkte fein, bräunlichgelb, auf der Sonnenseite oft mit gelbem Hof. Anflüge von Rost selten. Geruch schwach. Fruchtfleisch gelblichweiß bis weiß, fein, saftig, mild renettenartig gewürzt. Etwas vorherrschende Säure bei unterschiedlich hohem Zuckergehalt.

Pelzapfel *siehe* Graue Französische Renette
Parkers Pepping
Pepin de Warwick *siehe* Pepping von Wyken
Pepin d'Or Allemand *siehe* Deutscher Goldpepping
Pepin d'Or d'Eté *siehe* Sommer-Goldpepping
Pepin Marbré d'Eté *siehe* Marmorierter Sommerpepping
Pepin Vermeil d'Hiver *siehe* Rotbackiger Winterpepping

Pepping von Court of Wick

Ausgezeichneter Tafel-, brauchbarer Wirtschaftsapfel. Genussreife ab Dezember. Haltbarkeit bis März. Kleiner, abgestumpft rundlicher, meist gleichmäßig gebauter Apfel. Fruchtschale teils glatt, teils aufgeraut. Schalenfarbe grünlichgelb, später lebhaft gelb. Sonnenseite goldgelb, leicht gerötet und wenig gestreift. Schalenpunkte zahlreich, fein bis mitteldick, auch eckig, braun. Manchmal Anflüge von braunem Rost, gelegentlich Warzenbildung. Die Frucht neigt auf dem Lager etwas zum Welken. Geruch schwach. Fruchtfleisch gelblichweiß, fein, saftig, edel gewürzt. Etwas vorherrschende Säure bei hohem Zuckergehalt.

Pepping von Wyken

Doppelnamen: Pepin du Warwick; Wyken Pippin

Sehr guter Tafel- und Wirtschaftsapfel. Genussreife ab Dezember. Haltbarkeit bis in den April. Kleiner, flachrunder, gleichmäßig gebauter Apfel. Fruchtschale teils glatt, teils aufgeraut. Schalenfarbe grünlichgelb, später gelb. Schalenpunkte zahlreich, bräunlich. Häufig kleine Anflüge von hellem Rost. Die Frucht welkt auf dem Lager nur wenig. Kein Geruch. Fruchtfleisch gelblichweiß, fein, saftig, edel gewürzt. Wenig Säure bei hohem Zuckergehalt.

Perfection *siehe* Shepherds Perfection
Perlrenette *siehe* Rote Sternrenette

Peter Broich (Abbildung Seite 350)

Die Sorte entstand um 1850 bei Grevenbroich.

Die Frucht ist groß, flachkugelförmig, mit ungleichen Hälften. Fruchtschale glatt, glänzend. Schalenfarbe bei Baumreife grünlich, später gelb bis goldgelb. Sonnenseite verwaschen rot und dunkler gestreift. Schalenpunkte zahlreich, sternförmig. Rostspuren nur um die Stielhöhle. Die Vollreife Frucht ist leicht fettig. Geruch kaum merklich. Fruchtfleisch gelblichweiß, fein, mürbe, saftig, süß und gewürzt. Genussreife ab Mitte Dezember. Haltbarkeit bis April. Der Baum wächst kräftig und gesund. Er eignet sich für alle Erziehungsformen.

Peter Broich

Peter Heusgens Goldrenette

Peter Heusgens Goldrenette

Die Sorte wurde um 1870 von Oberpfarrer Henzen gezüchtet.

Ausgezeichneter Tafel- und sehr guter Wirtschaftsapfel. Genussreife ab Januar. Haltbarkeit bis Mai. Mittelgroßer, rundlicher bis fast flachrunder, nicht ganz gleichmäßig gebauter Apfel. Fruchtschale glatt, grünlichgelb, später goldgelb. Zur Reifezeit intensiv gerötet und auf der Schattenseite etwas gestreift. Schalenpunkte zahlreich, fein bis mitteldick, auch eckig, bräunlich. Kein Geruch. Fruchtfleisch gelblichweiß, fein, saftig, renettenartig gewürzt. Vorherrschende kräftige und angenehme Säure bei ausreichend hohem Zuckergehalt.

Peter Smith

Sehr guter Tafel- und Wirtschaftsapfel. Genussreife ab Januar. Haltbarkeit bis April und länger.

Mittelgroßer, abgestumpft eiförmiger, gleichmäßig gebauter Apfel. Fruchtschale glatt, leicht fettig, grünlichgelb, später gelb. Sonnenseite manchmal leicht gerötet. Schalenpunkte fein, braun. Geruch schwach. Fruchtfleisch gelblichweiß, fein, saftig, nicht sehr stark gewürzt. Harmonisches Zucker-Säure-Verhältnis.

Petit Fleiner *siehe* Kleiner Fleiner

Peupions Renette

Sehr guter Tafel- und Wirtschaftsapfel. Genussreife ab Dezember. Haltbarkeit bis in den März. Großer, flachrunder, meist ungleichmäßig gebauter Apfel. Rippen flach über die Frucht laufend. Querschnitt nicht ganz rund. Fruchtschale glatt, grünlich, später zitronengelb. Sonnenseite leicht gerötet. Schalenpunkte fein bis mitteldick, braun. Geruch deutlich. Fruchtfleisch weiß, fein, saftig, gewürzt. Vorherrschende milde Säure bei ausreichendem Zuckergehalt.

Pfaffenhofener Schmelzling

Pfaffenhofener Schmelzling

Lokalsorte in Süddeutschland. Verwendung vorwiegend als Stammbildner und Mostobst. Verarbeitung ab November. Haltbarkeit bis Januar. Frucht groß, hochgebaut. Fruchtschale grüngelb. Fruchtfleisch weiß, süß mit milder Säure. Der Baum ist starkwüchsig und sehr gesund. Er bildet eine breitpyramidale Krone mit hängendem Fruchtholz. Ertrag regelmäßig und hoch.

Pfannkuchenapfel *siehe* Altländer Pfannkuchenapfel
Horneburger Pfannkuchenapfel
Pfefferrenette *siehe* Muskatrenette
Pfingstapfel *siehe* Roter Bellefleur
Pfirsichapfel *siehe* Amerikanischer Pfirsichapfel
Irischer Pfirsichapfel
Pfirsichroter Sommerapfel

Pfirsichroter Sommerapfel

Pfirsichroter Sommerapfel

Die Sorte ist schon sehr alt und stammt wahrscheinlich aus Frankreich.
Doppelnamen: Jenaer Rosenapfel; Pfirsichapfel; Pfirsichroter Sommerrosenapfel

Frucht: Sehr guter und vor allem sehr schöner Frühapfel. Reifezeit Mitte August bis Anfang September. Lagerfähigkeit gering. Kleiner bis mittelgroßer, rundlicher, ziemlich gleichmäßig gebauter Apfel. Fruchtschale gelblichweiß mit prachtvoller, verwaschener Rötung und Streifenzeichnung, bläulich bereift. Schalenpunkte gelbbraun mit rotem Hof oder völlig rot. Geruch deutlich. Fruchtfleisch weiß, unter der Schale manchmal rötlich, fein, locker, saftig, etwas rosenapfelartig gewürzt. Milde Säure bei ausreichendem Zuckergehalt. Geruch deutlich.
Baum: In der Jugend stark, später mittelstark wachsend. Die Wuchskraft lässt dann weiter nach, so dass der Baum nie groß wird. Krone hochkugelig, später breit bis hängend, sparrig. Der Baum verlangt nur wenig Schnittmaßnahmen. Erziehung vorwiegend als Halb- und Hochstamm. Anbau nur auf guten und ausreichend feuchten Apfelböden. Bei geschütztem Stand bis zu 1000 m Höhe anbaufähig. Blüte mittelfrüh, unempfindlich. Der Ertrag setzt früh ein, ist meist recht gut und ziemlich regelmäßig.

Pfirsichroter Sommerrosenapfel *siehe* Pfirsichroter Sommerapfel

Pfotenhauers Renette

Sehr guter Tafel- und auch Wirtschaftsapfel. Genussreife ab Dezember. Haltbarkeit bis Anfang März. Mittelgroßer, flachrunder, meist gleichmäßig gebauter Apfel. Fruchtschale glatt, gelblichgrün, später zitronengelb. Sonnenseite etwas gerötet und leicht gestreift. Schalenpunkte fein, bräunlich. Geruch ist ausgeprägt. Das Fruchtfleisch ist weiß, fein, ziemlich saftig, schwach gewürzt. Milde Säure bei vorherrschendem Zuckergehalt.

Pfundapfel *siehe* Backapfel
Geflammter Kardinal
Gloria Mundi
Kaiser Alexander

Pomme de Coing *siehe* Weißer Winterkalvill
Pomme de Dame *siehe* Brauner Matapfel
Pomme de Downton *siehe* Downton Pepping
Pomme de Fraise *siehe* Weißer Winterkalvill
Pomme de Garnon *siehe* Königlicher Kurzstiel
Pomme de Glace *siehe* Weißer Astrachan
Pomme de Gravenstein *siehe* Gravensteiner
Pomme de Grignon *siehe* Apfel von Grignon
Pomme de Hereford *siehe* Herefordshire Parmäne
Pomme de Livre *siehe* Hausmütterchen
Pomme de Londres *siehe* London Pepping
Pomme de Maure *siehe* Brauner Matapfel
Pomme de Moscovite d'Eté *siehe* Weißer Astrachan
Pomme de New York *siehe* New Yorker Renette
Pomme d'Enfer *siehe* Brauner Matapfel
Pomme de Prince Verte *siehe* Grüner Fürstenapfel
Pomme de Reval *siehe* Weißer Klarapfel
Weißer Transparentapfel
Pomme de Syke-House *siehe* Russet von Sykehouse
Pomme de Transylvanie *siehe* Batullenapfel
Pomme d'Eve *siehe* Evas Apfel
Pomme du Halder *siehe* Apfel von Halder
Pomme Duquesne *siehe* Duquesnes Pepping
Pomme Eiser Rouge *siehe* Roter Eiserapfel
Pomme Etoilée *siehe* Sternapfel
Pomme Federale *siehe* Staatenparmäne
Pomme Fraise *siehe* Roter Margarethenapfel
Pomme Hughes *siehe* Hughes Goldpepping
Pomme Junneating *siehe* Roter Margarethenapfel
Pomme Knackponctuée *siehe* Punktierter Knackpepping
Pomme Lanterne *siehe* Laternenapfel
Pomme Marguerite *siehe* Roter Margarethenapfel
Pomme Melon *siehe* Prinzenapfel
Pomme Neige *siehe* Belgischer Schneeapfel
Pomme Noire d'Hiver *siehe* Brauner Matapfel
Pomme Norton *siehe* Amerikanischer Melonenapfel
Pomme Orange d'Allemagne *siehe* Pomeranzenapfel
Pomme Passe *siehe* Edler Rosenstreifling
Pomme-Poire *siehe* Birnförmiger Apfel
Pomme Princesse Auguste *siehe* Prinzessin Auguste
Pomme Raisin *siehe* Sauergrauech
Pomme Rayée d'Hiver *siehe* Echter Winterstreifling
Pomme Reine Louise *siehe* Königin Luisens Apfel
Pomme Rouenaise Hâtive *siehe* Frühapfel von Rouen
Pomme Rouge de Stettin *siehe* Roter Stettiner

Pommerscher Krummstiel

Die Sorte entstand in Mecklenburg oder auf der Insel Rügen und ist seit etwa 1850 bekannt. Doppelnamen: Gestreifter Römerapfel; Krummstengel; Krummstiel.

Pommerscher Krummstiel

Frucht: Guter Tafelapfel und ausgezeichneter Wirtschaftsapfel. Pflückreife ab Anfang Oktober. Genussreife ab November. Haltbarkeit bis Februar. Großer, rundlicher, meist unregelmäßig gebauter Apfel. Eine stark ausgeprägte Rippe läuft über die ganze Frucht, beeinflusst auch den Stielansatz. Fruchtschale grünlichgelb, später intensiv gelb. Sonnenseite kräftig gestreift oder verwaschen gerötet. Starke Fettschicht. Fruchtfleisch gelblichweiß, fein, saftig, wenig Würze.
Baum: Zuerst stark, dann weniger stark wachsend. Geringe Ansprüche an Standort und Lage, auch auf trockenen Böden gedeihend. Für raue Lagen geeignet. Krone stark, breit, schirmförmig, später hängend. Erziehung vorwiegend als Halb- und Hochstamm. Der Baum wächst gesund und kann sehr alt werden. Blüte unempfindlich. Der Ertrag setzt sehr spät ein, ist dann in jedem zweiten Jahr hoch und regelmäßig.

Pommerscher Langsüßer *siehe* Langsüßer
Pomme Safranée *siehe* Safranapfel
Pomme Spicée *siehe* Englischer Gewürzapfel
Pomme Suisse Panachée *siehe* Papageiapfel
Pomme Verte de Rhode Island *siehe* Grünling von Rhode Island
Pomme Violette d'Automne *siehe* Herbst-Veilchenapfel
Pomona *siehe* Cox' Pomona
Pomona Britannica *siehe* Kaiser Alexander

Pomphelias Renette

Doppelnamen: Pomphelias Rote Renette; Reinette de Pomphélia

Sehr guter Wirtschaftsapfel. Als Tafelapfel nur wenig verwendet. Verarbeitung ab November. Haltbarkeit bis Februar. Sehr großer, abgestumpft eiförmiger, nicht ganz gleichmäßig gebauter Apfel. Fruchtschale glatt, etwas fettig, grünlichgelb, später hellgelb. Zur Reifezeit punktiert gerötet und reichlich gestreift. Schalenpunkte fein, bräunlich. Geruch schwach. Fruchtfleisch gelblichweiß, halbfein, saftig, nicht gewürzt. Vorherrschende kräftige Säure bei unterschiedlich hohem Zuckergehalt.

Pontoise *siehe* Schöner von Pontoise
Portugel Russet *siehe* Kanadarenette

Possarts Nalivia

Guter Tafelapfel, sehr guter Wirtschaftsapfel. Genussreife ab Ende November. Haltbarkeit bis Anfang Februar. Großer, abgestumpft länglichrunder, fast gleichmäßig gebauter Apfel. Rippen flach über die Frucht laufend. Fruchtschale glatt, etwas fettig, hellgrün bis hellgelb. Sonnenseite intensiv gelb. Schalenpunkte sehr fein, bräunlich. Manchmal Anflüge von Rost. Kein Geruch. Fruchtfleisch gelblichweiß bis weiß, fein, etwas locker, saftig und schwach gewürzt. Vorherrschender Zuckergehalt.

Possarts Nalivia *siehe* Antonowka
Postophe d'Eté *siehe* Sommergewürzapfel
Postophe d'Hiver *siehe* Winterpostoph
Potts Large Grey Seedling *siehe* Kentischer Korbfüller

Potts Sämling

Potts Sämling

Die Sorte stammt aus England und ist seit 1850 bekannt.

Sehr guter Tafelapfel und Wirtschaftsapfel. Genussreife ab September. Haltbarkeit bis Oktober. Mittelgroßer bis großer, rundlicher Apfel. Der Baum wächst schwach bis mittelstark und gesund. Für alle Erziehungsformen geeignet. Gelegentliche Erhaltungsschnitte notwendig.

Prachtrenette *siehe* Kanadarenette
Prager *siehe* Bunter Prager
Prahlrambur *siehe* Englischer Prahlrambur

Prairie Spy

Die Sorte entstand 1923 in Minnesota, USA. Sie kam 1940 auf den Markt.

Frucht mittelgroß bis groß, regelmäßig geformt. Fruchtschale glatt, zur Reifezeit intensiv rot gestreift. Fruchtfleisch etwas hart und trocken. Wirtschaftsapfel.

Präsident de Fays

Doppelname: Président de Fays-Dumenceau

Guter Tafel-, und sehr guter Wirtschaftsapfel. Genussreife ab November. Haltbarkeit bis Januar. Großer bis sehr großer, abgestumpft flachrunder, oft unregelmäßig gebauter Apfel. Rippen flach und ungleichmäßig über die Frucht laufend. Querschnitt nicht ganz rund. Fruchtschale glatt, manchmal durch feine, maschenartige Berostung aufgeraut. Schalenfarbe grün, später grünlichgelb. Sonnenseite punktiert gerötet und etwas gestreift. Schalenpunkte fein, bräunlich. Geruch ausgeprägt. Fruchtfleisch grünlichgelb bis grünlichweiß, halbfein, brüchig, saftig, wenig gewürzt. Vorherrschende Säure bei unterschiedlich hohem Zuckergehalt. Der Baum wächst stark. Ertrag gering bis mittelhoch.

Priam

Die Sorte entstand 1956 in Indiana/USA aus einem Nummersämling und 'Jonathan'.

Frucht: Schorfresistente Züchtung. Die Frucht ist mittelgroß, regelmäßig rund, konisch zulaufend. Fruchtschale glatt, schwach bewachst, nicht berostet. Schalenfarbe gelb, zur Reifezeit weitflächig mittelrot. Fruchtfleisch gelblich, feinkörnig, saftig, säuerlich aromatisch. Baumreife Mitte September. Genussreife Anfang Oktober. Haltbarkeit bis Januar.
Baum: Breite, gut verzweigte Krone. Wuchs mittelstark, bei Vollertrag schwach. Anbau nur in geschützten Lagen. Wenig anfällig für Mehltau. Ertrag hoch und regelmäßig.

Prima

Prima

Schorfresistente Züchtung aus den USA aus 'Morgenduft' x *Malus floribunda* und Rückkreuzung mit der Kultursorte.

Mittelgroße bis große, bauchige Früchte, die auf der Kelchseite abgeflacht sind. Fruchtschale glatt, gelbgrün, bewachst. Zur Reifezeit auf der Sonnenseite geflammt bis streifig rot. Helle Schalenpunkte, kaum Berostung. Fruchtfleisch ist saftig, cremefarben, feinzellig. Geschmack feinsäuerlich, manchmal durch geringen Säureanteil sehr süß, später mehlig werdend. Reifezeit Mitte September. Haltbarkeit bis Oktober. Lagerfähigkeit gering. Etwas anfällig für Stippe. Der Baum wächst mittelstark und bildet eine breite Krone mit guter Verzweigung aus. Die

Erträge sind mittelhoch und regelmäßig. Nur wenig mehltauanfällig, weitgehend resistent gegenüber Feuerbrand. Holz nur wenig frostempfindlich, manchmal krebsanfällig. Anfällig für Mehltau, Stippe und Lagerkrankheiten.

Président Napoléon *siehe* Kaiser Alexander
Preußen *siehe* Prinz Albrecht von Preußen
Prinzessin Wilhelm von Preußen

Priener Georgiapfel (Oberbayerische Lokalsorte, keine Sortenbeschreibung)

Primate

Sehr guter Tafel-, guter Wirtschaftsapfel. Genussreife ab September. Haltbarkeit bis Oktober. Mittelgroßer, abgestumpft rundlicher, fast gleichmäßig gebauter Apfel. Rippen flach über die halbe Frucht verlaufend. Das Fruchtschale ist etwas fettig, grünlich, später heller grün. Geruch schwach. Fruchtfleisch grünlichweiß bis weiß, ziemlich fein, saftig, etwas gewürzt. Vorherrschende angenehme Säure bei geringem Zuckergehalt.

Prime Gold

Die Sorte entstand als Zufallssämling von 'Golden Delicious' in den USA.

Wenig Berostungsanfällig. Sonst weitgehend wie 'Golden Delicious'.

Prime Red *siehe* Akane
Primerouge *siehe* Akane
Prince de Lippe *siehe* Fürst Lippe
Prince's Pippin *siehe* Wintergoldparmäne
Princesse Nobl *siehe* Alantapfel
Französischer Prinzessinapfel
Princesse Noble des Chartreux *siehe* Französischer Prinzessinapfel

Prinerapfel *siehe* Welschisner
Prinerling *siehe* Oberösterreichischer Brünnerling
Prinz Albert *siehe* Lanes Prinz Albert

Prinz Albrecht von Preußen

Prinz Albrecht von Preußen

Die Sorte entstand 1865 als Sämling der Sorte 'Kaiser Alexander'.
Doppelname: Albrechtapfel

Frucht: Sehr guter Tafel- und Wirtschaftsapfel. Baumreife ab Ende September. Genussreife ab November. Haltbarkeit bis Januar. Mittelgroßer bis großer, breitkugeliger Apfel. Fruchtschale glatt, ledrig, weißlichgelb. Zur Reifezeit kräftig gerötet. Fruchtfleisch fein, süßsäuerlich, aromatisch.
Baum: Der Wuchs ist mittelstark, später schwach. Krone wird mittelbreit. Für alle Erziehungsformen geeignet. Anbau nur auf guten, nährstoffreichen und ausreichend feuchten Apfelböden. Die Ansprüche an Standort und Klima sind gering. Raue und frostgefährdete Lagen werden ertragen. Blüte mittelspät bis spät, frosthart. Guter Pollenspender. Ertrag früh einsetzend, regelmäßig und hoch. Pflegeaufwand gering. Die Sorte ist widerstandsfähig gegen Krankheiten und Schädlinge.

Prinzenapfel

Eine alte deutsche Sorte, die vor allem in Norddeutschland stark verbreitet ist.
Doppelnamen: Ananasapfel (Württemberg); Berliner; Flaschenapfel; Glockenapfel (Bayern, Rheinland); Haferapfel (Westfalen); Hasenkopf (Norddeutschland); Hasenschnäutzchen; Immerträger; Jerusalemapfel (Detmold); Katzenkopf; Klapperapfel; Melonenapfel (Bayern, Rheinland, Hannover); Schlotterapfel (Baden-Württemberg); Walzenapfel (Baden)

Frucht: Sehr guter Tafel- und Wirtschaftsapfel, der auch gerne zum Dörren verwendet wird.

Prinzenapfel

Pflückreife ab Ende September. Genussreife ab Oktober. Haltbarkeit bis Januar. Mittelgroßer bis großer, walzenförmiger, ziemlich gleichmäßig gebauter Apfel. Mittelstarke, nach der Mitte zu abflachende Rippen. Die Fruchtschale ist glatt, mattglänzend, gelblichgrün, später hellgelb. Sonnenseite oft kräftig gerötet und gestreift. Geruch merklich, an Ananas erinnernd. Fruchtfleisch gelblichweiß, ziemlich fein und saftig. Mit angenehmer Säure bei ausreichend hohem Zuckergehalt. Feine Würze, die nur dem Prinzenapfel eigen ist und ihm seinen Wohlgeschmack verleiht. Auf dem Lager neigt die Frucht zum Welken. Sie muss deshalb in einem guten Keller kühl und luftfeucht gelagert werden. Die späte Blüte ist unempfindlich gegen Witterungseinflüsse.
Baum: Der Prinzenapfel verlangt einen feuchten und nahrhaften Boden. Gut geeignet für das Küstengebiet und für höhere Gebirgslagen. Er gedeiht noch in Höhen bis zu 800 m und verträgt auch raue Standorte. Da die Seitentriebe nur schlecht austreiben, müssen die Leittriebe mehrere Jahre hindurch regelmäßig zurückgeschnitten werden. Geeignet für höhere Baumformen, nicht geeignet für Schnuranlagen und Spaliere. Der Ertrag setzt früh ein und ist regelmäßig. Der Baum kann sehr alt werden, ältere Bäume neigen jedoch zu Krebs.

Prinzenapfel *siehe* Doppelter Prinzenapfel
Finkenwerder Prinzenapfel
Halberstädter Jungfernapfel
Langsüßer
Rheinische Schafsnase
Roter Prinzenapfel

Prinz Eitel Fritz (Abbildung Seite 364)

Sehr gute Tafelfrucht. Reifezeit November. Haltbarkeit bis Februar. Große Frucht. Fruchtschale gelb, Sonnenseite gerötet.

Prinzessin Alexandraapfel *siehe* Alexandraapfel

Prinzessinapfel *siehe* Alantapfel
Edler Prinzessinapfel
Französischer Prinzessinapfel

Prinz Eitel Fritz

Prinz Nikolaus von Nassau

Sehr guter Tafel- und Wirtschaftsapfel. Genussreife ab Dezember. Haltbarkeit bis Ende April. Kleiner bis mittelgroßer, abgestumpft rundlich-eiförmiger, gleichmäßig gebauter Apfel. Die Fruchtschale ist glatt, etwas fettig, hellgrün, später hellgelb. Zur Reifezeit kräftig gerötet und etwas gestreift. Schalenpunkte zahlreich, fein bis mitteldick, hellbraun, in der Rötung mit gelbem Hof. Geruch schwach. Fruchtfleisch weiß, fein, saftig, gewürzt. Vorherrschende Säure bei ausreichendem Zuckergehalt.

Prinzessin Auguste

Doppelnamen: Geigers Prinzessin Auguste; Pomme Princesse Auguste

Guter Tafel- und sehr guter Wirtschaftsapfel. Genussreife ab Ende Dezember. Haltbarkeit bis April. Mittelgroßer bis großer, abgestumpft flach-kegelförmiger, gleichmäßig gebauter Apfel. Fruchtschale ist glatt, hellgrün, später grünlichgelb bis gelb. Schalenpunkte fein, bräunlich. Geruch deutlich. Fruchtfleisch gelblichweiß, fein, saftig, leicht renettenartig gewürzt. Etwas vorherrschende Säure bei ausreichendem Zuckergehalt.

Prinzessin Auguste *siehe* Geigers Prinzessin Auguste

Prinzessin Irene

Die Sorte entstand in Holland aus 'Jonathan' x 'Cox' Orangenrenette'.

Winterapfel. Die Frucht ist klein bis mittelgroß. Fruchtschale goldgelb, zur Reifezeit orangerot gestreift. Fruchtfleisch locker, vorherrschende Säure.

Prinzessin Luise

Die Sorte entstand in Ontario/Kanada und kam um 1860 nach Europa.
Doppelname: Luisenapfel.

Frucht: Ausgezeichneter Tafelapfel und sehr guter Wirtschaftsapfel. Baumreife Anfang Oktober.

Genussreife ab Mitte Oktober. Haltbarkeit bis Januar. Mittelgroßer, kugeliger bis flachkugeliger Apfel. Fruchtschale glatt, dünn, hellgrün bis gelblichgrün. Zur Reifezeit bräunlichrot. Schalenpunkte hell. Fruchtfleisch ist grünlichweiß bis weiß, sehr saftig, feines Aroma. Sehr harmonisches Zucker-Säure-Verhältnis.
Baum: Mittelstarker Wuchs. Krone flachkugelig. Äste später hängend. Nur für Niederstammformen geeignet. Anbau nur auf guten, nicht allzu schweren Apfelböden. Die Lage soll warm und windgeschützt sein. Dann bis in mittlere Höhenlagen anbaufähig. Blüte früh, unempfindlich. Guter Pollenspender. Der Ertrag setzt früh ein, ist hoch und regelmäßig. Die Sorte ist widerstandsfähig gegen Krankheiten und Schädlinge und braucht wenig Schnittpflege.

Prinzessin Wilhelm von Preußen

Genussreife ab Dezember. Haltbarkeit bis Januar. Fruchtschale wachsartig weiß. Sonnenseite rosarot verwaschen. Der Baum wächst gesund und trägt gut.

Priscilla

Eine schorfresistente Neuzüchtung aus den USA.

Reifezeit Ende September. Frucht mittelgroß bis groß, ausgeprägte Kelchblätter. Furchtschale leuchtend rot gefärbt, langer Stiel. Fruchtfleisch durch wenig Säure ziemlich süß schmekkend. Wuchs mittelstark, Ertrag gering bis mittelhoch.

Prize *siehe* Sir Prize
Prolifique *siehe* Fruchtbarer von Frogmore

Punktierte Renette

Sehr guter Tafel-, guter Wirtschaftsapfel. Genussreife ab Dezember. Haltbarkeit bis April. Mittelgroßer, flachrunder, gleichmäßig gebauter Apfel. Fruchtschale glatt, gelblichgrün, später hellgelb. Sonnenseite zuweilen leicht gerötet. Schalenpunkte mitteldick, graubraun. Manchmal Anflüge von Rost. Kein Geruch. Fruchtfleisch ist gelblichweiß, fein, saftig, wenig gewürzt. Vorherrschende kräftige Säure bei ausreichendem Zuckergehalt.

Punktierter Knackpepping

Doppelname: Pomme Knackponctuée

Ausgezeichneter Tafel-, sehr guter Wirtschaftsapfel. Genussreife ab Januar. Haltbarkeit bis April. Kleiner, abgestumpft eiförmiger, fast gleichmäßig gebauter Apfel. Querschnitt oft nicht ganz rund. Fruchtschale glatt, durch die Schalenpunkte teilweise fein aufgeraut. Schalenfarbe grünlichgelb, später gelb. Schalenpunkte sind zahlreich, teils fein, teils sehr dick, auch eckig, grünlichbraun. Die Frucht neigt auf dem Lager zum Welken. der Geruch ist schwach. Fruchtfleisch gelblichweiß, fein, saftig, edel gewürzt. Feine Säure bei hohem Zuckergehalt.

Puntschapfel

Die Sorte wurde vor allem im böhmischen Elbetal häufig angebaut.
Doppelname: Seidenapfel

Puntschapfel

Frucht: Ausgezeichneter Tafel-, sehr guter Wirtschaftsapfel. Pflückreife ab Anfang Oktober. Genussreife ab Dezember. Haltbarkeit bis April. Mittelgroßer, gleichmäßig gebauter Apfel. Flache Rippen laufen über die ganze Frucht. Fruchtschale glatt, trocken, hellgelb, später leuchtend gelb. Sonnenseite manchmal leicht gerötet und gestreift. Schalenpunkte fein, häufig mit rotem Hof. Fruchtfleisch gelblich, fein, sehr saftig. Sehr harmonisches Zucker-Säure-Verhältnis. Angenehmer Geruch.
Baum: In der Jugend stark, später weniger stark wachsend. Durch die hohe Fruchtbarkeit nicht sehr alt werdend. Krone kugelförmig, später breiter. Erziehung vorwiegend als Hochstamm. Anbau auf guten Apfelböden bis in mittlere Höhenlagen. Blüte früh, wenig empfindlich. Der Ertrag setzt früh ein und ist sehr hoch.

Puritan

Die Sorte entstand in den USA aus 'McIntosh' x 'Roter Astrachan'.

Spätsommerapfel. Fruchtschale grün, zur Reifezeit intensiv geflammt bis flächig gerötet mit blauem Schimmer. Fruchtfleisch mit herausragendem Säureanteil.

Purpurmantel

Ein Winterapfel, der bei Weiden/Oberpfalz gezüchtet wurde und seit 1965 im Handel ist.

Frucht: Sehr guter Tafel- und Wirtschaftsapfel. Baumreife ab Ende Oktober. Genussreife ab Dezember. Haltbarkeit bis Juni. Großer bis sehr großer Apfel. Fruchtschale grünlichgelb. Sonnenseite leuchtend gerötet. Fruchtfleisch körnig, süßsäuerlich.
Baum: Kräftiger Wuchs, mittelgroße Krone. Für alle Baumformen geeignet. Anbau auf guten Apfelböden. Ansprüche an Boden und Klima gering. Auch noch für höhere Lagen geeignet. Blüte mittelfrüh bis spät. Ertrag früh einsetzend, hoch und regelmäßig. In der Jugend ist ein intensiver Aufbauschnitt notwendig. Der Baum ist wenig anfällig für Krankheiten und Schädlinge.

Purpurroter Agatapfel

Purpurroter Agatapfel

Doppelname: Purpurroter Winteragatapfel

Sehr guter Tafel- und Wirtschaftsapfel. Genussreife ab Dezember. Haltbarkeit bis in den April. Kleiner, abgestumpft rundlicher, gleichmäßig gebauter Apfel. Rippen klein und flach über die halbe Frucht laufend. Querschnitt rund. Fruchtschale bereift, grünlichgelb, später gelb. Zur Reifezeit intensiv gerötet und bandartig gestreift. Schalenpunkte sind fein, gelb. Geruch ausgeprägt, veilchenartig. Fruchtfleisch gelblich, unter der Schale mit rötlichem Anflug, sehr fein, saftig, rosenapfelartig gewürzt. Wenig vorherrschende Säure bei hohem Zuckergehalt.

Purpurroter Cousinot

Purpurroter Cousinot

Eine sehr alte deutsche Sorte.
Doppelnamen: Blutapfel, Cousinotte Rouge d'Hiver; Cousinotte Rouge-Pourpre; Eisenapfel;

Englische Büschelrenette; Gemeine Renette; Jagdapfel; Kastanienapfel; Kollerapfel; Römerling; Roter Henscher; Rote Renette; Roter Pilgrim; Roter Taffetapfel; Wintercousinot; Zwiebelapfel

Frucht: Hervorragender Wirtschaftsapfel, vor allem zum Keltern beliebt. Als Tafelapfel weniger brauchbar. Früher in Bauerngärten häufig als Weihnachtsapfel angebaut. Baumreife ab Mitte Oktober. Genussreife ab Dezember. Haltbarkeit bis Juni. Kleiner, länglichrunder, gleichmäßig gebauter Apfel. Schale gelblichgrün, später gelb. Zur Reifezeit intensiv gerötet und gestreift. Schalenpunkte fein, braungelb. Fruchtfleisch gelblichweiß, manchmal leicht gerötet, fest, saftig, etwas gewürzt. Hervortretende Säure bei schwächerem Zuckergehalt. Geruch schwach.
Baum: Mittelstarker Wuchs. Krone rund. Erziehung als Busch-, Hoch- und Halbstamm. Ansprüche an Boden und Lage gering. Auch noch für raue Höhenlagen bis 900 m geeignet. Der Ertrag setzt früh ein, ist hoch bis sehr hoch.

Purpurroter Winteragatapfel *siehe* Purpurroter Agatapfel

Purpurroter Zwiebelapfel

Eine Lokalsorte in Baden.

Guter Tafel- und Wirtschaftsapfel. Genussreife ab Oktober. Haltbarkeit bis Dezember. Ein kleiner, gutschmeckender Apfel, der bei Kennern beliebt ist. Der Baum wächst mittelstark und gesund. Erziehung vorwiegend als Halb- und Hochstamm. Krone zuerst aufrecht, später mehr hängend. Der Ertrag setzt mittelfrüh ein, ist gut und regelmäßig. Etwas krebsanfällig.

Pyrus Astranica *siehe* Weißer Eisapfel

Q

Queen *siehe* Königinapfel
Rambur von Buckingham
Queen Mary *siehe* Charlamowsky
Queen of the Pippins *siehe* Rötliche Renette
Wintergoldparmäne

Querina

Doppelname: Florina

Frucht groß, schmal gerippt, am Kelch abgeflacht. Baumreife Anfang Oktober, Genussreife ab Anfang November, Haltbarkeit bis Februar. Fruchtschale bereift, zur Reifezeit intensiv gerötet. Geschmack vorwiegend süß mit leichter Säure. Der Baum wächst mittelstark und ist sehr ertragreich.

Quetier

Sehr guter Tafel- und Wirtschaftsapfel. Genussreife ist ab Anfang Januar. Haltbarkeit bis Anfang April. Großer, flachrunder, ungleichmäßig gebauter Apfel. Die Rippen sind breit über die Frucht laufend. Querschnitt flachkantig. Fruchtschale ist glatt, etwas fettig, hellgrün, später hellgelb.

Schalenpunkte fein, bräunlich. Geruch ist sehr schwach. Fruchtfleisch gelblichweiß, mittelfein bis fein, saftig, etwas parfümiert. Vorherrschende milde Säure bei ausreichendem Zuckergehalt. Der Baum wächst stark und gesund. Hochgebaute Krone. Der Ertrag ist nicht immer befriedigend.

Queue Bleue *siehe* Kleiner Langstiel
Quittenapfel *siehe* Cludius' Sommerapfel
Weißer Winterkalvill
Winterquittenapfel

Quittenförmiger Gulderling

Sehr guter Wirtschaftsapfel. Verarbeitung ab November. Haltbarkeit bis Februar. Mittelgroßer, abgestumpft rundlich-eiförmiger, ungleichmäßig gebauter Apfel. Rippen breit über die Frucht laufend. Querschnitt nicht ganz rund. Fruchtschale etwas fettig, gelblichgrün, später zitronengelb. Sonnenseite manchmal mit leichtem rötlichem Anflug. Schalenpunkte zahlreich, fein, braun. Geruch schwach. Das Fruchtfleisch ist gelblich, ziemlich fein, saftig, wenig gewürzt. Etwas vorherrschende Säure bei ausreichendem Zuckergehalt. Geruch deutlich.

Quittenrenette *siehe* Credes Quittenrenette

R

Rabau *siehe* Graue Französische Renette
Graue Herbstrenette
Holländischer Grauer Rabau
Kanadarenette
Parkers Pepping
Sommer-Rabau
Winter-Rabau

Rambur von Beutelsbach (Lokalsorte aus dem Remstal, keine Sortenbeschreibung)

Rabau d'Éte *siehe* Sommerrabau
Räbenapfel *siehe* Champagnerrenette
Raisin *siehe* Sauergrauech
Rambo *siehe* Lothringer Rambur
Rambour de Flandre *siehe* Flandrischer Rambur
Rambour de Himbsel *siehe* Himbsels Rambur
Rambour d'Eté *siehe* Lothringer Rambur
Rambour d'Hiver *siehe* Roter Winterrambur
Winterrambur
Rambour Franc *siehe* Lothringer Rambur
Rambour Papeleu *siehe* Papeleus Rambur
Rambour Podolskii *siehe* Edelrambur von Winnitza

Rambur von Buckingham

Doppelnamen: Buckingham Bachelor; Buckingham Queen; Douciné

Guter Tafel-, sehr guter Wirtschaftsapfel. Genussreife ab Oktober. Haltbarkeit bis Januar. Großer bis sehr großer, flachrunder, nicht ganz gleichmäßig gebauter Apfel. Rippen breit über die Frucht laufend. Querschnitt flachkantig, manchmal auch rund. Fruchtschale glatt, fettig, hellgrün, später grünlichgelb. Sonnenseite leicht gerötet. Zur Reifezeit ist die ganze Frucht gestreift. Schalenpunkte fein, bräunlich. Geruch schwach. Fruchtfleisch grünlichgelb bis weiß, halbfein, saftig, nicht gewürzt. Vorherrschende kräftige Säure bei geringem Zuckergehalt.

Rambur von Oberhasling (Lokalsorte aus Niederbayern, keine Sortenbeschreibung)

Ramburrenette *siehe* Kolbes Ramburrenette
Lucas'Ramburrenette
Pariser Raumburrenette
Uhlhorns Ramburrenette
Rasselapfel *siehe* Geflammter Kardinal
Rathke *siehe* Elise Rathke
Rauapfel *siehe* Graue Französische Renette

Red Astrachan *siehe* Roter Astrachan
Red Autumn Calville *siehe* Roter Herbstkalvill

Red Bird Early (Keine Sortenbeschreibung)

Red Canada *siehe* Rote Kanadarenette
Red Chief *siehe* Roter Delicious

Red Elstar

Die Sorte entstand als Zufallsmutation und wurde 1981 in Holland gefunden. Es handelt sich um eine verbesserte Farbselektion von 'Elstar', die farbkonstant sein soll. Intensive Versuche haben dies aber noch nicht restlos bestätigt. Die Sorteneigenschaften entsprechen 'Elstar'.

Red Ingestrie *siehe* Cox' Pomona
Redleaf Russet *siehe* Cox' Pomona
Red McIntosh *siehe* McIntosh
Red Rosmarin *siehe* Roter Rosmarinapfel
Redspur Delicious *siehe* Roter Delicious
Red Winter-Calville *siehe* Roter Winterkalvill
Red Winter-Pearmain *siehe* Rote Winterparmäne

Redwinter

Entstanden um 1980 in den USA.

Tafelapfel. Frucht mittelgroß, gleichmäßig rund. Baumreife ist ab Mitte Oktober. Haltbarkeit bis Ende April. Fruchtschale fest, ringsum tiefrot. Fruchtfleisch gelblichweiß, feinkörnig, abknackend. Geschmack flach. Der Baum wächst ebenmäßig, gleichmäßig garniert, einfach zu pflegen. Etwas anfällig für Mehltau.
Die Sorte wird gerne als 'Roter Granny' bezeichnet.

Reeders Goldrenette (Abbildung Seite 372)

Sehr guter Tafelapfel. Mittelgroßer Apfel mit schöner Färbung. Fruchtfleisch ist mürbe, saftig, von angenehmem Geschmack. Der Baum wächst kräftig und gesund. Ertrag hoch.

Reeders Goldrenette

Regmalard *siehe* Renette Regmalard
Reine des Reinettes *siehe* Wintergoldparmäne
Rötliche Renette
Reine Sophie *siehe* Königin Sophienapfel
Reinette à Côtes *siehe* Weißer Winterkalvill
Reinette Amande *siehe* Mandelrenette
Reinette Blanche de Champagne *siehe* Champagnerrenette
Reinette Blanche du Canada *siehe* Kanadarenette
Reinette Bihorel *siehe* Renette von Bihorel
Reinette Brillante *siehe* Glanzrenette
Reinette d'Andilly *siehe* Kanadarenette
Reinette de Bretagne *siehe* Graue Renette der Bretagne
Renette von der Bretagne
Reinette de Caux *siehe* Große Kasseler Renette
Reinette de Champagne *siehe* Champagnerrenette
Reinette de Dietz *siehe* Dietzer Goldrenette
Reinette de Friesland Hâtive *siehe* Wintergoldparmäne
Reinette de Gay *siehe* Gays Herbstrenette
Reinette de Geer *siehe* Degeers Renette
Reinette de Hongrie *siehe* Königlicher Kurzstiel
Reinette de Jaeger *siehe* Jägers Renette
Reinette de la Chine *siehe* Zitzenrenette
Reinette de la Rochelle *siehe* Rivièreapfel
Reinette de Macon *siehe* Renette von Damason
Reinette de Madère *siehe* Renette von Madeira
Reinette de Nienburg *siehe* Süße Herbstrenette
Reinette de Pomphélia *siehe* Pomphelias Renette
Reinette de Portugal *siehe* Königlicher Kurzstiel
Reinette des Beiges *siehe* Königlicher Kurzstiel
Reinette des Vergers *siehe* Luxemburger Renette
Reinette Donauer *siehe* Donauers Renette
Reinette Dorée *siehe* Französische Goldrenette

Reinette Dorée de Hoya *siehe* Hoyaische Goldrenette
Reinette Dorée de Hollande *siehe* Große Kasseler Renette
Reinette Dorée de M. Duhamel *siehe* Duhamels Goldrenette
Reinette d'Orléans *siehe* Orleansrenette
Reinette d'Osnabruck *siehe* Osnabrücker Renette
Reinette du Canada *siehe* Kanadarenette
Pariser Ramburrenette
Reinette Duchesse de Brabant *siehe* Loisels Herzogin von Brabant
Reinette du Luneville *siehe* Renette von Luneville
Reinette du Roi *siehe* Winterzitronenapfel
Reinette Eisen *siehe* Roter Tiefbutzer
Reinette Etoilée *siehe* Rote Sternrenette
Reinette Franche *siehe* Edelrenette
Reinette Grenade Anglaise *siehe* Ribston Pepping
Reinette Grise *siehe* Kanadarenette
Reinette Grise Ancienne *siehe* Graue Französische Renette
Reinette Grise d'Automne *siehe* Graue Herbstrenette
Reinette Grise d'Hiver *siehe* Graue Französische Renette
Renette Parmentier
Reinette Grise du Canada *siehe* Kanadarenette
Reinette Grise Royale *siehe* Königlicher Kurzstiel
Reinette Incomparable *siehe* Kanadarenette
Reinette Jaune Hâtive *siehe* Goldgelbe Sommerrenette
Reinette Limon *siehe* Limonenrenette
Reinette Marbrée *siehe* Charakterrenette
Reinette Modele *siehe* Musterrenette
Reinette Monstrueuse *siehe* Schöner von Boskoop
Reinette Multhaupt *siehe* Multhaupts Renette
Reinette Musquée *siehe* Muskatrenette
Reinette Orange de Cox *siehe* Cox' Orangenrenette
Reinette Peupion *siehe* Peupions Renette
Reinette Picotée *siehe* Getüpfelte Renette
Reinette Platte *siehe* Zwiebelborsdorfer
Reinette Rouge Etoilée *siehe* Rote Sternrenette
Reinette Siavée *siehe* Wintergoldparmäne
Reinette St. Lambert *siehe* Rote Sternrenette
Reinette Rousse de Boston *siehe* Roxbury Russet
Reinette Thouin *siehe* Thouins Renette
Reinette van Mons *siehe* Van Mons Renette
Reinette Virginale *siehe* Kanadarenette

René

Entstanden im Institut für Obstforschung Dresden-Pillnitz aus 'James Grieve' x Nummernsorte.

Frucht: Sehr guter Tafel- und Wirtschaftsapfel. Baumreife Ende September. Genussreife ab Oktober. Haltbarkeit bis Februar. Großer, gleichmäßig flach- oder hochrunder Apfel. Fruchtschale bei Reife grünlichgelb mit flächig roter oder schwach gestreifter Deckfarbe.
Baum: Mittelstarker bis schwacher Wuchs. Äste schräg aufrecht stehend. Die Sorte ist anspruchslos und kann auch noch in höheren Lagen angebaut werden. Gering mehltauanfällig, resistent gegen Schorf und Feuerbrand. Ertrag hoch.

Renetta Rugginosa Oppuntata *siehe* Tiroler Spitzlederer

Renette Basiner

Sehr guter Tafel- und Wirtschaftsapfel. Genussreife ist ab Anfang Januar. Haltbarkeit bis Ende April. Mittelgroßer, abgestumpft rundlicher, gleichmäßig gebauter Apfel. Fruchtschale glatt, grün, später grünlichgelb. Sonnenseite etwas gerötet und gestreift. Schalenpunkte zahlreich, fein, manchmal etwas eckig, hellbraun. Um den Kelch häufig leichte Anflüge von Rost. Die Frucht welkt auf dem Lager nur wenig. Geruch fehlt. Fruchtfleisch grünlichgelb, fein, saftig, etwas renettenartig gewürzt. Vorherrschende kräftige Säure bei ausreichendem Zuckergehalt.

Renette Bihorel *siehe* Renette von Bihorel
Renette Calville *siehe* Gelbe Spanische Renette
Renette de Cantorberry *siehe* Renette von Canterbury
Renette de Caux *siehe* Renette von Caux
Renette de Macon *siehe* Renette von Damason
Renette de Madére *siehe* Renette von Madeira

Renette Evagil

Sehr guter Tafel-, guter Wirtschaftsapfel. Genussreife ab Mitte September. Haltbarkeit bis Ende Oktober. Mittelgroßer, flachrunder, gleichmäßig gebauter Apfel. Die Fruchtschale ist glatt, glänzend, grünlichgelb, später goldgelb. Die Schalenpunkte sind zahlreich, fein, bräunlich. Geruch schwach. Fruchtfleisch gelblichweiß, fein, saftig, etwas gewürzt. Vorherrschende kräftige Säure bei ausreichendem Zuckergehalt.

Renette Fourniére

Sehr guter Tafel- und Wirtschaftsapfel. Genussreife ab Januar. Haltbarkeit bis Mai. Kleiner bis mittelgroßer, abgestumpft rundlicher, nicht ganz gleichmäßig gebauter Apfel. Fruchtschale

Renette Parmentier

glatt, stellenweise fein rau, hellgrün, später grünlichgelb bis gelb. Sonnenseite trüb gerötet. Schalenpunkte fein, grünlichbraun. Häufig Überzüge von grünlichbraunem, feinschuppigem Rost. Die Frucht welkt auf dem Lager nur wenig. Der Geruch ist sehr schwach. Fruchtfleisch grünlichgelb, manchmal etwas schwammig, ausreichend saftig, etwas renettenartig gewürzt. Vorherrschende kräftige Säure bei hohem Zuckergehalt.

Renette Parmentier (Abbildung Seite 374)

Doppelname: Reinette Grise d'Hiver

Sehr guter Tafel- und Wirtschaftsapfel. Genussreife ab Dezember. Haltbarkeit bis in den April. Großer, abgestumpft runder, etwas ungleichmäßig gebauter Apfel. Fruchtschale rau, grün, später gelblichgrün. Sonnenseite häufig leicht gerötet. Schalenpunkte mitteldick, graubraun. Hellbrauner, feinmaschiger Rost deckt einen großen Teil der Frucht. Die Frucht welkt auf dem Lager nur wenig. Kein Geruch. Fruchtfleisch ist gelblichweiß, schnell braun anlaufend, fein, manchmal etwas schwammig, saftig und etwas renettenartig gewürzt. Vorherrschende kräftige Säure bei ausreichendem Zuckergehalt.

Renette Regmalard

Renette Regmalard

Anspruchsvolle Sorte, die nur bei guter Pflege und auf entsprechenden Standorten befriedigende Erträge bringt. Reifezeit Dezember.

Renette Seetchat

Sehr guter Wirtschaftsapfel. Verarbeitung ab November. Haltbarkeit bis Januar. Großer, abgestumpft länglichrunder, gleichmäßig gebauter Apfel. Fruchtschale glatt, grünlichgelb, später lebhaft gelb. Zur Reifezeit punktiert gerötet, kräftig gestreift und geflammt. Die Schalenpunkte sind fein, bräunlichgelb. Geruch schwach. Fruchtfleisch ist gelblichweiß, halbfein, ziemlich saftig, wenig gewürzt. Wenig Säure bei hohem Zuckergehalt.

Renette Széchény

Guter Tafel-, sehr guter Wirtschaftsapfel. Genussreife ab Ende Oktober. Haltbarkeit bis Januar. Großer, abgestumpft eiförmiger, gleichmäßig gebauter Apfel. Fruchtschale glatt, geschmeidig, grünlichgelb, später hellgelb. Sonnenseite etwas gerötet und intensiver gestreift und geflammt. Schaienpunkte fein, braun. Geruch schwach. Fruchtfleisch gelblichweiß, fein, ziemlich saftig, etwas gewürzt. Vorherrschende angenehme Säure bei geringerem Zuckergehalt.

Renette von Anthézieux

Sehr guter Tafel- und Wirtschaftsapfel. Genussreife ist ab Dezember. Haltbarkeit bis März. Kleiner bis mittelgroßer, abgestumpft rundlicher bis flachrunder, gleichmäßig gebauter Apfel. Fruchtschale dick, teils glatt, teils rau durch Überzüge von hellbraunem, schuppigem Rost, vor allem in Kelchnähe. Schalenfarbe grün, später heller grün. Sonnenseite und Kelchgegend sind zur Reifezeit leicht gerötet. Schalenpunkte zahlreich, mitteldick, hellbraun. Kein Geruch. Fruchtfleisch grünlichweiß, fein, etwas schwammig, saftig, angenehm gewürzt. Vorherrschende kräftige Säure bei ausreichendem Zuckergehalt.

Renette von Beek

Sehr guter Tafel- und Wirtschaftsapfel. Genussreife ist ab Dezember. Haltbarkeit bis Februar. Mittelgroßer bis großer, flachrunder, oft etwas ungleichmäßig gebauter Apfel. Fruchtschale glatt, grünlich bis grünlichgelb, später goldgelb. Zur Reifezeit ist die ganze Frucht trüb punktiert gerötet und nicht sehr deutlich gestreift. Schalenpunkte sind fein, bräunlich. Manchmal Anflüge von Rost. Die Frucht welkt auf dem Lager nur wenig. Der Geruch ist ausgeprägt. Fruchtfleisch gelblichweiß, fein, saftig, etwas gewürzt. Der Zuckergehalt übersteigt manchmal die Säure.

Renette von Bihorel

Renette von Bihorel

Guter Tafelapfel, sehr guter Wirtschaftsapfel. Genussreife ab November. Haltbarkeit bis Anfang

Haltbarkeit gering. Mittelgroßer, flachrunder, meist gleichmäßig gebauter Apfel. Rippen flach über die halbe Frucht laufend. Schale glatt, etwas fettig, hellgrün, später grünlichgelb bis gelb. Sonnenseite etwas gerötet und gestreift. Schalenpunkte fein, bräunlich. Geruch deutlich. Fruchtfleisch gelblichweiß bis weiß, fein, ziemlich saftig, gewürzt. Wenig Säure bei hohem Zuckergehalt.

Reverend W. Wilks

Reverend W. Wilks

Die Sorte entstand 1904 in England aus einer Kreuzung von 'Peasgoods Goldrenette' x 'Ribston Pepping'.

Großer Apfel, leicht gerippt. Fruchtschale hellgelb. Zur Reifezeit etwas gerötet und gestreift. Fruchtfleisch zart, weiß, säuerlich. Reifezeit mittelspät.

Rewena

Entstanden im Institut für Obstforschung Dresden-Pillnitz aus der Kreuzung von 'Cox Orangenrenette', 'Geheimrat Dr. Oldenburg' und Nummernsorten.

Frucht: Sehr guter Tafel- und Wirtschaftsapfel. Form gleichmäßig länglichrund mit flachen Wülsten. Baumreife Anfang Oktober. Genussreife ab November. Haltbarkeit bis März. Fruchtschale fast vollständig flächig rot.
Baum: Schwacher Wuchs. Äste schräg aufrecht stehend. Blüte mittelspät. Die Ansprüche an Boden und Klima sind gering. Die Sorte kann auch noch in höheren Lagen angebaut werden. Ertrag hoch. Resistent gegen Schorf, Mehltau und Feuerbrand.

Rheingold

Die Sorte entstand bei Koblenz aus einer Kreuzung von 'Anton Fischer' x 'James Grieve'. Sie wird vorwiegend im Rheinland angebaut.

Frühapfel. Reifezeit Ende August, mittlere Haltbarkeit. Frucht zur Reifezeit intensiv gelb und zumindest auf der Sonnenseite gerötet. Fruchtfleisch saftig, fest, gutes Aroma. Neigt etwas zur Stippigkeit. Der Baum wächst schwach bis mittelstark.

Rheinischer Bohnapfel *siehe* Großer Rheinischer Bohnapfel
Rheinische Renette *siehe* Blutrote Rheinische Renette
Rote Rheinische Renette

Rheinischer Krummstiel

Eine alte deutsche Sorte, die seit mindestens 200 Jahren bekannt ist und vor allem im Rheinland angebaut wird.

Frucht: Bewährter Tafel- und Wirtschaftsapfel. Baumreife ab Mitte Oktober. Genussreife ab Februar. Haltbarkeit bis Mai. Mittelgroßer, hochrunder, ziemlich gleichmäßig gebauter Apfel. Rippen flach über die Frucht laufend. Querschnitt nicht ganz rund. Fruchtschale glatt, grünlichgelb, später zitronengelb. Sonnenseite unterschiedlich stark gerötet und gestreift. Schalenpunkte fein, hell. Geruch deutlich. Fruchtfleisch weiß, saftig, leicht gewürzt. Vorherrschende Säure bei geringerem Zuckergehalt.
Baum: Starker Wuchs. Große Krone mit breit überhängenden Zweigen. Erziehung als Viertel-, Halb- und Hochstamm. Anbau auf guten Apfelböden, dann noch für raue Lagen bis 500 m bei ausreichender Wärme geeignet. Blüte mittelspät, unempfindlich. Guter Pollenspender. Der Ertrag setzt spät ein und ist dann sehr hoch. Der Baum ist widerstandsfähig gegen Krankheiten und Schädlinge.

Rheinischer Landapfel *siehe* Schicks Rheinischer Landapfel
Rheinischer Roter Winterrambur *siehe* Rheinischer Winterrambur

Rheinischer Winterrambur (Abbildungen Seite 383)

Eine sehr alte Sorte, die wahrscheinlich in Deutschland entstanden ist und in Süddeutschland und in der Schweiz häufig angebaut wird.
Doppelnamen: Großer Rheinischer Winterrambur; Gestreifter Winterrambur; Haslinger Jägerapfel; Jestetter Rambur; Lothringer Winterrambur; Malmedyer; Menzenauer Jägerapfel; Rambour d'Hiver; Roter Rheinischer Winterrambur; Roter Winterrambur; Rubiner; Schönster vom Neckartal; Teuringer Rambur (Württemberg); Teuringer Winterrambur; Winterkalvill; Winterrambur

Frucht: Guter Tafelapfel, sehr guter Wirtschaftsapfel. Obwohl die Frucht nur mittlere Güte erreicht, hat ihr ansprechendes Äußere, der gesunde Wuchs und der reiche Ertrag zum starken Anbau beigetragen. Baumreife ab Mitte Oktober. Genussreife ab Dezember. Haltbarkeit bis Mai. Großer bis sehr großer, flachrunder, meist ungleichmäßig gebauter Apfel. Rippen stark und breit über die Frucht laufend. Querschnitt kantig. Fruchtschale glatt, hellgrün, später hellgelb. Zur Reifezeit leuchtend gerötet und vor allem auf der Schattenseite intensiv gestreift. Schalenpunkte fein, bräunlich, in der Rötung hellrot. Fruchtfleisch gelblichweiß bis weiß, etwas grob bis halbfein, wenig Würze. Etwas vorherrschende Säure bei ausreichend hohem Zuckergehalt. Geruch kräftig.
Baum: Wuchs mittelstark bis stark. Krone groß, starkästig, weit ausladend. Der Baum kann sehr alt werden. Erziehung vorwiegend als Halb- und Hochstamm. Zwischenveredlung mit Stammbildner empfehlenswert. Die Sorte wird häufig zum Umveredeln älterer Obstbäume benutzt. Ansprüche an Boden und Lage nicht allzuhoch. Beste Ernteergebnisse aber nur auf guten Apfelböden. Bei guten Voraussetzungen Anbau bis 1000 m Höhe möglich. Der Ertrag setzt spät ein und ist dann alle 2 Jahre sehr hoch. Die Sorte ist etwas mehltauanfällig, sonst widerstandsfähig gegen Krankheiten und Schädlinge. Wegen des geringen Schnittaufwandes besonders für Obstwiesen geeignet. Schlechter Pollenspender.

Rheinischer Winterrambur
(Die Abbildungen zeigen die Variation der Sorte. Das obere Bild wurde als 'Teuringer Rambur' gemalt, das untere als 'Schöner vom Neckartal'. In Wirklichkeit handelt es sich um die gleiche Sorte. Beschreibung S. 382)

Rheinische Schafsnase

Die Sorte wird vor allem im fränkischen Weinbaugebiet und im Rheinland angebaut. Sie kommt in mehreren Formen vor.
Doppelnamen: Apfelmuser; Deutsche Schafsnase; Engelsapfel; Gredes Wilhelmsapfel; Grenadier; Große Gestreifte Schafsnase; Herrenapfel; Katzenkopf; Leichter Maatapfel; Roßapfel; Schafsnase
Umstrittene und falsche Bezeichnungen sind: Berliner Apfel; Berliner Schafsnase; Mayers Taubenapfel; Mayers Weißer Wintertaubenapfel; Prinzenapfel; Weißer Gerippter Herbsttäubling

Rheinische Schafsnase

Frucht: Hervorragender Wirtschaftsapfel. Für die Tafel wenig zu gebrauchen. Baumreife ab Mitte September. Verarbeitung ab Ende September. Haltbarkeit bis Dezember. Großer, kegelförmiger, fast gleichmäßig gebauter Apfel. Rippen fein und flach über die ganze Frucht laufend. Querschnitt nicht ganz rund. Fruchtschale glatt, grünlichgelb, später hellgelb. Sonnenseite punktiert gerötet und kräftig gestreift. Schalenpunkte zahlreich, fein bis mitteldick, braun. Geruch deutlich. Fruchtfleisch gelblichweiß, halbfein, saftig, nicht gewürzt. Vorherrschende angenehme Säure bei ausreichendem Zuckergehalt. Das Fruchtfleisch bleibt bei der Verarbeitung weiß.
Baum: Mittelstarker Wuchs. Aufrechte Krone, später breit und etwas sparrig. Rückschnitt nur in den ersten Jahren erforderlich. Erziehung vorwiegend als Halb- und Hochstamm. Für Obstwiesen gut geeignet. Die Ansprüche an Boden und Klima sind gering. Hohe Erträge können aber nur bei guten Böden erwartet werden. Auch in rauen Höhenlagen anbaufähig. Der Ertrag setzt früh ein, ist hoch und meist regelmäßig.

Rheinlands Ruhm

Rheinlands Ruhm (Abbildung Seite 384)

Sehr guter Tafel- und Wirtschaftsapfel. Reifezeit ab Dezember. Haltbarkeit bis in den April. Große, abgestumpft kegelförmige Frucht. Fruchtschale gelb, zur Reifezeit größtenteils lackartig gerötet und gestreift. Fruchtfleisch fein, mürbe, säuerlich. Der Baum wächst kräftig und bildet breitpyramidale Kronen. Ertrag früh einsetzend und hoch. Blüte sehr widerstandsfähig gegen Spätfröste. Erziehung vorwiegend als Buschobst.

Rhode Island Greening *siehe* Grünling von Rhode Island
Ribston *siehe* Muskatrenette

Ribston Pepping

Ribston Pepping

Die Sorte stammt aus England und war dort schon lange vor 1800 bekannt.
Doppelnamen: Englische Granatrenette; Essex Pippin; Formosa Pippin; Gestreifte Goldrenette; Glory of York; Goldmohr; Goldrabau; Goldrenette; Granatrenette; Kaiserrenette; Lederapfel; Muskatrenette; Nonpareille; Reinette Grenade Anglaise; Ribstoner Pepping; Ribston Pippin; Travers Apple; Travers Renette

Frucht: Ausgezeichneter Tafel- und sehr guter Wirtschaftsapfel. Baumreife ab Mitte November. Genussreife ab Dezember. Haltbarkeit bis April. Mittelgroßer bis großer, abgestumpft rundlicher, ziemlich gleichmäßig gebauter Apfel. Fruchtschale meist glatt, manchmal samtartig rau. Schalenfarbe grünlichgelb, später goldgelb. Sonnenseite punktiert gerötet. Zur Reifezeit etwas gestreift. Fruchtfleisch gelblichweiß, fein, saftig, kräftig muskatartig gewürzt. Etwas vorherrschende Säure bei hohem Zuckergehalt.
Baum: Sehr stark wachsend. Krone schon in der Jugend breit. Da die Sorte zur Bildung von krummen Stämmen neigt, werden häufig Zwischenveredlungen gemacht. Ansprüche an den Boden sehr hoch, Anbau nur auf erstklassigen Apfelböden. Die Sorte verlangt eine hohe Luftfeuchtigkeit. Große Verbreitung deshalb vor allem im Küstengebiet. Für alle Stammformen geeignet. Schlechter Pollenspender. Ertrag sehr früh einsetzend, nicht sehr hoch, jedoch regelmäßig. Der Baum benötigt eine ständige Schnittpflege. Er ist etwas anfällig für Krebs und Mehltau.

Richard *siehe* Gelber Richard
Richard Jaune *siehe* Gelber Richard
Richared *siehe* Roter Delicious
Richters Graue Renette *siehe* Graue Französische Renette
Riesen-Bohnapfel *siehe* Mautapfel

Riesenboiken

Riesenboiken

Deutsche Lokalsorte

Frucht: Gebietsweise bekannter Tafel- und Wirtschaftsapfel. Baumreife ist ab Ende Oktober. Genussreife ab November. Haltbarkeit bis April. Großer bis sehr großer Apfel. Fruchtschale gelbgrün. Fruchtfleisch gelblichweiß, saftig.
Baum: Starker und gesunder Wuchs, breit ausladende Krone. Für alle Erziehungsformen geeignet. Die Ansprüche an Boden und Klima sind gering. Anbau noch in rauen und frostgefährdeten Lagen möglich. Blüte mittelfrüh. Schlechter Pollenspender. Ertrag mittelfrüh einsetzend, dann regelmäßig. Der Baum benötigt wenig Pflege, ist robust gegen Krankheiten und Schädlinge.

Rieslingapfel *siehe* Hohenheimer Rieslingapfel

Rigaer Birnapfel (Abbildung Seite 387)

Doppelname: Rigaer Gelber Birnapfel

Mittelgroßer, rundlich kegelförmiger, nicht ganz gleichmäßig gebauter Apfel. Die Rippen sind klein und flach über die halbe Frucht laufend. Querschnitt fast rund. Fruchtschale etwas fettig, hellgrün, später grünlichgelb. Sonnenseite intensiv gelb und manchmal rot gestreift. Schalenpunkte zahlreich, fein, bräunlich, mit grünlichem Hof. Geruch deutlich. Fruchtfleisch gelb-lich bis grünlichgelb, fein, saftig, schwach gewürzt. Vorherrschende angenehme Säure bei hohem Zuckergehalt.

Rigaer Taubenapfel *siehe* Glogierowka

Rigaer Birnapfel

Ringstadt-Apfel

Ringstadt-Apfel

Die Sorte entstand 1818 in Schweden.

Mittelgroßer Apfel, gerippt. Fruchtschale grünlichgelb, zur Reifezeit gerötet. Die Schale ist fettig. Fruchtfleisch fein, weiß, um das Kernhaus grün, unter der Schale gerötet. Geschmack vorwiegend süß mit leichter Säure, gewürzt. Reifezeit mittelspät.

Rival (Abbildung Seite 388)

Die Sorte entstand um 1900 in England aus einer Kreuzung von 'Peasgoods Goldrenette' x 'Cox' Orangenrenette'.

Großer, rundlicher Apfel. Fruchtschale hell gelblichgrün. Zur Reifezeit gerötet und gestreift. Fruchtfleisch fest, leicht säuerlich, weiß. Reifezeit mittelspät bis spät.

Rival

River *siehe* Früher River

Rivièreapfel

Doppelname: Reinette de la Rochelle

Mittelgroßer, abgestumpt kegelförmiger, ungleichmäßig gebauter Apfel. Rippen flach über die Frucht laufend. Querschnitt etwas flachkantig. Fruchtschale glatt, etwas fettig, grünlich, später bräunlichgelb. Sonnenseite gerötet und gestreift. Schalenpunkte fein bis mitteldick, bräunlich. Häufig Anflüge von grünbraunem Rost. Kein Geruch. Fruchtfleisch gelblichweiß, fein, mäßig saftig, alantartig gewürzt. Wenig vorherrschende Säure bei ausreichendem Zuckergehalt.

Roba *siehe* Erwin Baur
Rochelle *siehe* Renette von Rochelle
Riviereapfel
Roda Mantet *siehe* Mantet
Rogers Red *siehe* McIntosh

Rolund

Die Sorte entstand um 1830 in Rolund auf der Insel Fünen/Dänemark als Sämling des 'Gravensteiners'.

Frucht: Sehr guter Tafel- und Wirtschaftsapfel. Baumreife ab Mitte September. Genussreife ab Oktober. Haltbarkeit bis November. Großer, abgestumpft rundlicher, häufig ungleichmäßig gebauter Apfel. Rippen kräftig hervortretend und über die ganze Frucht laufend. Fruchtschale grünlichgelb, später dunkelgelb. Sonnenseite gestreift oder geflammt. Schalenpunke sind hellbraun mit grüngelbem Hof. Der Geruch ist schwach. Fruchtfleisch gelblichweiß, fein, saftig. Geschmack gewürzt und süßweinig.
Baum: Kräftiger und gesunder Wuchs. Krone rund bis breitrund. Ertrag spät einsetzend, dann hoch und regelmäßig.

Romarin Blanc *siehe* Weißer Rosmarinapfel
Romanite *siehe* Kanadarenette

Rome Beauty

Rome Beauty

Flachrunder Tafelapfel, mittelgroß. Fruchtschale hellgelb, später rot gestreift. Fruchtfleisch grünlichgelb bis gelblichweiß, fest, mäßig saftig. Angenehm süß bei geringer Würze.

Rome Beauty *siehe* Morgenduft
Römerapfel *siehe* Gestreifter Römerapfel, Pommerscher Kurzstiel

Romersche Kikker

Sehr guter Tafel- und Wirtschaftsapfel. Genussreife ist ab Anfang Dezember. Haltbarkeit bis März. Mittelgroßer, abgestumpft rundlicher, gleichmäßig gebauter Apfel. Fruchtschale fast glatt, grünlichgelb, später goldgelb. Sonnenseite leicht gerötet und etwas gestreift. Schalenpunkte zahlreich, dick, auch eckig, braun. Häufig leichte Anflüge und Figuren von bräunlichem Rost. Die Frucht welkt auf dem Lager nur wenig. Kein Geruch. Fruchtfleisch gelblichweiß, fein, ziemlich saftig, etwas renettenartig gewürzt. Wenig vorherrschende milde Säure bei hohem Zuckergehalt.

Römischer Härtling

Sehr guter Wirtschaftsapfel, der vor allem für die Apfelkrautherstellung verwendet wird. Verarbeitung ab Dezember. Haltbarkeit bis April. Mittelgroßer, abgestumpft rundlich-kegelförmiger, etwas ungleichmäßig gebauter Apfel. Rippen flach über die halbe Frucht laufend. Querschnitt nicht ganz rund. Fruchtschale ist glatt, grünlich, später grünlichgelb bis gelb. Sonnenseite etwas trüb gerötet. Zur Reifezeit intensiv gestreift. Schalenpunkte mitteldick, bräunlich. Kein Geruch. Fruchtfleisch grünlichgelb, mittelfein, mäßig saftig, wenig gewürzt. Geringer Säuregehalt bei hohem Zuckeranteil.

Rosa di Caldero *siehe* Kalterer Böhmer
Rose de Berne *siehe* Neuer Berner Rosenapfel
Rose de St. Florian *siehe* Florianer Rosenapfel
Rose du Tyrol *siehe* Tiroler Rosenapfel
Rosenapfel *siehe* Böhmischer Rosenapfel
Broholms Rosenapfel
Danziger Kantapfel
De Jonghes Rosenapfel
Dülmener Herbstrosenapfel
Florianer Rosenapfel
Gammel Kjögegaards Rosenapfel
Gestreifter Rosenapfel
Mettener Rosenapfel
Moringer Rosenapfel
Müschens Rosenapfel
Neuer Berner Rosenapfel
Pfirsichroter Sommerapfel
Roter Astrachan
Roter Gravensteiner
Roter Herbstkalvill
Säfstaholms Rosenapfel
Sauergrauech
Schillers Rosenapfel
Tiroler Rosenapfel
Virginischer Rosenapfel

Rosenapfel von Schönbuch

Rosenapfel von Schönbuch

Doppelname: Gernrosenapfel

Guter Wirtschafts- und Tafelapfel. Genussreife ab Januar. Haltbarkeit bis Mai. Frucht mittelgroß, unregelmäßig gerundet, am Kelch leicht gerippt. Fruchtschale dunkelweinrot, auf der

Schattenseite rot marmoriert und punktiert. Fruchtfleisch weißlich, häufig mit roten Adern durchzogen; fest, mäßig saftig, aromatisch.
Die Sorte eignet sich vor allem für die Hochstammanzucht. Sie ist für niedere Baumformen unbrauchbar. Sehr starkwüchsig, ältere Kronen dicht bis verworren, sodass ein gelegentlicher Auslichtungsschnitt notwendig ist. Ertrag spät einsetzend, dann hoch. Sehr anfällig für Schorf.

Rosenhäger *siehe* Danziger Kantapfel
Holsteinischer Rosenhäger
Rosenstreifling *siehe* Crossener Rosenstreifling
Edler Rosenstreifling
Salzburger Rosenstreifling
Rosenthaler Apfel *siehe* Backapfel
Rose Striée siehe Edler Rosenstreifling
Rosmarina Bianca *siehe* Weißer Rosmarinapfel
Rosmarinapfel *siehe* Braunauer Rosmarinapfel
Halbweißer Rosmarinapfel
Hilliards Rosmarinapfel
Kuhländer Gulderling
Limoniapfel
Roter Rosmarinapfel
Weißer Rosmarinapfel
Rosmarin Rouge *siehe* Roter Rosmarinapfel
Roßapfel *siehe* Rheinische Schafsnase

Rossignol

Rossignol

Die Sorte entstand 1895 in Frankreich als Sämling der 'Kanadarenette'.

Frucht klein bis mittelgroß, abgestumpft rundlich. Fruchtschale kräftig grüngelb. Zur Reifezeit gerötet und gestreift. Berostungen häufig. Fruchtfleisch ziemlich fein, süßsäuerlich. Reifezeit spät bis sehr spät.

Roßkopf *siehe* Rheinische Schafsnase
Rostapfel *siehe* Kanadarenette
Rostocker *siehe* Winterstettiner
Rotapfel *siehe* Winterstettiner

Rotbackiger Winterpepping

Doppelname: Pepin Vermeil d'Hiver

Ausgezeichneter Tafel-, sehr guter Wirtschaftsapfel. Genussreife ab Anfang Januar. Haltbarkeit bis Ende April.
Kleiner bis mittelgroßer, abgestumpft rundlicher, gleichmäßig gebauter Apfel. Fruchtschale ist teils glatt, teilweise durch grünlichbraunen Rost fein aufgeraut. Schalenfarbe hellgrün, später hellgelb. Sonnenseite etwas gerötet. Schalenpunkte zahlreich, ziemlich dick, braun. Die Frucht neigt auf dem Lager zum Welken. Geruch fehlt. Fruchtfleisch gelblichweiß, fein, saftig, edel gewürzt. Etwas vorherrschende kräftige Säure bei hohem Zuckergehalt.

Rote Badener Renette *siehe* Muskatrenette

Rote Kanadarenette

Doppelname: Red Canada

Sehr guter Tafel- und Wirtschaftsapfel. Genussreife ab Januar. Haltbarkeit bis April. Kleiner, abgestumpft rundlicher, ziemlich gleichmäßig gebauter Apfel. Fruchtschale glatt, leicht fettig, mattglänzend, grünlichgelb, später gelb. Zur Reifezeit kräftig gerötet und undeutlich gestreift. Schalenpunkte fein, bräunlich. Manchmal Anflüge von Rost und Warzenbildung. Die Frucht neigt auf dem Lager zum Welken. Geruch schwach. Fruchtfleisch weiß, unter der Schale und an den Gefäßbündeln oft leicht gerötet. Fein, fest, ziemlich saftig, gewürzt. Harmonisches Zucker-Säure-Verhältnis.

Rote Renette *siehe* Baumanns Renette
Egers Rote Renette
Elsässer Rote Renette
Purpurroter Cousinot
Schmidtbergers Rote Renette

Rote Rheinische Renette

Sehr guter Tafelapfel und Wirtschaftsapfel. Genussreife ab Januar. Haltbarkeit bis Ende Mai. Kleiner bis mittelgroßer, abgestumpft rundlich-eiförmiger, ziemlich gleichmäßig gebauter Apfel. Fruchtschale glatt, grünlichgelb, später hellgelb. Sonnenseite gerötet. Zur Reifezeit intensiv gestreift. Schalenpunkte zahlreich, fein, braun, in der Rötung mit hellem Hof. Geruch schwach. Fruchtfleisch gelblichweiß, fein, saftig, schwach renettenartig gewürzt. Etwas vorherrschende Säure bei ausreichendem Zuckergehalt.

Rote Seerenette *siehe* Roter Seeapfel

Rote Sternrenette

Die Sorte stammt wahrscheinlich aus Deutschland und wurde vom Niederrhein aus verbreitet. Sie ist seit mindestens 200 Jahren bekannt.

Rote Sternrenette

Doppelnamen: Calville Etoilée; Herzapfel; Pomme de Coeur; Reinette Etoilée; Reinette Rouge Etoilée; Starrenette

Frucht: Sehr guter Tafelapfel und Wirtschaftsapfel. Baumreife ab Mitte Oktober. Genussreife ab November. Haltbarkeit bis März. Mittelgroßer, runder, gleichmäßig gebauter Apfel. Fruchtschale glatt, glänzend, durch Schalenpunkte manchmal fein aufgeraut. Schalenfarbe gelblich. Zur Reifezeit kräftig gerötet. Schalenpunkte bräunlichgelb, als helle, sternartige Tupfen erscheinend. Geruch deutlich. Fruchtfleisch gelblichweiß bis weiß, unter der Schale leicht gerötet. Fein, saftig, etwas gewürzt. Vorherrschende angenehme Säure bei ausreichendem Zuckergehalt.
Baum: Kräftiger Wuchs. Krone hochkugelig. Bei ausreichender Bodenfeuchtigkeit breit anbaufähig.

Rote Walze

Rote Walze (Abbildung Seite 393)

Wirtschaftsapfel. Verarbeitung ab Ende Oktober. Haltbarkeit bis Ende Dezember. Großer bis sehr großer, walzenförmiger, meist nicht ganz gleichmäßig gebauter Apfel. Rippen flach über die halbe Frucht laufend. Fruchtschale fein, etwas fettig, grünlichgelb, später hellgelb. Zur Reifezeit unterschiedlich stark gerötet, geflammt und gestreift. Schalenpunkte fein. Geruch schwach. Fruchtfleisch gelblichweiß, grob, saftig, keine Würze. Vorherrschende Säure bei geringem Zuckergehalt.

Rote Winterparmäne

Doppelnamen: Englische Rote Winterparmäne; Pearmain Rouge d'Hiver; Pomme Buncombe; Red Winter-Pearmain

Sehr guter Tafel- und Wirtschaftsapfel. Genussreife ab Ende Dezember. Haltbarkeit bis März. Mittelgroßer, abgestumpft rundlicher, etwas ungleichmäßig gebauter Apfel. Die Fruchtschale ist glatt, grünlichgelb, später gelb. Bei Reife ist die ganze Frucht punktiert gerötet und etwas gestreift. Schalenpunkte fein, oft etwas eckig, graubraun. Manchmal Anflüge von Rost. Der Geruch ist deutlich. Das Fruchtfleisch ist gelblich, unter der Schale zumeist leicht gerötet. Fein, mürbe, saftig, etwas renettenartig gewürzt. Vorherrschende angenehme Säure bei unterschiedlich hohem Zuckergehalt.

Rote Winterrenette *siehe* Baumanns Renette
Rote Zigeunerin *siehe* Zigeunerin

Roter Ananasapfel

Roter Ananasapfel

Doppelname: Pomme Ananas Rouge

Sehr guter Tafel- und Wirtschaftsapfel. Genussreife ab Anfang Oktober. Haltbarkeit bis Ende November. Mittelgroßer bis großer, abgestumpft rundlich-kegelförmiger, meist gleichmäßig gebauter Apfel. Rippen flach über die halbe Frucht laufend. Querschnitt fast rund. Die Fruchtschale glatt, etwas fettig, lebhaft gelb. Zur Reifezeit kräftig gerötet und etwas gestreift. Schalenpunkte zahlreich, in der Rötung gelb erscheinend. Geruch deutlich. Fruchtfleisch gelblichweiß, unter der Schale etwas gerötet. Fein, etwas locker, saftig, rosenapfelartig gewürzt. Etwas vorherrschende Säure bei hohem Zuckergehalt.

Roter Apfel von Hawthornden *siehe* Apfel von Hawthornden
Roter Apolloapfel *siehe* Danziger Kantapfel

Roter Astrachan

Roter Astrachan

Die Sorte wurde nicht nur in Deutschland, sondern auch im Innern Rußlands, vor allem im Wolgagebiet häufig angebaut.
Doppelnamen: Erdbeerapfel; Himbeerapfel; Kaiserlicher Kalvill; Pomme d'Astracan Rouge; Red Astrachan; Rosenapfel; Roter Augustapfel; Roter Ernteapfel; Roter Jakobiapfel; Roter Kornapfel; Roter Sommerapfel

Frucht: Guter Tafelapfel und sehr guter Wirtschaftsapfel. Baum- und Genussreife ab Ende Juli. Haltbarkeit bis Mitte August. Kleiner bis mittelgroßer, abgestumpft rundlicher, gleichmäßig gebauter Apfel. Rippen unbedeutend und flach über die halbe Frucht laufend. Querschnitt fast rund. Die Fruchtschale ist bereift, grünlichgelb, später gelblichweiß. Zur Reifezeit intensiv gerötet und etwas gestreift. Schalenpunkte sehr fein. Geruch schwach. Fruchtfleisch gelblichweiß, unter der Schale oft leicht gerötet. Fein, ziemlich mürbe, saftig, schwach gewürzt. Vorherrschende Säure bei geringerem Zuckergehalt.
Baum: Wuchs zuerst mittelstark bis stark, dann nachlassend. Die Krone ist hochkugelig, später breiter werdend. Vor allem für höhere Erziehungsformen. Ansprüche an Boden und Klima gering, breit anbaufähig. Dennoch ist die Qualität der Früchte von den Anbaubedingungen abhängig. Anbau bis 450 m Höhe möglich. Blüte früh bis mittelfrüh, etwas frostempfindlich. Selbstbefruchtung möglich. Der Ertrag tritt früh bis mittelfrüh ein, ist gut und nicht immer regelmäßig. Sehr anfällig für die Obstmade und einige Pilzkrankheiten.

Roter Augustapfel *siehe* Roter Astrachan

Roter Augustiner

Guter Tafelapfel, sehr guter Wirtschaftsapfel. Genussreife ab Ende November. Haltbarkeit bis Februar. Großer, abgestumpft rundlicher, nicht ganz gleichmäßig gebauter Apfel. Rippen flach über die Frucht laufend. Querschnitt flachkantig. Fruchtschale glatt, etwas fettig, hellgrün, später hellgelb. Zur Reifezeit intensiv gerötet und etwas gestreift. Schalenpunkte fein, braun, manchmal mit rotem Hof. Geruch deutlich. Fruchtfleisch gelblichweiß, fein, saftig, etwas gewürzt. Vorherrschende kräftige Säure bei geringerem Zuckergehalt.

Roter Ausbacher

Roter Ausbacher

Die Sorte wurde in der Gemarkung Ausbach (Rhön) bereits am Ende des 18. Jahrhunderts in starkem Maße angebaut.
Doppelname: Ausbacher Rotapfel

Frucht: Sehr guter Wirtschaftsapfel. Trotz der ansprechenden Farbe für die Tafel aber weniger geeignet. Pflückreife Mitte Oktober. Genussreife ab Januar. Haltbarkeit bis Mai. Große bis sehr große, manchmal ungleichmäßige Früchte mit ausgeprägten Kanten. Schale fest, glatt, glänzend, nicht fettig. Farbe gelbgrün, später zitronengelb. Deckfarbe lebhaft blutrot. Schalenpunkte fein, gelb. Geruch sehr schwach. Fruchtfleisch weißlich- bis grünlichgelb, ziemlich fest, mäßig saftig, manchmal mehlig und ohne ausgeprägtes Aroma, schwach säuerlich, wenig süß.
Baum: Starker Wuchs, wenig Rückschnitt erforderlich. Ertrag mittelfrüh bis spät einsetzend, dann reich. Mißernten selten. Frucht sturmfest. Für Hoch- und Halbstamm, vor allem für die Obstwiese geeignet. Sehr widerstandsfähig gegen Schädlinge. Wenig anspruchsvoll, deshalb auch für schlechtere Böden und raue Lagen noch gut geeignet.

Roter Baschesapfel

Doppelname: Muskateller-Luiken

Sehr guter Wirtschaftsapfel, wenig brauchbarer Tafelapfel. Verarbeitung ab November. Haltbarkeit bis in den März. Mittelgroßer, flachrunder, meist ungleichmäßig gebauter Apfel. Fruchtschale glatt, etwas fettig, grünlichgelb, später hellgelb. Zur Reifezeit intensiv gerötet und gestreift. Schalenpunkte ziemlich fein, bräunlich, in der Rötung hell erscheinend. Geruch sehr schwach. Das Fruchtfleisch ist gelblichweiß, unter der Schale leicht gerötet. Fein, ziemlich saftig, wenig gewürzt. Milde Säure bei vorherrschendem Zuckergehalt.

Roter Bellefleur

Roter Bellefleur

Die Sorte stammt aus Holland und ist dort in verschiedenen Varietäten verbreitet. In Deutschland wird die Sorte vor allem am Mittelrhein angebaut.
Doppelnamen: Eisenacher; Holländischer Bellefleur; Koulmännekes (Niederrhein); Kronenbaum; Malmedyer Bellefleur; Pfingstapfel; Sankt Wendeler; Siebenschläfer

Frucht: Sehr guter Tafel- und Wirtschaftsapfel, der sich besonders durch gute Lagerfähigkeit auszeichnet. Genussreife ab Dezember. Haltbarkeit bis Mai. Mittelgroßer, unregelmäßig gebauter Apfel. Rippen flach über die Frucht laufend. Fruchtschale glatt, gelblichgrün, später gelb. Sonnenseite stark gerötet und gestreift. Geruch schwach. Fruchtfleisch ist gelblichweiß, saftig, gewürzt, etwas süß.
Baum: Wuchs schwach, deshalb meist Zwischenveredlungen erforderlich. Nach sorgfältigem Erziehungsschnitt bildet sich eine schöne, gleichmäßige Krone. Die Ansprüche an den Boden sind gering, deshalb breit anbaufähig. Für alle Erziehungsformen geeignet. Blüte sehr spät, dadurch auch in ungünstigen Jahren noch gute Erträge. Sehr widerstandsfähig gegen Krankheiten und Schädlinge.

Roter Bietigheimer *siehe* Winterstettiner
Roter Böhmischer Jungfernapfel *siehe* Roter Jungfernapfel

Roter Borsdorfer

Guter Tafelapfel, sehr guter Wirtschaftsapfel. Genussreife ab November. Haltbarkeit bis Februar und länger. Mittelgroßer, flachrunder, gleichmäßig gebauter Apfel. Fruchtschale glatt, gelblichgrün, später gelb. Zur Reifezeit intensiv gerötet, auf der Schattenseite deutlich gestreift. Die Schalenpunkte sind fein, gelbbraun. Manchmal Warzenbildung und Anflüge von Rost.

Geruch schwach. Fruchtfleisch gelblichweiß, fein, mäßig saftig, gewürzt. Feine Säure bei vorherrschendem Zuckergehalt.

Roter Boskoop *siehe* Schöner von Boskoop

Roter Delicious

Roter Delicious,
Typ Starking

Roter Delicious

Die Sorte entstand um 1870 in Iowa/USA als Sämling von 'Gelber Bellefleur'. Die Sorte ist nicht mit 'Golden Delicious' verwandt.
Typen: Red Chief; Redspur Delicious; Richared; Starking; Starkrimson; Topred Delicious; Wellspur

Frucht: Guter Tafelapfel. Baumreife ab Mitte September. Genussreife ab Ende Dezember. Haltbarkeit bis Mitte Februar. Ein mittelgroßer bis großer, hochgebauter Apfel mit kräftigen Rippen. Fruchtschale glatt, zäh, grünlich. Zur Reifezeit dunkelrot, etwas gestreift und bläulich bereift. Fruchtfleisch grünlichweiß, fest, saftig, etwas parfümiert. Süßer, manchmal etwas fader Geschmack.
Baum: Mittelstarker, aufrechter Wuchs. Breite Krone mit guter Garnierung. Erziehung vorwiegend als Niederstammformen. Anbau auf tiefgründigen, nährstoffreichen Böden in warmem Klima. Blüte etwas witterungsempfindlich. Guter Pollenspender. Ertrag gut, aber vom Standort abhängig. Die Sorte ist anfällig für Krebs, Schorf und Rote Spinne.

Roter Eckapfel

Sehr guter Wirtschaftsapfel. Verarbeitung ab Anfang Dezember. Haltbarkeit bis März. Mittelgroßer bis großer, abgestumpft eiwalzenförmiger, nicht ganz gleichmäßig gebauter Apfel. Rippen breit und deutlich über die Frucht laufend. Querschnitt flachkantig. Fruchtschale glatt, fettig, grünlichgelb, später hellgelb. Zur Reifezeit unterschiedlich stark gerötet und deutlich gestreift. Schalenpunkte zahlreich, bräunlich. Geruch schwach. Fruchtfleisch gelblichweiß, ziemlich fein, saftig, wenig gewürzt. Vorherrschende milde Säure bei ausreichendem Zuckergehalt.

Roter Eiserapfel

Roter Eiserapfel

Eine der ältesten bekannten Obstsorten, die schon im 16. Jahrhundert nachgewiesen ist.

Doppelnamen: Bamberger; Brasilienapfel; Christapfel; Drei Jahre dauernder Streifling (Württemberg); Eisapfel; Klosterapfel; Kohlapfel; Mahrenholz; Mohrenborsdorfer; Paradiesapfel; Pomme Eiser Rouge; Roter Krieger; Roter Winterkalvill; Schornsteinfeger; Zigeunerapfel

Frucht: Sehr guter Wirtschaftsapfel. Baumreife ab Ende Oktober. Verwertung ab Dezember. Haltbarkeit bis in den Sommer, in geeigneten Mieten bis ins übernächste Jahr. Mittelgroßer bis großer, rundlich kegelförmiger, nicht immer gleichmäßig gebauter Apfel. Form und Farbe oft sehr unterschiedlich. Fünf Rippen über die Mitte der Frucht laufend. Die Fruchtschale ist glatt, bläulich bereift. Schalenfarbe düster grün, später heller. Sonnenseite intensiv gerötet und unterschiedlich stark gestreift. Schalenpunkte groß, weiß. Fruchtfleisch gelblich bis grünlichgelb, fein, mäßig saftig, wenig gewürzt. Wenig Säure bei vorherrschendem Zuckergehalt. Baum: Wuchs kräftig und gesund. Kräftige Krone. Erziehung vorwiegend als Halb- und Hochstamm. Blüte spät, unempfindlich. Schlechter Pollenspender. Ansprüche an Boden und Klima gering. Der Ertrag setzt sehr spät ein, ist dann hoch und ziemlich regelmäßig. Auf zusagenden Standorten wenig empfindlich gegen Krankheiten und Schädlinge.

Roter Ernteapfel *siehe* Roter Astrachan

Roter Erpftinger (Lokalsorte am Ammersee, keine Sortenbeschreibung)

Roter Gravensteiner

Die Sorte ist aus dem 'Gravensteiner' hervorgegangen und besitzt viele seiner guten Eigenschaften.

Roter Gravensteiner

Blutroter Gravensteiner

Doppelnamen: Gravensteiner Rouge; Rosenapfel

Frucht: Ausgezeichneter Tafelapfel. Sehr guter Wirtschaftsapfel. Genussreife ab Oktober. Haltbarkeit bis Dezember. Großer, abgestumpft eiförmiger, etwas ungleichmäßig gebauter Apfel. Rippen flach über die Frucht laufend. Querschnitt nicht ganz rund. Fruchtschale glatt, glänzend, grünlichgelb, später wachsartig hellgelb. Zur Reifezeit intensiv gerötet und gestreift. Schalenpunkte fein, bräunlich. Geruch sehr stark. Fruchtfleisch gelblichweiß, fein, sehr saftig, edel gewürzt. Kaum vorherrschende Säure bei hohem Zuckergehalt.
Baum: Kräftiger Wuchs. Krone breit. Erziehung als Busch, Halb- und Hochstamm. Anbau auf guten, ausreichend feuchten Apfelböden. In zusagenden Lagen sehr widerstandsfähig und ertragreich. Nachteilig ist, dass der Ertrag sehr spät einsetzt und unregelmäßig bleibt.

Roter Gulderling

Guter Tafelapfel, sehr guter Wirtschaftsapfel. Genussreife ab Januar. Haltbarkeit bis Mai. Mittelgroßer, abgestumpft eikegelförmiger, etwas ungleichmäßig gebauter Apfel. Rippen flach über die Frucht laufend. Querschnitt nicht ganz rund. Fruchtschale glatt, etwas fettig, grün, später gelblichgrün. Sonnenseite ist bräunlich gerötet und etwas gestreift. Schalenpunkte sehr fein. Manchmal einige Rostwarzen. Geruch stark. Fruchtfleisch grünlichweiß, fein, saftig, schwach gewürzt. Vorherrschende Säure bei geringem Zuckergehalt.

Roter Hauptmannsapfel *siehe* Hauptmannsapfel
Roter Henscher *siehe* Purpurroter Cousinot

Roter Herbstkalvill

Eine alte Sorte, die seit mindestens 250 Jahren bekannt ist.
Doppelnamen: Blutapfel (Westfalen); Brautapfel (Rheinland); Calville Rouge d'Automne; Dörroden (Ostfriesland); Edelkönig; Erdbeerapfel (Süddeutschland); Flambaux (Rheinland); Fürstenblut; Himbeerapfel (Süddeutschland); Jungfernapfel; Kirschapfel; Red Autumn Calville; Rosenapfel (Baden); Roter Kardinal; Roter Paradiesapfel

Roter Herbstkalvill

Frucht: Sehr guter Tafel- und Wirtschaftsapfel. Pflückreife ab Ende September. Genussreife ab Oktober. Haltbarkeit bis November. Mittelgroßer bis großer, hochgebauter, meist etwas ungleichmäßig geformter Apfel. Rippen über die ganze Frucht laufend. Querschnitt kantig. Fruchtschale glatt, sehr fettig, grün, später grünlichgelb. Zur Reifezeit dunkelrot gefärbt, auf der Sonnenseite fast schwarzrot. Schalenpunkte fein, hell. Geruch schwach. Fruchtfleisch oft durchgehend kräftig gerötet und marmoriert, ziemlich fein, locker, saftig, parfümiert gewürzt. Harmonisches Zucker-Säure-Verhältnis.
Baum: In der Jugend kräftiger Wuchs. Erziehung vorwiegend als Hoch- und Halbstamm. Anbau nur auf guten Böden mit ausreichendem Wassergehalt. Gut geeignet für Auenböden. Blüte mittelfrüh. Ertrag nicht immer befriedigend. Etwas anfällig für Krankheiten.

Roter Herbstrambur

Sehr guter Wirtschaftsapfel. Für die Tafel wenig geeignet. Verarbeitung ab Anfang November. Haltbarkeit nur bis Ende Dezember. Mittelgroßer bis großer, abgestumpft länglichrunder, ungleichmäßig gebauter Apfel. Rippen breit über die Frucht laufend. Im Querschnitt kantig. Fruchtschale glatt, grünlichgelb, später hellgelb. Zur Reifezeit unterschiedlich stark gerötet und etwas gestreift. Schalenpunkte fein, bräunlich. Geruch deutlich. Fruchtfleisch ist gelblich weiß, halbfein, ausreichend saftig, wenig gewürzt. Vorherrschende kräftige Säure bei ausreichendem Zuckergehalt.

Roter Holländischer Bellefleur *siehe* Holländischer Bellefleur

Roter Holzapfel

Sehr guter Wirtschaftsapfel. Verarbeitung ab November. Haltbarkeit bis Februar. Mittelgroßer, flachrunder, etwas ungleichmäßig gebauter Apfel. Fruchtschale glatt, grünlich, später grünlichgelb bis gelb. Zur Reifezeit intensiv gerötet und gestreift. Schalenpunkte sehr fein, braun. Geruch schwach. Fruchtfleisch gelblichweiß, fein, ausreichend saftig, wenig gewürzt. Schwache Säure bei vorherrschendem Zuckergehalt.

Roter Holzapfel *siehe* Roter Trierer Weinapfel

Roter Italienischer Rosmarinapfel *siehe* Roter Rosmarinapfel
Roter Jakobiapfel *siehe* Roter Astrachan

Roter James Grieve

Roter James Grieve

Eine rote Mutation des 'James Grieve'.
Doppelname: Rubin

Frucht: Wertvoller, mittelfrüher Tafel- und Wirtschaftsapfel. Baum und Genussreife ab Ende August. Lagerfähigkeit gering. Mittelgroßer Apfel. Fruchtschale glatt, berostet. Fruchtfleisch saftig, weich, süßsäuerlich.
Baum: Schwacher Wuchs. Nur für niedere Erziehungsformen. Anbau auf guten und warmen Böden. Ansprüche an Standort und Klima sind gering. Blüte früh. Guter Pollenspender. Ertrag hoch. Der Baum ist anfällig für Schorf, Krebs und Kragenfäule.

Roter Jungfernapfel

Roter Jungfernapfel (Abbildung Seite 403)

Die Sorte stammt aus Böhmen und ist auch in Niederösterreich verbreitet.
Doppelnamen: Chrisofsker Pannensky; Roter Böhmischer Jungfernapfel; Rotes Hähnchen

Frucht: Guter Tafel- und Wirtschaftsapfel. Baumreife ist ab Anfang Oktober. Genussreife ab November. Haltbarkeit bis Januar. Kleiner, abgestumpft eiwalzenförmiger, gleichmäßig gebauter Apfel. Feine, bis über die halbe Frucht laufende Rippen. Querschnitt rund. Fruchtschale fein, bereift, gelblich. Zur Reifezeit kräftig gerötet. Schalenpunkte fein, bräunlich. Kein Geruch. Fruchtfleisch gelblichweiß, manchmal mit rötlichem Anflug und rötlichen Adern. Fein, mäßig saftig, schwach gewürzt. Etwas vorherrschende Säure bei hohem Zuckergehalt.
Baum: Mittelstarker Wuchs. Krone zuerst aufrecht, dann kegelförmig, später mehr breit. Der Baum braucht nur wenig Schnittpflege. Erziehung vorwiegend als Halb- und Hochstamm. Ansprüche an Boden und Klima gering. Gute Erträge aber nur bei nährstoffreichen Böden und in geschützter Lage. Bis 400 m Höhe anbaufähig. Der Ertrag setzt sehr früh ein, ist gut und in jedem zweiten Jahr regelmäßig. Widerstandsfähig gegen Schädlinge, aber etwas anfällig für Schorf.

Roter Kantapfel *siehe* Danziger Kantapfel

Roter Kardinal

Roter Kardinal

Doppelname: Cardinal Red; Cardinal Rouge; Roter Kardinalsapfel

Guter Tafel-, sehr guter Wirtschaftsapfel. Genussreife ab Anfang Oktober. Haltbarkeit bis November. Großer bis sehr großer, flachrunder, ungleichmäßig gebauter Apfel. Rippen breit und flach über die halbe Frucht laufend. Querschnitt fast rund. Fruchtschale glatt, etwas fettig, bereift, glänzend. Schalenfarbe grün, später gelblichgrün. Zur Reifezeit intensiv gerötet und geflammt. Schalenpunkte ist fein, gelblich. Geruch merklich. Fruchtfleisch gelblich bis grünlichgelb, manchmal fast weiß. Halbfein, etwas locker, saftig, wenig gewürzt. Nicht sehr hoher Säure- und Zuckergehalt.

Roter Kardinal *siehe* Danziger Kantapfel
Roter Herbstkalvill

Roter Kardinalsapfel *siehe* Roter Kardinal

Roter Kentischer Pepping

Doppelname: Kentish Pippin

Sehr guter Tafel- und Wirtschaftsapfel. Genussreife ab Ende Dezember. Haltbarkeit bis März. Ein kleiner bis mittelgroßer, abgestumpft rundlich-eiförmiger, etwas ungleichmäßig gebauter Apfel. Fruchtfleisch glatt, etwas fettig, hellgrün, später grünlichgelb. Sonnenseite etwas gerötet, geflammt und wenig deutlich gestreift. Schalenpunkte braun, oft mit grünem Hof. Geruch sehr schwach. Fruchtfleisch gelblich bis grünlichgelb, fein, ziemlich fest, sehr saftig, gewürzt. Vorherrschende kräftige und angenehme Säure bei geringerem Zuckergehalt.

Roter Kornapfel *siehe* Roter Astrachan
Roter Krieger *siehe* Roter Eiserapfel

Roter Kronenapfel

Doppelname: Roter Winterkronapfel

Sehr guter Tafel- und Wirtschaftsapfel. Genussreife ab Ende Dezember. Haltbarkeit bis März. Kleiner bis mittelgroßer, abgestumpft rundlicher, oft etwas ungleichmäßig gebauter Apfel. Rippen wenig auffallend über die halbe Frucht laufend. Querschnitt fast rund. Fruchtschale glatt, etwas fettig, hellgrün, später grünlichgelb bis hellgelb. Die Sonnenseite ist gerötet. Zur Reifezeit ist die ganze Frucht deutlich gestreift. Die Schalenpunkte sind sehr fein, nur in der Rötung erkennbar. Geruch schwach. Fruchtfleisch gelblichweiß, fein, saftig und angenehm gewürzt. Wenig vorherrschende Säure bei entsprechendem Zuckergehalt.

Roter Kurzstiel *siehe* Königlicher Kurzstiel
Roter Liebesapfel *siehe* Danziger Kantapfel/

Roter Margarethenapfel

Roter Margarethenapfel (Abbildung Seite 405)

Eine der ältesten bekannten Apfelsorten. Sie stammt aus England.

Doppelnamen: Apple Juneating; Early Red Margaret; Geneting; Ginetting; Ivaneting; Johaneating; Juneting; Margaret; Marguerite; Owens Golden Beauty; Pomme Fraise; Pomme Junneating; Pomme Marguerite; White Juneating

Ausgezeichneter Frühapfel. Manchmal schon Ende Juni ernte- und genussreif. Kleiner, runder, manchmal etwas kegelförmiger Apfel. Fruchtschale glatt, grünlichgelb. Auf der Schattenseite hellgelb. Zur Reifezeit ist die Sonnenseite rot gestreift. Das Fruchtfleisch ist mürbe, sehr saftig, von angenehmem Geschmack. Der Baum wird nur mittelgroß, daher vor allem für niedere Erziehungsformen geeignet, Hochstämme sind jedoch möglich. Der Ertrag ist ziemlich hoch.

Roter Matapfel *siehe* Winterstettiner

Roter Melonenapfel

Sehr guter Tafelapfel und Wirtschaftsapfel. Genussreife ab Anfang November. Haltbarkeit bis Anfang Januar. Mittelgroßer, abgestumpft walzenförmiger, ungleichmäßig gebauter Apfel. Rippen flach über die Frucht laufend. Querschnitt flachkantig. Fruchtschale glatt, hellgrün, später grünlichgelb. Zur Reifezeit intensiv gerötet. Schattenseite gestreift und geflammt. Die Schalenpunkte sind fein, bräunlich-grau. Geruch deutlich. Fruchtfleisch gelblichweiß, ziemlich fein, locker, saftig, angenehm gewürzt. Wenig vorherrschende Säure bei ausreichendem Zuckergehalt.

Roter Metternich

Alte deutsche Sorte unbekannter Herkunft.

Tafelapfel. Frucht groß, regelmäßig flachrund. Fruchtschale glatt, leicht bewachst. Schalenfarbe hellgelb, zur Reifezeit dunkelrot. Fruchtfleisch weiß, mürbe, saftig. Wenig Aroma.
Baumreife Anfang September. Haltbarkeit bis November.
Der Baum bildet eine breite Krone mit gut verzweigten Ästen aus. Wuchs anfangs stark, ab Ertrag mittelstark. Ansprüche an Boden und Klima gering, bis in mittlere Höhen anbaufähig. Etwas anfällig für Mehltau, wenig für Schorf. Bei wechselhafter Witterung entstehen leicht glasige Früchte. Alle zwei Jahre hoher Ertrag.

Roter Münsterländer Borsdorfer

Lokalsorte in Oldenburg, die auf den dortigen Lehmböden gut gedeiht. Sehr guter Tafel-, guter Wirtschaftsapfel. Baumreife ab Oktober. Genussreife ab Januar. Haltbarkeit bis März. Mittelgroßer Apfel. Baum zuerst schwach, später mittelstark wachsend. Widerstandsfähig gegen Krankheiten und Schädlinge. Dichte Krone. Erziehung vorwiegend als Halb- und Hochstamm.

Roter Osterkalvill

Doppelname: Gestreifter Roter Osterkalvill

Guter Tafel-, sehr guter Wirtschaftsapfel. Genussreife ab Anfang Januar. Haltbarkeit bis April. Mittelgroßer, abgestumpft eiförmiger, meist gleichmäßig gebauter Apfel. Rippen flach über die Frucht laufend. Fruchtschale glatt, grünlich, später hellgelb. Zur Reifezeit intensiv gerötet und auf der Schattenseite etwas gestreift. Geruch deutlich. Fruchtfleisch gelblichweiß, manchmal um die Gefäßbündel gerötet. Ziemlich fein, etwas locker, sehr saftig. Etwas beerenartig gewürzt. Unterschiedlich starker Säure- und Zuckergehalt.

Roter Paradiesapfel *siehe* Roter Herbstkalvill
Roter Pilgrim *siehe* Purpurroter Cousinot

Roter Pogatschapfel

Doppelname: Pogatsch Rouge d'Hiver

Sehr guter Wirtschaftsapfel, als Tafelapfel noch brauchbar. Verarbeitung ab Ende Dezember. Haltbarkeit bis Juni. Mittelgroßer, flachrunder, oft ungleichmäßig gebauter Apfel. Rippen breit und ungleichmäßig über die Frucht laufend. Querschnitt etwas kantig. Die Fruchtschale ist fettig, grünlich, später grünlichgelb bis gelb. Sonnenseite trüb gerötet und kräftig gestreift. Die Schalenpunkte sind fein, braun. Geruch deutlich. Fruchtfleisch grünlichgelb, halbfein, nicht gewürzt. Vorherrschende Säure bei geringerem Zuckergehalt.

Roter Rheinischer Winterrambur *siehe* Rheinischer Winterrambur

Roter Rosmarinapfel

Roter Rosmarinapfel

Doppelnamen: Red Rosmarin; Rosmarin Rouge; Roter Italienischer Rosmarinapfel.

Sehr guter Tafelapfel, guter Wirtschaftsapfel. Genussreife ab Dezember. Haltbarkeit bis März. Mittelgroßer, ziemlich gleichmäßig gebauter Apfel. Rippen flach über die halbe Frucht laufend. Querschnitt ziemlich rund. Fruchtschale glatt, hellgelb. Zur Reifezeit intensiv gerötet. Auf der Schattenseite undeutlich gestreift. Schalenpunkte fein, bräunlich. Geruch schwach. Fruchtfleisch weiß, fein, ausreichend saftig, kräftig zimtartig gewürzt. Wenig Säure bei stärkerem Zuckergehalt.

Roter Sauergrauech *siehe* Sauergrauech

Roter Seeapfel

Roter Seeapfel

Die Sorte entstand in der Schweiz und wurde 1925 zum ersten Mal beschrieben.
Doppelnamen: Jerger; Pomme Rouge du Lac; Rote Seerenette; Rouge du Lac

Mittelgroßer, abgestumpft rundlicher Apfel, etwas gerippt. Die Fruchtschale ist grünlichgelb, zur Reifezeit fast vollständig gerötet und gestreift. Schalenpunkte zahlreich, braun. Berostungen häufig. Fruchtfleisch fest, grünlichweiß, säuerlich. Reifezeit spät bis sehr spät.

Roter Sommerapfel *siehe* Roter Astrachan

Roter Sommerkalvill

Sehr guter Tafel-, guter Wirtschaftsapfel. Genussreife ab Mitte August. Haltbarkeit bis Anfang September. Mittelgroßer, manchmal kleiner bleibender, ziemlich gleichmäßig gebauter Apfel. Rippen flach über die Frucht laufend. Querschnitt nicht ganz rund. Fruchtschale bereift, glatt, hellgrün, später grünlichgelb bis hellgelb. Zur Reifezeit intensiv gerötet und auf der Schattenseite gestreift und geflammt. Schalenpunkte fein, bräunlich, oft mit hellrotem Hof. Geruch deutlich. Das Fruchtfleisch ist weiß, unter der Schale zuweilen gerötet. Fein, saftig, etwas beerenartig gewürzt. Vorherrschende Säure bei geringerem Zuckergehalt.

Roter Stettiner

Doppelnamen: Pomme Rouge de Stettin; Rostocker

Sehr guter Wirtschaftsapfel. Verarbeitung ab Januar. Haltbarkeit bis Juni. Großer, flachrunder, oft ungleichmäßig gebauter Apfel. Fruchtschale glatt, grün, später grünlichgelb. Zur Reifezeit kräftig gerötet. Schalenpunkte fein bis mitteldick, in der Rötung oft hell erscheinend. Geruch schwach. Fruchtfleisch grünlich bis grünlichgelb, fein, saftig, nicht gewürzt. Aroma wenig ausgeprägt.

Roter Stettiner *siehe* Winterstettiner
Roter Taffetapfel *siehe* Purpurroter Cousinot
Roter Taubenapfel *siehe* Roter Wintertaubenapfel

Roter Tiefbutzer

Doppelname: Reinette Eisen

Guter Tafelapfel und sehr guter Wirtschaftsapfel. Genussreife ab Januar. Haltbarkeit bis August. Kleiner, abgestumpft rundlicher, meist gleichmäßig gebauter Apfel. Fruchtschale glatt, hellgrün, später hellgelb. Zur Reifezeit leicht gerötet und intensiv gestreift. Schalenpunkte ziemlich fein, graubraun. Häufig Berostungen um den Kelch, manchmal auch Warzenbildung. Geruch fehlt. Fruchtfleisch weiß, fein, saftig, etwas gewürzt. Etwas vorherrschende milde Säure bei ausreichend hohem Zuckergehalt.

Roter Trierer *siehe* Roter Trierer Weinapfel
Roter Trierer Holzapfel *siehe* Roter Trierer Weinapfel
Roter Trierer Mostapfel *siehe* Roter Trierer Weinapfel

Roter Trierer Weinapfel

Roter Trierer Weinapfel

Ein weit verbreiteter Wirtschaftsapfel, der im Raum Trier entstanden ist.

Doppelnamen: Roter Holzapfel; Roter Trierer; Roter Trierischer Holzapfel; Roter Trierischer Mostapfel; Roter Trierischer Weinapfel; Trankapfel

Frucht: Brauchbarer Tafelapfel aber hervorragender Wirtschaftsapfel. Die anerkannt beste Kelterfrucht. Pflückzeit möglichst spät, noch bis Dezember möglich. Verarbeitung ab Dezember. Haltbarkeit bis in den April. Kleiner bis mittelgroßer, rundlicher, schwachgerippter Apfel. Fruchtschale derb und glatt, etwas glänzend. Grundfarbe bräunlichgrün, später grünlichgelb. Zur Reifezeit bräunliches bis bläuliches Rot mit dunkleren Streifen. Fruchtfleisch fest, sehr saftreich, grünlichgelb. Zuerst stark hervortretende Säure, später steigender Zuckergehalt.
Baum: Wuchs sehr stark, später schwächer. Krone hochrund, später breit, manchmal hängend. Sorgfältiger Erziehungsschnitt zweckmäßig. Erziehung vorwiegend als Halb- und Hochstamm. Der Baum gedeiht noch auf schlechten Böden und in sehr rauen Lagen. Befriedigende Ernten aber nur auf besseren Standorten, vor allem im Weinklima. Der Ertrag setzt früh ein, ist regelmäßig und in jedem zweiten Jahr ungewöhnlich hoch. An zusagenden Standorten widerstandsfähig gegen Krankheiten und Schädlinge.

*Roter Winter-
himbeerapfel*

Roter Winterhimbeerapfel

Sehr guter Tafel- und Wirtschaftsapfel. Genussreife ab Dezember. Haltbarkeit bis Mai. Mittelgroßer, abgestumpft eiförmiger, meist ziemlich gleichmäßig gebauter Apfel. Rippen feinkantig über die Frucht laufend. Fruchtschale glatt, grünlichgelb, später gelb. Zur Reifezeit intensiv gerötet, auf der Schattenseite gestreift. Schalenpunkte fein, bräunlich. Geruch schwach. Fruchtfleisch ist gelblichweiß, oft leicht gerötet, ziemlich fein, etwas locker, mäßig saftig. Beerenartig gewürzt, feine Säure bei vorherrschendem Zuckergehalt. Der Baum wächst stark und sehr gesund. Er trägt früh und regelmäßig.

Roter Winterkalvill

Doppelnamen: Calville Rouge d'Hiver; Echter Roter Winterkalvill; Red Winter-Calville

Ausgezeichneter Tafelapfel. Brauchbarer Wirtschaftsapfel. Genussreife ist ab November. Haltbarkeit bis Januar. Mittelgroßer, abgestumpft länglich-runder, ziemlich gleichmäßig gebauter Apfel. Rippen mittelweit und flach über die Frucht laufend. Fruchtschale glatt, bereift, grünlichgelb, später gelb. Zur Reifezeit dunkelrot gefärbt, auf der Schattenseite etwas gestreift. Schalenpunkte zahlreich, fein, gelblich. Geruch deutlich. Fruchtfleisch gelblich-weiß, unter der Schale und an den Gefäßbündeln oft gerötet. Fein, ziemlich locker, mäßig saftig, edel und kräftig beerenartig gewürzt. Feine Säure bei vorherrschendem Zuckergehalt.

Roter Winterkalvill *siehe* Roter Eiserapfel

Roter Winterkronenapfel

Eine Lokalsorte, die vor allem in Hessen und im Westerwald zu finden ist.
Doppelnamen: Erdbeerapfel; Friedrichsdragoner; Papageiapfel; Siebenschläfer

Guter Tafel-, sehr guter Wirtschaftsapfel. Genussreife ab Ende Oktober. Haltbarkeit bis in den März. Mittelgroßer, abgestumpft rundlicher, gleichmäßig gebauter Apfel. Die Fruchtschale ist glatt, zuerst etwas fettig, dann geschmeidig. Schalenfarbe gelbgrün, später hellgelb. Zur Reifezeit kräftig gerötet und gestreift. Schalenpunkte zahlreich, groß, weiß. Manchmal Warzenbildung.

Roter Winter-kronenapfel

Geruch schwach. Fruchtfleisch gelblichweiß, fein, saftig, mit angenehmer Würze. Die Blüte erscheint sehr spät und ist dadurch frosthart. Wegen der geringen Ansprüche des Baumes an Boden und Lage deshalb für raue Gebirgsgegenden geeignet.

Roter Winterkronenapfel *siehe* Roter Kronenapfel

Roter von Aich (Lokalsorte aus dem Raum Rosenheim, keine Sorten-beschreibung)

Roter Winterrambur (Abbildung Seite 412)

Doppelname: Rambour d'Hiver

Sehr guter Wirtschaftsapfel. Verarbeitung ab Dezember. Haltbarkeit bis April. Mittelgroßer bis großer, fast gleichmäßig gebauter Apfel. Rippen breit und flach über die Frucht laufend. Querschnitt etwas kantig. Die Fruchtschale ist glatt, hellgrün, später grünlichgelb bis hellgelb. Zur

Roter Winterrambur

Reifezeit kräftig gerötet, auf der Schattenseite gestreift. Die Schalenpunkte sind gelblich. Der Geruch ist deutlich. Fruchtfleisch grünlichgelb bis weiß, ziemlich fein, saftig, wenig gewürzt. Kräftige Säure bei geringem Zuckergehalt.

Roter Winterrambur *siehe* Rheinischer Winterrambur
Roter Winterstettiner *siehe* Winterstettiner

Roter Wintertaubenapfel

Roter Wintertaubenapfel

Doppelnamen: Pigeonnet Jerusalem; Roter Taubenapfel

Sehr guter Tafelapfel, guter Wirtschaftsapfel. Genussreife ab Dezember. Haltbarkeit bis März. Kleiner, eiwalzenförmiger, häufig ungleichmäßig gebauter Apfel. Rippen flach in der oberen Fruchthälfte verlaufend. Querschnitt fast rund. Fruchtschale ist glatt, hellgrün, später gelblichweiß. Zur Reifezeit kräftig gerötet und gestreift. Die Schalenpunkte sind fein, hellbraun. Geruch schwach. Das Fruchtfleisch ist weiß, manchmal unter der Schale etwas gerötet, fein, saftig, leicht bittermandelartig gewürzt. Etwas vorherrschende milde Säure bei hohem Zuckergehalt. Der Baum wächst eher schwach, ist gesund und sehr ertragreich.

Roter Zwiebelapfel *siehe* Danziger Kantapfel
Winterstettiner
Rotes Hähnchen *siehe* Roter Jungfernapfel
Rotfranche *siehe* Weigelts Zinszahler
Rotgestreifter Pfundapfel *siehe* Backapfel
Rotkanzler *siehe* Rheinischer Winterrambur

Rötliche Renette

Doppelnamen: Queen of the Pippins; Reine des Reinettes

Sehr guter Tafelapfel und Wirtschaftsapfel. Genussreife ab Anfang Dezember. Haltbarkeit bis März. Mittelgroßer bis großer, abgestumpft rundlich-kegelförmiger, nicht ganz gleichmäßig gebauter Apfel. Fruchtschale glatt, stellenweise fein aufgeraut. Schalenfarbe hellgrün, später grünlichgelb bis gelb. Sonnenseite etwas gerötet und kräftig gestreift. Schalenpunkte sind zahlreich, mitteldick, auch eckig, grünlichbraun. Häufig Anflüge von Rost. Geruch deutlich. Das Fruchtfleisch ist gelblichweiß, fein, saftig, angenehm renettenartig gewürzt. Etwas vorherrschende Säure bei geringerem Zuckergehalt.

Rotstrahliger *siehe* Suislepper
Rotvogel *siehe* Winterstettiner
Rouenaise Hâtive *siehe* Frühapfel von Rouen
Rouge du Lac *siehe* Roter Seeapfel

Roxbury Russet

Doppelnamen: Boston Russet; Reinette Rousse de Boston

Sehr guter Tafel- und Wirtschaftsapfel. Genussreife ab Januar. Haltbarkeit bis Juni. Mittelgroßer, abgestumpft rundlicher bis flachrunder, gleichmäßig gebauter Apfel. Querschnitt nicht ganz rund. Fruchtschale fein rau, grün, später grünlichgelb. Sonnenseite manchmal bräunlichrot. Schalenpunkte dick, braun. Häufig decken Anflüge und Überzüge von grünlichbraunem Rost einen großen Teil der Frucht. Die Frucht welkt auf dem Lager nur wenig. Geruch schwach. Fruchtfleisch gelblichgrün, fein, ziemlich saftig, angenehm gewürzt. Etwas vorherrschende Säure bei hohem Zuckergehalt.

Royal Gala *siehe* Gala
Royal Jubilée *siehe* Grahams Jubiläumsapfel
Rubin *siehe* Roter James Grieve
Rubiner *siehe* Rheinischer Winterrambur

Rubinette

Doppelname: Rafzubin

Die Sorte entstand 1966 in der Schweiz als Sämling von 'Golden Delicious'. Seit 1982 im Handel.

Rubinette

Frucht: Wertvoller Tafel- und Wirtschaftsapfel. Frucht ist klein bis mittelgroß, gleichmäßig, stumpfkegelig. Fruchtschale gelblichgrün, zur Reifezeit unterschiedlich stark gerötet, auch gestreift und marmoriert. Schalenpunkte deutlich. Fruchtfleisch gelblich, am Rande grün, abknackend, saftig. Vorzügliches Aroma. Baumreife ab Anfang Oktober. Genussreife ab Mitte Oktober. Haltbarkeit bis Januar. Die Sorte ist welkeempfindlich, sie braucht deshalb ein ausreichend luftfeuchtes Lager.
Baum: Wuchs mittelstark, für alle Erziehungsformen geeignet. Ansprüche an Boden und Lage durchschnittlich hoch. Bei geschütztem Standort für Lagen bis 500 m Höhe geeignet. Blüte mittelspät. Guter Pollenspender. Ertrag hoch und regelmäßig. Die Sorte ist etwas anfällig für Schorf.

Rubinstar

Die Sorte entstand 1980 in Deutschland als rote Mutante von 'Jonagold'.

Große bis sehr große, hochgebaute Frucht. Zur Reifezeit intensiv gerötet. Die während der Baumreife etwas matte Schalenfarbe wird auf dem Lager leuchtender. Fruchtfleisch saftig, grobzellig, locker, mild feinsäuerlich, gutes Aroma. Baumreife ab Mitte September. Genussreife ab Ende Oktober. Haltbarkeit bis April. Der Baum wächst zuerst stark, später mittelstark. Er bildet eine breite und gut belichtete Krone aus. Vorwiegend für Niederstämme geeignet. Anbau nur in guten Lagen. Der Ertrag setzt früh ein, ist hoch und regelmäßig.

Rugginosa *siehe* Golden Delicious
Ruhm der Welt *siehe* Gloria Mundi

Ruhm von Kirchwerder

Die Sorte wird vorwiegend in Schleswig-Holstein angebaut.
Doppelname: Johannsens Roter Herbstapfel

Guter Tafelapfel. Baumreife ab August. Genussreife ab Anfang September. Haltbarkeit nur bis Oktober. Große, schöne Frucht. Baum anfangs stark, später mittelstark wachsend. Erziehung

Ruhm von Kirchwerder

vorwiegend als Halb- und Hochstamm. Krone kugelförmig, groß und hoch werdend. Ein schöner und früher Herbstapfel, der bei guter Pflege regelmäßige Ernten liefert. Die Frucht neigt auf dem Lager zum Welken. Ertrag früh einsetzend und regelmäßig. Schädlingsanfälligkeit gering.

Ruhm von Oberschlesien (Lokalsorte, keine Sortenbeschreibung)

Ruhm von Vierlanden

Die Sorte wird vorwiegend in Mecklenburg angebaut.

Guter Tafelapfel. Genussreife ab Mitte Oktober. Haltbarkeit bis Anfang Dezember. Der Baum wächst stark und bildet schnell eine ansehnliche Krone. Ertrag früh einsetzend, sehr gut und alle zwei Jahre regelmäßig. Die Sorte wird auch als Stammbildner verwendet und eignet sich besonders gut zum Aufpfropfen.

Ruhm von Thüringen (Lokalsorte, keine Sortenbeschreibung)

Rumelins Renette *siehe* Kanadarenette
Russetapfel *siehe* Hunts Russetapfel
Russet Golden *siehe* Golden Delicious

Russet Nonpareil

Sehr guter Tafel-, auch guter Wirtschaftsapfel. Genussreife ab Ende November. Haltbarkeit bis Februar. Mittelgroßer, flachrunder, gleichmäßig gebauter Apfel. Fruchtschale stellenweise fein aufgeraut. Schalenfarbe grünlichgelb, später gelb. Sonnenseite zuweilen leicht gerötet. Schalenpunkte zahlreich, fein, rostbraun. Häufig Anflüge und Überzüge von feinschuppigem, bräunlichem Rost. Die Frucht neigt auf dem Lager zum Welken. Geruch schwach. Fruchtfleisch hellgelb, fein, nur wenig schwammig, ausreichend saftig. Renettenartig gewürzt, vorherrschende kräftige und angenehme Säure bei ausreichendem Zuckergehalt.

Russet von Sykehouse

Doppelnamen: Pomme de Syke-House; Syke-House Russet

Ausgezeichneter Tafel-, sehr guter Wirtschaftsapfel. Genussreife ab Dezember. Haltbarkeit bis März. Mittelgroßer, flachrunder, gleichmäßig gebauter Apfel. Fruchtschale meist rau durch Figuren und Überzüge von grünlichbraunem, auf der Sonnenseite auch bronzefarbigem, feinschuppigem Rost. Schalengrundfarbe grün, später grünlichgelb bis gelb. Schalenpunkte zahlreich, mitteldick, auch eckig, bräunlich. Geruch deutlich. Fruchtfleisch grünlichgelb, fein, etwas schwammig, saftig, angenehm renettenartig gewürzt. Etwas vorherrschende Säure bei hohem Zuckergehalt.

Russian *siehe* Königlicher Kurzstiel

Rymer

Sehr schöner Apfel, dessen innere Qualität aber nicht dem äußeren Aussehen entspricht. Frucht groß, rund. Schalenfarbe dunkelgelb, leicht gerötet und gestreift. Fruchtfleisch gelb, mürbe, wenig gewürzt und wenig saftig. Fruchtfleisch süßweinsäuerlich bis bitter.

S

Sächsische Renette *siehe* Gelbe Sächsische Renette

Safranapfel

Safranapfel

Doppelname: Pomme Safranée

Guter Tafelapfel und sehr guter Wirtschaftsapfel. Genussreife ab Dezember. Haltbarkeit bis März. Mittelgroßer, abgestumpft eiförmiger, nicht ganz gleichmäßig gebauter Apfel. Rippen flach über die Frucht laufend. Querschnitt fast rund. Fruchtschale glatt, etwas fettig, grünlichgelb, später lebhaft gelb. Sonnenseite gerötet und gestreift. Schalenpunkte fein, bräunlich. Manchmal Anflüge von Rost und Warzenbildung. Geruch stark. Fruchtfleisch gelblichweiß, fein, saftig, etwas gewürzt. Etwas vorherrschende Säure bei nicht ganz so hohem Zuckergehalt.

Säfstaholms Rosenapfel

Säfstaholms Rosenapfel (Abbildung Seite 417)

Die Sorte stammt aus Schweden und wurde um 1880 eingeführt.

Sehr guter Tafelapfel und Wirtschaftsapfel. Genussreife ab Oktober. Haltbarkeit bis Dezember. Mittelgroßer, abgestumpft kegelförmiger, etwas ungleichmäßig gebauter Apfel. Rippen breit und flach über die Frucht laufend. Fruchtschale glatt, grünlichgelb, später hellgelb. Sonnenseite kräftig gestreift. Manchmal Anflüge von hellbraunem, auch fein punktiertem Rost. der Geruch ist schwach. Fruchtfleisch grünlichweiß bis weiß, ziemlich fein, saftig, etwas gewürzt. Harmonisches Zucker-Säure-Verhältnis. Der Baum wächst mittelstark und sehr gesund. Die Ansprüche an Boden und Lage sind gering, deshalb auch für raue Gebiete geeignet. Ertrag früh einsetzend, hoch.

Saftrenette *siehe* Hildesheimer Renette
Saint Bauzan *siehe* Königlicher Steifling
Saint Germain *siehe* Apfel von Saint Germain
Saint Helena Russet *siehe* Kanadarenette

Salemer Klosterapfel

Salemer Klosterapfel

Die Sorte ist in Baden entstanden.

Sehr guter Tafel- und auch Wirtschaftsapfel. Baumreife ab Oktober. Genussreife ab Dezember. Haltbarkeit bis Mai. Frucht mittelgroß bis groß. Baum zuerst sehr stark, später weniger stark wachsend. Krone breit, sehr groß werdend. Gelegentliche Kronenauslichtung notwendig. Der Ertrag setzt spät ein, ist dann sehr gut und regelmäßig.

Salzburger Rosenstreifling

Sehr guter Tafel- und Wirtschaftsapfel. Genussreife ab Oktober. Haltbarkeit bis Januar. Großer, abgestumpft rundlich-eiförmiger, gleichmäßig gebauter Apfel. Fruchtschale derb, glatt, grünlichgelb, später gelb. Zur Reifezeit ist die ganze Frucht gerötet und gestreift. Schalenpunkte zahlreich, fein bis mitteldick, hellbraun, oft mit hellrotem Hof. Geruch schwach. Fruchtfleisch gelblichweiß, ziemlich fein, genügend saftig, etwas rosenapfelartig gewürzt. Vorherrschende angenehme Säure bei ausreichendem Zuckergehalt.

Sämling von Aiterbach (Lokalsorte am Chiemsee, keine Sortenbeschreibung)

Sämling von Beachamwell

Doppelname: Beachamwell Seedling

Sehr guter Tafelapfel und guter Wirtschaftsapfel. Genussreife ab Ende Dezember. Haltbarkeit bis März. Kleiner bis mittelgroßer, abgestumpft rundlicher, gleichmäßig gebauter Apfel. Fruchtschale glatt, grün, später grünlichgelb bis gelb. Sonnenseite manchmal leicht gerötet. Scha-

Sämling von Ecklinville

lenpunkte zahlreich, oft ziemlich dick und eckig, braun. Die Frucht neigt auf dem Lager zum Welken. Geruch schwach. Fruchtfleisch gelblichweiß, fein, zart, sehr saftig und renettenartig gewürzt. Vorherrschende angenehme Säure bei geringerem Zuckergehalt.

Sämling von Ecklinville (Abbildung Seite 419)

Doppelname: Ecklinville Pippin; Ecklinville Seedling

Guter Tafel-, sehr guter Wirtschaftsapfel. Genussreife ab Oktober. Haltbarkeit bis Dezember. Großer bis sehr großer, flachrunder Apfel. Fruchtschale glatt, grünlich, später grünlichgelb. Sonnenseite intensiver gelb und manchmal etwas gerötet. Schalenpunkte zahlreich, groß, auch sternförmig, braun. Auf der Sonnenseite manchmal mit gelbem Hof. Geruch schwach. Fruchtfleisch weiß, halbfein, ziemlich saftig, kaum gewürzt. Vorherrschende Säure bei geringem Zuckergehalt.

Sämling von Effeltrich (Lokalsorte in Oberfranken, keine Sortenbeschreibung)

Sämling von Göttschlag (Lokalsorte im Raum Freising, keine Sortenbeschreibung)

San Jacinto

San Jacinto

Die Sorte stammt aus Kalifornien.

Sehr guter Tafel- und guter Wirtschaftsapfel. Reifezeit Ende August. Haltbarkeit bis September.Frucht mittelgroß bis groß, abgestumpft eiförmig. Fruchtschale zur Reifezeit gleichmäßig karminrot gefärbt und gestreift. Fruchtfleisch weiß, saftig, angenehme Säure mit leichter Würze. Der Baum wächst kräftig und ist sehr fruchtbar.

Sandwick *siehe* Lady Sandwick
Sankt Wendeler *siehe* Roter Bellefleur
Sanspareille de Peasgood *siehe* Godrenette von Peasgood

Sauergrauech

Die Sorte entstand als Zufallssämling im 19. Jahrhundert im Kanton Bern/Schweiz.

Doppelnamen: Grauech; Pomme Raisin
Typ: Roter Sauergrauech

Frucht: Sehr guter Mostapfel, manchmal auch als Tafelapfel verwendet. Reifezeit von Ende September bis Anfang Oktober. Zur sofortigen Verarbeitung bestimmt. Kleiner, stumpfkegelförmiger, regelmäßig gebauter Apfel mit schwachen Rippen. Fruchtschale glatt, grün. Zur Reifezeit hellrot marmoriert und gestreift mit grauweißen Flecken. Bläulich bereift. Die Schalenpunkte sind groß, hell. Fruchtfleisch grünlichweiß, sehr saftig, typisches Aroma, erfrischende Säure.
Baum: Mittelstarker aufrechter Wuchs. Krone schmal. Blüte mittelfrüh, guter Pollenspender. Ertrag spät einsetzend. Ertragshöhe gering bis mittelhoch. Ausgeprägte Alternanz. Die Sorte gedeiht auch noch in Höhenlagen. Etwas anfällig für Schorf und Mehltau.

Saveurer Kalvill *siehe* St. Saveurer Kalvill
Scarlet Nonpareil *siehe* Scharlachroter Nonpareil
Scarlet Pearmain *siehe* Scharlachrote Parmäne
Schafsnase *siehe* Berliner Schafsnase

Schafsnase *siehe* Gelber Bellefleur
Prinzenapfel
Rheinische Schafsnase
Scharlachpepping *siehe* Englischer Scharlachpepping

Scharlachrote Parmäne

Scharlachrote Parmäne

Doppelnamen: Ecarlate d'Eté; Englische Scharlachrote Parmäne

Ausgezeichneter Tafel-, sehr guter Wirtschaftsapfel. Genussreife ab Oktober. Haltbarkeit bis November. Mittelgroßer, abgestumpft rundlicher, gleichmäßig gebauter Apfel. Fruchtschale ist glatt, etwas fettig, gelb. Zur Reifezeit kräftig gerötet und vor allem auf der Schattenseite deutlich gestreift. Die Schalenpunkte sind fein, braun, in der Rötung hell erscheinend. Geruch schwach. Fruchtfleisch gelblichweiß, unter der Schale und an den Gefäßbündeln gerötet. Fein, saftig, angenehm rosenapfelartig gewürzt. Wenig vorherrschende Säure bei hohem Zuckergehalt.

Scharlachroter *siehe* Gascoynes Scharlachroter

Scharlachroter Nonpareil

Doppelnamen: Non Pareille Ecarlate; Scarlett Nonpareil

Sehr guter Tafelapfel, guter Wirtschaftsapfel. Genussreife ab Dezember. Haltbarkeit bis März. Kleiner bis mittelgroßer, abgestumpft kegelförmiger, gleichmäßig gebauter Apfel. Die Fruchtschale ist glatt, hellgrün, später gelb. Zur Reifezeit gerötet und etwas gestreift. Schalenpunkte fein und hellgrau. Manchmal Anflüge von Rost. Die Frucht welkt auf dem Lager nur wenig. Geruch schwach. Fruchtfleisch gelblichweiß, fein, saftig, gewürzt. Etwas vorherrschende angenehme Säure bei geringerem Zuckergehalt.

Schärlis Wildling *siehe* Rheinischer Winterrambur
Schätzler *siehe* Champagnerrenette

Schatzlerapfel (Keine Sortenbeschreibung)

Scheibenapfel *siehe* Gelber Edelapfel
Zwiebelborsdorfer
Scheibling *siehe* Winterscheibling

Schicks Rheinischer Landapfel

Doppelname: Schick Johannes

Guter Tafel-, sehr guter Wirtschaftsapfel. Genussreife ab November. Haltbarkeit bis Anfang Februar. Großer bis sehr großer, flachrunder, nicht ganz gleichmäßig gebauter Apfel. Rippen stark und breit über die Frucht laufend. Querschnitt kantig. Fruchtschale glatt, fettig, hellgrün, später grünlichgelb bis hellgelb. Sonnenseite manchmal leicht gerötet. Schalenpunkte fein, bräunlich. Der Geruch ist deutlich. Fruchtfleisch grünlichgelb bis weiß, halbfein, saftig, wenig gewürzt. Vorherrschende angenehme Säure bei unterschiedlich hohem Zuckergehalt.

Schieblers Taubenapfel

Schieblers Taubenapfel (Abbildung Seite 423)

Sehr guter Tafel-, guter Wirtschaftsapfel. Genussreife ab November. Haltbarkeit bis Februar. Kleiner bis mittelgroßer, länglich-eiförmiger, ziemlich gleichmäßig gebauter Apfel. Rippen flach über die halbe Frucht laufend. Querschnitt ziemlich rund. Fruchtschale glatt, hellgrün, später grünlichgelb. Schalenpunkte fein, hellbraun. Manchmal kleine Anflüge von Rost. Geruch schwach. Fruchtfleisch weiß, fein, saftig, an Kalmus erinnernd gewürzt. Vorherrschende, oft auch starke Säure bei geringerem Zuckergehalt.

Schierapfel *siehe* Zwiebelborsdorfer

Schillers Rosenapfel

Sehr guter Tafel- und Wirtschaftsapfel. Genussreife ab Anfang Dezember. Haltbarkeit bis in-März. Mittelgroßer, abgestumpft rundlicher, ziemlich gleichmäßig gebauter Apfel. Rippen wenig ausgeprägt über die halbe Frucht laufend. Fruchtschale glatt, grünlichgelb, später gelb. Zur Reifezeit ist die ganze Frucht gerötet, gestreift und geflammt. Schalenpunkte fein, braun. Geruch deutlich. Fruchtfleisch weiß, fein, saftig, rosenapfelartig gewürzt. Etwas vorherrschende Säure bei ausreichendem Zuckergehalt.

Schlesischer Lehmapfel

Schlesischer Lehmapfel

Die Entstehung der Sorte ist unbekannt. Sie war früher in Schlesien weit verbreitet.

Die Sorte wird häufig mit dem 'Welschweinling' (Welscher Weinling) verwechselt

Frucht: Guter Tafel- und sehr guter Wirtschaftsapfel. Baumreife ab Ende September, Genussreife ab Januar. Haltbarkeit bis März. Mittelgroße, abgestumpft runde, gerippte Frucht, häufig etwas ungleichmäßig gebaut. Fruchtschale glatt, etwas fettig, grüngelb, später zitronengelb. Sonnenseite sehr wenig gelbrot bis blaurot angelaufen und verwaschen gerötet. Schalenpunkte kräftig, dunkel. Häufig feine Rostanflüge in der Kelchgegend. Fruchtfleisch fest, gelblich-weiß, an den Adern grünlichweiß, saftig. Der Geschmack ist süß mit feiner Säure.

Baum: Starker Wuchs. Krone breitrund, Äste später etwas hängend. Der Baum kann sehr alt werden. Er sollte nicht stark geschnitten werden. Anbau vorwiegend auf Obstwiesen als Haib- und Hochstamm. Die Sorte braucht guten Apfelboden und hohe Luftfeuchtigkeit. Dann auch noch für mittlere Höhenlagen geeignet. Die Sorte ist widerstandsfähig gegen Krankheiten und Schädlinge.

Schleswiger Erdbeerapfel *siehe* Herbstparmäne

Schlössers Grünling

Sehr guter Wirtschaftsapfel. Verarbeitung ab Dezember. Haltbarkeit bis in den Februar. Großer, abgestumpft rundlicher, ziemlich gleichmäßig gebauter Apfel. Rippen sehr flach über die Frucht laufend. Querschnitt ziemlich rund. Fruchtschale glatt, grün. Sonnenseite häufig trüb gerötet und etwas gestreift. Schalenpunkte mittelgroß, oft eckig, bräunlich. Geruch schwach. Fruchtfleisch grünlichweiß, etwas grob, sehr saftig, nicht gewürzt. Vorherrschende starke Säure bei geringem Zuckergehalt.

Schloß Stirling

Doppelname: Stirling Castle

Sehr guter Wirtschaftsapfel manchmal als Tafelapfel gebraucht. Verarbeitung ab Oktober. Haltbarkeit bis Dezember. Großer, flachrunder, gleichmäßig gebauter Apfel. Fruchtschale glatt, fettig, hellgrün, später hell gelblichgrün. Schalenpunkte fein, bräunlich. Geruch schwach. Fruchtfleisch hellgelb bis weiß, ziemlich fein, sehr saftig, nicht gewürzt. Feine, herbe, kräftige Säure bei geringem Zuckergehalt.

Schlotterapfel *siehe* Geflammter Kardinal
Hesselmanns Schlotterapfel
Millets Schlotterapfel
Prinzenapfel
Weißes Seidenhemdchen
Woltmanns Schlotterapfel

Schmalzapfel *siehe* Kanadarenette

Schmalzprinz

Als Sämling im Alten Land entstanden.

Guter Tafel- und Wirtschaftsapfel. Genussreife ab Dezember. Haltbarkeit bis März. Mittelgroßer Apfel mit ansprechender Färbung. Fruchtfleisch sehr saftig, nur wenig gewürzt. Der Baum trägt mittelfrüh und bildet große, schöne Kronen. Die Früchte sind etwas windempfindlich, deshalb ist ein geschützter Standort erforderlich. Die Sorte ist sehr widerstandsfähig gegen Krankheiten und Schädlinge.

Schmantapfel *siehe* Großer Schmantapfel

Schmidtbergers Rote Renette

Sehr guter Tafelapfel und Wirtschaftsapfel. Genussreife ab Dezember. Haltbarkeit bis in April.

Kleiner bis mittelgroßer, abgestumpft eiförmiger, meist ziemlich gleichmäßig gebauter Apfel. Fruchtschale glatt, grünlichgelb, später gelb. Sonnenseite punktiert gerötet oder rot überlaufen. Zur Reifezeit ist die ganze Frucht gestreift. Schalenpunkte fein, braun. Geruch deutlich. Das Fruchtfleisch ist hellgelb, fein, saftreich, renettenartig gewürzt. Etwas vorherrschende, angenehme Säure bei ausreichend hohem Zuckergehalt.

Schmiedeapfel

Doppelname: Forge

Sehr guter Tafel- und Wirtschaftsapfel. Genussreife ab Ende Oktober. Haltbarkeit bis Januar. Mittelgroßer, abgestumpft rundlich-kegelförmiger, gleichmäßig gebauter Apfel. Rippen kräftig ausgeprägt und über die ganze Frucht laufend. Querschnitt kantig. Fruchtschale glatt, grün, später grünlichgelb bis gelb. Sonnenseite kräftig gerötet. Schattenseite intensiv gestreift. Die Schalenpunkte sind fein, bräunlich, in der Rötung hell erscheinend. Geruch schwach. Fruchtfleisch grünlichgelb, fein, ziemlich zart, saftig, edel gewürzt. Harmonisches Zucker-Säure-Verhältnis.

Schmitz-Hübsch *siehe* Schöner von Boskoop
Schneeapfel *siehe* Belgischer Schneeapfel
Ohm Paul

Schneekalvill

Schneekalvill

Sehr guter Tafelapfel, guter Wirtschaftsapfel. Genussreife ab Dezember. Haltbarkeit bis März. Mittelgroßer, abgestumpft kegelförmiger, oft ungleichmäßig gebauter Apfel. Rippen flach über die Frucht laufend. Querschnitt flachkantig. Fruchtschale glatt, hellgrün, später grünlich-gelb. Sonnenseite häufig gestreift. Schalenpunkte fein, bräunlich. Geruch deutlich. Fruchtfleisch grünlichgelb, fein, saftig, kalvillartig gewürzt. Wenig vorherrschende, angenehme Säure bei ausreichendem Zuckergehalt.

Schneiderapfel

Lokalsorte in der Schweiz, die vorwiegend als Stammbildner verwendet wird.

Frucht klein, gelb, von unbedeutender Qualität. Der Baum wächst sehr stark und gesund. Stammbilder für Halb- und Hochstamm bei schwachwachsenden Sorten und zum Aufpfropfen alter Liebhabersorten. An Boden und Klima sehr anspruchslos.

Schneiders Sämling

Guter Tafelapfel, sehr guter Wirtschaftsapfel. Genussreife ab Dezember. Haltbarkeit bis März. Mittelgroßer bis großer, abgestumpft eirunder, gleichmäßig gebauter Apfel. Rippen flach über die Frucht laufend. Im Querschnitt nicht ganz rund. Fruchtschale glatt, gelblichgrün, später lebhaft gelb. Sonnenseite gerötet. Schattenseite gestreift. Schalenpunkte fein, braun. Geruch deutlich. Fruchtfleisch gelblichweiß, ziemlich fein und fest, nicht sehr saftig, etwas gewürzt. Vorherrschende angenehme Säure bei ausreichendem Zuckergehalt.

Schönblühender *siehe* Gelber Bellefleur

Schöner Maiapfel

Sehr guter Wirtschaftsapfel, weniger guter Tafelapfel. Verarbeitung ab Januar. Haltbarkeit bis Mai. Kleiner, abgestumpft eiförmiger, gleichmäßig gebauter Apfel. Fruchtschale glatt, etwas fettig, glänzend, grünlichgelb, später gelb. Sonnenseite leicht gerötet. Schalenpunkte fein, bräunlich. Geruch schwach. Das Fruchtfleisch ist gelblich bis grünlichgelb, fein, ziemlich saftig, wenig gewürzt. Vorherrschende kräftige Säure bei geringem Zuckergehalt.

Schöner Rambur *siehe* Dubois' Schöner Rambur
Kirkes Schöner Rambur
Schöner Süßapfel von Havre *siehe* Schöner von Havre
Schöner vom Oberland *siehe* Jakob Fischer

Schöner von Bath

Schöner von Bath (Abbildung Seite 427)

Die Sorte stammt aus England.

Doppelnamen: Beauty of Bath; Schönheit von Bath

Frucht: Sehr guter Frühapfel. Pflück- und Genussreife ab Ende Juli. Haltbarkeit bis September. Mittelgroßer, flachkugelförmiger, gleichmäßig gebauter Apfel. Fruchtschale glatt, geschmeidig. Schalenfarbe grüngelb, später orangegelb. Zur Reifezeit intensiv gestreift und manchmal bläulich bereift. Die kräftige Färbung macht die Sorte sehr ansprechend. Fruchtfleisch gelblich, auch rötlichweiß, fest, saftig. Für eine Frühsorte sehr guter Geschmack, würzig, etwas säuerlich. Geruch ausgeprägt.
Baum: Kräftiger Wuchs. Krone anfangs hochgewölbt, dann breit, später hängend und sparrig. Anbau nur auf guten Apfelböden und in warmer Lage. Die Blüte ist früh bis mittelfrüh und wenig empfindlich. Der Ertrag setzt früh ein, er ist gut und regelmäßig. Frucht sturmfest. Die Sorte sollte mehrmals durchgepflückt werden und ist deshalb vor allem für den Hausgarten gut geeignet.

Schöner von Beuren *siehe* Linsenhofener Sämling

Schöner von Boskoop

Die Sorte entstand 1856 in Boskoop/Holland. Der heute häufig angebotene 'Rote Boskoop' wurde 1923 als Knospenmutation im Rheinland gefunden.

Doppelnamen: Belle de Boskoop; Goudrenet; Graue Winterrenette; Reinette Monstrueuse; Reinette von Montfort; Schoone van Boskoop
Typen: Achberg; Arösund; Bakker; Hohenheim; Kalfs; Lambrechts; Müllheim; Schmitz-Hübsch; Verheul

Frucht: Ausgezeichneter Tafel- und Wirtschaftsapfel. Baumreife ab Mitte Oktober. Genussreife ab Mitte Dezember. Haltbarkeit bis April. Bei zu trockener Lagerung schrumpft die Sorte leicht. Großer bis sehr großer, rundlicher, häufig ungleichmäßig gebauter Apfel. Querschnitt etwas kantig. Fruchtschale fein aufgeraut, mattglänzend, weitgehend berostet. Grundfarbe

Schöner von Boskoop

Roter Boskoop

hellgrün, später grünlichgelb bis gelb. Dazwischen zahlreiche bräunliche Streifen. Sonnenseite gerötet. Schattenfrüchte weniger ausgeprägt gefärbt. Geruch schwach. Das Fruchtfleisch ist hellgelblich bis grünlichgelb, saftig. Renettenartig gewürzter, kräftiger, weinsäuerlicher Geschmack.

Baum: Sehr starker Wuchs, breite, große Kronen. Für kleine Baumformen weniger geeignet. Das Holz ist etwas frostempfindlich. Anbau nur auf genügend feuchten, nährstoffreichen Böden und in windgeschützten, nicht frostgefährdeten Lagen. Bei ausreichender Bodenfeuchtigkeit auch noch für Obstwiesen geeignet. Erziehung als Busch, Viertel-, Halb- und Hochstamm. Blüte früh bis mittelfrüh und lange anhaltend. Die Blüte ist gegen Witterungseinflüsse empfindlich. Schlechter Pollenspender. Etwas anfällig für Schorf, Blutlaus und Stippigkeit.

Schöner von Buits

Doppelname: Belle des Buits

Sehr guter Tafel- und Wirtschaftsapfel. Genussreife ab Ende Dezember. Haltbarkeit bis Mai. Großer, flachrunder, gleichmäßig gebauter Apfel. Fruchtschale glatt, glänzend, grünlichgelb, später hellgelb. Sonnenseite etwas gerötet. Schalenpunkte zahlreich, fein, bräunlich. Geruch fehlt. Fruchtfleisch gelblichweiß bis weiß, fein, saftig, etwas gewürzt. Vorherrschende angenehme Säure bei ausreichendem Zuckergehalt.

Schöner von Havre

Doppelnamen: Belle du Havre; Schöner Süßapfel von Havre

Guter Tafelapfel, sehr guter Wirtschaftsapfel. Genussreife ab Anfang Nobember. Haltbarkeit bis Februar. Großer, abgestumpft rundlicher, oft ungleichmäßig gebauter Apfel. Fruchtschale glatt, etwas fettig, grünlich, später grünlichgelb bis hellgelb. Die Sonnenseite ist kräftig dunkel gerötet, Schattenseite heller gerötet. Schalenpunkte fein. Geruch veilchenartig. Fruchtfleisch grünlichgelb bis weiß, halbfein, saftig, nicht gewürzt. Milde Säure bei etwas vorherrschendem Zuckergehalt.

Schöner von Herrnhut

Schöner von Herrnhut

Die Sorte wurde um 1880 in Herrnhut gefunden und kam um 1900 in den Handel.

Frucht: Sehr guter Tafel- und Wirtschaftsapfel. Baumreife ab Ende September. Genussreife ab Oktober. Haltbarkeit bis Februar. Mittelgroßer, hochrunder, gerippter Apfel. Fruchtschale ist glatt, fettig und grünlichgelb. Zur Reifezeit intensiv gerötet, geflammt und gestreift. Schalenpunkte mit hellem Hof. Fruchtfleisch gelblichweiß, mittelfest, saftig, wenig gewürzt. Ausgewogenes Zucker-Säure-Verhältnis.
Baum: Mittelstarker Wuchs, Krone hochkugelig. Für alle Erziehungsformen geeignet. Ansprüche an Boden und Klima gering. Die Sorte ist breit anbaufähig und gedeiht auch noch in rauen Höhenlagen. Wegen des reichen Fruchtbehangs ist für eine ausreichende Düngung zu sorgen. Blüte mittelfrüh. Unempfindlich gegen Witterungseinflüsse. Ertrag mittelfrüh einsetzend, sehr hoch. Die Sorte neigt etwas zur Alternanz. Ziemlich widerstandsfähig gegen Krankheiten und Schädlinge. Regelmäßige Schnittüberwachung empfehlenswert, damit die Früchte ausreichend groß bleiben.

Schöner von Huy

Sehr guter Tafel- und Wirtschaftsapfel. Genussreife ab Dezember. Haltbarkeit bis Ende März. Mittelgroßer, abgestumpft rundlicher, ziemlich gleichmäßig gebauter Apfel. Fruchtschale glatt, manchmal fein aufgeraut, grünlichgelb, später lebhaft gelb. Sonnenseite punktiert gerötet und gestreift. Schalenpunkte fein, bräunlich. Anflüge von Rost selten. Der Geruch ist schwach. Fruchtfleisch gelblichweiß, fein, saftig, schwach renettenartig gewürzt. Vorherrschende kräftige Säure bei geringerem Zuckergehalt.

Schöner von Kent

Doppelname: Beauté de Kent; Beauty of Kent

Guter Tafel-, sehr guter Wirtschaftsapfel. Genussreife ab Ende Oktober. Haltbarkeit bis Januar. Großer, flachrunder, ungleichmäßig gebauter Apfel. Rippen flach über die Frucht laufend. Querschnitt nicht ganz rund. Fruchtschale glatt, gelblichgrün, später gelb. Sonnenseite punktiert gerötet und etwas gestreift. Schalenpunkte vereinzelt, fein, braun. Geruch sehr schwach. Fruchtfleisch gelblichweiß, ziemlich fein, nicht gewürzt. Vorherrschende angenehme Säure bei geringerem Zuckergehalt.

Schöner von Magny (Keine Sortenbeschreibung)

Schöner von Miltenberg

Schöner von Miltenberg

Sehr guter Tafelapfel und Wirtschaftsapfel. Reifezeit Mitte Oktober. Haltbarkeit bis Dezember. Mittelgroßer bis großer, walzenförmiger Apfel. Fruchtschale glatt, gelb. Sonnenseite leicht gerötet. Das Fruchtfleisch ist weiß, fein, leicht gewürzt. Harmonisches Zucker-Säure-Verhältnis. Baum mittelstark wachsend, hochrunde Krone. Blüte etwas witterungsempfindlich. Ertrag unregelmäßig, manchmal starktragend. Der Baum ist widerstandsfähig gegen Krankheiten und Schädlinge.

Schöner von Nordhausen

Schöner von Nordhausen

Die Sorte wurde um 1820 als Sämling in Nordhausen gefunden und 1892 in den Handel gebracht.
Doppelname: Hindenburgapfel

Frucht: Guter und schön aussehender Tafel- und Wirtschaftsapfel. Pflückreife ab Mitte Oktober. Genussreife ab Januar. Haltbarkeit bis April. Mittelgroßer, abgestumpft rundlicher, ziemlich gleichmäßig gebauter Apfel. Fruchtschale glatt, etwas fettig, hellgrün, später gelb. Sonnenseite unterschiedlich stark gerötet. Selten gestreift. Leichte Rostbildungen am Stiel häufig. Fruchtfleisch gelblichweiß, saftig, angenehm gewürzt. Angenehme Säure bei manchmal höherem Zuckergehalt. Geruch schwach. Die Sorte ist nur wenig stippeanfällig. Zur Vermeidung von Druckflecken muss jedoch sorgfältig geerntet werden.
Baum: In der Jugend kräftiger, später mittelstarker Wuchs. Krone hochkugelig, später breit ausladend. Für alle Erziehungsformen geeignet. Anbau nur auf guten Apfelböden, dann auch noch in raueren Lagen bis 500 m Höhe. Blüte mittelfrüh bis spät. Unempfindlich. Guter Pollenspender. Der Ertrag setzt früh ein und ist mittelhoch bis hoch. Etwas Neigung zur Alternanz. Die Widerstandsfähigkeit gegen Frost ist ungewöhnlich hoch. Um Treiben und Fruchten im Gleichgewicht zu halten, sind gelegentliche Überwachungs- und Verjüngungsschnitte notwendig.

Schöner von Pontoise

Die Sorte entstand in Pontoise/Frankreich als Sämling des 'Kaiser Alexander' und wurde 1881 zum ersten Mal beschrieben.

Frucht: Sehr guter Wirtschaftsapfel. Verwertung ab November. Haltbarkeit bis März. Großer, flachgebauter Apfel. Rippen ziehen über die ganze Frucht. Fruchtschale glänzend, hellgrün, später gelb. Zur Reifezeit trüb gerötet, auch gestreift, bläulichweiß bereift. Schalenpunkte weiß. Geruch schwach.
Baum: Kräftiger aber nicht immer gerader Stamm. Krone breit und stark, später fast hängend.

Schöner von Pontoise

Ertrag mittelfrüh einsetzend, regelmäßig und hoch. Ansprüche an Boden und Klima gering. Breit anbaufähig, auch in feuchten Niederungen und auf zeitweise überschwemmtem Boden. Die Früchte neigen manchmal dazu, am Baum zu faulen.

Schöner von Rept

Schöner von Rept

Doppelname: Wunder von Repten
Die Sorte stammt aus den USA.

Frucht hochgebaut, zum Kelch verjüngt, mit deutlichen Kanten. Fruchtschale glatt. Schalenfarbe grün, zur Reifezeit rot bis bläulichrot, verwaschen. Zahlreiche helle und große Schalenpunkte. Stielgrube oft strahlenförmig berostet. Fruchtfleisch grünlichweiß, saftig, mittelfein.

Geschmack vorwiegend süß, ohne Würze. Baumreife Oktober. Genussreife November. Haltbarkeit bis Mai.
Der Baum wächst mittelstark und bildet eine breitpyramidale Krone. Die Sorte ist widerstandsfähig gegen Frost.

Schöner von Schönlind

Schöner von Schönlind

Doppelname: Kedererapfel

Lokalsorte aus dem Kreis Amberg, gefunden im Garten von Bürgermeister Kederer. Entstanden im Kloster Reichenbach/Oberpfalz. Namensgebung auf der Sortenschau 1927 in Ulm.

Frucht: Guter Tafelapfel. Frucht mittelgroß bis groß, hochgebaut. Stiel häufig durch fleischigen Höcker zur Seite gedrückt. Fruchtfleisch gelblich, feinkörnig, fest. Fruchtschale etwas rau. Schalenfarbe goldgelb, zur Reifezeit karminrot verwaschen gestreift. Geschmack süß-säuerlich, von angenehmer Würze. Baumreife Ende Oktober. Haltbarkeit bis Januar.
Baum: Der Baum bildet eine hochstrebende, lockere Krone aus. Wuchs kräftig. Blätter hängen im Herbst auffällig lange am Baum. Ansprüche an Boden und Klima gering. Bis in größere Höhen und in rauen Lagen anbaufähig. Kaum anfällig für Schorf. Etwas stippeanfällig. Ertrag hoch, etwas alternierend.

Schöner von Westland

Doppelname: Beauty of the West

Guter Tafel-, sehr guter Wirtschaftsapfel. Genussreife ab Ende November. Haltbarkeit bis Ende Januar. Großer, abgestumpft rundlicher, ziemlich gleichmäßig gebauter Apfel. Rippen flach und breit über die Frucht laufend. Querschnitt flachkantig. Fruchtschale glatt, etwas fettig, hellgrün, später gelblichgrün bis grünlichgelb. Schalenpunkte sehr fein, hellbraun, mit hellem Hof. Geruch schwach. Das Fruchtfleisch ist grünlichgelb, ziemlich fein, saftig, schwach gewürzt. Wenig Säure bei hohem Zuckergehalt.

Schöner von Wiedenbrück

Schöner von Wiedenbrück

Die Sorte wurde von Obstbaumschulbesitzer Dürbusch in Wiedenbrück/Westfalen um 1900 gezüchtet.
Die Frucht wurde als guter Marktapfel von gutem Aussehen und Geschmack bezeichnet. Der Baum wächst kräftig und ist widerstandsfähig gegen Krankheiten und Schädlinge, vor allem gegen Schorf. Ertrag früh einsetzend, reich und regelmäßig. Frostunempfindlich durch späte Blüte.

Schöner von Wiltshire

Schöner von Wiltshire

Doppelname: Weiße Wachsrenette (Niederbayern)

Frucht: Guter Tafelapfel, sehr guter Wirtschaftsapfel. Eine Hauptsorte in Bayern. Genussreife ab

November. Haltbarkeit bis Dezember. Großer, abgestumpft runder, etwas ungleichmäßig gebauter Apfel. Fruchtschale glatt, leicht fettig, grünlichgelb, später hellgelb. Sonnenseite etwas punktiert gerötet und meist leicht gestreift. Schalenpunkte fein, bräunlich. Geruch deutlich. Fruchtfleisch gelblichweiß, halbfein, saftig, wenig gewürzt. Etwas vorherrschender Zuckergehalt.
Baum: Wuchs zuerst stark, später mittelstark. Krone hängend. Sehr frosthart. Erziehung vorwiegend als Hoch- und Halbstamm. Ansprüche an Boden und Klima gering. Der Baum gedeiht noch in rauen Lagen. Blüte mittelfrüh, sehr widerstandsfähig. Guter Pollenspender. Der Ertrag ist regelmäßig und hoch. Die Sorte braucht eine strenge Schnitterziehung, später gelegentliche Auslichtungsschnitte. Sehr widerstandsfähig gegen Schorf.

Schönster vom Neckartal *siehe* Rheinischer Winterrambur
Schornsteinfeger *siehe* Roter Eiserapfel
Schottischer Evaapfel *siehe* Manks Apfel
Schwäbischer Rosenapfel *siehe* Danziger Kantapfel
Schwaikheimer Rambur *siehe* Lohrer Rambur
Schwarzbrauner Matapfel *siehe* Brauner Matapfel

Schwarzenbachs Parmäne

Doppelname: Pearmain de Schwarzenbach

Sehr guter Tafelapfel und Wirtschaftsapfel. Genussreife ist ab Anfang Oktober. Haltbarkeit bis Ende November. Großer, abgestumpft eiförmiger, gleichmäßig gebauter Apfel. Fruchtschale glatt, glänzend, gelblichgrün, später hellgelb. Sonnenseite unterschiedlich stark gerötet und deutlich gestreift. Schalenpunkte zahlreich, fein bis mitteldick, bräunlich. Geruch schwach. Das Fruchtfleisch ist gelblichweiß, unter der Schale manchmal gerötet. Fein, saftig, gewürzt. Vorherrschende angenehme Säure bei ausreichendem Zuckergehalt.

Schwarzer Api

Doppelnamen: Api Noir; Black Lady Apple

Guter Tafel- und Wirtschaftsapfel. Genussreife ab Dezember. Haltbarkeit bis März. Kleiner, abgestumpft rundlicher bis flachrunder, gleichmäßig gebauter Apfel. Fruchtschale glatt, grünlich, später grünlichgelb. Sonnenseite dunkel bis schwärzlich gerötet. Schattenseite helleres Rot, oft auch gestreift. Die Frucht welkt auf dem Lager nur wenig. Geruch schwach. Das Fruchtfleisch ist grünlichweiß, unter der Schale oft leicht rot. Fein, fest, ausreichend saftig, nicht gewürzt. Etwas vorherrschende Säure bei ausreichendem Zuckergehalt.

Schwarzer Borsdorfer *siehe* Brauner Matapfel

Schwarzer Kurzstiel

Guter Tafel-, sehr guter Wirtschaftsapfel. Genussreife ab Januar. Haltbarkeit bis Juni. Mittelgroßer, flachrunder, gleichmäßig gebauter Apfel. Rippen über die halbe Frucht laufend. Querschnitt ziemlich rund. Fruchtschale glatt, etwas fettig, grün, später grünlichgelb. Sonnenseite dunkel, Schattenseite heller gerötet und gestreift. Schalenpunkte in der Rötung gelb erscheinend. Geruch schwach. Fruchtfleisch gelblichweiß mit deutlichen grünen Gefäßbündeln. Ziemlich fein, fest, sehr saftig, wenig gewürzt. Ausgewogenes Zucker-Säure-Verhältnis.

Schwarzbrauner Matapfel *siehe* Brauner Matapfel

Schwarzroter Platter Winterkalvill

Guter Tafel-, sehr guter Wirtschaftsapfel. Genussreife ab Anfang Dezember. Haltbarkeit bis Februar. Kleiner, abgestumpft rundlicher bis flachrunder, gleichmäßig gebauter Apfel. Scharfkantige Rippen überziehen die Frucht. Querschnitt kantig. Fruchtschale glatt, etwas fettig, zur Reifezeit intensiv bis sehr dunkel gerötet. Schalenpunkte sehr fein. Geruch fehlt. Fruchtfleisch gelblichweiß, unter der Schale meist gerötet. Ziemlich fein, locker, saftig, kalvillartig gewürzt. Etwas vorherrschende Säure bei ausreichendem Zuckergehalt.

Schwarzschillernder Kohlapfel

Doppelnamen: Badischer Brauner; Schmiedapfel

Sehr guter Wirtschaftsapfel, noch brauchbarer Tafelapfel, beliebte Kelterfrucht. Verarbeitung ab Anfang Dezember. Haltbarkeit bis April. Kleiner bis mittelgroßer, eiförmiger, ziemlich gleichmäßig gebauter Apfel. Fruchtschale glatt, bereift, grün, später gelblichgrün bis gelb. Zur Reifezeit teilweise sehr dunkel gerötet. Schalenpunkte sehr fein, hell. Der Geruch ist schwach. Fruchtfleisch grünlichweiß bis weiß, fein, saftig, wenig gewürzt. Etwas vorherrschende Säure bei geringerem Zuckergehalt.
Der Baum bildet eine flachkugelige, verzweigte Krone. Wuchs stark und sparrig. Ansprüche an Boden und Klima sehr gering, anbaufähig bis in Höhenlagen. Der Ertrag setzt spät ein, meist erst nach 15 bis 20 Jahren, dafür erreicht der Baum ein hohes Alter. Wenig anfällig für Krankheiten und Schädlinge. Ertragshöhen wechselhaft.

Schwedischer Rotkanzler *siehe* Rheinischer Winterrambur

Schwedischer Winterpostoph

Doppelname: Svensk Vinter-Postoph

Sehr guter Tafel- und Wirtschaftsapfel. Genussreife ab Ende November. Haltbarkeit bis Anfang Februar. Großer, abgestumpft rundlicher, gleichmäßig gebauter Apfel. Rippen flach über die Frucht laufend. Querschnitt flachkantig. Fruchtschale glatt, grünlichgelb, später gelb. Sonnenseite etwas gerötet. Zur Reifezeit ist die ganze Frucht intensiv gestreift. Schalenpunkte fein. Der Geruch ist deutlich. Fruchtfleisch gelblichweiß, fein, saftig, etwas gewürzt. Vorherrschende kräftige Säure bei ausreichendem Zuckergehalt.

Schweiz *siehe* Golden Delicious
Schweizerapfel *siehe* Winterstettiner
Schweizer Glockenapfel *siehe* Weißer Winterglockenapfel

Schweizer Orangenapfel

Eine Züchtung der Eidgenössischen Forschungsanstalt Wädenswil aus 'Ontarioapfel' x 'Cox 'Orangenrenette'. Die Sorte kam 1955 in den Handel.

Frucht: Ausgezeichneter Tafel-, wertvoller Wirtschaftsapfel. Baumreife ab Mitte Oktober.Genussreife ab Dezember. Haltbarkeit bis März. Mittelgroßer bis großer, flachkugeliger Apfel mit leichten Wülsten und Falten. Fruchtschale glatt, grüngelb bis rötlichgelb. Zur Reifezeit rotorange marmoriert und leicht gestreift. Fruchtfleisch gelblich, sehr saftig, feines Aroma, säuerlichsüß.

Schweizer Orangenapfel

Baum: Wuchs schwach bis mittelstark. Krone hochkugelig. Holz etwas frostempfindlich. Für alle Erziehungsformen geeignet. Anbau nur auf guten Apfelböden in warmen, geschützten Lagen. Blüte etwas frostempfindlich. Guter Pollenspender. Ertrag mittelfrüh bis spät einsetzend, zuerst regelmäßig, später alternierend. Die Sorte ist etwas mehltau- und schorfanfällig und braucht eine gründliche Schnittpflege.

Schwerer Apfel *siehe* Der Schwere Apfel
Schwerer Gravensteiner *siehe* Geflammter Kardinal

Schwerzer Renette

Sehr guter Tafel- und Wirtschaftsapfel. Genussreife ist ab Januar. Haltbarkeit bis in den Mai. Mittelgroßer bis großer, abgestumpft länglich-runder, gleichmäßig gebauter Apfel. Die Fruchtschale ist glatt, grünlichgelb, später gelb. Sonnenseite intensiv gerötet, Schattenseite deutlich gestreift. Braune Warzen häufig. Schalenpunkte fein bis mitteldick, bräunlich, in der Rötung gelb erscheinend. Geruch deutlich. Fruchtfleisch gelblichweiß, fein, saftig, mild renettenartig gewürzt. Etwas vorherrschende Säure bei ausreichendem Zuckergehalt.

Scipios Renette

Sehr guter Tafelapfel und Wirtschaftsapfel. Genussreife ab Dezember. Haltbarkeit bis März. Kleiner abgestumpft rundlich-eiförmiger, gleichmäßig gebauter Apfel. Fruchtschale teils glatt, teils fein aufgeraut. Schalenfarbe grünlich bis grünlichgelb, später gelb. Sonnenseite manchmal gerötet. Schalenpunkte zahlreich, fein bis mitteldick, bräunlich. Unterschiedlich starke Berostung. Geruch schwach. Das Fruchtfleisch ist gelblichweiß, fein, saftig, edel gewürzt. Vorherrschende kräftige Säure bei hohem Zuckergehalt.

Scotland *siehe* Manks Apfel
Scotts Gelbe Winterrenette *siehe* Scotts Renette

Scotts Renette

Doppelname: Scotts Gelbe Winterrenette

Mittelgroßer, abgestumpft rundlicher, meist gleichmäßig gebauter Apfel. Fruchtschale meist glatt, grünlichgelb, später gelb. Sonnenseite nur selten leicht gerötet. Schalenpunkte fein, bräunlich, manchmal mit rotem Hof. Die Frucht welkt auf dem Lager nur wenig. Kein Geruch. Fruchtfleisch gelblichweiß, fein, mürbe, saftig, edel gewürzt. Etwas vorherrschende, angenehme Säure bei ausreichendem Zuckergehalt.

Secklerapfel

Sehr guter Wirtschaftsapfel. Verarbeitung ab Mitte Januar. Haltbarkeit bis Juni. Mittelgroßer, stark abgestumpft rundlicher, gleichmäßig gebauter Apfel. Fruchtschale glatt, grünlichgelb, später gelb. Zur Reifezeit unterschiedlich stark gerötet und nur wenig gestreift. Schalenpunkte sehr fein, gelblich. Die Frucht welkt auf dem Lager nur wenig. Geruch schwach. Fruchtfleisch gelblichweiß, fein, fest, ausreichend saftig, wenig gewürzt. Der Zuckergehalt entspricht der Säure oder übersteigt sie auch.

Seedings Glanzapfel

Sehr guter Tafel-, guter Wirtschaftsapfel. Genussreife ab Ende August. Haltbarkeit bis Mitte September. Mittelgroßer, abgestumpft rundlich-kegelförmiger, gleichmäßig gebauter Apfel. Rippen schwach entwickelt und flach über die halbe Frucht laufend. Querschnitt fast rund. Die Fruchtschale ist glatt, etwas fettig, gelblichweiß, später wachsartig weiß. Sonnenseite unterschiedlich stark gerötet. Zur Reifezeit ist die ganze Frucht gestreift. Schalenpunkte fein. Geruch schwach. Fruchtfleisch ist weiß, fein, saftig, rosenapfelartig gewürzt. Vorherrschende angenehme Säure bei ausreichendem Zuckergehalt.

Seek-No-Further *siehe* Wintergoldparmäne

Dr. Seeligs Orangenpepping

Die Sorte wurde von Oberpfarrer Henzen aus Samen gezogen.

Frucht: Ausgezeichneter Tafel- und sehr guter Wirtschaftsapfel. Genussreife ab Dezember. Haltbarkeit bis März. Mittelgroßer, abgestumpft rundlicher, gleichmäßig gebauter Apfel. Die Fruchtschale ist glatt, grünlichgelb, später gelb. Schalenpunkte fein bis mitteldick, auch eckig, braun. Geruch ist schwach. Fruchtfleisch gelblichweiß, fein, saftig und angenehm gewürzt. Etwas vorherrschende Säure bei hohem Zuckergehalt.
Baum: Mittelstarker Wuchs. Krone rundlich, später mehr breit werdend. Für alle Erziehungsformen geeignet. Anbau nur auf guten Apfelböden und in geschützten Lagen. Dann auch für mittlere Höhenlagen noch brauchbar. Blüte mittelfrüh, etwas empfindlich gegen Nässe und Frost. Der Ertrag setzt früh ein und ist mittelhoch. Qualität und Widerstandsfähigkeit sind stark vom Standort abhängig.

Seetchat *siehe* Renette Seetchat
Seidenapfel *siehe* Puntschapfel
Seidenhemdchen *siehe* Weißes Seidenhemdchen
Selling Pippin *siehe* Cellini
Semmelapfel *siehe* Geflammter Kardinal
Senart *siehe* Königlicher Kurzstiel

Serinka

Sehr guter Tafel- und Wirtschaftsapfel. Genussreife ab Oktober. Haltbarkeit bis Dezember. Mittelgroßer, abgestumpft eiförmiger, gleichmäßig gebauter Apfel. Rippen flach über die halbe Frucht laufend. Fruchtschale etwas fettig, grünlich, später grünlichgelb. Sonnenseite hell gerötet, geflammt und gestreift. Schalenpunkte fein, bräunlich. Geruch schwach. Fruchtfleisch grünlichweiß, ziemlich fein, saftig, locker, schwach gewürzt. Etwas vorherrschende milde Säure bei ausreichendem Zuckergehalt.

Shay *siehe* Golden Delicious

Shin Indo

Die Sorte entstand in Japan aus 'Indo' x 'Golden Delicious'.

Frucht klein bis mittelgroß, spitz zulaufend. Kelchhöhle höckerig. Zur Reifezeit schwach orangefarben, auch gerötet. Geschmack etwas bananenartig, sehr süß.

Shinsei

Eine japanische Züchtung aus 'Golden Delicious' x 'Early McIntosh'.

Frucht klein. Furchtschale fettig, weißlichgelb. Fruchtfleisch sehr süß.

Shoreditch White *siehe* Apfel von Hawthornden
Sibirian Crab *siehe* Sibirischer Holzapfel

Sibirischer Augustapfel

Ein sehr guter Wirtschaftsapfel. Für die Tafel wenig brauchbar. Verarbeitung ab Mitte August. Haltbarkeit bis Anfang September. Kleiner bis mittelgroßer, flachrunder, gleichmäßig gebauter Apfel. Rippen klein, flach, über die halbe Frucht laufend. Querschnitt nicht ganz rund. Fruchtschale etwas fettig, grün, später grünlichgelb. Sonnenseite punktiert gerötet und reichlich gestreift. Schalenpunkte fein. Geruch schwach. Fruchtfleisch grünlichweiß bis weiß, ziemlich fein, saftig, wenig gewürzt. Vorherrschende, oft starke Säure bei geringem Zuckergehalt.

Sibirischer Glasapfel *siehe* Virginischer Rosenapfel

Sibirischer Holzapfel

Doppelname: Sibirian Crab

Äußerlich sehr schöner Wirtschaftsapfel, noch brauchbarer Tafelapfel. Reifezeit ist ab Mitte August. Haltbarkeit bis Mitte September. Kleiner bis mittelgroßer, plattrunder, leicht gerippter Sommerapfel. Fruchtschale glatt, gelb, Sonnenseite intensiv gerötet und gestreift. Manchmal Spuren von Rost. Schalenpunkte zahlreich, weiß. Das Fruchtfleisch ist gelb, fest, von schwach säuerlich-süßem, etwas parfümiertem Geschmack. Der Baum wächst stark und bildet kräftige Triebe. Blüte sehr zierend, unempfindlich. Ertrag hoch und regelmäßig.

Siebenschläfer *siehe* Roter Bellefleur
Roter Winterkronenapfel

Siegende Renette

Ausgezeichneter Tafel-, sehr guter Wirtschaftsapfel. Genussreife ab Dezember. Haltbarkeit bis Mai. Mittelgroßer bis großer, rundlich-eiförmiger, gleichmäßig gebauter Apfel. Fruchtschale glatt, grünlichgelb, später lebhaft gelb. Sonnenseite leicht gerötet. Zur Reifezeit ist die ganze Frucht gestreift. Schalenpunkte zahlreich, fein bis mitteldick, manchmal auch eckig, bräunlich. Anflüge von Rost selten. Geruch schwach. Fruchtfleisch gelblichweiß, fein, saftig, angenehm renettenartig gewürzt. Etwas vorherrschende Säure bei ausreichendem Zuckergehalt.

Signe Tillisch

Signe Tillisch

Die Sorte wurde 1866 auf Jütland aus Samen gezogen und ist seit 1884 im Handel.

Frucht: Ausgezeichnete Tafel-, sehr gute Wirtschaftsfrucht. Baum- und Genussreife ab September. Haltbarkeit bis November. Großer, flach gebauter Apfel. Flache Rippen überziehen die Frucht. Querschnitt fünfkantig. Fruchtschale grünlichgelb, später leuchtend gelb. Sonnenseite nur leicht gerötet. Schalenpunkte fein, braun, auf der Sonnenseite mit grünem Hof. Fruchtfleisch gelblichweiß, Gefäßbündel grünlich. Mürbe, saftig, von feinem, weinsäuerlichem Geschmack.
Baum: Wuchs zuerst stark, dann mittelstark. Krone hoch, später breitpyramidal. Für alle Erziehungsformen geeignet. Anbau nur auf guten Apfelböden. Ansprüche an Lage und Klima gering, deshalb breit anbaufähig und auch noch für mittlere Höhenlagen geeignet. Blüte unempfindlich. Guter Pollenspender. Ertrag mittelspät einsetzend und mittelhoch. Die Sorte neigt etwas zur Alternanz, vor allem nach vorangegangenen hohen Erträgen. Große Früchte sind etwas stippeanfällig. Ein freier Standort beugt Schorf und Mehltaubefall vor.

Silberapfel *siehe* Champagnerrenette
Sikula-Apfel *siehe* Schwaikheimer Rambur
Sinap *siehe* Kantil Sinap

Sir Prize

Die Sorte entstand als Kreuzungsprodukt in Indiana/USA und ist seit 1975 im Handel.

Frucht: Ausgezeichneter Tafelapfel. Baumreife ab Ende September. Genussreife ist ab Mitte Dezember. Haltbarkeit bis Mitte März. Mittelgroßer bis großer, hochgebauter, fast walzenförmiger und gerippter Apfel. Fruchtschale glatt, sehr fettig. Schalenfarbe grünlichgelb bis goldgelb. Zur Reifezeit leicht gerötet. Schalenpunkte klein, deutlich. Fruchtfleisch gelblich-weiß, sehr weich, saftig. Feinsäuerliches Aroma. Die Frucht neigt zur Stippe.
Baum: Starker Wuchs. Krone ausgebreitet, etwas sparrig. Blüte mittelspät. Schlechter Pollenspender. Widerstandsfähig gegen Schorf, etwas mehltauanfällig. Ertrag früh einsetzend, mittelhoch und ziemlich regelmäßig. Wegen des sehr weichen Fruchtfleisches eignet sich die geschmacklich ausgezeichnete Sorte nur für den Anbau im Hausgarten.

Skiliankowoi

Sehr guter Tafel- und auch Wirtschaftsapfel. Genussreife ab August. Haltbarkeit bis September. Mittelgroßer, abgestumpft rundlicher, gleichmäßig gebauter Apfel. Rippen flach über die Frucht laufend. Querschnitt flachkantig. Fruchtschale glatt, glänzend, grünlichgelb, später hellgelb. Sonnenseite leicht gerötet. Geruch sehr schwach. Fruchtfleisch grünlich bis gelblichweiß, ziemlich fein, saftig, mild gewürzt. Vorherrschende angenehme Säure bei ausreichendem Zuckergehalt.

Smalley *siehe* Englischer Gewürzapfel
Small Ribston *siehe* Muskatrenette
Smith's Beauty of Newark *siehe* Charlamowsky
Smoothée *siehe* Golden Delicious
Sommerapfel *siehe* Roter Astrachan
Weißer Astrachan

Sommer-Bellefleur

Sehr guter Tafel- und Wirtschaftsapfel. Genussreife ab Oktober. Haltbarkeit bis Ende Dezem-

Sommergewürzapfel

ber. Mittelgroßer, abgestumpft eiförmiger, nicht immer ganz gleichmäßig gebauter Apfel. Die Rippen sind schwach ausgeprägt und über die halbe Frucht laufend. Querschnitt rund. Fruchtschale glatt, etwas fettig, grünlichgelb, später gelb. Zur Reifezeit ist die ganze Frucht leicht gerötet. Schalenpunkte fein bis mitteldick, bräunlichgelb. Geruch deutlich. Fruchtfleisch gelblich-weiß, fein, zart, saftig, kräftig rosenapfelartig gewürzt. Feine Säure bei vorherrschendem Zuckergehalt.

Sommer-Blumenkalvill *siehe* Gravensteiner
Sommerer *siehe* Danziger Kantapfel

Sommergewürzapfel (Abbildung Seite 442)

Doppelnamen: Pomme Avant Toutes; Postophe d'Été

Guter Tafel-, sehr guter Wirtschaftsapfel. Genussreife ab Anfang August. Haltbarkeit gering. Mittelgroßer, abgestumpft eiförmiger, ungleichmäßig gebauter Apfel. Rippen breit bis zur Stielwölbung laufend. Fruchtschale glatt, etwas fettig, hellgrün, später grünlichgelb. Sonnenseite häufig etwas gerötet. Schalenpunkte zahlreich, sehr fein, bräunlich. Geruch kräftig und würzig. Fruchtfleisch gelblichweiß, halbfein, ausreichend saftig, leicht gewürzt. Etwas vorherrschende Säure bei geringerem Zuckergehalt. Der Baum wächst mittelstark, wird nicht groß und ist sehr fruchtbar.

Sommer-Goldparmäne

Sommer-Goldparmäne

Doppelnamen: Gestreifte Sommerparmäne; Pearmain d'Éte; Summer Pearmain; Vaterapfel

Sehr guter Tafelapfel und guter Wirtschaftsapfel. Genussreife ist ab September. Haltbarkeit bis Oktober. Mittelgroßer bis großer, abgestumpft eikegelförmiger, oft etwas ungleichmäßig gebauter Apfel. Fruchtschale glatt, etwas fettig, gelblichgrün, später hellgelb. Sonnenseite leicht gerötet und deutlich gestreift. Schalenpunkte zahlreich, fein, braun. Manchmal Anflüge von Rost.Geruch schwach. Das Fruchtfleisch ist grünlichgelb, fein, saftig und angenehm gewürzt. Etwas vorherrschende milde Säure bei hohem Zuckergehalt.

Sommer-Goldpepping

Doppelnamen: Pepin d'Or d'Eté; Summer Golden Pippin

Sehr guter Tafel- und Wirtschaftsapfel. Genussreife ab Ende August. Haltbarkeit bis Oktober. Mittelgroßer, rundlich-eiförmiger, gleichmäßig gebauter Apfel. Fruchtschale glatt, gelblichgrün, später lebhaft gelb. Die Schalenpunkte sind zahlreich, sehr fein, hellbraun. Häufig leichte Anflüge von Rost. Geruch schwach. Das Fruchtfleisch ist gelblichweiß, fein, saftig, angenehm gewürzt. Etwas vorherrschende Säure bei ausreichendem Zuckergehalt.

Sommer-Gulderling *siehe* Virginischer Rosenapfel
Sommerkalvill *siehe* Roter Sommerkalvill
Weißer Sommerkalvill
Sommerkönig *siehe* Gravensteiner
Sommerköniger *siehe* Limoniapfel
Sommerparmäne *siehe* Herbstparmäne
Sommer-Goldparmäne
Sommerpepping *siehe* Englischer Scharlachpepping
Marmorierter Sommerpepping

Sommerpfirsichapfel

Doppelname: Weißer Sommerpfirschenapfel

Guter Tafel-, sehr guter Wirtschaftsapfel. Genussreife ab August. Haltbarkeit bis September. Mittelgroßer bis großer, abgestumpft rundlicher, gleichmäßig gebauter Apfel. Rippen wenig ausgeprägt, über die halbe Frucht laufend. Querschnitt flachkantig. Fruchtschale glatt, grünlichweiß, später gelblichweiß. Sonnenseite oft leicht gerötet und kräftiger gestreift. Geruch schwach. Fruchtfleisch gelblichweiß, ziemlich fein, saftig, schwach gewürzt. Vorherrschende milde Säure bei ausreichendem Zuckergehalt.

Sommer-Rabau

Doppelnamen: Rabau d'Été; Weißer Sommer-Rabau

Guter Tafel-, sehr guter Wirtschaftsapfel. Genussreife ab September. Haltbarkeit bis Oktober. Kleiner, abgestumpft flachrund-kegelförmiger, ziemlich gleichmäßig gebauter Apfel. Rippen flach über die halbe Frucht laufend. Der Querschnitt ist fast rund. Fruchtschale hellgrün, später grünlichgelb bis gelb. Sonnenseite schwach gerötet. Zur Reifezeit ist die ganze Frucht gestreift. Die Schalenpunkte sind fein, hellbraun. Häufig Anflüge von zimtfarbigem Rost. Geruch schwach. Fruchtfleisch gelblichweiß, manchmal rötlich, fein, locker, saftig. Rosenapfelartig gewürzt, feine Säure bei oft vorherrschendem Zuckergehalt.

Sommer-Rabau *siehe* Graue Herbstrenette
Sommerrambur *siehe* Geflammter Kardinal

Sommerregent

Entstanden aus 'Anton Fischer' x 'James Grieve'.

Frühapfel. Die Frucht ist klein bis mittelgroß, hochkugelig. Fruchtschale glatt, leicht bewachst. Schalenfarbe goldgelb, Sonnenseite geflammt bis flächig rot. Fruchtfleisch gelblichweiß, fest, süßsäuerlich. Baum- und Genussreife Mitte August. Haltbarkeit 2 Wochen.
Der Baum bildet eine kleine runde Krone aus und vergreist rasch. Der Wuchs ist schwach, bei

Vollertrag sehr schwach. Anbau nur beste Apfellagen geeignet. Anfällig für Schorf, Mehltau und Krebs. Ertrag hoch und regelmäßig.

Sommerrenette *siehe* Goldgelbe Sommerrenette
Nikitaer Sommerrenette

Sommer-Weinling

Sehr guter Wirtschaftsapfel, noch brauchbarer Tafelapfel. Verarbeitung ab Oktober. Haltbarkeit bis Januar. Mittelgroßer bis großer, abgestumpft rundlicher, gleichmäßig gebauter Apfel. Fruchtschale glatt, grünlichgelb, später gelb. Sonnenseite leicht bis kräftig gerötet. Schalenpunkte fein, bräunlich, manchmal mit rotem Hof. Geruch sehr schwach. Fruchtfleisch gelblichweiß bis weiß, ziemlich fein und locker, saftig, keine Würze. Vorherrschende angenehme Säure bei geringem Zuckergehalt.

Sommer-Zimtapfel

Sommer-Zimtapfel

Doppelnamen: Gestreifter Sommer-Zimtapfel; Pomme de Canelle

Sehr guter Tafel- und Wirtschaftsapfel. Genussreife ab September. Haltbarkeit gering. Kleiner, abgestumpft rundlicher, etwas ungleichmäßig gebauter Apfel. Rippen flach über die halbe Frucht laufend. Querschnitt rund. Fruchtschale glatt, bereift, grünlichgelb, später hellgelb. Sonnenseite unterschiedlich stark gerötet. Zur Reifezeit ist die ganze Frucht gestreift. Schalenpunkte zahlreich, fein, bräunlichgelb. Geruch kräftig. Fruchtfleisch gelblich, zum Kelch hin leicht gerötet. Fein, ziemlich saftig, angenehm zimtartig gewürzt. Feine Säure bei vorherrschendem Zuckergehalt.

Sondergleichen von Hubbardston

Doppelnamen: Hubbardston Nonsuch; Nonpareille de Hubbardston

Mittelgroßer, abgestumpft eikegelförmiger, gleichmäßig gebauter Apfel. Fruchtschale ist glatt,

Sondergleichen von Hubbardston

etwas fettig, hellgrün, später grünlichgelb bis hellgelb. Sonnenseite leicht gerötet. Zur Reifezeit ist die ganze Frucht gestreift. Schalenpunkte fein, bräunlich. Manchmal Anflüge von Rost.Geruch deutlich. Fruchtfleisch gelblichweiß, fein, saftig, etwas gewürzt. Feine Säure bei vorherrschendem Zuckergehalt. Der Baum wächst kräftig. Krone breit. Für alle Erziehungsformen geeignet. Ertrag gut.

Sondergleichen von Welford Park

Ausgezeichneter Tafel-, sehr guter Wirtschaftsapfel. Genussreife ab Dezember. Haltbarkeit bis März. Mittelgroßer, flachrunder, gleichmäßig gebauter Apfel. Fruchtschale glatt, gelblichgrün, später goldgelb. Sonnenseite gerötet und etwas gestreift. Schalenpunkte fein, bräunlich. Häufig Anflüge von Rost. Die Frucht welkt auf dem Lager nur wenig. Geruch schwach. Fruchtfleisch gelblichweiß, fein, etwas locker, ausreichend saftig. Angenehm renettenartig gewürzt. Etwas vorherrschende kräftige Säure bei hohem Zuckergehalt.

Sonnaville *siehe* Karmijn de Sonnaville

Sonnenwirtsapfel

Früher oft verwendete Stammbildnersorte. Frucht mittelgroß, hochgebaut, konisch zulaufend, am Kelch gerippt. Fruchtschale auf der Sonnenseite braunrot. Fruchtfleisch fest, säuerlich, zur Verwertung gut geeignet. Verarbeitung ab Ende Dezember. Haltbarkeit bis März. Der Baum wächst stark und bildet eine breitpyramidale Krone aus.

Sophie *siehe* Erzherzogin Sophie
Königin Sophienapfel
Sorgvliet *siehe* Ottolanders Renette von Sorgvliet

Späher des Nordens

Doppelname: Northern Spy

Ein sehr guter Tafel- und Wirtschaftsapfel. Genussreife ist ab Januar. Haltbarkeit bis Ende Mai.

Späher des Nordens

Großer, abgestumpft rundlicher, etwas ungleichmäßig gebauter Apfel. Querschnitt fast rund. Fruchtschale glatt, etwas fettig, glänzend, grünlich, später grünlichgelb bis gelb. Zur Reifezeit ist die ganze Frucht gerötet, gestreift und marmoriert. Schalenpunkte zahlreich, sehr fein, braun. Die Frucht welkt auf dem Lager nur wenig. Geruch schwach. Fruchtfleisch gelblichweiß, fein, saftig, angenehm renettenartig gewürzt. Etwas vorherrschende Säure bei hohem Zuckergehalt.

Spanische Herbstrenette

Spanische Herbstrenette

Sehr guter Tafel- und Wirtschaftsapfel. Genussreife ab Oktober. Haltbarkeit bis Dezember. Mittelgroßer, abgestumpft rundlicher, kräftig gerippter, gleichmäßig gebauter Apfel. Fruchtschale glatt, etwas fettig, hellgrün, später hellgelb. Schalenpunkte fein bis mitteldick, auch eckig, bräunlich. Geruch schwach. Das Fruchtfleisch ist gelblichweiß, fein, saftig und etwas gewürzt. Vorherrschende milde Säure bei ausreichendem Zuckergehalt.

Spanische Renette *siehe* Gelbe Spanische Renette

Spanischer Pepping

Ausgezeichneter Tafel-, sehr guter Wirtschaftsapfel. Genussreife ab Ende Dezember. Haltbarkeit bis März. Mittelgroßer bis großer, länglich bis flach-eiförmiger, gleichmäßig gebauter Apfel. Fruchtschale glatt, hellgrün, später goldgelb. Zur Reifezeit unterschiedlich stark gerötet und kräftig gestreift. Schalenpunkte fein, bräunlich, sonnenseits gelblich mit rotem Hof. Geruch schwach. Fruchtfleisch gelblichweiß, fein, ausreichend saftig, edel gewürzt. Etwas vorherrschender Zuckergehalt. Der Baum wächst stark, ist früh- und reichtragend.

Spartan

Spartan

Die Sorte entstand in British Columbia/Kanada aus einer Kreuzung von 'McIntosh' x 'Yellow Newton'. Die Sorte ist seit 1936 im Handel.

Frucht: Sehr guter Tafel-, guter Wirtschaftsapfel. Baumreife ab Ende September. Genussreife ab November. Haltbarkeit bis März. Mittelgroßer, runder bis breitrunder Apfel mit breiten Kanten. Fruchtschale glatt, trocken, olivgrün. Zur Reifezeit braunrot bis braunviolett. Schalenpunkte deutlich. Fruchtfleisch weiß, ausreichend saftig, wenig Aroma. Geringer Säuregehalt bei hohem Zuckeranteil.
Baum: Wuchs mittelstark. Runde Krone. Ausreichend frosthart. Nur für Niederstammformen empfehlenswert. Anbau nur auf guten Apfelböden an warmen und windgeschützten Standorten. Blüte mittelfrüh, etwas frostanfällig. Guter Pollenspender. Ertrag früh einsetzend, regelmäßig. Etwas anfällig für Schorf.

Spätblühender Taffetapfel

Doppelname: Ebners Taffetapfel

Sehr guter Wirtschaftsapfel, aber als Tafelapfel kaum geeignet. Blüte außergewöhnlich spät. Ver-

Spätblühender Taffetapfel

arbeitung ab Ende Oktober. Haltbarkeit bis Anfang Februar. Die Sorte neigt zu starkem Vorerntefruchtfall. Kleiner, abgestumpft rundlicher, gleichmäßig gebauter Apfel. Fruchtschale fein, glatt, leicht fettig, grünlichgelb, später gelblich bis wachsartig weiß. Sonnenseite manchmal leicht gerötet. Schalenpunkte sehr fein, bräunlich, auf der Sonnenseite manchmal mit rotem Hof. Geruch schwach. Fruchtfleisch weiß, fein, saftig, schwach gewürzt. Etwas vorherrschende Säure bei geringem Zuckergehalt.

Späte Gelbe Renette

Sehr guter Tafel- und Wirtschaftsapfel. Genussreife ab Ende Dezember. Haltbarkeit bis Ende März. Mittelgroßer, abgestumpft rundlicher bis flachrunder, nicht ganz gleichmäßig gebauter Apfel. Fruchtschale teils glatt, teils fein aufgeraut durch Überzüge von zimtfarbigem Rost. Schalenfarbe grünlichgelb, später gelb. Schalenpunkte fein, braun. Kein Geruch. Die Frucht welkt auf dem Lager nur wenig. Fruchtfleisch grünlichgelb, fein, saftig, renettenartig gewürzt. Etwas vorherrschende Säure bei ausreichendem Zuckergehalt.

Sperberapfel *siehe* Früher Sperberapfel
Spiegelapfel *siehe* Weißer Wintertaffetapfel
Spirl *siehe* Goldener Spirl
Spitalrenette *siehe* Englische Spitalrenette
Spitzapfel *siehe* Cludius' Herbstapfel
Müllers Spitzapfel
Spitzenburgh *siehe* Esopus Spitzenburgh
Spitzlederer *siehe* Tiroler Spitzlederer
Spitzroster *siehe* Tiroler Spitzlederer

Staatenparmäne

Doppelnamen: Amerikanische Staaten-Parmäne; Federal Pearmain; Pomme Fédérale

Sehr guter Tafel- und Wirtschaftsapfel. Genussreife ab Ende Dezember. Haltbarkeit bis April.

Großer bis sehr großer, flachrunder, gleichmäßig gebauter Apfel. Fruchtschale grün, später grünlichgelb. Sonnenseite gerötet und etwas gestreift. Schalenpunkte zahlreich, meist dick und eckig, hell rostfarbig. Häufig Anflüge von Rost. Geruch schwach. Fruchtfleisch gelblich bis grünlichgelb, fein, saftig, renettenartig gewürzt. Vorherrschende angenehme Säure bei hohem Zuckergehalt.

Stanger *siehe* Gelber Edelapfel

Stark Earliest

Stark Earliest

Die Sorte entstand um 1950 in den USA.

Frucht: Sehr guter Tafel- und Wirtschaftsapfel. Baumreife und Genussreife ab Juli. Haltbarkeit gering. Kleiner bis mittelgroßer, hochrunder, gleichmäßig gebauter Apfel. Fruchtschale gelblichgrün, zur Reifezeit intensiv gerötet und gestreift. Schalenpunkte deutlich. Fruchtfleisch weiß, fest, sehr aromatisch, mit erfrischender Säure.
Baum: Schwacher Wuchs, Triebverzweigung gut. Vorwiegend für Niederstammformen geeignet. Ansprüche an Boden und Klima hoch. Nur für gute Apfelböden in sonniger Lage. Bei guten Wuchsbedingungen auch noch für höhere Lagen geeignet. Guter Pollenspender. Ertrag mittelfrüh einsetzend, reich und regelmäßig. Die Sorte ist sehr schorfanfällig.

Starking

Die Sorte wurde 1921 in New Jersey/USA als Knospenmutante entdeckt.

Doppelnamen: Double Red Starking; Starking Delicious
Typen: Starkrimson; Wellspur

Frucht: Begehrter Tafelapfel. Mittelgroßer bis großer, hochgebauter Apfel mit starken Kanten. Fruchtschale glatt, widerstandsfähig, grünlichgelb. Zur Reifezeit ist die ganze Frucht braunrot gefärbt und bläulich bereift. Schalenpunkte zahlreich, hell. Fruchtfleisch grünlichgelb, unter der Schale gerötet. Saftig, schwaches Aroma, melonenartig parfümiert, ziemlich süß. Baumreife ab Anfang Oktober. Genussreife ab November. Haltbarkeit bis April.
Baum: Wuchs mittelstark bis stark. Krone rund, locker. Nur für Niederstammformen empfeh-

lenswert. Ansprüche an Klima und Boden sehr hoch. Nur für beste Apfelböden im Weinbauklima. Blüte frostempfindlich. Guter Pollenspender. Ertrag früh einsetzend und ziemlich regelmäßig.

Starking *siehe* Roter Delicious
Starkrimson *siehe* Roter Delicious
Starkspur *siehe* Golden Delicious
Starrenette *siehe* Rote Sternrenette
Steinpepping *siehe* Kleiner Steinpepping
Neuer Steinpepping

Steirische Schafsnase

Die Sorte entstand um 1800 als Zufallssämling in der Steiermark. Guter Tafel- und Wirtschaftsapfel. Frucht mittelgroß, hochgebaut bis walzenförmig, schwach kantig. Fruchtschale glatt, grünlichgelb, später hellgelb. Zur Reifezeit verwaschen rot und dunkler geflammt bis gestreift. Teilweise blau bereift. Fruchtfleisch gelblichweiß, sehr saftig, mittelhart, später mürbe. Geschmack süßsäuerlich, gewürzt. Baumreife Ende September. Genussreife ab Oktober. Haltbarkeit bis März.
Der Baum wächst sehr stark und bildet eine pyramidale Krone. Etwas anfällig für Krebs.

Steirischer Maschanzker (hochgebaute Form)

Steirischer Maschanzker

Eine sehr alte, aus der Steiermark stammende Sorte, die dort auf Obstwiesen heute noch verbreitet ist. Es gibt drei Formen: Eine hochgebaute (am wertvollsten), eine flachgebaute und eine kleinfrüchtige.

Doppelnamen: Eisapfel; Grazer Maschanzker; Maschanzker; Marschansker; Steirischer Winter-Borsdorfer; Steirischer Winter-Maschanzker

Frucht: Guter Tafel- und Wirtschaftsapfel, früher hochgeschätzt. Baumreife Ende Oktober. Die Genussreife ist ab Dezember. Haltbarkeit bis in den Mai. Kleiner bis mittelgroßer, unterschiedlich geformter, manchmal etwas ungleichmäßig gebauter Apfel. Fruchtschale glatt

Steirischer Maschanzker, breite Form.

hellgelb, später lebhaft gelb. Sonnenseite meist nur leicht gerötet. Schalenpunkte sehr fein, gelblich. Häufig Anflüge von Rost und Warzen. Geruch fehlt. Fruchtfleisch gelblichweiß, fein, ziemlich saftig, angenehm gewürzt. Etwas vorherrschender Zuckergehalt.

Baum: Mittelstarker Wuchs. Krone groß und breit. Mehrjähriger Erziehungsschnitt ratsam. Augenaustrieb ungleichmäßig. Erziehung nur als Halb- und Hochstamm für den Anbau auf Obstwiesen. Die Sorte wünscht kräftigen Boden, gedeiht auch noch auf leichtem Sand- und Kalkboden, versagt auf schwerem Tonboden. Der Baum muss gut ernährt werden. Bei freien, kühlen Lagen bis 500 m Höhe anbaufähig. Blüte spät, nässeempfindlich, wenig frostempfindlich. Der Ertrag setzt sehr spät ein, ist dann gut und regelmäßig. Nur in ungeeigneten Lagen schorfanfällig.

Sternapfel

Doppelnamen: Api Etoilé; Pomme Etoilée

Mehr Zier- als Wirtschaftsapfel. Verarbeitung ab Januar. Haltbarkeit bis Juni. Kleiner bis mittelgroßer, flachrunder, gleichmäßig gebauter Apfel. Rippen über die halbe Frucht laufend. Querschnitt fünfkantig. Fruchtschale glatt, grünlichgelb, später gelb. Sonnenseite unterschiedlich stark gerötet. Schalenpunkte sind sehr fein, bräunlich. Geruch ausgeprägt. Fruchtfleisch gelblichweiß, halbfein, fest, wenig saftig, nicht gewürzt. Vorherrschende Säure bei geringem Zuckergehalt.

Sternapfel *siehe* Weißer Winterkalvill
Sternrenette *siehe* Kanadarenette
Rote Sternrenette
Stettiner *siehe* Gelber Herbststettiner
Grüner Stettiner
Marienwerder Gulderling
Roter Stettiner
Winterstettiner
Stetting Jaune *siehe* Winterstettiner
Stetting Rouge *siehe* Winterstettiner

Stiefelwirt (Keine Sorten-beschreibung)

Stetting Pippin *siehe* Kasseler Renette
St. Germain *siehe* Apfel von Saint Germain
Stiefmütterchen *siehe* Gloria Mundi

Stina Lohmann

Stina Lohmann

Die Sorte entstand um 1800 bei Kellinghusen/Holstein.

Guter Tafel- und Wirtschaftsapfel. Genussreife ab Januar. Haltbarkeit bis Juli. Mittelgroßer bis großer, schön geformter und gefärbter Apfel. Anbau auf geringen, auch sandigen Böden bei ausreichender Wasserführung möglich. Wuchs anfangs stark, später mittelstark. Erziehung vorwiegend als Busch, Halb- und Hochstamm. Der Baum wird groß und breitkronig. Die Sorte ist widerstandsfähig gegen Krankheiten und Schädlinge, vor allem krebsfest.

Stirling Castle *siehe* Schloß Stirling

St. Louis *siehe* Taubenapfel von St. Louis
Stoke Tulip *siehe* Kaiser Alexander
Stone Pippin *siehe* Kleiner Steinpepping
Stosch *siehe* Frau Margarete Stosch
Sträumerling *siehe* Winterstreifling
Strauwaldts Goldparmäne *siehe* Neue Goldparmäne
Strawberry *siehe* Erdbeerapfel von Washington
Streifling *siehe* Kloppenheimer Streifling
Königlicher Streifling
Maglemer Streifling
Nikitaer Streifling
Winterstreifling
Strichapfel *siehe* Herrenhäuser Weißer Strichapfel
Weißer Sommerstrichapfel
Striped Beaufin *siehe* Gestreifter Beaufin
Stroemling *siehe* Gravensteiner
Strudelapfel *siehe* Gestreifter Kardinal

St. Sauveurer Kalvill

Doppelname: Calville St. Sauveur

Ein sehr guter Tafel- und Wirtschaftsapfel. Genussreife ist ab Anfang Dezember. Haltbarkeit bis Februar. Mittelgroßer bis großer, abgestumpft länglichrunder, ziemlich gleichmäßig gebauter Apfel. Rippen flach über die Frucht laufend. Fruchtschale glatt, hellgrün, später grünlichgelb bis hellgelb. Sonnenseite bräunlichrot gefärbt. Schalenpunkte sind fein, bräunlich. Manchmal Anflüge von Rost. Geruch schwach. Fruchtfleisch weiß, ziemlich fein, etwas locker und saftig, angenehm balsamartig gewürzt. Etwas vorherrschende Säure bei unterschiedlich hohem Zuckergehalt.

Sturmer Pepping

Doppelname: Sturmer Pippin

Guter Tafel-, sehr guter Wirtschaftsapfel. Genussreife ab Anfang Januar. Haltbarkeit bis Mai. Großer, flachrunder, nicht ganz gleichmäßig gebauter Apfel. Fruchtschale glatt, grün, später gelblichgrün. Sonnenseite bräunlich gerötet und etwas gestreift. Schalenpunkte fein, braun. Häufig Anflüge von Rost. Die Frucht welkt auf dem Lager nur wenig. Kein Geruch. Fruchtfleisch grünlichweiß, fein, saftig, wenig gewürzt. Vorherrschende kräftige Säure bei geringerem Zuckergehalt.

Suffield *siehe* Lord Suffield

Suislepper

Die Sorte stammt entweder aus Estland oder aus Frankreich.

Doppelname: Weißensteiner Rotstrahliger.

Ein sehr guter früher Tafelapfel. Baumreife und Genussreife ab Mitte August. Haltbarkeit vier Wochen. Frucht klein bis mittelgroß, ansprechend gefärbt. Für einen Frühapfel überraschend guter Geschmack. Der Baum wächst zuerst stark, dann wesentlich schwächer. Die Krone ist

Suislepper

breit gebaut und bleibt klein. Bei guter Ernährung und Bewässerung breit anbaufähig. Ertrag früh einsetzend, gut und regelmäßig. Nur wenig anfällig für Schorf. Die Sorte bleibt ohne Sonne farblos. Sie eignet sich sehr gut für den Hausgarten.

Suisse *siehe* Papageiapfel
Sulinger Grüneke *siehe* Sulinger Grünling

Sulinger Grünling

Doppelname: Sulinger Grüneke

Sehr guter Wirtschaftsapfel. Verarbeitung ab Anfang Januar. Haltbarkeit bis in den Juli. Großer, eiwalzenförmiger, etwas ungleichmäßig gebauter Apfel. Fruchtschale glatt, hellgrün, später gelblich. Sonnenseite manchmal leicht gerötet und undeutlich gestreift. Schalenpunkte sehr fein, bräunlich. Kein Geruch. Das Fruchtfleisch ist gelblichweiß, fein, nicht sehr saftig, nicht gewürzt. Milde Säure bei vorherrschendem Zuckergehalt.

Sultan *siehe* Weißer Klarapfel
Weißer Transparentapfel
Sulzbacher Liebling *siehe* Krügers Dickstiel
Summer Golden Pippin *siehe* Sommer-Goldpepping
Summerland *siehe* Morgenduft
Summer Pearmain *siehe* Sommerparmäne
Summer Rambo *siehe* Lothringer Rambur

Summerred

Die Sorte entstand in British Columbia/Kanada und kam 1964 auf den Markt.

Frucht: Guter Tafelapfel. Baum- und Genussreife ab Mitte September. Nur kurz lagerfähig. Frucht mittelgroß, Fruchtschale dunkelrot, mit auffälligen weißen Schalenpunkten. Fruchtfleisch gelblich, sehr saftig. Ausgezeichneter Geschmack durch edles Aroma und harmonisches Zucker-Säure-Verhältnis.

Summerred

Baum: Sehr schwacher Wuchs, daher nur für niedere Erziehungsformen geeignet. Empfehlenswerte Sorte für die Topfkultur. Ansprüche an Boden und Klima sehr hoch. Nur für nährstoffreiche Böden im Weinbauklima. Schlechter Pollenspender. Ertrag früh einsetzend, sehr hoch und ziemlich regelmäßig. Der Baum benötigt eine gute Schnittpflege. Er muss ausreichend gedüngt werden.

Suntan

Die Sorte entstand aus 'Cox' Orangenrenette' x 'Court Pendu'.

Frucht mittelgroß bis groß. Fruchtschale gelbgrün, zur Reifezeit auf der Sonnenseite gerötet. Fruchtfleisch grünlich-weiß, fest, saftig. Geschmack wenig ausgeprägt. Sehr gute Lagerfähigkeit. Erträge mittelhoch.

Superb *siehe* Laxtons Superb

Superintendentenapfel

Ein sehr guter Tafel- und Wirtschaftsapfel. Genussreife ab Anfang November. Haltbarkeit bis Anfang März. Großer, abgestumpft rundlich-kegelförmiger, meist gleichmäßig gebauter Apfel. Fruchtschale glatt, etwas fettig, hellgrün, später hellgelb. Zur Reifezeit etwas gerötet und schwach gestreift. Schalenpunkte fein, hellbraun. Anflüge von Rost selten. Geruch stark. Fruchtfleisch gelblichweiß, fein, saftig, angenehm quittenartig gewürzt. Wenig vorherrschende Säure bei ausreichendem Zuckergehalt.

Süßapfel *siehe* Amerikanischer Gestreifer Süßapfel
Schöner von Havre

Süße Graue Renette

Sehr guter Tafel- und guter Wirtschaftsapfel. Genussreife ab Ende Dezember. Haltbarkeit bis April. Kleiner bis sehr kleiner, abgestumpft rundlich-eiförmiger, gleichmäßig gebauter Apfel.

Fruchtschale dick, aufgeraut, grün, später grünlichgelb. Schalenpunkte dick. Graubrauner, netzförmiger Rost bedeckt oft die ganze Frucht. Der Apfel welkt auf dem Lager stark. Geruch fehlt. Fruchtfleisch grünlichgelb, fein, etwas schwammig, saftig. Angenehm gewürzt. Harmonisches Zucker-Säure-Verhältnis.

Süße Herbstrenette

Doppelnamen: Nienburger Süße Herbstrenette; Reinette de Nienbourg.

Guter Tafel- und ein sehr guter Wirtschaftsapfel. Genussreife ab Ende Oktober. Haltbarkeit bis Dezember. Mittelgroßer, abgestumpft rundlicher, gleichmäßig gebauter Apfel. Die Fruchtschale ist meist glatt, oft etwas fettig, gelblichgrün, später lebhaft gelb. Sonnenseite manchmal leicht gerötet und gestreift. Schalenpunkte fein bis mitteldick, bräunlich, auf der Sonnenseite manchmal mit rotem Hof. Anflüge von Rost häufig. Manchmal Warzenbildung. Geruch schwach. Fruchtfleisch gelblichweiß, fein und ausreichend saftig, gewürzt. Wenig Säure bei hohem Zuckergehalt. Ausgesprochener Süßapfel.

Süße Renette *siehe* Wells Süße Renette
Süßer Frauenapfel *siehe* Ladies Sweet

Süßer Gulderling

Guter Tafel-, sehr guter Wirtschaftsapfel. Genussreife ab Ende Oktober. Haltbarkeit bis Anfang Januar. Mittelgroßer, breitrunder, ungleichmäßig gebauter Apfel. Rippen flach über die Frucht laufend. Querschnitt nicht ganz rund. Fruchtschale glatt, grünlichgelb, später hellgelb. Zur Reifezeit etwas gerötet. Schalenpunkte fein, bräunlich. Geruch schwach. Fruchtfleisch gelblichweiß, fein, nicht sehr saftig, gewürzt. Wenig Säure bei hohem Zuckergehalt.

Süßer Holaart

Süßer Holaart

Doppelname: Holaart Doux

Guter Wirtschaftsapfel, für die Tafel weniger brauchbar. Verarbeitung ab Dezember. Haltbarkeit bis April. Großer abgestumpft rundlicher, nicht ganz gleichmäßig gebauter Apfel. Querschnitt nicht ganz rund. Fruchtschale glatt, grünlichgelb, später gelb. Sonnenseite manchmal leicht gelblichrot. Schalenpunkte fein, bräunlich. Häufig leichte Anflüge von Rost. Geruch schwach. Fruchtfleisch gelblichweiß, ziemlich fein, nach dem Kochen schwammig. Ausreichend saftig, wenig gewürzt, fast nur süß.

Süßer Prinzenapfel *siehe* Langsüßer

Süßer Zitronenapfel

Sehr guter Wirtschaftsapfel. Verwertung ab November. Haltbarkeit bis Februar. Mittelgroßer, abgestumpft eiförmiger, etwas ungleichmäßig gebauter Apfel. Rippen flach über die Frucht laufend. Querschnitt flachkantig. Fruchtschale ziemlich glatt, grünlichgelb, später gelb. Sonnenseite manchmal gerötet und etwas gestreift. Schalenpunkte fein, bräunlich. Häufig hellbraune Rostfiguren. Die Frucht welkt auf dem Lager nur wenig. Geruch schwach. Fruchtfleisch gelblichweiß bis weiß, fein, wenig saftig, etwas gewürzt. Wenig Säure bei hohem Zuckergehalt.

Süßfranke

Ein guter Tafel- und sehr guter Wirtschaftsapfel. Genussreife ab Anfang Dezember. Haltbarkeit bis März. Mittelgroßer, flachrunder, etwas ungleichmäßig gebauter Apfel. Fruchtschale glatt, hellgelb, Sonnenseite manchmal leicht gerötet. Schalenpunkte fein, braun. Geruch schwach. Fruchtfleisch gelblichweiß, fein, saftig, etwas rosenapfelartig gewürzt. Wenig Säure bei vorherrschendem Zuckergehalt.

Sutherland *siehe* Lord Suffield
Svensk Vinter-Postoph *siehe* Schwedischer Winterpostoph
Swaar *siehe* Der Schwere Apfel

Sweet Delicious

Sweet Delicious (Abbildung Seite 458)

Die Sorte entstand 1911 in Geneva, New York/USA aus einer Kreuzung von 'Deacon Jones' x 'Delicious'.

Großer, abgestumpft rundlicher Apfel mit kräftigen Rippen. Fruchtschale grünlichgelb, später gerötet und gestreift. Zahlreiche Rostpunkte machen die Schale rau. Fruchtfleisch cremefarben, fein, fest, süß und aromatisch. Reifezeit spät.

Sweet Delicious *siehe* Ladies Sweet

Sweet McIntosh

Die Sorte entstand in den USA aus 'Lawver' x 'McIntosh'.

Der Name ist irreführend, da mit der Sorte 'McIntosh' nur wenig Ähnlichkeit besteht. Fruchtschale rot, blau bereift. Fruchtfleisch sehr süß, wenig Aroma. Frühwinterapfel.

Syke House Russet *siehe* Russet von Syke-House
Szercsika *siehe* Edler Szercsika

T

Tafelrambur *siehe* Braunauer Tafelrambur
Taffetapfel *siehe* Gestreifter Taffetapfel
Purpurroter Cousinot
Spätblühender Taffetapfel
Weißer Herbsttaffetapfel
Taffitai *siehe* Weißer Astrachan
Taponne *siehe* Weißer Winterkalvill
Taubenapfel *siehe* Credes Taubenapfel
Glogierowka
Lucas' Taubenapfel
Maders Taubenapfel
Mayers Taubenapfel
Moldauer Taubenapfel
Nathusius' Taubenapfel
Neuer Englischer Taubenapfel
Oberdiecks Taubenapfel
Roter Wintertaubenapfel
Schieblers Taubenapfel

Taubenapfel von St. Louis

Sehr guter Tafel- und guter Wirtschaftsapfel. Genussreife ab Oktober. Haltbarkeit bis November. Mittelgroßer, abgestumpft kegelförmiger, meist ungleichmäßig gebauter Apfel. Rippen flach über die Frucht laufend. Querschnitt etwas flachkantig. Fruchtschale leicht fettig, hellgrün, später grünlichgelb. Zur Reifezeit intensiv gerötet und gestreift. Schalenpunkte sind sehr fein, braun. Häufig kleine Anflüge von Rost. Geruch schwach. Das Fruchtfleisch ist grünlichweiß, fast weiß. Ziemlich fein, locker, saftig, schwach gewürzt. Wenig vorherrschende Säure bei ausreichendem Zuckergehalt.

Taubenapfel *siehe* Weißer Taubenapfel
Weißer Wintertaubenapfel
Wettringer Taubenapfel
Taubenapfel von St. Louis *siehe* Wettringer Taubenapfel
Täubling *siehe* Credes Taubenapfel
Graf Hallers Wintertäubling
Weißer Wintertaubenapfel
Tellerapfel *siehe* Backapfel

Teltower Wintergravensteiner

Eine Lokalsorte aus dem Raum Hannover.

Guter Tafelapfel. Genussreife ab November. Haltbarkeit bis April. Großer, flachrunder Apfel. Frucht ansprechend gefärbt, guter Geschmack. Baum anfangs stark, dann mittelstark wachsend. Für Busch, Halb- und Hochstamm. Ertrag früh einsetzend, hoch und regelmäßig. Die Sorte verträgt viel Feuchtigkeit.

Tenroy *siehe* Gala
Teuringer Rambur *siehe* Rheinischer Winterrambur
The Queen *siehe* Königinapfel

Theißapfel (Keine Sortenbeschreibung)

Thouins Renette

Doppelname: Reinette Thouin

Sehr guter Tafel-, Wirtschaftsapfel. Genussreife ist ab Dezember, Haltbarkeit bis in den März. Mittelgroßer, abgestumpft rundlicher bis flachrunder, ziemlich gleichmäßig gebauter Apfel.

Thouins Renette

Fruchtschale glatt, hellgrün, später gelb. Sonnenseite leicht gerötet und gestreift. Schalenpunkte zahlreich, fein, braun. Manchmal Anflüge von Rost. Geruch schwach. Fruchtfleisch gelblichweiß, fein, saftig, gewürzt. Etwas vorherrschende Säure bei ausreichend hohem Zuckergehalt. Der Baum wächst stark, ist gesund und sehr fruchtbar. Die Sorte verträgt trockenen Boden.

Thurgauer Weinapfel

Die Sorte entstand als Zufallssämling möglicherweise des 'Frauenrothacher' und ist seit 1860 in der Schweiz verbreitet.
Doppelnamen: Kleiner Weinapfel; Vineuse du Thurgovie

Frucht: Sehr guter Mostapfel. Baumreife ab Ende September. Verwertung ab Anfang Oktober. Kleiner, flachkugeliger, nur wenig gerippter Apfel. Fruchtschale glatt, etwas bewachst. Grau- grün, später gelb. Zur Reifezeit dunkelbraunrot marmoriert bis geflammt. Zahlreiche Schalenpunkte. Fruchtfleisch weiß bis cremefarbig. Fest, etwas grob, saftig. Mildes Aroma, etwas vorherrschende Säure.
Baum: Wuchs mittelstark, Krone breit. Blüte spät, guter Pollenspender. Der Ertrag beginnt mittelfrüh und ist nur in jedem zweiten Jahr befriedigend. Durch die kleine Fruchtgröße hoher Ernteaufwand. Die Sorte ist sehr robust und nur wenig anfällig für Schorf und Mehltau.

Thüringer Gravensteiner *siehe* Gelber Bellefleur

Thyrrestrups Kirschenapfel

Sehr guter Tafel- und Wirtschaftsapfel. Genussreife ab Anfang Oktober. Haltbarkeit bis Ende Dezember. Großer, abgestumpft kegelförmiger, gleichmäßig gebauter Apfel. Rippen flach über die Frucht laufend. Querschnitt flachkantig. Fruchtschale hellgrün, später grünlichgelb. Sonnenseite manchmal leicht gerötet. Schalenpunkte fein. Geruch deutlich. Fruchtfleisch grünlichgelb bis weiß, fein, saftig, kalvillartig gewürzt. Etwas vorherrschende Säure bei ausreichendem Zuckergehalt.

Tiefblüte

Eine sehr alte Sorte, die vor allem in Norddeutschland verbreitet ist.

Frucht: Sehr guter Tafel- und Wirtschaftsapfel. Genussreife ab Oktober. Haltbarkeit bis April. Mittelgroßer, abgestumpft kegelförmiger, etwas ungleichmäßig gebauter Apfel. Fruchtschale etwas fettig, hellgrün, später grünlichgelb bis hellgelb. Sonnenseite gerötet und gestreift. Schalenpunkte fein. Geruch stark. Fruchtfleisch grünlichgelb, fein, saftig, gewürzt. Etwas vorherrschende, angenehme Säure bei ausreichendem Zuckergehalt.
Baum: Wuchs zuerst schwach, deshalb häufig ein Stammbildner notwendig. Später starker Wuchs mit breit ausladender, etwas hängender Krone. Der Baum kann sehr alt werden. Früher in Bauerngärten sehr häufig. Der Ertrag setzt spät ein und ist dann alle zwei Jahre regelmäßig und hoch. Erziehung nur als Hochstamm. Ansprüche an Standort und Lage gering. Breit anbaufähig, vor allem auf schwerem und feuchtem Boden. Etwas anfällig für Schorf.

Tiefblüte *siehe* Westfälische Tiefblüte
Tiefbutz *siehe* Danziger Kantapfel
Tiefbutzer *siehe* Roter Tiefbutzer
Tillisch *siehe* Signe Tillisch

Tiroler Plattlederapfel

Tiroler Plattlederapfel

Guter Tafel-, sehr guter Wirtschaftsapfel. Genussreife ab Februar. Haltbarkeit bis April. Kleiner bis mittelgroßer, flachrunder, gleichmäßig gebauter Apfel. Querschnitt nicht ganz rund. Fruchtschale derb, fein aufgeraut, grün, später grünlichgelb. Sonnenseite oft intensiv gelb. Schalenpunkte gelblich, fein. Die Frucht ist zur Reifezeit mit braunem bis rötlichbraunem, feinmaschigem Rost überzogen. Sie welkt auf dem Lager nur wenig. Kein Geruch. Fruchtfleisch gelblichweiß, fein, erst fest, später etwas zäh. Ausreichend saftig, gewürzt. Wenig vorherrschende Säure bei hohem Zuckergehalt.

Tiroler Rosenapfel

Tiroler Rosenapfel

Doppelname: Rose du Tyrol

Guter Tafel-, sehr guter Wirtschaftsapfel. Genussreife ist ab Januar. Haltbarkeit bis Mai. Mittelgroßer bis großer, abgestumpft rundlicher bis flachrunder, nicht ganz gleichmäßig gebauter Apfel. Rippen über die halbe Frucht laufend. Fruchtschale glatt, etwas fettig, hellgrün, später hellgelb. Zur Reifezeit kräftig gerötet und etwas gestreift. Geruch deutlich. Fruchtfleisch gelblichweiß, fein, ziemlich fest. Saftig, angenehm gewürzt, manchmal etwas vorherrschender Zuckergehalt.

Tiroler Spitzlederer

Tiroler Spitzlederer

Die Sorte ist in ganz Südtirol und in weiten Gebieten Österreichs verbreitet.

Doppelnamen: Renetta Rugginosa Spitzroster; Tiroler Spitzlederapfel; Zimtrenette

Frucht: Guter Tafel- und sehr guter Wirtschaftsapfel. Baum- und Genussreife ab Mitte Oktober. Haltbarkeit bis Mai. Mittelgroßer, abgestumpft eiwalzenförmiger, fast gleichmäßig gebauter Apfel. Fruchtschale fein aufgeraut durch braunen, oft goldig schimmernden Rost, der die ganze Frucht bedecken kann. Schalenfarbe grünlichgelb, später ledergelb bis goldgelb. Sonnenseite manchmal leicht gerötet. Schalenpunkte fein, braun. Kein Geruch. Die Frucht welkt auf dem Lager nur wenig. Fruchtfleisch gelblichweiß bis weiß, rasch braun anlaufend. Fein, fest, später etwas schwammig und zäh. Wenig saftig. Etwas renettenartig gewürzt. Vorherrschende Säure bei ausreichendem, später hohem Zuckergehalt.
Baum: Starker Wuchs. Krone breitrund, im Alter etwas hängend. Erziehung nur als Halb- und Hochstamm. Die Ansprüche an Boden und Lage sind gering. Zufriedenstellende Ergebnisse aber nur auf guten Böden bei ausreichender Wasserführung und in warmer Lage. Für Höhenlagen nicht geeignet. Blüte spät, empfindlich gegen Nässe und Frost. Der Ertrag setzt oft sehr spät ein, ist dann aber hoch und regelmäßig. Manchmal etwas anfällig für Mehltau und Schorf.

Titowka *siehe* Gestreifter Titowka
Weißer Titowka
Tohoku *siehe* Primrouge
Tokyo Rose *siehe* Primerouge
Tom Harryman *siehe* Gravensteiner

Tompkins King

Die Sorte stammt aus Amerika. Ein sehr schöner, roter Apfel von beachtlicher Größe mit sehr gutem Geschmack. Genussreife ab Oktober. Haltbarkeit bis Januar. Anbau nur auf geschützten Standorten. Anfällig für Frost. Die Sorte benötigt intensiven Pflanzenschutz.

Topred Delicious *siehe* Roter Delicious
Tortenapfel *siehe* Geflammter Kardinal

Tornstein (Keine Sortenbeschreibung)

Tour de Glammys *siehe* Apfel von Castell Glammys
Tournay *siehe* Kapuzinerapfel von Tournay
Tower of Glammys *siehe* Apfel von Castell Glammys

Tranekjaer

Tranekjaer

Eine Nebenform des Gravensteiners, der vor allem in Skandinavien weit verbreitet ist.

Sehr guter Tafelapfel. Genussreife ab Oktober. Haltbarkeit bis Januar. Frucht mittelgroß bis groß. Der Baum wächst stark und benötigt wenig Schnittmaßnahmen. Erziehung als Busch, Hoch- und Halbstamm. Breite Krone. Ertrag früh einsetzend und hoch.

Trankapfel *siehe* Roter Trierer Weinapfel
Transparent *siehe* Züricher Transparent
Transparentapfel siehe Durchsichtiger Sommerapfel
Weißer Astrachan
Weißer Klarapfel
Transparentapfel von Croncels *siehe* Apfel von Croncels
Transparente Blanche *siehe* Weißer Klarapfel
Transparente d'Astracan *siehe* Weißer Astrachan
Transparente de Croncels *siehe* Apfel von Croncels
Transparente de Moskovie *siehe* Weißer Astrachan
Transparente de St. Léger *siehe* Weißer Klarapfel
Transparente d'Été *siehe* Weißer Astrachan
Transparente Jaune *siehe* Weißer Klarapfel
Transparent von Croncels *siehe* Apfel von Croncels
Transparent von Zürich *siehe* Züricher Transparentapfel
Transylvanien *siehe* Batullenapfel
Träubchen *siehe* Drüwken
Traubenapfel *siehe* Drüwken
Trauttenberg *siehe* Freiherr von Trauttenberg
Travers Renette *siehe* Ribston Pepping

Traunsteiner Rosmarinapfel (Lokalsorte in Oberbayern, keine Sortenbeschreibung)

Trdikaapfel

Die Sorte stammt aus der Südsteiermark.

Eine hervorragende Tafel- und Schaufrucht. Der Apfel ist sehr groß, zitronengelb, sonnenseits leuchtend lackrot. Fruchtfleisch weiß, sehr fest, erfrischend, süßweinig, sehr wohlschmekkend. Die Frucht hält sich bis zu einem Jahr. Der Baum wächst stark und bringt gute Erträge.

Trenklesämling

Die Sorte entstand um 1949 in Bayern und wurde nach dem ehemaligen Präsidenten des Bayerischen Landesverbandes für Gartenbau und Landespflege benannt.

Frucht mittelgroß, stumpfkegelförmig. Genussreife ist ab Dezember. Haltbarkeit bis März. Fruchtschale grüngelb, zur Reifezeit leicht gerötet. Durch die fettige Schale im Hauskeller gut haltbar. Fruchtfleisch süßsäuerlich, von gutem Geschmack. Der Baum wächst sehr stark und ist widerstandsfähig gegen Krankheiten. Vor allem auch für Höhenlagen empfehlenswert.

Trennfurter Goldrenette (Abbildung Seite 467)

Lokalsorte aus dem unteren Maingebiet.

Frucht: Tafel- und Wirtschaftsapfel mit begrenztem Anbaugebiet. Baumreife Ende Oktober. Genussreife ist ab Januar. Haltbarkeit bis März. Kleiner Apfel, Fruchtschale gelbgrün, später rötlichgelb. Fruchtfleisch gelblichweiß, fest, weinsäuerlich.
Baum: Mittelstarker Wuchs. Erziehung vorwiegend als Halb- und Hochstamm. Die Sorte ist sehr genügsam. Sie gedeiht auch noch auf steinigen Weinbergböden und auf Sandböden. Windige Lagen werden vertragen. Blüte mittelfrüh, unempfindlich. Reiche Erträge. Die Sorte braucht nur wenig Pflege und ist sehr widerstandsfähig gegen Schädlinge und Krankheiten, insbesondere gegen Schorf.

Triangelapfel *siehe* Edelroter
Triblice *siehe* Granatapfel von Triblice
Trierer *siehe* Roter Trierer Weinapfel

Trennfurter Goldrenette

Triomphe de Kiel *siehe* Bramleys Sämling
Tulip *siehe* Kaiser Alexander
Tulpenapfel *siehe* Freiherr von Trauttenberg

Tumanga

Tumanga

Die Sorte entstand um 1930 in Müncheberg aus einer Kreuzung von 'Cox' Orangenrenette' x 'Schöner von Nordhausen'.

Doppelname: Auralia

Frucht: Sehr guter Tafel- und Wirtschaftsapfel. Baumreife ab Mitte September. Genussreife ab Oktober. Haltbarkeit bis Dezember. Kleiner bis mittelgroßer, flacher, unregelmäßig gebauter Apfel. Fruchtschale gelbgrün bis gelb. Sonnenseite unterschiedlich stark gerötet. Fruchtfleisch gelblichweiß, saftig, locker, angenehmes Aroma. Ausgewogenes Zucker-Säure-Verhältnis.

Baum: Wuchs mittelstark bis stark. Krone breitpyramidal. Vor allem für niedere Erziehungsformen geeignet. Anbau auf guten Apfelböden. Ansprüche an Klima und Lage gering, breit anbaufähig. Blüte unempfindlich. Guter Pollenspender. Ertrag früh einsetzend, sehr hoch und regelmäßig. Die Sorte verlangt eine sorgfältige Schnittpflege. Sie ist etwas mehltauanfällig.

Türkenapfel

Türkenapfel

Doppelname: Türkenkalvill

Sehr guter Wirtschaftsapfel. Verarbeitung ab Ende November. Haltbarkeit bis März. Großer, abgestumpf kegelförmiger, ziemlich gleichmäßig gebauter Apfel. Rippen flach über die Frucht laufend. Querschnitt flachkantig. Fruchtschale ist glatt, etwas fettig, erst hellgrün, später gelb. Sonnenseite manchmal leicht gerötet. Schalenpunkte fein, bräunlich. Geruch deutlich. Fruchtfleisch weiß, ziemlich grob, saftig. Kräftige Säure bei geringem Zuckergehalt.

Tydemann Early

Die Sorte entstand 1936 in England aus einer Kreuzung von 'McIntosh' x 'Worcester Parmäne'.

Frucht: Sehr guter Sommerapfel für den Frischverzehr. Baumreife und Pflückreife im August. Haltbarkeit gering. Frucht mittelgroß. Fruchtschale rötlichgelb, zur Reifezeit hellrot. Fruchtfleisch saftig, angenehmer, leicht säuerlicher Geschmack.
Baum: Mittelstarker Wuchs. Nur für Niederstammformen geeignet. Ansprüche an Boden und Klima sehr hoch. Anbau nur auf nährstoffreichen, guten Apfelböden in warmen, geschützten Lagen. Blüte mittelfrüh. Schlechter Pollenspender. Ertrag oft unbefriedigend. Die Sorte erfordert einen hohen Schnittaufwand, insbesondere ist ein Sommerschnitt notwendig. Empfindlich gegen Schädlinge und Krankheiten, vor allem krebsanfällig.

U

Uelzen *siehe* Apfel von Uelzen

Uelzener Kalvill (Sortenbeschreibung s. Apfel von Uelzen)

Uhlhorns Augustkalvill

Uhlhorns Augustkalvill

Tafel- und Wirtschaftsapfel. Frucht mittelgroß, kantig. Fruchtschale glatt, gelblichgrün, später gelb, fettig. Zur Reifezeit hellrot verwaschen. Stiel häufig von einem berosteten Fleischwulst seitwärts gedrückt. Fruchtfleisch gelblichweiß, saftig, weich. Geschmack säuerlich mit etwas Würze. Baumreife Mitte September. Genussreife ab Ende September. Haltbarkeit bis Oktober. Der Baum wächst stark und bildet eine hochkugelige Krone aus. Er eignet sich vorwiegend für niedrige Erziehungsformen. Der Ertrag setzt früh ein, ist hoch und regelmäßig.

Uhlhorns Champagner-renette

Uhlhorns Champagnerrenette

Lagerapfel. Frucht mittelgroß, rund, um den Kelch leicht gerippt. Fruchtschale grün, auf dem Lager gelb und fettig werdend. Fruchtfleisch ist weiß, fest, sehr saftig und angenehm gewürzt. Baumreife Mitte Oktober. Genussreife ab Januar. Haltbarkeit bis Juni. Der Baum bildet eine hohe Krone aus. Er ist widerstandsfähig gegen Krankheiten und Schädlinge. Für alle Erziehungsformen geeignet.

Uhlhorns Ramburrenette

Uhlhorns Ramburrenette

Eine große Renette mit angenehm süßweinsäuerlichem Geschmack. Der Baum wächst breitpyramidal, hat schlanke Seitenzweige und trägt sehr gut.

Ulmenstein *siehe* Freiherr von Ulmenstein
Ulster Seedling *siehe* Jonathan

Undine

Undine

Die Sorte entstand in Müncheberg als Sämling des 'Jonathan'.

Frucht: Sehr guter Tafel- und Wirtschaftsapfel. Baumreife ab Ende Oktober. Genussreife ab Februar. Haltbarkeit bis in den April. Mittelgroßer bis großer, hochgebauter Apfel. Fruchtschale glatt, trocken, gelbgrün. Zur Reifezeit kräftig gerötet und gestreift. Typisch ist ein rotgeflammter Streifen. Fruchtfleisch grünlichweiß, saftig, angenehm säuerlich-süßes Aroma.
Baum: Wuchs mittelstark bis stark. Krone breitpyramidal. Ziemlich frostwiderstandsfähig. Nur für Niederstammformen geeignet. Anbau nur auf guten Apfelböden bis 400 m Höhe. Blüte unempfindlich. Guter Pollenspender. Ertrag früh bis mittelfrüh einsetzend, mittelhoch, nur in jedem zweiten Jahr regelmäßig. Die Sorte verlangt einen sorgfältigen Aufbauschnitt. Sie ist sehr anfällig für Mehltau.

Ungarische Kronenrenette

Sehr guter Tafel- und Wirtschaftsapfel. Genussreife ab Ende Januar. Haltbarkeit bis in den Mai. Kleiner bis mittelgroßer, flachrunder, gleichmäßig gebauter Apfel. Fruchtschale glatt, grünlichgelb, später gelb. Zur Reifezeit ist die ganze Frucht gerötet und intensiv gestreift. Schalenpunkte sehr fein, bräunlich. Anflüge von Rost und Warzenbildung häufig. Geruch schwach. Fruchtfleisch gelblichweiß, fein, sehr saftig, gewürzt. Vorherrschende angenehme Säure bei ausreichendem Zuckergehalt.

Unseldapfel

Frucht: Eine Lokalsorte mit begrenztem Anbaugebiet. Baumreife ab Mitte Oktober. Genussreife ab Dezember. Haltbarkeit bis April. Mittelgroßer, hochgebauter Apfel mit deutlich ausgeprägten Rippen. Querschnitt kantig. Fruchtschale derb, grün bis grünlichgelb. Sonnenseite intensiv gerötet. Vereinzelt Fruchtwarzen. Fruchtfleisch fest, grünlichweiß, wenig saftig, geringes Aroma.

Baum: Starker Wuchs, breite Krone mit kräftigem Mitteltrieb. Erziehung vorwiegend als Halb- und Hochstamm. Gut geeignet als Unterlage für Veredlungen. Die Sorte stellt an Boden und Klima keine Ansprüche. Sie ist breit anbaufähig und gedeiht noch in Höhen bis 500 m. Blüte frosthart. Guter Pollenspender.

Unterföhringer (Oberbayerische Lokalsorte, keine Sortenbeschreibung)

Unterländer Apfel *siehe* Brauner Matapfel
Unvergleichliche Renette *siehe* Kanadarenette
Üvegalma *siehe* Batullenapfel

V

Vaduzer Dauerapfel

Sehr guter Wirtschaftsapfel. Verarbeitung ab März. Haltbarkeit etwa ein Jahr. Kleiner, abgestumpft rundlicher, nicht ganz gleichmäßig gebauter Apfel. Fruchtschale derb, glatt, etwas fettig, grünlichgelb, später gelb. Sonnenseite meist trüb gerötet. Schalenpunkte zahlreich, fein, braun, in der Rötung hellgelb erscheinend. Geruch schwach. Fruchtfleisch weiß, ziemlich fein, etwas zäh, wenig saftig. Nicht gewürzt, geringe Säure bei vorherrschendem Zuckergehalt. Die Sorte wurde in Liechtenstein häufig angebaut und war wegen der Härte und Fruchtbarkeit des Baumes und der Haltbarkeit der Früchte beliebt.

Vahldicks Sämling *siehe* Holsteiner Cox' Orangenrenette

Van der Laans Goldrenette

Sehr guter Tafel- und Wirtschaftsapfel. Genussreife ab November. Haltbarkeit bis in den Februar. Großer, abgestumpft eikegelförmiger, meist gleichmäßig gebauter Apfel. Fruchtschale teils glatt, teils fein aufgeraut, durch grünbraunen Rost, der einen großen Teil der Frucht überzieht. Schalenfarbe grünlich, später grünlichgelb bis gelb. Sonnenseite nur leicht gerötet und etwas gestreift. Schalenpunkte zahlreich, fein bis mitteldick, bräunlich. Die Frucht neigt auf dem Lager zum Welken. Geruch schwach. Fruchtfleisch gelblichweiß bis weiß, rasch braun anlaufend, fein, saftig, etwas renettenartig gewürzt. Vorherrschende kräftige Säure bei zuerst ausreichendem, später hohem Zuckergehalt.

Van der Vere

Sehr guter Tafel- und Wirtschaftsapfel. Genussreife ab Dezember. Haltbarkeit bis in den April. Kleiner, stark abgestumpft rundlicher, gleichmäßig gebauter Apfel. Fruchtschale glatt, grünlichgelb, später lebhaft gelb. Sonnenseite etwas gerötet und kräftig gestreift. Schalenpunkte fein, braun. Geruch schwach. Fruchtfleisch gelblichweiß, fein, ausreichend saftig, renettenartig gewürzt. Vorherrschender Zuckergehalt.

Van Hodenbergs Renette

Sehr guter Tafel- und Wirtschaftsapfel. Genussreife ab Ende Oktober. Haltbarkeit bis Anfang Januar. Mittelgroßer bis großer, abgestumpft rundlicher bis flachrunder, ziemlich gleichmäßig gebauter Apfel. Fruchtschale glatt, fettig, grünlichgelb, später hellgelb. Zur Reifezeit ist die Frucht gerötet und etwas gestreift. Schalenpunkte fein bis mitteldick, bräunlich. Geruch stark. Das Fruchtfleisch ist weiß, fein, saftig, renettenartig gewürzt. Ausgewogenes Zucker-Säure-Verhältnis.

Van Mons Renette

Doppelnamen: Van Mons Goldrenette; Reinette van Mons

Ausgezeichneter Tafel-, sehr guter Wirtschaftsapfel. Genussreife ab Ende Dezember. Haltbarkeit bis April. Mittelgroßer, abgestumpft flachkegelförmiger, ziemlich gleichmäßig gebauter Apfel. Fruchtschale sehr dick, teilweise glatt, teils fein rau durch Anflüge von zimtfarbigem Rost, der einen großen Teil der Frucht bedeckt. Schalenfarbe grünlichgelb, später goldgelb. Sonnenseite häufig gerötet. Schalenpunkte zahlreich, fein bis mitteldick, auch eckig, braun.

Vara
(Keine Sortenbeschreibung)

Die Frucht neigt auf dem Lager zum Welken. Kein Geruch. Fruchtfleisch hellgelblich, fein, etwas schwammig, saftig. Sehr angenehm renettenartig gewürzt, vorherrschende edle Säure bei hohem Zuckergehalt.

Vaterapfel *siehe* Sommerparmäne

Vaterapfel ohne Kern

Ein Sehr guter Tafel- und Wirtschaftsapfel. Genussreife ab November. Haltbarkeit bis Januar. Mittelgroßer, abgestumpft rundlicher, nicht ganz gleichmäßig gebauter Apfel. Fruchtschale glatt, grünlichgelb, später hellgelb. Sonnenseite unterschiedlich stark gerötet und kräftig gestreift. Schalenpunkte fein, bräunlich. Geruch sehr schwach. Fruchtfleisch gelblichweiß, fein, locker, saftig, wenig gewürzt. Etwas vorherrschende kräftige Säure bei hohem Zuckergehalt.

Veilchenapfel *siehe* Herbstveilchenapfel
Ventmuss Ellicot *siehe* Wintergoldparmäne

Venus Pippin

Die Sorte entstand um 1800 in England.

Mittelgroßer bis großer, walzenförmiger, gerippter Apfel. Die ist Fruchtschale hell gelbgrün, später stumpf gerötet. Schalenpunkte deutlich. Fruchtfleisch cremefarben, weich, grob, leicht süßsäuerlich. Reifezeit früh bis mittelfrüh.

Verbesserte Muskatrenette *siehe* Cox' Orangenrenette
Verger *siehe* Luxemburger Renette

Vergoldeter Russet

Doppelname: Golden Russet

Ausgezeichneter Tafel-, sehr guter Wirtschaftsapfel. Genussreife ab Dezember. Haltbarkeit bis März. Mittelgroßer, stark abgestumpft rundlicher, gleichmäßig gebauter Apfel. Fruchtschale fein rau durch hellbraunen, schuppigen oder engmaschigen Rost, der meist die ganze Frucht bedeckt, so dass die Farbe nur noch wenig durchschimmert. Schalenfarbe grün, später gelb. Sonnenseite manchmal gerötet. Schalenpunkte fein, gelblich. Die Frucht welkt auf dem Lager nur wenig. Geruch schwach. Fruchtfleisch gelblichweiß, fein, saftig, angenehm gewürzt, manchmal leicht herb. Etwas vorherrschende edle Säure bei hohem Zuckergehalt.

Verheul *siehe* Schöner von Boskoop
Vermillon Rouge *siehe* Wintergoldparmäne
Victoria *siehe* Früher Victoria
Vierlanden *siehe* Ruhm von Vierlanden
Vineuse de Thurgovie *siehe* Thurgauer Weinapfel
Virginale *siehe* Kanadarenette
Virginischer Glasapfel *siehe* Virginischer Rosenapfel

Virginischer Rosenapfel

Die Sorte stammt aus Virginia/USA und wurde um 1870 nach Deutschland eingeführt.

Virginischer Rosenapfel

Doppelnamen: Livländer Liebling; Sibirischer Glasapfel; Sommergulderling; Virginischer Glasapfel; Virginischer Sommer-Rosenapfel

Frucht: Guter Tafel-, sehr guter Wirtschaftsapfel. Baum- und Genussreife August. Haltbarkeit gering. Mittelgroßer, abgestumpft rundlicher, ziemlich gleichmäßig gebauter Apfel. Rippen flach über die halbe Frucht laufend. Querschnitt ziemlich rund. Fruchtschale glatt, leicht bereift, grünlichgelb, später hellgelb. Sonnenseite leicht gerötet und etwas gestreift. Schalenpunkte fein. Geruch ist stark. Fruchtfleisch gelblichweiß, fein, ausreichend saftig, etwas rosenapfelartig gewürzt. Vorherrschende milde Säure bei geringerem Zuckergehalt.
Baum: Sehr starker, später mittelstarker, steil aufrechter Wuchs. Krone schmal und sehr hoch. Die Sorte braucht nur geringen Aufbauschnitt. Für alle Erziehungsformen geeignet. Anbau nur in guten Apfelböden bei ausreichender Bodenfeuchtigkeit. Bei guten Wachstumsbedingungen bis 500 m Höhe geeignet. Blüte früh, nässeempfindlich und nicht ganz widerstandsfähig gegen Frost. Der Ertrag beginnt früh, Erntemenge gering bis mittelhoch. Mißernten häufig. Die Sorte ist empfindlich für Schorf und Mehltau, sie leidet oft unter Spitzendürre. Nicht sehr widerstandsfähig gegen Schädlinge.

Vista Bella

Die Sorte entstand in New Jersey/USA und ist seit 1974 im Handel.

Frucht: Ausgezeichneter Sommerapfel. Baum- und Genussreife ab Ende Juli. Haltbarkeit bis Anfang September. Mittelgroßer, kugeliger bis flachkugeliger Apfel mit schwachen Rippen. Fruchtschale glatt, etwas zäh, grünlichgelb. Zur Reifezeit intensiv gerötet und bläulich bereift. Schalenpunkte klein, zahlreich. Fruchtfleisch weiß, unter der Schale etwas gerötet. Feinzellig, saftig, mittelfest. Leicht parfürmierter Geschmack bei ausgewogenem Zucker-Säure-Verhältnis.
Baum: Starker Wuchs mit schöner Kronenbildung. Blüte mittelfrüh. Guter Pollenspender. Der Ertrag setzt früh ein, er ist mittelhoch und nicht immer ganz regelmäßig. Fruchtausdünnung empfehlenswert. Die Sorte ist robust und nur wenig anfällig für Mehltau und Schorf.

Vitry *siehe* Noire de Vitry

Vollbrechts Borsdorfer

Sehr guter Tafel- und Wirtschaftsapfel. Genussreife ab Ende Oktober. Haltbarkeit bis Dezember. Kleiner, abgestumpft rundlicher, gleichmäßig gebauter Apfel. Fruchtschale glatt, etwas fettig, grünlichgelb, später gelb. Sonnenseite gerötet. Schalenpunkte sind zahlreich, sehr fein, bräunlich, in der Rötung hell erscheinend. Häufig Anflüge von Rost, auch Warzenbildung. Geruch schwach. Fruchtfleisch gelblichweiß, sehr fein, nicht sehr saftig, etwas zimtartig gewürzt. Sanfte Säure bei vorherrschendem Zuckergehalt.

Von Duvens Nonpareil *siehe* Deutscher Goldpepping

Von Hoverbecks Kalvill

Sehr guter Tafel- und Wirtschaftsapfel. Genussreife ab Dezember. Haltbarkeit bis in den März. Mittelgroßer, abgestumpft eikegelförmiger, etwas ungleichmäßig gebauter Apfel. Rippen breit über die Frucht laufend. Querschnitt flachkantig. Fruchtschale glatt, etwas fettig, grünlichgelb, später gelb. Schalenpunkte fein, bräunlich. Geruch sehr schwach. Fruchtfleisch gelblichweiß, fein, etwas locker, saftig, kräftig kalvillartig gewürzt. Etwas vorherrschende, angenehme Säure bei ausreichendem Zuckergehalt.

Von Zuccalmaglios Renette

Von Zuccalmaglios Renette

Die Sorte entstand 1878 in Grevenbroich/Rheinland aus einer Kreuzung von 'Ananasrenette' x 'Purpurroter Agatapfel'.

Frucht: Hervorragender Tafel- und sehr guter Wirtschaftsapfel. Pflückreife ist ab Ende Oktober. Genussreife ab November. Haltbarkeit bis März. Mittelgroßer, abgestumpft rundlich-eiförmiger, gleichmäßig gebauter Apfel. Fruchtschale glatt, manchmal durch leichte Anflüge von

Rost, vor allem um die Kelchwölbung fein aufgeraut. Die Schalenfarbe ist grünlichgelb, später goldgelb. Sonnenseite intensiv gelb und leicht gerötet, manchmal auch etwas gestreift. Schalenpunkte zahlreich, dünn bis mitteldick, bräunlich. Geruch schwach. Fruchtfleisch gelblichweiß bis grünlichgelb, fein, saftig, edel renettenartig gewürzt. Harmonisches Zucker-Säure-Verhältnis.

Baum: In der Jugend kräftiger Wuchs. Krone pyramidal, gut verzweigt. Die Sorte neigt zur Bildung von langen Fruchtruten und muss deshalb regelmäßig beschnitten werden. Erziehung vorwiegend als Buschbaum. Ansprüche an Boden und Klima mittelhoch. Voll befriedigende Erträge nur auf guten Apfelböden bei reichlicher Nahrungszufuhr und ausreichender Wasserführung. Die Sorte ist wenig anfällig für Krankheiten und Schädlinge. Blüte spät, unempfindlich. Guter Pollenspender. Ertrag früh einsetzend, mittelhoch bis hoch. Bei starkem Fruchtansatz sollte ausgedünnt werden, damit die Äpfel nicht zu klein bleiben. Die etwas dünntriebige Sorte braucht eine regelmäßige Schnittüberwachung.

Vortrefflicher *siehe* Fairs Vortrefflicher

Voss' Renette

Guter Tafel-, sehr guter Wirtschaftsapfel. Genussreife ab Dezember. Haltbarkeit bis in den März. Großer, abgestumpft rundlicher, ungleichmäßig gebauter Apfel. Falten stark ausgeprägt und über die halbe Frucht laufend. Querschnitt nicht ganz rund. Fruchtschale glatt, etwas fettig, hellgrün, später grünlichgelb. Sonnenseite pfirsichrot. Schalenpunkte fein. Geruch schwach. Fruchtfleisch gelblichweiß bis grünlichgelb, fein, sehr saftig, wenig gewürzt. Vorherrschende kräftige Säure bei ausreichendem Zuckergehalt.

Vrai Drap d'Or *siehe* Goldstückapfel

W

Wachendorfer Renette

Sehr guter Tafelapfel. Genussreife ab November. Haltbarkeit bis März. Mittelgroßer, ansprechender Apfel. Der Baum wächst mittelstark. Für alle Erziehungsformen geeignet. Krone groß, hochgebaut. Der Ertrag setzt spät ein, ist gut und regelmäßig. Die Sorte ist sehr widerstandsfähig gegen Krankheiten und Schädlinge.

Wachsapfel *siehe* Gelber Edelapfel
Weißer Wintertaffetapfel

Wachsmanns Sämling

Die Sorte stammt aus Siebenbürgen.

Sehr guter Tafel- und Wirtschaftsapfel. Genussreife ab Dezember. Haltbarkeit bis Mai. Mittelgroßer, hochgebauter, etwas ungleichmäßiger Apfel. Fruchtschale fein, grünlichgelb, zur Reifezeit hell gerötet und kräftig gestreift. Manchmal Anflüge von Rost. Geruch stark. Fruchtfleisch weiß, zart, halbfein, nicht sehr saftig. Geschmack angenehm süßweinig. Der Baum ist unempfindlich und fruchtbar.

Wachsrenette *siehe* Buntzels Wachsrenette
Champagnerrenette
Schöner von Wiltshire
Weißer Wintertaffetapfel
Weiße Wachsrenette
Werdersche Wachsrenette

Wachsrenette von Benediktbeuren

Eine Lokalsorte des bayerischen Voralpenlandes.

Frucht: Sehr guter Tafelapfel. Mittelgroße bis große, rundliche Frucht. Die Fruchtschale ist gelb, das Fruchtfleisch weiß, saftig, süßlich, mit angenehmem Aroma. Baum- und Genussreife ab Oktober. Haltbarkeit bis Dezember.
Baum: Starker, gesunder Wuchs. Sehr frosthart. Erziehung vorwiegend als Halb- und Hochstamm. Als Stammbildner geeignet. Ansprüche an Boden und Klima gering. Auch für raue Lagen geeignet. Blüte unempfindlich. Guter Pollenspender. Ertrag spät einsetzend, dann gut. Die Sorte ist sehr schorfwiderstandsfähig.

Wagenerapfel

Wagenerapfel

Ausgezeichneter Tafel- und sehr guter Wirtschaftsapfel. Genussreife ab Ende November. Haltbarkeit bis Ende Februar. Großer, flachrunder, etwas ungleichmäßig gebauter Apfel. Rippen breit und flach über die halbe Frucht laufend. Querschnitt nicht ganz rund. Fruchtschale glatt, grünlichgelb, später hellgelb. Sonnenseite unterschiedlich stark gerötet und etwas gestreift. Schalenpunkte fein, braun. Geruch schwach. Fruchtfleisch gelblichweiß, zart, sehr saftig, zimtartig gewürzt. Feine Säure bei hohem Zuckergehalt.

Währapfel *siehe* Wilkenburger Währapfel

Wahnschaftsapfel

Wahnschaftsapfel

Guter Tafelapfel. Reifezeit ab Oktober. Haltbarkeit bis Dezember. Mittelgroßer Apfel. Fruchtschale grünlichgelb, zur Reifezeit gestreift.

Wahrer Birnförmiger Apfel *siehe* Birnförmiger Apfel
Wahrer Gelber Stettiner *siehe* Winterstettiner
Waltmann Renette *siehe* Krügers Dickstiel

Waltz

1960 in Kanada von Wijcik entdeckt. Zufallsmutante der Sorte 'McIntosh'. Ballerina-Apfel mit säulenförmigem Wuchs für Engpflanzung und Topf.

Das Fruchtfleisch ist grünlichweiß, saftig, etwas parfümiert, fest. Süßer, manchmal etwas fader Geschmack.

Walze *siehe* Rote Walze
Walzenapfel *siehe* Prinzenapfel

Warners Königsapfel

Doppelname: Warners King

Sehr guter Wirtschaftsapfel. Verarbeitung ab Oktober. Haltbarkeit bis Ende Februar. Großer bis sehr großer, flachrunder, etwas ungleichmäßig gebauter Apfel. Rippen breit über die Frucht laufend. Querschnitt nicht ganz rund. Fruchtschale glatt, etwas fettig, gelblichgrün, später hellgelb. Sonnenseite manchmal leicht gerötet. Schalenpunkte fein. Manchmal kleine Anflüge von Rost. Geruch stark. Fruchtfleisch grünlichweiß, grob, saftig, nicht gewürzt. Kräftige Säure bei geringem Zuckergehalt. Der Baum wächst ungewöhnlich stark.

Warraschke *siehe* Gubener Warraschke

Warren Pippin *siehe* Gelber Bellefleur
Warwick *siehe* Pepping von Wyken

Washington

Sehr guter Tafel- und Wirtschaftsapfel. Genussreife ab Dezember. Haltbarkeit bis April. Sehr großer, gelber, kräftig gestreifter Apfel. Der Baum wächst sehr stark, er trägt früh und reich.

Washington *siehe* Gelber Bellefleur
Washington Strawberry *siehe* Erdbeerapfel von Washington

Wealthy

Wealthy

Die Sorte entstand 1860 in Minnesota/USA als Sämling von 'Cherry Crab'.

Guter Tafel- und Wirtschaftsapfel. Frucht mittelgroß bis groß, regelmäßig flachrund, auch konisch zulaufend. Fruchtschale glatt, dünn, leicht bewachst. Schalenfarbe hellgelb mit roten Streifen, auf der Sonnenseite intensiver. Fruchtfleisch weiß, fest, sehr saftig, etwas aromatisch. Baumreife Ende September, windfest. Haltbarkeit bis Januar.
Der Baum bildet eine kleinere, breite, etwas überhängende Krone aus. Wuchs mittelstark, später schwach. Auf guten Böden bis in höhere Lagen anbaufähig. Widerstandsfähig gegen Krankheiten und Schädlinge. Ertrag regelmäßig hoch. Für alle Erziehungsformen geeignet, vor allem für Spaliere.

Weiberrenette *siehe* Kanadarenette
Weidenapfel *siehe* Gelber Bellefleur

Weidners Goldrenette

Ausgezeichneter Tafel-, sehr guter Wirtschaftsapfel. Genussreife ab Ende November. Haltbarkeit bis März. Großer, flachrunder, gleichmäßig gebauter Apfel. Fruchtschale glatt, grünlichgelb, später goldgelb. Sonnenseite leicht gerötet und deutlich gestreift. Schalenpunkte fein,

Weidners Goldrenette

braun, in der Rötung oft hell erscheinend. Manchmal feine Anflüge von Rost. Geruch schwach. Fruchtfleisch gelblichweiß, fein, saftreich, edel zitronatartig gewürzt. Wenig vorherrschende, angenehme Säure bei hohem Zuckergehalt.

Weigelts Zinszahler

Doppelname: Rotfranche

Sehr guter Tafel-, guter Wirtschaftsapfel. Mittelgroßer, rundlicher, oft auch gerippter Apfel. Fruchtschale glatt, gelb, Sonnenseite kräftig gerötet. Ein großer Teil der Frucht ist häufig stark berostet. Das Fruchtfleisch ist weiß, fest, kräftig gewürzt. Angenehmer, weiniger Geschmack. Genussreife ab Oktober. Haltbarkeit bis Dezember. Der Baum wächst kräftig und gedrungen. Er ist sehr früh- und reichtragend.

Weikertshofer (Keine Sortenbeschreibung)

Weilburger

Guter Tafel-, sehr guter Wirtschaftsapfel. Genussreife ab Ende Dezember. Haltbarkeit bis Juni. Kleiner, abgestumpft rundlicher, gleichmäßig gebauter Apfel. Fruchtschale glatt, hellgelb, später lebhaft gelb. Sonnenseite kräftig gerötet. Schalenpunkte sehr fein, braun. Manchmal kleine Anflüge von Rost. Geruch schwach. Fruchtfleisch gelblichweiß, saftig, etwas gewürzt. Vorherrschende Säure bei geringerem Zuckergehalt.

Weinapfel *siehe* Börtlinger Weinapfel
Erbachhofer Weinapfel
Greifenberger Weinapfel
Großer Weinapfel
Langer Grüner Gulderling
Roter Trierer Weinapfel
Thurgauer Weinapfel
Weinling *siehe* Sommer-Weinling
Welscher Weinling
Weinsberg *siehe* Golden Delicious
Weißapfel *siehe* Weißer Wintertaffetapfel
Weiße Antillenrenette *siehe* Kanadarenette

Weiße Englische Renette

Sehr guter Tafel- und Wirtschaftsapfel. Genussreife ab Ende Dezember. Haltbarkeit bis April. Mittelgroßer bis großer, abgestumpft rundlicher, ziemlich gleichmäßig gebauter Apfel. Rippen deutlich über die Frucht laufend. Querschnitt flachkantig. Fruchtschale glatt, hellgrün, später grünlichgelb bis zitronengelb. Schalenpunkte sehr fein, bräunlich. Geruch schwach. Fruchtfleisch grünlichgelb bis weiß, fein, sehr saftig, renettenartig gewürzt. Vorherrschende Säure bei ausreichendem Zuckergehalt.

Weißensteiner Rotstrahliger *siehe* Suislepper

Weißer Ananasapfel

Sehr guter Tafel- und Wirtschaftsapfel. Genussreife ab Anfang November. Haltbarkeit bis Ende Dezember. Mittelgroßer, flachrunder, fast gleichmäßig gebauter Apfel. Fruchtschale glatt, grünlichgelb bis gelblichweiß. Sonnenseite etwas lebhafter gelb. Schalenpunkte fein, bräunlich. Geruch deutlich. Fruchtfleisch gelblichweiß, saftig, kräftig rosenapfelartig gewürzt. Wenig vorherrschende Säure bei gleichwertigem Zuckergehalt. Baum kugelkronig, gesund, starkwüchsig und reichtragend.

Weißer Astrachan

Die Sorte entstand um 1800 im südlichen Rußland.

Doppelnamen: Astracan Blanche; Astrakanischer Sommerapfel; Blanche Gelee; Belobo-rodowa; Blanche Glacée d'Eté; Cicad Apfel; Eisapfel; Fanarika; Gelee d'Eté; Glacee d'Eté; Glace de Zélande; Grüner Livländer Sommerapfel; Konstantinopel-Apfel; Mela d'Astra-kan; Moscovite Transparent Apple; Moskowiterapfel; Nalivi Jabloki; Pomme d'Astracan; Pomme de Glace; Pomme de Moscovite d'Ete; Pyrus Astracanica; Russischer Eisapfel;

Weißer Astrachan

Russian Ice Apple; Taffitai; Transparent Apple; Transparente d'Astracan; Transparente d'Eté; Transparente de Moscovie; Transparent von Zürich; White Astrakan

Guter Tafel-, sehr guter Wirtschaftsapfel. Genussreife ab Ende Juli. Haltbarkeit nur bis August. Mittelgroßer, abgestumpft rundlich-eiförmiger, fast gleichmäßig gebauter Apfel. Rippen flach über die halbe Frucht laufend. Querschnitt fast rund. Fruchtschale oft variierend, bereift, grünlichweiß, später fast weiß. Sonnenseite gerötet und etwas gestreift. Geruch deutlich. Fruchtfleisch weiß, fein, etwas locker, saftig. Schwach rosenapfelartig gewürzt. Vorherrschende angenehme Säure bei geringerem Zuckergehalt. Der Baum wächst kräftig, bildet eine breite, kugelförmige Krone und eignet sich für alle Erziehungsformen. Blüte mittelfrüh, wenig empfindlich. Baum sehr früh und stark fruchtend. Der Baum stellt an Boden und Klima geringe Ansprüche. Bei guter Ernährung ist er breit anbaufähig.

Sibirischer Eisapfel (Wahrscheinlich eine Form von 'Weißer Astrachan')

Weißer Borsdorfer

Sehr guter Tafel- und Wirtschaftsapfel. Genussreife ab Anfang Dezember. Haltbarkeit bis März. Mittelgroßer, abgestumpft rundlicher, gleichmäßig gebauter Apfel. Fruchtschale glatt, etwas fettig, grünlichgelb, später gelb. Die Schalenpunkte sind fein und bräunlich. Geruch ist schwach. Fruchtfleisch weiß, locker, saftig. Angenehm gewürzt. Ausgeglichenes Zucker-Säure-Verhältnis.

Weißer Englischer Gewürzapfel *siehe* Englischer Gewürzapfel
Weißer Gerippter Herbsttäubling *siehe* Rheinische Schafsnase
Weißer Hawthornden *siehe* Apfel von Hawthornden

Weißer Herbststettiner (Keine Sortenbeschreibung)

Weißer Herbsttaffetapfel

Weißer Herbsttaffetapfel

Sehr guter Wirtschaftsapfel, für die Tafel noch brauchbar. Verarbeitung ab September. Lagerfähigkeit bis Oktober. Kleiner bis mittelgroßer, abgestumpft rundlich-kegelförmiger, meist etwas ungleichmäßig gebauter Apfel. Fruchtschale glatt, etwas fettig, grünlichgelb, später gelblich bis wachsartig weiß. Schalenpunkte zahlreich, fein. Geruch sehr schwach. Fruchtfleisch weiß, fein, etwas locker, saftig, nicht gewürzt. Kräftige Säure bei geringem Zuckergehalt.

Weißer Himbeerapfel *siehe* Weißer Winterkalvill

Weißer Holländischer Käsapfel

Sehr guter Wirtschaftsapfel. Verwertung ab September. Haltbarkeit nur bis Oktober. Großer, flachrunder, meist gleichmäßig gebauter Apfel. Rippenartige Erhebungen laufen über die Frucht. Querschnitt flachkantig. Fruchtschale glatt, grünlichgelb, später hellgelb. Sonnenseite leicht gerötet und wenig gestreift. Schalenpunkte fein, bräunlich. Geruch schwach. Fruchtfleisch gelblichweiß, ziemlich fein, saftig, nicht gewürzt. Vorherrschende Säure bei ausreichendem Zuckergehalt.

Weißer Italienischer Rosmarinapfel *siehe* Weißer Rosmarinapfel

Weißer Junkerapfel

Guter Tafel-, sehr guter Wirtschaftsapfel. Genussreife ab November. Haltbarkeit bis Februar. Mittelgroßer, abgestumpft rundlich-kegelförmiger, ziemlich gleichmäßig gebauter Apfel. Die Fruchtschale ist glatt, gelblichweiß, später hellgelb. Sonnenseite oft leicht gerötet und etwas gestreift. Schalenpunkte sehr fein, bräunlich. Geruch deutlich. Das Fruchtfleisch ist gelblichweiß, fein, wenig saftig, gewürzt. Geringe Säure bei vorherrschendem Zuckergehalt.

Weißer Kardinal *siehe* Geflammter Kardinal
Weißer Winterkalvill

Weißer Kentischer Pepping

Sehr guter Tafel- und auch Wirtschaftsapfel. Genussreife ab November. Haltbarkeit bis Anfang März. Großer, abgestumpft rundlich-kegelförmiger, ziemlich gleichmäßig gebauter Apfel. Die Fruchtschale ist glatt, fettig, hellgrün, später gelb. Die Schalenpunkte sind fein, bräunlich, auf der Schattenseite zahlreicher und dicker. Geruch fehlt. Fruchtfleisch gelblichweiß, fein, saftig, alantartig gewürzt. Vorherrschende kräftige Säure bei ausreichendem Zuckergehalt. Die Frucht neigt zur Stippe.

Weißer Kentischer Pepping *siehe* Kentischer Korbfüller

Weißer Klarapfel

Die Sorte stammt aus Livland oder Lettland und wurde seit 1850 verbreitet.

Doppelnamen: Grand Sultan; Livländischer Klarapfel; Naliwnoje Heloje; Pomme de Reval; Transparente de St. Leger; Transparente Jaune; Weißer Transparentapfel; Yellow Transparent

Frucht: Wertvoller Frühapfel. Baum- und Genussreife ab Mitte Juli. Haltbarkeit 2–3 Wochen.

Weißer Klarapfel

Kleiner bis mittelgroßer, kugeliger, nicht ganz gleichmäßig gebauter Apfel mit unregelmäßigen Rippen. Fruchtschale dünn, glatt, leicht bewachst, grünlichweiß, später weißgelb. Zur Reifezeit hellgelb. Schalenpunkte grün, auf der Sonnenseite rötlich schimmernd. Fruchtfleisch grünlichweiß, saftig, locker. Geschmack mild säuerlich. Bei zu später Ernte und bei langer Lagerung werden die Früchte mehlig. Die Äpfel hängen sehr fest im Wind. Im Genussreifen Zustand sind sie druckempfindlich. Die Ernte darf nicht zu früh erfolgen, sondern erst, wenn eine leichte, weißgelbe Färbung einsetzt.
Baum: Mittelstarker Wuchs, später schwach, Krone breitkugelig. Der Baum wird nicht sehr groß. Für alle Erziehungsformen geeignet. Anbau auf nährstoffreichen, guten Apfelböden. Ansprüche an Standort und Klima gering. Breit anbaufähig bis über 400 m Höhe und auch für raue Lagen geeignet. Blüte unempfindlich. Guter Pollenspender. Der Ertrag setzt früh ein, ist mittelhoch und nicht ganz regelmäßig. Die Sorte befriedigt nur bei guter Ernährung und Pflege und kann eigentlich nur wegen der Frühzeitigkeit und Anspruchslosigkeit empfohlen werden.

Weißer Matapfel

Der Apfel sollte nicht zu häufig angepflanzt werden, da ihn die nachfolgend reifenden Sorten in der Qualität erheblich übertreffen.

Weißer Matapfel (Abbildung Seite 486)

Guter Tafel-, sehr guter Wirtschaftsapfel. Genussreife ab Januar. Haltbarkeit bis Juni. Mittelgroßer, abgestumpft rundlicher, ziemlich gleichmäßig gebauter Apfel. Fruchtschale glatt, bereift, hellgrün, später grünlichgelb bis gelb. Sonnenseite unterschiedlich stark gerötet und gestreift. Schalenpunkte fein, fühlbar, braun, oft mit hellem Hof. Manchmal Anflüge von Rost. Geruch deutlich. Fruchtfleisch grünlichgelb bis gelblichweiß. Ziemlich fein, saftig, wenig gewürzt. Vorherrschende herbe Säure bei ausreichendem Zuckergehalt.

Weißer Metzgerapfel *siehe* Gelber Bellefleur

Weißer Rosmarinapfel

Weißer Rosmarinapfel

Die Sorte stammt aus der Gegend von Bozen/Südtirol. Sie wird seit gut 200 Jahren angebaut.

Doppelnamen: Mela di Rosmario; Romarin Blanc; Rosmarina Bianca; Weißer Italienischer Rosmarinapfel; White Romarin
Typ: Brakeler (in Westfalen verbreitet)

Frucht: Ausgezeichneter Tafel- und auch guter Wirtschaftsapfel. Baumreife ab Mitte September. Genussreife ab November. Haltbarkeit bis Februar. Mittelgroßer, abgestumpft eikegelförmiger, gleichmäßig gebauter Apfel. Rippen sehr klein, über die halbe Frucht laufend. Fruchtschale fein, sehr glänzend, hellgelb bis wachsartig weiß. Sonnenseite manchmal zart gerötet. Schalenpunkte fein. Geruch deutlich. Fruchtfleisch ist weiß, wenig fest, sehr zart, saftig und edel melonenartig gewürzt. Feine, etwas vorherrschende Säure bei hohem Zuckergehalt.
Baum: Wuchs mittelstark, aufrecht. Krone hochgebaut. Sorgfältiger Erziehungsschnitt notwendig. Erziehung vorwiegend als Halb- und Hochstamm. Ansprüche an Boden und Lage hoch. Anbau nur auf sehr gutem Boden bei guter Ernährung. In warmer und geschützter Lage bis 600 m Höhe. Blüte mittelfrüh, etwas empfindlich. Der Ertrag setzt mittelfrüh bis spät ein, ist bei guter Pflege hoch und regelmäßig. Die Sorte ist etwas anfällig für Mehltau und Schorf.

Weißer Sommerkalvill

Weißer Sommerkalvill

Sehr guter Wirtschaftsapfel. Als Tafelapfel noch brauchbar. Verarbeitung ab August. Haltbarkeit bis September. Mittelgroßer, abgestumpft flachrunder, etwas ungleichmäßig gebauter Apfel. Rippen deutlich über die Frucht laufend. Querschnitt flachkantig. Fruchtschale etwas fettig, hellgrün, später grünlichgelb. Sonnenseite manchmal leicht gerötet. Schalenpunkte bräunlich. Geruch schwach. Fruchtfleisch weiß, fein, saftig, wenig gewürzt. Vorherrschende starke Säure bei geringem Zuckergehalt.

Weißer Sommerpfirsichapfel *siehe* Sommerpfirsichapfel
Weißer Sommer-Rabau *siehe* Sommer-Rabau
Weißer Sommerrambur *siehe* Backapfel

Weißer Sommerstrichapfel

Guter Tafel- und Wirtschaftsapfel. Genussreife ab Anfang September. Haltbarkeit bis Oktober. Mittelgroßer bis großer, abgestumpft flachrund-kegelförmiger, etwas ungleichmäßig gebauter Apfel. Rippen flach über die halbe Frucht laufend. Querschnitt fast rund. Fruchtschale glatt, etwas fettig, grünlichgelb, später hellgelb. Sonnenseite unterschiedlich stark gerötet und gestreift. Schalenpunkte zahlreich, fein. Geruch schwach. Fruchtfleisch weiß, ziemlich fein, wenig saftig, kaum gewürzt. Wenig Säure bei vorherrschendem Zuckergehalt.

Weißer Sommertaubenapfel

Doppelnamen: Pigeonnet Blanc d'Eté; Pigeonette

Guter Tafel-, sehr guter Wirtschaftsapfel. Genussreife ab Ende August. Haltbarkeit bis September. Kleiner, abgestumpft rundlich-eiförmiger, gleichmäßig gebauter Apfel. Rippen meist flach, manchmal etwas kantig über die Frucht laufend. Querschnitt nicht ganz rund. Fruchtschale fein, glänzend, grünlichgelb, später hellgelb. Sonnenseite intensiv gelb, manchmal gerötet. Schalenpunkte fein, bräunlich. Geruch deutlich. Fruchtfleisch gelblichweiß bis weiß, fein, locker, saftig, schwach gewürzt. Vorherrschende angenehme Säure bei ausreichendem Zuckergehalt.

Weißer Stettiner *siehe* Marienwerder Gulderling
Weißer Taffetapfel *siehe* Weißer Wintertaffetapfel

Weißer Titowka

Guter Tafel-, sehr guter Wirtschaftsapfel. Genussreife August. Mittelgroßer, abgestumpft rundlicher, ziemlich gleichmäßig gebauter Apfel. Rippen flach über die Frucht laufend. Querschnitt fast rund. Fruchtschale etwas fettig, gelblichgrün, später hellgelb. Geruch schwach. Fruchtfleisch gelblichweiß, ziemlich fein, etwas locker, saftig, etwas parfümiert. Vorherrschende milde Säure bei ausreichendem Zuckergehalt.

Weißer Transparentapfel *siehe* Apfel von Croncels
Durchsichtiger Sommerapfel
Weißer Klarapfel
Weißer von Württemberg *siehe* Weißer Winterkalvill
Weißer von Zürich *siehe* Weißer Winterkalvill

Weißer Winterglockenapfel

Weißer Winterglockenapfel

Die Sorte soll aus der Schweiz stammen.

Doppelnamen: Altländer Glockenapfel; Pomme Cloche; Schweizer Glockenapfel

Frucht: Ausgezeichneter Tafel-, sehr guter Wirtschaftsapfel. Baumreife ab Mitte Oktober. Genussreife ab Februar. Haltbarkeit bis Juni. Großer bis mittelgroßer, glockenförmiger, oft ungleichmäßig gebauter Apfel. Kräftige Rippen über die halbe Frucht laufend. Fruchtschale etwas rau durch zahlreiche Schalenpunkte und gelegentliche Berostungen. Schalenfarbe grünlichgelb bis gelb. Sonnenseite unterschiedlich gerötet. Fruchtfleisch weiß, fest, nicht sehr saftig, erfrischende Säure. Die Frucht neigt zur Stippigkeit.
Baum: Der Wuchs ist anfangs stark, später mittelstark. Der Baum neigt zum Auskahlen. Der Ertragsbeginn ist mittelfrüh. Ertragshöhe mittelhoch bis hoch, aber nicht regelmäßig. Verlangt

fruchtbaren Boden mit regelmäßiger Wasserführung und nicht zu kühle Lage. Blüte mittelfrüh. Guter Pollenspender.

Weißer Winterkalvill

Die Sorte entstand in Frankreich und war früher in Deutschland weit verbreitet.

Doppelnamen: Admirable Blanche; Blanche des Wurtembergeois; Blanche de Zurich; Blandureau d'Auvergne; Bonnet Carré; Calville Blanche à Côtes; Calville Blanche d'Hiver; Cotogna; Eckapfel; Eggerling; Framboise d'Hiver; Französischer Quittenapfel; Gelber Winterkalvill; Grosse Pomme de Zürich; Melonne à Côtes; Niger; Osterapfel; Paaschapfel; Paradiesapfel; Pomme de Coing; Pomme de Fraise; Quittenapfel; Sternapfel; Taponne; Taponelle; Weißer Himbeerapfel; Weißer Kardinal; Weißer Zürichapfel; White Calville; White Winter Calville

Frucht: Hervorragender Tafel-, guter Wirtschaftsapfel. Genussreife ab Dezember. Haltbarkeit bis Ende März. Großer, abgestumpft rundlicher, meist ziemlich gleichmäßig gebauter Apfel. Fruchtschale glatt, geschmeidig, grünlichgelb, später gelb. Sonnenseite intensiv gelb und manchmal leicht gerötet. Schalenpunkte zahlreich, fein, hellbraun. Geruch schwach. Fruchtfleisch gelblichweiß, fein, sehr saftig, edel gewürzt. Wenig vorherrschende Säure bei ausgewogenem Zuckergehalt. Geschmacklich eine der besten Apfelsorten.
Baum: Der Wuchs ist in der Jugend sehr stark, der sich aber bald erschöpfen kann und durch Schnittmaßnahmen immer wieder angeregt werden muss. Die Sorte ist pflegeaufwendig, so dass sie nur auf schwache Unterlagen veredelt werden kann. Beste Ergebnisse als Spalierobst. Ertrag dann sehr reich. Blüte früh, wenig widerstandsfähig. Blatt groß, weich und sehr schorfanfällig. Ansprüche an den Boden ungewöhnlich hoch. Anbau nur in warmen Lagen. Die Sorte ist wenig widerstandsfähig und für viele Krankheiten und Schädlinge anfällig.

Weißer Winterstettiner *siehe* Marienwerder Gulderling

Weißer Wintertaffetapfel

Eine sehr alte Sorte unbekannter Herkunft.

Doppelnamen: Borsdorfer; Glasapfel; Karthäuser; Spiegelapfel; Wachsapfel; Wachsrenette; Weißapfel; Weißer Taffetapfel

Frucht: Guter Tafel-, sehr guter Wirtschaftsapfel. Genussreife ab Dezember. Haltbarkeit bis April. Mittelgroßer, abgestumpft rundlicher bis flachrunder, gleichmäßig gebauter Apfel. Fruchtschale glatt, etwas fettig, grünlichgelb, später wachsartig gelblichweiß. Sonnenseite häufig leicht gerötet. Schalenpunkte sehr fein. Geruch schwach. Fruchtfleisch weiß, fein, saftig, schwach gewürzt. Vorherrschende angenehme Säure bei weit geringerem Zuckergehalt.
Baum: Wuchs in der Jugend kräftig, später schwächer. Breit ausladende, später hängende Krone. Holz frosthart. Erziehung vorwiegend als Halb- und Hochstamm. Ansprüche an Boden und Klima gering. Sehr windfest. Blüte spät. Guter Pollenspender. Ertrag regelmäßig und hoch. Die Sorte braucht nur wenig Pflegeaufwand, bei hoher Luftfeuchtigkeit etwas schorfanfällig.

Weißer Wintertaubenapfel

Doppelnamen: Pigeonnet Blanc d'Hiver; Weißer Wintertäubling

Sehr guter Tafel- und guter Wirtschaftsapfel. Genussreife ab Dezember. Haltbarkeit bis März.

Weißer Wintertaubenapfel

Kleiner, abgestumpft eiwalzenförmiger, meist ungleichmäßig gebauter Apfel. Rippen flach über die halbe Frucht laufend. Querschnitt rund. Fruchtschale glatt, fast wachsartig, grünlichgelb, später hellgelb. Zur Reifezeit manchmal leicht gerötet und etwas gestreift. Schalenpunkte fein, bräunlich. Geruch schwach. Fruchtfleisch weiß, fein, saftig, leicht bittermandelartig gewürzt. Etwas vorherrschende milde Säure bei ausreichendem Zuckergehalt.

Weißer Zürichapfel *siehe* Weißer Winterkalvill
Weißer Zwiebelapfel *siehe* Champagnerrenette

Weiße Spanische Renette

Weiße Spanische Renette

Die Sorte entstand vermutlich in Frankreich und war schon um 1600 bekannt.

Doppelnamen: Gelbe Spanische Renette; Josephine; Kalmar Glasäpple; York Pippin

Große, abgestumpft rundliche Frucht. Fruchtschale weißlichgelb, später stumpf gerötet. Schalenpunkte zahlreich. Schalenoberfläche fettig. Das Fruchtfleisch ist gelblichweiß, fein und zart. Angenehme Säure bei hohem Zuckergehalt. Reifezeit mittelspät bis sehr spät.

Weißes Seidenhemdchen

Doppelnamen: Chemise de Soie Blanche; Chemisette Blanche; Horsets Schlotterapfel

Guter Tafel-, sehr guter Wirtschaftsapfel. Genussreife ab Ende Januar. Halbarkeit bis in den Juni. Kleiner, abgestumpft länglich-runder, ziemlich gleichmäßig gebauter Apfel. Rippen fast unmerklich verlaufend. Querschnitt fast rund. Fruchtschale glatt, hellgrün, später gelblichweiß. Schalenpunkte fein bis mitteldick, hellbraun. Manchmal Anflüge von Rost. Die Frucht welkt auf dem Lager nur wenig. Geruch schwach. Fruchtfleisch weiß, fein, oft etwas zäh, saftig, etwas zimtartig gewürzt. Feine Säure bei vorherrschendem Zuckergehalt.

Weiße Wachsrenette

Die Sorte entstand 1794 bei Verdun/Frankreich. Sie ist heute eine Lokalsorte in einem begrenzten badischen Anbaugebiet.

Guter Tafel-, sehr guter Wirtschaftsapfel. Genussreife ab Anfang Oktober. Haltbarkeit bis Ende November. Mittelgroßer, abgestumpft rundlich-kegelförmiger, gleichmäßig gebauter Apfel. Fruchtschale glatt, etwas fettig, hellgelb, später wachsartig gelblich. Sonnenseite kräftig gerötet. Schalenpunkte fein bis mitteldick, hellbraun, in der Rötung oft mit Hof. Gelegentlich Warzenbildung. Starker Geruch. Fruchtfleisch ist geblichweiß, fein, saftig, schwach gewürzt. Vorherrschende kräftige Säure bei geringerem Zuckergehalt. Der Baum wächst mittelstark. Erziehung vorwiegend als Hochstamm. Ansprüche an Boden und Klima gering. Der Baum gedeiht besonders gut unter den Bedingungen der unteren Rheinebene.

Weiße Wachsrenette *siehe* Schöner von Wiltshire

Weißkante

Sehr guter Tafel- und Wirtschaftsapfel. Genussreife ab November. Haltbarkeit bis in den März. Mittelgroßer, abgestumpft länglich-eiförmiger, gleichmäßig gebauter Apfel. Rippen sehr flach über die Frucht laufend. Querschnitt fast rund. Fruchtschale glatt, hellgrün, später hellgelb. Sonnenseite unterschiedlich stark gerötet und etwas gestreift. Schalenpunkte fein bis mitteldick, hellbraun. Geruch schwach. Fruchtfleisch gelblichweiß bis weiß, fein, saftig, gewürzt. Harmonisches Zucker-Säure-Verhältnis.

Welford Park *siehe* Sondergleichen von Welford Park

Wellers Eckenhagener

Guter Tafel-, auch sehr guter Wirtschaftsapfel. Genussreife ab November. Haltbarkeit bis Ende Januar. Mittelgroßer, abgestumpft rundlicher, oft etwas ungleichmäßig gebauter Apfel. Die Fruchtschale ist glatt, etwas fettig, gelblichweiß, später hellgelb. Sonnenseite intensiver gelb, manchmal leicht gerötet. Schalenpunkte ziemlich fein, bräunlich. Geruch schwach. Fruchtfleisch weiß, saftreich, etwas gewürzt. Wenig Säure bei vorherrschendem Zuckergehalt.

Wellingtons Renette

Wellingtons Renette

Doppelname: Dumelow's Seedling

Sehr guter Wirtschaftsapfel. Verarbeitung ab Januar. Haltbarkeit bis Juli und länger. Großer, abgestumpft rundlicher, gleichmäßig gebauter Apfel. Fruchtschale glatt, grünlichgelb, später gelb. Sonnenseite leicht gerötet. Schalenpunkte fein, bräunlich. Geruch sehr schwach. Fruchtfleisch gelblichweiß bis weiß, fein, nicht gewürzt. Kräftige Säure bei geringem Zuckergehalt.

Wells Süße Renette

Sehr guter Tafel- und Wirtschaftsapfel. Genussreife ab Ende November. Haltbarkeit bis Ende Februar. Kleiner bis mittelgroßer, abgestumpft rundlicher, gleichmäßig gebauter Apfel. Fruchtschale glatt, grünlich, später gelb. Sonnenseite braunrot und etwas gestreift. Schalenpunkte fein, bräunlich, in der Rötung hell erscheinend. Häufig leichter Anflug von Rost, vorwiegend um die Kelchwölbung. Manchmal Fruchtwarzen. Geruch fehlt. Fruchtfleisch gelblichweiß, ziemlich saftig, gewürzt. Wenig Säure bei vorherrschendem Zuckergehalt.

Welscher Weinling *siehe* Schlesischer Lehmapfel

Welschbrunner

Lokalsorte aus der Steiermark unbekannter Herkunft, seit 1825 verbreitet.

Mittelgroßer bis großer Apfel von kugeliger Form. Um die Kelchgrube leicht gerippt. Fruchtschale glatt, grün, später gelb. Zur Reifezeit verwaschen leuchtendrot mit Rostflecken. Fruchtfleisch grünlichweiß, saftig, mittelfein bis grobzellig. Geschmack süßsäuerlich, ohne Würze. Baumreife ab Mitte Oktober. Genussreife ab Dezember. Haltbarkeit bis Mai.
Der Baum wächst stark und bildet eine flachkugelige Krone. Etwas anfällig für Schorf.

Welschisner

Die Sorte entstand vermutlich in Deutschland. Sie ist auch in Böhmen, Österreich und Südtirol in zahlreichen Formen verbreitet.

Welschisner

Welschisner (Der abgebildete Äpfel wurde als 'Böhmischer Brünnerling' gemalt)

Doppelnamen: Brünnerling; Früher Welschisner; Großer Böhmischer Brünnerling; Großer Isnyer Jahrapfel; Prinerapfel; Wilhelmsapfel (Lindau)

Frucht: Guter bis sehr guter Tafel- und Wirtschaftsapfel. Baumreife ab Mitte Oktober. Genussreife ab Januar. Haltbarkeit bis Mai. Mittelgroßer bis großer, breiter, oft etwas ungleichmäßig gebauter Apfel. Kanten überziehen die ganze Frucht, häufig ist eine Kante stärker ausgebildet. Fruchtschale fest, glatt, etwas bewachst, gelbgrün, später zitronengelb. Sonnenseite lebhaft gerötet. Am Rande marmoriert und etwas gestreift. Stielhöhle manchmal berostet. Schalenpunkte zahlreich, hellbraun, auch grünlich. Geruch kräftig. Fruchtfleisch gelblichweiß, etwas aromatisch, schwache Säure, ausreichend süß. Wenig saftig. Geruch schwach.
Baum: Wuchs stark bis sehr stark. Krone groß, hochgebaut, auch breit. Nur in den ersten Jahren ist ein Erziehungsschnitt nötig. Sehr frosthart. Erziehung vorwiegend als Halb- und Hochstamm. Ansprüche an Boden und Lage gering. Auch noch für Höhenlagen bis 800 m

geeignet. Blüte mittelfrüh, wenig empfindlich. Der Ertrag beginnt mittelfrüh, ist sehr gut und in jedem zweiten Jahr regelmäßig. Der Baum ist sehr widerstandsfähig gegen Krankheiten und Schädlinge. In schweren Böden etwas schorf- und krebsanfällig.

Welschweinling *siehe* Schlesischer Lehmapfel
Welten *siehe* Jansen von Welten
Werderscher Kalvill *siehe* London Pepping

Werdersche Wachsrenette

Sehr guter Tafel- und Wirtschaftsapfel. Genussreife ab Januar. Haltbarkeit bis April. Mittelgroßer bis großer, rundlich-eiförmiger, gleichmäßig gebauter Apfel. Starke Falten über die halbe Frucht laufend. Querschnitt oft flachkantig. Fruchtschale glatt, grünlichgelb, später hellgelb. Sonnenseite manchmal gerötet. Schalenpunkte fein. Geruch schwach. Fruchtfleisch gelblichweiß, fein, saftig, renettenartig gewürzt. Wenig vorherrschende milde Säure bei ausreichendem Zuckergehalt.

Westfälische Tiefblüte

Sehr guter Tafel- und Wirtschaftsapfel. Baumreife ab Anfang Oktober. Genussreife ab Oktober. Haltbarkeit bis März. Frucht mittelgroß bis groß. Baum mittelstark wachsend. Krone breit, später hängend und sehr groß werdend. Erziehung vorwiegend als Hochstamm. Ertrag spät einsetzend, dann gut und alle zwei Jahre regelmäßig. Die Sorte ist etwas anfällig für Mehltau.

Westland *siehe* Schöner von Westland

Wettringer Taubenapfel

Wettringer Taubenapfel

Doppelname: Taubenapfel von St. Louis

Ein guter Tafel- und Wirtschaftsapfel. Baumreife und Genussreife ab Oktober. Haltbarkeit bis

Dezember. Kleiner bis mittelgroßer Apfel. Fruchtschale intensiv gerötet. Fruchtfleisch weiß, saftig, süßsäuerlich. Der Baum wächst sehr stark. Krone hochgehend. Holz frosthart. Erziehung vorwiegend als Hoch- und Halbstamm. Die Sorte wird in Franken als Stammbildner verwendet. Ansprüche an Boden und Klima gering. Blüte mittelfrüh. Guter Pollenspender. Ertrag früh einsetzend und reich. Der Baum benötigt nur wenig Pflege. Er ist widerstandsfähig gegen Krankheiten und Schädlinge.

Wheelers Kernel *siehe* Apfel von Hawthornden
White Apple *siehe* Apfel von Hawthornden
White Astracan *siehe* Weißer Astrachan
White Calville *siehe* Weißer Winterkalvill
White Hawthornden *siehe* Apfel von Hawthornden
White Juneating *siehe* Roter Margarethenapfel
White Rosmarin *siehe* Weißer Rosmarinapfel
White Transparent *siehe* Weißer Klarapfel
White Winter Calville *siehe* Weißer Winterkalvill
Wick *siehe* Pepping von Court of Wick
Wieks Liebling *siehe* Früher Nonpareil
Wiener Marschanzker *siehe* Edelborsdorfer

Wildling von Weng (Keine Sortenbeschreibung)

Wiedenbruck *siehe* Schöner von Wiedenbruck
Wilhelmapfel *siehe* Kaiser Wilhelm
Wilhelmsapfel *siehe* Credes Wilhelmsapfel
Rheinische Schafsnase
Welschisner

Wilhelm von Elsners Sämling

Ein sehr guter Tafel- und Wirtschaftsapfel. Genussreife ab Ende November. Haltbarkeit bis in Februar. Mittelgroßer, abgestumpft eiförmiger, etwas ungleichmäßig gebauter Apfel. Sieben deutlich über die Frucht laufende Rippen. Querschnitt kantig. Fruchtschale glatt, etwas fettig, gelblichgrün, später grünlichgelb bis gelb. Sonnenseite unterschiedlich stark gerötet. Schalenpunkte sind fein, bräunlich. Geruch schwach. Fruchtfleisch weiß bis grünlichgelb, fein, saftig, etwas parfümiert gewürzt. Wenig vorherrschende Säure bei ausreichendem Zuckergehalt.

Wilhelmsapfel (Keine Sortenbeschreibung)

Wilkenburger Währapfel

Sehr guter Tafel- und Wirtschaftsapfel. Genussreife ab März. Haltbarkeit bis Juni. Mittelgroßer, rundlich-kegelförmiger, meist ziemlich unterschiedlich gebauter Apfel. Rippen ungleichmäßig über die Frucht laufend. Querschnitt nicht ganz rund. Fruchtschale glatt, bereift, gelblichgrün, später gelb. Sonnenseite unterschiedlich stark gerötet. Zur Reifezeit ist die ganze Frucht gestreift. Schalenpunkte zahlreich, fein, bräunlich. Geruch schwach. Fruchtfleisch gelblichweiß, fein, saftig, rosenapfelartig gewürzt. Feine Säure bei vorherrschendem Zuckergehalt.

Willi Schoffers Parmäne (Keine Sortenbeschreibung)

Williams Liebling

Williams Liebling

Doppelname: Williams Favorite

Sehr guter Tafel- und Wirtschaftsapfel. Genussreife ist ab August. Haltbarkeit bis September. Mittelgroßer bis großer, abgestumpft eiwalzenförmiger Apfel. Rippen flach über die halbe Frucht laufend. Querschnitt nicht ganz rund. Fruchtschale glatt, grünlichgelb, später gelb. Zur Reifezeit intensiv gerötet und auf der Schattenseite gestreift. Schalenpunkte fein, bräunlich. Manchmal Anflüge von Rost. Geruch deutlich. Das Fruchtfleisch ist gelblichweiß, oft schwach gerötet. Fein, saftig, rosenapfelartig gewürzt. Ausgeglichenes Zucker-Säure-Verhältnis.

Willms Parmäne *siehe* Winter-Alantapfel

Willys Renette

Doppelname: Willis Gelbe Renette

Sehr guter Tafel- und Wirtschaftsapfel. Genussreife ab Dezember. Haltbarkeit bis in den April. Großer, abgestumpft rundlicher, etwas ungleichmäßig gebauter Apfel. Rippen flach über die halbe Frucht laufend. Querschnitt nicht ganz rund. Fruchtschale glatt, grünlichgelb, später gelb. Sonnenseite goldig. Schalenpunkte fein, braun. Die Frucht welkt auf dem Lager nur wenig. Geruch sehr schwach. Fruchtfleisch gelblichweiß, fein, saftig, angenehm renettenartig gewürzt. Vorherrschende Säure bei ausreichendem Zuckergehalt.

Wiltshire *siehe* Schöner von Wiltshire
Windsorrenette *siehe* Kanadarenette

Winesap (Abbildung Seite 499)

Die Sorte entstand in den USA und wurde 1817 zum ersten Mal beschrieben.

Ein mittelgroßer bis großer, abgestumpft rundlicher Apfel. Fruchtschale ist grünlichgelb, später gerötet und gestreift. Rostpunkte und Berostungen häufig. Fruchtfleisch fest, grob, gelblichweiß. Süß bei zurücktretender Säure. Reifezeit sehr spät.

Winesap

Winston

Die Sorte entstand in England aus einer Kreuzung von 'Cox'Orangenrenette' x 'Worcester Parmäne'. Sie kam 1935 in den Handel.

Guter Tafel- und Wirtschaftsapfel. Vor allem für Konserven geeignet. Baumreife ab Oktober. Genussreife ab Dezember. Haltbarkeit bis in den März. Mittelgroßer Apfel. Fruchtschale dick, dunkelgrün. Zur Reifezeit gelb, braunrote Backen, gestreift. Das Fruchtfleisch ist fest, angenehmer Geschmack. Baum stark wachsend, hochgebaute Krone. Erziehung vorwiegend als Niederstamm. Anbau auf guten Apfelböden in warmen, geschützten Tal- und Höhenlagen. Blüte spät, widerstandsfähig. Guter Pollenspender. Ertrag hoch. Wegen der Starkwüchsigkeit darf die Sorte nur wenig geschnitten werden.

Winter-Alantapfel

Doppelnamen: Willms Parmäne; Winter-Princesse Noble

Sehr guter Tafel- und Wirtschaftsapfel. Genussreife ab Ende Dezember. Haltbarkeit bis April. Mittelgroßer, abgestumpft eikegelförmiger, ziemlich gleichmäßig gebauter Apfel. Fruchtschale glatt, grünlichgelb, später hellgelb. Sonnenseite etwas gerötet und deutlich gestreift. Schalenpunkte fein bis mitteldick, bräunlich. Geruch schwach. Fruchtfleisch gelblichweiß, fein, zart, saftig, angenehm gewürzt. Etwas vorherrschende Säure bei hohem Zuckergehalt.

Winterbananenapfel

Die Sorte entstand um 1860 in Ohio oder Indiana/USA.

Doppelname: Flory of Winter-Banana

Frucht: Sehr guter Tafel- und Wirtschaftsapfel. Baumreife ab Mitte Oktober. Genussreife ab Januar. Haltbarkeit bis April. Mittelgroßer bis großer, kugeliger bis breitrunder Apfel. Typisch ist eine Kante, die über die ganze Frucht läuft. Fruchtschale glatt, weißgrün bis gelbgrün. Zur

Reifezeit bräunlichrot gesprenkelt. Schalenpunkte braun. Fruchtfleisch gelblichweiß bis weiß. Saftig, wenig Aroma, ausgewogenes Zucker-Säureverhältnis.
Baum: Starker Wuchs. Krone breitkugelig. Erziehung vorwiegend als Niederstamm. Anbau nur auf guten Apfelböden und warmen Standorten. Bei guten Wuchsbedingungen auch für höhere Lagen geeignet. Blüte wenig frostempfindlich. Guter Pollenspender. Ertrag sehr hoch und regelmäßig. Die Sorte braucht eine gute Schnittpflege. Sie ist nur wenig stippe- und schorfanfällig.

Winterborsdorfer *siehe* Edelborsdorfer
Wintercousinot *siehe* Pupurroter Cousinot

Wintergold-parmäne

Wintergoldparmäne

Die Sorte ist schon seit dem Mittelalter bekannt. Sie stammt vermutlich aus Frankreich.

Doppelnamen: Englische Wintergoldparmäne; English Wintergold Pearmain, Goldparmäne, Goldrenette; Hampshire Yellow, Herzogs Renette; King of the Pippins; Pearmain Dorée d'Hiver; Pike's Pearmain; Prince's Pippin; Queen of the Pippins; Reinette de Friesland Hätive; Reine des Reinettes, Reinette Siavée; Seek-No-Further; Ventmuss Ellicot; Vermillon Rayé

Frucht: Ausgezeichneter Tafel-, sehr guter Wirtschaftsapfel. Baumreife ab September. Genussreife ab Oktober. Haltbarkeit bis Januar und länger. Mittelgroßer, abgestumpft eikegelförmiger, gleichmäßig gebauter Apfel. Fruchtschale glatt, glänzend, grünlichgelb bis gelb. Sonnen- seite goldig, gerötet und kräftig gestreift. Schalenpunkte sind fein und braun. Nur selten Anflüge von Rost. Geruch kräftig. Fruchtfleisch gelblichweiß, fein, saftig, edel gewürzt. Wenig vorherrschende Säure bei ausreichendem Zuckergehalt.
Baum: Wuchs ist mittelstark. Hochkugelige Krone. Holz nicht allzu frosthart. Geeignet für alle Erziehungsformen. Anbau auf guten Apfelböden. Bei geschützter Lage auch noch in Höhenlagen brauchbar. Blüte widerstandsfähig. Sehr guter Pollenspender. Der Ertrag setzt mittelfrüh ein. Er ist mittelhoch bis hoch und nicht immer regelmäßig. Bei starkem Fruchtansatz sollte ausgedünnt werden. Die Krone muss von Zeit zu Zeit ausgelichtet werden, da Schattenfrüchte geringerwertig sind. Die Sorte ist etwas anfällig für Schorf und Krebs.

Wintergoldrenette *siehe* Dietzer Goldrenette

Wintergravensteiner

Sehr guter Tafel- und Wirtschaftsapfel. Genussreife ab November. Haltbarkeit bis in den April. Mittelgroßer, abgestumpft eiwalzenförmiger, etwas ungleichmäßig gebauter Apfel. Rippen flach über die Frucht laufend. Querschnitt etwas kantig. Die Fruchtschale ist glatt, etwas fettig, hellgelb, später lebhaft gelb. Sonnenseite leicht gerötet und deutlich gestreift. Schalenpunkte fein, bräunlich. Geruch stark. Das Fruchtfleisch ist gelblichweiß, fein, saftig, angenehm gewürzt. Harmonisches Zucker-Säureverhältnis. Starker Geruch.

Wintergravensteiner *siehe* Teltower Wintergravensteiner
Winter-Gray-Renette *siehe* Graue Französische Renette

Winter-Hawthornden

Doppelnamen: Hawthornden d'Hiver; New Hawthornden

Sehr guter Wirtschaftsapfel. Für die Tafel noch brauchbar. Verarbeitung ab Januar. Haltbarkeit bis Mai. Großer, flachrunder, gleichmäßig gebauter Apfel. Fruchtschale glatt, etwas fettig, grün, später grünlichgelb. Sonnenseite häufig gerötet. Schalenpunkte fein, bräunlich. Manchmal kleine Anflüge von Rost. Der Geruch ist schwach. Das Fruchtfleisch ist grünlichweiß, ziemlich saftig, wenig gewürzt. Vorherrschende kräftige Säure bei geringerem Zuckergehalt. Der Baum wächst sehr stark und gesund, er trägt regelmäßig und reich.

Winterkalvill *siehe* Gestreifter Winterkalvill
Roter Eiserapfel
Rheinischer Winterrambur
Roter Winterkalvill
Schwarzroter Platter Winterkalvill
Weißer Winterkalvill
Winterkönigin *siehe* Englischer Königsapfel
Winterkronapfel *siehe* Muckenheims Winterkronapfel
Multhaupts Kronenapfel
Roter Winterkronenapfel
Winterparadiesapfel *siehe* Doppelter Winterparadiesapfel
Winterparmäne *siehe* Rote Winterparmäne
Winterpepping *siehe* Hörlins Pepping
Rotbackiger Winterpepping

Winterpostoph

Doppelname: Postophe d'Hiver

Guter Tafel-, sehr guter Wirtschaftsapfel. Genussreife ab Anfang Januar. Haltbarkeit bis Juni. Mittelgroßer, rundlich-eiförmiger, gleichmäßig gebauter Apfel. Rippen flach über die Frucht laufend. Querschnitt flachkantig. Fruchtschale glatt, hellgrün, später gelblich. Zur Reifezeit intensiv gerötet und auf der Schattenseite etwas gestreift. Schalenpunkte sehr fein. Geruch fehlt. Fruchtfleisch gelblich bis grünlichgelb, manchmal leicht gerötet, vor allem an den Gefäßbündeln. Ziemlich fein, saftig, wenig gewürzt. Etwas vorherrschende Säure bei ausreichendem Zuckergehalt.

Winterpostoph *siehe* Schwedischer Winterpostoph
Winter Princesse Noble *siehe* Winter-Alantapfel

Winterprinzen-apfel

Winterprinzenapfel

Sehr guter Tafel- und Wirtschaftsapfel. Genussreife ab Ende Dezember. Haltbarkeit bis Ende März. Mittelgroßer bis großer, runder bis hochgebauter, ziemlich gleichmäßiger Apfel. Rippen flach über die Frucht laufend. Fruchtschale glatt, grün, später grünlichgelb. Sonnenseite schwach gerötet und intensiver gestreift. Schalenpunkte fein, braun. Häufig kleine Anflüge von Rost. Geruch deutlich. Das Fruchtfleisch ist grünlichgelb, ziemlich fein, saftig, angenehm gewürzt. Etwas vorherrschende Säure bei ausreichendem Zuckergehalt. Der Baum wächst zuerst sehr stark, dann stark. Erziehung vorwiegend als Hochstamm. Krone breit, später hängend, sehr groß werdend. Der Ertrag setzt früh ein, ist sehr gut und regelmäßig. Eine Massenertragssorte, vor allem für Obstwiesen.

Winter Queen *siehe* Englischer Königsapfel

Winter-Quittenapfel

Doppelname: Englischer Winterquittenapfel

Guter Tafel-, sehr guter Wirtschaftsapfel. Genussreife ab Dezember. Haltbarkeit bis in den April. Mittelgroßer bis großer, abgestumpft rundlich-eiförmiger, gleichmäßig gebauter Apfel. Rippen flach über die Frucht laufend. Querschnitt nicht ganz rund. Fruchtschale glatt, grünlichgelb, später hellgelb. Sonnenseite manchmal gerötet. Schalenpunkte fein, bräunlich. Häufig Anflüge von Rost. Geruch deutlich. Fruchtfleisch weiß, ziemlich fein, ausreichend saftig, wenig gewürzt. Vorherrschende angenehme Säure bei hohem Zuckergehalt.

Winter-Rabau

Sehr guter Tafel- und guter Wirtschaftsapfel. Genussreife ab Anfang Dezember. Haltbarkeit bis Anfang April. Mittelgroßer, abgestumpft rundlicher, gleichmäßig gebauter Apfel. Das Fruchtschale ist fein rau durch dunklen, teils schuppigen, teils netzartig auftretenden Rost, der fast die ganze Frucht bedeckt. Schalenfarbe gelblichgrün, Sonnenseite leicht gerötet. Kein Geruch. Die Frucht welkt auf dem Lager nur wenig. Fruchtfleisch gelblichgrün, fein, etwas schwammig, wenig saftig. Angenehm gewürzt, feine Säure bei vorherrschendem Zuckergehalt.

Winter-Rabau *siehe* Graue Französische Renette

Winterrambur

Doppelname: Rambour d'Hiver

Sehr guter Wirtschaftsapfel. Verarbeitung ab Dezember. Haltbarkeit bis April. Sehr großer, abgestumpft kegelförmiger Apfel. Fruchtschale glatt, etwas fettig, hellgrün, später grünlichgelb bis gelb. Sonnenseite unterschiedlich stark gerötet und etwas gestreift. Schalenpunkte fein, bräunlich. Geruch schwach. das Fruchtfleisch ist gelblichweiß, etwas grob, saftig, wenig gewürzt. Ausgewogenes Zucker-Säure-Verhältnis.

Winterrambur *siehe* Rambur Papeleu
Rheinische Schafsnase
Roter Winterrambur
Theuringer Winterrambur
Winterrenette *siehe* Baumanns Renette
Schöner von Boskoop
Winterscheibling *siehe* Winterstettiner

Winterstettiner

Eine Sortengruppe, die in vielen Formen auftritt als Roter Winterstettiner, Gelber Winterstettiner, Grüner Winterstettiner.

Doppelnamen: Annaberger; Malerapfel (Österreich); Rotapfel (Bodensee); Roter Bietigheimer (Württemberg); Roter Herrenapfel; Roter Zwiebelapfel (Baden, Bayern, Tirol); Rotvogel (Pfalz). Alle Doppelnamen beziehen sich vorwiegend auf den Roten Winterstettiner.

Frucht: Baumreife ab Mitte Oktober. Genussreife ab Januar. Haltbarkeit unterschiedlich, von

Grüner Bietigheimer (Eine Form von 'Grüner Winterstettiner')

Malerapfel (Eine Form von 'Gelber Winterstettiner')

April bis Juni. Mittelgroßer bis großer, flachrunder, oft etwas ungleichmäßig gebauter Apfel. Schalenfarbe beim Roten Winterstettiner: Grün, später gelblich. Zur Reifezeit ist die ganze Frucht unterschiedlich stark gerötet.
Schalenfarbe beim Gelben Winterstettiner: Glänzend hellgrün, dann grünlichgelb bis gelb. Sonnenseite manchmal trüb gerötet.
Schalenfarbe beim Grünen Winterstettiner: Hellgrün, später gelblichgrün, Sonnenseite manchmal gerötet.
Fruchtfleisch grünlich- bis gelblichweiß. Mittelfein, saftig, wenig gewürzt, Geruch schwach. Ziemlich süß bei geringerem Säuregehalt.
Baum: Wuchs zuerst stark dann mittelstark. Sehr viele dünne Triebe. Die Krone wird sehr groß, zuerst aufstrebend, dann breit bis hängend. Anzucht vorwiegend als Hochstamm. Anbau nur in tiefgründigen Böden bei reichlicher Ernährung. Raue Lagen bis 600 m Höhe werden vertragen. Blüte mittelfrüh, unempflindlich. Ertragsbeginn mittelfrüh bis sehr spät. Die Bäume werden sehr alt und liefern dann reiche Ernten, gute Ernährung vorausgesetzt. Etwas Neigung zur Alternanz.

Winter-Strawberry *siehe* Englischer Erdbeerapfel

Winterstreifling

Eine sehr alte Sorte, die schon um 1700 bekannt war.

Doppelnamen: Breitling; Carmesapfel; Marientaler Apfel; Sträumerling; Streifling

Sehr guter Tafel- und Wirtschaftsapfel. Genussreife ab November. Haltbarkeit bis Februar. Mittelgroßer, plattrunder Apfel. Fruchtschale hellgelb, Sonnenseite kräftig gerötet und gestreift. Rostanflüge vor allem um den Stiel. Fruchtfleisch grünlichgelb, von angenehm süßsäuerlichem Geschmack. Baum kann sehr alt werden. Hohe Erträge in jedem zweiten Jahr.

Winterstreifling *siehe* Echter Winterstreifling
Wintertäubling *siehe* Credes Taubenapfel
Graf Hallers Wintertäubling

Winterzitronen-
apfel

Winterzitronenapfel

Doppelnamen: Citron d'Hiver; Königs Renette; Reinette du Roi

Guter Tafel-, sehr guter Wirtschaftsapfel. Genussreife ab Dezember. Haltbarkeit bis April. Mittelgroßer bis großer, abgestumpft rundlicher, nicht ganz gleichmäßig gebauter Apfel. Falten flach über die halbe Frucht laufend. Querschnitt nicht ganz rund. Fruchtschale glatt, etwas fettig, grünlich, später zitronengelb. Sonnenseite unterschiedlich stark gerötet. Zahlreiche Schalenpunkte, fein, bräunlich, oft mit gelbem Hof. Geruch schwach. Fruchtfleisch gelblichweiß, ziemlich fein, nicht gewürzt, saftig. Vorherrschende angenehme Säure bei geringerem Zuckergehalt. Baum wächst sehr stark und gesund. Krone hochgehend. Ertrag hoch. Erziehung vorwiegend als Hochstamm. Der Baum braucht nur wenig Pflege. Für raue Lagen geeignet.

Wise Apple *siehe* Königlicher Kurzstiel

Witzheldener Rambur

Sehr guter Wirtschaftsapfel. Für die Tafel wenig brauchbar. Verarbeitung ab Dezember. Haltbarkeit bis März. Großer, abgestumpft kegelförmiger, ungleichmäßig gebauter Apfel. Rippen breit und kräftig über die Frucht laufend. Querschnitt kantig. Die Fruchtschale ist glatt, grün, später gelblichgrün. Sonnenseite etwas gerötet und gestreift. Schalenpunkte fein bis mitteldick, bräunlich. Geruch stark. Fruchtfleisch grünlichgelb, halbfein, ziemlich saftig und nicht gewürzt. Ausgewogenes Zucker-Säure-Verhältnis.

Wöbers Rambur (Abbildung Seite 506)

Sehr guter Tafelapfel. Genussreife ab Januar. Haltbarkeit bis April. Großer bis sehr großer Apfel. Baum stark und gesund wachsend. Erziehung vorwiegend als Halb- und Hochstamm. Krone breit und groß werdend. Eine widerstandsfähige Sorte für Grenzlagen.

Wollaton Pippin *siehe* Königlicher Kurzstiel
Wolseley *siehe* Lord Wolseley

Wöbers Rambur

Woltmanns Renette

Sehr guter Tafel- und Wirtschaftsapfel. Genussreife ab Anfang November. Haltbarkeit bis in den März. Mittelgroßer bis großer, abgestumpft rundlicher, gleichmäßig gebauter Apfel. Fruchtschale glatt, gelblichgrün, später grünlichgelb bis hellgelb. Sonnenseite leicht gerötet und gestreift. Schalenpunkte zahlreich, fein, braun. Manchmal Anflüge von Rost. Die Frucht welkt auf dem Lager nur wenig. Geruch deutlich. Fruchtfleisch weiß, fein, saftig, renettenartig gewürzt. Vorherrschende, angenehme Säure bei ausreichendem Zuckergehalt.

Woltmanns Renette *siehe* Krügers Dickstiel

Woltmanns Schlotterapfel

Sehr guter Wirtschaftsapfel. Verarbeitung ab November. Haltbarkeit bis Februar. Großer bis sehr großer, abgestumpft kegel- bis walzenförmiger, nicht ganz gleichmäßig gebauter Apfel. Rippen flach und breit über die Frucht laufend. Querschnitt nicht ganz rund. Fruchtschale glatt, fettig, hellgrün, später gelb. Sonnenseite leicht gerötet. Zur Reifezeit ist die ganze Frucht gestreift. Die Schalenpunkte sind fein, graubraun. Geruch stark. Fruchtfleisch hellgelb, unter der Schale leicht gerötet. Halbfein, etwas locker, saftig, nicht gewürzt. Ausgewogenes Zucker-Säure-Verhältnis.

Wondernot

Frucht: Sehr gute Frühsorte, sowohl für den Frischverzehr als auch zur Verarbeitung geeignet. Frucht mittelgroß, gleichmäßig flachrund. Fruchtschale glatt. Schalenfarbe hellgelb, leichte rote Streifen, auf der Sonnenseite flächig rot. Schalenpunkte zahlreich, hell. Fruchtfleisch weiß, fest, saftig. Für eine Frühsorte ungewöhnlich wohlschmeckend. Baum- und Genussreife Mitte August. Haltbarkeit 3 Wochen.
Baum: Der Baum bildet eine mittelgroße, runde gut verzweigte Krone aus. Wuchs anfang stark, später mittelstark. Etwas anfällig für Mehltau, wenig anfällig für Schorf. Nur geringe

Wondernot

Alternanz. Sommerschnitt, Fruchtausdünnung und mehrmaliges Durchpflücken steigern die Qualität.

Woods Grünling

Doppelname: Wood's Greening

Guter Tafel-, sehr guter Wirtschaftsapfel. Genussreife ab Januar. Haltbarkeit bis in den Mai. Mittelgroßer, stark abgestumpft-kegelförmiger, meist gleichmäßig gebauter Apfel. Fruchtschale glatt, etwas fettig, grün, später grünlichgelb. Sonnenseite manchmal leicht gerötet. Schalenpunkte fein, bräunlich. Geruch schwach. Fruchtfleisch grünlichweiß bis grünlichgelb, fein, saftig, nicht gewürzt. Ausgewogenes Zucker-Säure-Verhältnis.

Woodstock Pippin *siehe* Goldrenette von Blenheim
Woolaton Pippin *siehe* Königlicher Kurzstiel

Worcester Parmäne

Worcester Parmäne (Abbildung Seite 507)

Doppelname: Worcester Pearmain

Sehr guter Tafel- und Wirtschaftsapfel. Genussreife ab Oktober. Mittelgroßer bis großer, abgestumpft rundlich-kegelförmiger, ungleichmäßig gebauter Apfel. Fruchtschale glatt, hellgrün, später grünlichgelb bis gelb. Zur Reifezeit intensiv gerötet und undeutlich gestreift, Schalenpunkte zahlreich, fein, braun. Geruch schwach. Das Fruchtfleisch ist gelblichweiß bis weiß, fein, saftig, etwas gewürzt. Milde Säure bei vorherrschendem Zuckergehalt.

Wormsley Pippin *siehe* Renette von Wormsley
Woronzoff *siehe* Kaiser Alexander
Wunderapfel *siehe* Kaiser Alexander
Württemberg *siehe* Weißer Winterkalvill
Würzapfel *siehe* Muskatrenette
Wyken Pippin *siehe* Pepping von Wyken

Y

Yellow Belle Flower *siehe* Gelber Bellefleur
Yellow Bellefleur *siehe* Gelber Bellefleur
Yellow Ingestrie *siehe* Gelber Pepping von Ingestrie
Yellow Newton Pippin *siehe* Neustadts Gelber Pepping
Yellowspur *siehe* Golden Delicious
Yellow Transparent *siehe* Apfel von Croncels
Weißer Klarapfel
Yopps Favorite *siehe* Neustadts Gelber Pepping
York Pippin *siehe* Weiße Spanische Renette
Yorkshire Greening *siehe* Grünling von Yorkshire

Zabergäurenette

Z

Zabergäurenette (Abbildung Seite 508)

Die Sorte entstand 1885 als Zufallssämling in Hausen an der Zaber/Württemberg. Sie kam 1926 in den Handel.

Doppelname: Graue Renette vom Zabergäu

Frucht: Ausgezeichneter Tafel- und Wirtschaftsapfel. Baumreife ab Oktober. Genussreife ab November. Haltbarkeit bis März. Großer, flachrunder Apfel. Fruchtschale rau, gelbgrün bis rötlichgelb. Zur Reifezeit etwas gerötet und gestreift. Zimtfarbener Rost überzieht meist die Frucht. Fruchtfleisch gelblichweiß, feinfruchtig, ausgezeichnetes säuerlichsüßes Aroma.
Baum: Mittelstarker bis starker Wuchs. Krone flachkugelig. Fruchtäste überhängend. Für alle Erziehungsformen geeignet. Anbau auf guten, tiefgründigen Apfelböden. Bei warmer Lage bis 400 m Höhe geeignet. Für raue Lagen ungeeignet. Blüte mittelfrüh, ausreichend frosthart. Schlechter Pollenspender. Ertrag früh einsetzend, hoch, im Anfang regelmäßig, später alternierend. Der Baum verlangt nur geringe Pflegemaßnahmen. Er ist etwas anfällig für Schorf und Krebs. Die Früchte sind etwas stippeanfällig.

Zallinger Apfel *siehe* Der Köstlichste
Zartschalige Renette *siehe* Kleine Zartschalige Renette
Zélande *siehe* Weißer Astrachan

Zehendheber

Sehr guter Wirtschaftsapfel. Für die Tafel wenig brauchbar. Verarbeitung ab Anfang Dezember. Haltbarkeit bis April. Mittelgroßer, abgestumpft rundlicher, gleichmäßig gebauter Apfel. Fruchtschale glatt, hellgrün, später hellgelb. Sonnenseite unterschiedlich stark gerötet und etwas gestreift. Schalenpunkte bräunlich, auf der Sonnenseite gelblich. Geruch ist schwach. Fruchtfleisch gelblichweiß bis weiß, ziemlich fein, wenig gewürzt. Vorherrschende kräftige Säure bei manchmal hohem Zuckergehalt.

Zigeunerin

Ziemerling *siehe* Halberstädter Jungfernapfel
Zigeunerapfel *siehe* Roter Eiserapfel

Zigeunerin (Abbildung Seite 509)

Die Sorte entstand um 1930 in Holland.
Doppelnamen: Rote Zigeunerin; Zigeunerapfel

Mittelgroßer, hochgebauter bis rundlicher Apfel, kräftig gerippt. Fruchtschale gelblichgrün, später unterschiedlich stark gerötet und gestreift. Schale fettig, einzelne Rostpunkte. Fruchtfleisch grob, grünlichgelb, säuerlich. Reifezeit mittelfrüh.

Zimmetapfel *siehe* Muskatrenette
Zimtapfel *siehe* Sommerzimtapfel

Zimtartiger Kronenapfel

Doppelname: Zimtartiger Winterkronapfel

Sehr guter Tafel- und Wirtschaftsapfel. Genussreife ab Anfang Dezember. Haltbarkeit bis in den März. Großer, abgestumpft rundlicher, nicht ganz gleichmäßig gebauter Apfel. Rippen flach über die halbe Frucht laufend. Querschnitt nicht ganz rund. Fruchtschale glatt, hellgrün, später gelb. Zur Reifezeit ist die ganze Frucht gerötet und gestreift. Schalenpunkte fein, bräunlich. Die Frucht welkt auf dem Lager nur wenig. Geruch stark. Fruchtfleisch hellgelb, fein, zart, saftig, angenehm zimtartig gewürzt. Wenig vorherrschende Säure bei hohem Zuckergehalt.

Zimtrenette

Ausgezeichneter Tafel-, guter Wirtschaftsapfel. Genussreife ab Dezember. Haltbarkeit bis in den April. Kleiner, abgestumpft rundlicher, gleichmäßig gebauter Apfel. Fruchtschale rau, grün, später lebhaft grüngelb. Zimtbrauner, feinmaschiger bis feinschuppiger Rost bedeckt häufig die ganze Frucht. Der Apfel neigt auf dem Lager zum Welken. Kein Geruch. Fruchtfleisch grünlichgelb, fein, etwas schwammig, saftig. Edel und kräftig zimtartig gewürzt. Etwas vorherrschende angenehme Säure bei hohem Zuckergehalt.

Zimtrenette *siehe* Tiroler Spitzlederer
Zinszahler *siehe* Weigelts Zinszahler
Zipollenapfel *siehe* Zwiebelborsdorfer
Zitronenapfel *siehe* Gelber Edelapfel
Herbstzitronenapfel
Holsteiner Zitronenapfel
Ostpreußischer Zitronenapfel
Süßer Zitronenapfel
Winterzitronenapfel

Zitzenrenette

Doppelname: Reinette de la Chine

Sehr guter Tafel- und auch Wirtschaftsapfel. Genussreife ab Dezember. Haltbarkeit bis Anfang April. Kleiner, flachrunder, gleichmäßig gebauter Apfel. Die Fruchtschale ist rau durch graubrau-

Zipfhausen von Pirach (Keine Sortenbeschreibung)

nen Rost, der einen großen Teil der Frucht bedeckt. Schalenfarbe hellgrün, später grünlichgelb bis gelb. Sonnenseite etwas gerötet und gestreift. Schalenpunkte zahlreich, dick, eckig, graubraun. Die Frucht neigt auf dem Lager zum Welken. Geruch fehlt. Fruchtfleisch grünlichgelb, fein, etwas schwammig, saftig. Angenehm renettenartig gewürzt. Vorherrschende kräftige Säure bei hohem Zuckergehalt.

Zocklerapfel *siehe* Schwaikheimer Rambur
Zolotoe Graima *siehe* Grimes Golden
Zuccalmaglio *siehe* Von Zuccalmaglios Renette
Zuckerapfel *siehe* Polnischer Zuckerapfel
Zürich *siehe* Weißer Winterkalvill

Züricher Transparentapfel

Züricher Transparentapfel (Abbildung Seite 511)

Doppelname: Weißer Eisapfel

Guter Tafel- und Wirtschaftsapfel. Reifezeit Ende September. Haltbarkeit nur bis Anfang Novem- ber. Abgestumpft rundlicher Apfel. Fruchtschale glatt, etwas fettig, grünlichweiß, später wachsartig weiß. Zur Reifezeit leicht gestreift. Geruch schwach. Fruchtfleisch weiß, saftig, mürbe. Wenig gewürzt, milde Säure bei geringem Zuckergehalt.

Zweijährling *siehe* Champagnerrenette
Zwiebelapfel *siehe* Champagnerrenette
Danziger Kantapfel
Doppelter Zwiebelapfel
Purpurroter Cousinot
Purpurroter Zwiebelapfel
Roter Stettiner
Zwiebelborsdorfer

Zwiebelborsdorfer

Zwiebelborsdorfer

Ein sehr alter Apfel, der schon vor 1700 bekannt war.

Doppelnamen: Kantjesapfel; Oignon de Borsdorf; Reinette Platte; Scheibenapfel; Schierapfel; Zipollenapfel; Zwiebelapfel

Guter Tafel-, auch sehr guter Wirtschaftsapfel. Genussreife ab Ende November. Haltbarkeit bis in den April. Mittelgroßer, flachrunder, meist gleichmäßig gebauter Apfel. Fruchtschale glatt, grünlichgelb, später hellgelb. Sonnenseite unterschiedlich stark gerötet und leicht gestreift. Schalenpunkte zahlreich, fein bis mitteldick, braun. Manchmal leichte Anflüge von Rost, auch Warzen. Die Frucht welkt auf dem Lager nur wenig. Geruch schwach. Fruchtfleisch gelblich-weiß, fein, wenig saftig, nicht stark gewürzt. Vorherrschende Säure bei unterschiedlich starkem Zuckergehalt.

Birnensorten

A

Abate Fétel *siehe* Abbé Fétel

Abbé Fétel

Die Sorte entstand 1869 als Zufallssämling in Frankreich und wurde von Abt Fétel gefunden.

Doppelname: Abate Fétel

Sehr gute Tafelbirne. Große, flaschenförmige Frucht, häufig gekrümmt. Die Fruchtschale ist leicht rau, gelbgrün bis gelb, mit feinschuppigem, netzartigem bis flächigem Rost bedeckt. Schalenpunkte sind zahlreich, groß. Fruchtfleisch gelblichweiß, fest, grob, schmelzend, saftig. Wenig Säure, mildes Aroma. Baumreife ab Ende September. Genussreife ab Mitte November. Haltbarkeit bis Mitte Januar. Der Baum wächst schwach bis mittelstark. Die Sorte bildet kräftige, gut verzweigte Triebe. Blüte mittelfrüh, guter Pollenspender. Der Ertrag tritt früh ein, ist reich und regelmäßig. Früchte wenig empfindlich. Etwas schorf- und chloroseanfällig.

Abbé Pérez *siehe* Virgouleuse
Abrés *siehe* Schöne von Abres
Äckerlesbirne *siehe* Römische Schmalzbirne

Adelsbirne

Adelsbirne (Abbildung Seite 513)

Doppelname: Gelbe Sommer-Herrenbirne

Gute Tafel- und Wirtschaftsbirne. Reifezeit ist August. Große lang-birnförmige Frucht. Die Schalenfarbe ist hellgelb, an der Sonnenseite gerötet. Der Baum wächst kräftig und bildet eine pyramidale Krone. Früh- und reichtragend. Blüte spät.

Admirable des Chartreux *siehe* Großer Katzenkopf

Admiral Cécile

Admiral Cécile

Ausgezeichnete Tafelfrucht. Genussreife ist ab Anfang November. Haltbarkeit bis Dezember. Kleine bis mittelgroße, bergamottförmige Birne, etwas unregelmäßig und beulig. Fruchtschale dunkelgrün, später grünlichgelb. Sonnenseite gerötet. Feiner, braunroter Rost überzieht häufig die ganze Frucht. Schalenpunkte fein. Fruchtfleisch gelblichweiß, schmelzend, saftig, von erfrischendem, würzigem Geschmack. Baum stark wachsend, sehr fruchtbar.

Adréine *siehe* Pastorenbirne
Aeckerles Birne *siehe* Römische Schmalzbirne
Albeckerin *siehe* Ulmer Butterbirne
Albert *siehe* Amanlis Butterbirne
Albertine *siehe* Doppelte Philippsbirne
Albret *siehe* Dalbrets Butterbirne
Alencon *siehe* Feigenbirne von Alencon

Alencons Dechantsbirne

Doppelnamen: Booshoc Klandiboret; Champ de la Porte; Dechantsbirne von Alencon; Doyenne d'Alencon; Doyenne d'Hiver d'Alencon; Dojenné d'Hiver Nouveau; Doyenne Gris d'Hiver Nouveau; Doyenne Marbré; Marmorierte Dechantsbirne; Marmorierte Schmalzbirne; Poire d'Alencon; Saint Michel d'Hiver

Ausgezeichnete Tafelbirne. Winterbirne. Haltbarkeit bis zum Frühjahr. Mittelgroße bis große, bauchig-kegelförmige Birne. Fruchtschale dick, rau, grünlich, später strohgelb. Sonnenseite etwas gerötet. Die ganze Frucht ist grau punktiert und bräunlich marmoriert. Fruchtfleisch weiß, fein, schmelzend, sehr saftig. Weinsäuerlicher, würziger Geschmack.

Alexanderbirne *siehe* Bosc's Flaschenbirne

Alexander Lucas

Alexander Lucas

Die Birne wurde um 1870 in einem Wald an der Loire gefunden.
Doppelname: Beurré Alexandre Lucas.

Sehr gute, großfrüchtige Winterbirne für Tafel und Konservierung. Baumreife ab Ende September. Genussreife ab November. Haltbarkeit bis Dezember. Mittelgroße bis sehr große, stumpf-kegelförmige, klobige Birne. Fruchtschale glatt, glänzend, grünlichgelb, später leuchtend gelb, an der Sonnenseite gerötet. Auch bei lagerreifen Früchten einzelne grüne Flecken. Schalenpunkte zahlreich, deutlich. Fruchtfleisch weiß, sehr saftig, halbschmelzend, schwaches Aroma, süß. Wuchs des Baumes zuerst mittelstark, später schwach. Krone hochpyramidal. Für alle Erziehungsformen geeignet. Anbau nur auf nährstoffreichen, guten Böden im Weinbauklima. In raueren Gegenden nur als Wandspalier. Blüte frostempfindlich. Schlechter Pollenspender. Ertrag mittelfrüh einsetzend, hoch und regelmäßig. Die Sorte neigt zum vorzeitigen Fruchtfall. Sie benötigt eine sorgfältige Schnittpflege. Ziemlich widerstandsfähig gegen Schädlinge.

Alexandre Hélie *siehe* Schöne Julie

Alexandrine Douillard

Die in Frankreich entstandene Sorte ist seit 1849 bekannt.
Doppelname: Douillard; Dullart

Sehr gute Tafel-, gute Wirtschaftsbirne. Reifezeit Ende Oktober. Haltbar bis Ende November.

Alexandrine Douillard

Mittelgroße bis große, birnförmige Frucht, etwas gerippt oder beulig. Fruchtschale glatt, hellgrün, später grünlichgelb bis hell zitronengelb. Manchmal leicht gerötet. Schalenpunkte fein, bräunlich. Häufig Anflüge von gelblichem Rost, vor allem in der Nähe von Kelch und Stiel. Fruchtfleisch weiß, halbfein, halbschmelzend. Würziger Zuckergeschmack. Die Frucht welkt auf dem Lager nur wenig. Der Baum wächst mittelstark, später und bei hohen Erträgen schwach. Krone aufrecht, etwas dünnzweigig. Erziehungsschnitt nur in den ersten Jahren notwendig. Für alle Erziehungsformen geeignet. Anbau auf guten, tiefgründigen Böden. Bei guten Wuchsbedingungen bis 500 m Höhe anbaufähig. Blüte mittelfrüh, unempfindlich. Der Ertrag setzt früh bis mittelfrüh ein, ist oft sehr reich und ziemlich regelmäßig. Frucht windfest. Die Sorte ist widerstandsfähig gegen Schädlinge. Etwas anfällig für Schorf.

Alliance *siehe* Holzfarbige Butterbirne
Alpecker Steigbirne *siehe* Ulmer Butterbirne
Amalia von Brabant *siehe* Hardenponts Winterbutterbirne

Amandé's Butterbirne

Doppelname: Beurre Amandé

Sehr gute Tafelbirne und gute Wirtschaftsfrucht. Genussreife ab Mitte Oktober. Haltbarkeit bis Anfang November. Mittelgroße bis große, eine in der Form sehr veränderliche Birne. Frucht rundlich, stark beulig. Fruchtschale fein, glänzend, grüngelb bis gelb. Die Sonnenseite ist häufig intensiv gerötet. Schalenpunkte zahlreich, gelbgrün. Fruchtfleisch weiß, sehr fein und saftreich, schmelzend. Schwaches mandelartiges Aroma, angenehm süß. Der Baum wächst mittelstark, etwas sparrig und dornig. Vor allem für niedere Erziehungsformen geeignet.

Amanlis Butterbirne

Die Sorte stammt aus Belgien oder Frankreich.
Doppelnamen: Albert; Beurre d'Amanlis; Delbert; Duchesse de Brabant; Große Englische Noisette-Butterbirne; Großes Grauchen; Hängebirne; Hubard; Kessoise; Plomgastelle; Poire d'Albert; Poire de Bart; Poire de Thiessé; Thiessoise; Wilhelmine

Gestreifte Amanlis Butterbirne

Sehr gute Tafel-, gute Wirtschaftsfrucht. Baumreife ab Anfang September. Genussreife ab Mitte September. Haltbarkeit 8 bis 10 Tage. Große bis sehr große, bauchig-birnförmige Frucht. Fruchtschale glatt, grüngelb, Sonnenseite bräunlich. Zahlreiche feine, braune Rostpunkte, welche die Fruchtschale etwas aufrauen. Fruchtfleisch weiß, am Rand etwas grünlich, fein, saftig, schmelzend. Geschmack angenehm gewürzt, schwach säuerlich. Der Baum wächst stark und bildet große, breitpyramidale Kronen, Äste später hängend. Für alle Erziehungsformen geeignet. Anbau auf guten, nährstoffreichen Böden. Ansprüche an Standort und Klima

Amanlis Butterbirne

gering. Breit anbaufähig bis in 500 m Höhe. Blüte unempfindlich. Schlechter Pollenspender. Ertrag früh einsetzend, hoch bis sehr hoch, regelmäßig.

Amboise *siehe* Graue Herbstbutterbirne
Ambrette *siehe* Diels Rote Bergamotte

Amelie Baltet

Die Sorte stammt aus Frankreich

Große, längliche Frucht. Grundfarbe gelb, an der Sonnenseite intensiv gerötet. Fruchtfleisch weiß, sehr fein, schmelzend, geschmacklich sehr gut. Reifezeit ist im September. Der Baum wächst gedrungen, verzweigt sich und ist sehr fruchtbar.

Amelie Leclerc

Die Sorte entstand 1838 in Frankreich.

Sehr gute Tafelbirne. Reife ab Ende September. Haltbar bis Anfang Oktober. Kleine bis mittelgroße, dickbauchige Frucht von oft unregelmäßiger Gestalt. Fruchtschale blaßgelb, Sonnenseite intensiv gerötet, manchmal gestreift. Schalenpunkte zahlreich. Fruchtfleisch weiß, zart, saftig, schmelzend. Um das Kerngehäuse manchmal etwas steinig. Geschmack leicht säuerlich-süß, sehr aromatisch. Der Baum wächst stark und trägt sehr reich.

Amiens *siehe* Großer Katzenkopf
Amorette *siehe* Liegels Winterbutterbirne

Ananasbirne

Ananasbirne

Doppelname: Komperette; Poire d'Ananas

Ausgezeichnete Tafel-, gute Wirtschaftsfrucht. Genussreife ab Mitte Oktober. Haltbarkeit bis Mitte November. Mittelgroße, stumpf kegelförmige Birne. Fruchtschale glatt, fettig, hellgrün, später hellgelb. Sonnenseite manchmal etwas gerötet. Zahlreiche Rostpunkte. Manchmal ist die halbe Frucht von Rost überzogen. Fruchtfleisch weiß, sehr saftig, schmelzend, angenehm gewürzter Geschmack. Der Baum wächst mittelstark. Für alle Erziehungsformen geeignet. Verlangt etwas geschützten Stand.

Ananasbirne von Courtray

Ananasbirne von Courtray

Die Sorte wurde in Belgien schon vor 1780 angebaut.
Doppelname: Ananas de Courtrai

Große, birnförmige Frucht. Sehr gute Tafelbirne. Genussreife ab Anfang September. Haltbarkeit etwa 2 Wochen. Fruchtschale glatt, gelblich-grün bis gelb. Sonnenseite manchmal trüb gerötet. Die Schalenpunkte sind zahlreich, bräunlich, in der Rötung grünlich. Häufig leichter Rostanflug. Fruchtfleisch schmelzend, saftig, sehr fein, gelblichweiß. Geschmack angenehm gewürzt, süßweinig. Der Baum wächst mittelstark bis stark. Krone aufrecht. Für alle Stammhöhen geeignet, vorwiegend für niedere Erziehungsformen verwendet. Anbau auf allen guten Birnenböden bei ausreichender Ernährung möglich. Blüte mittelfrüh, unempfindlich. Ertrag setzt früh ein, ist mittelhoch und ziemlich regelmäßig. Frucht nicht ganz windfest.

Ananas de Courtrai *siehe* Ananasbirne von Courtray
Ananas d'Hiver *siehe* Regentin

Andenken an den Kongreß

Die Sorte entstand bei Lyon/Frankreich und wurde nach dem Internationalen Pomologenkongreß 1867 in Paris benannt.
Doppelname: Kongreßbirne; Souvenir du Congrés Pomologique

Gute bis sehr gute Tafelbirne und gute Wirtschaftsfrucht. Reifezeit Anfang bis Ende September. Sehr große, beulige, unregelmäßig geformte Birne. Die Fruchtschale ist glatt, glänzend, gelblich-grün. Später leuchtend gelb, Sonnenseite gerötet und gestreift. Vereinzelt Anflüge von Rost. Fruchtfleisch gelblichweiß, halbfein, saftig, halbschmelzend, schwach gewürzt. Baum mittelstark wachsend, Krone pyramidal. Holz nicht sehr frosthart. Nur für Niederstämme empfeh-

Andenken an den Kongreß

lenswert. Anbau nur in windgeschützten Lagen in Weinbauklima. Die Blüte ist etwas frost- und witterungsempfindlich. Schlechter Pollenspender. Ertrag früh einsetzend, mittelhoch, ziemlich regelmäßig. Die Sorte benötigt sorgfältigen Aufbau- und Überwachungsschnitt.

Andenken an Lydia

Die Sorte entstand um 1870 bei Angers/Frankreich als Sämling von 'Hardenponts Winterbutterbirne'.
Doppelname: Souvenir de Lydie

Sehr gute Tafelbirne. Reifezeit Oktober. Frucht ziemlich groß. Schale goldgelb, rostig punktiert und marmoriert. Fruchtfleisch fein, locker, schmelzend. Sehr saftreich, süß und gewürzt. Der Baum wächst stark und trägt reich.

Andenken an Madame Charles (Abbildung Seite 521)

Die Sorte entstand bei Rouen/Frankreich als Sämling von 'Sterkmanns Butterbirne'. Sie ist seit etwa 1879 im Handel.
Doppelname: Souvenir de Madame Charles

Sehr gute Tafel-, gute Wirtschaftsbirne. Frucht abgestumpft kegelförmig. Fruchtschale braun berostet, manchmal bronzefarben gerötet. Fruchtfleisch gelblich, zart, sehr fein, schmelzend. Fein gewürzt, süß. Der Baum wächst kräftig und wird mittelgroß.

André Desportes

Die Sorte entstand 1854 bei Angers/Frankreich als Sämling von 'Williams Christbirne'.

Eine sehr gute, frühe Tafelbirne. Reifezeit Mitte bis Ende Juli. Mittelgroße, abgestumpfte Birne.

Andenken an Madame Charles

André Desportes

Fruchtschale grünlich, später gelb. Sonnenseite leicht gestreift, Schalenpunkte klein, manchmal kleine Anflüge von Rost. Fruchtfleisch gelblichweiß, saftig, schmelzend. Sehr angenehm gewürzt, süßweinig. Baum kräftig wachsend. Krone zuerst aufrecht, später mehr rundlich. Für alle Erziehungsformen geeignet. Anbau auf Obstwiesen möglich. Ansprüche an Boden und Klima bei ausreichender Ernährung gering. Blüte mittelfrüh, nur wenig empfindlich gegen Nässe und Frost. Ertrag früh einsetzend und mittelhoch.

Andréine *siehe* Pastorenbirne
Andrianne *siehe* Pastorenbirne
Angevine *siehe* Schöne Angevine
Angers *siehe* Leckerbissen von Angers

Anglaise *siehe* Winter-Dechantsbirne
Angleterre *siehe* Rotgraue Dechantsbirne
Angoisse Blanche *siehe* Großer Katzenkopf
Angoulême *siehe* Herzogin von Angoulême

Anjou

Die Sorte entstand 1819 in Belgien.

Reifezeit von Ende September bis Mitte Oktober. Haltbar bis in den Dezember. Mittelgroße Frucht. Fruchtschale gelblichgrün, Sonnenseite teilweise gerötet. Feinfleischig, saftig, süß, guter Geschmack. Der Baum wächst mittelstark. Krone ausgebreitet. Auf schweren Böden häufig chlorotisch werdend. Ertrag spät einsetzend, mittelhoch. Die Frucht ist etwas schorfanfällig. Anbau nur in milden Lagen.

Anna de Bretagne

Reifezeit ist von November bis Dezember. Eine große, schöne, saftvolle, ganz schmelzende, sehr gute Tafelfrucht. Der Baum wächst kräftig und ist sehr fruchtbar.

Apfelbirne

Doppelname: Rheinische Birne

Sehr gute Tafel- und Wirtschaftsfrucht. Reifezeit Mitte Oktober. Haltbar bis Ende November. Runde Bergamottform. Fruchtschale grün, zur Reifezeit auf dem Lager gelb werdend. Sonnenseite deutlich gerötet. Schalenpunkte zahlreich, dunkel. Fruchtfleisch halbschmelzend, weiß, angenehm süß. Der Baum wächst mittelstark. Krone rund, licht.

Aprement *siehe* Boscs Flaschenbirne
Arbre Süperbe *siehe* Esperens Herrenbirne
Archiduc Charles *siehe* Hardenponts Leckerbissen
Arenberg *siehe* Hardenponts Winterbutterbirne

Arenbergs Colmar

Arenbergs Colmar (Abbildung Seite 522)

Doppelname: Colmar d'Arenberg; Poire d'Arenberg

Sehr gute Tafelbirne, gute Wirtschaftsfrucht. Reifezeit von Ende Oktober bis Ende November. Große bis sehr große, bauchig-kegelförmige, oft sehr beulige ungleichmäßig gebaute Frucht. Fruchtschale hellgrün, später gelb. Manchmal leicht gerötet. Schalenpunkte fein, grün oder braun. Anflüge von Rost häufig. Fruchtfleisch weißlichgelb, halbfein, halbschmelzend, nicht sehr saftig. Geschmack angenehm gewürzt. Der Baum wächst stark. Ertrag hoch. Für alle Anbauformen geeignet.

Argenson *siehe* Regentin
Artheloire *siehe* Saint Germain

Asienbirne, Nashi

Die Asienbirnen stammen von *Pyrus pyrifolia* (= *Pyrus serotina*) ab. Die ursprüngliche Heimat ist China.
Weltweit werden mehr Asienbirnen als europäische Birnen verzehrt. Die Früchte sind apfel- oder birnenförmig. Blatt und Baum ähneln der Birne. Es gibt zahlreiche Sorten, bei den Sortennamen weist die Endung „seiki" auf Glattschaligkeit hin, die Endung „sui" auf eine raue Schale.
Die Früchte sind meist rund bis abgeplattet kugelförmig. Stiel und Blüte sind eingesenkt. Asienbirnen werden zum Verzehr geschält, da die trockene Schale den Geschmack des Fruchtfleisches beeinträchtigt. Auch das Kernhaus wird entfernt, weil es sauer bis bitter schmeckt. Geschmacksneutrale Früchte finden als Salatbirnen Verwendung.
Der Baum wächst zunächst stark, im Vollertrag dagegen schwächer. Durch Schnittmaßnahme muss die Triebbereitschaft bei den meisten Sorten unterstützt werden. Die Erziehung kann dabei vielfältig erfolgen, in den Heimatländern je nach Tradition als Pergola, Hohlkrone oder auch, wie bei der europäischen Birne, mit dominierendem Mitteltrieb.

Sorten

Chojuro: Mittelstarker Wuchs, großes, gesundes Laub, guter Träger. Ernte Mitte September. Früchte rund, grün- bis gelbbraun, mittelgroß mit feiner Berostung. Etwas Aroma.
Hakko: Schwacher Wuchs, geringere Erträge. Ernte Ende August. Kleine bis mittelgroße Früchte, sehr saftig.
Hosui: Mittelstarker Wuchs, steilastig. Ernte Anfang September. Geringe Erträge. Mittelgroße Früchte, vollkommen berostet, braun. Fruchtfleisch fest. Dicke Schale. Sehr saftig, schwaches, angenehmes Aroma.
Kosui: Mittelschwacher Wuchs, Krone wenig stabil, eher ertragsschwach. Ernte Anfang September, kleine Früchte. Fruchtfleisch schmelzend, saftig, fremdartiges Aroma.
Kumoi: Mittelgroße, bisweilen große Frucht. Fruchtschale bei Reife gelbgrün, auffällig punktiert. Fruchtfleisch cremeweiß, sehr saftig, intensiver, fremdartiger Geschmack. Der Baum wächst breit pyramidal, Äste wenig verzweigt, Wuchs anfangs stark, bei Vollertrag schwach. Spätfrostgefährdet. Ertrag anfangs mittelhoch, später hoch und regelmäßig.
Nijisseiki: Mittelstarker Wuchs, Krone wenig stabil, sehr guter Träger. Ernte Mitte September. Früchte klein, saftig, etwas wäßrig.
Shinsui: Schwacher Wuchs. Wenig stabil. Ernte Anfang September, Ertrag schwach. Früchte klein, etwas aromatisch.
Tsu Li: Ziemlich wüchsig, gut garniert. Guter, aber etwas unregelmäßiger Träger. Ernte ab Mitte September. Frucht birnförmig, gelbgrün, große Rostpunkte. Schale zäh.

Assomption *siehe* Maria Himmelfahrtsbirne
Aubert *siehe* Saint Auberts Butterbirne

Augustbirne

Augustbirne

Die Sorte stammt aus Deutschland.

Gute Sommerbirne für den alsbaldigen Verbrauch. Reifezeit August. Haltbarkeit eine Woche. Mittelgroße Frucht. Fruchtschale hellgrün. Fruchtfleisch saftig, süß, vollschmeckend. Wuchs des Baumes sehr stark, frosthart. Erziehung vor allem als Halb- und Hochstamm. Auch als Stammbildner geeignet. Ansprüche an Boden und Klima sehr gering. Auch für weniger gute Lagen brauchbar. Ertrag mittelhoch. Die Sorte braucht nur wenig Pflege. Sie ist widerstandsfähig gegen Krankheiten und Schädlinge.

Auguste Jurie

Sehr gute Tafel- und Wirtschaftsfrucht. Reifezeit Juli bis August. Frucht rund, eiförmig oder von gedrungener Birnengestalt. Fruchtschale dünn, grünlich, später gelb und ansprechend gerötet. Schalenpunkte kräftig. Fruchtfleisch weiß, schmelzend, nicht steinig, sehr saftig.Geschmack säuerlichsüß mit angenehmer Würze. Der Baum wächst mittelstark. Er ist für alle Erziehungsformen geeignet. Ertrag sehr hoch. Ansprüche an Boden und Lage gering.

Auguste van Mons Soldat *siehe* Blumenbachs Butterbirne
Aurate *siehe* Muskatellerbirne

Aurora

Die Sorte stammt aus Rußland. Sie entstand um 1880 und ist eine Auslese von ‘Sapeshanka‘ durch Mitschurin. Nicht identisch mit ‘Aurore‘.
Doppelname: Awrora

Tafel- und Wirtschaftsbirne. Frucht mittelgroß, manchmal groß. Fruchtform länglich birnförmig. Stiel seitlich aufsitzend. Fruchtschale etwas rau. Schalenfarbe goldgelb, zur Reifezeit fast völlig berostet. Fruchtfleisch schmelzend, sehr süß und wohlschmeckend. Reifezeit Mitte August. Haltbarkeit 2 Wochen. Der Baum wächst anfangs stark, später mittelstark. Er bildet eine mittelgroße, wenig verzweigte Krone. Anbau nur in guten Birnenlagen empfehlenswert. Die Sorte ist im Holz sehr frosthart und wird kaum von Krankheiten und Schädlingen befallen. Der Ertrag ist in jedem 2. Jahr hoch.

Aurore *siehe* Capiaumonts Herbstbutterbirne
Austerlitz *siehe* Winter-Dechantsbirne
Autriche *siehe* Hardenponts Leckerbissen
Autumn Beurré *siehe* Weiße Herbstbutterbirne
Autumn Melting *siehe* Esperens Herrenbirne
Avranches *siehe* Gute Luise von Avranches

B

Bacheliers Butterbirne

Bacheliers Butterbirne

Doppelname: Beurre Bachelier

Sehr gute Tafel-, gute Wirtschaftsbirne. Reifezeit ab Anfang November. Haltbarkeit bis Anfang Dezember. Große bis sehr große, beulige, unregelmäßig birnförmige Frucht. Fruchtschale glatt, grün, später hellgelb. Sonnenseite manchmal etwas gerötet. Schalenpunkte zahlreich, fein, bräunlich. Berostungen häufig. Das Fruchtfleisch ist weiß, unter der Schale grünlich. Fein, saftreich, schmelzend, süß. Baum kräftig, sehr fruchtbar. Anbau auf gutem Boden in geschützter Lage.

Baltet *siehe* Amélie Baltet
Eva Baltet

Baltet Père

Sehr gute Tafelbirne. Reifezeit ist ab Ende Oktober. Wuchs schwach. Ertrag hoch. Die Frucht neigt wegen des kurzen Stiels zum vorzeitigen Abfallen.

Bardowieker Sommer-bergamotte

Bardowieker Sommerbergamotte

Sehr gute Tafelbirne. Reifezeit ab Ende August. Haltbarkeit gering. Wuchs mittelstark, hochkronig. Eine Lokalsorte in Mecklenburg, die sich besonders zum Aufpropfen auf ältere Bäume eignet.

Baronin von Mello

Barnets William *siehe* Williams Christbirne
Baron d'Hiver *siehe* Baronsbirne

Baronin von Mello (Abbildung Seite 526)

Doppelnamen: Baronne de Mello; Philipp Goes; Poire His

Eine ausgezeichnete Tafelbirne. Reifezeit ab Ende Oktober. Haltbarkeit bis Ende November. Mittelgroße, oft unregelmäßig geformte, beulige Frucht. Die Fruchtschale ist dick, rau, gelbgrün, später gelb. Zur Reifezeit ist fast die ganze Frucht mit einem rauem, gelbbraunem Rost bedeckt. Die Schalenpunkte sind einzeln, schwarzbraun. Fruchtfleisch gelblichweiß, schmelzend, sehr saftig. Der Geschmack ist angenehm weinsäuerlich und reich gewürzt. Der Baum wächst kräftig. Krone pyramidal. Nur für sehr guten Boden mit ausreichender Wasserführung. In trockenem Boden springen die Früchte häufig auf. Ertrag sehr hoch.

Baronsbirne

Baronsbirne

Doppelnamen: Baron d'Hiver, Winter Baronpear

Eine der besten Kochbirnen. Reifezeit ist ab Dezember. Haltbarkeit bis in den April. Mittelgroße bis große, birnförmige, gerippte Frucht. Fruchtschale mattgrün, später gelbgrün. Sonnenseite rötlich verwaschen. Schalenpunkte zahlreich, auf der Sonnenseite mit rotem Hof. Häufig vereinzelte Rostfiguren auf der ganzen Frucht. Fruchtfleisch gelblichweiß, grobkörnig, roh ungenießbar, gekocht sehr gut. Geschmack vorwiegend süß. Der Baum wächst stark. Erziehung nur als Halb- und Hochstamm. Ertrag mittelspät einsetzend, hoch und regelmäßig. Blüte spät, gegen Nässe empfindlich. Ansprüche an Boden und Klima gering.

Bartlett *siehe* Williams Christbirne
Bartlett de Boston *siehe* Williams Christbirne

Bayerische Weinbirne (Abbildung Seite 528)

Ausgezeichnete Mostbirne. Verwertung September und Oktober. Frucht mittelgroß bis groß.

Bartbirne (Keine Sorten-beschreibung)

Bayerische Weinbirne

Der Baum wächst zuerst stark, dann mittelstark. Erziehung vorwiegend als Hochstamm. Die Sorte ist widerstandsfähig gegen Krankheiten und Schädlinge. Ansprüche an Boden und Klima gering.

Bazin *siehe* Professor Bazin
Beau de la Cour *siehe* Hofratsbirne
Beaufort *siehe* Belle de Beaufort
Beauté de Flandre *siehe* Holzfarbige Butterbirne
Beckenbirne *siehe* Forellenbirne
Belle Adréine *siehe* Pastorenbirne
Belle Alliance *siehe* Holzfarbige Butterbirne
Belle Andrianne *siehe* Pastorenbirne
Belle Angevine *siehe* Schöne Angevine

Belle de Beaufort

Belle de Beaufort

Gute bis sehr gute Tafelbirne. Reifezeit ab Oktober. Haltbarkeit bis November. Große bis sehr große, abgestumpft birnförmige Frucht. Die Fruchtschale ist rau, Grundfarbe gelb. Sonnenseite bronzefarben berostet. Fruchtfleisch gelblichweiß, halbfein, halbschmelzend. Geschmack angenehm gewürzt und gezuckert. Der Baum wächst mittelstark.

Belle de Jarnac *siehe* Neue Fulvia
Belle Alliance *siehe* Sterkmanns Butterbirne
Belle des Abres *siehe* Schöne von Abres
Belle des Bois *siehe* Holzfarbige Butterbirne
Belle des Flandres *siehe* Holzfarbige Butterbirne
Belle d'Esquermes *siehe* Birne von Fontenay

Benkes Butterbirne (Keine Sortenbeschreibung)

Belle d'Ixelles *siehe* Winter-Dechantsbirne
Belle du Berry *siehe* Pastorenbirne
Belle Epine Fondante *siehe* Monchallard
Belle Julie *siehe* Schöne Julie
Belle Lucrative *siehe* Esperens Herrenbirne
Belle Pear *siehe* Großer Katzenkopf
Bererd *siehe* Duchesse Bererd
Bergalos *siehe* Weiße Herbstbutterbirne
Bergamotte Blanc d'Eté *siehe* Runde Mundnetzbirne

Bergamotte Crassane

Die Birne ist seit über 200 Jahren bekannt.
Doppelnamen: Beurré Plat; Cresane Pear; Platte Butterbirne

Gute Tafelbirne. Genussreife ab Oktober. Haltbarkeit bis Dezember. Plattrunde, mittelgroße Frucht. Fruchtschale dick, gelbgrün, später gelb. Schalenpunkte blaßgrün. Fruchtfleisch weiß, zart, schmelzend und sehr saftreich. Geschmack säuerlich-süß, gewürzt. Der Baum wächst schwach. Ertrag gut. Vor allem für niedere Erziehungsformen geeignet.

Bergamotte d'Angleterre *siehe* Rotgraue Dechantsbirne
Bergamotte d'Avranches *siehe* Gute Luise von Avranches
Bergamotte de Flandre *siehe* Holzfarbige Butterbirne
Bergamotte de la Pentecôte *siehe* Winter-Dechantsbirne
Bergamotte de Pâques *siehe* Winter-Dechantsbirne
Bergamotte d'Eté *siehe* Runde Mundnetzbirne
Bergamotte Espéren *siehe* Esperens Bergamotte
Bergamotte Fiévée *siehe* Esperens Herrenbirne
Bergamotte Gansel *siehe* Rotgraue Dechantsbirne
Bergamotte Lucrative *siehe* Esperens Herrenbirne

Bergamotte Nanot

Die Sorte entstand um 1890 als Sproßmutation der 'Winterdechantbirne'.
Sehr gute Tafelbirne. Genussreife ab November. Haltbarkeit bis Februar. Frucht rund. Fruchtschale fein, hellgrün, später grünlichgelb. Schalenpunkte klein, bräunlich. Fruchtfleisch fein, schmelzend, sehr saftig. Geschmack angenehm weinsäuerlich, gewürzt. Baum kräftig wachsend. Widerstandsfähig gegen Krankheiten und Schädlinge. Ertrag gut und regelmäßig.

Bergamotte Nonpareille *siehe* Rote Bergamotte
Bergamotte Panachée *siehe* Schweizerhose
Bergentin *siehe* Regentin

Bergische Dörrbirne

Eine Lokalsorte des Bergischen Landes.

Mittelgroße, sehr gute Wirtschafts- und Dörrbirne. Baum sehr stark wachsend. Krone pyramidal. Der Baum kann außerordentlich groß werden. Ertrag hoch.

Besi de Caen *siehe* Madame Verte
Besi de Montigny *siehe* Wildling von Montigny
Besi des Marais *siehe* Großer Katzenkopf
Besi de Virgoulée *siehe* Virgouleuse
Besi van Orlé *siehe* Triumph von Jodoigne
Beste Birne *siehe* Sommer-Eierbirne
Beurré à Courte Queue *siehe* Weiße Herbstbutterbirne
Beurré Alexandre Lucas *siehe* Alexander Lucas
Beurré Amandé *siehe* Amandés Butterbirne
Beurré Assomption *siehe* Maria Himmelfahrtsbirne
Beurré Aurore *siehe* Capiaumonts Herbstbutterbirne
Beurré Bachelier *siehe* Bacheliers Butterbirne
Beurré Blanc *siehe* Weiße Herbstbutterbirne
Beurré Bosc *siehe* Bosc's Flaschenbirne
Beurré Boussoch *siehe* Doppelte Philippsbirne
Beurré Capiaumont *siehe* Capiaumont
Beurré Chapmann *siehe* Regentin
Beurré Clairgeau *siehe* Clairgeaus Butterbirne
Beurré Comice de Toulon *siehe* Pastorenbirne
Beurré Dalbret *siehe* Dalbrets Butterbirne
Beurré d'Amanlis *siehe* Amanlis Butterbirne
Beurré d'Amboise *siehe* Graue Herbstbutterbirne
Beurré d'Apremont *siehe* Boscs Flaschenbirne
Beurré d'Arenberg *siehe* Hardenponts Winterbutterbirne
Beurré d'Argenson *siehe* Regentin
Beurré d'Austerlitz *siehe* Winter-Dechantsbirne
Beurré d'Avranches *siehe* Gute Luise von Avranches
Beurré Davy *siehe* Holzfarbige Butterbirne
Beurré de Blumenbach *siehe* Blumenbachs Butterbirne
Beurré de Bourgogne *siehe* Holzfarbige Butterbirne
Beurré de Caen *siehe* Madame Verte
Beurré de Chambron *siehe* Hardenponts Winterbutterbirne
Beurré Deftenghem *siehe* Holzfarbige Butterbirne
Beurré de Gelle *siehe* Diels Butterbirne
Beurré de Ghelin *siehe* Butterbirne von Ghelin
Beurré de Lade *siehe* Von Ladés Butterbirne
Beurré d'Elberg *siehe* Holzfarbige Butterbirne
Beurré Delpierre *siehe* Delpierres Butterbirne
Beurré de Merode *siehe* Doppelte Philippsbirne
Beurré de Nivelles *siehe* Butterbirne von Nivelles
Beurré de Noirchain *siehe* Späte Hardenpont
Beurré de Printemps *siehe* Winterdechantsbirne
Beurré de Rance *siehe* Späte Hardenpont
Beurré de Romain *siehe* Römische Schmalzbirne
Beurré de Rome *siehe* Römische Schmalzbirne
Beurré des Trois-Tours *siehe* Diels Butterbirne
Beurré de Yelle *siehe* Diels Butterbirne
Beurré d'Hardenpont d'Hiver *siehe* Hardenponts Winterbutterbirne
Beurré d'Hiver de Bruxelles *siehe* Winter-Dechantsbirne
Beurré d'Hiver de Liegel *siehe* Liegels Winterbutterbirne
Beurré Diel *siehe* Diels Butterbirne

Beurré d'Oré *siehe* Graue Herbstbutterbirne
Beurré d'Osterling *siehe* Winter-Dechantsbirne
Beurré Drapier *siehe* Colomas Herbstbutterbirne
Beurré du Bois *siehe* Holzfarbige Butterbirne
Beurré Dumont *siehe* Dumonts Butterbirne
Beurré du Mont St. Aubert *siehe* Saint Auberts Butterbirne
Beurré Durandeau *siehe* Birne von Tongern
Beurré du Roi *siehe* Diels Butterbirne
Beurré d'Yelle *siehe* Diels Butterbirne
Beurré Easter *siehe* Winter-Dechantsbirne
Beurré Foidard *siehe* Holzfarbige Butterbirne
Beurré Gambier *siehe* Gambiers Butterbirne
Beurré Giffard *siehe* Giffards Butterbirne
Beurré Gris *siehe* Gellerts Butterbirne
Graue Herbstbutterbirne
Gute Graue
Beurré Gris d'Eté *siehe* Gute Graue
Beurré Hardy *siehe* Gellerts Butterbirne
Beurré Incomparable *siehe* Diels Butterbirne
Beurré Lade *siehe* Von Ladés Butterbirne
Beurré Lebrun *siehe* Lebruns Butterbirne
Beurré Lucrativ *siehe* Esperens Herrenbirne
Beurré Madame Blanchet *siehe* Madame Blanchet
Beurré Magnifique *siehe* Diels Butterbirne
Beurré Merode-Westerloo *siehe* Doppelte Philippsbirne
Beurré Millet *siehe* Millets Butterbirne
Beurré Napoleon *siehe* Napoleons Butterbirne
Beurré Navez *siehe* Colmar Navez
Beurré Oran *siehe* Diels Butterbirne
Beurré Parmentier *siehe* Butterbirne von Nivelles
Beurré Passe Colmar Doré *siehe* Regentin
Beurré Picquery *siehe* Colomas Herbstbutterbirne
Beurré Plat *siehe* Bergamotte Crassane
Beurré Rouge d'Automne *siehe* Rotgraue Dechantsbirne
Beurré Royal *siehe* Diels Butterbirne
Beurré Saint-Amour *siehe* Holzfarbige Butterbirne
Beurré Six *siehe* Six'Butterbirne
Beurré Soulé *siehe* Herzogin von Angoulême
Beurré Spence *siehe* Holzfarbige Butterbirne
Beurré Sterkmann *siehe* Sterkmanns Butterbirne
Beurré Superfin *siehe* Hochfeine Butterbirne
Bihorel *siehe* Köstliche von Bihorel
Birneblank *siehe* Weiße Herbstbutterbirne

Birne von Boutoc

Doppelnamen: Poire d'Auge, Poire Desse

Sehr gute Tafelbirne. Reife ab Mitte August. Haltbarkeit etwa 3 Wochen. Mittelgroße, rundlich-birnenförmige Frucht. Schale glatt, graugrün, später blaßgelb. Sonnenseite stärker gelb. Schalenpunkte zahlreich, braun, mit grünem Hof. Fruchtfleisch gelblichweiß, schmelzend, saftig. Geschmack süß, etwas parfümiert, feine Säure. Der Baum wächst kräftig. Er eignet sich vor allem zum Formobst. Der Ertrag setzt früh ein und ist sehr hoch.

Birne von Fontenay

Doppelnamen: Belle d'Esquermes; Französische Eifersüchtige; Jalousie de Fontenay; Poire de Fontenay Vendée

Sehr gute Tafel- und gute Wirtschaftsfrucht. Reifezeit ab Ende September. Haltbarkeit etwa 3 Wochen. Große, bauchig-birnförmige Frucht. Fruchtschale grünlich, später gelb. Zur Reifezeit trüb gerötet und weitgehend berostet. Schalenpunkte hell. Fruchtfleisch gelblichweiß, sehr fein, saftig, schmelzend. Geschmack angenehm gewürzt, weinig, süß. Der Baum wächst kräftig. Für alle Erziehungsformen geeignet. Ertrag sehr hoch. Schnitt mittelstark.

Birne von Geiersberg (Oberbayerische Lokalsorte, keine Sortenbeschreibung)

Birne von Siegenburg (Lokalsorte aus der Oberpfalz, keine Sortenbeschreibung)

Birne von Tongern

Birne von Tongern

Die Sorte wurde 1823 aus Frankreich eingeführt.
Doppelnamen: Beurré Durandeau; Poire de Tongres

Eine sehr gute Tafelbirne. Die Genussreife ist ab Ende Oktober. Haltbarkeit bis Mitte November. Große, länglich-kegelförmige, etwas beulige Frucht. Häufig einseitig gebogen. Fruchtschale gelb-grün, später goldgelb. Sonnenseite orangefarben verwaschen. Zur Reifezeit ist oft die ganze Frucht mit zimtfarbigem Rost überzogen. Schalenpunkte gelbbraun bis weißgrau. Frucht-fleisch gelblichweiß, fein, saftreich, schmelzend bis halbschmelzend. Geschmack angenehm süß, harmonisches Zucker-Säure-Verhältnis. Der Baum wächst mittelstark und nicht immer gerade. Ausladende Äste, später hängend. Regelmäßiger Überwachungsschnitt daher notwendig. Für alle Stammlängen geeignet, bevorzugt aber für niedere Erziehungsformen verwendet. Anbau nur auf gutem, nahrhaften Boden. Ertrag früh einsetzend, reich und regelmäßig.

Birne von Torpes

Gute bis sehr gute Tafelfrucht, gute Wirtschaftsfrucht. Reifezeit ab Oktober. Haltbarkeit bis Dezember. Mittelgroße bis große, abgestumpft birnförmige, ziemlich dickbauchige Birne.Die Fruchtschale ist rau, ziemlich dick, gelblichgrün, später gelb. Stark rostig punktiert und rostfleckig. Zur Reifezeit sind bis zu zwei Drittel der Frucht berostet. Fruchtfleisch gelblich, um das Kernhaus gerötet. Halbfein, schmelzend, saftig. Geschmack weinsäuerlich, etwas herb, wenig gewürzt. Der Baum wächst kräftig, ist sehr fruchtbar und weitgehend frosthart.

Bischof Milde *siehe* Liegels Winterbutterbirne
Blanche *siehe* Weiße Herbstbutterbirne
Blanchebirne *siehe* Weiße Herbstbutterbirne
Blanchet *siehe* Claude Blanchet
Madame Blanchet
Blankbirne *siehe* Weiße Herbstbutterbirne
Blanquette *siehe* Große Blanquette

Blumenbachs Butterbirne

Blumenbachs Butterbirne

Doppelnamen: Auguste van Mons Soldat; Beurré de Blumenbach; Duchesse de Brabant; Herzogin von Brabant; Poire de Soldat; Soldat Laboureur

Mittelgroße bis große, unterschiedlich geformte, oft dickbauchige und beulige Frucht. Fruchtschale fein aufgeraut. Schalenfarbe gelblichgrün, später gelblichweiß. Schalenpunkte zahlreich, braun, um Kelch und Stiel häufig in Berostung übergehend. Fruchtfleisch gelblichweiß, fein, schmelzend. Geschmack zimtartig gewürzt, weinig und süß. Reifezeit Anfang bis Ende November. Der Baum wächst kräftig. Der Ertrag setzt früh ein und ist hoch. Für alle Erziehungsformen geeignet. Die Sorte ist unempfindlich gegen Krankheiten und Schädlinge. Die Ansprüche an Boden und Klima sind gering.

Blutbirne

Blutbirne (Abbildung Seite 535)

Gute Tafel- und Wirtschaftsbirne. Reifezeit September bis Oktober. Mittelgroße, birnförmige Frucht. Schalenfarbe dunkelgrün. Sonnenseite trüb rot verwaschen und gestreift. Schalenpunkte gelb. Fruchtfleisch rosenrot, weiß geädert. Geschmack angenehm und süß. Der Baum wächst kräftig und trägt reich. Blüte früh bis mittelfrüh.

Bois *siehe* Holzfarbige Butterbirne
Bonaparte *siehe* Napoleons Butterbirne
Bon Chretien d'Amiens *siehe* Großer Katzenkopf
Bon Chretien d'Eté *siehe* Sommer-Apothekerbirne
Bon Chretien Napoleon *siehe* Napoleons Butterbirne
Bon Chretien Williams *siehe* Williams Christbirne
Bonne d'Avranches *siehe* Gute Luise von Avranches
Bonne de Longueval *siehe* Gute Luise von Avranches
Bonne de Malines *siehe* Winternelis
Bonne Ente *siehe* Weiße Herbstbutterbirne
Bonnefond *siehe* Madame Bonnefond
Bonne Louise d'Avranches *siehe* Gute Luise von Avranches
Bonne Rouge *siehe* Rotgraue Dechantsbirne

Bonneserre de Saint Denis

Die Sorte wurde bei Angers/Frankreich gezüchtet und kam 1865 in den Handel.

Sehr gute Tafelbirne. Die Reifezeit ist ab Dezember. Haltbarkeit bis Ende Februar. Mittelgroße, kugelige, auch etwas beulige, meist jedoch regelmäßig gebaute Frucht. Fruchtschale grüngelb. Zur Reifezeit rostig punktiert und marmoriert. Fruchtfleisch weiß, fein, saftig, schmelzend, um das Kernhaus etwas körnig. Der Geschmack ist angenehm parfümiert, harmonisches Zucker-Säure-Verhältnis. Der Baum wächst zuerst langsam, dann aber kräftig. Die Krone verzweigt sich sehr gut. Der Ertrag ist hoch.

Bon Papa *siehe* Pastorenbirne
Booshoc Klandiboret *siehe* Alengons Dechantsbirne
Bordeaux *siehe* Monchallard
Bosc Pear *siehe* Holzfarbige Butterbirne

Bosc's Flaschenbirne

Die Sorte entstand als Zufallssämling und wurde 1793 im Wald von Apremont/Frankreich gefunden. Die Sorte kam 1810 nach Deutschland.
Doppelnamen: Beurre Bosc; Beurre d'Apremont; Calebasse Bosc; Kaiser Alexanderbirne; Kaiserbirne; Kaiserkrone; Poire Bosc
Die Sorte darf nicht verwechselt werden mit: Bré d'Apremont; Frühe Bosc's Flaschenbirne; Prinzessin Marianne.

Eine ausgezeichnete Tafel-, gute Wirtschaftsfrucht. Reifezeit ab Ende Oktober. Haltbarkeit bis Mitte November. Große, flaschenkürbisförmige, oft auch dickbauchige Frucht. Fruchtschale hellgrün. Zur Reifezeit fast gänzlich zimtfarbig berostet, dazwischen hellbraun punktiert. Fruchtfleisch gelblichweiß, schmelzend, saftig. Geschmack sehr süß, fein gewürzt. Der Baum wächst mittelstark. Krone pyramidal. Leitäste aufrecht wachsend, später hängend. Für alle

Erziehungsformen geeignet. Wächst auf allen guten Böden in warmen, geschützten Lagen. Breit anbaufähig. Blüte wenig empfindlich. Guter Pollenspender. Der Ertrag ist mittelhoch bis hoch und regelmäßig. Die Sorte braucht eine regelmäßige Schnittpflege. Sie ist wenig schorfanfällig.

Bouche Novelle *siehe* Holzfarbige Butterbirne
Boutoc *siehe* Birne von Boutoc
Brabant *siehe* Amanlis Butterbirne
Hardenponts Winterbutterbirne
Brassicana *siehe* Großer Katzenkopf
Bratbirne *siehe* Champagner-Bratbirne
Bratelbirne *siehe* Pastorenbirne
Braunau *siehe* Neue Poiteau
Braune Mouille Bouche *siehe* Graue Herbstbutterbirne
Braune Sommerbutterbirne *siehe* Gute Graue
Braunrote Sommer-Russelet *siehe* Salzburger Birne
Brederode *siehe* Holzfarbige Butterbirne

Brester Saftbirne

Die Sorte war schon vor 1800 bekannt.
Doppelnamen: Fondante de Brest; Schiunzenbirne; The Unknown of Cheneau

Gute Tafelbirne. Große, länglich-birnförmige Frucht. Fruchtschale grüngelb, später bräunlich bis hellrot. Häufig etwas gestreift oder punktiert gerötet. Fruchtfleisch weißgelb, schmelzend. Geschmack süßsäuerlich, zimtartig gewürzt. Reifezeit Ende August. Die Haltbarkeit beträgt etwa 2 Wochen. Der Baum wächst stark, die Krone ist kräftig belaubt.

Bretagne *siehe* Anna de Bretagne

Britische Königin

Bristol Cross

Die Sorte entstand 1920 in England aus 'Williams Christbirne' x 'Conference'.

Frucht: Eine sehr gute Tafelbirne. Fruchtform unterschiedlich, meist birnförmig. Fruchtschale glatt, nur manchmal etwas berostet. Schalenfarbe grüngelb, Sonnenseite verwaschen gerötet. Fruchtfleisch fast weiß, schmelzend, süßaromatisch. Baum- und Genussreife ab Anfang September. Haltbarkeit bis Mitte Oktober.
Baum: Der Baum wächst anfangs mittelstark, später schwach. Er bildet eine gut verzweigte, breitpyramidale Krone aus. Mit Quitte unverträglich. Regelmäßige Verjüngungsschnitte empfehlenswert. In geschützten Lagen bis in mittlere Höhenlagen anbaufähig. Wenig anfällig für Schorf, stark anfällig für Feuerbrand. Der Ertrag setzt früh ein, er ist hoch und regelmäßig.

Britische Königin (Abbildung Seite 537)

Sehr gute Tafel-, gute Wirtschaftsbirne. Die Reifezeit ist im Oktober. Große, länglich-eiförmige Frucht. Die Fruchtschale ist zur Reifezeit völlig berostet. Delikater Geschmack. Der Baum wächst mittelstark. Er ist dünnholzig und trägt sehr reich. Blüte spät.

Bronzierte von Enghien

Sehr gute Tafel-, gute Wirtschaftsbirne. Reifezeit ab Ende November. Haltbarkeit bis Februar. Große, birnförmige Frucht. Fruchtschale dick, etwas beulig, blassgrün, später gelb. Zur Reifezeit ist die ganze Frucht mit bronzefarbenem Rost bedeckt, dazwischen etwas rötlich gestreift. Fruchtfleisch weiß, fest, saftig, halbschmelzend. Geschmack angenehm süßweinig. Der Baum wächst mittelstark und ist sehr fruchtbar.

Brotbirne *siehe* Champagner-Bratbirne

Brüsseler Frühbirne (Keine Sortenbeschreibung)

Bruxelles *siehe* Winter-Dechantsbirne
Bujaleuf *siehe* Virgouleuse

Bunte Julibirne

Bunte Julibirne

Die Sorte wurde bei Rouen/Frankreich gezüchtet und kam 1867 in den Handel.
Doppelnamen: Colorée de Juillet; Gefärbte Julibirne; Julischönheit; Schönste Julibirne

Sehr gute Tafelbirne. Reifezeit Juli. Haltbarkeit bis Anfang August. Mittelgroße, längliche bis runde Frucht. Fruchtschale grünlichgelb, später lebhaft gelb. Zahlreiche Schalenpunkte, die sich zu Rostfiguren erweitern können. Sonnenseite geflammt gerötet. Strahlenförmiger, hellbrauner Rost um den Stiel. Fruchtfleisch weiß, etwas grob, saftig. Geschmack angenehm, ohne ausgeprägtes Aroma. Baum schwach bis mittelstark wachsend. Krone hochpyramidal. Erziehung vorwiegend als Halb- und Hochstamm. Bei gutem Boden und warmer Lage breit anbaufähig, auch in mittleren Höhenlagen. Blüte wenig witterungsempfindlich. Guter Pollenspender. Ertrag mittelfrüh einsetzend, regelmäßig und mittelhoch. Die Sorte benötigt einen ständigen Überwachungsschnitt. Sie ist wenig anfällig für Schorf.

Burgaubirne (Keine Sortenbeschreibung)

Burgeff *siehe* Frau Grete Burgeff
Bürgermeisterbirne *siehe* Köstliche von Charneu
Bussoch *siehe* Doppelte Philippsbirne

Butterbirne von Ghelin

Doppelname: Beurre de Ghelin

Ausgezeichnete Tafelbirne. Die Reifezeit ist ab Mitte Oktober. Haltbarkeit bis Mitte November. Große bis sehr große, oft unregelmäßig gebaute, rundlich-beulige Frucht. Fruchtschale grünlichgelb, später hellgelb. Zur Reifezeit intensiv gerötet. Häufig stellenweises Auftreten von zimtfarbigem Rost. Fruchtfleisch gelblichweiß, fein, schmelzend, sehr saftig. Um das Kernhaus etwas steinig. Geschmack sehr delikat, gewürzt, harmonisches Zucker-Säure-Verhältnis. Der Baum wächst kräftig und ist für alle Erziehungsformen geeignet.

Butterbirne von Nivelles

Doppelnamen: Beurre de Nivelles; Beurre Parmentier

Sehr gute Tafelbirne. Reifezeit ist ab Ende Dezember. Haltbarkeit bis Februar. Mittelgroße bis große, birnförmige Frucht. Fruchtschale glatt, etwas glänzend, grün, später gelb. Sonnenseite matt gerötet, auf dem Lager intensiv rot werdend. Schalenpunkte olivgrün. Fruchtfleisch gelblichweiß, fein, schmelzend, saftig. Geschmack erfrischend, zimtartig gewürzt. Der Baum wächst kräftig. Er eignet sich vor allem für niedere Erziehungsformen. Ertrag früh einsetzend und reich.

Butter-Pear *siehe* Weiße Herbstbutterbirne

C

Cadillac *siehe* Großer Katzenkopf
Cale Basse *siehe* Bosc's Flaschenbirne

Calebasse à la Reine

Die Sorte ist um 1770 in Tornay entstanden.
Doppelnamen: Königinbirne; Poire à la Reine

Sehr gute Tafelbirne. Reifezeit Ende September. Mittelgroße, lang-eiförmige, ungleichmäßige Frucht. Fruchtschale etwas rau, grünlichweiß, später gelbgrün, an der Sonnenseite schwach orangegelb. Schalenpunkte mit grünen Flecken und Ringen umgeben. Berostungen an Kelch und Stiel, am Stiel auch roststreifig. Das Fruchtfleisch ist weiß, unter der Schale grünlichweiß, fein, schmelzend, saftig. Geschmack angenehm gewürzt. Der Baum wächst sehr stark und blüht häufig Anfang Juni zum zweiten Mal. Diese Blüten bringen später reifende, meist missgestaltete Früchte.

Clebasse Bosc *siehe* Bosc's Flaschenbirne
Prinzessin Marianne

Calebasse Carafon *siehe* Van Marums Flaschenbirne
Calebasse d'Albret *siehe* Dalbrets Butterbirne
Calebasse Monstre *siehe* Van Marums Flaschenbirne

Callixte Mignot

Callixte Mignot

Sehr gute Tafelbirne. Reifezeit geht bis Ende November. Haltbarkeit bis Ende Dezember. Große, grüne, später gelblichgrüne Früchte. Fruchtfleisch fein, saftig, schmelzend, gewürzt. Der Baum wächst stark und gesund. Der Ertrag setzt früh ein und ist regelmäßig. Für alle Erziehungsformen geeignet.

Capiaumonts Herbstbutterbirne

Capiaumonts Herbstbutterbirne (Abbildung Seite 541)

Die Sorte ist ein Sämling von 'Graue Herbstbutterbirne'. Sie entstand 1787 in Mons.
Doppelnamen: Aurore; Beurré Aurore; Beurré Capiaumont; Poire Aurore

Ausgezeichnete Tafel-, gute Wirtschaftsfrucht. Reifezeit bis Anfang Oktober. Haltbarkeit 3-4 Wochen. Mittelgroße, länglich-birnförmige, sehr veränderliche Frucht. Die Fruchtschale ist fein aufgeraut, blaßgelb, später hellgelb und gerötet. Zur Reifezeit ist fast die ganze Frucht berostet. Schalenpunkte weißlich. Fruchtfleisch gelblichweiß, fein, schmelzend. Geschmack angenehm gewürzt und weinsäuerlich. Der Baum wächst mittelstark. Die Krone bleibt gut durchlichtet. Ertrag sehr hoch. Für alle Erziehungsformen geeignet. Anbau nur auf sehr gutem Birnenboden bei ausreichender Wasserführung und sorgfältiger Düngung. Blüte mittelfrüh, etwas nässeempfindlich. Die Sorte ist ziemlich widerstandsfähig gegen Krankheiten und Schädlinge.

Canal *siehe* Graf Canal
Canillet d'Hiver *siehe* Pastorenbirne
Canning *siehe* Winter-Dechantsbirne
Canning d'Hiver *siehe* Winter-Dechantsbirne
Captif de St. Helene *siehe* Napoleons Butterbirne
Carafon *siehe* Van Marums Flaschenbirne
Carlisle *siehe* Weiße Herbstbutterbirne
Carmes *siehe* Grüne Sommermagdalene
Caßlerbirne *siehe* Pastorenbirne
Catillac *siehe* Großer Katzenkopf
Cecile *siehe* Admiral Cécile
Celeste *siehe* Diels Butterbirne
Cellite Chapmans *siehe* Regentin
Chambrette d'Hiver *siehe* Virgouleuse
Chambrette Ronde *siehe* Virgouleuse

Champagner Bratbirne

Champagner Bratbirne (Abbildung Seite 542)

Die Sorte entstand vor 1860 in Württemberg.
Doppelname: Deutsche Brotbirne

Sehr gute Mostbirne. Verarbeitung ab Oktober. Haltbarkeit bis November. Kleine, flachrunde Frucht. Der Anbau ist nur in warmen Lagen möglich. Bei zusagenden Verhältnissen die anerkannt beste Mostbirne. Baum mittelstark wachsend, dünntriebig. Erziehung vorwiegend als Halb- und Hochstamm. Breitkronig. Ertrag spät einsetzend, dann hoch bis sehr hoch. Für Bodenpflege dankbar.

Champ de la Porte *siehe* Alencons Dechantsbirne
Charles *siehe* Andenken an Madame Charles
Hardenponts Leckerbissen

Charles Cognée

Die Sorte entstand in Troyes und wurde 1890 zum erstenmal beschrieben.

Gute Winterbirne für Tafel und Verarbeitung, Die Qualität hängt aber stark von Standort und Klima ab. Große, rundlich-eiförmige Birne, meist unregelmäßig gebaut. Der Querschnitt ist häufig eckig. Fruchtschale dick, fettig. Schalenfarbe grün, später gelb. Sonnenseite trüb gerötet und gefleckt. Zahlreiche dunkelrote Rostpunkte. Fruchtfleisch gelblichweiß, unter der Schale grünlich, grobkörnig, mäßig saftig. Die Früchte reifen unregelmäßig. Der Baum wächst in der Jugend stark, später nachlassend. Ertrag ungewöhnlich früh einsetzend. Nur für niedere Erziehungsformen, auch als Spalier brauchbar. Ansprüche an den Boden gering, dafür hoher Wärmeanspruch. Etwas schorfanfällig.

Charles d'Autriche *siehe* Hardenponts Leckerbissen
Charles Durieux *siehe* Williams Christbirne
Charles Ernest *siehe* Karl Ernst
Charneu *siehe* Köstliche von Charneu
Chartreux *siehe* Großer Katzenkopf
Chevriers de Stoutgart *siehe* Stuttgarter Geißhirtle

Choisnard

Die Sorte entstand um 1830.
Sehr gute Tafel- und gute Wirtschaftsfrucht. Genussreife ab Januar. Haltbarkeit bis März. Mittelgroße bis große, länglich-birnförmige Frucht. Die Fruchtschale ist ziemlich rau, dunkelgelb mit zahlreichen Rostpunkten. Sonnenseite dunkelbraun marmoriert. Fruchtfleisch gelblichweiß, halbfein, halbschmelzend, um das Kernhaus steinig. Saftreich, fein gewürzt, angenehm säuerlich. Der Baum wächst mäßig stark und ist sehr fruchtbar.

Choix d'un Amateur *siehe* Neue Poiteau
Christbirne *siehe* Williams Christbirne
Citron *siehe* Weiße Herbstbutterbirne
Citron des Carmes *siehe* Grüne Sommermagdalene
Citrouille *siehe* Großer Katzenkopf
Clairgeau de Nantes *siehe* Clairgeaus Butterbirne

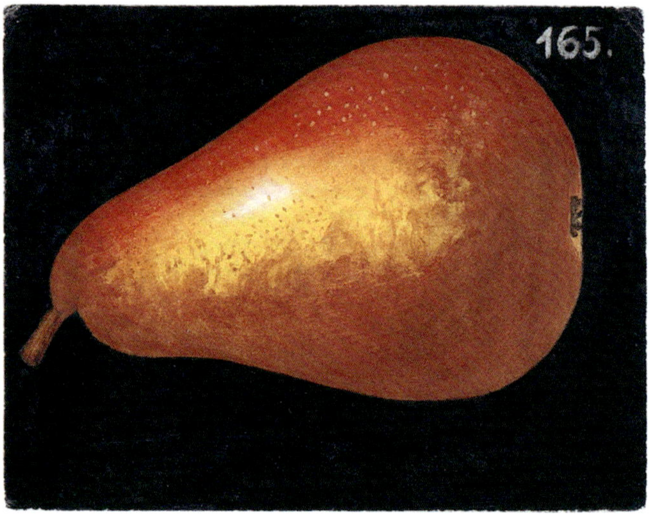

Clairgeaus Butterbirne

Clairgeaus Butterbirne

Die Sorte entstand 1848 in Frankreich.
Doppelnamen: Beurré Clairgeau; Clairgeau de Nantes

Sehr schöne Schaufrucht. Gute Tafel- und Wirtschaftsbirne. Baumreife Mitte September. Genussreife ab Oktober. Haltbarkeit bis Dezember. Der Erntezeitpunkt kann stark variieren. Sehr große, birnförmige bis flaschenförmige Frucht. Die Fruchtschale ist bei Baumreife schmutziggrün, Sonnenseite braunrot. Auf dem Lager intensiv gelb und rot werdend. Die Schalenpunkte sind zahlreich, graubraun, stark hervortretend. Bronzefarbene Rostfiguren überziehen oft die ganze Frucht. Fruchtfleisch weißlich, saftig, halbschmelzend, oft etwas grob und körnig. Der Geschmack ist süß, etwas gewürzt, sehr vom Klima und vom Erntezeitpunkt abhängig. Der Baum wächst schwach. Die Früchte neigen zum Fallen. Zweige etwas spröde. Nur für niedere Erziehungsformen geeignet. Früchte von Hochstämmen bleiben klein. Ansprüche an den Boden gering. Anbau nur in warmer und geschützter Lage. Blüte früh, unempfindlich. Der Ertrag tritt früh ein, Früchte auch schon am einjährigen Trieb. Der Ertrag bleibt regelmäßig und hoch. Durch die übermäßige Fruchtbarkeit kann sich der Baum rasch erschöpfen.

Clapps Favourite *siehe* Clapps Liebling

Clapps Liebling

Die Sorte entstand um 1860 als Sämling von 'Holzfarbige Butterbirne' in Massachusetts/USA.
Doppelname: Clapps Favorite

Ausgezeichnete Tafelbirne. Genussreife Mitte bis Ende August. Haltbarkeit gering. Sehr große, birnförmige, etwas beulige Frucht. Fruchtschale glänzend, hellgrün, später gelblichgrün. Zur Reifezeit kräftig gelb. Sonnenseite intensiv rot gestreift und marmoriert. Schalenpunkte zahlreich, fein, grün. Leichte Berostungen um Kelch und Stiel. Fruchtfleisch gelblichweiß, fein, saftreich, schmelzend. Geschmack süß, angenehm gewürzt. Der Baum wächst kräftig und gesund. Krone pyramidal. Für alle Erziehungsformen geeignet. Anbau nur auf guten und nährstoffreichen Böden empfehlenswert. Ansprüche an Standort und Klima geringer, breit

Clapps Liebling

anbaufähig. Blüte spät, ziemlich unempfindlich. Guter Pollenspender. Ertrag früh einsetzend, hoch und regelmäßig. Die Sorte erfordert regelmäßige Schnittüberwachung.

Claude Blanchet

Claude Blanchet

Die Sorte entstand bei Lyon und kam 1874 in den Handel.
Doppelnamen: Poire Blanchet Claude

Gute Tafelbirne. Reifezeit von Anfang bis Mitte August. Große, länglich-eiförmige, nicht ganz gleichmäßig gebaute Birne. Einige Rippen laufen flach über die Frucht. Die Oberfläche ist etwas uneben. Fruchtschale gelbgrün, etwas fettig, an Stiel und Kelch einige Rostspuren. Schalenpunkte weiß mit grünem Hof. Fruchtfleisch etwas körnig, gelblichweiß, unter der Schale grünlichweiß, saftig, halbschmelzend. Geschmack angenehm gezuckert. Der Baum wächst stark und gesund. Der Ertrag setzt früh ein und ist hoch.

Clement *siehe* Williams Christbirne

Clevenower Birne

Die Sorte entstand in Clevenow, auch Klevenow/Pommern.

Sehr gute Tafel- und Wirtschaftsbirne. Reifezeit Mitte August. Haltbarkeit etwa 3 Wochen. Frucht klein bis mittelgroß, birnförmig. Der Baum wächst mittelstark und gesund. Für alle Erziehungsformen geeignet. Der Ertrag setzt früh ein, ist sehr gut und auch regelmäßig. Die Ansprüche an Boden und Klima sind gering. Auffallend ist der sehr hohe Zuckergehalt im gekochten Zustand. Die Sorte wird häufig dazu benutzt, um andere zu süßen.

Cognée *siehe* Charles Cognée
Colmar Bonnet *siehe* Regentin
Colmar d'Arenberg *siehe* Arenbergs Colmar
Colmar de Chine *siehe* Herzogin von Angoulême
Colmar de Silly *siehe* Regentin
Colmar d'Hardenpont *siehe* Regentin

Colmar de Jonghe

Gute Tafelfrucht und sehr gute Dörrbirne. Reifezeit ab Oktober. Haltbarkeit bis November. Frucht mittelgroß. Fruchtschale zitronengelb. Der Geschmack ist fein, saftvoll, süß, gewürzt. Der Baum wächst kräftig, Krone regelmäßig pyramidal. Der Ertrag setzt früh ein, ist regelmäßig und hoch.

Colmar Doré *siehe* Regentin
Colmar Epineux *siehe* Regentin
Colmar Gris *siehe* Regentin
Colmar Musqué *siehe* Herbst-Colmar

Colmar Navez

Die Sorte stammt von Jodoigne/Frankreich. Sie entstand um 1830.
Doppelname: Beurré Navez

Sehr gute Tafel- und Wirtschaftsbirne. Genussreife ab Ende September. Haltbarkeit bis Oktober. Große bis sehr große, dickbauchige, etwas beulige Frucht. Fruchtschale gelbgrün, grau punktiert. Zur Reifezeit braunrot marmoriert und gefleckt. Sonnenseite oft hellrot verwaschen. Fruchtfleisch weiß, ziemlich fein, halbschmelzend, saftreich, um das Kernhaus etwas steinig. Geschmack zart parfümiert, süßweinig, fein herb. Der Baum wächst stark, er bildet sehr hohe, gleichmäßige Pyramiden.

Colmar Nelis *siehe* Winternelis
Colmar Preul *siehe* Regentin
Colmar Souverain *siehe* Regentin

Colomas Herbstbutterbirne

Colomas Herbstbutterbirne

Die Sorte entstand um 1800 in Mecheln. Sie wurde ab 1853 verbreitet.
Doppelnamen: Beurré Drapier; Beurre Picquery; Count Coloma; Große Eierbirne; Louis Dupont; Louise d'Orléans; Poire des Urbanistes; Saint Marc; Serrurier d'Automne; Urbaniste

Eine sehr gute Tafel- und gute Wirtschaftsbirne. Reifezeit ab Mitte Oktober. Haltbarkeit etwa 3 Wochen. Große bis sehr große, abgestumpft kegelförmige Frucht. Die Fruchtschale ist glatt, hellgrün, später hellgelb, nur selten gerötet. Die Frucht ist mit bräunlichem Rost und feinen Punkten bedeckt. Fruchtfleisch gelblichweiß, fein, sehr saftreich, schmelzend. Geschmack angenehm gewürzt, harmonisches Zucker-Säure-Verhältnis. Der Baum wächst kräftig, er wird mittelgroß. Die Krone formt sich gut und braucht nur wenige Erziehungsschnitte. Für alle Stammlängen geeignet. Ansprüche an Boden und Klima gering. In guten Anbaulagen jedoch qualitativ weit bessere Erträge. Sehr schorfempfindlich. Blüte etwas empfindlich gegen Nässe, ziemlich frosthart. Ertrag unterschiedlich früh einsetzend. Ertrag mittelhoch und regelmäßig.

Colomas Köstliche Winterbirne *siehe* Liegeis Herbstbutterbirne
Colomas Winterbutterbirne *siehe* Winter-Nelis
Colorée de Juillet *siehe* Bunte Julibirne
Comice *siehe* Vereins-Dechantsbirne
Comice de Toulon *siehe* Pastorenbirne
Comte Canal *siehe* Graf Canal
Comte de Lambertye *siehe* Graf von Lamberty
Comtesse de Paris *siehe* Gräfin von Paris

Condo

Die Sorte entstand 1965 in Holland aus 'Conference' x 'Vereinsdechantsbirne'.

Frucht mittelgroß, schief birnförmig. Fruchtschale glatt und trocken. Schalenfarbe grüngelb. Fruchtfleisch schmelzend, saftig und süß mit nur geringem Aroma. Baumreife Ende September. Genussreife ab Oktober. Haltbarkeit bis Dezember.
Der Baum bildet eine hohe, nur wenig verzweigte Krone. Wuchs zuerst stark, dann mittel-

stark. Anbau nur auf guten Birnenstandorten. Als Spalier auch noch in höheren Lagen möglich. Anfällig für Rindenkrebs. Kaum anfällig für Schorf.

Conférencebirne

Conférencebirne

Die Sorte entstand 1894 in England.

Hervorragende Tafel- und Wirtschaftsfrucht. Genussreife Mitte bis Ende September. Haltbarkeit 10-14 Tage. Mittelgroße, schlanke Birne mit langem Hals. Fruchtschale fest, rau, grün. Zur Reifezeit grünlichgelb mit braunen Rostpunkten. Fruchtfleisch hell bis lachsfarben, sehr saftig. Geschmack leicht gewürzt, harmonisches Zucker-Säure-Verhältnis.
Baum mittelstark wachsend. Krone breit pyramidal. Vorwiegend für niedere Erziehungsformen geeignet. Anbau nur auf nährstoffreichen, guten Birnenböden. Wärmeanspruch hoch. Bei guten Wuchsbedingungen noch bis 500 m Höhe anbaufähig. Blüte mittelfrüh, spätfrostempfindlich. Guter Pollenspender. Ertrag früh einsetzend, sehr hoch und regelmäßig. Die Sorte neigt zur Jungfernfrüchtigkeit und bringt dann deformierte Früchte. Intensive Schnittpflege und Ausdünnung des Fruchtholzes empfehlenswert. Bei kalkreichem Boden Neigung zur Chlorose.

Conseiller de la Cour *siehe* Hofratsbirne
Corneille *siehe* Pierre Corneille
Cotillard *siehe* Großer Katzenkopf
Count Coloma *siehe* Colomas Herbstbutterbirne
Courelles *siehe* Henri Courelles
Courtray *siehe* Ananasbirne von Courtray
Crassane *siehe* Edelcrassane
Crassane Pear *siehe* Bergamotte Crassane
Cueilette d'Hiver *siehe* Pastorenbirne
Curé *siehe* Pastorenbirne

D

D'Albert *siehe* Amanlis Butterbirne

Dalbrets Butterbirne

Doppelnamen: Beurré Dalbret; Calebasse d'Albret; Poire Dalbret

Sehr gute Tafel-, gute Wirtschaftsbirne. Reifezeit Anfang bis Ende Oktober. Große, lang-birnförmige, etwas ungleichmäßig gebaute Frucht. Fruchtschale hellgrün. Zur Reifezeit ganz mit zimtfarbigem Rost bedeckt. Fruchtfleisch gelblichweiß, fein, völlig schmelzend, saftreich. Harmonisches Zucker-Säure-Verhältnis. Der Baum wächst kräftig und verzweigt sich gut. Für alle Erziehungsformen geeignet. Ertrag hoch.

Davis Williams *siehe* Williams Christbirne
Davy *siehe* Holzfarbige Butterbirne

Dawne

Die Sorte entstand 1960 in Maryland/USA aus ('Barsek' x 'Williams Christbirne') x 'Vereinsdechantsbirne'.

Gute Tafelbirne. Fruchtform lang, flaschenförmig. Stiel aufsitzend. Fruchtschale glatt, zahlreiche helle Schalenpunkte. Schalenfarbe gelbgrün. Zur Reifezeit auf der Sonnenseite leicht gerötet. Fruchtfleisch körnig, schmelzend. Geschmack aromatisch süß mit leichter Säure. Baum- und Genussreife Mitte September. Haltbarkeit 2 Wochen.
Der Baum wächst mittelstark und bildet eine hochpyramidale, wenig verzweigte Krone. An geschützten Standorten bis in höhere Lagen anbaufähig. Wenig anfällig für Schorf, resistent gegen Feuerbrand.

Dechantsbirne *siehe* Alençons Dechantsbirne
Holzfarbige Butterbirne
Kreiseiförmige Dechantsbirne
Rotgraue Dechantsbirne
Weiße Herbstbutterbirne
Lange Rote Dechantsbirne
Dechantsbirne von Alençon *siehe* Alençons Dechantsbirne
Delavault *siehe* Williams Christbirne
Delbert *siehe* Amanlis Butterbirne

Delbias

Sämling von 'Williams Christbirne'. Seit 1973 im Handel.
Doppelname: Super Comice

Sehr gute Tafelbirne. Ernte Mitte September bis Anfang Oktober. Haltbarkeit bis Mitte November. Perlförmige, teils höckerige Birne. Fruchtschale bronzefarben berostet. Fruchtfleisch cremefarbig, saftig, schmelzend bis feinkörnig. Geschmack süß mit angenehmer Würze. Der Baum wächst schwach bis mittelstark und verzweigt sich nur wenig. Trotzdem gut garniert, was geringen Schnittaufwand bedeutet. Ertragseintritt mittelfrüh, Ertrag mittelhoch.

Delbret *siehe* Amanlis Butterbirne

Délices *siehe* Hardenponts Leckerbissen
Délices d'Angers *siehe* Leckerbissen von Angers
Délices de Huy *siehe* Leckerbissen von Huy
Délices d'Hardenpont d'Angers *siehe* Leckerbissen von Angers
Délices d'Hardenpont de Belgique *siehe* Hardenponts Leckerbissen

Delpierre-Butterbirne

Doppelnamen: Beurré Delpierre; Poire Delpierre

Sehr gute Tafel- und Wirtschaftsfrucht. Reifezeit bis Mitte September. Haltbarkeit bis Ende September. Große bis sehr große, eirunde oder kegelförmige Birne. Fruchtschale hellgrün, später hellgelb. Sonnenseite dunkelgelb oder schwach gerötet. Zahlreiche braune Rostpunkte bedecken die Frucht und gehen zuweilen in Rostfiguren über. Fruchtfleisch weiß, saftig, schmelzend. Geschmack ist weinsäuerlich. Nur wenig steinig. Der Baum wächst kräftig und bildet eine etwas unregelmäßige Pyramide. Ertrag sehr hoch.

Dentlers Butterbirne

Sehr gute Tafelbirne. Reifezeit Mitte September. Haltbarkeit 2 bis 3 Wochen. Lange Birnenform. Fruchtschale grün. Fruchtfleisch vollkommen schmelzend, sehr guter Geschmack. Der Baum wächst sehr kräftig.

Desportes *siehe* André Desportes
Deutsche Brotbirne *siehe* Champagner-Bratbirne

Deutsche Nationalbergamotte

Deutsche Nationalbergamotte

Sehr gute Tafel- und Wirtschaftsbirne. Reifezeit September bis Oktober. Große, plattrunde Frucht. Schalenfarbe grüngelb, nur wenig gerötet. Der Baum wächst kräftig und bildet eine breitpyramidale Krone. Ertrag früh, hoch und regelmäßig. Blüte mittelfrüh.

Dickbirne *siehe* Großer Katzenkopf

Diels Butterbirne

Diels Butterbirne

Die Sorte wurde um 1800 in Belgien gefunden.
Doppelnamen: Beurré de Gelle; Beurre des Trois Tours; Beurre Diel; Beurre du Roi; Beurré d'Yelle, Beurré Incomparable; Beurré Magnifique; Beurré Oran; Beurré Royal; Celeste; Dillen d'Hiver; Dorothée Royale; Dry-Toren; George di Podiebrad; Graciole d'Hiver; Gros Dillen; Grosse Dorothée Royale; Guillaume de Nassau; Mabille; Melon de Knops; Poire d'Horticulture; Poire Melon; Saint-Auguste

Hervorragende Tafelbirne, gute Wirtschaftsfrucht. Reifezeit ab Oktober. Haltbarkeit bis in den Dezember. Große bis sehr große, dickbauchig-eirunde oder abgestumpft-birnförmige, nicht ganz gleichmäßig gebaute Frucht. Fruchtschale hellgrün, später gelb. Sonnenseite goldgelb. Zur Reifezeit mit zahlreichen Rostpunkten bedeckt und stellenweise bräunlich berostet. Das Fruchtfleisch ist gelblichweiß, zart, halbfein, halbschmelzend bis schmelzend und sehr saftig. Geschmack süß mit feinherbem Aroma.
Der Baum wächst vor allem in der Jugend sehr stark. Die Krone ist breitpyramidal. Die Sorte ist nur für niedere Erziehungsformen geeignet. Anbau nur auf besten, nährstoffreichen Böden. Weinbauklima und geschützte Lage erforderlich. Blüte ist spätfrostempfindlich. Schlechter Pollenspender. Ertrag früh bis mittelfrüh einsetzend, regelmäßig, mittelhoch bis hoch. Die Sorte ist stark schorfanfällig.

Diels Rote Bergamotte *siehe* Rote Bergamotte
Dietrichs Butterbirne *siehe* Regentin
Dillen *siehe* Diels Butterbirne
Dillen d'Hiver *siehe* Diels Butterbirne

Direktor Hardy

Eine sehr gute Tafelbirne. Reifezeit im Oktober. Große, birnförmige Frucht, manchmal länglich-

Direktor Hardy

flaschenförmig. Fruchtschale gelbgrün, später gelb. Sonnenseite gerötet, mit violettem Schimmer. Zahlreiche feine Rostpunkte sind auf der ganzen Frucht verteilt. Fruchtfleisch sehr fein, weiß, manchmal rosafarben, sehr saftig, schmelzend. Geschmack sehr süß mit edlem Aroma. Der Baum wächst gesund, trägt früh und reich. Erziehung vorwiegend als Halb- und Hochstamm.

Doktor Joubert

Sehr gute Tafelbirne. Genussreife ab Ende November. Haltbarkeit bis Mitte Januar. Große, birnförmige Frucht. Fruchtschale fein rau, hellgrün, später gelb. Sonnenseite manchmal leicht gerötet. Zur Reifezeit unterschiedlich stark, manchmal völlig berostet. Fruchtfleisch fein, saftig, zart. Geschmack angenehm süß mit milder Säure. Der Baum wächst kräftig und ist sehr fruchtbar.

Donaubirne *siehe* Großer Katzenkopf

Doppelte Philippsbirne (Abbildung Seite 553)

Die Sorte stammt aus Belgien.
Doppelnamen: Albertine; Beurré Boussoch; Beurré de Merode; Beurre Mérode-Westerloo; Double Philipp; Doyenné Boussoch; Doyenne de Mérode; Frühe Diel; Gros Monseigneur; Gros Seigneur; Nouvelle Boussoch; Philippe; Poire de Mérode; Sommer-Diel

Sehr gute Tafel-, gute Wirtschaftsbirne. Genussreife ab Ende September. Haltbarkeit bis Mitte Oktober. Große bis sehr große, abgestumpft kegelförmige Frucht. Fruchtschale kräftig grün, später hellgelb. Sonnenseite etwas gerötet. Schalenpunkte zahlreich, braun. Berostungen häufig um Kelch und Stiel. Fruchtfleisch mattgelb, um das Kernhaus etwas körnig. Ziemlich fein, zart, schmelzend, saftreich. Geschmack erfrischend und süß. Der Baum wächst mittelstark bis stark. Krone breit pyramidal. Für alle Erziehungsformen geeignet. An Boden und Klima nicht anspruchsvoll, breit anbaufähig. Auch für Obstwiesen geeignet. Blüte früh, wenig empfindlich. Schlechter Pollenspender. Ertrag früh einsetzend, hoch bis sehr hoch, Massenträger. Die Sorte ist wenig anfällig für Krankheiten und Schädlinge.

Doppelte Philippsbirne

Dornige Colmar *siehe* Regentin
Dorothée Royale *siehe* Diels Butterbirne
Winter-Dechantsbirne
Dörrbirne *siehe* Bergische Dörrbirne

Dorschbirne

Doppelname: Dornbirne

Mostbirne, die vor allem in Niederösterreich verbreitet ist. Die Frucht ist klein bis sehr klein, kreiselförmig bis kugelig. Fruchtschale trocken bis rau. Schalenfarbe grünlichgelb, später gelb. Punktförmige bis flächige Berostung. Fruchtfleisch gelblichweiß, grobzellig, hart, später teigig. Geschmack süßsäuerlich, mittelstark gewürzt. Baumreife ab Ende September. Verwendung bis Mitte Oktober.
Der Baum wächst mittelstark und bildet eine hochkugelige Krone aus.

Double Passe Colmar *siehe* Regentin
Double Philipp *siehe* Doppelte Philippsbirne
Douillard *siehe* Alexandrine Douillard
Doyenné Blanc *siehe* Weiße Herbstbutterbirne
Doyenné Boussoch *siehe* Doppelte Philippsbirne
Doyenné Clement *siehe* Williams Christbirne
Doyenné d'Alencon *siehe* Alençons Dechantsbirne
Doyenné d'Automne *siehe* Weiße Herbstbutterbirne
Doyenné de Comice *siehe* Vereins-Dechantsbirne
Doyenné de Juillet *siehe* Juli-Dechantsbirne
Doyenné de Merode *siehe* Doppelte Philippsbirne
Doyenné d'Eté *siehe* Juli-Dechantsbirne
Doyenné d'Hiver *siehe* Winter-Dechantsbirne
Doyenné d'Hiver Nouveau *siehe* Alençons Dechantsbirne
Doyenné du Comice d' Angers *siehe* Vereins-Dechantsbirne
Doyenné du Seigneur *siehe* Weiße Herbstbutterbirne

Doyenné Gris d'Hiver Nouveau *siehe* Alençons Dechantsbirne
Doyenné Guillard *siehe* Guillards Dechantsbirne
Doyenné Jaune *siehe* Weiße Herbstbutterbirne
Doyenné Marbré *siehe* Alencons Dechantsbirne
Doyenné Piété *siehe* Weiße Herbstbutterbirne
Doyenné Rouge *siehe* Rotgraue Dechantsbirne
Doyenné Saint-Michel *siehe* Weiße Herbstbutterbirne
Doyenné Sterkmann *siehe* Sterkmanns Butterbirne
Doyenné White *siehe* Weiße Herbstbutterbirne
Drapier *siehe* Colomas Herbstbutterbirne
Drouard *siehe* Präsident Drouard
Dry-Toren *siehe* Diels Butterbirne
Duc d'Orléans *siehe* Hofratsbirne
Duchesse *siehe* Herzogin von Angoulême

Duchesse Bérèrd

Die Sorte wurde um 1890 im Rhônetal entdeckt.

Reifezeit Oktober. Haltbarkeit bis Mitte Dezember. Große bis sehr große Frucht. Fruchtschale fast völlig hellbraun berostet. Fruchtfleisch gelblichgrün, feinkörnig, saftig, mit angenehmer Würze. Der Baum wächst schwach und ist gut garniert. Der Ertrag tritt früh ein, ist hoch und ziemlich regelmäßig. Die Sorte ist schorfanfällig und wegen der Großfrüchtigkeit sturmgefährdet. Anbau nur in guten Lagen.

Duchesse d'Angoulême *siehe* Herzogin von Angoulême
Duchesse d'Angoulême de Williams *siehe* Williams Herzogin von Angoulême
Duchesse de Brabant *siehe* Amanlis Butterbirne
Duchesse de Brabant *siehe* Blumenbachs Butterbirne
Duchesse Elsa *siehe* Herzogin Elsa
Dullart *siehe* Alexandrine Douillard
Dumas *siehe* Pastorenbirne

Dumonts Butterbirne

Dumonts Butterbirne (Abbildung Seite 554)

Doppelname: Beurré Dumont

Sehr gute Tafel- und Wirtschaftsfrucht. Reifezeit November. Haltbarkeit bis Januar. Große bis sehr große, stumpfkegelförmige, nicht ganz gleichmäßig gebaute Frucht. Fruchtschale hellgrün, später hellgelb. Sonnenseite etwas gerötet. Zur Reifezeit mit braunen Flecken marmoriert, oft völlig berostet. Fruchtfleisch weiß, fein, schmelzend, sehr saftig. Geschmack angenehm erfrischend, aromatisch und süß. Der Baum wächst stark, ist sehr fruchtbar, benötigt aber guten Boden und geschützte Lage. In warmen Anbaugebieten Massenträger.

Durandeau *siehe* Birne von Tongern

Dyker Schmalzbirne

Die Sorte wurde um 1790 bei Schloss Dyk am Niederrhein gefunden.

Sehr gute Tafel- und Wirtschaftsfrucht. Reifezeit Oktober. Haltbarkeit gering. Mittelgroße bis große Frucht. Die Sorte hat am Niederrhein einige wirtschaftliche Bedeutung. Das Fruchtfleisch bleibt gekocht weiß. Der Baum wächst mittelstark. Er bringt frühe und regelmäßige Erträge. Ansprüche an Boden und Lage gering. Bei guter Ernährung und ausreichender Wasserführung breit anbaufähig. Erziehung vorwiegend als Hoch- und Halbstamm. Die Sorte ist wenig anfällig für Krankheiten und Schädlinge.

E

Edelcrassane

Edelcrassane

Die Sorte wurde bei Rouen gezüchtet und kam 1855 in den Handel.
Doppelnamen: Neue Crassane; Passe Crassane

Eine sehr gute Tafelbirne. Reifezeit ist ab Januar. Haltbarkeit bis März. Große bis sehr große, plattrunde bis rundliche Berga mottform. Die Fruchtschale ist graugrün, später grünlichgelb. Strahlenförmige leichte Rötung vom Stiel ausgehend und über die ganze Frucht laufend. Zahlreiche Schalenpunkte und Rostflecken. Die Fruchtschale fühlt sich dadurch rau an. Das Fruchtfleisch ist gelblich, schmelzend und saftreich. Geschmack weinsäuerlich. Um das Kernhaus etwas steinig. Der Baum wächst mittelstark. Krone schmal pyramidal. Etwas frostempfindlich. Für alle Erziehungsformen geeignet. Anbau nur auf warmen, nährstoffreichen Böden im Weinbauklima. Witterungsempfindlich. Guter Pollenspender. Der Ertrag setzt früh bis mittelfrüh ein, er ist auf guten Standorten regelmäßig und mittelhoch. Bei ungünstigen Witterungsbedingungen gibt es Ausfälle. Die Sorte ist etwas anfällig für Schorf.

Edelweißbirne

Eine frühe Sorte, die vor allem in Tirol bekannt ist.

Reifezeit im August. Große bis sehr große, länglich-eiförmige Birne. Fruchtschale grüngelb, später heller werdend. Sonnenseite etwas gerötet. Schalenpunkte zahlreich, grün. Einzelne Anflüge von Rost. Zur Reifezeit muskatartig riechend. Das Fruchtfleisch ist gelblichweiß, um das Kernhaus etwas steinig. Saftig, halbschmelzend. Geschmack würzig und süß. Der Baum wächst mittelstark, er trägt früh und sehr reich.

Eibacher Zuckerbirne (Keine Sortenbeschreibung)

Eierbirne *siehe* Colomas Herbstbutterbirne
Sommer-Eierbirne
Wilde Eierbirne
Einsiedel *siehe* Wildling von Einsiedel
Eisenbart *siehe* Gute Graue

Eldorado

Die Sorte entstand 1945 in Kalifornien als Sämling von ‘Williams Christbirne‘.

Gute Tafel- und Konservenbirne. Frucht groß, manchmal auch sehr groß. Fruchtform lang birnförmig, meist ungleichhälftig. Fruchtschale glatt. Schalenfarbe grüngelb, ungleichmäßig beros-

tet. Das Fruchtfleisch ist körnig, von angenehmem Geschmack. Baumreife ab Mitte September. Haltbarkeit bis November.
Der Baum wächst kräftig, später schwach. Er bildet eine breite Krone mit sparrigen, auch hängenden Ästen aus. Nur für gute Anbaulagen. Anfällig für Schorf und Feuerbrand. Der Ertrag ist hoch und regelmäßig. Eine Fruchtausdünnung nach dem Junifruchtfall kommt dem sonst schwachen Triebwachstum zugute.

Eliots Frühbirne

Eliots Frühbirne

Die Sorte entstand in Amerika und kam um 1890 nach Europa.
Doppelname: Eliots Early

Gute Frühbirne. Die Frucht ist klein, rundlich-kegelförmig, durch ungleichmäßige Oberfläche und Nähte etwas unregelmäßig gebaut. Fruchtschale fein, grün, später blassgelb. Sonnenseite streifenförmig gerötet. Die Schalenpunkte sind zahlreich, rostfarben, auf der Sonnenseite rötlich. Stärkere Berostung vor allem um den Stiel. Fruchtfleisch gelblichweiß, schmelzend, saftig. Geschmack süß. Reifezeit August. Lagerfähigkeit gering. Der Baum wächst kräftig und trägt früh.

Elsa *siehe* Herzogin Elsa
Empereur François-Joseph *siehe* Holzfarbige Butterbirne
Endegeester-Peer *siehe* Großer Katzenkopf
Enghien *siehe* Bronzierte von Enghien

Englische Sommerbutterbirne (Abbildung Seite 558)

Sehr gute Tafel- und gute Wirtschaftsbirne. Reifezeit von September bis Oktober. Mittelgroße, länglich-birnförmige Frucht. Schalenfarbe grünlichgelb, rostig punktiert. Fruchtfleisch würzig. Der Baum wächst kräftig und bringt hohe Erträge. Er ist widerstandsfähig gegen Krankheiten und Schädlinge. Blüte mittelfrüh.

Englische Sommer-butterbirne

Epine d'Eté de Bordeaux *siehe* Monchallard
Epine d'Eté Pointée *siehe* Punktierter Sommerdorn
Epine Fondante *siehe* Monchallard
Epine Rose de Jean Lami *siehe* Monchallard
Erlauer Birne *siehe* Virgouleuse
Ernest *siehe* Karl Ernst
Erntebirne *siehe* Grüne Sommermagdalene

Erzbischof Hons

Erzbischof Hons

Doppelname: Monseigneur des Hons

Sehr gute Tafelbirne. Reifezeit im August. Haltbarkeit etwa 3 Wochen. Kleine bis mittelgroße, birn- bis langkegelförmige Frucht. Fruchtschale grün, später gelblichgrün. Sonnenseite bräunlich gerötet und gestreift. Rostanflüge und Rostflecken häufig. Fruchtfleisch gelblich, manchmal etwas grünlichgelb. Um das Kernhaus leicht körnig, ziemlich fein, fast schmelzend, sehr saftreich. Geschmack reich gewürzt, süß. Der Baum wächst sehr kräftig. Der Ertrag ist hoch und setzt früh ein. Für alle Erziehungsformen geeignet.

Erzherzog Karls Sommerbirne *siehe* Gute Graue
Esperence Bergamotte *siehe* Esperens Bergamotte

Esperens Bergamotte

Esperens Bergamotte

Die Sorte wurde 1830 in Belgien aus Samen gezogen und 1855 in Deutschland eingeführt.
Doppelnamen: Bergamotte Espéren; Poire d'Espéren; Winterbergamotte

Sehr gute Tafelbirne. Genussreife ist ab Februar. Haltbarkeit bis April. Mittelgroße, rundliche, in der Form jedoch veränderliche, auch beulige Birne. Fruchtschale dick, rau, grün, später gelblichgrün. Schalenpunkte zahlreich, dick, graubraun. Rostfiguren und Rostflecken häufig. Fruchtfleisch weiß, leicht gerötet, sehr fein, schmelzend und saftreich. Der Geschmack ist sehr aromatisch. Der Baum wächst kräftig und verzweigt sich gut. Der Ertrag setzt sehr früh ein und ist ungewöhnlich hoch. Vorwiegend für niedere Erziehungsformen geeignet. Anbau nur im Weinbauklima auf guten Böden und in geschützter Lage. Guter Pollenspender.

Esperens Herrenbirne

Die Sorte entstand vermutlich bei Mecheln/Belgien. Sie ist seit 1831 nachgewiesen.
Dopppeinamen: Arbre Superbe; Autumn Melting; Belle Lucrative; Bergamotte Fievée; Bergamotte Lucrative; Beurré Lucratif; Fondante d'Automne; Fondante de Maubeuge; Grésilière; Greslier; Herrenbergamotte; Lucrate, Oberdiecks Butterbirne; Poire du Seigneur; Poire Grésillier; Schmelzende Herbstbirne; Seigneur d'Esperen

Ausgezeichnete Tafel-, sehr gute Wirtschaftsbirne. Genussreife ab Ende September. Haltbarkeit bis Mitte Oktober. Mittelgroße, rundlich-eiförmige, häufig etwas unterschiedlich gebaute Birne. Die Fruchtschale ist fein, hellgrün, später gelblich. Schalenpunkte zahlreich, rostbraun. Um

Esperens Herrenbirne

Kelch und Stiel häufig Rostflecken. Fruchtfleisch grünlichweiß, sehr fein, saftig, schmelzend. Geschmack angenehm gewürzt und süß. Der Baum wächst mittelstark. Krone pyramidal bis rundlich. Ausreichend frosthart. Für alle Erziehungsformen geeignet. Anbau auf nährstoffreichen, guten Böden. Ansprüche an Standort und Klima nicht sehr hoch, deshalb breit anbaufähig, auch noch in kühleren und windigen Lagen. Blüte etwas frost- und nässeempfindlich. Guter Pollenspender. Ertrag früh einsetzend, regelmäßig und hoch. Die Sorte ist etwas schorfanfällig.

Esperine

Esperine

Doppelname: Grosse Louise du Nord

Sehr gute Tafel-, gute Wirtschaftsbirne. Genussreife ist ab Anfang Oktober. Haltbarkeit etwa 4 Wochen. Große, längliche, manchmal flaschenförmige Birne. Fruchtschale ist glatt, hellgrün, später hellgelb. Die Sonnenseite ist goldgelb, teilweise etwas gestreift. Manchmal ist die ganze Frucht auch netzartig berostet. Das Fruchtfleisch ist gelblichweiß, fein, schmelzend, saftig. Der Geschmack ist süß, schwach zimtartig gewürzt. Der Baum wächst mittelstark. Für alle Erziehungsformen geeignet. Breit anbaufähig und sehr ertragreich. Wegen des kurzen Fruchtholzes sind gelegentliche Verjüngungsschnitte anzuraten.

Eva Baltet

Die Sorte entstand um 1890 aus einer Kreuzung von 'Williams Christbirne' x 'Holzfarbige Butterbirne'.

Genussreife ist ab Mitte Oktober. Haltbarkeit bis Mitte November. Große, abgestumpft-birnförmige, dickbauchige und beulige Frucht. An Kelch und Stiel gerippt. Die Fruchtschale ist dünn, hellgelb, braun punktiert. Zur Reifezeit verwaschen gerötet. Das Fruchtfleisch ist weiß, saftreich und süß. Mit angenehmen Aroma.

Excellentissime *siehe* Holzfarbige Butterbirne
Ezée *siehe* Gute von Ezée

F

Faustbirne *siehe* Großer Katzenkopf
Favre *siehe* Madame Favre
Feigenbirne *siehe* Holländische Feigenbirne

Feigenbirne von Alençon

Feigenbirne von Alençon

Doppelnamen: Figue d'Alençon; Figue d'Hiver; Poire Figue

Sehr gute Tafelbirne. Genussreife ist ab Anfang November. Haltbarkeit bis Anfang Dezember.

Mittelgroße, langgezogene Frucht. Fruchtschale graugrün, später gelbgrün. Sonnenseite kupferrot. Schalenpunkte fein, braun. Zur Reifezeit ist die Frucht oft mit braunem Rost bedeckt. Fruchtfleisch gelblichweiß mit grünlichem Schimmer. Fein, saftig, schmelzend, mandelartiger süßer Geschmack. Der Baum wächst kräftig und eignet sich für alle Erziehungsformen. Ertrag hoch. Anbau nur auf guten Böden.

Fellbacher Mostbirne (Schwäbische Lokalsorte, keine Sortenbeschreibung)

Féodale *siehe* Holzfarbige Butterbirne
Ferdinand von Österreich *siehe* Hardenponts Winterbutterbirne
Fétel *siehe* Abbé Fétel

Feuchtwanger Butterbirne (Abbildung Seite 563)

Eine Lokalsorte im Raum Feuchtwangen.

Sehr gute Tafelbirne. Genussreife ab November. Haltbarkeit bis Dezember. Sehr große Birne. Fruchtschale grünlichgelb, Fruchtfleisch gelblichweiß mit ausgezeichnetem Geschmack. Der Baum wächst mittelstark. Holz sehr frosthart. Für alle Erziehungsformen geeignet, vorwiegend jedoch Halb- und Hochstamm. Die Sorte verlangt guten Boden. Ansprüche an Standort und Klima sind gering. Blüte mittelfrüh. Guter Pollenspender. Der Ertrag ist mittelhoch. Die Sorte braucht nur wenig Schnittpflege, widerstandsfähig gegen Krankheiten und Schädlinge.

Figue d'Alençon *siehe* Feigenbirne von Alençon
Figue d'Hiver *siehe* Feigenbirne von Alençon

Fin de Siècle

Die Sorte entstand bei Anvers/Frankreich als Sämling von 'Souvenir de Lydie'. Sie kam 1899 in den Handel.

Sehr gute Tafelbirne. Reifezeit ab Mitte Oktober. Große bis sehr große Frucht. Fruchtschale zitronengelb, rostig punktiert, Sonnenseite lebhaft gerötet. Fruchtfleisch weiß, fein gezuckert, etwas parfümiert gewürzt. Der Baum wächst kräftig.

Feuchtwanger Butterbirne

Findling von Hohensaaten

Die Sorte wurde im Wald der Gemeinde Hohensaaten um 1870 gefunden.

Sehr gute Tafel- und Wirtschaftsbirne. Genussreife ab Mitte Oktober. Haltbarkeit bis November. Eine länglich-eiförmige, manchmal auch eirunde Birne, die mit Beulen und Höckern versehen ist. Fünf bis zehn Rippen laufen über die halbe Frucht. Fruchtschale fein, grün, später hellgelb. Sonnenseite etwas gerötet. Unterschiedlich große Rostflecken häufig. Schalenpunkte zahlreich, braun. Fruchtfleisch weiß, fein, saftig, schmelzend. Geschmack angenehm gewürzt und süß. Der Baum wächst steil aufrecht. Ertrag sehr gut.

Flandre *siehe* Holzfarbige Butterbirne
Flaschenbirne *siehe* Pastorenbirne

Fleischbirne

Lokalsorte. Frucht klein bis mittelgroß, glattrund. Fruchtschale grün, mit zahlreichen braunen Punkten. Auf der Sonnenseite schwach gerötet. Fruchtfleisch blassrot, ziemlich saftig, süß und etwas gewürzt. Haltbarkeit 8 Tage. Der Baum gilt als Massenträger. Er stellt keine Ansprüche an den Boden und ist frosthart.

Flemish Beauty *siehe* Holzfarbige Butterbirne

Flons Dechantsbirne (Abbildung Seite 564)

Doppelname: Doyenné Flon Ainé

Sehr gute Tafel-, gute Wirtschaftsfrucht. Genussreife ab Ende November. Haltbarkeit bis Januar. Große, rundliche Birne. Fruchtschale fein rau, grünlichgelb, Sonnenseite schwach bräunlich gerötet. Schalenpunkte fein, braun. Kelch und Stiel sind häufig berostet. Fruchtfleisch weiß, fein, schmelzend, saftig. Geschmack angenehm gewürzt, süßweinig. Der Baum wächst kräftig. Vorwiegend für niedere Erziehungsformen geeignet.

Flons Dechantsbirne

Fondante d'Automne *siehe* Esperens Herrenbirne
Fondante de Brest *siehe* Brester Saftbirne
Fondante de Charneu *siehe* Köstliche von Charneu
Fondante de Maubeuge *siehe* Esperens Herrenbirne
Fondante de Mons *siehe* Regentin
Fondante de Paniselle *siehe* Regentin
Fondante des Bois *siehe* Holzfarbige Butterbirne
Fondante de Paris *siehe* Holzfarbige Butterbirne
Regentin
Fondante de Thirriot *siehe* Schmelzende von Thirriot
Fondante du Panisel *siehe* Leckerbissen von Angers
Fondante Pariselle *siehe* Hardenponts Leckerbissen
Fondante Spence *siehe* Holzfarbige Butterbirne
Fontenay *siehe* Birne von Fontenay

Forellenbirne (Abbildung Seite 565)

Die Sorte entstand bei Halle a. d. Saale. Sie wurde 1806 erstmals beschrieben.
Doppelnamen: Beckenbirne (Oberfranken); Grain de Corail; Herbstforelle; Poire Forelle; Poire Truitée

Hervorragende Tafel-, gute Wirtschaftsfrucht. Genussreife ab Ende November. Haltbarkeit bis Januar. Mittelgroße, längliche bis rundliche, unterschiedlich gebaute Frucht. Fruchtschale glatt, hellgrün, später gelb. Sonnenseite intensiv gerötet. Schalenpunkte groß, bräunlich, auf der Sonnenseite mit rotem Hof. Diese forellenartigen Punkte haben der Sorte den Namen gegeben. Fruchtfleisch weiß, fein, saftig, schmelzend. Geschmack ist angenehm süßsäuerlich mit melonenartigem Aroma. Der Baum wächst mittelstark. Das Holz ist ziemlich frosthart. Für alle Erziehungsformen geeignet. Anbau nur auf nährstoffreichen, vor allem leichten Böden. Ansprüche an Standort und Klima gering, breit anbaufähig. Auch noch für rauere Lagen geeignet. Blüte etwas witterungsempfindlich. Schlechter Pollenspender. Ertrag mittelfrüh einsetzend. Die Sorte ist schorfanfällig.

Forellenbirne

Forellenbirne *siehe* Nordhäuser Winterforellenbirne
Winterforellenbirne

Fortunée

Fortunée

Sehr gute Tafel- und gute Wirtschaftsbirne. Mittelgroße, bergamottförmige Frucht. Fruchtschale gelbgrün, zur Reifezeit fast vollständig berostet. Fruchtfleisch kräftig gewürzt. Der Baum wächst mittelstark und bildet eine pyramidale Krone. Blüte mittelfrüh. Anbau nur in warmen Lagen und bei guten Bodenverhältnissen.

Forty Ounce *siehe* Großer Katzenkopf

François Hutin

Sehr große, längliche Frucht. Fruchtschale rau, düster gelb. Das Fruchtfleisch ist weiß, fein, schmelzend, saftig. Geschmack süßsäuerlich mit angenehmem Aroma. Reifezeit im Oktober. Der Baum wächst kräftig und eignet sich für alle Erziehungsformen.

Franklin *siehe* Saint Germain
Franzmadam *siehe* Römische Schmalzbirne
Sparbirne
Franzosen-Bergamotte *siehe* Saint Germain
Franzosenbirne *siehe* Russelet von Reims
Saint Germain
Virgouleuse
Französische Eifersüchtige *siehe* Birne von Fontenay
Französischer Katzenkopf *siehe* Großer Katzenkopf
Französische Rousselet *siehe* Gute Luise von Avranches

Frau Grete Burgeff (Geisenheimer Züchtung, keine Sortenbeschreibung)

Frau Luise Goethe (Abbildung Seite 567)

Die Sorte entstand 1882 in Geisenheim als Sämling von 'Esperens Bergamotte'.

Winterbirne. Frucht bergamottförmig, gleichmäßig. Fruchtfleisch schmelzend, sehr saftreich und von gutem Geschmack. Steinzellen vor allem um den Kelch. Baumreife Anfang Oktober. Genussreife ab Dezember. Haltbarkeit bis März.
Die Sorte eignet sich vorwiegend für niedrigere Erziehungsformen bei Veredlung auf Quitte. Fruchtruten nach unten wachsend. Blüte mittelfrüh, unempfindlich. Der Ertrag ist mittelhoch bis gering.

Frauenbirne *siehe* Römische Schmalzbirne
Straußdorfer Frauenbirne
Frauenschenkel *siehe* Patorenbirne
Römische Schmalzbirne

Frauenschenkel *siehe* Sparbirne
Windsorbirne

Frau Luise Goethe

Fregattenbirne *siehe* Holländische Feigenbirne
Friedrich *siehe* Hardenponts Winterbutterbirne
Frühe Bosc *siehe* Prinzessin Marianne
Frühe Diel *siehe* Doppelte Philippsbirne

Frühe von Trévoux

Frühe von Trévoux

Die Sorte brachte im Jahre 1862 die ersten Früchte.
Doppelname: Précoce de Trévoux

Ausgezeichnete frühe Tafelbirne. Genussreife ist ab August. Haltbarkeit zwei bis drei Wochen.

Mittelgroße bis große, glockenförmige Frucht. Fruchtschale grünlichgelb, später hellgelb. Sonnenseite rot getüpfelt und gestreift. Schalenpunkte zahlreich, unterschiedlich groß. Hellbraune Rostspuren am Stiel. Fruchtfleisch weiß, schmelzend, sehr saftig. Geschmack angenehm süßsäuerlich, gewürzt. Der Baum wächst mittelstark und ist ziemlich frosthart. Für alle Erziehungsformen geeignet. Anbau auf nährstoffreichen und warmen Böden. Ansprüche an Standort und Klima gering. Breit anbaufähig, auch in raueren Höhenlagen. Blüte früh, wenig empfindlich. Guter Pollenspender. Der Ertrag beginnt früh, ist regelmäßig und hoch. Die Sorte ist nur wenig krankheitsanfällig.

Frühe Wilderbirne *siehe* Wilders Frühe
Frühlingsbutterbirne *siehe* Winter-Dechantsbirne
Fulvia Grégoire *siehe* Neue Fulvia

Fürstenzeller Bergamotte (Niederbayerische Lokalsorte, keine Sortenbeschreibung)

Fürstliche Tafelbirne *siehe* Liegels Butterbirne
Römische Schmalzbirne
Fürst Schwarzenberg *siehe* Liegels Winterbutterbirne

G

Gabriele *siehe* Gute Graue
Gaishirtle *siehe* Stuttgarter Geißhirtle
Gambier *siehe* Regentin

Gambiers Butterbirne

Doppelname: Beurré Gambier

Gute, späte Tafelbirne. Genussreife ab Februar. Haltbarkeit bis März. Mittelgroße, regelmäßig eiförmige oder bauchig-birnförmige Frucht. Die Schale ist fein, grün, später gelb. Sonnenseite gebräunt bis lebhaft gerötet und gestreift. Schalenpunkte zahlreich, klein, braun. Rostfiguren häufig. Fruchtfleisch weiß, fein, schmelzend, sehr saftig. Geschmack angenehm und süß. Der Baum wächst mittelstark und braucht nur wenig Schnittpflege. Der Standort sollte wettergeschützt sein. Die Sorte ist widerstandsfähig gegen Krankheiten und Schädlinge.

Garansbirne (Keine Sortenbeschreibung)

Gefärbte Julibirne *siehe* Bunte Julibirne

Geheimrat Dr. Thiel

Die Sorte entstand 1886 in Geisenheim aus einer Kreuzung von 'Blumenbachs Butterbirne' x 'Diels Butterbirne'.

Hervorragende Tafelbirne. Reifezeit ab Oktober. Haltbarkeit bis Ende November. Sehr große, regelmäßig gebaute Frucht. Schale dick, fest, blaßgelb bis goldgelb. Zur Reifezeit ist fast die ganze Frucht gerötet. Schalenpunkte sehr fein, rotbraun. Häufig Rostanflüge an Kelch und Stiel. Fruchtfleisch gelblichweiß, schmelzend, sehr saftreich. Geschmack würzig und edel mit feiner Säure. Der Baum wächst gesund und kräftig. Krone stark, aufrecht. Vorwiegend für niedere Erziehungsformen. Blüte spät, unempfindlich. Anbau nur in geschützten und warmen Lagen auf guten Birnenböden. Ertrag früh einsetzend und regelmäßig.

Geisenheimer Köstliche

Geisenheimer Köstliche

Sehr gute frühe Tafelbirne. Die Frucht ist mittelgroß bis groß, stumpf-eiförmig. Fruchtschale gelb, Sonnenseite manchmal trüb gerötet. Fruchtfleisch gelblich, sehr saftig, schmelzend. Der Geschmack ist fein gewürzt mit angenehmer Säure. Reifezeit Mitte bis Ende August. Der Baum wächst kräftig und trägt regelmäßig.

Gelbe Wadlbirne (Keine Sortenbeschreibung)

Gelbmöstler

Die Sorte stammt vermutlich aus dem Kanton St. Gallen/Schweiz und war schon um 1800 bekannt.

Ertragreiche und wertvolle Mostbirne. Kleine bis mittelgroße, flachkugelige Früchte. Fruchtschale glatt, wachsig, grüngelb bis goldgelb. Sonnenseite zart rotbraun. Schalenpunkte zahl-

Grünmöstler

Gelbmöstler

reich. Stiel und Kelch sind häufig berostet. Fruchtfleisch gelblich, grobkörnig, fest. Gewürzt, mit kräftiger Säure. Verarbeitung ab September. Der Baum wächst stark und bildet große, reich verzweigte Kronen. Blüte mittelfrüh. Schlechter Pollenspender. Der Ertrag setzt erst spät ein und ist nicht regelmäßig. Alte Bäume können sehr hohe Erträge bringen. Erziehung nur als Hochstamm. Der anspruchslose Baum ist breit anbaufähig. Die Sorte ist robust und kaum anfällig für Krankheiten und Schädlinge.

Gellerts Butterbirne

Die Sorte entstand 1838 in Frankreich.
Doppelnamen: Beurré Hardy; Hardys Butterbirne; Poire Hardy

Hervorragende Tafelbirne und gute Wirtschaftsfrucht. Genussreife ab Ende September. Haltbar-

Gellerts Butterbirne

keit bis Ende Oktober. Große, abgestumpft-kegelförmige Frucht. Die Schale ist fein, rau, gelblichgrün, später gelb. Zur Reifezeit bedecken zahlreiche Punkte und Rostfiguren den größten Teil der Frucht. Fruchtfleisch ist gelblichweiß, um das Kernhaus feinkörnig, sehr saftig und schmelzend. Geschmack erfrischend weinig und süß. Der Baum wächst sehr stark. Krone hochpyramidal. Holz frosthart. Erziehung als Niederstamm, Viertel-, Halb- und Hochstamm. Für Spalier ungeeignet. Die Sorte stellt an Boden und Klima keine hohen Ansprüche. Breit anbaufähig bis 600 m Höhe. Auch für Frostlagen geeignet. Blüte ist unempfindlich. Guter Pollenspender. Der Ertrag setzt sehr spät ein und ist dann hoch. Stark alternierend.

General Leclerc

Die Sorte stammt aus Frankreich und ist seit 1974 im Handel.

Gute Tafelbirne. Baumreife ab Mitte September. Genussreife ab Mitte November. Haltbarkeit bis Ende Dezember. Große, birnenförmige, regelmäßig gebaute Frucht. Fruchtschale unterschiedlich rau, gelb. Zur Reifezeit stark hellbraun berostet. Schalenpunkte zahlreich, mittelgroß. Das Fruchtfleisch ist cremefarben, halbschmelzend, saftig. Geschmack süß mit angenehmer Würze. Der Baum wächst zunächst stark, später schwächer. Trägt auch am einjährigen Holz. Blüte mittelfrüh, guter Pollenspender. Der Ertrag setzt früh ein und ist hoch aber nicht regelmäßig. Die Sorte neigt zur Jungfernfrüchtigkeit, sogar mit guter Fruchtqualität. Ziemlich widerstandsfähig gegen Krankheiten. Anfällig für Kragenfäule und Birnenblattsauger.

General Tottleben (Abbildung Seite 573)

Sehr gute Tafel-, gute Wirtschaftsbirne. Reifezeit ab Mitte November. Haltbarkeit bis Dezember. Große bis sehr große, unregelmäßig birnförmige, dickbauchige Frucht. Fruchtschale hellgrün, später grünlichgelb bis gelb. Schalenpunkte zahlreich, fein, grün oder braun. Häufig Rostspuren. Fruchtfleisch gelblichweiß, auch lachsrot. Fein, schmelzend, saftig. Geschmack schwach gewürzt und süß. Der Baum wächst kräftig. Nur für niedere Erziehungsformen geeignet. Ansprüche an Boden und Lage hoch. Blüte etwas empfindlich. Der Ertrag setzt mittelfrüh ein und ist sehr reich. Die Sorte ist widerstandsfähig gegen Krankheiten und Schädlinge.

General Tottleben

George de Bodiebrad *siehe* Diels Butterbirne
Germain *siehe* Saint Germain
Gerstenbirne *siehe* Leipziger Rettichbirne
Geschelbirne *siehe* Große Blanquette
Ghelin *siehe* Butterbirne von Ghelin
Giaccola di Roma *siehe* Weiße Herbstbutterbirne

Gieser Wildemann

Die Sorte stammt aus Holland und ist seit 1850 im Handel.

Sehr gute Wirtschaftsfrucht. Verarbeitung ab Oktober. Haltbarkeit bis Januar. Kleine Frucht. Die Fruchtschale ist hart, braungelb, stark berostet. Fruchtfleisch weiß, körnig, beim Kochen rot-

Giffards Butterbirne

braun werdend. Der Baum bleibt klein und gedrungen. Erziehung als Viertel-, Halb- und Hochstamm. Anbau auf nährstoffreichen Böden in geschützten Lagen bis 300 m Höhe. Blüte spät. Guter Pollenspender. Ertrag früh einsetzend, nicht immer regelmäßig.

Giffards Butterbirne (Abbildung Seite 573)

Die Sorte wurde 1825 bei Angers/Frankreich gefunden.
Doppelname: Poire Giffard

Sehr gute Tafelbirne. Reifezeit ab Ende Juli. Haltbarkeit ist gering. Mittelgroße, kegelförmige Frucht. Fruchtschale ist dünn, gelbgrün, später blasssgelb. Zur Reifezeit häufig rot und grün punktiert. Sonnenseite leicht gerötet. Kelch- und Stielbereich gelblich berostet. Fruchtfleisch gelblichweiß, fein, schmelzend. Geschmack angenehm süß mit schwacher Würze. Der Baum wächst mittelstark bis stark. Das Holz nicht sehr frosthart. Für alle Erziehungsformen geeignet. Anbau auf guten Birnenböden in geschützter Lage, vorwiegend im Weinbauklima. Blüte etwas frostempfindlich. Guter Pollenspender. Ertrag mittelfrüh einsetzend, mittelhoch und nicht immer regelmäßig.

Girofle *siehe* Russelet von Reims
Glanzbirne *siehe* Großer Katzenkopf
Virgouleuse

Glasbirne (Keine Sortenbeschreibung)

Glockenbirne *siehe* Napoleons Butterbirne
Pastorenbirne
Paulsbirne
Westfälische Glockenbirne
Gloire de Serres *siehe* Ruhm von Serres
Glou Morceau *siehe* Hardenponts Winterbutterbirne
Glücksbirne *siehe* Fortunée
Graciole d'Hiver *siehe* Diels Butterbirne
Graciole Ronde *siehe* Großer Katzenkopf

Gorham

Entstanden in der Versuchsstation Geneva/New York aus einer Kreuzung von 'Williams Christbirne' x 'Josephine von Mecheln'.

Frucht: Gute Tafel- und Wirtschaftsbirne. Frucht mittelgroß bis groß. Fruchtform stumpf birnenförmig, ungleichhälftig. Fruchtschale trocken und glatt. Schalenfarbe hellgelb mit unterschiedlich starker Berostung. Fruchtfleisch feinkörnig, schmelzend, angenehmer Geschmack. Baumreife Ende September. Haltbarkeit bis November.
Baum: Der Baum wächst mittelstark, bei Vollertrag schwach. Er bildet eine pyramidale, dichte Krone aus. Anbaufähig bis in mittlere Höhenlagen. Wenig anfällig für Schorf und Feuerbrand. Der Ertrag ist hoch und regelmäßig.

Graf Canal

Graf Canal

Doppelnamen: Comte Canal; Graf Canal von Malabaila

Hervorragende Tafelbirne. Reifezeit ab Ende Dezember. Haltbarkeit bis Februar. Mittelgroße, konisch-birnförmige Frucht. Fruchtschale grün, später grünlichgelb, manchmal etwas gerötet. Rostspuren an Kelch und Stiel. Fruchtfleisch gelblichweiß, um das Kernhaus etwas steinig. Vollsaftig, schmelzend. Geschmack kräftig weinsäuerlich, gewürzt. Der Baum wächst mittelstark und trägt reich. Anbau nur auf gutem Boden. Für alle Erziehungsformen geeignet.

Gräfin von Paris

Doppelname: Comtesse de Paris

Sehr gute Tafel- und Wirtschaftsfrucht. Eine der wertvollsten Winterbirnen. Reifezeit ist ab November. Haltbarkeit bis Januar. Große, länglich-birnenförmige Frucht. Die Fruchtschale ist grün bis weißlichgrün. Schalenpunkte und Rostfiguren zahlreich, vor allem an Kelch und Stiel. Bei guten Anbaubedingungen ist die Schalenfarbe gelb und zimtfarbig berostet. Fruchtfleisch gelblich, schmelzend, saftig. Geschmack süß und fein gewürzt. Der Baum wächst mittelstark und ist frosthart. Für alle Erziehungsformen geeignet. Anbau nur auf guten Böden in warmer und

Gräfin von Paris

geschützter Lage. Blüte etwas frostempfindlich. Guter Pollenspender. Ertrag früh, hoch und regelmäßig. Die Sorte ist etwas schorfanfällig und neigt zur Steinzellenbildung.

Graf Moltke

Graf Moltke

Die Sorte wurde um 1850 auf Seeland/Dänemark gefunden. Sie ist eine wichtige Lokalsorte in Schleswig-Holstein.

Sehr gute Tafel- und Wirtschaftsbirne. Reifezeit ab Oktober. Haltbarkeit bis November. Frucht groß, zimtgelb, berostet. Fruchtfleisch sehr saftig, süß, gewürzt. Der Baum gedeiht auch auf weniger gutem Boden und in rauer Lage. Er wächst stark und etwas sparrig. Ertrag früh einsetzend und hoch. Erziehung vor allem als Hochstamm.

Graf Sternbergs Winterbutterbirne *siehe* Liegels Winterbutterbirne

Graf von Lamberty

Doppelname: Comte de Lambertye

Sehr gute Tafelbirne. Reifezeit ab Ende September. Wenig lagerfähig. Mittelgroße bis große, rundliche Frucht. Die Fruchtschale ist gelb, zur Reifezeit berostet. Fruchtfleisch gelblichweiß, schmelzend, sehr saftig. Geschmack würzig und angenehm süß-säuerlich. Der Baum wächst mittelstark und eignet sich für alle Erziehungsformen. Anbau auf gutem Boden in geschützter Lage.

Grain de Corail *siehe* Forellenbirne
Grand Mogol *siehe* Großer Katzenkopf
Grand Monarch *siehe* Großer Katzenkopf
Graßhoffs Leckerbissen *siehe* Köstliche von Charneu
Graubirne *siehe* Gute Graue
Grauchen *siehe* Gute Graue
Graue Bergamotte *siehe* Graue Herbstbutterbirne

Graue Herbst-butterbirne

Graue Herbstbutterbirne

Die Sorte stammt wahrscheinlich aus der Normandie.
Doppelnamen: Beurré d'Amboise; Beurré Dore; Beurre Gris; Braune Mouille-Bouche; Graue Bergamotte; Grauer Isembart; Grisambirne; Großer Isembart; Isambert; Normännische Rote Butterbirne; Rote Butterbirne von Anjou

Hervorragende Tafelbirne, sehr gute Wirtschaftsfrucht. Reifezeit Mitte Oktober. Haltbarkeit zwei bis drei Wochen. Große bis sehr große Birne. Die Fruchtschale ist fein rau, hellgrün, später gelblichgrün. Zur Reifezeit rötlichgrau berostet. Schalenpunkte sind zahlreich, kräftig, grau. Das Fruchtfleisch ist mattweiß, um das Kernhaus etwas körnig. Sehr saftig, schmelzend, süß, mit feinem Muskatellergeschmack. Der Baum wächst kräftig und wird mittelgroß. Krone etwas sparrig und unregelmäßig. Anbau nur auf feuchtem, fruchtbarem Boden in guter und warmer Lage. Für alle Erziehungsformen geeignet. Blüte früh bis mittelfrüh, witterungsempfindlich. Der Ertrag setzt mittelfrüh ein, ist gut und in jedem zweiten Jahr regelmäßig.

Grauer Isambert *siehe* Graue Herbstbutterbirne
Grauer Isembart *siehe* Graue Herbstbutterbirne
Graue Sommerbutterbirne *siehe* Gute Graue
Graumännchen *siehe* Gute Graue
Green Sugar Pear *siehe* Grüne Herbstzuckerbirne
Gregoire *siehe* Leon Grégoire
Gregoire Zephirin *siehe* Zephirin Gregoire
Grésilière *siehe* Esperens Herrenbirne
Greslier *siehe* Esperens Herrenbirne
Grisambirne *siehe* Graue Herbstbutterbirne
Grisbirne *siehe* Gute Graue
Gris-Dechin *siehe* Hardenponts Winterbutterbirne
Grise Bonne *siehe* Gute Graue
Gros Blanquet à Longue Queue *siehe* Große Blanquette
Gros Dillen *siehe* Diels Butterbirne
Gros Gilot *siehe* Großer Katzenkopf
Gros Monseigneur *siehe* Doppelte Philippsbirne
Gros Quessois d'Eté *siehe* Holzfarbige Butterbirne
Grosse Allongée *siehe* Pastorenbirne
Große Ambrette *siehe* Rote Bergamotte

Große Blanquette

Doppelnamen: Geschelbirne; Gros Blanquet à Longue Queue; Große Blanquette mit langem Stiel; Long Stalked Blanquette Pear; Musette d'Anjou; Musette de Florence; Musette Grosse

Sehr gute Tafelbirne. Reifezeit ab Ende September. Haltbarkeit bis in den Dezember. Mittelgroße, kegelförmige Frucht. Fruchtschale weißlichgrün, später hellgelb. Sonnenseite gerötet und gestreift. Schale dick. Fruchtfleisch schmelzend, um das Kernhaus häufig etwas steinig. Geschmack feigenartig süß. Der Baum wächst mittelstark mit etwas dünnem Stamm. Krone halbkugelförmig.

Große Cuisse Madame *siehe* Sparbirne
Grosse Dorothée *siehe* Diels Butterbirne
Große Eierbirne *siehe* Colomas Herbstbutterbirne
Große Englische Noisette-Butterbirne *siehe* Amanlis Butterbirne
Große Grüne Mailänderin *siehe* Napoleons Butterbirne
Gros Seigneur *siehe* Doppelte Philippsbirne
Grosse Louise du Nord *siehe* Esperine
Große Madeleine *siehe* Sparbirne
Grosse Marie *siehe* Hofratsbirne
Grosse Mouille Bouche d'Eté *siehe* Runde Mundnetzbirne
Große Pfalzgräfin *siehe* Rote Pfalzgräfin
Großer Isembart *siehe* Graue Herbstbutterbirne

Großer Katzenkopf

Großer Katzenkopf

Doppelnamen: Admirable des Chartreux; Angoisse Blanche; Belle Pear; Besi des Marais; Bon Chrétien d'Amiens; Brassicana; Cadillac; Catillac; Citruille; Cotillard; Endegeester-Pear; Faustbirne; Forty Ounce; Französischer Katzenkopf; Glanzbirne; Graciole Ronde; Grand Mogul; Grand Monarch; Gros Gilot; Großer Mogul; Gros Thomas; Hotzelbirne; Ingentia; Katharinenbirne; Katzenkopf; Klotzbirne; Monstre; Monstrueuse des Landes; Ochsenknüppel; Pfundbirne; Pugillaria; Quenillac; Schlegelbirne; Severiana; Tete de Chat; Téton de Venus; Turriana; Ys-Bout-Pear; Zellensia

Eine hervorragende Wirtschaftsbirne. Verarbeitung ab Dezember. Haltbarkeit bis Anfang Sommer. Große bis sehr große, bauchige, plattrunde Frucht. Starke Rippen laufen über die halbe Frucht. Querschnitt unregelmäßig. Fruchtschale fest und dick, mattglänzend, mattgrün. Sonnenseite bräunlichrot getupft und geflammt. Zur Reifezeit leicht gelblich. Schalenpunkte zahlreich, fein, braun, häufig mit grünem Hof. Vereinzelt kleine Rostfiguren. Fruchtfleisch fest, grobkörnig, rübenartig, gelblichweiß. Ziemlich saftig und süß, nur in gekochtem Zustand wohlschmeckend. Der Baum wächst sehr stark. Große, sehr zierende, glockenförmige Blüten. Gegen Nässe und Kälte unempfindlich. Blatt sehr groß. Krone locker. Ansprüche an Boden und Klima gering. Wegen der großen Früchte etwas windgeschützt pflanzen. Ertrag früh einsetzend und hoch.

Großer Mogul *siehe* Großer Katzenkopf

Große Rommelter (Abbildung Seite 580)

Robuste Mostbirne für raue Lagen und geringen Boden. Verwertung ab Oktober. Haltbarkeit bis Dezember. Frucht mittelgroß. Baum groß, breitkronig. Sehr anspruchslos.

Großes Grauchen *siehe* Amanlis Butterbirne
Große Sommer-Prinzenbirne *siehe* Römische Schmalzbirne
Große Verlängerte Birne *siehe* Pastorenbirne
Große Zuckerbirne *siehe* Sommer-Apothekerbirne

Große Rommelter

Großmogul *siehe* Großer Katzenkopf
Großvaterbirne *siehe* Petersbirne
Gros Thomas *siehe* Großer Katzenkopf
Grumbkower Butterbirne *siehe* Grumkower Butterbirne
Grumgauer *siehe* Grumkower Butterbirne

Grumkower Butterbirne

Grumkower Butterbirne

Doppelnamen: Grumbkower Butterbirne; Grumgauer; Grumkower Winterbutterbirne; Moriseau; Morizeau; Poire de Grumkow; Poire d'Hiver de Grumkow

Sehr gute Tafel- und gute Wirtschaftsfrucht. Reifezeit ab Ende Oktober. Haltbarkeit bis Ende

November. Große bis sehr große, sehr unregelmäßig gebaute, stark beulige Frucht. Fruchtschale glatt, grün, später etwas heller werdend. Sonnenseite bräunlich gerötet. Die ganze Frucht ist mit graubraunen oder grünlichen Punkten besetzt, die oft in zimtfarbenen Rost übergehen. Fruchtfleisch weiß, um das Kernhaus oft steinig, schmelzend, saftig. Geschmack erfrischend weinsäuerlich. In den beuligen Auswüchsen der Frucht befinden sich häufig verholzte Fleischzellen. Der Baum wächst stark, Krone breitpyramidal. Der Ertrag setzt spät ein und ist dann hoch. Für alle Erziehungsformen geeignet. Anbau nur auf Böden mit ausreichender Wasserführung. Blüte unempfindlich. Guter Pollenspender. Die Sorte ist etwas schorfanfällig.

Grumkower Winterbutterbirne *siehe* Grumkower Butterbirne
Grüne Birne *siehe* Virgouleuse
Grüne Flaschenbirne *siehe* Neue Poiteau

Grüne Herbstzuckerbirne

Doppelnamen: Green Sugar Pear; Sucre Vert

Sehr gute Tafel-, gute Wirtschaftsbirne. Plattbauchig-birnförmige Frucht. Schale kräftig, grün, später gelblich. Fruchtfleisch grünlichweiß, schmelzend, sehr süß. Reifezeit Oktober. Haltbarkeit bis Dezember. Der Baum wächst mittelstark. Krone etwas sparrig.

Grüne Hoyerswerder *siehe* Hoyerswerder Grüne

Grüne Jagdbirne

Grüne Jagdbirne

Sehr gute Mostbirne. Verarbeitung ab November. Haltbarkeit bis Januar. Frucht klein bis mittelgroß. Die Birne sollte vor der Verarbeitung gelagert werden. Der Baum ist außerordentlich anspruchslos und gedeiht sowohl in guten als auch in rauesten Lagen. Auch in Spätfrostlagen anbaufähig. Der Baum ist starkwachsend und hochkronig. Erziehung sowohl als Halb- und Hochstamm. Manchmal etwas schorfempfindlich.

Grüne Pichlbirne

Doppelnamen: Bullingbirne; Pillerbirne
Die Sorte entstand vor 1700 in Oberösterreich.

Gute Mostbirne. Die Frucht ist klein, kugelig bis eiförmig. Ungleiche Hälften, vertikale Furche häufig. Fruchtschale glatt. Schalenfarbe gelbgrün, später gelb. Fruchtfleisch gelblichweiß, sehr saftig, grobzellig, mittelhart. Geschmack süßsäuerlich, ohne Würze. Baumreife Ende Oktober. Der Baum wächst stark und bildet eine verkehrt-pyramidale Krone aus. Die Sorte ist sehr schorfanfällig.

Grüne Jakobibirne *siehe* Grüne Sommermagdalene
Grüne Mailänderin *siehe* Napoleons Butterbirne
Grüne Margarethenbirne *siehe* Grüne Sommermagdalene

Grüne Sommermagdalene

Grüne Sommermagdalene

Doppelnamen: Amedutte; Citron des Carmes; Erntebirne; Glasbirne; Grüne Jakobibirne; Grüne Margarethenbirne; Heubirne; Madeleine; Margarethenbirne; Petite Madeleine; Weinbirne
Eine Abart ist die Gestreife Sommermagdalene. Doppelname: Citron des Carmes Panachée

Sehr gute Tafelbirne. Reifezeit Ende Juli. Haltbarkeit ist gering. Kleine bis mittelgroße Frucht. In zwei Formen vorkommend: Platt eiförmig und birnförmig. Die Fruchtschale ist glänzend, grün, später gelblichgrün. Schalenpunkte mit grünem Hof. Manchmal Roststellen, vorwiegend an Kelch und Stiel. Fruchtfleisch gelblichweiß bis grünlichweiß, ziemlich fein, halbschmelzend. Geschmack angenehm gewürzt mit feiner Säure. Geruch deutlich. Der Baum wächst kräftig, das Holz ist jedoch sehr brüchig. Die Ernte muss deshalb vorsichtig erfolgen. Häufig auch Sturmschäden. Blüte spät, unempfindlich. Ertrag früh einsetzend und alle zwei Jahre regelmäßig. Ansprüche an den Boden gering.

Grüne Saint Germain *siehe* Saint Germain

Grüne Winawitzbirne

Doppelname: Faßlbirne
Die Sorte stammt vermutlich aus Oberösterreich.

Gute Mostbirne. Frucht klein bis mittelgroß, fassförmig. Fruchtschale glatt. Schalenfarbe gelblichgrün, später gelb. Manchmal sonnenseits verwaschen gerötet. Zahlreiche grüne Schalenpunkte. Um den Kelch flächig berostet. Fruchtfleisch gelblichweiß, sehr saftig, grobzellig, mittelhart bis weich. Der Geschmack ist süßsäuerlich mit sortentypischer Würze. Baumreife ab Ende September.
Der Baum wächst mittelstark und bildet eine hochkugelige Krone aus.

Grüne Winterbergamotte *siehe* Saint Germain
Virgouleuse
Grüne Winter-Herrenbirne *siehe* Winter-Dechantsbirne

Guillards Dechantsbirne

Doppelname: Doyenné Guillard

Sehr gute Tafel-, gute Wirtschaftsfrucht. Reifezeit November. Haltbarkeit bis Dezember. Eine große, in der Form etwas veränderliche Birne. Fruchtschale gelbgrün, später gelb. Zahlreiche Rostpunkte und Rostflecken. Fruchtfleisch gelblichweiß, fein, saftig, von sehr angenehm weinigem, gewürzten Geschmack. Der Baum wächst kräftig, pyramidal, ist früh- und reichtragend. Für alle Erziehungsformen geeignet.

Guillaume *siehe* Williams Christbirne
Guillaume de Nassau *siehe* Diels Butterbirne
Gurkenbirne *siehe* Sommer-Apothekerbirne
Gute Christenbirne *siehe* Sommer-Apothekerbirne

Gute Graue

Gute Graue (Abbildung Seite 583)

Die Sorte ist schon seit dem 18. Jahrhundert bekannt.
Doppelnamen: Beurre Gris; Eisenbart; Erzherzog Karls Sommerbirne; Grauchen; Graue Sommerbutterbirne; Grisbirne; Judenbirne; Jutjes Birne; Jütte Peer; Pickelsbirne; Poire Grise Bonne; Schnuckelchesbirne; Schöne Gabriele; Sommer-Ambrette; Weinbirne

Hervorragende Tafelbirne, gute Wirtschaftsfrucht. Baumreife Anfang September. Genussreife ab Mitte September. Haltbarkeit zwei Wochen. Kleine bis mittelgroße, unscheinbar wirkende Frucht. Fruchtschale grasgrün, später gelblichgrün. Zur Reifezeit völlig zimtbraun berostet. Manchmal schwach gerötet. Schalenpunkte stark, weißgrau bis gelbbraun. Fruchtfleisch mattweiß, um das Kernhaus etwas körnig, fein, saftig, schmelzend. Geschmack sehr gut, zimtartig gewürzt. Starker Duft. Der Baum wächst sehr stark und kann ungewöhnlich alt werden. Erziehung vorwiegend als Halb- und Hochstamm. Anbau auf guten Böden. Ansprüche an Standort und Klima gering. Breit anbaufähig bis 700 m Höhe. Häufig in Bauerngärten anzutreffen. Blüte etwas witterungsempfindlich. Guter Pollenspender. Ertrag spät einsetzend. Regelmäßig tragend, hohe Erträge in jedem zweiten Jahr. Ziemlich widerstandsfähig gegen Krankheiten und Schädlinge.

Gute Luise von Avranches

Gute Luise von Avranches

Die Sorte entstand im Jahre 1788 in Frankreich.
Doppelnamen: Bergamotte d'Avranches; Beurre d'Avranches; Bonne d'Avranches; Bonne de Longueval; Bonne Louise d'Avranches; Französische Rousselet; Louise Bonne of Jersey; Louise d'Avranches; Poire de Jersey; Prince Germain; Prinz von Württemberg; William IV

Sehr gute Tafel-, gute Wirtschaftsfrucht. Große bis sehr große, abgestumpft-kegelförmige bis länglich-eiförmige Birne. Fruchtschale glatt, grün, später gelbgrün. Sonnenseite verwaschen und gestreift gerötet. Schalenpunkte grünlich und bräunlich, oft auch rot. Berostungen an Stiel und Kelch häufig. Fruchtfleisch gelblichweiß, sehr fein, schmelzend. Geschmack angenehm süß und gewürzt. Reifezeit Anfang bis Ende Oktober. Der Baum wächst mittelstark bis stark. Für alle Erziehungsformen geeignet. Anbau nur auf guten Böden. Ansprüche an Standort und

Klima nicht sehr hoch, deshalb breit anbaufähig bis in mittlere Höhenlagen. Ertrag früh bis mittelspät einsetzend, sehr hoch und regelmäßig. Die Sorte ist anfällig für Schorf.

Gute Sommer-Christenbirne *siehe* Sommer-Apothekerbirne

Gute von Ezée

Gute von Ezée

Sehr gute Tafelbirne. Reifezeit von September bis Oktober. Sehr große Birne. Die Fruchtschale ist gelb, Sonnenseite manchmal gerötet. Fruchtfleisch süß, saftig, von würzigem Geschmack. Der Baum wächst mittelstark, ist gesund und trägt regelmäßig.

Gute von Malines *siehe* Josephine von Mecheln
Guyot *siehe* Dr. Jules Guyot

H

Hängebirne *siehe* Amanlis Butterbirne

Hannoversche Jakobibirne (Abbildung Seite 586)

Gute Tafel-, sehr gute Wirtschaftsbirne. Reifezeit Juli. Kleine bis mittelgroße, dickbauchige, birnförmige Frucht. Zur Reifezeit ansprechend gerötet und punktiert. Der Baum wächst kräftig und bildet pyramidale Kronen. Frühblühend, ertragreich. Eine empfehlenswerte Sorte für den Hausgarten.

Hannoversche Jakobsbirne *siehe* Petersbirne
Hardenpont de Printemps *siehe* Späte Hardenpont

Hannoversche Jakobibirne

Hardenponts Leckerbissen

Doppelnamen: Archiduc Charles; Charles d'Autriche; Delices d'Hardenpont de Belgique; Fondante Pariselle; Surpasse Delices

Sehr gute Tafel-, gute Wirtschaftsbirne. Genussreife ab Ende Oktober. Haltbarkeit etwa zwei Wochen. Mittelgroße, dickbauchige, oft unregelmäßig gebaute Frucht. Fruchtschale glatt, blassgrün, später gelbgrün. Zur Reifezeit rostig punktiert, Rostflecken vor allem um den Kelch. Fruchtfleisch weiß, fein, schmelzend, sehr saftig. Der Geschmack ist süß, zimtartig gewürzt. Der Baum wächst kräftig. Vor allem für niedere Erziehungsformen geeignet. Ertrag in der Jugend mittelhoch, später hoch. Anbau nur auf gutem Boden und in guten, geschützten Lagen.

Hardenponts Leckerbissen *siehe* Leckerbissen von Angers
Hardenponts Späte Winterbutterbirne *siehe* Späte Hardenpont

Hardenponts Winterbutterbirne (Abbildung Seite 587)

Die Sorte entstand in Belgien und ist dort seit 1759 bekannt.
Doppelnamen: Amalia von Brabant; Beurré d'Aremberg; Beurré de Cambron; Beurré d'Hardenpont d'Hiver; Beurré d'Hiver des Beiges; Beurré Kent; Beurré Lombard; Ferdinand d'Autriche; Fondante Jaune d'Hiver; Glou-Morceau de Cambron; Golu-Morceau; Gris-Dechin; Kronprinzessin Friedrich; Kronprinz Ferdinand von Österreich; Linden d'Automne; Prince Impérial d'Autriche; Schinkenbirne

Hervorragende Tafelbirne und sehr gute Wirtschaftsfrucht. Große, bauchig-birnförmige Frucht, häufig beulig und uneben. Die Fruchtschale ist hellgrün, später hellgelb. Sonnenseite manchmal schwach gerötet. Schalenpunkte zahlreich, sehr fein. Rostanflüge nur selten. Fruchtfleisch gelblichweiß, fein, sehr saftig, schmelzend. Geschmack süßweinig. Reifezeit Anfang Dezember. Haltbarkeit bis Januar. Der Baum wächst mittelstark. Nur für niedere Erziehungsformen empfehlenswert. Anbau auf guten Böden und in warmen Lagen. Blüte wenig spätfrostempfindlich. Guter Pollenspender. Ertrag früh einsetzend, regelmäßig, mittelhoch. Die Sorte ist etwas schorfanfällig.

Hardenponts Winterbutterbirne

Hardy *siehe* Direktor Hardy
Hardys Butterbirne *siehe* Gellerts Butterbirne

Helene Gregoire

Gute Tafel- und Wirtschaftsfrucht. Genussreife ab Mitte Oktober. Haltbarkeit etwa 3 Wochen. Große, eiförmige, dickbauchige Birne. Die Fruchtschale ist glatt, hellgrün, später gelbgrün. Zur Reifezeit rostig punktiert. Fruchtfleisch weiß, sehr fein, saftig, schmelzend. Mandelartiger Geschmack. Der Baum wächst schwach bis mittelstark. Er eignet sich vor allem für niedere Erziehungsformen und für Formobst.

Hellmanns Melonenbirne (Keine Sorten-beschreibung)

Henri Courcelles

Sehr gute Tafelbirne. Reifezeit ab Ende Dezember. Kleine bis mittelgroße, plattrunde Birne. Fruchtschale glatt, gelbgrün, später hellgelb. Häufig braunrot punktiert. Sonnenseite gerötet. Dünne Rostflecken vor allem um den Stiel und vereinzelt auf der Frucht. Fruchtfleisch sehr fein, saftig, weiß. Delikater Geschmack. Der Baum wächst kräftig und trägt reich. Er eignet sich für alle Erziehungsformen.

Herbstbergamotte *siehe* Rote Bergamotte
Herbstbutterbirne *siehe* Weiße Herbstbutterbirne

Herbst-Colmar

Herbst-Colmar

Doppelnamen: Colmar Musqué; Muskierte Regentin; Passe Colmar d'Automne; Passe Colmar Musqué

Sehr gute Tafel- und gute Wirtschaftsbirne. Genussreife ist ab Mitte Oktober. Haltbarkeit etwa 3 Wochen. Mittelgroße, abgestumpft-kegelförmige, manchmal auch mehr rundliche Birne. Fruchtschale mattgrün, später gelb. Sonnenseite gerötet. Schalenpunkte zahlreich. Berostung unterschiedlich stark. Das Fruchtfleisch ist gelblich, fein, saftig, schmelzend. Geschmack süß mit zimtartiger Würze. Der Baum wächst kräftig und eignet sich für alle Erziehungsformen.

Herbstforelle *siehe* Forellenbirne
Hermanns Bergamotte *siehe* Saint Germain
Hermannsbirne *siehe* Saint Germain
Herrenbergamotte *siehe* Esperens Herrenbirne
Herrenbirne *siehe* Kuhfuß
Sommer-Apothekerbirne
Westfälische Glockenbirne
Herzogin Caroline Amalia *siehe* Liegels Winterbutterbirne

Herzog von Némours (Keine Sortenbeschreibung)

Herzogin Elsa

Herzogin Elsa

Die Sorte entstand in den Anlagen von Schloss Wilhelma bei Stuttgart und wurde 1885 durch das Pomologische Institut in Reutlingen in den Handel gebracht.
Doppelname: Duchesse Elsa

Sehr gute Tafelbirne. Genussreife ab Ende September. Haltbarkeit etwa 3 Wochen. Große bis sehr große, längliche Birne. Fruchtschale grün, später gelb, etwas rau durch feinen, zimtfarbenen Rost. Sonnenseite gerötet, manchmal gestreift. Schalenpunkte zahlreich hell. Fruchtfleisch in guten Anbaulagen schmelzend, manchmal auch körnig oder steinig. Saftreich, angenehm süß und fein gewürzt. Der Baum wächst mittelstark, später schwächer. Holz frosthart. Für alle Erziehungsformen geeignet. Anbau nur auf guten Birnenböden. Ansprüche an

Standort und Klima geringer. Beste Ergebnisse im Weinbauklima, befriedigende Ergebnisse auch noch in höheren Anbaulagen. Guter Pollenspender. Ertrag früh einsetzend, hoch und regelmäßig. Die Sorte ist sehr widerstandsfähig gegen Schorf.

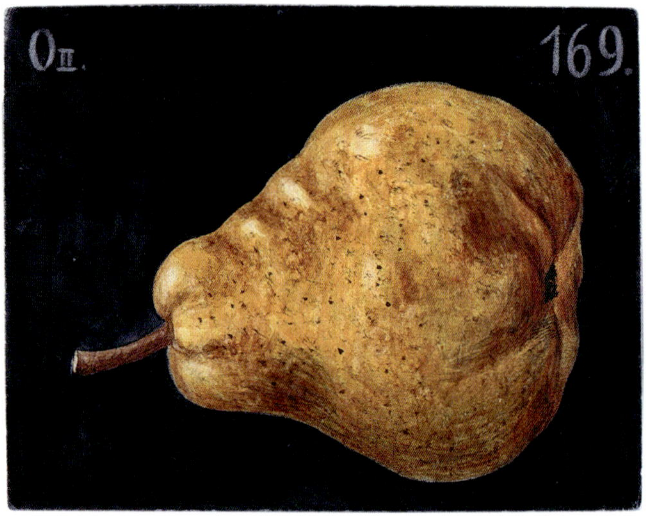

Herzogin von Angoulême

Herzogin von Angoulême

Doppelnamen: Beurré Soulé; Colmar de Chin; Duchesse d'Angoulême; Poire de Pézénas; Poire des Eparonnais

Sehr gute Tafel-, gute Wirtschaftsbirne. Genussreife ist ab Ende Oktober. Haltbarkeit bis Ende November. Sehr große, abgestumpft-birnförmige, oft beulige Frucht. Fruchtschale dick, grünlichgelb, später hellgelb. Rostpunkte zahlreich, hellbraun, auch einzelne Rostfiguren. Sonnenseite kräftig gerötet. Fruchtfleisch weiß, etwas grob, halbfein, schmelzend bis halbschmel-

Herzogin von Namur (Keine Sortenbeschreibung)

zend, saftig. Geschmack angenehm süß, zimtartig gewürzt. Der Baum ist schwachwachsend. Krone schlank aufrecht. Vorwiegend für niedere Erziehungsformen, insbesondere für Spalier geeignet. Blüten sehr frostempfindlich. Der Ertrag setzt früh ein und ist hoch. Jährlicher Rückschnitt erforderlich, da der Baum sonst rasch vergreist. Ansprüche an Boden und Klima hoch. Die Sorte eignet sich nur für beste Anbaulagen.

Herzogin von Brabant *siehe* Amanlis Butterbirne
Blumenbachs Butterbirne
Heubirne *siehe* Grüne Sommermagdalene
Muskatellerbirne

Highland

Die Sorte entstand im Staate New York/USA aus einer Kreuzung von 'Williams Christbirne' x 'Gellerts Butterbirne'. Sie kam 1974 in den Handel.

Sehr gute Tafel- und Wirtschaftsfrucht. Mittelgroße bis große, bauchige und etwas unregelmäßig gebaute Birne. Fruchtschale ziemlich glatt, gelblichgrün bis gelb. Sonnenseite manchmal gerötet. Zur Reifezeit fleckig berostet. Schalenpunkte sind zahlreich, mittelgroß. Fruchtfleisch cremefarbig, weich, schmelzend, saftig. Der Geschmack ist süß mit milder Säure. Reife ab Mitte September. Haltbarkeit bis Ende Oktober. Der Baum wächst mittelstark. Die Blüte ist etwas frostempfindlich. Guter Pollenspender. Der Ertrag setzt früh ein, ist hoch und regelmäßig. Die Sorte ist wenig schorfanfällig.

Hildesheimer Winterbergamotte *siehe* Winter-Dechantsbirne
Hildesheimer Winterbutterbirne *siehe* Winter-Dechantsbirne
Himmelfahrtsbirne *siehe* Maria Himmelfahrtsbirne

Hochfeine Butterbirne

Hochfeine Butterbirne

Die Sorte entstand um 1840 in Frankreich.
Doppelname: Beurré Superfin

Ausgezeichnete Tafel- und gute Wirtschaftsbirne. Reifezeit Mitte Oktober. Haltbarkeit gering. Große bis sehr große, dickbauchige Birne. Fruchtschale glatt, hellgrün, zur Reifezeit hin manchmal kräftig gerötet. Schalenpunkte sind fein, braun. Netzartiger Rost, vor allem um den Kelch. Fruchtfleisch gelblichweiß, sehr fein, saftig, schmelzend. Geschmack angenehm gewürzt und süß. Der Baum wächst mittelstark. Für alle Erziehungsformen geeignet, ausgenommen Obsthecke und Spalier. Anbau nur im Weinbauklima auf guten Böden sinnvoll. Guter Pollenspender. Ertrag mittelfrüh einsetzend. Die Sorte ist etwas anfällig für Schorf.

Hochfeine Colmar *siehe* Regentin

Hofratsbirne

Hofratsbirne

Die Sorte wurde um 1840 in Belgien aus Samen gezogen.
Doppelnamen: Beau de la Cour; Clara Pringalle; Conseiller de la Cour; Duc d'Orléans; Grosse Marie; Maréchal de la Cour; Poire du Conseiller

Eine sehr gute Tafel- und Wirtschaftsbirne. Pflückreife ist ab Ende September. Genussreife ab Mitte Oktober. Haltbarkeit 3–4 Wochen. Große, meist schief gebaute Frucht. Fruchtschale rau durch dicke, braune Schalenpunkte. Schalenfarbe hellgrün, später mattgelb. An Stiel und Kelch häufig Berostungen. Fruchtfleisch weiß, sehr saftig, halbschmelzend. Angenehme Säure mit feiner Würze. Der Baum wächst anfangs stark, später mittelstark. Für alle Erziehungsformen geeignet. In guten Böden breit anbaufähig bis auf 500 m Höhe. Blüte etwas frost- und nässeempfindlich. Schlechter Pollenspender. Der Ertrag setzt mittelspät ein, ist dann aber hoch und regelmäßig. Die Sorte ist etwas schorfanfällig und neigt zur Steinzellenbildung.

Holländische Feigenbirne

Doppelnamen: Fregattenbirne; Gurkenbirne; Hopfenbirne; Kaiserinbirne

Ausgezeichnete Tafelbirne. Reifezeit von Mitte bis Ende September. Große, flaschenförmige Frucht. Fruchtschale ist mattgrün, später grünlichgelb. Zur Reifezeit häufig matt bräunlichrot. Schalenpunkte sind zahlreich, fein, mit grünem Hof. Rostanflüge häufig. Fruchtfleisch weiß,

Holländische Feigenbirne

schmelzend, wenig körnig, Geschmack würzig und süß. Der Baum wächst stark und bildet eine breite, gut durchlichtete Krone. Für alle Erziehungsformen geeignet. Breit anbaufähig.

Holländische Sommerdechantsbirne *siehe* Gute Graue

Holzfarbige Butterbirne

Die Sorte entstand in Frankreich.
Doppelnamen: Beauté de Flandre; Belle Alliance; Belle des Bois; Belle des Flandres; Bergamotte de Flandre; Beurré Davy; Beurré de Bourgogne; Beurré Deftenghem; Beurré d'Elberg, Beurré du Bois; Beurré Foidard; Beurré Saint-Amour; Beurré Spence; Bos Pear; Bosc Peer; Bouche Nouvelle; Brederode; Empereur François-Joseph; Excellentissime; Féodale; Flemish Beauty; Fondante de Paris; Fondante des Bois; Fondante Spence; Gros Quessois d'Eté; Impératrice de France; Leon Juleré; Liegeis Dechantsbirne; Mouille-Bouche Nouvelle; Sommer-Verlaine; Verlaine d' Eté

Hervorragende Tafel- und auch Wirtschaftsfrucht. Reifezeit Anfang Oktober. Haltbarkeit etwa 3 Wochen. Große bis sehr große, in der Form sehr veränderliche Birne, stumpf-kegelförmig bis gedrückt-eiförmig. Fruchtschale fein aufgeraut, grün, später gelb. Zur Reifezeit ist ein Großteil der Frucht zimtfarbig berostet. Sonnenseite unterschiedlich stark gerötet. Schalenpunkte sind zahlreich, graugelb, oft mit hellem Hof. Größere Rostflecken um Kelch und Stiel. Fruchtfleisch weiß, fein, schmelzend, saftig. Geschmack edel und fein gewürzt. Der Baum wächst in der Jugend sehr stark und bildet schlanke Stämme. Krone zuerst aufrecht, später breiter werdend. Für alle Erziehungsformen geeignet. Anbau vorwiegend in warmen Lagen und in trockenem Klima. In feuchten Anbaulagen schorfanfällig. Ansprüche an den Boden geringer. Wegen der großen Früchte Windschutz empfehlenswert. Blüte etwas empfindlich gegen Frost und Nässe.

Honigbirne *siehe* Petersbirne
Sommerhonigbirne
Stuttgarter Geißhirtle

Hons *siehe* Erzbischof Hons

Hoosic

Eine gute Frucht, die sich besonders durch ihre Größe und Schönheit, die gute Fruchtbarkeit des Baumes und seinen kräftigen Wuchs auszeichnet. Reifezeit Oktober.

Hopfenbirne *siehe* Holländische Feigenbirne
Hotzelbirne *siehe* Großer Katzenkopf

Hoyerswerder Grüne

Hoyerswerder Grüne

Gute Tafel- und Wirtschaftsbirne. Reifezeit Ende August. Haltbarkeit 2 bis 3 Wochen. Mittelgroße, saftige Butterbirne von süßweinigem Geschmack. Der Baum stellt nur geringe Ansprüche an Boden und Klima. Er gedeiht noch auf trockenen und dürftigen Böden, selbst in rauen Anbaulagen. Erziehung vorwiegend als Hochstamm. Der Baum wächst gesund und trägt reich.

Hubard *siehe* Amanlis Butterbirne
Humboldtsbirne *siehe* Bosc's Flaschenbirne
Humboldts Butterbirne *siehe* Marie Luise
Hutzelbirne *siehe* Großer Katzenkopf
Stuttgarter Geißhirtle
Huy *siehe* Leckerbissen von Huy

Idaho

Idaho

Die Sorte entstand in Idaho/USA und wurde um 1890 in Deutschland eingeführt.

Auf zusagenden Standorten gute Tafel- und Wirtschaftsfrucht. Sie liefert ein schön rot gefärbtes Kompott. Reifezeit Oktober. Haltbarkeit bis November. Bergamottförmige, fast runde, große Birne. Fruchtschale fest, hellgrün, später gelb. Manchmal schwach gerötet. Schalenpunkte zahlreich, kräftig, graubraun. Kleinere Rostflecken häufig. Geruch ausgeprägt. Fruchtfleisch gelblichweiß, schmelzend, saftig, wenig körnig. Geschmack angenehm und kräftig gewürzt. Der Baum wächst mittelstark und ein wenig sparrig. Holz etwas frostempfindlich. Ansprüche an Boden und Klima sehr hoch. Nur für Intensivanbau in günstigen Lagen geeignet. Blüte mittelfrüh. Der Ertrag setzt früh bis mittelfrüh ein und ist befriedigend hoch. Etwas schorfempfindlich. Da die Früchte nur in besten Lagen voll ausreifen, kann die Sorte allenfalls als Spalier empfohlen werden.

Impératrice *siehe* Regentin
Impératrice de France *siehe* Holzfarbige Butterbirne
Incomparable *siehe* Diels Butterbirne
Inconnue de la Fare *siehe* Saint Germain

Ingenieur Wolters

Die Sorte stammt aus Frankreich und kam um 1900 in den Handel.

Sehr gute Tafel-, gute Wirtschaftsfrucht. Reifezeit Oktober. Haltbarkeit bis November. Mittelgroße bis große, rundliche, manchmal glockenförmige, häufig unregelmäßig gebaute Frucht. Fruchtschale dünn, glatt, gelbgrün, später gelb. Sonnenseite gerötet. Feine Berostungen vor allem um die Stielgegend. Fruchtfleisch gelblichweiß, fein, schmelzend. Geschmack angenehm gewürzt und süß. Der Baum wächst mittelstark und bringt mittelhohe Erträge.

Ingentia *siehe* Großer Katzenkopf
Isambert *siehe* Graue Herbstbutterbirne
Isembart *siehe* Graue Herbstbutterbirne

J

Jakobibirne *siehe* Grüne Sommermagdalene
Petersbirne
Jalousie de Fontenay *siehe* Birne von Fontenay
Jarnac *siehe* Belle de Jarnac

Jeanne d'Arc

Jeanne d'Arc

Die Sorte stammt aus Frankreich und kam um 1890 in den Handel.
Doppelname: Jungfrau von Orleans

Hervorragende Tafel-, Wirtschaftsfrucht. Reifezeit Dezember. Haltbarkeit bis Januar. Mittelgroße bis große, glockenförmige, beulige Birne mit breiten Kanten, die über die ganze Frucht laufen. Fruchtschale grün, wird später hellgelb. Zur Reifezeit manchmal leicht gerötet. Häufig leichte Berostung. Das Fruchtfleisch ist gelblichweiß, schmelzend, sehr saftig. Geschmack sehr edel, gewürzt. Der Baum wächst mittelstark und bildet hohe Kronen. Vorwiegend für niedere Erziehungsformen geeignet. Anbau nur auf guten Birnenböden im Weinbauklima. In guten Lagen bis 400 m Höhe geeignet. Blüte unempfindlich, mittelspät. Guter Pollenspender. Ertrag früh bis mittelspät einsetzend, mittelhoch und regelmäßig. Normale Schnittpflege. Die Sorte ist mäßig schorfanfällig.

Jodoigne *siehe* Leckerbissen von Jodoigne
Triumph von Jodoigne
Jolimont Précoce *siehe* Juli-Dechantsbirne
Jonghe *siehe* Colmar de Jonghe
Joséphine de Malines *siehe* Josephine von Mecheln
Joséphine Gregoire *siehe* Zéphirin Grégoire

Josephine von Mecheln

Josephine von Mecheln

Die Sorte wurde 1830 von Esperen in Mecheln aus Samen gezogen.
Doppelnamen: Joséphine de Malines; Königliche Winterbirne; Winterkönigin

Hervorragende Tafel-, gute Wirtschaftsfrucht. Reifezeit ab Januar. Haltbarkeit bis in den März. Mittelgroße, birnförmige bis rundliche Frucht. Fruchtschale gelbgrün, später gelb. Zur Reifezeit manchmal etwas gerötet. Heller Rost kann die ganze Frucht überziehen und wird vor allem an Kelch und Stiel kräftiger. Fruchtfleisch gelblichweiß, um das Kernhaus häufig gerötet, sehr fein, schmelzend, saftreich. Geschmack angenehm gewürzt, weinsäuerlich-süß. Der Baum wächst schwach und bildet breitrunde, etwas hängende Kronen. Das Holz ist sehr frosthart. Erziehung als Niederstamm, Viertel- und Halbstamm. Anbau auf guten Böden. Ansprüche an Standort und Klima geringer. Breit anbaufähig bis zu mittleren, geschützten Lagen. Blüte mittelspät, unempfindlich. Guter Pollenspender. Ertrag früh bis mittelfrüh einsetzend, unterschiedlich hoch und unregelmäßig. Der Baum braucht eine gründliche Schnittpflege. Die Sorte ist etwas anfällig für Schorf, sie ist widerstandsfähig gegen Schädlinge.

Joubert *siehe* Doktor Joubert
Jouffroy *siehe* Pastorenbirne
Judenbirne *siehe* Gute Graue

Jules Demaret

Die Sorte wurde 1886 in Belgien als Sämling der 'Birne von Tongern' gezogen.

Große, längliche Frucht. Fruchtschale gelb, Schalenpunkte zahlreich, braun. Reifezeit Oktober bis November. Fruchtfleisch weiß, ins Grünliche schimmernd, schmelzend. Geschmack sehr edel und angenehm gewürzt. Der Baum wächst kräftig und ist sehr fruchtbar.

Dr. Jules Guyot

Die Sorte wurde von Baltet in Troyes/Frankreich aus Samen gezogen und kam 1875 in den Handel.

Dr. Jules Guyot

Sehr gute Tafelfrucht. Reifezeit Ende August. Haltbarkeit zwei bis drei Wochen. Große bis sehr große, birnförmige, oft etwas unregelmäßig gebaute und beulige Frucht. Stiel abgebogen. Fruchtschale fein, glatt, hellgrün, später gelb. Zur Reifezeit ist die Frucht zimtfarbig punktiert und oft rostig marmoriert. Fruchtfleisch gelblich, sehr fein, saftig und schmelzend. Geschmack ist angenehm und gewürzt. Der Baum wächst schwach bis mittelstark. Krone pyramidal. Holz meist ausreichend frosthart. Erziehung vorwiegend für niedere Stammformen. Ansprüche an den Boden hoch, an Standort und Klima geringer. Breit anbaufähig bis in mittlere Höhenlagen. Blüte wenig empfindlich. Guter Pollenspender. Ertrag früh einsetzend, sehr hoch und regelmäßig. Der Baum braucht eine sorgfältige Schnittpflege, da er durch die hohen Erträge zu frühzeitiger Vergreisung neigt.

Julibirne *siehe* Bunte Julibirne

Juli-Dechantsbirne

Juli-Dechantsbirne (Abbildung Seite 598)

Die Sorte wurde von Baltet in Troyes/Frankreich aus Samen gezogen.
Dopplnamen: Doyenné de Juillet; Doyenné d'Eté; Jolimont Précoce; Poire de Juillet; Roi Jolimont; Saint Michel d'Eté; Summer Doyenne

Sehr gute, frühe Tafelfrucht. Reifezeit Ende Juli. Haltbarkeit 8 bis 10 Tage. Kleine, runde, in der Form etwas veränderliche Frucht. Fruchtschale fein, matt hellgrün, später gelb. Sonnenseite gerötet. Schalenpunkte zahlreich, in der Rötung gelb erscheinend. Fruchtfleisch mattweiß, um das Kernhaus feinkörnig, halbschmelzend, saftreich. Geschmack fein gewürzt. Der Baum wächst mittelstark. Er trägt früh und reich. Für alle Erziehungsformen geeignet. Die Sorte ist nur wenig schorfanfällig.

Julie *siehe* Schöne Julie
Julischönheit *siehe* Bunte Julibirne

Dr. Julius Quindon (Keine Sortenbeschreibung)

Jungfrau von Orleans *siehe* Jeanne d'Arc
Juteuse de Braunau *siehe* Neue Poiteau
Jutjesbirne *siehe* Gute Graue
Jütte Peer *siehe* Gute Graue

K

Kaiser Alexanderbirne *siehe* Bosc's Flaschenbirne
Kaiserbirne *siehe* Bosc's Flaschenbirne
Weiße Herbstbutterbirne
Kaiserinbirne *siehe* Holländische Feigenbirne
Kaiserkrone *siehe* Bosc's Flaschenbirne
Prinzessin Marianne
Kalebasse *siehe* Bosc's Flaschenbirne

Kallinger Butterbirne (Lokalsorte in Niederbayern, keine Sortenbeschreibung)

Kalmesbirne *siehe* Virgouleuse

Kamper Venus

Kamper Venus (Abbildung Seite 600)

Sehr gute Wirtschaftsfrucht. Reifezeit November bis Januar. Mittelgroße, birnförmige Frucht. Schalenfarbe matt hellgrau bis zitronengelb. Sonnenseite schwach gerötet. Schalenpunkte deutlich. Das Fruchtfleisch färbt sich beim Kochen rötlich. Gut geeignet für Obstwiesen und Feldflur. Baum noch in rauen Lagen anbaufähig. Ertrag früh einsetzend und reich.

Karl Ernst

Karl Ernst

Doppelname: Charles Ernest

Sehr gute Tafelbirne. Reifezeit Oktober bis November. Frucht groß, dick-eirund. Schalenfarbe gelb, häufig rostfarbig gefleckt. Fruchtfleisch fein, schmelzend. Der Baum wächst kräftig. Er bildet eine pyramidale Krone und trägt reich. Blüte mittelfrüh.

Karl Friedrich (Keine Sortenbeschreibung)

Kärntner Speckbirne *siehe* Oberösterreichische Weinbirne
Kartoffelbirne *siehe* Arenbergs Colmar
Käsbergamotte *siehe* Rote Bergamotte
Kasselerbirne *siehe* Pastorenbirne
Katelenbirne *siehe* Sommer-Apothekerbirne
Katharinenbirne *siehe* Großer Katzenkopf
Katzenkopf *siehe* Großer Katzenkopf
Kernlose *siehe* Rihas Kernlose Butterbirne
Kessoise *siehe* Amanlis Butterbirne
King Edwards' *siehe* König Eduard

Kieffers Sämling

Die Sorte entstand 1863 in Roxborough/USA als Sämling von 'Chinese Sand Pear'.

Vorwiegend Wirtschaftsfrucht. Die Birne ist mittelgroß bis groß, faßförmig, am Kelch leicht gerippt. Die Fruchtschale ist glatt, grünlich, später gelb bis bräunlichorange. Zur Reifezeit matt gerötet und verwaschen gestreift. Schalenpunkte klein und zahlreich. Kelchgrube oft flächig berostet. Fruchtfleisch gelblichweiß, sehr saftig, grobzellig. Geschmack etwas gewürzt, kaum süß. Baumreife Oktober. Genussreife ab November. Haltbarkeit bis Anfang Dezember.
Der Baum wächst stark und bildet zunächst eine hohe, später eine breitpyramidale Krone. Widerstandsfähig gegen Frost.

Kirchensaller Mostbirne (Lokalsorte im Gebiet von Hohenlohe/ Nordwürttemberg, keine Sortenbeschreibung)

Kleine Landlbirne

Die Sorte entstand in Oberösterreich vor 1720.

Gute Mostbirne. Frucht sehr klein, kreiselförmig. Fruchtschale ist glatt. Schalenfarbe grünlichgelb, später gelb. Zur Reifezeit verwaschen, auch gestreift gerötet. Kelchgrube meist berostet. Fruchtfleisch gelblichweiß, mittelfein, saftig, mittelhart. Geschmack süßsäuerlich, sortentypische Würze. Reifezeit ab Mitte Oktober.
Der Baum wächst mittelstark und bildet eine hochkugelige Krone aus.

Kleine Margarethenbirne

Kleine Margarethenbirne

Sehr gute Tafelbirne. Reifezeit ist im August. Frucht mittelgroß. Fruchtfleisch schmelzend, sehr saftig. Der Baum wächst kräftig, er trägt reich und regelmäßig.

Kleine Unveredelte Bergamotte *siehe* Rote Bergamotte
Kletzenbirne *siehe* Späte Kletzenbirne
Klevenower *siehe* Clevenower
Klotzbirne *siehe* Großer Katzenkopf
Klötzenbirne *siehe* Sievenicher Mostbirne

Knausbirne (Lokalsorte in Oberschwaben, keine Sortenbeschreibung)

Knechtchens Birne

Eine alte Sorte, die schon um 1700 bekannt war.

Sehr gute Tafel- und Wirtschaftsbirne. Reifezeit ist Ende August. Haltbarkeit etwa 5 Wochen. Mittelgroße, rundlich-birnförmige Frucht. Fruchtschale gelb, Sonnenseite gerötet. Schalenpunkte zahlreich, kräftig rot. Fruchtfleisch fest, halbfein, saftig. Geschmack angenehm säuerlich-süß. Der Baum wächst mittelstark, aufrecht. Krone hochgebaut. Ertrag reich.

Kollbacher Dörrbirne (Lokalsorte in Niederbayern, keine Sortenbeschreibung)

Komperette *siehe* Ananasbirne
Konferenzbirne *siehe* Conference
Kongreßbirne *siehe* Andenken an den Kongreß

König Eduard

Doppelnamen: King Edward's; Roi Edouard

Gute Tafel- und Wirtschaftsbirne. Reifezeit Anfang Oktober. Haltbarkeit etwa 4 Wochen. Sehr große, länglich-birnförmige Frucht. Fruchtschale grün, später gelblichgrün. Sonnenseite gerötet. Schalenpunkte zahlreich, fein. Häufig kleinere Berostungen. Fruchtfleisch grünlich-gelb, grobkörnig, saftig. Geschmack etwas herb. Der Baum wächst kräftig und ist sehr ertragreich. Vorwiegend für niedere Erziehungsformen geeignet.

Königinbirne *siehe* Celebasse à la Reine

König Karl von Württemberg

Die Sorte ist ein Sämling von 'Clairgeaus Butterbirne'.
Doppelname: Roi Charles de Wurttemberg

Sehr schöne Schaufrucht. Gute bis sehr gute Tafelbirne, gute Wirtschaftsfrucht. Große bis sehr große, stumpf-kegelförmige, auch beulige Birne. Die Fruchtschale ist blassgelb, später gelb. Sonnenseite manchmal kräftig gerötet. Schalenpunkte sind groß, braun. Braune Rostfiguren häufig. Fruchtfleisch weiß, halbfein, halbschmelzend. Geschmack süß und angenehm gewürzt.

König Karl von Württemberg

Reifezeit ist Ende Oktober bis Ende November. Der Baum wächst stark. Er eignet sich für alle Erziehungsformen. Der Ertrag setzt früh ein und ist reich.

Königliche Winterbirne *siehe* Josephine von Mecheln

Königsbirne (Keine Sortenbeschreibung)

Königsbirne von Neapel

Doppelname: Présent Royal de Naples

Eine ungewöhnlich große, rundlich-birnförmige Frucht. Reifezeit ist erst ab März. Die Fruchtschale ist grünlichgelb, aufgeraut durch starke, graue Schalenpunkte und raue braune Flecken. Fruchtfleisch ist grünlichweiß, schmelzend. Geschmack in guten Anbaulagen süß und ange-

Königsbirne von Neapel

nehm. Der Baum wächst kräftig und gesund, Krone etwas sparrig. Für alle Erziehungsformen geeignet. Der Ertrag setzt früh ein.

Königstafelbirne *siehe* Windsorbirne
König von Bayern *siehe* Regentin

Koonce

Gute Tafelbirne. Die Reifezeit ist Mitte August. Mittelgroße Frucht. Der Baum wächst stark und gesund. Als Frühsorte für Hochstamm empfehlenswert.

Kopertscher Fürstliche Tafelbirne *siehe* Liegels Winterbutterbirne

Köstliche von Bihorel

Köstliche von Bihorel (Abbildung Seite 606)

Sehr gute Tafelbirne. Reifezeit August. Kleine, rundliche bis bergamottförmige Frucht. Fruchtschale grünlichgelb, rostig punktiert, matt gerötet. Der Baum wächst mittelstark und bildet eine breitpyramidale Krone. Ertrag früh einsetzend und hoch. Blüte mittelfrüh.

Köstliche von Charneu

Köstliche von Charneu

Die Sorte stammt von Charneu in Belgien.
Doppelnamen: Bürgermeisterbirne; Fondante de Charneu; Graßhoffs Leckerbissen; Poire de Charneu; Poire Légipont; Waterloo

Sehr gute Tafel- und gute Wirtschaftsbirne. Reifezeit ab Mitte Oktober. Haltbarkeit bis Anfang November. Große, ei- oder kegelförmige Birne. Fruchtschale fein, grünlichgelb, später gelb. Sonnenseite schwach streifenartig gerötet. Manchmal etwas berostet. Schalenpunkte zahlreich, braun, mit grünem Hof. Fruchtfleisch gelblichweiß, sehr fein, schmelzend, sehr saftig. Geschmack sehr süß und gewürzt. Der Baum wächst stark und bildet eine schmale Krone. Holz etwas frostempfindlich. Für alle Erziehungsformen geeignet. Anbau auf guten Birnenböden. Ansprüche an Standort und Klima geringer, noch für mittlere Höhenlagen geeignet. Blüte wenig frostempfindlich. Guter Pollenspender. Der Ertrag setzt spät ein, ist hoch und regelmäßig. Bei älter werdenden Bäumen empfiehlt sich oft das Einkürzen des Mittelastes.

Kreiselförmige Dechantsbirne

Sehr gute Tafel- und Wirtschaftsfrucht. Mittelgroße Birne, saftig, schmelzend, mit angenehmem Geschmack. Der Baum wächst mäßig stark und gesund. Der Ertrag ist hoch. Ansprüche an Boden und Klima gering.

Kreuzerbirne

Lokalsorte. Mittelgroße Frucht, länglich birnförmig. Fruchtschale ist gelblichgrün, in der Reife goldgelb, schwach punktiert. Fruchtfleisch ist mürbe, süß, schwach gewürzt. Auf dem Lager wird die Birne mehlig, dadurch auch zum Dörren geeignet. Der Baum trägt regelmäßig und gut. Er ist frosthart.

Kronprinzessin Friedrich *siehe* Hardenponts Winterbutterbirne
Kronprinz Ferdinand von Österreich *siehe* Hardenponts Winterbutterbirne
Kugelbirne *siehe* Liegels Winterbutterbirne
Wasserbirne

Kuhfuß

Kuhfuß

Eine in Norddeutschland verbreitete Wirtschaftsbirne.
Doppelnamen: Herrenbirne; Pfundbirne; Sommerkatzenkopf; Speckbirne; Westfälische; Glockenbirne

Sehr gute Wirtschaftsfrucht. Reifezeit ab September. Haltbarkeit bis Mitte Oktober. Dickbauchige, birnförmige Frucht, manchmal etwas beulig und unförmig. Fruchtschale schmutziggrün, später gelbgrün. Zur Reifezeit mit zahlreichen braunroten Flecken oder Streifen. Schalenpunkte fein bis grob, grauweiß. Manchmal Anflüge von Rost. Fruchtfleisch gelblichweiß mit rötlichem Anflug, etwas körnig, saftig. Geschmack süß, ohne Würze. Nach dem Kochen sehr wohlschmeckend. Der Baum wächst stark, er kann sehr groß und alt werden. Die Erträge sind ungewöhnlich hoch, setzen aber spät ein. Aufbau auf warmen, feuchten Böden. Erziehung vorwiegend als Hochstamm.

Kuhfuß *siehe* Westfälische Glockenbirne
Kurzstielige Winterbergamotte *siehe* Virgouleuse

L

La Borie *siehe* Virgouleuse
Ladé *siehe* Von Ladés Butterbirne

La France

La France

Hervorragende Tafelbirne. Reifezeit Dezember. Haltbarkeit bis Februar. Mittelgroße bis große, beulige, abgestumpft-birnförmige Frucht. Fruchtschale dünn, glatt, graugrün, später grünlich-gelb. Schalenpunkte sind zahlreich, rostfarben. Berostungen häufig. Fruchtfleisch weiß bis gelblichweiß, sehr fein, schmelzend, saftig. Geschmack edel weinsäuerlich und gewürzt. Der Baum wächst mittelstark, etwas sparrig und dornig. Anbau vor allem auf leichten Böden.

Lallinger Butterbirne (Lokalsorte im Lallinger Winkel/ Niederbayern, keine Sortenbeschreibung)

Lamberty *siehe* Graf von Lamberty
Lange Grüne Winterbergamotte *siehe* Virgouleuse

Lange Rote Dechantsbirne (Keine Sortenbeschreibung)

Lange Salzburger Birne *siehe* Salzburger Birne
La Sarasine des Chartreux *siehe* Sarasinbirne
La Souveraine *siehe* Regentin
Lauers Englische Osterbutterbirne *siehe* Winter-Dechantsbirne

Lawson

Lawson

Sehr gute Tafelbirne. Reifezeit August bis September. Mittelgroße Frucht. Fruchtschale gelb, später lebhaft gerötet. Fruchtfleisch gelblich, saftreich, schmelzend, von edlem Geschmack. Der Baum wächst mittelstark und trägt reich. Blüte mittelfrüh. Guter Gartenbaum.

Lebruns Butterbirne

Lebruns Butterbirne

Die Sorte wurde 1855 in Frankreich aus Samen gezogen.
Doppelname: Beurre Lebrun

Sehr gute Tafel- und Wirtschaftsfrucht. Reifezeit Oktober. Haltbarkeit gering. Große bis sehr große, längliche, fast walzenförmige Frucht. Fruchtschale fein, grün, später grünlichgelb bis weißlichgelb, Sonnenseite manchmal schwach gerötet. Zur Reifezeit an Stiel und Kelch braun gefleckt. Fruchtfleisch gelblichweiß, halbfein, fest, halbschmelzend, saftig. Geschmack würzig und süß. Der Baum wächst in der Jugend kräftig. Er ist unempfindlich und breit anbaufähig. Der Ertrag wird mit zunehmendem Alter hoch. Erziehung vorwiegend als niedere Stammformen. Wegen der großen windgefährdeten Früchte sind Hochstammformen ungeeignet.

Leckerbissen *siehe* Hardenponts Leckerbissen

Leckerbissen von Angers

Leckerbissen von Angers (Abbildung Seite 611)

Doppelnamen: Delices d'Angers; Fondante du Panisel

Sehr gute Tafel-, gute Wirtschaftsfrucht. Reifezeit Ende Oktober. Haltbarkeit bis Ende November. Mittelgroße, rundlich-ovale Birne. Fruchtschale dick, grün, später gelb. Zur Reifezeit goldfarbig berostet. Um Kelch und Stiel rotfleckig, manchmal auch bräunlich gerötet. Fruchtfleisch ist weißlichgelb, fein, fast schmelzend, saftig. Geschmack angenehm süß und stark gewürzt. Der Baum wächst mittelstark und ist sehr fruchtbar. Er eignet sich für alle Erziehungsformen. Anbau nur in guten Birnenlagen.

Leckerbissen von Huy

Die Sorte entstand in Belgien und kam 1875 nach Deutschland.
Doppelname: Delices de Huy

Sehr gute Tafel-, gute Wirtschaftsbirne. Reifezeit November. Haltbarkeit bis in den Dezember. Große bis sehr große, abgestumpft-kegelförmige Frucht. Fruchtschale ist fein aufgeraut, grüngelb, auf der Sonnenseite grün punktiert. Zur Reifezeit ist die ganze Frucht punktförmig berostet. Fruchtfleisch grünlichgelb, schmelzend, saftig. Geschmack sehr süß und angenehm gewürzt. Der Baum wächst mittelstark. Er eignet sich für alle Erziehungsformen, vor allem für Zwergformen.

Leckerbissen von Jodoigne

Sehr gute Tafelfrucht. Reifezeit September. Haltbarkeit bis Oktober. Mittelgroße Birne, saftig, schmelzend, reich gewürzt und von ausgezeichnetem Geschmack. Der Baum wächst stark. Er eignet sich für alle Erziehungsformen und trägt in jedem zweiten Jahr regelmäßig.

Leclerc *siehe* Amélie Leclerc
General Leclerc
Lectier *siehe* Le Lectier
Légipont *siehe* Köstliche von Charneu

Lehoferbirne

Doppelnamen: Gassenbirne; Stieglbirne
Die Sorte wurde nach dem Gut Lehof in Strengberg/Niederösterreich benannt.

Gute Mostbirne. Die Frucht ist klein, kreiselförmig, meist ungleichmäßig. Fruchtschale rau. Schalenfarbe gelblichgrün, später grünlichgelb. Zur Reife ist fast die ganze Frucht punktförmig berostet. Stiel meist von Fleischwulst seitwärts gedrückt. Fruchtfleisch gelblichweiß, sehr saftig, mittelhart, grobzellig. Geschmack süßsäuerlich, kaum gewürzt. Reifezeit Mitte Oktober. Der Baum wächst mittelstark und bildet eine hochpyramidale Krone aus.

Leipziger Rettichbirne

Die Sorte wurde bei Leipzig gefunden.
Doppelname: Gerstenbirne (Baden)

Sehr gute Wirtschaftsbirne. Als Tafelbirne noch brauchbar. Reifezeit ab Ende August. Haltbarkeit etwa 2 Wochen. Kleine, rundliche Frucht, die in Büscheln hängt. Fruchtschale hellgrün,

Leipziger Rettichbirne

später hellgelb. Zur Reifezeit schwach berostet, vor allem an Stiel und Kelch. Schalenpunkte fein, zahlreich, mit grünem Hof. Fruchtfleisch grünlichweiß, fein gekörnt, später schmelzend. Geschmack vorwiegend süß, nur leicht gewürzt. Der Baum wächst mittelstark. Krone hochkugelig und fein verästelt. Ansprüche an Lage und Boden gering, deshalb breit anbaufähig. Der Ertrag setzt früh ein und ist reich. Die Sorte ist widerstandsfähig gegen Krankheiten und Schädlinge. Auf trockenem Boden bleiben die Früchte sehr klein. Wegen der Anspruchslosigkeit und Widerstandsfähigkeit eignet sich die Sorte gut als Stammbildner.

Le Lectier

Le Lectier

Die Sorte entstand 1888 bei Orleans als Sämling von 'Williams Christbirne' x 'Bergamotte Fortunée'.
Doppelname: Poire Le Lectier

Sehr gute Wirtschaftsbirne. Reifezeit Mitte November. Haltbarkeit bis Dezember. Große bis sehr große, länglich-birnförmige, auch flaschenförmige Frucht. Häufig in der Kelchgegend unregelmäßig geformt. Fruchtschale grünlich, später gelb. Zur Reifezeit stark rostig punktiert und marmoriert. Manchmal leicht gerötet. Fruchtfleisch gelblichweiß, fein, schmelzend, sehr saftig. Geschmack fein herb, süß, leicht gewürzt. Der Baum wächst stark und bildet schmale Kronen. Leitäste gut mit Seitenholz besetzt. Wenig frosthart. Vorwiegend für niedere Erziehungsformen geeignet. Anbau nur auf besten Birnenböden im Weinbauklima. In raueren Gegenden noch als Spalier möglich. Blüte empfindlich, guter Pollenspender. Der Ertrag setzt spät ein, ist mittelhoch und regelmäßig. Die Sorte ist etwas schorfanfällig.

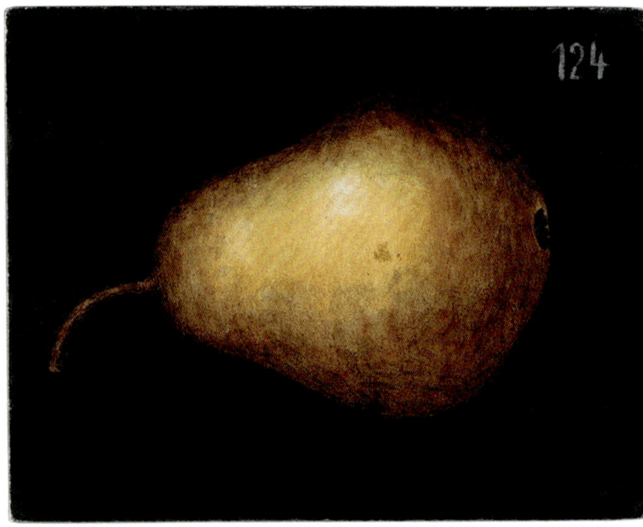

Léon Crégoire

Léon Grégoire

Sehr gute Tafelbirne. Reifezeit Ende November. Haltbarkeit bis Januar. Große bis sehr große, abgestumpft-kegelförmige, oft unregelmäßig gebaute und etwas beulige Frucht. Fruchtschale grüngelb. Schalenpunkte kräftig, bräunlich. Zur Reifezeit ist die Frucht mit netzartigem, oft rauem Rost bedeckt. Fruchtfleisch gelblichweiß, fein, schmelzend, saftig. Geschmack herbsüß und schwach gewürzt. Der Baum wächst kräftig und verzweigt sich gut. Krone pyramidenförmig. Der Ertrag setzt früh ein und ist hoch.

Lepin *siehe* Notaire Lepin
Leon Juleré *siehe* Holzfarbige Butterbirne
Liegels Dechantsbirne *siehe* Holzfarbige Butterbirne

Liegels Winterbutterbirne

Die Sorte entstand um 1650 in Böhmen.
Doppelnamen: Amorette; Beurré d'Hiver de Liegel; Bischof Milde; Colomas Köstliche Winterbirne; Fürst Schwarzenberg; Graf Sternbergs Winterbutterbirne; Herzogin Caroline Amalia; Kopertscher Fürstliche Tafelbirne; Kugelbirne (Oberfranken); Princiere; Supreme Coloma; Supreme d'Hiver de Coloma; Unique Musquée; Weinhuberin; Winterhuberin; Wintermuskateller

Liegels Winterbutterbirne

Sehr gute Tafel- und gute Wirtschaftsbirne. Reifezeit ist Mitte November. Die Haltbarkeit geht bis Mitte Dezember. Mittelgroße, eirunde, manchmal auch etwas abgeplattete Frucht. Fruchtschale glatt, dunkelgrün, später gelblich. Schalenpunkte sind zahlreich, braun. Häufig Rostflecken. Geruch angenehm würzig. Fruchtfleisch gelblichweiß, fein, schmelzend, sehr saftig. Geschmack angenehm zimtartig.
Baum wächst mittelstark bis stark. Krone breitpyramidal bis breitrund. Leitäste zuerst schräg aufrecht, dann hängend. Ausreichend frosthart. Für alle Erziehungsformen geeignet. Anbau auf guten Böden. Nasse Standorte ungeeignet. Ansprüche an Standort und Klima gering. In warmen und geschützten Lagen breit anbaufähig. Blüte witterungsempfindlich. Guter Pollenspender. Der Ertrag setzt früh ein, ist sehr hoch und regelmäßig. Die Sorte ist schorfanfällig.

Lincoln Coreless *siehe* Lincolner Winterbirne

Lincolner Winterbirne

Die Sorte entstand um 1890 in den USA.
Doppelname: Lincoln Coreless Winter Pear

Sehr gute Wirtschaftsfrucht. Reifezeit Januar. Haltbarkeit bis in den Mai. Sehr große, breit- bis langbirnförmige Frucht. Fruchtschale gelb, Sonnenseite leicht gerötet. Schalenpunkte groß, zimtbraun. Zur Reifezeit Anflüge von braunem Rost um Stiel und Kelch. Fruchtfleisch gelblichweiß, grob, fest, um das Kernhaus steinig, wenig saftig. Geschmack ziemlich süß, etwas herb und leicht gewürzt. Der Baum wächst kräftig und bildet breite Kronen mit abstehenden Ästen. Der Ertrag setzt früh ein und ist hoch.

Lincoln d'Automne *siehe* Hardenponts Winterbutterbirne
Lipps Birne *siehe* Römische Schmalzbirne
Longstalked Blanquette Pear *siehe* Große Blanquette
Longueval *siehe* Gute Luise von Avranches
Lorenzbirne *siehe* Petersbirne
Louis Dupont *siehe* Colomas Herbstbutterbirne
Louise Bonne d'Avranches *siehe* Gute Luise von Avranches

Louise Bonne de Printemps *siehe* Späte Gute Luise
Louise Bonne of Jersey *siehe* Gute Luise von Avranches
Louise d'Avranches *siehe* Gute Luise von Avranches
Louise d'Orléans *siehe* Colomas Herbstbutterbirne

Louis Vilmorin

Die Sorte entstand um 1860 in Frankreich.

Sehr gute Tafel-, gute Wirtschaftsfrucht. Mittelgroße bis große, meist eirunde Birne. Fruchtschale zur Reifezeit intensiv gerötet. Oberfläche rau durch Rostspuren. Fruchtfleisch sehr fein, schmelzend, sehr saftig, um das Kernhaus etwas steinig. Geschmack süß und stark gewürzt. Der Baum wächst kräftig und bildet schöne pyramidale Kronen. Für alle Erziehungsformen geeignet. Ertrag sehr hoch.

Lübecker Prinzessinbirne

Lübecker Prinzessinbirne

Doppelname: Wondernot

Eine wertvolle Frühbirne, seit 1911 im Handel. Frucht groß, fest hängend. Schalenfarbe gelb, Sonnenseite intensiv rot. Ertrag früh einsetzend. Wuchs stark. Wenig anfällig für Krankheiten.

Lucas *siehe* Alexander Lucas
Dr. Lucius *siehe* Minister Dr. Lucius
Lucrate *siehe* Esperens Herrenbirne
Lucrative *siehe* Esperens Herrenbirne
Luise *siehe* Marie Luise
Späte Gute Luise
Uccler Marie Luise

Lübecker Sommerpieter (Keine Sortenbeschreibung)

Luxemburger Mostbirne

Luxemburger Mostbirne

Die Sorte entstand in Luxemburg und hat sich vor allem in Württemberg stark verbreitet.

Sehr gute Wirtschaftsbirne. Reifezeit im Oktober. Haltbarkeit bis Anfang November. Sehr gute Most- und Dörrbirne, beliebte Schnapsbirne. Mittelgroße, rundliche Frucht. Schalenpunkte rau, graugrün, später gelbgrün. Zur Reifezeit rostig punktiert, rostfleckig. Fruchtfleisch weiß, grobkörnig, saftig. Geschmack herbsüß, zum Rohgenuss ungeeignet. Der Baum wächst kräftig und bildet starke Hochstämme. Krone hochkugelförmig. Ertrag sehr hoch. Ansprüche an Lage und Boden gering. Sehr guter Feld- und Straßenbaum.

Lydia *siehe* Andenken an Lydia

Lykurgus

Die Sorte entstand in Cleveland/USA als Sämling von 'Winter-Nelis'.

Sehr gute Tafelbirne. Kleine bis mittelgroße, birnförmige Frucht. Fruchtschale dick, fein rau, schwarzgrün, später schmutzig braungelb. Dadurch wird diese edle Sorte ziemlich unansehnlich. Das Fruchtfleisch ist schmutzig gelbweiß, fein, schmelzend, sehr saftig. Geschmack edel gewürzt und süß. Der Baum wächst mittelstark und bildet breite Kronen. Ertrag hoch.

M

Mabille *siehe* Diels Butterbirne

Madame Blanchets Butterbirne

Doppelname: Beurré Madame Blanchet

Sehr gute Tafel- und gute Wirtschaftsbirne. Reifezeit Ende September. Haltbarkeit nur bis Mitte Oktober. Große bis sehr große, birnförmige, manchmal abgestumpft-eiförmige und dickbauchige Frucht. Fruchtschale fein rau, hellgelb, Sonnenseite manchmal trüb gerötet. Zur Reifezeit fast vollständig mit hellem, zimtfarbenem Rost bedeckt. Fruchtfleisch gelblich, sehr fein, saftig, schmelzend. Geschmack fein, süßweinig, gewürzt. Der Baum wächst kräftig und bildet pyramidale Kronen. Ertrag sehr hoch. Für alle Erziehungsformen geeignet.

Madame Bonnefond

Madame Bonnefond

Die Sorte entstand 1848 in Frankreich und kam 1867 in den Handel.

Hervorragende Tafelbirne, gute Wirtschaftsfrucht. Große bis sehr große, flaschen- bis birnförmige Frucht, häufig aber etwas unregelmäßig gebaut. Fruchtschale fein, hellgrün, später gelb. Schalenpunkte klein, dunkelgrün. Fruchtfleisch fein, weiß, unter der Schale etwas grünlich,- sehr saftig, schmelzend. Geschmack fein gewürzt. Reifezeit November. Haltbarkeit bis Dezember. Der Baum wächst mittelstark und bildet pyramidale Kronen. Ausreichend frosthart. Vor allem für niedere Erziehungsformen geeignet. Anbau auf guten Böden. In warmen Lagen breit anbaufähig. Blüte wenig empfindlich. Guter Pollenspender. Ertrag sehr früh einsetzend, sehr hoch und regelmäßig. Bei zu starkem Fruchtansatz sollte ausgedünnt werden. Der Baum benötigt laufende Schnittpflege, insbesondere zur Fruchtasterneuerung. Die Sorte ist etwas schorfanfällig.

Madame de Madre

Die Sorte entstand 1881 als Sämling von 'Hardenponts Leckerbissen'.

Mittelgroße, länglich birnförmige Frucht. Fruchtschale ist zitronengelb, fein rostig punktiert. Fruchtfleisch weißlich, sehr fein, schmelzend, sehr saftreich. Geschmack süß und angenehm mandel- bis fenchelartig gewürzt. Der Baum wächst kräftig und ist sehr fruchtbar.

Madame du Puis

Madame du Puis

Sehr gute Tafel-, gute Wirtschaftsfrucht. Reifezeit ab Januar. Haltbarkeit bis Februar. Mittelgroße bis große, länglich-birnförmige, unregelmäßig geformte Birne. Fruchtschale grüngelb. Zur Reifezeit ist die ganze Frucht zimtfarbig berostet. Fruchtfleisch gelb, sehr saftig. Geschmack angenehm süßherb und etwas gewürzt. Der Baum wächst mittelstark und trägt sehr reich.

Madame Elisa

Sehr gute Tafelbirne. Reifezeit Oktober. Haltbarkeit bis November. Frucht mittelgroß, fein, saftreich, süß, von delikatem Geschmack. Der Baum wächst mittelstark, gedrungen, gesund und bringt alle zwei Jahre einen vollen Ertrag.

Madame Favre

Madame Favre

Die Sorte stammt aus Frankreich und kam 1861 in den Handel.

Sehr gute Tafelbirne. Reifezeit September. Haltbarkeit gering. Mittelgroße bis große, rundlich-dickbauchige, etwas beulige Frucht. Fruchtschale mattglänzend, fast glatt. Die Schalenfarbe ist gelblichgrün, später grünlichgelb bis wachsgelb. Schalenpunkte sind zahlreich und fein. Rostflecken häufig. Das Fruchtfleisch ist weiß, sehr fein, saftig, um das Kernhaus aber etwas körnig. Der Geschmack süß, würzig und angenehm säuerlich. Der Baum wächst kräftig und bildet gut gebaute Kronen. Für alle Erziehungsformen geeignet. Sehr gute Spalierbirne. Anbau auf guten Böden in warmen Lagen. Blüte etwas witterungsempfindlich. Guter Pollenspender. Ertrag früh einsetzend, hoch und regelmäßig.

Madame Levavasseur

Madame Levavasseur (Abbildung Seite 620)

Kochbirne von starkem, gesundem Wuchs. Früchte sehr groß und lange haltbar. Erziehung vorwiegend als Hochstamm.

Madame Loriol de Barny

Die Sorte entstand um 1860 in Frankreich als Sämling von 'Williams Christbirne'.

Sehr gute Tafelbirne. Reifezeit ist im November. Haltbarkeit bis Anfang Januar. Sehr große, eiförmige bis walzenförmige, unregelmäßig gebaute und stark beulige Frucht. Fruchtschale grünlichgelb, zur Reifezeit unterschiedlich stark rötlich marmoriert. Schalenoberfläche rau. Schalenpunkte grau bis grünlichbraun. Rostflecken häufig um Stiel und Kelch. Fruchtfleisch gelblichweiß, schmelzend, zart, saftig, nur manchmal um das Kernhaus steinig. Geschmack süß, aromatisch gewürzt. Der Baum wächst kräftig und trägt sehr reich. Triebe mittelstark.

Madame Planchon

Die Sorte stammt aus Belgien.

Gute Tafel- und Wirtschaftsbirne. Reifezeit Ende Oktober. Haltbarkeit biss November. Große bis sehr große, beulig-birnförmige Frucht. Fruchtschale grün, später gelb bis dunkelgelb. Sonnenseite gerötet. Schalenpunkte zahlreich. Rostfiguren häufig auftretend, vor allem in der Kelchgegend. Fruchtfleisch sehr saftig, fast schmelzend, etwas steinig. Geschmack weinsäuerlich-süß. Der Baum wächst kräftig und trägt sehr reich. Er eignet sich für alle Erziehungsformen.

Madame Treyve

Madame Treyve

Die Sorte entstand 1885 in Frankreich.
Doppelname: Souvenir de Madame Treyve

Hervorragende Tafelbirne. Große bis sehr große, bauchig- bis birnförmige, etwas veränderliche Frucht. Fruchtschale grün, später hellgelb mit grünen Flecken. Schalenpunkte zahlreich, fein, Sonnenseite oft schwach gerötet. Rostanflüge und Rostflecken häufig. Fruchtfleisch gelblichweiß, sehr fein, schmelzend, saftig. Geschmack süß und mandelartig gewürzt. Reifezeit Mitte bis Ende September. Der Baum wächst schlank und ziemlich kräftig. Krone aufrecht, später mehr breit werdend. Ansprüche an Boden und Lage gering, deshalb breit anbaufähig.

Madame Verté

Madame Verté

Die Sorte entstand um 1820 in Belgien.
Doppelnamen: Besi de Caen; Beurré de Caen

Sehr gute Tafelbirne. Reifezeit ab Dezember. Haltbarkeit bis Anfang Februar. Mittelgroße, abgestumpft-birnförmige, auch dickbauchige Frucht. Fruchtschale dick, rau und mattglänzend. Schalenfarbe trüb gelb. Sonnenseite häufig matt gerötet. Zur Reifezeit ist fast die ganze Frucht rau berostet. Schalenpunkte zahlreich. Fruchtfleisch gelblichweiß, angenehm süß und von gutem Aroma. Die Früchte hängen sehr fest. Der Baum wächst schwach bis mittelstark. Krone breitpyramidal. Holz ausreichend frosthart. Für alle Erziehungsformen geeignet. Die Sorte stellt keine sehr hohen Ansprüche. Sie eignet sich auch noch für geschützte Lagen in raueren Gebieten. Sehr gute Spaliersorte.
Mittelstarker, lockerer Wuchs. Der Ertrag beginnt spät, ist dann regelmäßig und hoch. Blüte widerstandsfähig, guter Pollenspender. Das derbe Laub ist widerstandsfähig gegen Schädlinge und Krankheiten, vor allem gegen Schorf. Das Holz ist unempfindlich für Winterfrost.

Madeleine *siehe* Grüne Sommermagdalene
Madre *siehe* Madame de Madre

Magherman

Die Sorte entstand 1840 in Ostflandern.

Sehr gute Tafelbirne. Reifezeit ist Ende September. Große bis sehr große, länglich-birnförmige

Magherman

Frucht von regelmäßiger, manchmal leicht beuliger Form. Fruchtschale glänzend, glatt, gelb. Sonnenseite gerötet und gestreift. Rostpunkte sind zahlreich. Fruchtfleisch fein, gelblichweiß, saftig, fast schmelzend. Geschmack sehr süß, weinsäuerlich und gewürzt. Der Baum wächst kräftig, er eignet sich für alle Erziehungsformen und trägt reich.

Magnifique *siehe* Diels Butterbirne
Mailänderin *siehe* Napoleons Butterbirne
Malines *siehe* Josephine von Mecheln Winternelis
Malvasierbirne *siehe* Sommer-Apothekerbirne
Marais *siehe* Großer Katzenkopf
Marbre *siehe* Alencons Dechantsbirne

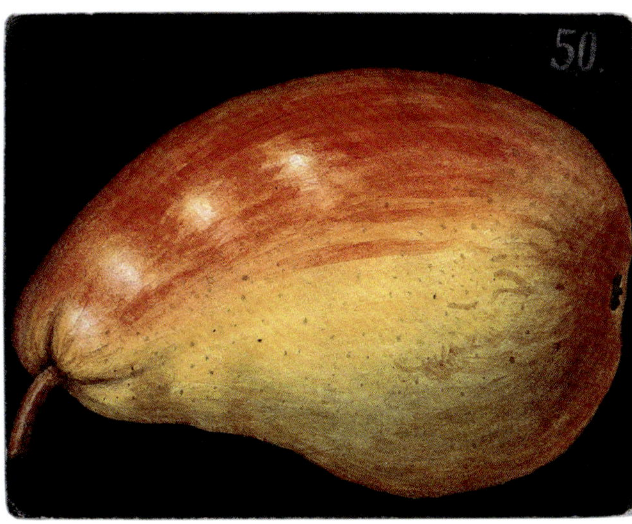

Margarete Marillat

Marchioness Pear *siehe* Markgräfin
Maréchal de la Cour *siehe* Hofratsbirne

Margarete Marillat (Abbildung Seite 623)

Die Sorte entstand um 1870 bei Lyon/Frankreich.

Gute Tafelbirne und Schaufrucht. Reifezeit August. Haltbarkeit 10 bis 12 Tage. Sehr große, oft unregelmäßig gebaute, beulige Birne. Fruchtschale hellgelb, Sonnenseite rot geflammt und stellenweise verwaschen gerötet. Schalenpunkte zahlreich, dick, bräunlich. Leichte Berostungen auf der Frucht, verdichtet an Kelch und Stiel. Fruchtfleisch gelblichweiß, um das Kernhaus gelb. Saftig, schmelzend, manchmal etwas grobkörnig. Geschmack süß, ohne wesentliche Würze. Der Baum wächst stark und bildet pyramidale Kronen. Anbau auf nahrhaftem Boden und an geschütztem Standort. Vorwiegend für niedere Erziehungsformen geeignet. Regelmäßige Verjüngungsschnitte müssen das Triebwachstum anregen. Der Ertrag setzt mittelfrüh ein, ist hoch und regelmäßig. Zahlreiche Krüppelfrüchte.

Margarethenbirne *siehe* Grüne Sommermagdalene
Petersbirne
Marguerite *siehe* Marie Marguerite
Marguerite Marillat *siehe* Margarete Marillat
Maria *siehe* Santa Maria

Maria Himmelfahrtsbirne

Die Sorte entstand um 1860 bei Nantes/Frankreich.
Doppelnamen: Beurré Assomption; Himmelfahrtsbirne; Poire de l'Assomption

Sehr gute Tafel- und Marktfrucht. Reifezeit August. Haltbarkeit bis September. Große bis sehr große, oft veränderliche, walzenförmige Birne. Fruchtschale dick und etwas rauh, gelblichgrün, später gelb. Die Schalenpunkte sind zahlreich, braun. Rostflecken an Stiel und Kelch. Fruchtfleisch weiß bis gelblichweiß, schmelzend, saftig. Geschmack angenehm süßweinig. Der Baum wächst mittelstark. Ansprüche an Boden und Lage gering. Breit anbaufähig. Ertrag hoch. Für alle Erziehungsformen geeignet.

Marianne *siehe* Prinzessin Marianne

Marie Luise (Abbildung Seite 625)

Die Sorte entstand 1809 in Frankreich.
Doppelnamen: Humboldts Butterbirne; Marie Louise Nouvelle; Poire Marie Louise Delcourt

Hervorragende Tafelbirne und gute Wirtschaftsfrucht. Reifezeit Ende Oktober. Haltbarkeit bis Mitte November. Große bis sehr große, lang-birnförmige bis flaschenförmige Frucht. Fruchtschale fein, glatt, blassgrün, später gelb. Zur Reifezeit mit rostfarbigen Schalenpunkten und gelbem Rost bedeckt. Fruchtfleisch weiß, fein, schmelzend, saftig. Geschmack ist angenehm süßweinig und gewürzt. Der Baum ist schwachwüchsig und braucht einen sorgfältigen Aufbauschnitt. Die Krone neigt zur Trauerform. Erziehung vorwiegend als Halb- und Hochstamm. Ertrag früh einsetzend und regelmäßig. Ertragshöhe ist mittel. Anbau auf gutem, ausreichend feuchtem Boden. Blüte witterungsunempfindlich.

Marie Luise

Marie Marguerite

Die Sorte entstand in Frankreich.

Gute Tafel- und Marktfrucht. Reifezeit ist Anfang bis Mitte August. Haltbarkeit ist nur gering. Mittelgroße, rundlich bis abgestumpft birnförmige, etwas beulige Frucht. Fruchtschale grüngelb, später gelb. Zur Reifezeit rostspurig und rostig marmoriert. Die Sonnenseite ist lebhaft gerötet. Fruchtfleisch gelblichweiß, fein, schmelzend. Geschmack säuerlichsüß, angenehme Würze. Der Baum wächst kräftig pyramidal. Für alle Erziehungsformen geeignet. Ertrag hoch.

Marillat *siehe* Margarete Marillat

Markgräfin

Doppelnamen: Marchioness Pear; Marquise; Marquis' Pear

Eine sehr alte Tafel- und Wirtschaftsbirne. Reifezeit Ende November. Haltbarkeit bis in den Februar. Große, beulig-birnförmige Frucht. Schalenfarbe grüngelb, später gelb. Schalenpunkte schwarzbraun. Fruchtfleisch weiß, schmelzend, sehr saftig. Geschmack angenehm süß mit wenig Würze. Der Baum wächst stark. Fruchtholzbildung gut. Ertrag hoch.

Marmorierte Dechantsbirne *siehe* Alencons Dechantsbirne
Marmorierte Schmalzbirne *siehe* Alencons Dechantsbirne
Marotte Sucre Jaune *siehe* Regentin
Marquise *siehe* Markgräfin
Marquis' Pear *siehe* Markgräfin
Marum *siehe* Van Marums Flaschenbirne

Mary

Doppelname: Poire Mary

Sehr gute Tafelfrucht. Reifezeit ist Ende Oktober. Haltbarkeit bis Ende November. Mittelgroße bis große, dick-eirunde, meist regelmäßig geformte Frucht. Fruchtschale grünlichgelb, später gelb. Schalenpunkte zahlreich, braunrot. Zur Reifezeit ist die Frucht rostig punktiert und marmoriert. Fruchtfleisch ist weißlichgelb, sehr fein, saftig, schmelzend, ums Kernhaus nur wenig steinig. Geschmack süßweinig und erfrischend. Der Baum wächst kräftig. Äste etwas abstehend. Sehr ertragreich.

Mas *siehe* Präsident Mas
Maubeuge *siehe* Esperens Herrenbirne
Melanchthons Birne *siehe* Römische Schmalzbirne
Mello *siehe* Baronin von Mello
Melon de Knops *siehe* Diels Butterbirne
Melonenbirne *siehe* Hellmanns Melonenbirne
Merode *siehe* Doppelte Phillippsbirne
Merveille de la Nature *siehe* Winter-Dechantsbirne
Messire d'Hiver *siehe* Pastorenbirne

Meßscheibling

Sehr alte Lokalsorte in Hessen und im Odenwald.

Sehr gute Tafel- und Wirtschaftsbirne. Frucht klein bis mittelgroß, kreiselförmig. Fruchtschale glatt mit auffallenden Schalenpunkten. Schalenfarbe goldgelb, Sonnenseite gerötet. Fruchtfleisch gelblichweiß, schmelzend, sehr aromatisch. Reifezeit ab Mitte September. Haltbarkeit 2 Wochen.
Der Baum wächst in der Jugend stark, später schwach. Er bildet eine große, breitpyramidale Krone und kann sehr alt werden. Anbau in guten Birnenlagen. Wenig anfällig für Krankheiten. Der Ertrag ist hoch und regelmäßig.

Metzer Bratbirne

Metzer Bratbirne

Hervorragende Mostbirne. Reifezeit Oktober. Frucht klein bis mittelgroß. Schalenfarbe gelbgrün. Schalenpunkte sind ausgeprägt, Sonnenseite gerötet. Fruchtfleisch sehr herb. Der Baum wächst ungewöhnlich stark und bringt hohe Erträge.

Meuris d'Hiver *siehe* Winter-Meuris
Michelsbirne *siehe* Paulsbirne
Mignot *siehe* Callixte Mignot
Milan Blanc *siehe* Runde Mundnetzbirne

Millets Butterbirne

Millets Butterbirne

Doppelname: Beurré Millet

Hervorragende Tafelfrucht. Reifezeit Anfang Dezember. Haltbarkeit bis Januar. Kleine bis mittelgroße, in der Form ziemlich veränderliche, abgestumpft-birnförmige Frucht, meist etwas beulig. Fruchtschale grün, später gelb. Sonnenseite manchmal leicht gerötet. Zur Reifezeit stellenweise mit leichtem Rost überzogen. Fruchtfleisch gelblichweiß, um das Kernhaus feinkörnig, saftig, schmelzend. Geschmack süßweinig mit zimtartiger Würze. DerBaum wächst mittelstark bis schwach, bildet schöne Kronen und ist sehr fruchtbar. Für jede Erziehungsform geeignet.

Minister Dr. Lucius (Abbildung Seite 628)

Die Sorte entstand um 1880 bei Leipzig.

Sehr gute Tafel- und gute Wirtschaftsfrucht. Große bis sehr große, abgestumpft kegelförmige, manchmal rundlich-eiförmige Frucht. Fruchtschale hellgrün, später gelb. Sonnenseite orangegelb bis rot. Schalenpunkte sind zahlreich, braun. Rostflecken vor allem um Kelch und Stiel. Fruchtfleisch gelblichweiß, fein, sehr saftig, schmelzend. Geschmack angenehm erfrischend, gewürzt und süß. Der Baum wächst stark, die Krone ist hochkugelig. Gute Fruchtholzbildung. Ausreichend frosthart. Für alle Erziehungsformen geeignet. Anbau auf guten Birnenböden. Bei geschützter Lage breit anbaufähig bis in mittlere Höhen. Blüte früh, wenig empfindlich. Schlechter Pollenspender. Ertrag früh einsetzend, hoch bis sehr hoch, Massenträger. Die Sorte braucht eine ständige Schnittpflege. Sie ist nur in ungünstigen Anbaulagen schorfanfällig.

Minister Dr. Lucius

Mitschurins Winterbutterbirne (Keine Sortenbeschreibung)

Mollebusch (Abbildung Seite 629)

Lokalsorte in Unterfranken.

Gute Tafel- und Wirtschaftsfrucht. Reifezeit im September, haltbar bis November. Mittelgroße, hochkugelige Frucht. Fruchtschale dick, Fruchtfleisch um das Kernhaus etwas steinig, guter Geschmack. Baum wächst stark, bildet hohe Kronen. Sehr frostwiderstandsfähig. Erziehung vorwiegend als Halb- und Hochstamm. Anbau auf guten Birnenböden in warmen, geschützten Lagen. Blüte mittelspät. Guter Pollenspender. Ertrag hoch. Wenig schorfanfällig.

Moltke *siehe* Graf Moltke
Monarch *siehe* Großer Katzenkopf

Mollebusch

Monchallard

Monchallard

Doppelnamen: Belle Epine Fondante; Epine d'Eté de Bordeaux; Epine Fondante; Epine Rose de Jean Lami; Mons Allard

Sehr gute Tafelbirne. Reifezeit Mitte August. Haltbarkeit etwa 2 Wochen. Große, länglich-birnförmige Frucht. Fruchtschale mattglänzend, grün, später gelb. Sonnenseite verwaschen orangerot. Schalenpunkte zahlreich, mit grünem, später rotem Hof. Nur geringe Berostungen. Fruchtfleisch gelblichweiß, sehr fein, saftig, schmelzend. Geschmack feinsäuerlich-süß mit rosenartiger Würze. Der Baum wächst kräftig, Krone kegelartig. Wenig frostempfindlich. Ansprüche an Lage und Boden gering. Breit anbaufähig. Ertrag früh einsetzend und hoch.

Mons *siehe* Regentin

Mons Allard *siehe* Monchallard
Monseigneur des Hons *siehe* Erzbischof Hons
Monsieur *siehe* Weiße Herbstbutterbirne
Monsieur le Curé *siehe* Pastorenbirne
Monstre *siehe* Großer Katzenkopf
Van Marums Flaschenbirne
Monstrueuse des Landes *siehe* Großer Katzenkopf
Montigny *siehe* Wildling von Montigny

Moonglow

Die Sorte entstand 1960 in Maryland/USA.

Gute Tafel- und Wirtschaftsbirne. Die Frucht ist groß, ungleichhälftig, mit tiefer Kelchgrube. Stiel häufig schiefsitzend. Fruchtschale glatt mit unterschiedlich starker Berostung. Fruchtfleisch weiß, schmelzend. Geschmack angenehm feinsäuerlich. Reifezeit Anfang September. Haltbarkeit 10 Tage.
Der Baum wächst zuerst stark, später schwach. Er bildet eine wenig verzweigte, hochpyramidale Krone. Anbau in guten Birnenlagen. Widerstandsfähig gegen Feuerbrand. Etwas anfällig für Schorf. Der Ertrag ist hoch und regelmäßig.

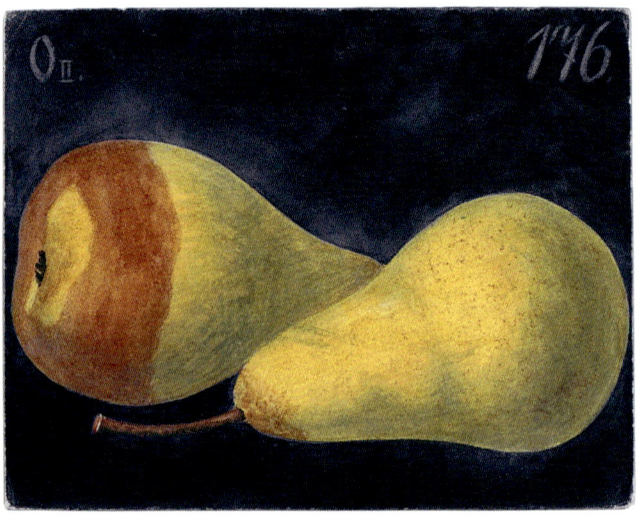

Morells Liebling

Morells Liebling

Große, saftige, sehr edle Tafelfrucht. Der Baum gedeiht noch auf trockenem Boden. Wuchs stark. Ertrag regelmäßig. Für alle Erziehungsformen geeignet.

Morettini

Die Sorte stammt aus Italien.

Sehr gute Tafelbirne. Reifezeit Juli. Haltbarkeit gering. Frucht mittelgroß, stumpf-kegelförmig. Die Fruchtschale ist gelbgrün, Sonnenseite leicht rosa. Fruchtfleisch weiß, körnig, saftig, schmelzend. Guter und würziger Geschmack. Der Baum wächst kräftig und gesund. Krone breitpyramidal. Für alle Erziehungsformen geeignet. Anbau nur auf guten Birnenböden im Weinbauklima. Blüte früh. Guter Pollenspender. Ertrag gut.

Moriseau *siehe* Grumkower Butterbirne

Mortillet

Mortillet

Große und ansprechend gefärbte Tafelfrucht. Reifezeit im September. Ertrag regelmäßig und hoch. Der Baum wächst gesund. Wegen der großen Früchte hoher Nährstoffbedarf.

Mostbirne *siehe* Luxemburger Mostbirne
Sievenicher Mostbirne
Weilersche Mostbirne
Mouille Bouche *siehe* Weiße Herbstbutterbirne
Mouille Bouche Ronde *siehe* Runde Mundnetzbirne
Müllerbirne *siehe* Großer Katzenkopf
Mundnetzbirne *siehe* Runde Mundnetzbirne
Musette d'Anjou *siehe* Große Blanquette
Musette de Florence *siehe* Große Blanquette
Musette Grosse *siehe* Große Blanquette

Muskatellerbirne (Abbildungen Seite 632 und 633)

Die Sorte stammt aus Thüringen oder Sachsen.
Doppelnamen: Aurate; Heubirne (Bodensee); Röslesbirne (Stuttgart)

Die Sorte ist sehr variabel und wird deshalb oft auch nach ihrem äußeren Erscheinungsbild beschrieben. Beschreibung der 'Gelben Muskatellerbirne': Sehr gute Sommerbirne. Kleine bis mittelgroße, meist länglich-birnförmige Frucht. Sonnenseite leicht gerötet. Fruchtschale gelblichgrün bis weißlichgelb, später hellgelb. Schalenpunkte zahlreich, braun, mit bräunlichrotem Hof. Rostanflug vor allem um den Kelch. Fruchtfleisch halbschmelzend, saftig, gelblichweiß. Geschmack ausgeprägt gewürzt. Ebenfalls würziger Geruch. Reifezeit August. Haltbarkeit 2 Wochen. Der Baum wächst kräftig, schlank aufrecht, erst im höheren Alter schwächer wachsend. Sehr starke Fruchtholzbildung. Ansprüche an den Boden gering. Ertrag früh einsetzend, in jedem zweiten Jahr Massenerträge. Blüte früh, widerstandsfähig.

Muskierte Regentin *siehe* Herbstcolmar

Gelbe Muskatellerbirne

Rote Muskatellerbirne

Große Muskatellerbirne

Rauhschalige Muskatellerbirne

N

Namur *siehe* Herzogin von Namur
Nanot *siehe* Bergamotte Nanot
Nantes *siehe* Clairgeaus Butterbirne

Nagowitzbirne

Die Sorte entstand bereits vor 1700 als Zufallssämling, vermutlich in Österreich.

Frucht ist klein, kreiselförmig bis kurz flaschenförmig. Fruchtschale glatt, gelblichgrün, später grünlichgelb. Am Stiel meist ein Fleischwulst. Fruchtfleisch grünlichweiß, saftig, schmelzend. Geschmack süß, mittelstark gewürzt. Baum- und Genussreife Ende Juli. Haltbarkeit etwa 2 Wochen.
Der Baum wächst in der Jugend stark, später schwach. Er bildet eine hochkugelige Krone aus. Widerstandsfähig gegen Frost.

Napoleons Butterbirne

Napoleons Butterbirne

Die Sorte wurde 1804 in Mons/Belgien aus Samen gezogen.
Doppelnamen: Beurré Napoleon; Bonaparte; Bon Chrétien Napoleon (Belgien); Captif de St. Helene; Glockenbirne (Kulmbach); Grüne Mailänderin; Napoleon I; Poire Liard; Poire Napoleon (Frankreich).

Hervorragende Tafel-, gute Wirtschaftsbirne. Reifezeit ab Anfang November. Haltbarkeit bis Ende November. Mittelgroße bis große, in der Form häufig veränderliche, bauchige und glockenförmige Birne. Fruchtschale glatt, zartgrün, später gelb. Schalenpunkte sind zahlreich, fein, braun. Kelch häufig berostet. Das Fruchtfleisch ist weiß, fein, schmelzend, sehr saftig. Geschmack sortentypisch gewürzt. Der Baum wächst mittelstark, später schwach. Krone breit pyramidal. Junge Triebe frostgefährdet. Vorwiegend für niedere Erziehungsformen geeignet. Die Sorte liebt gute Böden und lufttrockene Standorte. Die Blüte ist wenig empfindlich, guter Pollenspender. Der Ertrag setzt früh ein und ist hoch. Die Sorte neigt aber zum Vergreisen und braucht deshalb gelegentliche Verjüngungsschnitte. Nachteilig ist die starke Anfälligkeit für Schorf und die häufige Steinzellenbildung.

Nashi *siehe* Asienbirne
Navez *siehe* Colmar Navez
Neapel *siehe* Königsbirne von Neapel
Nec Plus Meuris *siehe* Winter-Meuris
Neige du Seigneur *siehe* Weiße Herbstbutterbirne
Nélis d'Hiver *siehe* Winternelis
Neue Crassane *siehe* Edelcrassane

Neue Fulvia

Doppelnamen: Belle de Jarnac; Fulvia Grégoire; Nouvelle Fulvie

Eine sehr gute Tafelbirne. Reifezeit ab Mitte Dezember. Haltbarkeit bis Januar. Große, länglich-birnförmige, stark beulige Frucht. Fruchtschale grüngelb, später gelb. Sonnenseite gerötet. Zur Reifezeit ist fast die ganze Frucht mit goldfarbigem Rost bedeckt. Fruchtfleisch gelblich-weiß, fein, schmelzend, saftig. Geschmack süß, weinig, stark gewürzt. Der Baum wächst kräftig und ist sehr fruchtbar. Für alle Erziehungsformen geeignet. Gute Spalierfrucht.

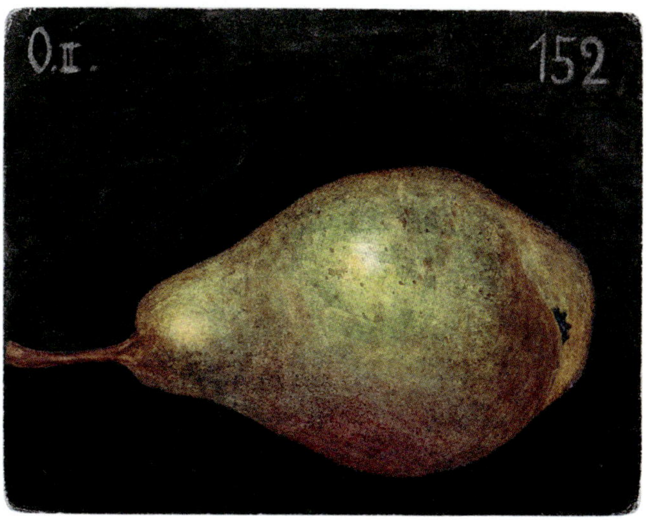

Neue Poiteau

Neue Poiteau

Die Sorte wurde um 1840 in Belgien gezogen.
Doppelnamen: Choix d'un Amateur; Grüne Flaschenbirne; Juteuse de Braunau; Nouveau Poiteau; Retour de Rome; Tombeau de l'Amateur

Sehr gute Tafel- und gute Wirtschaftsbirne. Reifezeit ab Ende Oktober. Haltbarkeit bis Ende November. Frucht groß bis sehr groß, bauchig. Fruchtschale hellgrün, später gelblichgrün und manchmal trüb gerötet. Schalenpunkte sind zahlreich, rostfarben. Rostfiguren häufig. Fruchtfleisch grünlichweiß, fein, saftig und schmelzend. Der Geschmack ist weinsäuerlich, süß und etwas gewürzt. Der Baum wächst kräftig und bildet hohe Kronen. Leitäste steil aufrecht. Für alle Erziehungsformen geeignet. Ansprüche an Boden und Klima gering. Bis 600 m Höhe anbaufähig. Blüte wenig empfindlich, guter Pollenspender. Ertrag ist hoch und regelmäßig. Massenträger.

Neufville *siehe* Robert de Neufville

Nina

Nina

Sehr gute Tafel-, gute Wirtschaftsbirne. Reifezeit Juli bis August. Kleine, abgestumpft kegelförmige Frucht. Rotbackige Birne von würzigem Geschmack. Schalenpunkte ausgeprägt. Häufig mit berosteter Kappe. Der Baum wächst mittelstark und bildet eine regelmäßige Krone. Ertrag früh einsetzend und hoch. Die Früchte hängen in Büscheln. Blüte früh. Für den Hausgarten gut geeignet.

Nivelles *siehe* Butterbirne von Nivelles
Nordhäuser Forelle *siehe* Nordhäuser Winterforellenbirne

Nordhäuser Winterforellenbirne (Abbildung Seite 637)

Die Sorte entstand in Norddeutschland und wurde von Nordhausen aus verbreitet.
Doppelnamen: Nordhäuser Forelle; Winterforelle

Sehr gute Tafel- und auch Wirtschaftsbirne. Reifezeit ab Januar. Haltbarkeit bis in den März. Mittelgroße, kegelförmige Frucht. Fruchtschale grünlichgelb, Sonnenseite braunrot. Auf dem Lager hellgelb werdend, braunrot geflammt. Schalenpunkte zahlreich. Fruchtfleisch weiß, schmelzend, angenehm würzig und süß. Baum wächst mittelstark und bildet lockere Kronen. Für alle Erziehungsformen geeignet. Anbau nur auf guten Böden in warmen und luftfeuchten Lagen. Lufttrockene Standorte ungeeignet. Blüte mittelfrüh, unempfindlich, guter Pollenspender. Der Ertrag setzt früh bis mittelfrüh ein, ist mittelhoch und regelmäßig.

Nordhäuser Winterforellen-birne

Normännische Rote Butterbirne *siehe* Graue Herbstbutterbirne

Notaire Lepin

Die Sorte stammt aus Frankreich.

Sehr gute Tafel- und Wirtschaftsfrucht. Reife ab April. Haltbarkeit bis Mai. Mittelgroße, birnförmige Frucht. Fruchtschale hellgrün, später blassgelb. Schalenpunkte zahlreich. Viele hellbraune Rostflecken. Fruchtfleisch gelblich, schmelzend, saftig, von hervorragendem Geschmack. Der Baum wächst gesund und kräftig. Für alle Erziehungsformen geeignet. Sehr frosthart.

Nouveau Poiteau *siehe* Neue Poiteau
Nouvelle Boussoch *siehe* Doppelte Philippsbirne

Nuimer (Keine Sorten-beschreibung)

O

Oberdiecks Butterbirne *siehe* Esperens Herrenbirne

Oberösterreichische Weinbirne

Oberösterreichische Weinbirne

Die Sorte entstand in Österreich.
Doppelname: Kärntner Speckbirne

Sehr gute Mostbirne und auch Dörrfrucht. Verarbeitung ab Oktober. Kleine bis mittelgroße, birnförmige Frucht. Fruchtschale gelbgrün. Schalenpunkte zahlreich. Fruchtfleisch gelblichweiß, sehr saftig, hervortretende Säure bei ausreichendem Zuckergehalt. Der Baum wächst sehr

Oberregierungsrat Pfeffer von Salomon (Keine Sortenbeschreibung)

stark und bildet breite Kronen. Sehr frosthart. Erziehung nur als Halb- und Hochstamm. Die Bäume können sehr alt werden. Sehr gute Straßen- und Feldbäume. Anbau auf guten Böden bis 500 m Höhe möglich. Auch für etwas raue Lagen geeignet. Blüte früh, etwas spätfrostgefährdet. Guter Pollenspender. Der Ertrag setzt mittelfrüh ein und ist hoch. Der Baum benötigt kaum Pflege. Er ist widerstandsfähig gegen Krankheiten und Schädlinge.

Ochsenbirne *siehe* Großer Katzenkopf

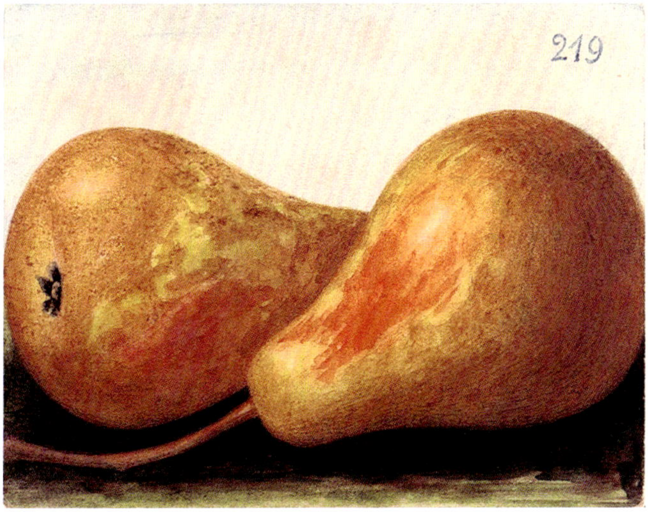

Ochsenherzbirne (Keine Sortenbeschreibung)

Ochsenknüppel *siehe* Großer Katzenkopf

Offenbacher Schellerbirne

Eine Lokalsorte in der Schweiz, die als Zufallssämling entstanden ist.

Wirtschaftsbirne zum Keltern und Dörren. Verarbeitung ab Oktober. Mittelgroße, birnförmige Frucht mit schwachen Wülsten. Fruchtschale hellgrün, zur Reifezeit rot gestreift. Fruchtfleisch gelblich, saftig, körnig. Kräftige Säure, parfümiert. Nach Anis riechend. Der Baum wächst stark und bildet kräftige Kronen. Erziehung nur als Halb- und Hochstamm. Als Stammbildner geeignet. Ansprüche an Boden und Klima sehr gering. Anbau auch in rauen Lagen möglich. Blüte spät. Ertrag regelmäßig. Der Baum braucht nur wenig Schnittpflege und ist sehr widerstandsfähig gegen Krankheiten und Schädlinge.

Olivier de Serres

Die Sorte entstand um 1860 in Frankreich.

Hervorragende Tafelbirne. Reifezeit ab Januar. Haltbarkeit bis März. Mittelgroße, platte bis rundliche, stets beulige Frucht. Die Fruchtschale ist mattgrün, später grünlichgelb bis gelb. Zur Reifezeit ist die Frucht zum Großteil mit zimtfarbigem Rost überzogen, vor allem um Stiel und Kelch. Schalenpunkte fein. Fruchtfleisch gelblichweiß bis grünlichweiß, fein, fast schmelzend, saftig. Geschmack angenehm gewürzt und süß. Der Baum wächst schwach bis mittelstark und bildet breitpyramidale Kronen. Holz nur wenig frosthart. Erziehung vorwiegend als

Niederstamm. Guter Spalierbaum. Anbau auf guten, nährstoffreichen Böden in warmen und geschützten Lagen. Außerhalb des Weinbauklimas nur noch als Wandspalier möglich. Blüte frost- und wetterempfindlich. Guter Pollenspender. Ertrag früh einsetzend, hoch und regelmäßig. Da der Baum zur Vergreisung neigt, ist ein gelegentlicher Verjüngungsschnitt notwendig. Die Sorte ist etwas schorfanfällig.

Oran *siehe* Diels Butterbirne
Orleans *siehe* Jeanne d'Arc
Osterbutterbirne *siehe* Winter-Dechantsbirne
Osterling *siehe* Winter-Dechantsbirne

P

Packhams Triumph

Die Sorte entstand 1896 in Molong/Australien aus einer Kreuzung von 'Uvedale St. Germain' x 'Williams Christbirne'.

Sehr gute Tafelbirne. Genussreife ist ab Mitte November. Haltbarkeit bis Mitte Januar. Mittelgroße bis große, birn- bis flaschenförmige Frucht mit beuliger Oberfläche. Fruchtschale glatt, grünlich bis zitronengelb. Manchmal mit netzartigen Rostspuren. Schalenpunkte zahlreich. Fruchtfleisch gelblich, weich, schmelzend und saftig. Geschmack mild mit dem Aroma der 'Williams Christbirne'. Der Baum wächst mittelstark und bildet kräftige Triebe. Blüte mittelfrüh, guter Pollenspender. Ertrag sehr spät einsetzend, zuerst gering, später gut und regelmäßig. Neigung zur Jungfernfrüchtigkeit.

Paddington *siehe* Winter-Dechantsbirne

Palmischbirne

Palmischbirne (Abbildung Seite 640)

Sehr gute Mostbirne. Reifezeit ab September. Mittelgroße, birnförmige Frucht. Schalenfarbe hellgelb, manchmal auf der Sonnenseite leicht gerötet. Zur Reifezeit fast völlig berostet. Der Baum wächst kräftig und wird sehr groß. Ertrag hoch. Ansprüche an Boden und Klima gering. Noch für sehr raue Lagen geeignet.

Paniselle *siehe* Regentin
Pâques *siehe* Winter-Dechantsbirne
Paradiesbirne *siehe* Römische Schmalzbirne
Virgouleuse
Paris *siehe* Gräfin von Paris
Parmentier *siehe* Butterbirne von Nivelles
Passe Colmar d'Automne *siehe* Herbst-Colmar
Passe Colmar de Vienne *siehe* Regentin
Passe Colmar d'Hardenpont *siehe* Regentin
Passe Colmar d'Oré *siehe* Regentin
Passe Colmar Musqué *siehe* Herbst-Colmar
Passe Colmar Nouveau *siehe* Regentin
Passe Colmar Ordinaire *siehe* Regentin
Passe Colmar Précel *siehe* Regentin
Passe Colmar Roux *siehe* Regentin
Passe Colmar Superfin *siehe* Regentin
Passe Colmar Suprême *siehe* Regentin
Passe Colmar Tardif *siehe* Regentin
Passe Colmar Vineux *siehe* Regentin
Passe Crassane *siehe* Edelcrassane
Passe Goemanns *siehe* Williams Christbirne
Pastorale *siehe* Williams Christbirne
Pastorale de Louvain *siehe* Winter-Dechantsbirne
Pastorale d'Hiver *siehe* Winter-Dechantsbirne

Pastorenbirne

Pastorenbirne (Abbildung Seite 641)

Die Sorte wurde um 1760 in Mittelfrankreich von Pfarrer Leroy in Clion gefunden.
Doppelnamen: Andreine; Belle Andrianne; Belle du Berry; Belle Hélloise; Beurré Comice de Toulon; Bon-Papa; Canillet d'Hiver; Caßlerbirne (Frankfurt); Comice de Toulon; Cueillette d'Hiver; Cure; Dumas; Flaschenbirne (Bayern); Frauenschenkel (Baden); Glockenbirne (Oberhessen); Grosse Allongée; Große Verlängerte Birne; Jouffroy; Messire d'Hiver; Monsieur le Cure; Pater Notte; Poire de Clion; Poire de Cure; Poire du Pradel; Pradello de Catalogne; Schöne Andreine; Tarquin; Vicar of Wackfield; Zapfenbirne (Elsaß)

Gute Tafel-, sehr gute Wirtschaftsfrucht. Reifezeit Ende Oktober. Haltbarkeit bis Januar. Langgestreckte, flaschenförmige Frucht, manchmal etwas beulig. Fruchtschale graugrün, später grünlichgelb bis hellgelb. Sonnenseite oft etwas braunrot überzogen. Schalenpunkte zahlreich, fein. Vereinzelte Rostfiguren, vor allem am Kelch. Sortentypisch ist ein häufig auftretender, vom Stiel bis zum Kelch laufender, schmaler Roststrich.
Das Fruchtfleisch ist gelblich-weiß, halbschmelzend, meist saftig, um das Kernhaus aber häufig steinig. Schwach süß bei kräftiger Säure, schwaches Aroma. Der Baum wächst stark und bildet schmale bis breitpyramidale Kronen. Die Sorte ist für alle Erziehungsformen geeignet. Anbau aber nur auf guten Böden, vor allem in wärmeren und geschützten Tallagen. Die Blüte ist wenig empfindlich, schlechter Pollenspender. Ertrag früh bis mittelfrüh einsetzend, regelmäßig und hoch. Massenertragssorte. Die Sorte benötigt einen strengen Aufbauschnitt und regelmäßige Schnittpflege. Sie ist etwas schorfanfällig und anfällig für Spitzendürre.

Pater Notte *siehe* Pastorenbirne

Paulsbirne

Paulsbirne

Eine württembergische Lokalsorte, vor allem in den Bereichen Brackenheim, Besigheim und Weinsberg.
Doppelnamen: Glockenbirne; Michelsbirne; Pfarrbirne

Hervorragende Wirtschaftsbirne. Sehr schmackhafte Kochbirne. Verarbeitung ab Dezember. Haltbarkeit bis Mai. Große, stumpf-kegelförmige Frucht. Fruchtschale mattgelb, Sonnenseite intensiv gerötet. Die Schalenpunkte sind fein, graubraun. Berostungen vor allem um Kelch und Stiel. Das Fruchtfleisch ist gelblichweiß, etwas grob, sehr saftig. Sehr süß mit etwas Säure. Der Baum wächst kräftig und wird sehr groß. Erträge hoch und regelmäßig, auch in schlechten Birnenjahren.

Paxerbirne (Keine Sortenbeschreibung)

Pentecôte *siehe* Winter-Dechantsbirne
Pera Spada *siehe* Weiße Herbstbutterbirne
Pérez *siehe* Virgouleuse

Petersbirne

Petersbirne

Eine Lokalsorte vor allem in Sachsen, wo sie schon um 1750 bekannt war.

Doppelnamen: Großvaterbirne; Honigbirne; Lorenzbirne; Rote Birne; Rote Margarethenbirne; Weizenbirne

Sehr gute frühe Tafel- und Wirtschaftsbirne. Die Reifezeit ist ab Mitte Juli. Haltbarkeit etwa 2 Wochen. Kleine bis mittelgroße, kegel- bis birnförmige Frucht. Die Fruchtschale ist glatt und derb. Schalenfarbe gelblichgrün, zur Reifezeit rötlichgelb. Schalenpunkte zahlreich, dicht. Fleckige Berostung häufig. Fruchtfleisch gelblichweiß, halbschmelzend, saftig. Geschmack süß mit schwacher Säure und kräftiger, zimtartiger Würze. Der Baum wächst stark und bildet breitpyramidale Kronen. Er kann sehr alt werden. Vorwiegend für höhere Erziehungsformen. Ansprüche an Boden und Klima sind gering. Auch noch auf armen Böden und in höheren Lagen bis 600 m anbaufähig. Blüte wenig empfindlich. Guter Pollenspender. Ertrag mittelfrüh einsetzend, hoch und regelmäßig. Massenträger. Im Alter benötigt der Baum gelegentlichen Auslichtungsschnitt. Wenig anfällig für Krankheiten. Etwas anfällig für Obstmade.

Pfalzgräfin *siehe* Rote Pfalzgräfin
Pfarrbirne *siehe* Paulsbirne
Pfingstbergamotte *siehe* Winter-Dechantsbirne

Pfirsichbirne

Doppelname: Poire Pêche

Sehr gute Tafelbirne. Reifezeit August. Haltbarkeit gering. Kleine bis mittelgroße, rundlich-kegelförmige Frucht. Die Fruchtschale ist glatt, gelblichgrün, später auch grünlichgelb. Manchmal etwas gerötet. Häufig um Kelch und Stiel berostet. Fruchtfleisch mattweiß, saftig, schmelzend. Geschmack süß mit zimtartiger Würze. Der Baum wächst kräftig und ist sehr fruchtbar. Ansprüche an Boden und Anbaulage gering. Für alle Erziehungsformen geeignet. Gute Sorte für Hausgärten.

Pfundbirne *siehe* Großer Katzenkopf
Kuhfuß
Westfälische Glockenbirne
Philip Goes *siehe* Baronin von Mello
Philippe *siehe* Doppelte Philippsbirne
Philippe de Pâques *siehe* Winter-Dechantsbirne
Philippe d'Hiver *siehe* Winter-Dechantsbirne
Philippe Goes *siehe* Baronin von Mello
Philippsbirne *siehe* Doppelte Philippsbirne
Pickelsbirne *siehe* Gute Graue

Pierre Corneille

Die Sorte entstand um 1890 bei Rouen/Frankreich aus einer Kreuzung von 'Diels Butterbirne' x 'Vereinsdechantsbirne'.

Sehr gute Tafelbirne. Reifezeit ab Ende November. Haltbarkeit bis Mitte Januar. Mittelgroße, birnförmige, regelmäßig gebaute Frucht. Fruchtschale glatt und gelb, Sonnenseite zart gerötet. Zur Reifezeit ist fast die ganze Frucht mit hellbraunem Rost bedeckt. Die Schalenpunkte sind zahlreich. Das Fruchtfleisch ist cremefarbig, ziemlich fest, etwas körnig, saftig. Geschmack ist süß und angenehm aromatisch. Der Baum wächst mittelstark bis stark und bildet pyramidale Kronen. Blüte mittelfrüh, guter Pollenspender. Ertrag setzt früh ein, ist hoch und regelmäßig. Für alle Erziehungsformen geeignet. Etwas anfällig für Schorf.

Pierre Tourasse

Pierre Tourasse

Große bis sehr große, bauchig-birnförmige Frucht. Schalenfarbe hellgelb, die Sonnenseite ist manchmal schwach gerötet. Zimtfarbige Punkte und Zeichnungen. Fruchtfleisch fein, schmelzend, sehr saftig, reich gezuckert und angenehm gewürzt. Reifezeit Mitte September bis Ende Oktober.

Pine Pear *siehe* Weiße Herbstbutterbirne

Pitmaston

Pitmaston

Die Sorte entstand um 1840 in England aus einer Kreuzung von 'Herzogin von Angoulême' x 'Hardenponts Winterbutterbirne'.

Doppelnamen: Pitmaston Duchesse d'Angoulême; Pitmanstons Herzogin; Williams Duchesse

Hervorragende Tafel- und Wirtschaftsbirne. Reifezeit Oktober. Haltbarkeit 3 bis 4 Wochen. Große bis sehr große, lang bis stumpf-birnförmige Frucht. Fruchtschale glatt, dünn, grünlichgelb, später zitronengelb. Zur Reifezeit orangegelb gefärbt. Schalenpunkte klein, braun, zahlreich. Berostung vor allem um den Stiel. Fruchtfleisch gelblichweiß, sehr zart, schmelzend, sehr saftreich. Der Geschmack ist edel weinsäuerlich. Der Baum wächst mittelstark bis stark und bildet schmale bis breitpyramidale Kronen. Holz ausreichend frosthart. Erziehung vorwiegend als Niederstammformen. Anbau nur auf guten Böden in wärmeren und geschützten Lagen bis 300 m Höhe. Als Wandspalier bis 500 m Höhe möglich. Blüte wenig empfindlich, schlechter Pollenspender. Ertrag mittelfrüh einsetzend, hoch und regelmäßig. Der Baum braucht normale Schnittpflege. Er ist etwas schorfanfällig.

Pitmaston Duchesse *siehe* Williams Herzogin von Angoulême
Pitmastons Herzogin *siehe* Pitmaston

Plantagenet

Die Sorte entstand in Frankreich und wurde 1862 in den Handel gegeben.

Sehr gute Tafel-, gute Wirtschaftsfrucht. Reifezeit Oktober. Haltbarkeit bis November. Mittelgroße bis große, unregelmäßig gebaute, eiförmige und beulige Frucht. Fruchtschale glatt, hellgrün. Schalenpunkte zahlreich, dunkelbraun. Berostungen um den Kelch häufig. Fruchtfleisch weiß, fein, saftig und schmelzend. Geschmack angenehm herbsüß, leicht parfümiert gewürzt. Der Baum wächst kräftig, er trägt früh und reich.

Platte Butterbirne *siehe* Bergamotte Crassane
Plomgastelle *siehe* Amanlis Butterbirne
Plutzerbirne *siehe* Sommer-Apothekerbirne
Poire à la Reine *siehe* Calebasse à la Reine
Poire Aurore *siehe* Capiaumonts Herbstbutterbirne
Poire Belle Alliance *siehe* Sterkmanns Butterbirne
Poire Beurré *siehe* Graue Herbstbutterbirne
Poire Blanchet Claude *siehe* Claude Blanchet
Poire Bonne Malinoise *siehe* Winternelis
Poire Bosc *siehe* Bosc's Flaschenbirne
Poire Cremoisin *siehe* Große Blanquette Rahmbirne
Poire d'Albert *siehe* Amanlis Butterbirne
Poire Dalbret *siehe* Dalbrets Butterbirne
Poire d'Alencon *siehe* Alencons Dechantsbirne
Poire d'Amanlis *siehe* Amanlis Butterbirne
Poire d'Ananas *siehe* Ananasbirne
Poire d'Ange *siehe* Birne von Boutoc
Poire d'Angleterre *siehe* Williams Christbirne
Poire d'Arenberg *siehe* Arenbergs Colmar
Poire Davy *siehe* Holzfarbige Butterbirne
Poire de Bart *siehe* Amanlis Butterbirne
Poire de Catillac *siehe* Großer Katzenkopf
Poire de Charneu *siehe* Köstliche von Charneu
Poire de Clion *siehe* Pastorenbirne

Poire de Curé *siehe* Pastorenbirne
Poire de Fontenay Vendée *siehe* Birne von Fontenay
Poire de Glace *siehe* Virgouleuse
Poire de Grumkow *siehe* Grumkower Butterbirne
Poire de Jersey *siehe* Gute Luise von Avranches
Poire de Juillet *siehe* Juli-Dechantsbirne
Poire de l'Assomption *siehe* Maria Himmelfahrtsbirne
Poire Delices d'Angers *siehe* Leckerbissen von Angers
Poire Delpierre *siehe* Delpierre Butterbirne
Poire de Merode *siehe* Doppelte Philippsbirne
Poire de Montigny *siehe* Wildling von Montigny
Poire de Neige *siehe* Weiße Herbstbutterbirne
Poire de Pentecôte *siehe* Winter-Dechantsbirne
Poire de Péquigny *siehe* Großer Katzenkopf
Poire de Pézénas *siehe* Herzogin von Angoulême
Poire de Rance *siehe* Späte Hardenpont
Poire des Eparonnais *siehe* Herzogin von Angoulême
Poire de Soldat *siehe* Blumenbachs Butterbirne
Poire d'Espéren *siehe* Esperens Bergamotte
Poire Desse *siehe* Birne von Boutoc
Poire de Stoutgart *siehe* Stuttgarter Geißhirtle
Poire des Urbanistes *siehe* Colomas Herbstbutterbirne
Poire de Thiessé *siehe* Amanlis Butterbirne
Poire de Tongre *siehe* Birne von Tongern
Poire de Vezenas *siehe* Herzogin von Angoulême
Poire d'Hiver de Grumkow *siehe* Grumkower Butterbirne
Poire d'Horticulture *siehe* Diels Butterbirne
Poire Doyenne *siehe* Weiße Herbstbutterbirne
Poire du Comice *siehe* Vereins-Dechantsbirne
Poire du Conseiller *siehe* Hofratsbirne
Poire d'Union *siehe* Saint Germain
Poire du Pradel *siehe* Pastorenbirne
Poire Dur *siehe* Große Blanquette
Rahmbirne
Poire du Seigneur *siehe* Esperens Herrenbirne
Poire Figue *siehe* Feigenbirne von Alencon
Poire Forelle *siehe* Forellenbirne
Poire Fortunee *siehe* Fortunee
Poire Giffard *siehe* Giffards Butterbirne
Poire Grésillier *siehe* Esperens Herrenbirne
Poire Grise Bonne *siehe* Gute Graue
Poire Hardy *siehe* Gellerts Butterbirne
Poire His *siehe* Baronin von Mello
Poire Légipont *siehe* Köstliche von Charneu
Poire Le Lectier *siehe* Le Lectier
Poire Liard *siehe* Napoleons Butterbirne
Poire Madame *siehe* Römische Schmalzbirne
Poire Mary *siehe* Mary
Poire Marie Louise Delcourt *siehe* Marie Louise
Poire Melon *siehe* Diels Butterbirne
Poire Napoleon *siehe* Napoleons Butterbirne

Poire Passe Colmar *siehe* Regentin
Poire Pêche *siehe* Pfirsichbirne
Poire Six *siehe* Six' Butterbirne
Poire Truitée *siehe* Forellenbirne
Poire van Marum *siehe* Van Marums Flaschenbirne
Poire van Mons *siehe* Van Mons Butterbirne
Poire Vauquelin *siehe* Vauquelins Butterbirne
Poiteau *siehe* Neue Poiteau
Pomeranzenbirne *siehe* Sommer-Eierbirne
Ponein *siehe* Rose-Anne Ponein
Pradello de Catalogne *siehe* Pastorenbirne

Präsident Drouard

Präsident Drouard

Die Sorte entstand um 1870 in Angers/Frankreich.
Doppelnamen: President Drouard

Sehr gute Tafelbirne. Reifezeit Ende Dezember. Haltbarkeit bis März. Mittelgroße bis große, auch sehr große, glockenförmige, oft bauchige und beulige Frucht. Fruchtschale fein, glatt, grün. Später grünlichgelb, Sonnenseite manchmal gerötet. Schalenpunkte zahlreich, braun. Kleine Rostflecken häufig. Fruchtfleisch gelblichweiß, sehr saftig, schmelzend. Geschmack süßsäuerlich und gewürzt. Der Baum wächst zuerst mittelstark, später schwach und bildet breitpyramidale Kronen. Holz ausreichend frosthart. Erziehung vorwiegend als Niederstamm. Anbau auf guten Böden im Weinbauklima. Blüte mittelfrüh, ausreichend widerstandsfähig. Guter Pollenspender. Ertrag sehr früh einsetzend, hoch und regelmäßig. Die Sorte verlangt Verjüngungsschnitte, um der Vergreisung vorzubeugen.

Präsident Heron

Die Sorte entstand 1894 in Frankreich.

Gute Tafelbirne. Frucht ist mittelgroß bis groß, stumpfkegelförmig. Schalenfarbe hellgelb. Zur

Reifezeit ist die Frucht fast völlig berostet. Fruchtfleisch weich, saftig, mit sortentypischem Aroma. Reifezeit Ende September. Haltbarkeit bis Anfang November.
Der Baum wächst mittelstark, später schwach. Er bildet eine mittelgroße, wenig verzweigte, pyramidale Krone aus. Anbau nur in warmen Lagen. Anfällig für Schorf. Der Ertrag setzt früh ein, ist hoch bis sehr hoch und fast regelmäßig.

Präsident Mas

Präsident Mas

Sehr gute Tafelbirne. Reifezeit November. Haltbarkeit bis Dezember. Große bis sehr große, walzenförmig-bauchige Frucht. Fruchtschale dünn, hellgrün, später hellgelb. Schalenpunkte zahlreich, grau. Graubraune Flecken am Stiel und im Kelchbereich. Fruchtfleisch weiß, fein, schmelzend, saftig. Geschmack angenehm und süß. Der Baum wächst schwach und bildet kegelartige Kronen. Er ist widerstandsfähig und sehr fruchtbar. Ansprüche an Boden und Klima gering.

Précel-Regentin *siehe* Regentin
Précoce de Trevoux *siehe* Frühe von Trevoux
Present de Malines *siehe* Regentin
Present Royal de Naples *siehe* Königsbirne von Neapel
President Drouard *siehe* Präsident Drouard
Preuls *siehe* Regentin
Prince Germain *siehe* Gute Luise von Avranches
Prince Imperial d'Autriche *siehe* Hardenponts Winterbutterbirne
Princiére *siehe* Liegeis Winterbutterbirne
Pringalle *siehe* Hofratsbirne
Prinzenbirne *siehe* Römische Schmalzbirne

Prinzessin Marianne

Die Sorte entstand um 1800 und wurde nach einer holländischen Königstochter benannt.
Doppelnamen: Calebasse Bosc; Frühe Bosc; Kaiserkrone; Salisbury

Sehr gute Tafel- und Wirtschaftsbirne. Reifezeit Ende September. Haltbarkeit etwa 2 Wochen. Mittelgroße, birnen- bis flaschenförmige, eine etwas kantige Frucht. Fruchtschale rau, grünlich- bis bräunlichgelb. Schalenpunkte sind rostartig. Zur Reifezeit ist die ganze Frucht zimtfarbig berostet. Fruchtfleisch gelblichweiß, saftig, schmelzend. Geschmack ist säuerlich bei geringerem Zuckergehalt, mit zartem Aroma. Der Baum wächst stark, später mittelstark. Holz sehr frosthart. Für alle Erziehungsformen geeignet. Ansprüche an Boden und Klima gering. Noch in rauen Klimaten bis 600 m Höhe anbaufähig. Blüte unempfindlich, guter Pollenspender. Ertrag früh einsetzend und regelmäßig, in jedem zweiten Jahr sehr hoch. Der Baum braucht normale Schnittpflege und ist widerstandsfähig gegen Krankheiten und Schädlinge.

Prinzessin von Parma *siehe* Marie Luise
Prinz von Württemberg *siehe* Gute Luise von Avranches

Professor Bazin

Die Sorte entstand in Frankreich um 1890.

Sehr gute Tafelbirne. Reifezeit Dezember. Haltbarkeit bis Januar. Große bis sehr große, dickbauchige Frucht. Fruchtschale grün, später zitronengelb und bräunlich gerötet. Fruchtfleisch fein, schmelzend, saftig. Geschmack sehr angenehm und süß. Der Baum wächst kräftig und trägt sehr reich.

Pucelle Condésienne *siehe* Regentin
Pugillaria *siehe* Großer Katzenkopf
Puis *siehe* Madame du Puis

Punktierter Sommerdorn

Punktierter Sommerdorn

Doppelname: Epine d'Eté Pointée

Sehr gute Tafel- und Wirtschaftsbirne. Reifezeit ist Ende September. Haltbarkeit nur bis Ende Oktober. Mittelgroße, länglich-kegelförmige Frucht. Fruchtschale dick, dunkelgrün, später hellgrün bis hellgelb. Sonnenseite ist schwach gerötet. Schalenpunkte zahlreich, bräunlichgrau. Berostungen vor allem in der Kelchgegend. Fruchtfleisch weiß, fein, sehr saftig, schmelzend. Geschmack süß und muskatellerartig gewürzt. Der Baum wächst kräftig und trägt in jedem zweiten Jahr reichlich. Ansprüche an Boden und Klima gering. Für alle Erziehungsformen geeignet.

R

Rahmbirne

Rahmbirne

Doppelnamen: Poire Crêmoisin; Poire Dur

Sehr gute Einmachfrucht. Reifezeit ist ab Anfang August. Mittelgroße, perlförmige Birne. Die Fruchtschale ist rahmgelb, das Fruchtfleisch fest, halbschmelzend, kräftig muskatartig gewürzt und sehr süß.

Red Spring Pear

Sehr gute frühe Tafelbirne. Reifezeit ab Mitte September. Haltbarkeit ein bis zwei Wochen. Mittelgroße Frucht. Fruchtschale kräftig rot. Fruchtfleisch gelblichweiß, zart, sehr saftig. Geschmack süß mit ausgeprägtem Aroma. Der Baum wächst gesund und kräftig. Vorwiegend für niedere Erziehungsformen. Anbau auf guten Birnenböden in geschützten, warmen Lagen. Blüte früh, guter Pollenspender. Ertrag gut.

Regentin

Ein Sämling von 'Hardenponts Butterbirne'
Doppelnamen: Ananas d'Hiver; Argenson; Bergentin; Beurre Chapman; Beurre Passe Colmar

Regentin

Dore; Cellite Chapmanns; Colmar Bonnet; Colmar de Silly; Colmar d'Hardenpont; Colmar Dore; Colmar Epineux; Colmar Gris; Colmar Preul; Colmar Souverain; Dietrichs Butterbirne; Dornige Colmar; Double Passe-Colmar; Fondante de Möns; Fondante de Paris; Hochfeine Colmar; Impératrice; König von Bayern; Marotte Sucrée Jaune; Passe Colmar de Vienne; Passe Colmar Nouveau; Passe Colmar Précel; Passe Colmar Roux; Passe Colmar Superfin; Passe Colmar Supreme; Passe Colmar Tardif; Passe Colmar Vineux; Précel-Regentin; Présent de Malines; Preuls Colmar; Rostfarbige Butterbirne; Souveraine d'Hiver; Supreme Gris

Hervorragende Tafel-, gute Wirtschaftsbirne. Reifezeit Ende Dezember. Haltbarkeit bis in den Februar. Mittelgroße, länglich-birnförmige Frucht. Eine flache Furche läuft vom Kelch bis zum Stiel. Fruchtschale hellgrün, später gelblichgrün, Sonnenseite oft goldgelb und gerötet. Rostpunkte zahlreich, fein. Berostungen vor allem um Kelch und Stiel. Fruchtfleisch gelblichweiß, fein, saftig, schmelzend. Geschmack weinig, süß und gewürzt. Der Baum wächst schwach bis mittelstark. Krone breitpyramidal. Das Holz ist wenig frosthart. Nur für Niederstammformen geeignet. Anbau auf guten Böden im Weinbauklima. Guter Pollenspender. Ertrag früh einsetzend, hoch und regelmäßig. Die Sorte verlangt eine gute Schnittpflege. Sie ist etwas anfällig für Schorf.

Reine *siehe* Calebasse â la Reine

René Dunan

Die Sorte kam 1893 in den Handel.

Großfrüchtige Winterbirne. Reifezeit November. Haltbarkeit bis Dezember. Große bis sehr große, stumpf-kegelförmige Frucht. Fruchtschale zitronengelb, Sonnenseite schwach gerötet. Fruchtfleisch halbschmelzend, von gutem, feinsäuerlichem Geschmack, Anbau auf warmen, geschützten Standorten. Die Sorte verlangt gute Pflege.

Retour de Rome *siehe* Neue Poiteau
Rettichbirne *siehe* Leipziger Rettichbirne
Rheinische Birne *siehe* Apfelbirne
Riedbirne *siehe* Winterrietbirne

Rihas Kernlose Butterbirne

Rihas Kernlose Butterbirne

Die Sorte stammt aus Kroatien und wurde 1869 bekannt.
Gute Tafelbirne. Reifezeit Dezember. Anbau auf gutem Boden. Ertrag sehr hoch.

Rising Summer

Gute Frühbirne. Frucht nur mittelgroß, birnförmig. Schalenfarbe goldgelb, Sonnenseite kräftig gerötet. Fruchtfleisch schmelzend, sehr süß. Baum- und Genussreife Ende Juli. Haltbarkeit gering. Die Frucht sollte möglichst vor der Baumreife geerntet werden. Ein Durchpflücken ist empfehlenswert.
Der Baum wächst mittelstark und bildet eine gute verzweigte Krone aus. Anbaufähig bis in mittlere Höhenlagen. Kaum anfällig für Schorf. Der Ertrag ist mittelhoch und regelmäßig. Gut geeignet für strenge Erziehungsformen und für Topfobst.

Robert de Neufville

Die Sorte entstand 1896 in Geisenheim aus einer Kreuzung von 'August Jurie' x 'Clapps Liebling'.

Hervorragende Tafel- und Wirtschaftsbirne. Reifezeit September. Haltbarkeit 10 bis 12 Tage. Mittelgroße, stumpf-kegelförmige Birne. Fruchtschale glatt, dünn, gelblichgrün. Zur Reifezeit schwach orange gefärbt. Schalenpunkte zahlreich, hellbraun. Fleckige Berostung überzieht fast die ganze Frucht. Fruchtfleisch weißlichgelb, sehr saftig, schmelzend. Geschmack süß, muskatartig gewürzt. Der Baum wächst schwach bis mittelstark und bildet breitrunde Kronen. Holz ausreichend frosthart. Vorwiegend für niedere Erziehungsformen. Anbau auf guten Böden bis zu mittleren Höhenlagen. Blüte unempfindlich, schlechter Pollenspender. Ertrag sehr früh einsetzend, regelmäßig und später auch hoch. Die Sorte verlangt häufige Verjüngungsschnitte. Sie ist widerstandsfähig gegen Schorf.

Roberts Butterbirne *siehe* Vereins-Dechantsbirne
Roi *siehe* Diels Butterbirne
Roi Charles de Wurttemberg *siehe* König Karl von Württemberg
Roi Edouard *siehe* König Eduard
Roi Jolimont *siehe* Juli-Dechantsbirne

Römische Schmalzbirne

Römische Schmalzbirne

Die Sorte ist seit langem in Deutschland bekannt.
Doppelnamen: Äckerlesbirne; Beurré de Rome; Franzmadame; Frauenbirne; Frauenschenkel; Fürstliche Tafelbirne; Große Sommerprinzenbirne; Lipps Birne; Melachthonsbirne; Paradiesbirne; Poire Madame; Schmalzbirne; Sucre Romain; Tafelbirne; Weinbirne; Zapfenbirne

Sehr gute Tafel- und Wirtschaftsbirne. Reifezeit ab Ende August. Haltbarkeit etwa 2 Wochen. Große, birnförmige Frucht. Fruchtschale hellgrün und trüb bräunlichrot. Später hellgelb, verwaschen gerötet und geflammt, manchmal auch gestreift. Deutliche Rostpunkte. Stärkere Berostungen an Stiel und Kelch. Fruchtfleisch gelblich, leicht körnig, sehr saftig. Geschmack süß, gewürzt, kräftiger Geruch. Der Baum wächst stark und bildet hochgebaute Kronen. Erziehung als Halb- und Hochstamm. Ansprüche an Boden und Klima gering. Guter Feldbaum. Blüte mittelfrüh, unempfindlich. Ertrag spät einsetzend, sehr gut, auch Massenträger.

Rommelter *siehe* Große Rommelter

Roosevelt (Abbildung Seite 655)

Die Sorte kam 1905 in den Handel.

Sehr große, kugelförmige bis dickbauchig-eiförmige Frucht. Fruchtschale zitronengelb, an der Sonnenseite intensiv gerötet. Fruchtfleisch weiß, fein, schmelzend, sehr saftig und süß. Reifezeit Oktober. Der Baum wächst kräftig und ist sehr fruchtbar.

Roosevelt

Rose-Anne Ponein

Die Sorte stammt aus Belgien und kam 1886 nach Deutschland.

Sehr gute Tafelbirne. Reifezeit erst Anfang Dezember. Haltbarkeit bis Ende Dezember. Mittelgroße, rundliche Frucht. Schale fein rau, gelb, zahlreiche Rostpunkte und Rostfiguren.Fruchtfleisch weiß, feinkörnig, saftig, süßweinig. Der Baum wächst kräftig und ist sehr fruchtbar.

Röslesbirne *siehe* Muskatellerbirne
Rosteizer *siehe* Rostiezer Birne
Rostfarbige Butterbirne *siehe* Regentin

Rostiezer Birne

Rostiezer Birne (Abbildung Seite 655)

Doppelname: Rosteizer

Sehr gute Tafelbirne. Reifezeit August. Haltbarkeit nur gering. Kleine bis mittelgroße, kegelförmige Frucht. Fruchtschale rau, mattgrün, später gelblich. Sonnenseite trüb verwaschen gerötet. Schalenpunkte weißlich. Zahlreiche Rostpunkte und Rostflecken. Fruchtfleisch gelb-grün, schmelzend, sehr saftig. Geschmack gewürzt und sehr süß. Der Baum wächst kräftig und bildet breite Kronen mit etwas hängenden Zweigen. Für alle Erziehungsformen geeignet. Der Ertrag setzt früh ein.

Rotbirne von Weipersdorf (Lokalsorte im Landkreis Erding/Oberbayern, keine Sortenbeschreibung)

Rote Bergamotte

Rote Bergamotte (Abbildung Seite 656)

Eine alte französische Sorte, die in mehreren Spielarten verbreitet ist.
Doppelnamen: Bergamotte Nonpareille; Diels Rote Bergamotte; Große Ambrette; Herbstbergamotte; Käsbergamotte; Kleine Unveredelte Bergamotte; Trutzer Birne; Trutzerle; Zwiebelbergamotte

Gute Tafel- und Wirtschaftsbirne. Reifezeit Ende September. Haltbarkeit bis Oktober. Mittelgroße, runde Birne. Fruchtschale rau, derb, graugrün, später gelblich. Sonnenseite stumpf gerötet. Zur Reifezeit etwas zimtfarbig berostet. Schalenpunkte zahlreich. Fruchtfleisch weißlich, oft rötlich schimmernd, saftig, schmelzend. Geschmack angenehm gewürzt und fein säuerlich. Die Fruchtqualität ist stark von der Anbaulage abhängig. In trockenem Boden wird die Frucht steinig. Der Baum wächst in der Jugend stark, später mittelstark. Krone aufrecht, rundlich. Erziehung vorwiegend als Halb- und Hochstamm. Ansprüche an Boden und Klima mittelhoch. Bei zusagenden Verhältnissen bis 500 m Höhe anbaufähig. Sehr nährstoffbedürftig. Blüte mittelfrüh, unempfindlich. Der Ertrag setzt mittelfrüh ein, ist hoch und regelmäßig.

Rote Bergamotte *siehe* Salzburger Birne
Rote Birne *siehe* Petersbirne
Rote Butterbirne von Anjou *siehe* Graue Herbstbutterbirne

Rote Dechantsbirne

Sehr gute Tafel- und Wirtschaftsbirne. Auch für Dörrzwecke geeignet. Reifezeit September. Haltbarkeit bis Oktober. Die Frucht ist groß, sehr fein, saftig und reich gewürzt. Der Baum stellt keine großen Ansprüche an Boden und Klima. Wuchs mittelstark, gesund. Sehr fruchtbar. Erziehung vorwiegend als Hochstamm.

Rote Landlbirne

Doppelnamen: Rotbirne; Tollbirne; Wachtberger; Wartberger

Mostbirne. Die Frucht ist klein, kreiselförmig und am Stiel zugespitzt. Fruchtschale glatt. Schalenfarbe grünlichgelb, später gelb. Zur Reifezeit verwaschen gerötet bis gestreift. Stellenweise punktförmig berostet. Kelch meist flächig berostet. Fruchtfleisch gelblichweiß, sehr saftig, aber grobzellig und hart. Geschmack schwach süß, keine Würze. Reifezeit Ende September. Der Baum wächst mittelstark und bildet eine hochkugelige Krone.

Rote Margarethenbirne *siehe* Petersbirne

Rote Pfalzgräfin

Doppelname: Große Pfalzgräfin

Eine sehr alte Sorte. Gute Tafel- und Wirtschaftsbirne. Die Frucht ist mittelgroß, rundbauchig. Fruchtschale zur Reifezeit dunkelrot mit einigen gelbgrünen Flecken. Schalenpunkte grau, vor allem auf der Schattenseite hervortretend. Fruchtfleisch gelblichweiß, schmelzend, sehr süß. Reifezeit September. Haltbarkeit vier bis fünf Wochen. Der Baum wächst mittelstark und kann sehr alt werden. Der Ertrag ist hoch und regelmäßig.

Rotgraue Dechantsbirne

Rotgraue Dechantsbirne

Doppelnamen: Bergamotte d'Angleterre; Bergamotte Gansei; Beurré Rouge d'Automne, Rote Dechantsbirne; Doyenné Rouge

Hervorragende Tafel-, gute Wirtschaftsbirne. Reifezeit ab Mitte Oktober. Haltbarkeit bis Mitte November. Mittelgroße, rundliche, oft plattrunde Frucht. Fruchtschale etwas rau, graugrün, später trüb gelb. Sonnenseite bräunlichrot. Zur Reifezeit starke Berostung und zahlreiche Rostpunkte. Fruchtfleisch weiß, zart, schmelzend, saftig. Geschmack ist angenehm süß und stark gewürzt. Der Baum wächst kräftig und bildet breitpyramidale Kronen. Erziehung vorwiegend als Hochstamm. Ertrag sehr hoch.

Röthenbacher Butterbirne (Keine Sortenbeschreibung)

Rousselet de Stoutgart *siehe* Stuttgarter Geißhirtle

Rousselet Musqué *siehe* Russelet von Reims

Rückerts Butterbirne (Keine Sorten-beschreibung)

Ruhm von Serres

Die Sorte entstand in Frankreich und kam 1875 nach Deutschland.
Doppelname: Gloire de Serres

Sehr gute Tafel-, gute Wirtschaftsbirne. Reifezeit Dezember. Haltbarkeit bis Januar. Mittelgroße, regelmäßig gebaute Birne. Fruchtschale fein rau, Sonnenseite glatt. Schalenfarbe gelblichgrün, später gelb. Schalenpunkte sehr fein, grün. Auf der Sonnenseite Rostfiguren, auf der Schattenseite zimtfarbener Rostbelag. Fruchtfleisch weiß, fein, schmelzend. Geschmack angenehm süß und gewürzt. Der Baum wächst kräftig und trägt sehr gut.

Runde Mundnetzbirne

Runde Mundnetzbirne (Abbildung Seite 659)

Eine sehr alte Sorte, die vor allem in Nord- und Mitteldeutschland verbreitet war.
Doppelnamen: Bergamotte Blanc d'Ete; Grosse Mouille Bouche d'Ete; Milan Blanc; Sommerbergamotte; Sommer-Dechantsbirne

Sehr gute Tafel-, gute Wirtschaftsbirne. Reifezeit ab August. Haltbarkeit zwei Wochen. Mittel- große, in der Form veränderliche, birnförmige Frucht. Fruchtschale dünn, meist glatt, hell- grün, später gelblichgrün. Die Sonnenseite ist manchmal bräunlich gerötet oder mit bräunlichen Punkten besetzt. Berostungen häufig, vor allem um den Kelch. Fruchtfleisch ist gelblichweiß, fein, saftig, schmelzend. Geschmack angenehm säuerlich. Der Baum wächst kräftig, wird aber nicht sehr groß. Für alle Erziehungsformen geeignet. Anbau vor allem in etwas kühleren und luftfeuchten Lagen.

Russelet von Reims

Doppelnamen: Franzosenbirne; Girofle; Perdreau Musque; Petit Rousselet Musque; Rousselet de Reims; Stolz der Franzosen

Sehr gute Tafel- und Wirtschaftsbirne. Reifezeit August. Haltbarkeit bis September. Kleine, birnförmige Frucht. Fruchtschale dünn, grünlich, später grünlichgelb bis zitronengelb. Sonnenseite violett gerötet. Zahlreiche graue Flecken und Punkte. Fruchtfleisch gelblichweiß, fein, halbschmelzend, saftig. Geschmack angenehm und süß. Der Baum wächst kräftig und ist widerstandsfähig. Ansprüche an Boden und Klima mittelhoch. Ertrag ist hoch. Erziehung vorwiegend als Halb- und Hochstamm. Auch für niedere Erziehungsformen geeignet.

S

Saftbirne *siehe* Brester Saftbirne

Saint Auberts Butterbirne

Die Sorte stammt aus Frankreich. Sie wurde von einem Waldhüter als Wildling in einem Gehölz gefunden. Im Jahre 1861 der Öffentlichkeit vorgestellt.
Doppelname: Beurré du Mont-Saint-Aubert

Sehr gute Tafelbirne. Reifezeit im Oktober. Haltbarkeit bis November. Mittelgroße, länglich-eirunde Birne. Fruchtschale dick, gelb. Vor allem auf der Sonnenseite rostbraune Flecken. Fruchtfleisch schmelzend, schmackhaft, sehr süß und stark gewürzt. Der Baum wächst kräftig. Zweige in der Jugend aufrecht, später nach unten geneigt. Dadurch sehr ertragreich. Für alle Erziehungsformen geeignet.

Saint Auguste *siehe* Diels Butterbirne

Saint Germain

Sehr alte Sorte, die als Sämling in der Abtei Saint Germain bei Paris gefunden wurde und später zahlreiche Spielarten gebildet hat.

Doppelnamen: Artelloire; Franzosenbirne; Franklin; Grüne Winterbergamotte; Hermanns Birne; Inconnue de la Fare; Poire d'Union; Schweighäuser Birne; Saint Germain Blanc; Saint Germain d'Hiver; Saint Germain Doré; Saint Germain Gris; Saint Germain Jaune; Saint Germain de Muraille; Winterbergamotte; Winter-Franzosenbirne

Hervorragende Tafel- und gute Wirtschaftsbirne. Mittelgroße bis große, länglich-birnförmige, manchmal auch etwas beulige Frucht. Die Fruchtschale ist fein rau, grün, später gelblich. Kräftige Rostpunkte auf der ganzen Frucht. Graue Berostung vor allem um den Kelch. Fruchtfleisch grünlichweiß, fein, schmelzend, sehr saftig. Geschmack angenehm erfrischend durch feine Säure. Reifezeit Anfang Januar. Haltbarkeit bis März. Der Baum wächst kräftig und wird mittelgroß. Anbau auf gutem Boden in geschützter Lage. Für alle Erziehungsformen geeignet. In alten Gärten findet man die Sorte manchmal als Buschbaum ohne Schnitt, wobei sie hohe Erträge bringt.

Saint Marc *siehe* Colomas Herstbutterbirne
Saint Michel *siehe* Weiße Herbstbutterbirne
Saint Michel d'Eté *siehe* Juli-Dechantsbirne
Saint Michel d'Hiver *siehe* Alencons Dechantsbirne

Saint Remy

Saint Remy

Tafelbirne. Die Frucht ist mittelgroß bis groß, stumpf birnförmig. Fruchtschale glatt. Schalenfarbe hellgelb, zahlreiche Schalenpunkte. Zur Reifezeit unterschiedlich dichte, sternförmige Rostpunkte. Fruchtfleisch nur in guten Anbaulagen schmelzend und süß. Reifezeit ab Ende September. Haltbarkeit bis Dezember.
Der Baum wächst mittelstark und bildet eine wenig verzweigte, breitpyramidale Krone. Der Ertrag setzt mittelfrüh ein und ist abwechselnd mittelhoch und hoch.

Salanderbirne *siehe* Solanerbirne
Salisbury *siehe* Prinzessin Marianne
Salomon *siehe* Oberregierungsrat Pfeffer von Salomon

Salzburger Birne

Salzburger Birne

Alte Sorte, die in mehreren Spielarten vorkommt und vor allem im Donaugebiet Bayerns und in Oberösterreich verbreitet ist.
Doppelnamen: Braunrote Sommerrusselet; Lange Salzburger Birne; Rote Bergamotte; Salzburger Birne von Adlitz; Zuckerbirne

Sehr gute Tafel- und Wirtschaftssorte von lokaler Bedeutung. Reifezeit ab Ende August. Haltbarkeit nur gering. Kleine, abgestumpft kegelförmige Birne. Fruchtschale gelblichgrün, später gelb. Sonnenseite trüb gerötet und manchmal gestreift. Bräunliche Schalenpunkte und einzelne Rostflecken vor allem in der Kelchgegend. Fruchtfleisch weiß bis gelblichweiß, saftig. Geschmack süß mit leichter Säure, angenehm gewürzt. Der Baum wächst kräftig, bildet große Kronen und kann sehr alt werden. Erziehung vorwiegend als Hoch- und Halbstamm. Ansprü-

Santa Maria

che an Boden und Klima gering. Noch für raue Lagen geeignet. Blüte spät. Ertrag mittelfrüh einsetzend und sehr hoch. Der Baum ist widerstandsfähig gegen Krankheiten und Schädlinge.

Santa Maria (Abbildung Seite 662)

Die Sorte kam 1954 in den Handel.

Sehr gute Sommerbirne. Reifezeit September. Haltbarkeit zwei bis drei Wochen. Mittelgroße, birnförmige, bauchige Frucht. Die Fruchtschale ist grünlichgelb, an der Sonnenseite leicht gerötet. Fruchtfleisch weiß, körnig, mehlig. Geschmack süßsäuerlich und fein gewürzt. Der Baum wächst kräftig und gesund. Er bildet breitpyramidale Kronen. Erziehungsformen vorwiegend Niederstamm und Halbstamm. Anbau auf guten Birnenböden in geschützten Lagen, vorwiegend im Weinbauklima. Blüte etwas spätfrostempfindlich, guter Pollenspender. Ertrag mittelhoch.

Sarasinbirne

Sehr alte Sorte, die wegen ihres guten Geschmacks und ihrer langen Lagerfähigkeit bekannt war.
Doppelname: La Sarasine des Chartreux

Sehr gute Tafel- und Wirtschaftsfrucht. Pflückreife Oktober. Genussreife ab Juni des darauffolgenden Jahres. Haltbarkeit bis Dezember. Mittelgroße, birnförmige, etwas bauchige Frucht. Fruchtschale grün, Sonnenseite bräunlichrot. Schalenpunkte sind zahlreich, zart, braun. Zur Genussreife wird die Schale gelb, Schalenpunkte auf der Sonnenseite dann rötlich. Fruchtfleisch weiß, zunehmend schmelzend, Geschmack süß und etwas parfümiert. Der Baum wächst kräftig und gesund. Er treibt im Frühjahr spät aus. Ertrag hoch und regelmäßig.

Saurüssel *siehe* Sommer-Eierbirne

Scheibenbirne

Lokalsorte. Frucht ist klein bis mittelgroß, Fruchtschale grün, mit braunen Punkten übersät. Fruchtfleisch weiß, fein, saftig, angenehm gewürzt. Wenig haltbar. Der Baum bringt reichen Ertrag. Er ist frosthart.

Schellerbirne *siehe* Offenbacher Schellerbirne
Schinkenbirne *siehe* Hardenponts Winterbutterbirne
Schlangenbirne *siehe* Pastorenbirne
Schlegelbirne *siehe* Großer Katzenkopf
Schlunzenbirne *siehe* Brester Saftbirne
Schmalzbirne *siehe* Alencons Dechantsbirne
Dyker Schmalzbirne
Römische Schmalzbirne
Schmelzende Herbstbirne *siehe* Esperens Herrenbirne

Schmelzende von Thirriot

Doppelnamen: Fondante de Thirriot; Triomphe des Ardennes

Sehr gute Tafel- und auch Wirtschaftsfrucht. Reifezeit ab Ende Oktober. Haltbarkeit bis Mitte

Schmelzende von Thirriot

November. Große, länglich-kegelförmige Birne. Fruchtschale fein, glatt, gelblichgrün, später hellgelb. Sonnenseite manchmal schwach gerötet und forellenartig punktiert. Fruchtfleisch weiß, fein, schmelzend, saftig. Geschmack süß und fein gewürzt. Der Baum wächst kräftig und bildet eine pyramidale Krone. Er ist sehr fruchtbar und eignet sich für alle Erziehungsformen. Ansprüche an Boden und Klima gering.

Schneebirne (Keine Sortenbeschreibung)

Schnuckelchesbirne *siehe* Gute Graue
Schollenbirne *siehe* Großer Katzenkopf
Schöne Andreine *siehe* Pastorenbirne

Schneiderbirne (Keine Sortenbeschreibung)

Schöne Angevine

Schöne Angevine

Doppelname: Belle Angevine

Sehr gute Wirtschaftsbirne. Reifezeit ab Dezember. Haltbarkeit bis Juni. Sehr große, bauchige, birn- bis flaschenförmige Frucht. Fruchtschale mattgrün, später gelblich. Sonnenseite trüb violettrot bis lebhaft karminrot. Schalenpunkte zahlreich, braun. Rostspuren um Kelch und Stiel. Fruchtfleisch gelblichweiß, grobkörnig, rübenartig, von fadsüßem Geschmack. Der Baum wächst kräftig. Nur für niedere Erziehungsformen geeignet. Anbau auf gutem Boden und sonnigem Standort.

Schöne Gabriele *siehe* Gute Graue

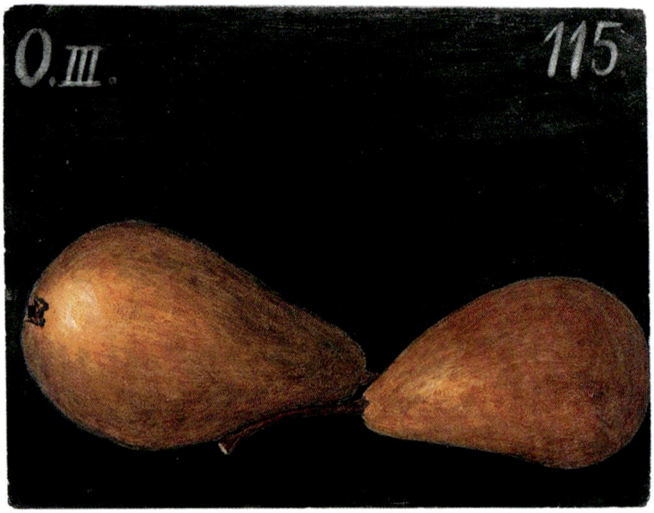

Schöne Julie

Schöne Julie

Doppelnamen: Alexandre Hélie; Belle Julie

Hervorragende Tafelbirne. Reifezeit Mitte Oktober. Haltbarkeit zwei bis drei Wochen. Mittelgroße, länglich-eirunde Frucht. Fruchtschale rau, grünlichgelb und unterschiedlich stark berostet. Fruchtfleisch weiß bis grünlichweiß, fein, saftig, schmelzend. Geschmack ist angenehm gewürzt und sehr süß. Der Baum wächst kräftig. Er ist unempfindlich. Ertrag früh einsetzend und hoch. Für alle Erziehungsformen geeignet.

Schöne von Abres

Doppelname: Belle des Abres

Gute Tafel- und sehr gute Wirtschaftsbirne. Reifezeit März. Haltbarkeit bis Juni. Große bis sehr große, birnförmige Frucht. Fruchtschale dick, glatt, hellgrün, später hellgelb. Sonnenseite schwach gerötet. Häufig graue Flecken an Stiel und Kelch. Das Fruchtfleisch ist weiß, fein, halbschmelzend und saftig. Geschmack süß mit angenehmer Würze. Der Baum ist unempfindlich und wächst kräftig. Anbaufähig in allen guten Lagen. Ertrag hoch.

Schönste Julibirne *siehe* Bunte Julibirne
Schwarzenberg *siehe* Liegels Winterbutterbirne
Schweighäuser Birne *siehe* Saint Germain

Schweizerhose

Eine sehr alte und durch ihre bunten Streifen auffällige und weitbekannte Birne.
Doppelnamen: Bergamotte Panachée; Swiss Bergamotte

Eine gute Tafelbirne. Reifezeit ab Mitte September. Haltbarkeit bis Ende Oktober. Mittelgroße, bauchig-birnförmige Frucht. Fruchtschale mit gelben und grünen, auf der Sonennseite auch roten Streifen unterschiedlicher Stärke. Zahlreiche braune Schalenpunkte auf den gelben und grünen Streifen. Das Fruchtfleisch ist gelblichweiß, zart, schmelzend und ausreichend saftig.

Schweizerhose

Geschmack süß und angenehm. Baum wächst mittelstark, die Krone ist etwas dünn. Ertrag mittelhoch.

Schweizer Wasserbirne *siehe* Wasserbirne
Seigneur d'Esperen *siehe* Esperens Herrenbirne
Seigneur d'Hiver *siehe* Winter-Dechantsbirne
Seigneur Esperen *siehe* Esperens Herrenbirne

Senator Vaisse

Die Sorte entstand 1861 bei Lyon/Frankreich.
Doppelname: Senateur Vaisse

Sehr gute Tafelbirne. Reifezeit ab Ende September. Haltbarkeit bis Mitte Oktober. Mittelgroße bis große, etwas unregelmäßig-birnförmige Frucht. Fruchtschale glatt, hellgelb, Sonnenseite goldgelb. Schalenpunkte klein, bräunlichgrau. Rostpunkte und Flecken häufig, Berostungen vor allem an Stiel und Kelch. Fruchtfleisch ist weiß, schmelzend, sehr saftig. Geschmack süß und aromatisch.

Serres *siehe* Olivier de Serres
Ruhm von Serres
Serrurier d'Automne *siehe* Colomas Herbstbutterbirne
Severiana *siehe* Großer Katzenkopf
Siegenburg *siehe* Birne von Siegenburg

Sievenicher Mostbirne (Abbildung Seite 668)

Die Sorte entstand auf dem Sievenicher Hof bei Trier und wird seit 1860 vermehrt.
Doppelnamen: Klötzenbirne; Sivenicher Mostbirne

Eine im Rheinland bevorzugte Mostbirne. Reifezeit September. Haltbarkeit bis Anfang Oktober.

Sievenicher Mostbirne

Kleine, plattrunde, bergamottförmige Birne. Fruchtschale glatt, grünlichgelb, später zitronengelb. Die Frucht ist mit feinen Rostpunkten bedeckt, gelegentlich auch Rostfiguren. Fruchtfleisch weißlichgelb, sehr saftig, kräftige Säure bei hohem Zuckergehalt. Roh ungenießbar. Der Baum wächst stark und kräftig. Erziehung vorwiegend als Halb- und Hochstamm. Erträge in jedem zweiten Jahr hoch. Die Bäume werden sehr alt, bilden mächtige Kronen und bleiben gesund. Ansprüche an Boden und Klima gering. Auch in raueren Lagen anbaufähig. Sehr guter Feldbaum. Der aus dieser Birne gewonnene Most gilt als sehr haltbar.

Signore *siehe* Weiße Herbstbutterbirne

Six' Butterbirne

Six' Butterbirne (Abbildung Seite 668)

Die Sorte entstand um 1840 in Belgien.
Doppelnamen: Beurré Six; Poire Six

Gute bis sehr gute Tafel-, gute Wirtschaftsbirne. Große bis sehr große, dickbauchige und beulige Frucht. Fruchtschale glatt, glänzend, hellgrün, später gelblichgrün. Schalenpunkte sind zahlreich, klein, olivengrün und grau. Stiel und Kelch sind häufig berostet. Fruchtfleisch weiß, unter der Schale grünlichweiß, sehr fein, saftig, schmelzend. Geschmack angenehm süßweinig, leicht gewürzt. Reifezeit Anfang November. Haltbarkeit bis Dezember. Der Baum wächst mittelstark und bildet schmale Kronen. Vorwiegend für niedere Erziehungsformen, aber auch für Halbstamm geeignet. Anbau auf guten Böden in wärmeren Lagen. Blüte empfindlich, guter Pollenspender. Ertrag früh einsetzend, regelmäßig und hoch. Da die Sorte zur Vergreisung neigt, sind gelegentliche Verjügungsschnitte erforderlich.

Snow-Pear *siehe* Weiße Herbstbutterbirne

Solaner Birne

Solaner Birne

Die Sorte stammt aus der Tschechien.
Doppelname: Salanderbirne

Eine sehr gute, frühe Tafelbirne. Reifezeit ab Mitte August. Haltbarkeit mehrere Wochen. Mittel-große, lang birnförmige Frucht. Fruchtschale etwas fettig, glatt, hellgrün, später grünlichgelb. Sonnenseite leicht gerötet. Strahlenartige Berostung am Stiel häufig, schwache Rostfiguren auf der Frucht. Fruchtfleisch gelblichweiß bis grünlichweiß, saftig, schmelzend und nur wenig körnig. Geschmack angenehm gewürzt, süßweinig. Der Baum wächst kräftig und aufrecht. Erziehung vorwiegend als Halb- und Hochstamm. Sehr guter Feld- und Straßenbaum. Ansprüche an Boden und Klima gering. Blüte unempfindlich. Der Ertrag setzt erst spät ein, ist dann aber sehr hoch. Die Sorte ist widerstandsfähig gegen Krankheiten und Schädlinge.

Soldat Laboureur *siehe* Blumenbachs Butterbirne
Soldat Paddington *siehe* Winter-Dechantsbirne
Sommerambrette *siehe* Gute Graue

Sommer-Apothekerbirne

Sommer-Apothekerbirne

Eine sehr alte Sorte, die möglicherweise aus Deutschland stammt.
Doppelnamen: Bon Chrétien d'Eté; Große Zuckerbirne; Gute Christenbirne; Herrenbirne; Katelenbirne; Malvasierbirne; Plutzerbirne; Sommer-Christenbirne; Straßburgerin; Türkenbirne; Zuckeratenbirne; Zuckerbirne

Sehr gute Tafel- und Wirtschaftsbirne. Reifezeit ist ab September. Haltbarkeit etwa 3 Wochen. Mittelgroße, dickbauchig-birnförmige, oft unregelmäßig gebaute Frucht. Fruchtschale fest, grün, trüb gerötet. Später goldgelb, verwaschen gerötet und geflammt. Schalenpunkte zahlreich, unterschiedlich groß. Kleinere Rostflecken häufig. Fruchtfleisch gelblichweiß, saftig, fest, körnig, manchmal auch steinig. Geschmack sehr süß mit leichter Säure, muskatartig gewürzt. Der Baum wächst sehr kräftig und kann außerordentlich alt werden. Krone hochge- hend, etwas sparrig. Sehr guter Haus- und Hofbaum. Ansprüche an Lage und Klima gering. Ertrag mittelfrüh einsetzend, hoch und regelmäßig. Die Sorte ist widerstandsfähig gegen Krankheiten und Schädlinge.

Sommerbergamotte *siehe* Bardowieker Sommerbergamotte
Runde Mundnetzbirne
Sommerbutterbirne *siehe* Gute Graue
Sommer-Christenbirne *siehe* Sommer-Apothekerbirne
Sommer-Dechantsbirne *siehe* Runde Mundnetzbirne
Sommerdiel *siehe* Doppelte Philippsbirne
Sommerdorn *siehe* Punktierter Sommerdorn

Sommer-Eierbirne

Sommer-Eierbirne (Sommer-Zitronenbirne)

Sommer-Eierbirne

Eine sehr alte deutsche Sorte.
Doppelnamen: Beste Birne (Rheinland); Pomeranzenbirne (Baden); Saurüssel (Württemberg); Sommerzitronenbirne (Unterfranken); Straßburger Bestebirne (Elsaß)

Sehr gute Tafel- und hervorragende Einmachbirne. Reifezeit Mitte August. Haltbarkeit gering. Kleine bis mittelgroße, eiförmige bis elliptische Birne. Fruchtschale grünlichgelb, später gelb. Sonnenseite gerötet. Starke Berostungen an Kelch und Stiel, Rostfiguren bedecken die ganze Frucht. Dadurch wird die Schale rau und dick. Fruchtfleisch cremefarben, saftig, schmelzend. Geschmack süßsäuerlich und gewürzt. Der Baum wächst sehr stark und kann ungewöhnlich groß werden. Krone hochstrebend, dicht verzweigt. Auf tiefgründigem Boden wird der Baum alt, 200jährige Bäume sind bekannt. Erziehung als Halb- und Hochstamm. Anbau nur in warmen Lagen. Ertrag sehr spät einsetzend, dann hoch und ziemlich regelmäßig. Die Sorte ist widerstandsfähig gegen Krankheiten und Schädlinge.

Sommerhonigbirne

Eine sehr alte Sorte, die bereits 1748 beschrieben wurde.

Gute Sommerbirne für den Frischverzehr und zum Dörren. Reifezeit Mitte August. Haltbarkeit zwei Wochen. Mittelgroße, birnförmige Frucht. Fruchtschale gelb, Sonnenseite kräftig gerötet. Fruchtfleisch grünlichweiß, mäßig saftig. Süßer, etwas muskatellerhafter Geschmack. Der Baum wächst stark und bildet eine stumpfpyramidale Krone.

Sommerkatzenkopf *siehe* Kuhfuß
Westfälische Glockenbirne
Sommermagdalene *siehe* Grüne Sommermagdalene
Sommer-Russelet *siehe* Salzburger Birne
Sommer-Verlaine *siehe* Holzfarbige Butterbirne
Sommer-Zitronenbirne *siehe* Sommer-Eierbirne

Sonnenbirne

Sonnenbirne

Sehr gute Tafelbirne. Reifezeit November bis Dezember. Mittelgroße, rundlich-dickbauchige Frucht. Schalenfarbe goldgelb, zimtfarbig berostet. Der Baum wächst schwach bis mittelstark. Ertrag hoch. Anbau nur in guten Birnenlagen. Für den Hausgarten gut geeignet.

Souvenir de Lydie *siehe* Andenken an Lydia
Souvenir de Madame Charles *siehe* Andenken an Madame Charles
Souvenir de Madame Treyve *siehe* Madame Treyve
Souvenir du Congrés Pomologique *siehe* Andenken an den Kongreß
Souveraine d'Hiver *siehe* Regentin

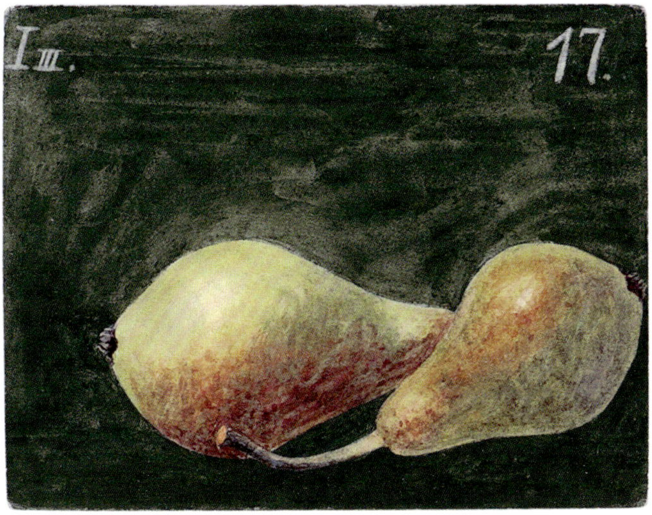

Sparbirne

Sparbirne

Eine alte französische Sorte, die bereits um 1500 erwähnt wurde.
Doppelnamen: Epargne; Franzmadam; Frauenschenkel; Große Cuisse Madame; Große Madeleine

Sehr gute Tafel- und gute Wirtschaftsbirne. Reifezeit ab Ende Juli. Haltbarkeit etwa 2 Wochen. Mittelgroße, lang birnförmige Frucht. Die Fruchtschale ist glatt und etwas fettig, hellgrün, später zitronengelb. Sonnenseite stumpf gerötet, gestreift oder verwaschen. Schalenpunkte zahlreich. Berostungen vorwiegend um den Kelch. Fruchtfleisch ist mattweiß, fein, saftig und schmelzend. Geschmack angenehm erfrischend und gewürzt. Der Baum wächst zuerst sehr stark, dann schwächer. Zweige abstehend bis hängend. Dadurch sehr fruchtbar, aber auch zum Vergreisen neigend. Korrektur durch gelegentliche Verjüngungsschnitte erforderlich.

Späte Gute Luise

Späte Gute Luise (Abbildung Seite 673)

Die Sorte entstand 1857 bei Rouen/Frankreich.
Doppelname: Louise-Bonne de Printemps

Gute Tafel- und Wirtschaftsbirne. Reifezeit Februar. Haltbarkeit bis in den April. Mittelgroße bis große, dickbauchige Birne. Fruchtschale gelb, Sonnenseite manchmal leicht gerötet. Schalenpunkte graugrün. Zimtfarbiger Rost vor allem um den Kelch. Fruchtfleisch weißlich, halbschmelzend, saftig. Geschmack angenehm, schwach gewürzt. Der Baum wächst schwach, hat dünne Zweige und ist sehr fruchtbar.

Späte Hardenpont

Doppelnamen: Beurré de Noirchain; Beurré de Rance; Bon-Chrétien de Rance; Hardenpont de Printemps; Hardenponts Späte Winterbutterbirne

Sehr gute Tafel-, gute Wirtschaftsbirne. Große bis sehr große, glockenförmige Frucht. Fruchtschale etwas rau, grün, später gelblichgrün. Sonnenseite bräunlich gerötet. Zahlreiche feine Rostpunkte und ausgedehnte Rostfiguren bedecken einen großen Teil der Frucht. Fruchtfleisch mattweiß, unter der Schale grünlich, halbfein, fast schmelzend, sehr saftreich. Geschmack angenehm süß mit feiner Säure. Reifezeit Anfang Januar. Haltbarkeit bis März und länger.
Der Baum wächst sehr kräftig, wird aber nicht groß. Für alle Erziehungsformen geeignet, vorwiegend für Hochstamm und Spalier. Anbau nur in geschützten Lagen auf gutem Boden. Ertrag hoch.

Späte Kletzenbirne (Keine Sortenbeschreibung)

Späte Winterbirne *siehe* Großer Katzenkopf

Speckbirne

Doppelnamen: Lavanttaler Mostbirne; Steirische Weinmostbirne

Mostbirne. Die Frucht ist mittelgroß bis groß, stumpfkreiselförmig, ungleichmäßig. Fruchtschale glatt. Schalenfarbe grünlichgelb, später gelb. Leicht punktförmig berostet, Kelch flächig

berostet. Fruchtfleisch weiß bis gelblichweiß, sehr saftig, grobzellig, mittelhart. Geschmack süßsäuerlich, keine Würze. Reifezeit Mitte Oktober.
Der Baum wächst stark und bildet eine hochpyramidale Krone aus.

Speckbirne *siehe* Kuhfuß
Oberösterreichische Weinbirne
Westfälische Glockenbirne
Spring Pear *siehe* Red Spring Pear

Staffinger Dörrbirne (Lokalsorte im Landkreis Erding/ Oberbayern, keine Sorten-beschreibung)

Starringer Dörrbirne (Keine Sorten-beschreibung)

Starking Delicious

Die Sorte entstand 1930 in Ohio/USA.

Sehr gute Tafelbirne. Frucht groß bis sehr groß, birnförmig. Fruchtschale glatt. Schalenfarbe zitronengelb. Schalenpunkte zahlreich, einzelne Rostpunkte. Fruchtfleisch weiß, süß, mit angenehmen Aroma. Baum- und Genussreife Mitte September. Haltbarkeit bis November. Der Baum wächst stark, später mittelstark. Anbaufähig bis in mittlere Höhenlagen. Widerstandsfähig gegen Feuerbrand. Ertrag mittelhoch bis hoch und fast regelmäßig.

Sterkmanns Butterbirne

Sterkmanns Butterbirne

Die Sorte entstand bei Löwen/Belgien.
Doppelnamen: Beurré Sterkmann; Doyenné Sterkmann; Poire Belle Alliance

Sehr gute Tafel-, gute Wirtschaftsbirne. Reifezeit Anfang Dezember. Haltbarkeit bis Januar. Große, veränderliche, meist bauchig-birnförmige Frucht. Fruchtschale hellgrün, später hellgelb. Sonnenseite gepunktet und verwaschen gerötet. Manchmal berostet und gefleckt. Fruchtfleisch gelblichweiß, fein, fast schmelzend, saftig. Geschmack süßweinig und gewürzt. Der Baum wächst kräftig, trägt früh und reich. Für alle Erziehungsformen geeignet. Anbau nur auf guten Böden und in warmen Lagen.

Sternebergs Sommerbutterbirne (Abbildung Seite 677)

Die Sorte entstand 1882 in Geisenheim.
Hervorragende frühe Tafelbirne. Reifezeit Ende August. Fruchtschale fein rau, zitronengelb, Sonnenseite leicht rot gestreift. Schalenpunkte unterschiedlich stark, zahlreich. Berostungen an Stiel und Kelch häufig. Fruchtfleisch gelblichweiß, schmelzend, fein gewürzt. Der Baum wächst kräftig und aufrecht.

St. Germain *siehe* Saint Germain
St. Leonard *siehe* Virgouleuse

Sternebergs Sommer-butterbirne

Stolz der Franzosen *siehe* Russelet von Reims
Straßburger Bestebirne *siehe* Sommer-Eierbirne
Straßburgerin *siehe* Sommer-Apothekerbirne

Straußdorfer Frauenbirne (Lokalsorte in Oberbayern, keine Sorten-beschreibung)

Streuler *siehe* Theilersbirne

Stuttgarter Geißhirtle (Abbildung Seite 678)

Die Birne soll in der Nähe von Stuttgart von einem Ziegenhirten gefunden worden sein. Doppelnamen: Chevriers de Stoutgart; Honigbirne; Hutzelbirne; Poire de Stoutgart; Rousselet de Stoutgart; Stuttgarter Russelet, Zuckerbirne

Stuttgarter Geißhirtle

Hervorragende Tafelbirne, sehr gute Wirtschaftsbirne. Reifezeit Ende August. Haltbarkeit eine Woche. Kleine bis mittelgroße, birnförmige Frucht. Fruchtschale zart, glatt, gelblichgrün, später gelblich. Sonnenseite trüb gerötet und rot gepunktet. Fruchtfleisch grünlichweiß, etwas körnig, sehr saftig. Geschmack sehr süß und zimtartig gewürzt.
Der Baum wächst mittelstark und sehr harmonisch, dadurch als Hausbaum gut geeignet. Die Sorte stellt nur bescheidene Ansprüche an den Boden und ist gegen Schädlinge und Krankheiten widerstandsfähig. Das Aroma bildet sich in warmen Lagen am besten aus. Da die Früchte schon vom Baum weg genießbar sind, ist die Sorte für den freistehenden Anbau nur bedingt geeignet. Erziehung vorwiegend als höhere Baumformen, aber auch als Spalier und Busch geeignet. Die Blüte erscheint früh, hält lange an und ist gegen Nässe und kaltes Wetter unempfindlich. Guter Pollenspender. Eine ausgezeichnete, aromatische Sommerbirne, die sich auch sehr gut für die Konservierung und vor allem für das Dörren eignet.

Stuttgarter Russelet *siehe* Stuttgarter Geißhirtle
Sucre Romain *siehe* Römische Schmalzbirne
Sucre Vert *siehe* Grüne Herbstzuckerbirne
Summer Doyenne *siehe* Juli-Dechantsbirne
Super Comice *siehe* Delbias
Superfin *siehe* Beurré Superfin
Suprême Coloma *siehe* Liegels Winterbutterbirne
Surpasse Delices *siehe* Hardenponts Leckerbissen
Swiss Bergamotte *siehe* Schweizerhose
Sylvanche d'Hiver *siehe* Winter-Dechantsbirne

T

Tafelbirne *siehe* Römische Schmalzbirne
Tarquin *siehe* Pastorenbirne
Tête de Chat *siehe* Großer Katzenkopf
Téton de Venus *siehe* Großer Katzenkopf

Theilersbirne

Eine sehr alte Mostbirne, die vor allem in der Zentralschweiz verbreitet ist.
Doppelnamen: Streuler; Theiligbirne

Frühe Mostbirne. Reifezeit ist ab Anfang September. Kleine, eiförmige Birne. Die Fruchtschale ist rau, trocken, hellgrün bis gelbgrün. Sonnenseite bräunlichrot. Rostpunkte sind zahlreich. Schalenpunkte scharf begrenzt. Fruchtfleisch gelblich, fest, rasch teigig werdend, grobkörnig. Leicht herb bei hohem Zuckergehalt. Der Baum wächst mittelstark bis stark. Die pyramidalen Kronen haben waagrechte oder hängende Äste. Blüte mittelfrüh, schlechter Pollenspender. Ertrag spät einsetzend, in jedem zweiten Jahr reich. Erziehung vorwiegend als Hochstamm. Die Sorte ist schorfanfällig.

Theiligbirne *siehe* Theilersbirne
The Unknown of Cheneau *siehe* Brester Saftbirne
Thiel *siehe* Gemeimrat Dr. Thiel
Thiessoise *siehe* Amanlis Butterbirne
Thirriot *siehe* Schmelzende von Thirriot
Thurgibirne *siehe* Wasserbirne
Tombeau de l'Amateur *siehe* Neue Poiteau
Tongern *siehe* Birne von Tongern
Torpes *siehe* Birne von Torpes
Tottleben *siehe* General Tottleben

Triumph von Jodoigne

Toulon *siehe* Pastorenbirne
Trévoux *siehe* Frühe von Trévoux
Treyve *siehe* Madame Treyve
Triomphe de Jodoigne *siehe* Triumph von Jodoigne
Triomphe des Ardennes *siehe* Schmelzende von Thirriot
Triomphe de Vienne *siehe* Triumph von Vienne

Triumph von Jodoigne (Abbildung Seite 679)

Die Sorte entstand 1830 in Belgien.
Doppelnamen: Besi van Orlé; Triomphe de Jodoigne

Sehr gute Tafel-, gute Wirtschaftsbirne. Reifezeit ab Mitte November. Haltbarkeit bis Dezember. Große bis sehr große, bauchig-birnförmige Frucht. Fruchtschale ist glatt, grün, später gelbgrün, manchmal trübrot gesprenkelt. Dunkelgrüne Flecken vor allem um Kelch und Stiel. Fruchtfleisch weiß, fein, zart, schmelzend, saftig. Geschmack angenehm weinsäuerlich und süß. Der Baum wächst zuerst sehr stark, dann mittelstark und unregelmäßig. Jungtriebe häufig gekrümmt. Krone flach bis hängend. Erziehung vorwiegend als Niederstamm. Anbau auf gutem Birnenboden bei ausreichender Wärme. Blüte groß, sehr zierend, wenig empfindlich. Der Ertrag ist befriedigend hoch.

Triumph von Vienne

Triumph von Vienne

Die Sorte entstand 1874 in Frankreich.
Doppelname: Triomphe de Vienne

Sehr gute Tafelbirne. Reifezeit ab Mitte September. Haltbarkeit 2 bis 3 Wochen. Große bis sehr große Birne. Fruchtform flaschenförmig lang bis mittelbauchig. Fruchtschale rau, grünlichgelb mit grünlichen Flecken. Sonnenseite matt gerötet. Rostpunkte und Rostflecken zahlreich. Das Fruchtfleisch ist gelblichweiß, fast schmelzend, saftig. Geschmack angenehm süß und gewürzt. Der Baum wächst zuerst mittelstark, später schwach und bildet breitpyramidale

Kronen. Leitäste zuerst aufrecht, später hängend. Holz ist ausreichend frosthart. Erziehung vorwiegend als Niederstamm. Für gute, nährstoffreiche Böden in wärmeren und geschützten Lagen. Blüte mittelfrüh bis spät, etwas frostempfindlich. Guter Pollenspender. Der Ertrag setzt früh ein und ist in jedem zweiten Jahr sehr hoch.

Trostbirne *siehe* Pastorenbirne
Trutzer Birne *siehe* Rote Bergamotte
Trutzerle *siehe* Rote Bergamotte
Türkenbirne *siehe* Sommer-Apothekerbirne
Turriana *siehe* Großer Katzenkopf

U

Uccler Marie Luise

Die Sorte entstand in Belgien.

Sehr gute Tafelbirne. Reifezeit ist ab Mitte Oktober. Haltbarkeit bis Mitte November. Bauchig-birnförmige Frucht. Fruchtschale ist glatt, gelblichgrün bis grünlichgelb. Schalenpunkte zahlreich, braun. Anflüge und Überzüge von Rost häufig. Fruchtfleisch gelblichweiß, fein, wenigkörnig, fast schmelzend, saftig. Geschmack vorherrschend süß und etwas gewürzt. Der Baum wächst kräftig. Er eignet sich vor allem für niedere Erziehungsformen.

Ulmer Butterbirne

Ulmer Butterbirne

Eine Lokalsorte aus der Gegend von Ulm.
Doppelnamen: Albeckerin; Alpecker Steigbirne

Sehr gute Tafel- und gute Wirtschaftsbirne. Mittelgroße, meist rundliche Frucht. Fruchtschale gelblichgrün, später gelb, Sonnenseite gerötet. Schalenpunkte fein, zahlreich. Fruchtfleisch gelblichweiß, saftig, schmelzend. Geschmack angenehm gewürzt und süß. Reifezeit ab Mitte Oktober. Haltbarkeit 2 Wochen. Der Baum wächst kräftig und bildet hochgebaute Kronen. Erziehung vorwiegend als Halb- und Hochstamm. Die Sorte stellt sehr hohe Ansprüche an den Boden, verträgt aber noch raue Lagen. Blüte unempfindlich, guter Pollenspender. Der Ertrag setzt früh ein und ist sehr reich.

Unique Musquée *siehe* Liegels Winterbutterbirne
Urbaniste *siehe* Colomas Herbstbutterbirne

V

Valencia *siehe* Weiße Herbstbutterbirne

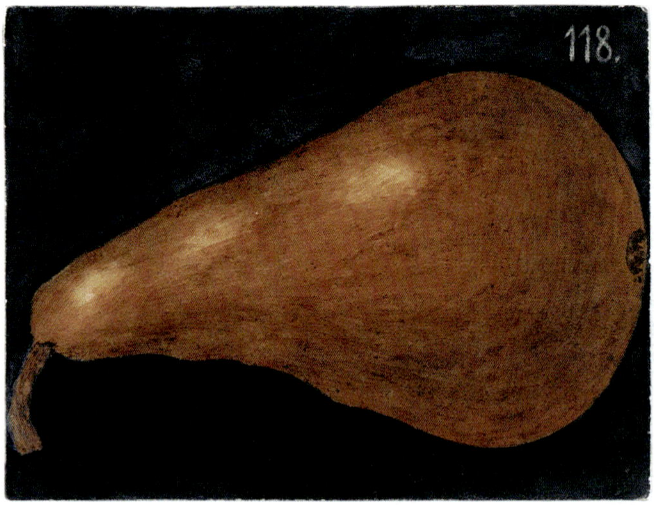

Van Marums Flaschenbirne

Van Marums Flaschenbirne

Doppelnamen: Calebasse Monstre; Carafon; Poire van Marum

Gute Tafel-, auch sehr gute Wirtschaftsbirne. Reifezeit ab Anfang Oktober. Haltbarkeit drei bis vier Wochen. Sehr große, länglich-flaschenförmige, am Stiel meist abgebogene Frucht. Fruchtschale grünlichgelb. Sonnenseite schwach gerötet. Zur Reifezeit ist die ganze Frucht bräunlich bis goldfarbig berostet. Fruchtfleisch mattweiß, halbfein, halbschmelzend, wenig saftig. Geschmack matt süß bei geringer Würze. Der Baum wächst mittelstark. Für alle Erziehungsformen geeignet. Anbau wegen der sehr großen Früchte nur in windgeschützten Lagen.

Van Marums Schmalzbirne (Abbildung Seite 683)

Gute Tafel-, sehr gute Wirtschaftsfrucht. Reifezeit von September bis Oktober. Mittelgroße bis große, abgestumpft kegelförmige Birne. Schalenfarbe strohgelb, rostig marmoriert. Der Baum wächst kräftig, er trägt reich und regelmäßig. Blüte mittelfrüh.

Van Marums Schmalzbirne

Van Mons Butterbirne

Van Mons Butterbirne

Doppelname: Poire van Mons

Sehr gute Tafel- und gute Wirtschaftsbirne. Reifezeit ab Anfang November. Die Haltbarkeit liegt bei etwa drei bis vier Wochen. Große, länglich-kegelförmige bis länglich-walzenförmige Frucht. Fruchtschale mattgrün, später gelb. Zur Reifezeit ist die Frucht bräunlich punktiert und stellenweise bräunlich berostet. Fruchtfleisch weiß, fein, schmelzend, saftig. Geschmack angenehm gewürzt und süßsäuerlich. Der Baum wächst mittelstark und eignet sich für alle Erziehungsformen. Anbau nur auf gutem Boden und in warmer Lage.

Van Mons Frühlingsbutterbirne *siehe* Winter-Dechantsbirne

Van Mons Leon Leclerc *siehe* Van Mons Butterbirne
Van Mons Soldat *siehe* Blumenbachs Butterbirne
Vaisse *siehe* Senator Vaisse

Vauquelins St. Germain

Vauquelins Saint Germain

Doppelname: Poire Vauquelin

Sehr gute Tafel-, gute Wirtschaftsbirne. Reifezeit Januar. Haltbarkeit bis März. Große bis sehr große, länglich-birnförmige bis eirunde Frucht. Fruchtschale kräftig, graugrün, später gelbgrün. Sonnenseite machmal kräftig gerötet. Zur Reifezeit rostig punktiert, Berostungen vor allem um Kelch und Stiel. Fruchtfleisch grünlichweiß, halbfein, meist schmelzend, saftig.

Veldenzerbirne (Keine Sortenbeschreibung)

Geschmack ist schwach säuerlich, angenehm gewürzt und süß. Der Baum wächst kräftig. Er eignet sich für alle Erziehungsformen. Ansprüche an Boden und Klima gering. Sehr gute Sorte für den Hausgarten.

Vereins-Dechantsbirne

Vereins-Dechantsbirne

Die Sorte entstand um 1840 bei Angers/Frankreich.
Doppelnamen: Comice; Doyenné du Comice d'Angers; Poire du Comice; Roberts Butterbirne

Hervorragende Tafel-, gute Wirtschaftsbirne. Reifezeit ab Ende Oktober. Haltbarkeit bis Ende November. Die Früchte sollten abgenommen werden, sobald sie nacheinander reifen. Große, stumpf-kegelförmige Birne. Durch beulenartige Erhebungen oft unregelmäßig gebaut. Fruchtschale ist grünlichgelb, später zitronengelb. Sonnenseite gerötet. Schalenpunkte zahlreich. Berostungen vorwiegend um Kelch und Stiel. Fruchtfleisch gelblichweiß, fein, schmelzend, sehr saftig. Geschmack ungewöhnlich gut und süß. Der Baum wächst mittelstark bis stark und bildet hochpyramidale Kronen. Holz frosthart. Vorwiegend für niedere Erziehungsformen geeignet. Anbau auf tiefgründigen und nährstoffreichen Böden, trockene und feuchtkalte Böden werden vertragen. Der Standort sollte warm sein, sonst besser als Wandspalier. Blüte etwas witterungsempfindlich. Der Ertrag setzt mittelfrüh ein und ist mittelhoch. Die Sorte ist ziemlich widerstandsfähig gegen Krankheiten und Schädlinge.

Verlaine d'Eté *siehe* Holzfarbige Butterbirne
Verte *siehe* Madame Verté
Vicar of Wackfield *siehe* Pastorenbirne
Vienne *siehe* Triumph von Vienne

Vigneron

Die Sorte stammt aus Frankreich.

Sehr gute Tafelbirne. Große, lang-kegelförmige Frucht. Fruchtschale ist fein rau, gelb, auf der

Schattenseite häufig grüne Flecken. Berostungen vor allem um den Kelch. Fruchtfleisch gelblichweiß, zart, saftig. Geschmack ist angenehm gewürzt und süß. Reifezeit ab Ende Oktober. Haltbarkeit bis Ende November. Der Baum wächst kräftig und ist sehr fruchtbar.

Vilmorin *siehe* Louis Vilmorin
Virgoulée Chambrette *siehe* Virgouleuse

Virgouleuse

Virgouleuse

Die Sorte stammt aus Frankreich und war früher in Deutschland und im Etschtal verbreitet. Doppelnamen: Abbe Perez; Besi de Virgoulee; Bujaleuf; Chambrette Ronde; Chambrette d'Hiver; Erlauer Birne; Franzosenbirne; Glanzbirne; Grüne Winterbergamotte; Kalmesbirne; Kurzstielige Winterberga motte; La Borie; Lange Grüne Winterbergamotte; Paradiesbirne; Poire de Glace; St. Leonhard; Virgoulee Chambrette

Gute Tafel- und Wirtschaftsbirne. Genussreife ab November. Haltbarkeit bis Januar. Kegelförmige Frucht. Fruchtschale glatt, hellgrün. Schalenpunkte fein, grau. Gelegentliche Berostungen auf der Frucht, um den Kelch häufig. Fruchtfleisch gelblichweiß, schmelzend, saftig. Geschmack muskatellerartig gewürzt. Der Baum wächst kräftig, stellt aber hohe Ansprüche. Deshalb vorwiegend für Zwergformen und Niederstamm geeignet. Blüte mittelfrüh. Ertrag früh einsetzend und gut.

Von Ladé's Butterbirne (Abbildung Seite 687)

Doppelnamen: Beurré Ladé

Sehr gute Tafel-, gute Wirtschaftsbirne. Genussreife ab Ende November. Haltbarkeit bis Ende Dezember. Große, lang-birnförmige Frucht. Fruchtschale hellgrün, später grünlichgelb. An der Sonnenseite mattbraun gerötet und manchmal etwas gestreift. Schalenpunkte zahlreich, grau, häufig mit rotem Hof. Fruchtfleisch gelblichweiß, fast schmelzend, saftig. Geschmack zimtartig gewürzt, süßsäuerlich. Der Baum wächst kräftig, die Sorte ist sehr fruchtbar. Vor allem für niedere Erziehungsformen geeignet.

Von Ladé's Butterbirne

W

Wadlbirne *siehe* Gelbe Wadlbirne
Warwick Bergamot *siehe* Weiße Herbstbutterbirne

Münchner Wasserbirne

Schweizer Wasserbirne

Wasserbirne (siehe auch Abbildung Seite 687)

Sehr alte und in der Schweiz stark verbreitete Sorte.
Doppelnamen: Kugelbirne; Schweizer Wasserbirne; Thurgibirne

Sehr gute Mostbirne. Verwertung ab Ende September. Haltbarkeit etwa 2 bis 3 Wochen. Mittelgroße bis große, kuglige bis eiförmige Frucht. Fruchtschale leicht aufgeraut, trocken, grün bis gelblichgrün. Zur Reifezeit ist die halbe Frucht blaurot verwaschen. Schalenpunkte zahlreich, grün, in der Deckfarbe mit rotem Hof. Fruchtfleisch gelblichweiß, grob, sehr saftig. Milder Geschmack. Der Baum wächst stark und bildet mächtige Kronen. Erziehung vorwiegend als Hochstamm. Auch als Stammbildner geeignet. Ansprüche an Boden und Klima gering, breit anbaufähig. Blüte spät, schlechter Pollenspender. Ertrag sehr hoch.

Weilersche Mostbirne

Waterloo *siehe* Köstliche von Charneu
Weeler Berkshire *siehe* Williams Christbirne

Weilersche Mostbirne (Abbildung Seite 688)

Sehr gute Mostbirne. Reifezeit Oktober. Frucht klein. Der Baum wächst zuerst stark, später mittelstark. Erziehung nur als Hochstamm. Der Ertrag setzt früh ein und ist regelmäßig. Die Sorte ist sehr frosthart. Sie eignet sich als Stammbildner und als Zwischenveredlung.

Weinbirne *siehe* Bayerische Weinbirne
Grüne Sommermagdalene
Gute Graue
Oberösterreichische Weinbirne
Römische Schmalzbirne
Weinhuberin *siehe* Liegels Winterbutterbirne
Weinzapfenbirne *siehe* Römische Schmalzbirne
Weipersdorf *siehe* Rotbirne von Weipersdorf

Weiße Herbstbutterbirne

Weiße Herbstbutterbirne

Die Sorte stammt aus Frankreich und war in Deutschland sehr verbreitet.
Doppelnamen: Autumn Beurre; Bergalos; Beurre à Courte Queue; Beurre Blanc d'Automne; Birneblank; Blanche; Blankbirne; Bonne-Ente; Butter-Pear; Carlisle; Citron; Dechantsbirne; Doyenne Blanc; Doyenne d'Automne; Doyenne du Seigneur; Doyenne Jaune; Doyenne Piété; Doyenne Saint Michel; Kaiserbirne; Neige du Seigneur; Pera Spada; Pine Pear; Poire de Neige; Saint Michel; Signore; Snow Pear; Valencia; Warwick Bergamot; White Beurre; White Doyenne; Zitronenbirne

Hervorragende Tafel-, gute Wirtschaftsbirne. Reifezeit Mitte Oktober. Haltbarkeit 2 bis 3 Wochen. Mittelgroße, in der Form veränderliche Frucht. Die Fruchtschale ist fein, glatt, glänzend. Schalenfarbe hellgrün, später blassgelb, auch etwas gerötet. Schalenpunkte zahlreich, häufig in Rostfiguren übergehend. Das Fruchtfleisch ist weiß, feinkörnig, saftig und schmelzend. Der Geschmack ist angenehm süß, leicht mandelartig. Der Baum wächst kräftig und wird mittelgroß. Ertrag hoch. Für alle Erziehungsformen geeignet. Der Anbau ging zeitweise zurück, da die Bäume unter Virosen litten.

Weizenbirne *siehe* Petersbirne

Welsche Bratbirne

Welsche Bratbirne

Sehr gute Mostbirne. Reifezeit Oktober. Die Frucht muss rasch verarbeitet werden, da sie bald teigig wird. Kleine bis mittelgroße Birne. Schalenfarbe grün, weiß punktiert. Der Baum wächst sehr stark und bildet eine mächtige Krone. Ertrag hoch.

Welsche Weinbirne (Keine Sortenbeschreibung)

Westfälische Glockenbirne

Die Sorte stammt aus dem westlichen Mitteldeutschland.
Doppelnamen: Kuhfuß; Pfundbirne; Sommerkatzenkopf; Speckbirne

Gute Tafel- und sehr gute Wirtschaftsbirne. Reifezeit ab Mitte September. Haltbarkeit 2 bis 3 Wochen. Mittelgroße, rundliche Frucht, manchmal beulig. Fruchtschale bräunlichgrün, später gelbgrün und braunrot gestreift. Schalenpunkte grauweiß. Gelegentliche Berostungen. Fruchtfleisch cremefarben, körnig, saftig, wenig Würze. Gekocht sehr wohlschmeckend. Der Baum wächst kräftig und verzweigt sich gut. Erziehung vorwiegend als Hochstamm. Krone groß, breit ausladend. Der Ertrag setzt spät ein, ist dann aber sehr hoch.

Westfälische Glockenbirne *siehe* Kuhfuß
White Beurré *siehe* Weiße Herbstbutterbirne
White Doyenné *siehe* Weiße Herbstbutterbirne

Wilde Eierbirne

Wilde Eierbirne

Gute Mostbirne. Reifezeit ab Anfang Oktober. Kleine bis mittelgroße, birnförmige Frucht. Der Baum wächst anfangs stark, später mittelstark. Die Sorte ist bei guter Ernährung anspruchslos. Ertrag früh einsetzend, hoch. Sehr gut auch zum Dörren geeignet.

Wildemann *siehe* Gieser Wildemann

Wilders Frühe

Die Sorte stammt aus Amerika und kam um 1900 nach Deutschland.

Frühe Tafelbirne, Reifezeit ab Ende Juli. Haltbarkeit etwa 2 Wochen. Kleine bis mittelgroße, birnförmige Frucht. Wegen der ungleichmäßigen Reife nur für den Hausgarten geeignet. Der

Wilders Frühe

Baum wächst mäßig stark und erfordert gelegentlichen Verjüngungsschnitt. Erziehung vorwiegend als Halb- und Hochstamm. Ertrag früh einsetzend, gut und regelmäßig. Die Sorte wird häufig von Wespen heimgesucht.

Wildling von Einsiedel

Wildling von Einsiedel

Die Sorte wurde in Einsiedel bei Tübingen gefunden.

Eine sehr gute Mostbirne. Reifezeit ab Anfang Oktober. Haltbarkeit bis November. Sehr kleine Frucht. Die Birne liefert einen sehr hellen Saft. Der Baum wächst stark und bildet große Kronen. Erziehung vorwiegend als Hochstamm. Ertrag früh einsetzend, sehr hoch. Anbau auf guten, feuchten und durchlässigen Böden. Die Sorte ist widerstandsfähig gegen Krankheiten und Schädlinge. Sie leidet gelegentlich unter der Obstmade.

Wildling von Montigny

Wildling von Montigny

Doppelnamen: Besi de Montigny; Poire de Montigny

Sehr gute Tafel- und gute Wirtschaftsbirne. Reifezeit ist ab Mitte Oktober. Haltbarkeit bis Mitte November. Mittelgroße Frucht. Fruchtschale glatt, hellgrün, später auch gelb. Schalenpunkte fein, hellbraun. Berostungen vorwiegend um den Stiel. Fruchtfleisch gelblichweiß, um das Kernhaus etwas körnig, schmelzend und saftig. Geschmack erfrischend, muskatartig gewürzt, süß. Der Baum wächst mittelstark und bildet schöne Kronen. Blüte unempfindlich. Ertrag hoch. Für alle Erziehungsformen geeignet.

Wilhelmine *siehe* Amanlis Butterbirne
William IV *siehe* Gute Luise von Avranches
William Musqué *siehe* Williams Christbirne
Williams Bon Chretien *siehe* Williams Christbirne

Williams Christbirne

Die Sorte entstand in England und war schon um 1770 bekannt.
Doppelnamen: Barnets William; Bartletts William; Bartlett de Boston; Bon Chretien Wiliam; Charles Durieux; Davis Williams; Delavault; Doyenné Clement; Guillaume; Passe Goemanns; Weeler Berkshire; William Musque; Williams Peer
Typ: Rote Williams Christbirne

Sehr gute Tafel- und gute Wirtschaftsbirne. Reifezeit September. Haltbarkeit etwa eine Woche. Große bis sehr große, etwas veränderliche Frucht. Leichte Falten laufen vom Kelch bis zur Fruchtmitte. Fruchtschale ist gelblichgrün, später hellgelb, manchmal etwas matt gerötet. Scha-

Williams Christbirne

Rote Williams Christbirne

lenpunkte zahlreich, hellbraun. Manchmal Rostanflüge an Kelch und Stiel. Fruchtfleisch ist gelblichweiß, sehr fein, schmelzend, saftig. Geschmack sehr ausgeprägt, süß, kräftig muskatartig gewürzt. Die Ernte kann bereits 7 bis 10 Tage vor der Vollreife erfolgen. Die Frucht reift gut nach, dadurch kann die Lagerfähigkeit etwas verlängert werden. Der Baum wächst mittelstark, später schwächer. Holz nicht sehr frosthart. Für alle Erziehungsformen geeignet. Anbau nur auf besten Birnenböden in warmer, geschützter Lage. Blüte wenig empfindlich, guter Pollenspender. Ertrag sehr früh, hoch und regelmäßig. Zeitweise Verjüngung beugt vorzeitiger Vergreisung vor. Beim Einmachen bleibt das Fruchtfleisch weiß. Gut geeignet für Wandspaliere.

Williams Duchesse *siehe* Pitmaston
Williams Peer *siehe* Williams Christbirne

Windsorbirne

Windsorbirne

Eine alte, in Hannover schon um 1875 verbreitete Sorte.
Doppelnamen: Frauenschenkel (Pfalz); Königstafelbirne (Württemberg)

Frühe Kochbirne. Reifezeit Ende August. Haltbarkeit bis September. Mittelgroße bis große, birnförmige Frucht. Fruchtschale derb, grün, später hellgrün bis hellgelb. Sonnenseite häufig trüb gerötet. Schalenpunkte zahlreich, fein, grün. Fruchtfleisch gelblichweiß, fein, halbschmelzend, manchmal körnig. Geschmack etwas herb, angenehm gewürzt. Der Baum wächst zuerst sehr stark, später schwächer und bildet große Bäume mit kräftigem Holz. Schnittmaßnahmen nur in den ersten Jahren erforderlich. Erziehung vorwiegend als Halb- und Hochstamm. Ansprüche an Boden und Klima durchschnittlich. Blüte früh bis mittelfrüh, wenig nässeempfindlich, etwas frostempfindlich. Ertrag früh bis mittelfrüh einsetzend, hoch bis sehr hoch und regelmäßig.

Winter Baronpear *siehe* Baronsbirne
Winterbergamotte *siehe* Saint Germain
Winter-Butterbirne *siehe* Grumkower Butterbirne
Hardenponts Winterbutterbirne
Liegeis Winterbutterbirne
Wintercitroni *siehe* Virgouleuse

Winter-Dechantsbirne

Die Sorte wurde 1825 in einem belgischen Klostergarten in Loewen gefunden.
Doppelnamen: Anglaise; Belle d'Ixelles; Bergamotte de Pâques; Bergamotte de la Pentecôte; Beurre d'Austerlitz; Beurre de Primtemps; Beurre d'Hiver de Bruxelles; Beurre d'Osterling; Beurre Roupp; Canning d'Hiver; Dorothée Royale; Doyenné d'Hiver; Frühlings-Butterbirne; Grüne Winterherrenbirne; Hildesheimer Winterbergamotte; Lauers Englische Osterbutterbirne; Merveille de la Nature; Paddington; Pastorale de Louvain; Pfingstbergamotte; Philippe

Winter-Dechantsbirne

de Pâques; Philippe d'Hiver; Seigneur d'Hiver; Sylvanche d'Hiver; Van Mons Frühlingsbutterbirne

Hervorragende Tafel-, gute Wirtschaftsbirne. Reifezeit ab Januar. Haltbarkeit bis März. Große, gedrückt-eirunde, manchmal fast walzenförmige Frucht. Die Fruchtschale ist dunkelgrün, später heller. Sonnenseite erdartig gerötet. Schalenpunkte zahlreich, fein, braun. Rostflecken vorwiegend an Stiel und Kelch. Fruchtfleisch gelblichweiß, fein, schmelzend, saftig. Der Geschmack ist sehr angenehm weinsäuerlich und süß. Der Baum wächst mittelstark und bildet breitpyramidale Kronen. Nur für Niederstammformen geeignet. Anbau nur auf besten Birnenböden in sehr warmen Lagen. Weinbauklima erforderlich. Blüte sehr frostempfindlich. Guter Pollenspender. Ertrag früh einsetzend, hoch und regelmäßig. Die Sorte ist sehr anfällig für Schorf.

Winterforelle *siehe* Nordhäuser Winterforellenbirne

Winter-Forellenbirne

Sehr gute Tafelfrucht. Reifezeit ab Januar. Mittelgroße bis große Frucht. Fruchtschale gelb, Sonnenseite verwaschen rot. Fruchtfleisch süß, reich gewürzt, schmelzend. Der Baum wächst sehr stark und gesund. Ertrag sehr gut. Anbau in milden Lagen und auf gutem Boden.

Winter-Franzosenbergamotte *siehe* Saint Germain
Winter-Herrenbirne *siehe* Winter-Dechantsbirne
Winterhuberin *siehe* Liegels Winterbutterbirne
Winterkönigin *siehe* Josephine von Mecheln

Winterlonchen

Die Sorte wurde um 1920 im Raum Naumberg gefunden.
Doppelname: Winterlonschen.

Eine sehr gute Tafel- und Wirtschaftsbirne. Reifezeit ab Mitte November. Haltbarkeit bis Ende

Dezember. Mittelgroße bis große, langbirnenförmige Frucht. Fruchtschale glatt, dick, grünlichgelb. Zur Reifezeit manchmal bräunlichrot gefärbt. Schalenpunkte klein, braun. Netzartige Berostung häufig. Fruchtfleisch gelblichweiß, saftig, süß. Der Baum wächst mittelstark bis stark. Holz frosthart. Für alle Erziehungsformen geeignet. Anbau auf guten Birnenböden in warmen Lagen. Blüte wenig empfindlich, guter Pollenspender. Ertrag früh einsetzend, hoch und regelmäßig.

Winter-Meuris

Winter-Meuris

Doppelnamen: Meuris d'Hiver; Nec Plus Meuris

Hervorragende Tafelbirne. Reifezeit ab Mitte November. Haltbarkeit bis Dezember. Große, dick eirunde Frucht. Fruchtschale grün, später hellgrün bis gelb. Sonnenseite manchmal schwach gerötet. Schalenpunkte rötlich, vorwiegend auf der Sonnenseite. Berostungen häufig um Kelch und Stiel. Fruchtfleisch weiß, fein, saftig, schmelzend. Geschmack erfrischend säuerlich und angenehm gewürzt. Der Baum wächst kräftig und bringt gute Erträge.

Winter-Muskateller *siehe* Liegeis Winterbutterbirne

Winter-Nelis (Abbildung Seite 698)

Doppelnamen: Bonne de Malines; Colmar Nelis; Colomans Winterbutterbirne; Nelis d'Hiver; Vrai Coloma de Printemps

Sehr gute Tafel-, gute Wirtschaftsbirne. Reifezeit ab Anfang Dezember. Haltbarkeit bis Januar. Mittelgroße, abgestumpft-birnförmige Frucht. Fruchtschale rau, mattgrün, später grüngelb. Zur Reifezeit ist die ganze Frucht häufig zimtfarbig berostet. Fruchtfleisch weiß, manchmal gelblichweiß, fein, schmelzend. Geschmack angenehm süß, zimtartig gewürzt. Der Baum wächst mittelstark, manchmal auch schwachwüchsig. Im Holz etwas frostempfindlich. Nur für Niederstammformen empfehlenswert. Anbau nur auf sehr guten Birnenböden in geschützten Lagen. Blüte frost- und witterungsempfindlich, guter Pollenspender. Der Ertrag setzt früh ein, ist reich und regelmäßig. Gelegentliche Verjüngungsschnitte erforderlich.

Winter-Nelis

Winter-Williams

Winter-Williams

Sehr gute Tafel-, gute Wirtschaftsbirne. Frucht groß bis sehr groß, länglich-birnförmig. Fruchtschale intensiv gelb, Sonnenseite manchmal etwas gerötet. Berostungen häufig. Der Baum wächst kräftig und eignet sich vor allem für niedere Erziehungsformen. Ertrag sehr hoch und regelmäßig. Widerstandsfähig gegen Krankheiten und Schädlinge. Blüte spät.

Winterrietbirne

Die Sorte stammt vermutlich aus Deutschland.

Sehr gute Kochbirne. Verarbeitung ab November. Haltbarkeit bis Dezember. Große Birne mit brauner Schale. Fruchtfleisch ist gelblichweiß, beim Kochen rötlich werdend. Wohlschmekkend. Der Baum wächst mittelstark und bildet aufrechte Kronen. Erziehung vorwiegend als Halb- und Hochstamm. Anbau auf guten Böden. Ansprüche an Standort und Klima geringer, noch für rauere Gegenden geeignet. Ertrag gut und regelmäßig.

Winter-Saint-Germain *siehe* Saint Germain

Wolfsbirne

Wolfsbirne

Sehr gute Mostbirne. Reifezeit Oktober bis November. Mittelgroße, rundliche Frucht. Schalenfarbe kräftig gelb mit zahlreichen grünlichen Schalenpunkten. Baum groß und breit, häufig sehr alt werdend. Ertrag hoch. Ansprüche an Boden und Klima gering. Noch für raue Lagen geeignet.

Wolters *siehe* Ingenieur Wolters

Y

Yelle *siehe* Diels Butterbirne
Ys-Bout-Peer *siehe* Großer Katzenkopf

Z

Zapfenbirne *siehe* Pastorenbirne
Römische Schmalzbirne
Zellensia *siehe* Großer Katzenkopf

Zéphirin Crégoire

Zéphirin Crégoire

Doppelnamen: Josephine Gregoire; Zephirins Bergamotte; Zephirins Butterbirne

Hervorragende Tafel- und gute Wirtschaftsbirne. Kleine bis mittelgroße, rundliche, beulige Frucht. Fruchtschale dünn, grün, später hellgelb oder blaßgrün. Sonnenseite manchmal etwas gerötet. Schalenpunkte fein, grau. Zimtfarbige Berostung häufig. Fruchtfleisch gelblichweiß, etwas körnig, fein, saftig, schmelzend. Geschmack süß und stark gewürzt. Der Baum wächst mittelstark und verzweigt sich gut. Ertrag hoch. Für alle Erziehungsformen geeignet.

Zephirins Bergamotte *siehe* Zephirin Gregoire
Zitronenbirne *siehe* Weiße Herbstbutterbirne

Zoë

Die Sorte stammt aus Frankreich und wurde um 1880 bekannt.

Sehr gute Tafel- und gute Wirtschaftsbirne. Reifezeit November. Haltbarkeit bis Januar. Große, eiförmige Frucht. Fruchtschale fein rau, dunkelgrün. Zur Reifezeit graubraune Deckfarbe, Sonnenseite leicht gerötet. Rostpunkte unterschiedlich stark auftretend. Fruchtfleisch weiß, sehr fein, schmelzend, saftig. Geschmack sehr süß. Der Baum wächst kräftig, trägt früh und reich. Vorwiegend für niedere Erziehungsformen.

Zuckeratenbirne *siehe* Sommer-Apothekerbirne
Zuckerbirne *siehe* Eibacher Zuckerbirne
Grüne Herbstzuckerbirne
Salzburger Birne
Stuttgarter Geißhirtle
Zwiebelbirne *siehe* Runde Mundnetzbirne

Literaturnachweis

Sickler, Der Teutsche Obstgärtner, 1794 bis 1804
Deutscher Pomologenverein: Pomologische Monatshefte; Deutsche Obstbauzeitung ab 1880
Engelbrecht, Deutschlands Apfelsorten, 1889
Gaucher, Pomologie, 1894
Lucas, Die wertvollsten Tafelbirnen, 1894
Der Praktische Ratgeber im Obst- und Gartenbau, ab 1896
Aldinger-Katalog 1906/07
Müller-Diemitz, Deutschlands Obstsorten, 1905 bis 1932
Festschrift des Pomologischen Instituts Reutlingen, 1910
Späth-Jahrbuch, 1930
Koloc, Obstsorten-Handbuch, etwa 1946
Smith, National Apple Register of the United Kingdom, 1971
Silbereisen, Apfelsorten, 1975
Petzold, Apfelsorten, 1979
Petzold, Birnensorten, 1982
Eidg. Forschungsanstalt Wädenswil, 100 Obstsorten, 1983
Kreuzers Gartenpflanzen-Lexikon, Band 3, 1985
Schweizerische Zeitschrift für Obst- und Weinbau, versch. Jahrgänge
Göb, Der Verband und seine Vorsitzenden, 1984
Silbereisen, Götz, Obstsorten-Atlas, 1989
Bernkopf, Keppel, Novak, Neue alte Obstsorten, 1991
Mühl, Alte und neue Apfelsorten, 1991
Mühl, Alte und neue Birnensorten, 1992

Staatliche Institute u. a. Einrichtungen zum Obstbau

Bayerische Landesanstalt für Landwirtschaft in Freising
www.lfl.bayern.de

Bayerische Landesanstalt für Weinbau und Gartenbau Veitshöchheim
www.lwg.bayern.de

Bundessortenamt
www.bundessortenamt.de

Deutsche Gartenbau-Gesellschaft 1822 e.V.
www.dgg1822.de

Gartenakademien in Deutschland
www.gartenakademien.de

Gesellschaft für die Erhaltung der Kulturpflanzenvielfalt & ihre Entwicklung – Arche Noah
www.arche-noah.at

Gesellschaft für Pomologie und Obstsortenerhaltung Bayern, Pomologen-Verein
www.gpo-bayern.de, www.pomologen-verein.de

Hochschule Geisenheim – Zentrum für Wein- und Gartenbau
www.hs-geisenheim.de

Hochschule Weihenstephan-Triesdorf – Zentrum für Forschung und Weiterbildung
www.hswt.de

Julius Kühn-Institut – Bundesforschungsinstitut für Kulturpflanzen
www.jki.bund.de

Kompetenzzentrum Obstbau-Bodensee
www.kob-bavendorf.de

Landwirtschaftliche Lehranstalten Triesdorf
www.triesdorf.de

Lehr- und Beispielsbetrieb für Obstbau – Deutenkofen
www.obstbau-deutenkofen.de

NABU – Naturschutzbund Deutschland e.V.
www.nabu.de

Technische Universität München – Wissenschaftszentrum Weihenstephan – FG Obstbau
www.wzw.tum.de/ob

Universität Hohenheim – Fakultät Agrarwissenschaften
www.agrar.uni-hohenheim.de

Gartenbauvereine

helfen Mensch und Natur!

Freude am eigenen Garten

Die Mitgliedschaft in einem bayerischen Gartenbauverein bietet viele Vorteile:

Kompetenz und Erfahrung

Wir geben unseren Mitgliedern praxisnahe Hilfestellung zur Anlage und Pflege ihres Gartens.

Natur und Familie

Wir begeistern und sensibilisieren auch Kinder und junge Menschen für die Belange der Natur als ein lebens- und erhaltenswertes Gut.

Gartenkultur und Landespflege

Wir vermitteln Freude am Garten und leisten unseren aktiven Beitrag zur Verschönerung der Dörfer, Gemeinden und Städte durch naturnahe Gärten, Wettbewerbe, Pflanzaktionen und Patenschaften z. B. für Schulgärten, Tag der offenen Gartentür, Streuobstwiesen, öffentliche Grünflächen u. v. m.

Weitere Informationen auch über die Gartenbauvereine in Ihrer Nähe finden Sie im Internet unter: www.gartenbauvereine.org oder fordern Sie unser kostenloses Faltblatt an.

BAYERISCHER LANDESVERBAND
für Gartenbau und Landespflege e. V.

Willkommen in einer großen Gemeinschaft

Mehr als 524.000 Mitglieder in über 3.100 Vereinen sind unter dem Dach des Bayerischen Landesverbandes für Gartenbau und Landespflege e. V. zusammengeschlossen.
Nicht nur von anderen fordern, sondern selbst anpacken und mi positiven, nachahmenswerten Beispielen neue Wege aufzeiger ist unser Erfolgsrezept.

Seit über 100 Jahren treten wir ein für die Förderung von Obst- und Gartenbau, Umweltschutz, Heimatpflege und somit für die gesamte Landeskultur.

Ziel unserer Bildungsarbeit ist es ein verstärktes ökologisches Verständnis bei möglichst vielen Bürgerinnen und Bürgern zu wecken sowie für die Bewahrun und Förderung der Natur in Garten, Siedlung und Landschaf als »Kulturaufgabe« zu werben.

Die Dachorganisation der Gartenbauvereine ist deshalb bemüht, mit praxisnahen Unterlagen wie Fachblättern, Büchern sowie der Monatszeitschrift »Der praktische Gartenratgeber« die bestmögliche Beratung zu leisten. Darüber hinaus werden mit Schwerpunktprogrammen und Wettbewerben im ganzen Land wichtige Aktivitäten ausgelöst.

Bayerischer Landesverband für Gartenbau und Landespflege e.V.

Herzog-Heinrich-Straße 21
80336 München
Telefon (089) 544305-0
Fax (089) 54430534
E-Mail info@gartenbauvereine.or